AF338589

ÉLÉMENTS

DE

BOTANIQUE MÉDICALE

PRINCIPAUX TRAVAUX DE BOTANIQUE DU MÊME AUTEUR.

Essai sur les dédoublements ou multiplications d'organes dans les végétaux. Montpellier, 1826, in-4, 24 pages avec 2 planches.
2 fr. 50

Mémoires sur la famille des Polygalées (en commun avec M. A. DE SAINT-HILAIRE), in-4, 1828 et 1829 (*Mém. du Muséum d'hist. naturelle de Paris*, t. XVII, avec 5 pl.; et *Ann. de la Soc. roy. des sciences d'Orléans*, t. XII).

Considérations sur les irrégularités de la corolle dans les Dicotylédones, 1832, in-8 (*Ann. des sc. nat.*, 1re série, t. XXVII).

Chenopodearum monographica enumeratio. Parisiis, 1840, in-8.

Éléments de Tératologie végétale, ou Histoire abrégée des anomalies de l'organisation dans les végétaux. Paris, 1841, in-8, xii-408 pages
6 fr. 50

On the Structure of Cruciferous flowers (en commun avec M. Ph. BARKER-WEBB) (*Journal of Botany*, 1848).

Phytolaccaceæ, Salsolaceæ, Basellaceæ et Amarantaceæ, in DE CANDOLLE, *Prodromus*, 1849, XIIIe volume (*pars posterior*).

Éléments de zoologie médicale, contenant la Description détaillée des animaux utiles à la médecine et des espèces nuisibles à l'homme, particulièrement des venimeuses et des parasites, précédée de Considérations générales sur l'organisation et sur la classification des animaux, et d'un Résumé sur l'histoire naturelle de l'homme. Paris, 1860, in-18 jésus, xvi-428 pages, avec 122 figures.
5 fr.

Paris. — Imprimerie de L. MARTINET, rue Mignon, 2.

ÉLÉMENTS

DE

BOTANIQUE MÉDICALE

CONTENANT

LA DESCRIPTION DES VÉGÉTAUX UTILES A LA MÉDECINE
ET DES ESPÈCES NUISIBLES A L'HOMME, VÉNÉNEUSES OU PARASITES

PRÉCÉDÉE

de considérations sur l'organisation et la classification des végétaux

PAR

A. MOQUIN-TANDON

Membre de l'Institut (Académie des sciences) et de l'Académie impériale de médecine,
Professeur d'histoire naturelle médicale à la Faculté de médecine de Paris, etc.

Avec 128 figures intercalées dans le texte.

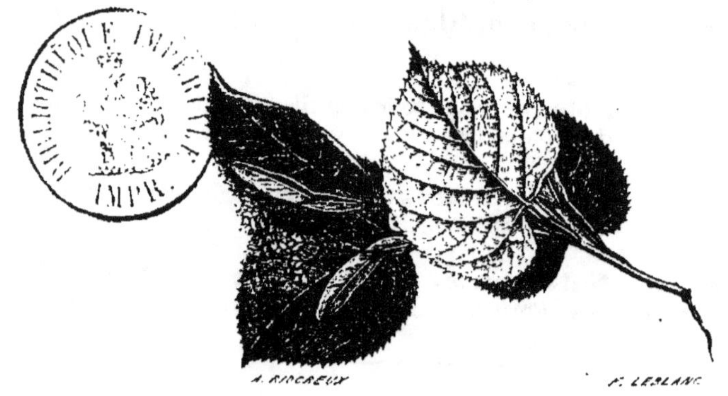

PARIS

J.-B. BAILLIÈRE et FILS

LIBRAIRES DE L'ACADÉMIE IMPÉRIALE DE MÉDECINE
Rue Hautefeuille, 19.

LONDRES | **NEW-YORK**
Hippolyte Baillière, 219, Regent street. | Baillière brothers, 440, Broadway.

MADRID, C. BAILLY-BAILLIÈRE, PLAZA DEL PRINCIPE ALFONSO, 16.

1861

A MON AMI

M. MICHEL CHASLES

MEMBRE DE L'INSTITUT (ACADÉMIE DES SCIENCES),
PROFESSEUR A LA FACULTÉ DES SCIENCES DE PARIS,
OFFICIER DE LA LÉGION D'HONNEUR, ETC.

A. MOQUIN-TANDON.

PRÉFACE.

La Botanique médicale est généralement négligée dans nos écoles. Le petit nombre d'élèves qui s'occupent des végétaux s'adonnent à la Botanique proprement dite et dédaignent les applications.

Quelle est la cause de cette négligence ou de ce dédain ?

J'ai cru reconnaître qu'elle tenait en partie aux ouvrages destinés à cette branche de l'art de guérir.

Les traités un peu anciens contiennent tous un si grand nombre de plantes médicinales et d'indications thérapeutiques, que leur étendue effraye au premier abord l'étudiant le plus zélé ou la mémoire la plus heureuse. Dans ces ouvrages, chaque plante, pour ainsi dire, possède une propriété médicinale, souvent même plusieurs !... J'ouvre au hasard le traité de Gouan, et je vois que la *Sarriette*, l'humble *Sarriette*, est *céphalique, excitante, résolutive, emménagogue, aphrodisiaque, tonique, diurétique, bonne contre la phthisie, excellente dans les maladies des reins* !... Quand on veut trop prouver, dit un ancien proverbe, on ne prouve rien. Personne, à ma connaissance, n'emploie aujourd'hui la *Sarriette*.

Combien de végétaux tout aussi *innocents* que cette Labiée, et préconisés avec autant d'assurance !

Les ouvrages modernes sont rédigés, hâtons-nous de le dire, avec plus de critique et de sagesse (1). Leurs auteurs ont rejeté un grand nombre de plantes sans vertus thérapeutiques ou à vertus très apocryphes ; mais ces mêmes traités sont encore trop surchargés de détails et trop étendus pour les élèves. Pourquoi donner, avec la description de chaque plante, celles de son genre, de sa

(1) Parmi ces ouvrages, un des plus considérables et des plus estimés est, sans contredit, l'*Histoire naturelle des drogues simples* du savant et modeste M. Guibourt (4ᵉ édition, Paris, 1849, 4 vol. in-8). Cet ouvrage m'a beaucoup servi dans la composition de mes *Éléments*.

tribu et de sa famille, et allonger ainsi sans nécessité des éléments qui devraient se borner à la Botanique médicale ? En second lieu, pourquoi ne pas distinguer plus nettement les végétaux essentiels à la médecine des végétaux peu en usage ou presque abandonnés ? Ces derniers étant extrêmement nombreux, il en résulte que, pour trouver ce qu'il a besoin de connaître, l'élève est obligé de parcourir une multitude d'articles sans intérêt pour lui. Il se refroidit, se dégoûte et finit par laisser le livre de côté. C'est ce qui fait que plusieurs ouvrages, excellents d'ailleurs, composés par des auteurs justement recommandables, ne remplissent en aucune manière le but principal, le but pratique qu'ils devraient atteindre. Ce sont des recueils que l'on consulte, et non des éléments qu'on étudie.

L'ordre suivi généralement dans les traités de Botanique médicale sépare le plus souvent certaines substances qui devraient se trouver ensemble. Par exemple, n'est-il pas logique de placer dans un même chapitre le *camphre de Java* et celui de *Bornéo*, quoiqu'ils soient retirés de deux arbres appartenant à des familles différentes ? N'est-il pas convenable de traiter simultanément de tous les *cachous*, quoique fournis par une Légumineuse, par une Rubiacée et par un Palmier, et d'en faire autant pour les *ipécacuanhas*, quoique produits par des Rubiacées, des Violariées, des Asclépiadées et des Euphorbiacées ?

Toutes ces considérations m'ont engagé à suivre dans cet ouvrage un plan un peu différent de celui de mes savants prédécesseurs. Ce plan n'est pas scientifique, mais il est usuel. J'ai cherché avant tout l'intérêt et la commodité de mes lecteurs.

Le principal mérite de ces *Éléments* est d'être courts et précis, et de contenir, dans un petit nombre de chapitres, ce que la Botanique médicale présente de plus positif, et par conséquent de plus important, c'est-à-dire ce que doivent savoir les étudiants en médecine et en pharmacie, soit pour leurs examens, soit pour l'exercice de leur art.

J'ai consacré, dans ce livre, des articles distincts et détaillés aux végétaux ou produits végétaux d'une valeur médicale incontestable, par exemple aux *quinquinas*, aux *ipécacuanhas*, aux *camphres*, aux *rhubarbes*, à l'*opium*..... Je me suis borné à signaler, dans des articles accessoires, les succédanés ou les végétaux jouissant de propriétés analogues. J'ai passé rapidement sur les espèces peu usitées, et j'ai laissé le plus souvent de côté celles d'un emploi très rare ou très incertain.

J'ai noté soigneusement les végétaux indigènes qui peuvent nous rendre des services. On l'a dit avec raison, nous avons une tendance à préférer les choses qui viennent de très loin, portant des noms très bizarres, et nous ne faisons pas attention à la plante modeste, souvent fort utile, qui végète sous nos pas.

Ces *Éléments* présentent d'abord des considérations générales, comprenant un livre sur l'organisation des végétaux, un autre sur leur classification, et un autre sur leurs propriétés médicinales.

Après ces généralités, j'aborde la Botanique médicale proprement dite, laquelle est divisée en quatre livres :

1° Les végétaux, leurs organes ou leurs produits, employés en médecine ;

2° Les végétaux vénéneux, ou *Toxicophytes;*

3° Les végétaux parasites extérieurs, ou *Épiphytes;*

4° Les végétaux parasites intérieurs, ou *Entophytes.*

Les figures de cet ouvrage ont été dessinées sous mes yeux par MM. Riocreux et Lackerbauer, dont l'habileté et la réputation sont bien connues des médecins et des naturalistes, et gravées par MM. Leblanc et Dufrénoy, dont le soin et l'exactitude sont si généralement et si justement appréciés.

Paris, 1er juin 1861.

TABLE DES MATIÈRES.

PREMIÈRE PARTIE.

GÉNÉRALITÉS.

DEUXIÈME PARTIE.

DES VÉGÉTAUX OU PRODUITS VÉGÉTAUX EMPLOYÉS EN MÉDECINE.

TROISIÈME PARTIE.

DES VÉGÉTAUX OU PRODUITS VÉGÉTAUX NUISIBLES À L'HOMME.

FIN DE LA TABLE DES MATIÈRES.

TABLE DES FIGURES.

FIN DE LA TABLE DES FIGURES.

ÉLÉMENTS

DE

BOTANIQUE MÉDICALE

PREMIÈRE PARTIE.

GÉNÉRALITÉS.

LIVRE PREMIER.

ORGANISATION DES VÉGÉTAUX.

Les végétaux sont des êtres vivants, fortement carbonés, ne digérant pas, privés de sensibilité et de locomotilité.

L'état primordial de l'organisation végétale se réduit à une petite poche appelée *cellule* ou *utricule*.

Il existe des plantes constituées par une seule cellule. Il y en a qui en présentent deux, trois, quatre, cinq...

D'autres sont formées d'une série linéaire de cellules adhérentes bout à bout, composant des filaments plus ou moins longs, tantôt simples, tantôt ramifiés.

Le plus souvent, un certain nombre de cellules s'associent et composent un *tissu* dit *cellulaire* ou *utriculaire*.

Dans beaucoup de cas, les cellules se transforment en tubes, lesquels constituent un autre mode de tissu appelé *tubulaire* ou *vasculaire*.

Enfin ces tubes se modifient à leur tour, s'épaississent, s'obstruent et produisent un troisième mode qui porte le nom de *fibreux* ou *ligneux*.

Il y a donc, dans le végétal, trois sortes de tissus : 1° le *cellulaire*, 2° le *tubulaire*, 3° le *fibreux*.

On trouve des végétaux uniquement composés du premier ; des

végétaux qui présentent le premier et le second, et des végétaux qui offrent le premier, le second et le troisième.

Les tissus produisent, par leurs combinaisons, les différents *organes*.

Les organes occupent les parties centrales (*axiles*), ou sont portés par ces dernières (*appendiculaires*).

Les uns ont, pour *fonction*, de nourrir, de développer et d'entretenir l'individu ; les autres servent à le perpétuer. Les premiers s'appellent *organes de nutrition* ou *de végétation*, et les seconds, *organes de reproduction* ou *de fructification*.

Les végétaux ne possèdent pas, comme les animaux, d'*organes de relation*.

CHAPITRE PREMIER.

ORGANES ET FONCTIONS DE VÉGÉTATION.

Ces organes sont : 1° la *racine*, 2° la *tige*, 3° les *bourgeons*, 4° les *feuilles*.

1° La *racine* est cette partie du végétal, située à son extrémité inférieure, qui s'enfonce presque toujours dans la terre et qui sert à la fixation de l'individu et à sa nutrition.

Elle fuit la lumière, et n'est pas colorée en vert.

On l'appelle *simple*, quand elle n'offre qu'un seul axe, et *composée*, quand elle en a plusieurs.

Dans la racine, on a distingué un *corps*, lequel se divise souvent en *branches*, en *radicelles* et en *chevelu*.

La racine est *annuelle*, ⊙, comme dans le *Tabac*, le *Coquelicot*, la *Fumeterre*; *bisannuelle*, ♂, ②, comme dans la *Molène*, la *Carotte*, la *petite Centaurée*; ou *vivace*, ♃, comme dans l'*Oseille*, la *Camomille romaine*, la *Mélisse*. Dans beaucoup de végétaux, elle est *ligneuse*, ♄ (*Nerprun*, *Quinquina*, *Tilleul*).

La racine s'hypertrophie quelquefois, et devient *fusiforme, rapiforme* ou tout à fait *tubéreuse*. Dans ces divers cas, les ramifications diminuent en nombre et en calibre, et tendent à disparaître. Leur appauvrissement ou leur absence semblent compensés par la dilatation excessive de l'axe radical.

2° La *tige* est cette partie axile qui croît en sens inverse de la racine et qui s'élève ordinairement au-dessus du sol.

La ligne qui sépare l'axe aérien de l'axe radical a été nommée *collet*. Cette ligne est souvent plus théorique que réelle.

La tige est herbacée, demi-ligneuse ou ligneuse, creuse ou pleine, articulée ou non articulée, simple ou rameuse.

Les ramifications sont les *branches*, les *rameaux* et les *ramuscules*.

Il existe des tiges très-courtes et plus ou moins rudimentaires.

On a distingué cinq sortes de tiges : 1° le *tronc* (*Oranger*, *Peuplier*, *Tilleul*); 2° la *tige* proprement dite (*Pavot*, *Gentiane*, *Chanvre*); 3° le *stipe* (*Dattier*, *Cocotier*, *Sagouier*); 4° le *chaume* (*Orge*, *Chiendent*, *Canne à sucre*); 5° le *lécule* (*Plantain*, *Dent-de-lion*, *Mandragore*). Voici leurs caractères abrégés :

$$
\text{Tiges}
\begin{cases}
\text{inarticulées.} \quad
\begin{cases}
\text{herbacées .} \quad
\begin{cases}
\text{développée. . .} & \text{2. } \textit{Tige proprement dite.} \\
\text{rudimentaire. .} & \text{5. } \textit{Lécule.}
\end{cases} \\
\text{ligneuses. . .}
\begin{cases}
\text{conoïde . . . .} & \text{1. } \textit{Tronc.} \\
\text{cylindroïde. . .} & \text{3. } \textit{Stipe.}
\end{cases}
\end{cases} \\
\text{articulée . . . .} \quad\quad\quad\;\; \text{4. } \textit{Chaume.}
\end{cases}
$$

Il y a des tiges souterraines, plus ou moins obliques ou traçantes, appelées *rhizomes*. Ces dernières sont souvent renflées et gorgées de fécule. Quelques-unes ressemblent à des corps globuleux.

On a distingué trois sortes de rhizomes : 1° le *rhizome* proprement dit (*Iris*, *Asperge*, *Fougère mâle*); 2° le *renflement* (*Cyclame*); 3° le *plateau* (*Scille*, *Ail*, *Lis*). Voici leurs caractères abrégés :

$$
\text{Rhizomes}
\begin{cases}
\text{nus. . . .}
\begin{cases}
\text{développé. . . .} & \text{1. } \textit{Rhizome proprement dit.} \\
\text{rudimentaire. .} & \text{2. } \textit{Renflement.}
\end{cases} \\
\text{caché (très rudimentaire). . .} \quad \text{3. } \textit{Plateau.}
\end{cases}
$$

3° Les *bourgeons* constituent l'état rudimentaire des nouvelles pousses.

Leur forme est généralement ovoïde, conoïde ou conique.

Il y en a d'écailleux et de nus.

Les bourgeons souterrains sont nommés *bulbes*. Ces derniers deviennent quelquefois très volumineux (*Scille*).

Les bourgeons de certains rhizomes sont d'abord souterrains et plus tard aériens. On les appelle *turions* (*Asperges*).

Les bourgeons qui deviennent des fleurs ont été désignés sous le nom de *boutons*.

4° Les *feuilles* sont des expansions ordinairement membraneuses, souvent ovalaires et très généralement vertes.

Elles puisent dans l'air certaines substances nécessaires à la nutrition du végétal et y rejettent les matières inutiles. On les a regardées comme des organes à la fois d'absorption, de respiration, de décomposition, d'assimilation et d'excrétion.

Les feuilles sont disposées, sur les axes, en spirale dilatée ou contractée et soumises à des lois géométriques. La branche de la botanique qui traite de ces dispositions a été nommée *Phyllotaxie*. Généralement les feuilles sont d'autant plus petites, qu'elles sont placées plus haut. On les nomme *radicales, caulinaires, raméales* et *florales*. Ces noms n'ont pas besoin d'être définis.

Dans la composition des feuilles, on distingue un support ou *pétiole*, et une partie dilatée ou *limbe*. Il y en a qui n'ont qu'un limbe (*simples*) et d'autres qui en ont plusieurs. Ces derniers limbes sont continus avec le pétiole (*feuilles découpées, pinnatiséquées, pinnatifides*), ou articulés avec lui, et, dans ce cas, les limbes partiels s'appellent *folioles*, et la feuille est dite *composée, décomposée* ou *surdécomposée*, suivant que chaque pétiole secondaire ne porte qu'une foliole ou qu'il donne naissance lui-même à des pétioles secondaires ou tertiaires (*pétiolules*).

Les feuilles présentent quelquefois, vers leur base, une ou deux oreillettes de forme variée, ce sont les *stipules*.

Les feuilles modifiées qui accompagnent les fleurs sont appelées *bractées*. On en trouve une ou trois, rarement un plus grand nombre.

Les couches celluleuses des Algues, plus ou moins semblables à des feuilles qui vivent dans l'eau, ont été dites *frondes*. Quand elles sont filamenteuses, on les nomme quelquefois *trichomas*.

Les lames variées des Lichens, qui végètent dans l'air, sur les arbres, sur les rochers ou sur le sol, fixées par des fibrilles celluleuses, portent le nom de *thalles*.

La masse filamenteuse des Champignons, qui se développe sous la terre ou bien dans les êtres organisés morts ou vivants, constitue le *mycélium* de ces curieuses plantes.

CHAPITRE II.

ORGANES ET FONCTIONS DE FRUCTIFICATION.

Ces organes sont : 1° la *fleur*, 2° le *fruit*.

1° La *fleur* est cet appareil passager, plus ou moins compliqué, au moyen duquel s'opère la fécondation.

Elle est composée de parties accessoires ou enveloppantes et de parties essentielles ou enveloppées. Les parties accessoires (*périanthe*) sont ordinairement au nombre de deux, une extérieure ou *calice*, l'autre intérieure ou *corolle*. Les parties essentielles sont les organes mâles, dont l'ensemble forme l'*androcée*, et les organes femelles, dont la réunion constitue le *gynécée*.

Les éléments du calice s'appellent *sépales*, et ceux de la corolle *pétales*. Les organes mâles sont les *étamines*, et les organes femelles les *pistils* (1).

Il y a donc quatre rosettes ou verticilles dans la fleur.

<table>
<tr><td rowspan="4">Fleur.</td><td rowspan="2">Enveloppes. . .</td><td>extérieure. . .</td><td>1. CALICE (sépales).</td></tr>
<tr><td>intérieure. . .</td><td>2. COROLLE (pétales).</td></tr>
<tr><td rowspan="2">Sexes. . . . . .</td><td>mâle. . . . .</td><td>3. ANDROCÉE (étamines).</td></tr>
<tr><td>femelle . . . .</td><td>4. GYNÉCÉE (pistils).</td></tr>
</table>

Ces rosettes sont attachées à un axe très court désigné sous le nom de *réceptacle* (*thalamus, torus*).

Leur insertion (*exsertion*) est *immédiate*, lorsque l'organe n'adhère à aucun autre depuis le point où il commence à être visible, et *médiate*, quand il adhère près de sa base à un autre organe qui semble le porter (De Candolle). De là les noms d'*épisépale, épipétale, épiandre...*, d'*infère* et de *supère...*

Généralement, l'insertion des parties florales est considérée par rapport à la rosette centrale ou gynécée. C'est ainsi que les étamines sont dites *hypogynes, périgynes* ou *épigynes*, suivant qu'elles naissent au-dessous des *pistils*, autour ou au-dessus.

Les fleurs qui possèdent les quatre verticilles dont il vient d'être question sont appelées *complètes;* celles qui n'ont qu'une enveloppe (*périanthe simple*) sont dites *monochlamydées :* telles sont celles du *Camphrier*, de la *Pariétaire*, du *Houblon*.

Les fleurs dans lesquelles les deux enveloppes manquent (*apérianthées*) et sont remplacées par des bractées modifiées, grandes et foliacées (*spadice*), ou courtes et écailleuses (*glumes, glumelles*), sont dites dans un cas *spadicées* (*Pied-de-veau*), et dans l'autre *glumacées* (*Orge*).

Les fleurs à *calice* et à *corolle*, c'est-à-dire à *double périanthe*, offrent leurs *pétales* tantôt soudés en un seul corps (*monopétales, gamopétales, corolliflores*), comme celles du *Vomiquier*, de la *Sauge*, de la *Gentiane*, tantôt distincts les uns des autres (*polypétales, dialypétales*) ; et, dans ce dernier cas, on les nomme *caliciflores*, quand ces organes sont insérés sur le calice , comme dans le *Nerprun*, le *Copahier*, la *Coloquinte*, et *thalamiflores*, quand ils sont portés par le réceptacle, comme dans le *Cochléaria*, le *Thé*, la *Rue*.

Les étamines sont attachées à la corolle dans les *corolliflores*, au calice dans les *caliciflores*, et au réceptacle dans les *thalamiflores*.

---

(1) En botanique descriptive, on désigne très souvent sous ce nom l'ensemble des pistils, ou *gynécée*.

Quand les fleurs manquent d'étamines, on les dit *femelles* ; quand elles sont privées de pistils, on les nomme *mâles*. Quand elles n'ont ni androcée ni gynécée, elles sont *neutres*.

Lorsque les étamines se transforment en pétales, les fleurs deviennent *doubles* et en même temps femelles. Lorsque les étamines et les pistils subissent à la fois ce changement, les fleurs deviennent *pleines*, et en même temps neutres. Dans les fleurs doubles et les fleurs pleines, les organes transformés présentent habituellement des multiplications nombreuses (*dédoublements*).

Les sépales sont le plus souvent verts, comme les feuilles.

Les pétales se font ordinairement remarquer par la délicatesse de leur tissu et par la vivacité de leurs couleurs. Quelquefois ils exhalent des odeurs suaves ou fétides.

On remarque, dans les pétales, une partie rétrécie ou *onglet*, et une dilatation ou *lame*.

Les étamines sont composées presque toujours d'un support ou *filet*, et d'une bourse ou *anthère*, qui renferme la poussière fécondante ou *pollen*.

Les pistils offrent un *stigmate*, un *style*, et un *ovaire* qui contient les *ovules*.

2° Le *fruit* est le produit de la fécondation.

Il se compose de deux parties : l'une accessoire et protectrice, le *péricarpe* ; l'autre essentielle et protégée, la *graine*.

Le péricarpe est formé par le développement de la tunique ovarienne, et la graine par celui de l'ovule et de son contenu.

C'est le péricarpe qui détermine la forme du fruit.

La graine contient les rudiments du nouvel individu.

Le péricarpe le plus complet présente un *épicarpe*, un *mésocarpe* et un *endocarpe* (*Cerise, Amande, Cacao*). Lorsqu'il est incomplet, souvent il n'est plus constitué que par une mince membrane (*Baguenaudier, Bon-Henri, Ambroisie*). Dans certains cas, cette membrane se soude avec la graine et se confond avec elle (*Orge, Blé, Riz*).

Il y a des fruits *aqueux* (*Raisin, Belladone, Douce-amère*), des fruits *charnus* (*Pêche, Courge, Pomme*), et des fruits *secs* (*Jusquiame, Séné, Anis*). Ces derniers sont *indéhiscents* (*Tilleul, Noisette, Gland*), ou *déhiscents* (*Pois, Pomme épineuse, Vanille*).

Les botanistes ont distingué les fruits en *simples, multiples* et *agrégés*.

Les premiers sont ceux qui sont produits par la fécondation d'un seul pistil (ou de plusieurs pistils confondus) dans une même fleur.

Les seconds sont ceux qui résultent de la fécondation de plusieurs pistils, plus ou moins distincts, dans une même fleur.

Les troisièmes sont ceux qui résultent de la soudure de plusieurs pistils, d'abord séparés, appartenant à des fleurs différentes.

$$\text{Fruits produits par.} \ . \begin{cases} \text{une fleur simple.} \ . \ . \ . \begin{cases} \text{à un pistil.} \ . \ . \ . \ . & \text{1. } \textit{Simples.} \\ \text{à plusieurs pistils.} & \text{2. } \textit{Multiples.} \end{cases} \\ \text{plusieurs fleurs réunies.} \ . \ . \ . \ . \ . \ . \ . \ . & \text{3. } \textit{Agrégés.} \end{cases}$$

Les fruits aqueux, charnus ou secs, indéhiscents, sont quelquefois recouverts par le calice persistant soudé avec le péricarpe (*Groseille, Coing, Arnica*).

Les fruits secs déhiscents présentent deux ordres généraux de déhiscences : les *irrégulières* et les *régulières*.

Les premières, qui sont quelquefois incomplètes, ont lieu par rupture du péricarpe, par déchirure ou par écartement de certaines parties, ou bien par des trous.

Les secondes, qui sont les plus nombreuses, s'opèrent par les cloisons, ou par des *valves* symétriquement disposées, qui s'ouvrent ou s'isolent. Voici les modes principaux admis par les auteurs :

$$\text{Déhiscence.} \ . \begin{cases} \text{en long par.} \ . \ . \begin{cases} \text{les cloisons.} \ . \ . \ . \ . \ . \ . \ . \ . \ . & \text{1. } \textit{Septicide.} \\ \text{des valves.} \ . \begin{cases} \text{aux bords.} \ . \ . & \text{2. } \textit{Septifrage.} \\ \text{au milieu.} \ . \ . \ . & \text{3. } \textit{Loculicide.} \end{cases} \end{cases} \\ \text{en travers.} \ . \ . \ . \ . \ . \ . \ . \ . \ . \ . \ . \ . \ . \ . & \text{4. } \textit{Pyxidique.} \end{cases}$$

Les fruits simples ont tantôt une seule loge (*uniloculaires*), tantôt plusieurs (*multiloculaires*). Dans ce dernier cas, ils sont produits par la réunion de plusieurs pistils confondus en un seul.

Les fruits multiples et les fruits agrégés ont toujours plusieurs loges. Les fruits élémentaires ou les loges des fruits multiples et des fruits agrégés ont été nommés *carpelles* (1).

Chaque loge contient une seule graine (*Prune, Fumeterre, Garou*), ou plusieurs (*Primevère, Casse, Pavot*).

La graine (*œuf végétal*) est composée d'une enveloppe simple (*Camphrée, Salicorne, Soude*), ou double (*Ricin, Réglisse, Anis étoilé*), d'une certaine quantité de matière nutritive ou *albumen* (*périspermées*) et d'un *embryon*.

L'embryon entoure l'albumen (*Épinard, Phytolacca, Belle-de-nuit*), ou est entouré par lui (*Ellébore, Café, Euphorbe*). Il y a des graines qui n'ont pas d'albumen (*apérispermées*), tels sont la *Bryone*, le *Haricot*, la *Verveine*. L'embryon est droit, arqué, annulaire, plié en

____

(1) En botanique descriptive, on désigne très souvent sous ce nom les pistils partiels ou éléments du gynécée, ou bien l'ovaire partiel, appelé *ovelle* par quelques botanistes.

spirale. Il est féculent, charnu ou corné. Il offre une teinte blanche, ou jaunâtre, ou verte.

Il présente une partie axile composée de la *radicule*, de la *tigelle* et de la *gemmule*. Il ne porte pas de *cotylédons*, ou bien en est pourvu (*Cotylédonées, Acotylédonées*). Lorsqu'il est cotylédoné, il offre un ou deux ou plusieurs cotylédons (*Monocotylédones, Dicotylédones, Poly-cotylédones*).

LIVRE II.

CLASSIFICATION DES VÉGÉTAUX.

Le nombre des végétaux connus est très considérable. On croit qu'il existe, sur le globe, au moins 140 000 espèces (1), parmi lesquelles plus des deux tiers ont été nommées et décrites. Comment se reconnaître au milieu de tous ces noms et de toutes ces descriptions ? Quels guides pourront nous conduire, sans confusion et sans peine, jusqu'à la plante objet de nos recherches ?

Ces guides, la science nous les a donnés : ce sont les *classifications*.

Les *classifications* sont des arrangements plus ou moins réguliers, dans lesquels sont disposés les végétaux.

Les classifications sont *indirectes* (2) ou *directes* (3).

Les premières sont indépendantes de la nature même des objets. L'ordre alphabétique des noms, employé pour les anciens catalogues de graines, est un exemple de ce premier mode de classification. On peut encore citer, comme d'excellents modèles en ce genre, le *Botanicon monspeliense* de Magnol (1676), et le *Cours de botanique médicale comparée* de Bodard (1810).

Linné désigne, sous le nom de *alphabetarii*, les botanistes qui ont employé cette forme de classification. De son temps, on connaissait quarante-neuf ouvrages principaux rédigés par ordre alphabétique.

Les *classifications directes* présentent un rapport plus ou moins

---

(1) Théophraste, quatre siècles avant l'ère chrétienne, en a signalé 350 ; Linné, en 1740, en a réuni 7540 ; Persoon, en 1805, en a donné 22 000 ; le *Prodrome* de De Candolle en embrasse, dans ce moment, près de 80 000.

(2) *Empiriques* de De Candolle.

(3) *Rationnelles* de De Candolle.

réel avec les corps auxquels on les applique. On pourrait les distinguer en *pratiques* et en *scientifiques*.

Les *classifications pratiques* ou usuelles sont celles dans lesquelles on groupe les végétaux suivant leurs rapports avec un autre ordre de connaissances (De Candolle). On les dispose relativement à leur patrie, à leur usage, à leurs vertus... Telles sont les classifications botanico-médicales, et telle est celle du présent ouvrage.

Les *classifications scientifiques* sont établies sur l'organisation même des végétaux ; ce sont les plus importantes. On en connaît de deux sortes, les *artificielles* ou *systèmes*, et les *naturelles* ou *méthodes*.

I. — SYSTÈMES.

Les *systèmes* sont des classifications fondées sur un seul organe ou sur un petit nombre choisi arbitrairement. Ils ont pour but principal de donner, aux personnes qui ne connaissent pas les plantes, un moyen facile et rapide de les trouver dans les livres, dans les herbiers ou dans les jardins de botanique.

Les systèmes ont rendu et rendent encore d'immenses services aux commençants.

1° LINNÉ. — Le plus remarquable et le plus célèbre parmi les systèmes est, sans contredit, celui de Linné, généralement connu sous le nom de *système sexuel*.

Cette classification est fondée principalement sur les étamines, et, accessoirement, sur les pistils et sur les fruits. Les caractères sont clairs, précis et nettement formulés.

Le système sexuel présente vingt-quatre classes divisées en cent treize ordres (Voyez le tableau de ce système, page 10).

Ce système a obtenu, dès son apparition, un succès prodigieux. Pendant plus d'un demi-siècle, il a régné dans les écoles et a été adopté dans presque tous les ouvrages généraux ou spéciaux.

Comme classification artificielle, il faut l'avouer, c'est la meilleure, la plus facile et la plus commode ; elle s'applique non-seulement à toutes les plantes connues, mais encore à toutes celles qui restent à connaître (Mirbel).

Cependant le système linnéen n'est pas à l'abri de quelques reproches. Le nombre des étamines est souvent variable dans une même espèce et sur un même pied. La *pentandrie* est trop étendue ; à elle seule, elle embrasse près du sixième du règne végétal. L'*octandrie*, la *décandrie* et la *dodécandrie* présentent des exceptions trop nombreuses ; la *syngénésie*, la *polygamie* et la *diœcie* offrent des subdivisions peu tranchées et difficiles à saisir.

Malgré ses défauts, on doit reconnaître, que cette classification est un beau monument du génie de son auteur (Mirbel).

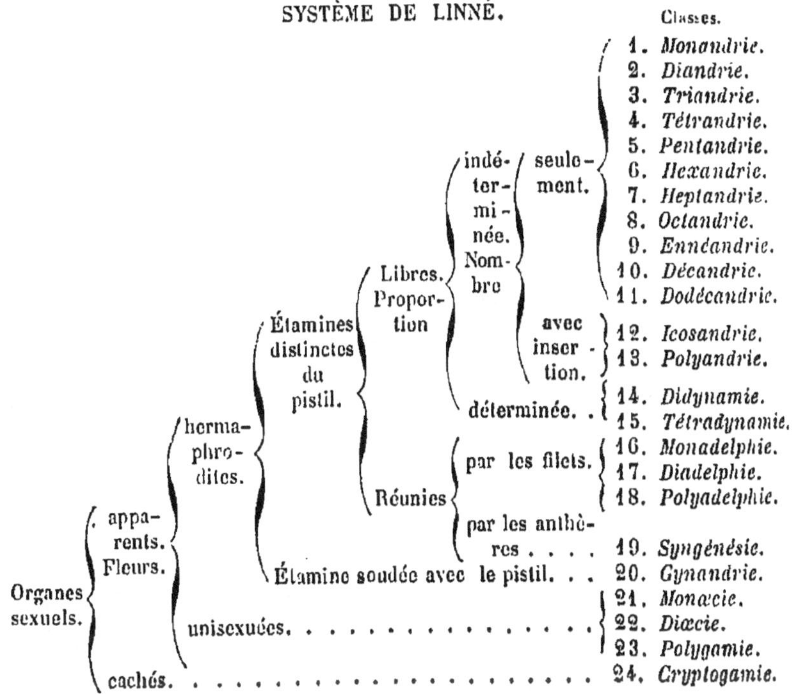

2° LAMARCK. — Il existe une classification encore plus artificielle que le système sexuel, plus simple, et qui, par conséquent, facilite davantage la recherche des noms. Cette classification, dite *analytique* ou *dichotomique*, a été inventée par Ramus, en 1650, et appliquée à la botanique par Johrenius, en 1710. Lamarck en a tiré un parti très heureux dans la *Flore française*, en 1795, et Dubois, dans celle d'*Orléans*, en 1803.

La classification analytique divise d'abord le règne végétal en deux parties, par des caractères bien distincts et autant que possible nettement opposés ; de telle sorte qu'on n'a à chercher la plante dont on veut connaître le nom que dans une des deux moitiés. Puis, on subdivise cette moitié en deux, et ainsi de suite, de manière à restreindre de plus en plus le champ de travail. On finit, de cette manière, par arriver sans effort à la famille, au genre et à l'espèce.

Dans cette recherche, on suit donc une progression géométrique, de sorte qu'un objet confondu entre huit mille cent quatre-vingtdouze autres, est reconnu nécessairement en moins de douze questions, qui se succéderaient dans cette série : 1, 2, 4, 8, 16, 32, 64..... (Duméril).

L'arrangement dichotomique est un *passe-partout*, une *clef*, pour arriver aux noms des plantes, plutôt qu'une vraie classification : cet arrangement présente de grands avantages aux personnes peu familiarisées avec la botanique. Il suffit de la connaissance superficielle des principaux organes, pour que l'élève soit conduit dans un instant au nom cherché ; elle fait passer en revue ces mêmes organes, et montre successivement leur nombre, leurs positions et leurs modifications... Malheureusement, cette disposition, par trop artificielle, n'est bonne que pour les commençants ; car, dès qu'on est un peu familiarisé avec la science végétale, et qu'on connaît un certain nombre de familles et de genres, on est ennuyé, impatienté par les questions nombreuses qu'il faut subir pour arriver à un nom, et on laisse de côté les divisions principales, quelquefois même toute la dichotomie, pour chercher immédiatement dans la famille ou dans le genre auquel on *suppose* que la plante peut appartenir.

II. — MÉTHODES.

Les *méthodes* sont des classifications fondées sur l'ensemble des organes. Elles ont pour but d'associer les végétaux d'après leur degré de ressemblance.

Une méthode bien faite représente fidèlement le degré de parenté ou le défaut de rapports des différentes plantes. Elle enchaîne toutes nos idées ; elle nous fait saisir tous les points communs par lesquels les végétaux se tiennent les uns aux autres ; elle n'offre aucune espèce à nos regards, sans nous montrer en même temps celles qui existent en deçà et au delà (Lamarck).

C'est un mode d'association plus conséquent avec lui-même, plus scientifique, plus philosophique que le système. Il l'emporte sur ce dernier, comme les créations de la nature l'emportent sur les combinaisons de notre esprit. La méthode est au système à peu près ce que les grammaires raisonnées sont aux dictionnaires (Duméril).

Il peut exister un grand nombre de systèmes ; il y en a autant que l'imagination des hommes est capable d'en inventer. Il n'existe, à proprement parler, qu'une seule méthode ; mais elle est mauvaise, médiocre, bonne, parfaite, suivant l'époque de la science et suivant la sagacité de son auteur.

Les premiers botanistes avaient une idée vague des groupes naturels : ils les conservaient, même dans leurs classifications les plus artificielles ; mais leurs opinions à cet égard n'étaient ni arrêtées, ni raisonnées.

Dans l'histoire de la méthode naturelle, on peut distinguer cinq phases : 1° l'époque d'*invention*, 2° celle de *tâtonnement*, 3° celle de *comparaison générale*, 4° celle de *subordination des caractères*, 5° celle de *perfectionnement*.

1° *Époque d'invention.* — L'illustre Magnol (de Montpellier), maître et successeur de Tournefort, a conçu, le premier, l'idée de grouper les végétaux suivant leurs affinités, et d'en constituer des associations analogues aux *familles* des hommes.

Magnol est une des gloires de la botanique française. On trouve, chez lui, le sentiment intime de la classification naturelle, mais ce sentiment est encore très confus ; les tentatives qu'il a inspirées sont incomplètes. L'auteur a trouvé le germe d'une grande découverte, mais il n'a pas su le faire éclore.

2° *Époque de tâtonnement.* — Linné a parfaitement compris les avantages immenses que pourrait donner une classification naturelle bien faite. Ce grand botaniste a essayé d'en composer une (1738), mais il n'a réussi qu'à en produire des *fragments*. Il n'avait *aucune règle*, il *tâtonnait*... Il a proposé 64 ordres naturels. Ces ordres ont paru d'abord sans noms et sans caractères. Plus tard, (1755), il a porté leur nombre à 67, et leur a donné des noms ; mais il les a toujours laissés non définis, et par conséquent mal circonscrits.

3° *Époque de comparaison.* — Adanson a publié aussi des familles naturelles (1763) (1). A cette époque, la science avait marché. Les organes des végétaux étaient mieux connus et leurs rapports mieux appréciés ; on pouvait donc associer les plantes plus facilement et plus rigoureusement. L'illustre botaniste français avait une profonde connaissance des livres et des choses ; il possédait au plus haut degré cette aptitude à bien voir et ce génie comparateur qui font les grands naturalistes (Mirbel). Adanson chercha, dans l'établissement de ses familles, à remplacer l'incertitude des tâtonnements par des règles positives ; il crut reconnaître que des relations entre

---

(1) On verra plus loin que Bernard de Jussieu avait disposé le jardin de Trianon en 1759. « Si l'on considère qu'Adanson avait de continuelles communications avec Bernard, que ce dernier ne faisait point mystère de sa doctrine, qu'il était le promoteur et, pour ainsi dire, l'âme de presque tous les grands travaux que les naturalistes français entreprirent alors, on jugera de quelle utilité ses conseils furent pour Adanson. » (Mirbel.)

les végétaux reposent dans chaque organe étudié isolément ; que leur ressemblance existe entre les racines ou les feuilles, le calice ou la corolle, les étamines ou les pistils..., ou bien entre plusieurs de ces organes à la fois. Il en conclut que les espèces qui offrent le plus grand nombre de ces rapports partiels doivent être les plus rapprochées dans l'ordre de la nature. Il composa ainsi 58 familles naturelles, comprenant 1615 genres.

Adanson donna à chaque famille des caractères distinctifs. Sa classification, dite de *comparaison générale*, était un progrès immense. Mais, malheureusement, tous les rapports saisis ne peuvent pas avoir la même valeur taxinomique. Chaque organe présente son importance particulière, et, d'un autre côté, tous les points de vue sous lesquels une partie peut être envisagée, n'offrent pas non plus à la classification des traits distinctifs d'un intérêt similaire. Adanson compte les caractères, mais ne les pèse pas. Il croyait à une série ou gradation fondée sur tous les rapport possibles de ressemblance ; et cette gradation qu'il s'efforce d'établir, n'est pas dans la nature.

4° *Époque de subordination.* — Un botaniste célèbre de Francfort, aux travaux duquel on n'a pas accordé assez d'attention, Laurent Heister, avait reconnu, dès 1730 (1), qu'il existe entre les organes des végétaux une *subordination de caractères ;* c'est-à-dire que les signes d'affinité ou moyens de classification sont de valeur inégale, qu'il y a des caractères *dominateurs* et des caractères *subordonnés*, et qu'un seul des premiers peut souvent, par son importance, équivaloir à plusieurs des seconds. Heister avait appliqué cette idée à l'arrangement méthodique des plantes du jardin de Helmstadt. Son ouvrage, très remarquable, publié en 1748, renferme autant d'erreurs grossières que de grandes vérités. Il fut peu répandu et mal apprécié par les contemporains ; il ne produisit aucune sensation.

Dix ans plus tard, c'est-à-dire vers 1758, Bernard de Jussieu disposa le jardin de Trianon d'après une classification naturelle, fondée aussi sur le grand principe de la subordination des caractères (2). On sait que cet illustre botaniste a passé sa vie à perfectionner cette admirable classification ; qu'il l'a exposée dans ses cours et dans ses conversations, mais qu'il ne l'a formulée dans aucun livre ni dans aucun mémoire.

Les idées et l'ouvrage du célèbre botaniste allemand qui vient

(1) Trente-trois ans avant Adanson et huit avant Linné !
(2) L'arrangement du jardin de Trianon est postérieur de vingt-huit ans à l'arrangement du jardin de Helmstadt !

d'être cité ont-elles servi de guide aux méditations de Bernard de Jussieu? La chose est possible (De Candolle).

Cependant notre illustre compatriote était un homme simple et modeste, peu empressé de publier ses idées, et par conséquent peu disposé à s'approprier celles d'autrui. On sait qu'il est devenu le chef d'une grande école, sans efforts, sans polémique, et, pour ainsi dire, malgré lui! (Flourens.)

Antoine-Laurent, son neveu et son élève, a été son successeur et son interprète (1). Il a recueilli et publié la classification de Bernard ; il l'a développée et régularisée dans un immortel chef-d'œuvre, le *Genera plantarum* (1789), ouvrage fondamental, qui a fait dans les sciences d'observation une époque peut-être aussi importante que la chimie de Lavoisier dans les sciences d'expérience (Cuvier).

Le *Genera plantarum* présente 100 familles qui embrassent 1754 genres.

5° *Époque de perfectionnement.* — Depuis l'apparition du *Genera plantarum*, la classification naturelle, assise sur ses véritables bases, adoptée, étendue ou corrigée, a marché de plus en plus vers la perfection.

Une des grandes difficultés qu'a rencontrées l'établissement de la méthode, c'est que dans les différents groupes, tous les éléments taxinomiques ne sont pas d'une importance similaire (Magnol). Tel caractère *dominateur* dans une famille devient *subordonné* dans une autre, chacune d'elles offrant pour ainsi dire un génie et des mœurs qui lui sont propres (Adanson). D'après ces différences, on comprend pourquoi le perfectionnement des ordres naturels n'a pu arriver qu'avec lenteur et peu à peu, et pourquoi il a fallu, pour l'obtenir, le concours d'un très grand nombre de botanistes distingués. Les uns ont fait connaître les plantes variées des différents pays et les ont comparées à celles de l'Europe ; d'autres ont composé des monographies spéciales de genres, de tribus ou de familles; certains ont examiné la véritable nature des parties et les lois de symétrie qui président à leur arrangement. Ceux-ci ont étudié particulièrement les inflorescences, les ovules, les fruits, les embryons... ; ceux-là sont remontés à la formation des organes et ont fait connaître les changements qu'ils subissent pendant leur évolu-

---

(1) On dit assez généralement que l'importance relative des divers organes des plantes a été énoncée *pour la première fois* dans le mémoire d'Antoine-Laurent de Jussieu sur les *Renonculacées* (1773) ; mais Heister la connaissait et avait cherché à l'appliquer quarante-trois ans auparavant (1730).

tion; plusieurs ont pénétré dans la structure des tissus et dévoilé des rapports inattendus ou des dissemblances méconnues.

Parmi ces auteurs, un des hommes qui doit être placé au premier rang, c'est l'illustre De Candolle. Ce grand botaniste a formulé non-seulement les règles qui doivent présider à l'établissement et au perfectionnement de la méthode naturelle, dans un ouvrage qui est regardé, avec raison, comme un des plus beaux de la science; mais il en a fait des applications nombreuses, soit dans des monographies spéciales, soit dans son recensement général de tous les végétaux connus.

Le nombre des familles naturelles, admises aujourd'hui, s'élève à près de 300. Dans la dernière édition de sa *Théorie élémentaire* (1844), De Candolle en comptait déjà 213.

Ces familles ont été groupées de différentes manières par les divers auteurs, mais ces arrangements sont toujours plus ou moins artificiels, parce que la disposition en série linéaire, obligée dans nos livres, ne peut pas représenter les affinités nombreuses et compliquées des associations, la nature ayant lié les plantes par un réseau plutôt que par une chaîne (R. Brown).

Une carte géographique suffirait à peine pour donner une faible idée des rapports multipliés qui unissent, soit les familles entre elles, soit les genres dans une même famille, ou les espèces dans un même genre.

Il est donc indispensable d'employer le *système* pour arriver facilement à la *méthode*. L'un est le moyen, l'autre est le but. Le premier indique le nom, le second enseigne la chose, et c'est une erreur nuisible aux progrès de la science que d'adopter exclusivement l'un ou l'autre, puisque chacun a des avantages, et que l'emploi successif de l'un et de l'autre concilie vérité et facilité (Le Maout).

Les familles des végétaux ont été distribuées en deux sous-règnes : 1° les CRYPTOGAMES, 2° les PHANÉROGAMES.

Les premières sont dépourvues d'étamines et de pistils ; elles se reproduisent au moyen d'organes plus ou moins différents de ces derniers, ou bien par des gemmes sans fécondation préalable ; elles manquent d'ovules. Leur embryon est simple, c'est-à-dire sans organes distincts, et généralement formé d'une seule vésicule.

On trouve, dans leur constitution, du tissu cellulaire sans vaisseaux, pendant toute leur existence ou dans leur jeunesse seulement.

Les secondes présentent des étamines et des pistils ; elles se reproduisent toujours par génération et par graine. Elles ont des ovules. Leur embryon est composé, c'est-à-dire formé de plusieurs organes distincts.

On trouve toujours, dans leur constitution, du tissu cellulaire et des vaisseaux.

Les CRYPTOGAMES se divisent en deux embranchements : 1° les AMPHIGÈNES, qui n'ont ni axe, ni organes appendiculaires distincts, et qui se reproduisent par des embryons nus (*spores*); 2° les ACROGÈNES, qui ont un axe et des organes appendiculaires distincts, et qui se reproduisent par des embryons recouverts d'un tégument (*séminules*).

Les premières ont des *frondes*, un *mycélium* ou un *thalle;* et les secondes, de vraies feuilles ne portant pas les fruits, ou des feuilles anomales portant les fruits.

Les PHANÉROGAMES se divisent aussi en deux embranchements : 1° les MONOCOTYLÉDONES, 2° les DICOTYLÉDONES.

Les MONOCOTYLÉDONES ont des vaisseaux disposés par faisceaux. Leur embryon offre des cotylédons solitaires ou alternes.

Elles comprennent deux classes : 1° les *Périspermées*, dont la graine est pourvue d'un albumen ; 2° les *Apérispermées*, qui n'en présentent pas. Les premières ont les organes sexuels protégés par des *glumes* et des *glumelles*, ou bien entourés par un véritable *périanthe.*

Les DICOTYLÉDONES ont des vaisseaux disposés par couches concentriques. Leur embryon offre des cotylédons opposés ou verticillés.

Elles comprennent quatre classes :

1° Les *Monochlamydées*, dont le calice et la corolle sont réduits à une seule enveloppe.

2° Les *Corolliflores*, dont les pétales sont soudés en une corolle distincte du calice.

3° Les *Caliciflores*, dont les pétales sont libres ou plus ou moins soudés, mais toujours insérés sur le calice.

4° Les *Thalamiflores*, dont les pétales sont libres, mais insérés sur le réceptacle.

VÉGÉTAUX.

1er *Sous-règne.* — CRYPTOGAMES.

Embranchements.	Classes.	Familles.
I. AMPHIGÈNES. . . .	* à frondes.	ALGUES.
	** à mycélium.	CHAMPIGNONS.
	*** à thalle.	LICHENS.
II. ACROGÈNES.	* à feuilles non fructifères. . . .	MOUSSES.
	** à feuilles fructifères.	FOUGÈRES.

2e *Sous-règne.* — PHANÉROGAMES.

I. MONOCOTYLÉDONS.	*périspermés.	glumifères . . .	GRAMINÉES.
		périanthés. . . .	LILIACÉES.
	**apérispermés.		ORCHIDÉES.

II. DICOTYLÉDONS. . .	* monochlamydés.	EUPHORBIACÉES.
	** corolliflores.	GENTIANÉES.
	*** caliciflores.	OMBELLIFÈRES.
	**** thalamiflores.	RENONCULACÉES.

LIVRE III.

PROPRIÉTÉS MÉDICINALES DES VÉGÉTAUX.

La botanique médicale est une des applications les plus utiles de la science des végétaux.

Cette application remonte à la plus haute antiquité.

Les premiers naturalistes remarquèrent d'abord dans les plantes leurs propriétés curatives, et s'occupèrent presque exclusivement de ces propriétés. L'examen des organes et des fonctions eut lieu beaucoup plus tard ; de telle sorte qu'il est exact de dire que l'application a été antérieure à la science.

De nos jours, la plupart des personnes du monde semblent ne voir encore dans les végétaux que des éléments de matière médicale. Les paysans, dans la plupart des pays, lorsqu'ils rencontrent quelqu'un qui herborise, ne manquent jamais de lui demander : Pour quelles maladies ramassez-vous toutes ces plantes ?

Beaucoup de végétaux possèdent des propriétés médicinales, cela est incontestable ; mais il en est un très grand nombre dont les vertus sont inconnues ou qui peut-être n'en ont pas...

Les propriétés médicinales des végétaux diffèrent suivant les espèces. Elles sont très prononcées dans les unes, et très faibles dans les autres. Elles peuvent, dans certaines plantes se ressembler quant à la nature ou différer considérablement. C'est à la science à reconnaître et à signaler ces caractères. On emploie indistinctement la *Consoude officinale* et la *Consoude tubéreuse*, l'*Ellébore vert* et l'*Ellébore noir*...; tandis qu'on ne rencontre pas dans d'autres espèces, souvent très voisines, les mêmes avantages. L'*Ansérine ambrosioïde* est fortement aromatique, et l'*Ansérine blanche* ne l'est pas ; l'*Iris de*

Florence exhale une odeur de violette, et l'*Iris fétide* est très puant.

Les propriétés des plantes varient aussi suivant les organes ; elles résident tantôt dans la racine ou dans la tige, tantôt dans la fleur ou dans le fruit... On recherche les rhizomes dans les *Amomées*, les feuilles dans le *Tabac*, les pétales dans les *Roses*...

On a constaté de bonne heure une certaine analogie entre les formes des végétaux et leurs propriétés. Généralement, les espèces qui se ressemblent jouissent de vertus qui se ressemblent. On peut dire que les végétaux d'un même genre participent des mêmes propriétés, et que, fort souvent, ceux d'une même famille possèdent des propriétés analogues (1).

Cette connaissance est de la plus haute importance pour le médecin et pour le pharmacien. C'est elle qui leur permettra, dans les pays lointains dont la flore n'a pas été explorée, de découvrir des aliments ou des médicaments.

« L'équipage d'un vaisseau anglais, naviguant dans l'océan Pacifique, souffrait du scorbut, mais le botaniste de l'expédition, Forster, ayant trouvé une plante de la famille des Crucifères, une *Passerage*, pensa qu'elle devait avoir les propriétés antiscorbutiques de cette famille, si commune en Europe, et s'en servit avec succès. La Billardière, dans une position analogue, découvrit une espèce de *Cerfeuil*, et procura à tous ses compagnons de voyage une nourriture saine et agréable (De Candolle). » On sait que les *Pins* de l'Asie donnent de la térébenthine comme ceux de la France, et que les *Chênes* de l'Amérique fournissent du tan comme les nôtres... L'étude des rapports dont il s'agit peut conduire, dans certaines circonstances, à remplacer par des espèces indigènes certains végétaux exotiques, et à trouver dans notre propre pays, souvent à quelques pas de notre demeure et pour ainsi dire sous la main, des remèdes qu'on fait venir de très loin, qui sont rares et chers, ou qui peuvent nous manquer (2). C'est encore la comparaison des végétaux exotiques aux végétaux européens qui a fait connaître dans nos plantes des propriétés longtemps ignorées. L'*Ipecacuanha* a décelé les vertus de nos *Violettes*, la *Rhubarbe* celle de nos *Patiences*, la *Scammonée* celle de nos *Liserons*...

Les preuves de la concordance qui existe entre les formes des

---

(1) « *Plantæ quæ genere conveniunt, etiam virtute conveniunt ; quæ ordine naturali continentur, etiam virtute propius accedunt...* » (Linn.) — « *Vix etiam virtute dissident congeneres plantæ caracteribus seu organis subsimiles ...* » (A.-L. Juss.)

(2) M. Antonin Bossu a publié, il y a quelques années, un ouvrage spécial sur les plantes médicinales indigènes (Paris, 1854, in-8).

plantes et leurs propriétés se déduisent de la théorie, de l'observation et de l'expérience (De Candolle).

La théorie nous apprend que l'action des médicaments dépend de leur composition chimique ou de leur structure physique. C'est un phénomène continuellement présent à notre examen, que de voir diverses plantes, nées dans le même sol, produire des matières très différentes, tandis que des végétaux analogues, développés dans des sols différents, y forment des produits plus ou moins semblables (De Candolle).

Il est donc naturel, en constatant une organisation similaire ou très voisine entre deux plantes, de présumer des effets identiques ou analogues.

L'observation nous montre chaque jour que les animaux herbivores, bornés à une seule espèce végétale, peuvent se nourrir, non-seulement de tous les individus de cette même espèce, mais bien souvent de toutes les espèces d'un même genre et de tous les genres d'une même famille.

De Candolle fait ressortir très justement que le *ver à soie* mange indifféremment les feuilles de tous les Mûriers ; que la *Psylle des joncs* attaque tous les *Juncus*, et que certains *Cynips* étendent leurs ravages sur toutes les roses, tous les Chênes, tous les Saules... ; que les *Cantharides* se jettent d'abord sur les Frênes, puis sur les Lilas, puis sur les Troënes et jusque sur les Oliviers ; que le *Papillon du Chou* dévore ce dernier, puis la rave, puis la Giroflée et puis d'autres Crucifères...

Les mêmes remarques ont été faites sur les végétaux parasites. Les *Æcidium*, les *Uredo* et les *Puccinia*, petits champignons qui se développent sous l'épiderme d'un grand nombre de plantes et s'y nourrissent aux dépens de leurs sucs, attaquent, les uns toutes les espèces de Menthes, de Ronces, de Violettes, les autres tous les genres de Graminées, de Renonculacées, d'Ombellifères...

L'expérience a confirmé pleinement les résultats fournis par l'observation et par la théorie. Il existe de la *gomme arabique* dans divers *Acacias*, de la *gomme adragante* dans plusieurs *Astragales*, et de l'*amidon* dans beaucoup de *Graminées*. Tous les *Cochlearia* sont antiscorbutiques, toutes les *Mauves* émollientes, et tous les *Aconits* vénéneux. On a retiré de la *rhubarbe* d'un certain nombre de *Rheum*, de l'*opium* de cinq ou six *Pavots*, et de la *quinine* de presque tous les *Quinquinas* (1)...

(1) « Salviæ *omnes sunt cephalicæ*, Anchusæ *pectorales*, Cochleariæ *antiscorbuticæ*, Euphorbiæ *catharticæ*, Rubiæ *diureticæ ac tinctoriæ*. » (A.-L. Juss.)

Dans certaines familles très naturelles, la plupart des genres participent des mêmes propriétés. Généralement les *Gentianées* ont des racines amères et toniques ; les *Amentacées*, une écorce astringente et fébrifuge ; les *Ombellifères*, des semences aromatiques et stimulantes. Les *Labiées* sont stomachiques, les *Solanées* narcotiques, les *Euphorbiacées* purgatives (1)...

Dans l'étude des propriétés médicinales, il est très important de bien déterminer d'abord la plante que l'on prend pour but de ses recherches. C'est très mal à propos que la *Scabieuse maritime* a été quelquefois substituée au *Sisymbre officinal*.

Un herboriste de Toulouse a vendu, pendant longtemps, la *Renoncule scélérate* pour le *Ményanthe trèfle-d'eau* ! Combien de fois n'a-t-on pas pris la *Ciguë* pour le *Persil*, le *Laurier-amande* pour le *Laurier d'Apollon*, et la *fausse Oronge* pour l'*Oronge parfumée* !

Les ressemblances de certains organes peuvent souvent tromper les personnes peu familiarisées avec la science végétale. Il existe des rameaux qu'on est tenté de regarder comme des feuilles, et des feuilles qui offrent l'apparence des rameaux. Certains calices sont pétaloïdes et certaines corolles herbacées. La graine du Marronnier d'Inde rappelle, par sa forme, son poli et sa couleur, le fruit du Châtaignier...

Pour bien apprécier les vertus des plantes et pour procéder rigoureusement dans leurs comparaisons, il faut tenir compte d'un grand nombre de circonstances plus ou moins importantes.

1° La contrée où se sont développés les échantillons qu'on étudie, exerce quelquefois sur leurs vertus une action très prononcée (2). En général, les végétaux aromatiques ont plus d'odeur dans les pays chauds que dans les pays tempérés, et dans ceux-ci que dans les pays froids. Ils sont aussi plus colorés, plus savoureux et plus sucrés. Les *Frênes à manne*, les *Cistes à ladanum*, les *Astragales à gomme*, transportés en France, ne donnent presque pas de manne, de ladanum ou de gomme. Les *Lentisques* de la Provence ou de la Corse ne présentent aucune trace de mastic.

2° L'exposition et la station des plantes influent beaucoup sur elles : les *Labiées* aiment les flots de lumière ; les *Violettes* ne prospèrent bien qu'à l'ombre. La *Belladone*, développée loin du soleil, est plus narcotique que celle qui végète sans abri. Le *Céleri* ré-

(1) « ..... Gramineæ *nutritiæ sunt ac farinaceæ;* Cruciferæ *diverse scorbutum impugnant ;* Labiatæ *aromaticæ dantur et amaræ.....* » (A.-L. Juss.)

(2) Voyez Engel, *Influence des clim. et de la cult. sur les propr. médic. des plantes.* Strasbourg, 1860, in-4.

colté dans un endroit inondé est beaucoup plus âcre que celui d'un terrain sec (1). Au contraire, la *Valériane* qui pousse dans les lieux bas et humides est bien moins efficace que celle qui vient sur les hauteurs (Haller). L'*Ansérine fétide* qui croît au bord des murs, dans des endroits très arides, est plus puante que celle qui végète par hasard au milieu d'un champ fertile ou dans un jardin arrosé. La *Digitale* aime les terrains schisteux, le *Sainfoin* les sols calcaires, et l'*Ortie* les décombres nitrés.

3° Le genre de culture exerce de son côté une influence encore plus grande. Dans certains cas, elle diminue la matière verte et affaiblit le goût trop fort et les propriétés trop prononcées : c'est ainsi qu'elle rend mangeables les *Crambes*, les *Cardes*, les *Laitues*. Certaines sécrétions disparaissent complétement par la culture : ainsi, le *Laurier sassafras* perd son odeur dans nos jardins ; et le *Camphrier de l'Inde*, élevé dans nos serres, ne produit plus de camphre. D'autres fois, au contraire, la culture exagère les odeurs et augmente la sapidité : les péricarpes charnus des *Pomacées* et des *Drupacées*, naturellement acerbes et peu développés, deviennent, dans nos jardins, énormes, succulents, sucrés et parfumés.

4° L'époque de la récolte ne doit pas être négligée. Cette époque n'est pas la même pour tous les végétaux. Les bulbes du *Colchique*, par exemple, diffèrent d'énergie suivant la saison dans laquelle on les a tirés du sol ; ceux du mois d'août sont plus actifs que ceux du mois d'octobre. Les feuilles, avant la floraison sont plus chargées de sucs extractifs qu'après la fructification. Les fleurs en général exhalent leurs parfums à un moment déterminé ; elles sont faiblement odorantes, avant ou après ce moment plus ou moins court, que Van Helmont appelait *temps balsamique*.

5° L'âge des plantes est pour beaucoup dans leurs propriétés. Les jeunes pousses contiennent une grande quantité d'eau et de principes mucilagineux. Aussi conseille-t-on de récolter les individus adultes, même ceux qu'on veut employer à cause de leur mucilage, car l'élément dont il s'agit est toujours plus élaboré quand la végétation est plus avancée.

Lorsque, au contraire, on désire des principes très faibles ou peu abondants, on cueille les échantillons de bonne heure. C'est ainsi que les Suédois peuvent manger l'*Aconit* sans inconvénient ; les Toscans, la *Viorne clématite*, et les nègres, l'*Apocyn*. C'est ainsi, encore, qu'on porte sur nos tables les feuilles des *Chicoracées* et des

____

(1) « Umbellatæ in *siccis aromaticæ, calefacientes et pellentes ; in aquosis venenatæ...* » (A.-L. Juss.)

Cinarocéphales... Les écorces changent de composition en vieillissant ; l'aubier devient de moins en moins aqueux, et le bois de plus en plus dur et coloré. Beaucoup de fruits qui ont d'abord ou une forte astringence, ou une grande acidité, présentent, quand ils sont mûrs, une chair très douce et très sucrée.

6° Le mode d'extraction et de préparation des médicaments influe encore puissamment sur leur nature. Tout le monde sait que la même baie peut nous donner du verjus, du sucre, du vin, du vinaigre, de l'eau-de-vie, de l'alcool... *L'huile de ricin* obtenue à froid est bien meilleure que *l'huile de ricin* préparée à l'eau bouillante. Certains *Lichens* crustacés nous procurent des couleurs très variées qui tiennent beaucoup moins à la différence des matières colorantes, qu'aux changements dans la manipulation (De Candolle).

Cependant, il faut en convenir, on rencontre des exceptions graves aux principes des analogies. Les Champignons nous présentent à la fois l'*Oronge vraie* et la *fausse orange*, l'*Agaric délicieux* et l'*Agaric meurtrier*, le *Bolet comestible* et le *Bolet pernicieux* ; les *Convolvulacées* nous fournissent des tubercules alimentaires (*patate*) et des tubercules purgatifs (*jalap*) ; les *Asclépiadées* offrent tantôt un suc crémeux qu'on peut manger sans inconvénient (*Tabernæmontana utilis*), tantôt un suc actif qui empoisonne à la plus faible dose (*Tabernæmontana persicariæfolia*) ; les *Rhamnées* produisent des fruits sucrés et comestibles (*jujubes*), et des fruits émétiques et purgatifs (*nerpruns*)...

Toutefois on peut dire que, dans la plupart des familles où se trouvent les anomalies les plus frappantes, l'analogie des caractères botaniques et des propriétés médicinales l'emporte de beaucoup sur le nombre des exceptions !

PROPRIÉTÉS MÉDICINALES DES PRINCIPALES FAMILLES VÉGÉTALES.

I.—Végétaux cryptogames.

1° Amphigènes.

Alguies. — Alimentaires, vermifuges, antiscrofuleuses.
Champignons. — Alimentaires, vénéneux.
Lichens. — Alimentaires, amers, toniques.

2° *Acrogènes.*

FOUGÈRES. — *Rhizomes* astringents, fébrifuges ; *feuilles* aromatiques, béchiques, pectorales.

II.—VÉGÉTAUX PHANÉROGAMES.

1° *Monocotylédons.*

* Périspermés.

GRAMINÉES. — Alimentaires, adoucissantes, diurétiques, diaphorétiques.

CYPÉRACÉES. — Alimentaires, excitantes.

AROIDÉES. — Alimentaires, souvent âcres et purgatives.

PALMIERS. — Alimentaires, adoucissants , pectoraux, astringents.

COLCHICACÉES. — *Rhizomes* et *tiges* cathartiques, diurétiques, émétiques, antihydropiques, antigoutteux.

LILIACÉES. — Toniques, diurétiques, antihydropiques.

SMILACINÉES. — *Racines* et *tiges* alimentaires, apéritives, diurétiques, diaphorétiques, astringentes.

DIOSCORACÉES. — Alimentaires, purgatives.

AMARYLLIDÉES. — *Bulbes* émétiques.

IRIDÉES. — *Rhizomes* stimulants, purgatifs, émétiques.

SCITAMINÉES. — *Rhizomes* alimentaires, aromatiques, stimulants.

** Apérispermés.

ORCHIDÉES. — *Tubercules* alimentaires ; *fruits* excitants, aphrodisiaques.

2° *Dicotylédons.*

* Monochlamydés.

CONIFÈRES. — Stimulantes, vermifuges.

SALICINÉES. — *Écorces* astringentes, toniques, fébrifuges.

BÉTULACÉES. — *Écorces* astringentes, toniques.

CUPULIFÈRES. — *Écorces* astringentes ; *fruits* alimentaires.

JUGLANDÉES. — *Feuilles* stimulantes, astringentes, résolutives ; *fruits* alimentaires.

PIPÉRACÉES. — Excitantes, sialagogues, anthelminthiques, même rubéfiantes.

ARTOCARPÉES. — *Fruits* alimentaires.

CANNABINÉES. — *Feuilles* narcotiques.

URTICÉES. — Diurétiques, toniques.

BALSAMIFLUÉES. — Toniques?

EUPHORBIACÉES. — *Racines* émétiques; *bois* sudorifique; *graines* purgatives; *suc* laiteux âcre et caustique.

CYTINÉES. — Astringentes.

ARISTOLOCHIÉES. — Stimulantes, émétiques, emménagogues.

THYMÉLÉACÉES. — *Écorces* caustiques, purgatives, vésicantes.

MYRISTICÉES. — Stimulantes.

LAURINÉES. — Aromatiques, excitantes, stomachiques, sudorifiques, sédatives.

POLYGONÉES. — Astringentes, purgatives, toniques; *jeunes pousses* acides; *graines* alimentaires.

SALSOLACÉES. — Alimentaires, légèrement laxatives, vermifuges, sudorifiques.

NYCTAGINÉES. — *Racines* faiblement purgatives.

** Corolliflores.

PLANTAGINÉES. — Émollientes, amères, astringentes.

PLUMBAGINÉES. — Astringentes ou caustiques, sialagogues, légèrement émétiques.

SCROFULARINÉES. — Acres, amères, quelquefois purgatives, astringentes, sialagogues, diurétiques, accélérant les mouvements du cœur.

VERBASCÉES. — Émollientes.

SOLANACÉES. — Alimentaires, nauséabondes, amères, narcotiques, stupéfiantes, émétiques, fébrifuges.

GLOBULARIÉES. — Amères, toniques, purgatives.

ACANTHACÉES. — Adoucissantes.

VERBÉNACÉES. — Émollientes, souvent aromatiques.

LABIÉES. — Toniques, cordiales, stomachiques, sudorifiques, antispasmodiques, fébrifuges.

BORRAGINÉES. — Adoucissantes, mucilagineuses, légèrement diaphorétiques, béchiques, astringentes, même un peu narcotiques.

CONVOLVULACÉES. — *Racines* contenant un suc laiteux âcre et fortement purgatif.

GENTIANÉES. — Très amères, toniques, fébrifuges.

LOGANIACÉES. — Amères, fébrifuges, narcotiques.

ASCLÉPIADÉES. — *Racines* âcres, stimulantes, quelquefois émétiques, et sudorifiques ; *écorce* purgative ; *suc* laiteux âcre et amer.

APOCYNACÉES. — *Racines* vénéneuses; *écorce* purgative, astringente et fébrifuge ; *baies* souvent émétiques.

JASMINÉES. — Antispasmodiques.

OLÉACÉES. — *Écorces* astringentes, toniques, fébrifuges; *fruits* donnant de l'huile, émollients, laxatifs ; *suc* donnant de la manne.

ÉBÉNACÉES. — *Écorce* fébrifuge, stimulante.

*** Caliciflores.

ÉRICACÉES. — Astringentes, diurétiques.

VACCINIÉES. — Rafraîchissantes, diurétiques.

LOBÉLIACÉES. — Excitantes, émétiques.

COMPOSÉES. — Amères, toniques, stimulantes, fébrifuges, sudorifiques, diurétiques, narcotiques, quelquefois sternutatoires, même purgatives.

DIPSACÉES. — Apéritives, légèrement toniques.

VALÉRIANÉES. — *Racines* amères, toniques, stimulantes, sudorifiques, antispasmodiques, vermifuges.

RUBIACÉES. — *Racines* âcres, émétiques, purgatives ou diurétiques ; *écorces* presque toujours amères, astringentes, toniques et fébrifuges.

CAPRIFOLIACÉES. — *Écorce* astringente ; *feuilles* émétiques et purgatives.

HÉDÉRACÉES. — *Fleurs* sudorifiques, purgatives.

ARALIACÉES. — Toniques, excitantes.

OMBELLIFÈRES. — *Racines* alimentaires ; *fruits* aromatiques, stimulants, carminatifs; *sucs* toniques, narcotiques.

SAXIFRAGACÉES. — Astringentes, diurétiques.

GROSSULARIÉES. — Adoucissantes ou légèrement excitantes.

PORTULACÉES. — Alimentaires, rafraîchissantes, sédatives.

CUCURBITACÉES. — Alimentaires, purgatives, laxatives, adoucissantes.

MYRTACÉES. — *Feuilles* et *péricarpes* astringents, toniques, stimulants, sudorifiques.

POMACÉES. — Alimentaires, adoucissantes.

ROSACÉES. — Astringentes, toniques, vermifuges.

LÉGUMINEUSES. — Alimentaires, purgatives, astringentes, toniques, excitantes.

TÉRÉBINTHACÉES. — Stimulantes, astringentes.

RHAMNÉES. — *Baies* astringentes, purgatives; *drupes* alimentaires, béchiques, pectorales.

**** Thalamiflores.

CORIARIÉES. — Astringentes.

OCHNACÉES. — Amères, astringentes, toniques.

SIMAROUBÉES. — Amères, toniques.

RUTACÉES. — Amères, excitantes, toniques, fébrifuges.

ZYGOPHYLLÉES. — *Bois* sudorifique.

OXALIDÉES. — Astringentes.

TROPÆOLÉES. — Stimulantes.

GÉRANIACÉES. — Astringentes, légèrement toniques.

AMPÉLIDÉES. — Rafraîchissantes, béchiques.

MÉLIACÉES. — *Feuilles* stimulantes, fébrifuges, émétiques ou purgatives.

HIPPOCASTANÉES. — *Écorce* amère, astringente, tonique, fébrifuge.

GUTTIFÈRES. — *Écorce* fréquemment astringente et vermifuge, hydragogue; *suc* purgatif drastique.

HYPÉRICINÉES. — *Suc* légèrement purgatif et fébrifuge.

AURANTIACÉES. — Stimulantes, rafraîchissantes.

CAMELLIÉES. — *Feuilles* excitantes, toniques, sudorifiques.

TILIACÉES. — *Bractées* et *fleurs* antispasmodiques, calmantes, et légèrement sudorifiques.

MALVACÉES. — *Feuilles* et *fleurs* adoucissantes, émollientes, sédatives.

LINÉES. — *Graines* oléagineuses, adoucissantes, émollientes, quelquefois purgatives.

CARYOPHYLLÉES. — Légèrement aromatiques ou faiblement toniques.

POLYGALÉES. — *Racines* et *feuilles* amères, toniques, astringentes.

VIOLARIÉES. — Adoucissantes, calmantes; *racines* émétiques.

CISTINÉES. — Astringentes, toniques, résolutives.

CAPPARIDÉES. — Stimulantes, diurétiques, antiscorbutiques; *racines* vermifuges.

CRUCIFÈRES. — Stimulantes, antiscorbutiques; *graines* huileuses.

FUMARIACÉES. — Toniques, antiscorbutiques, employées aussi contre les maladies de la peau.

PAPAVÉRACÉES. — Calmantes, narcotiques, stupéfiantes, quelquefois caustiques et rubéfiantes; *graines* émétiques et drastiques.

NYMPHÉACÉES. — Antiaphrodisiaques.

Berbéridées. — *Écorce* astringente ; *baies* acides et rafraîchissantes.

Ménispermacées. — *Racines* amères, toniques et astringentes ; *graines* souvent narcotiques.

Anonacées. — *Écorce* et *fruits* aromatiques et styptiques.

Magnoliacées. — *Racine* et *écorce* amères, toniques, stimulantes, fébrifuges.

Dilléniacées. — Astringentes.

Renonculacées. — Acres, caustiques, purgatives, épispastiques, poison violent, toniques ; *graines* vermifuges.

DEUXIÈME PARTIE.

DES VÉGÉTAUX OU PRODUITS VÉGÉTAUX EMPLOYÉS EN MÉDECINE,

LIVRE PREMIER.

DES VÉGÉTAUX EMPLOYÉS EN MÉDECINE.

CHAPITRE PREMIER.

DES VÉGÉTAUX EMPLOYÉS EN ENTIER.

Les plantes employées tout entières en médecine sont peu nombreuses, toujours petites et plus ou moins herbacées.

Elles appartiennent au sous-règne des Cryptogames ou à celui des Phanérogames.

Les premières nous fournissent toutes leurs parties indistinctement. Les secondes, du moins dans certains cas, ne sont pas utilisées tout entières rigoureusement ; on rejette la racine et la partie inférieure de la tige.

Je décrirai dans ce chapitre : 1° la *Mousse de Corse*, 2° l'*Ergot*, 3° le *Lichen d'Islande*, 4° la *Mercuriale*, 5° la *Pariétaire*, 6° la *Pensée*, 7° la *Fumeterre*, 8° la *Gratiole*, 9° la *Laitue*.

§ I. — De la Mousse de Corse.

1° PLANTE. — La *Mousse de Corse*, ou *Gigartine vermifuge* (1), est une plante marine de la famille des Algues. Elle croît sur les côtes de la Méditerranée, particulièrement autour de l'île de Corse.

Description. — Touffes très serrées, de consistance cornée, d'une couleur jaune pâle, gris rougeâtre ou violacé. Tiges hautes de 3 à 5 centimètres, grêles, cylindriques, portant trois ou quatre branches redressées jointes, très rarement ramifiées. Ces branches s'entrecroisent et s'enlacent à l'aide de petits crampons. Les fructifications sont des tubercules latéraux, sessiles et hémisphériques.

L'analyse de cette plante y a montré de la gélatine, des fibres

---

(1) *Gigartina helminthocorton* Lamour. (*Fucus helminthocorton* Hœmm., *Ceramium helminthocortos* Roth, *Spherococcus helminthocorton* Ag.), vulgairement *Helminthocortos*, *Helminthocorton*.

végétales, du sulfate de chaux, du chlorhydrate de soude, du carbonate de chaux, du phosphate de chaux, du fer, de la silice, de la
magnésie... (Bouvier). On y a découvert aussi de l'iode (Gaultier de
Claubry).

2° PROPRIÉTÉS ET USAGES. — Odeur marine désagréable. Goût
saumâtre.

Elle est vermifuge. On l'emploie surtout chez les enfants.

On l'administre en poudre, en décoction dans de l'eau ou du lait,
en sirop, en gelée, en saccharolé, en tablettes.

3° OBSERVATIONS. — La *Mousse de Corse* du commerce est loin
d'être homogène : De Candolle a prouvé que cette plante est ordinairement mêlée à d'autres varecs, à des Céramions et à des
Corallines. Il a trouvé jusqu'à 22 algues différentes, agglomérées
avec la *Gigartine vermifuge*. Celle-ci, généralement, forme le tiers
du mélange.

Le *Carragaheen* (1), algue commune dans les mers du Nord, sert
à la nourriture des pauvres gens. On en prépare une gelée et des
boissons anateptiques à l'eau et au lait.

§ II. — De l'Ergot.

1° PLANTE. — L'*Ergot* (2) est une petite plante parasite, de la
famille des Champignons. On le trouve communément en France,
dans les années pluvieuses, sur le Seigle dont il infeste quelquefois
les moissons. On le rencontre aussi sur les autres céréales et sur
presque toutes les Graminées. Il occupe la place d'un certain nombre
de grains.

Histoire. — Les botanistes ont longtemps ignoré la véritable nature de l'*Ergot*.

La plupart le considéraient comme un grain non fécondé et mons-
trueusement développé, ou bien rendu malade par l'effet de l'humidité ou par la piqûre d'un insecte.

De Candolle le présenta comme un petit champignon parasite qui
s'implantait sur l'ovaire, tuait le germe et se développait à sa place.
Il le rapprocha des *Sclérotes*, et le désigna sous le nom de *Sclérote
ergot*.

En 1823, M. Fries a fait de l'*Ergot* un genre particulier, sous le
nom de *Spermédie* (*Spermœdia*). Mais il laisse en question si ce
corps n'est pas une maladie du grain.

(1) *Chondrus crispus* Duby (*Fucus crispus* Linn., *Ulva crispa* DC.). On l'appelle
aussi, vulgairement, *Mousse d'Irlande* et *Mousse marine perlée*.

(2) *Claviceps purpurea* Tul. (*Sclerotium clavus* DC., *Spermœdia clavus* Fries),
vulgairement *Ergot du seigle, Seigle ergoté*.

En 1843, M. Léveillé a fait voir que l'*Ergot* était un champignon arrêté dans son développement. Il a montré que, placé dans des circonstances favorables (planté dans de la terre humide), il continuait son évolution et se transformait en une plante voisine des *Agarics*.

Description. — L'apparition de l'*Ergot*, dans une céréale, est précédée d'une substance mielleuse qui colle ensemble les étamines et le pistil, et s'oppose à la fécondation. Suivant M. Léveillé, cette substance constitue un champignon d'organisation très simple, auquel il a donné le nom de *Sphacélie des céréales* (1). L'*Ergot* prend naissance au sommet de l'ovaire, dont il détache l'épiderme ; il forme un corps mou, visqueux, d'un blanc jaunâtre. L'ovaire altéré paraît au-dessous comme un point noirâtre. Le champignon se développe bientôt en forme de corne, et sort de l'épi, entraînant au-dessus de lui la *Sphacélie*. Celle-ci constitue la partie terminale de l'*Ergot*.

Lorsqu'on examine un *Ergot* frais, on voit à son extrémité supérieure un petit paquet allongé d'une matière cérébriforme, molle et blanchâtre, qui coule le long du corps du champignon. Cette matière diminue considérablement de volume par la dessiccation et manque généralement dans les *Ergots* du commerce.

M. Tulasne admet, comme M. Léveillé, l'apparition de la matière gluante. Cette matière est composée, suivant lui, de spermaties flottantes dans un liquide visqueux. Elle produit, à son centre, l'*Ergot*. Si l'on met en terre ce dernier, il donnera naissance, au bout d'un certain temps, à une masse de petites sphères qui constituent un petit champignon muni d'une tête et d'un support, désigné par M. Tulasne sous le nom de *Claviceps pourpre* (2).

Il y a donc trois états dans l'*Ergot :* la *Sphacélie*, l'*Ergot* et le *Claviceps*.

2° ERGOT MÉDICINAL. — L'*Ergot* du commerce dont il vient d'être question, c'est-à-dire l'Ergot privé de la *Sphacélie*, constitue aussi l'*Ergot médicinal*.

Qu'on se représente un corps solide long de 1 à 3 centimètres, large de 2 millimètres, oblong, presque cylindrique, irrégulièrement tétraédrique ou presque trièdre, aminci aux deux extrémités, obtus au sommet, droit ou arqué, plus ou moins semblable à une corne ou à l'ergot d'un coq, souvent marqué d'un côté d'un sillon longitudinal, offrant quelquefois une ou plusieurs crevasses longitudinales ou transversales, coloré en brun violet. Ce corps est ferme

(1) *Sphacelia segetum* Lév.
(2) *Claviceps purpurea* Tul.

et cassant. Il offre une cassure homogène, blanchâtre vers le centre et d'une teinte vineuse vers la périphérie.

L'analyse de l'*Ergot* a donné un principe particulier non défini appelé *ergotine*, de l'huile grasse non saponifiable, de la matière grasse cristallisable, de la cérine, de l'osmazôme, du sucre cristallisable, de la gomme, un principe colorant rouge, de l'albumine végétale, de la fongine... (Wiggers).

L'*ergotine* est un extrait mou, très homogène, d'un rouge brun. Elle forme avec l'eau une dissolution limpide, transparente, d'un beau rouge (Bonjean). 500 grammes de *seigle ergoté* fournissent de 70 à 80 grammes d'extrait.

3° PROPRIÉTÉS ET USAGES.—L'odeur de l'*Ergot* frais est analogue à celle des champignons. Lorsqu'il est sec, cette odeur devient plus forte et désagréable. Lorsqu'on tient l'*Ergot* dans un endroit humide et qu'il commence à se décomposer, il sent le poisson pourri. Sa saveur est d'abord peu marquée ; elle s'accompagne ensuite d'un resserrement particulier de l'arrière-bouche.

L'*ergotine* offre une odeur agréable de viande rôtie. Cette odeur est un peu piquante, et plus ou moins analogue à celle du blé gâté.

L'*Ergot* exerce une action stimulante spéciale sur la matrice ; il sollicite ses contractions et peut aider les accouchements rendus difficiles par inertie. Administré d'une manière continue, l'*Ergot* dilate la pupille et ralentit la circulation. Il peut occasionner des vertiges, de l'assoupissement, de la fatigue, des nausées et même un véritable empoisonnement.

On l'administre en poudre, en potion, en huile, en sirop, en extrait. On donne l'*ergotine* en pilules, en dragées, en potion, en sirop, en limonade, en injections, en lavements.

§ III. — Du Lichen d'Islande.

1° PLANTE. — Le *Lichen d'Islande* (1) est une plante foliacée, de la famille des Lichens, qui croît sur la terre et sur les rochers, dans les Vosges, les Alpes, les Pyrénées ; il est commun dans les régions septentrionales de l'Europe.

Description. — Expansions (*thalles*) rassemblées en touffes diffuses, un peu droites ou ascendantes, cartilagineuses, sèches, d'une couleur fauve ou brun verdâtre, ou gris roussâtre, plus pâles en dessous, divisées en ramifications linéaires, laciniées, comme

____

(1) *Cetraria islandica* Ach. (*Lichen islandicus* Linn., *Physcia islandica* DC.), *Cétraire d'Islande.*

pinnatifides, à lobes généralement bifurqués et bordés de petits cils roides et courts. Ces divisions tendent à se courber en gouttière, surtout vers le bas. Fruits (*scutelles*) terminaux ou presque terminaux, sessiles, orbiculaires, un peu concaves, semblables à des écussons, d'un rouge brun.

Le *Lichen d'Islande* (fig. 1) est composé de *cétrarine*, de *lichénine*,

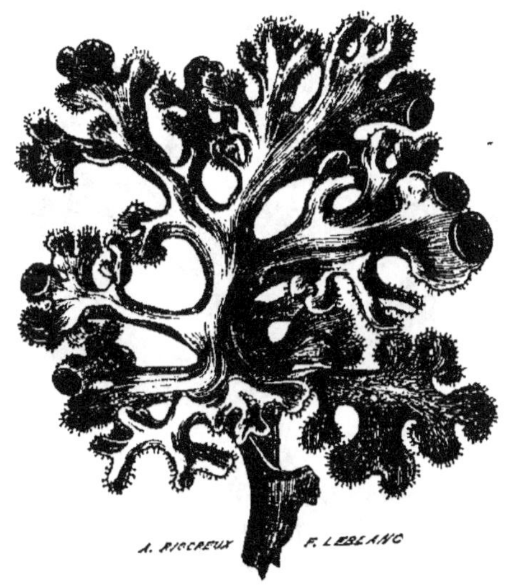

FIG. 1. — *Lichen d'Islande.*

de sucre incristallisable, de gomme, de cire verte, de matière colorante et extractive, de tartrate et lichénate de potasse et de chaux, de phosphate de chaux (Berzelius).

La *cétrarine* (ou *cetrarin*) est neutre, solide, incristallisable, d'un aspect soyeux, incolore et imparfaitement fusible, très peu soluble dans l'eau et dans l'éther, mais soluble dans l'alcool.

La *lichénine*, ou amidon de lichen, est blanche. Elle se gonfle beaucoup dans l'eau froide; elle se dissout dans l'eau bouillante: 1/24e suffit pour donner une gelée ; elle est insoluble dans l'éther; elle se transforme en sucre d'amidon par l'ébullition prolongée avec les acides.

2° PROPRIÉTÉS ET USAGES. — Saveur légèrement amère. L'eau de la vingtième décoction présente encore de l'amertume. La *cétrarine* est inodore et très amère. La *lichénine* offre une légère odeur de lichen, mais elle est sans saveur.

Propriétés analeptiques et pectorales. On l'emploie aussi dans la dysenterie et la diarrhée chronique.

On l'administre bouilli dans du lait, en décoction dans l'eau, en poudre, en tablettes, en pâte, en gelée, en sirop. On l'incorpore dans le chocolat.

3° AUTRES ESPÈCES. — On a proposé, comme succédanés du *Lichen d'Islande*, les espèces suivantes, quoique un peu âcres et astringentes.

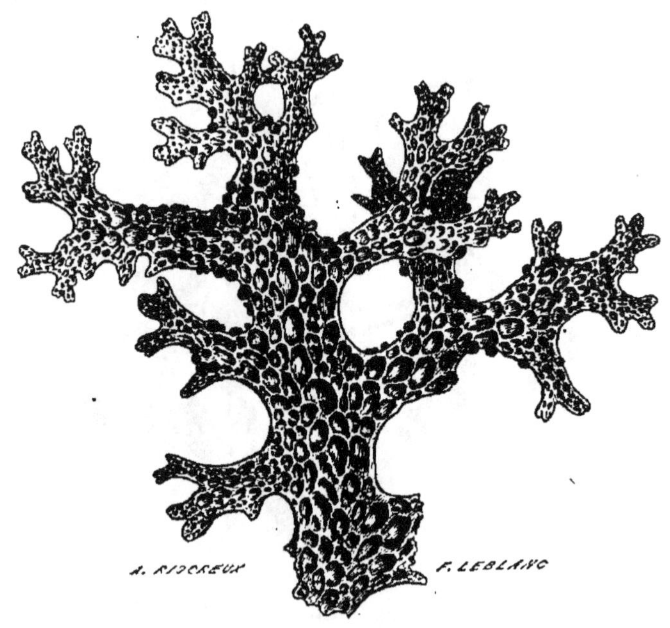

FIG. 2. — *Lichen pulmonaire.*

1° Le *Lichen pulmonaire* (1) (fig. 2), — 2° le *Lichen aphtheux* (2), — 3° le *Lichen des chiens* (3), — 4° le *Lichen des rennes* (4), — 5° le *Lichen pyxidé* (5).....

Linné regardait comme vulnéraires et astringentes l'*Usnée barbue* (6) et l'*Usnée entrelacée* (7). On a signalé comme fébrifuges la *Physcie grenue* (8), et surtout la *Variolaire en disque* (9), forme efflo-

(1) *Sticta pulmonaria* (*Lichen pulmonarius* Linn., *Lobaria pulmonaria* Hoffm., *Sticta pulmonacea* Ach.).

(2) *Peltigera aphthosa* Hoffm. (*Lichen aphthosus* Linn., *Peltidea aphthosa* Ach.).

(3) *Peltigera canina* Hoffm. (*Lichen caninus* Linn., *Peltidea canina*, Ach.).

(4) *Cenomyce rangiferina* Ach. (*Lichen rangiferinus*, Linn., *Cladonia rangiferina* Hoffm.).

(5) *Cenomyce pyxidata* Ach. (*Lichen pyxidatus* Linn., *Scyphophorus pyxidatus* DC.).

(6) *Usnea barbata* DC. (*Lichen barbatus* Linn.).

(7) *Usnea plicata* Hoffm. (*Lichen plicatus* Linn., *L. implexus* Lam.).

(8) *Physcia furfuracea* DC (*Lichen furfuraceus* Linn., *L. absinthifolius* Lam., *Borrera furfuracea* Ach., *Evernia furfuracea* Delise).

(9) *Variolaria discoidea* Pers. (*Lichen discoideus* Ach.).

rescente de la *Pertusaire commune* (1). Le docteur Adolphe de Barrau a insisté, il y a quelques années, sur l'utilité de cette dernière. Ce lichen renferme un principe cristallisable, la *picrolichénine* (Alms), qui sert de base aux *pilules de variolarine Bouloumié*.

§ IV. — De la Mercuriale.

1° PLANTE. — La *Mercuriale annuelle* (2) est une plante herba-

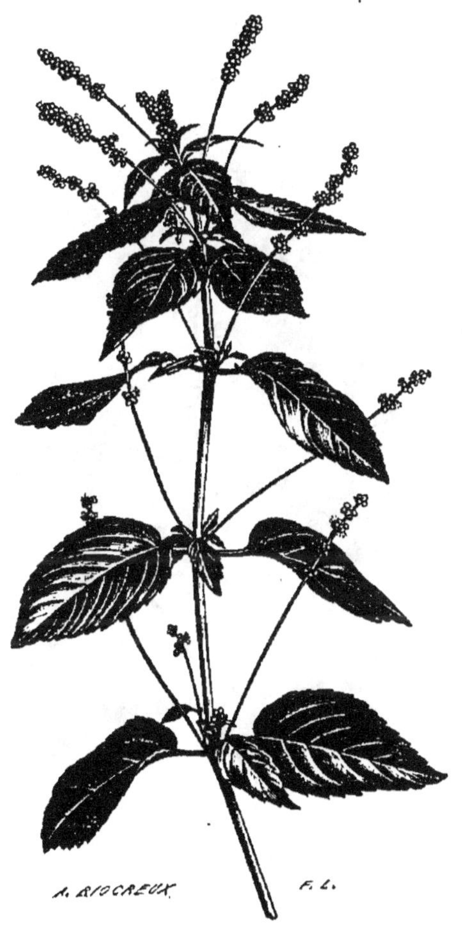

FIG. 3. — *Mercuriale mâle.*

cée, de la famille des Euphorbiacées. On la trouve très communément en France, dans les jardins et dans les champs cultivés.

(1) *Pertusaria communis* DC. (*Lichen pertusus* Linn., *Sphæria pertusa* Weig.)
(2) *Mercurialis annua* Linn., vulgairement *Foirole, Foirode, Vignoble, Vignette.*

Description (fig. 3 et 4).—Plante annuelle et dioïque. Racine pivotante. Tige dressée, haute de 2 à 6 décimètres, obscurément tétragone, très glabre, assez rameuse et souvent dès la base. Feuilles opposées, pétiolées, ovales ou ovales-lancéolées, aiguës, lâchement dentées en scie, glabres, un peu ciliées, d'un vert sombre, minces, molles. Mâle : Inflorescence en épis allongés, axillaires, longuement pédonculés. Fleurs très petites, réunies en groupes sessiles

FIG. 4. — *Mercuriale femelle.*

un peu écartés ; calice étalé, à 3 ou 4 sépales étalés, ovales et aigus, soudés à la base ; étamines 10 à 20, dressées, à filets flexueux portant des anthères bilobées. Fem. : Pédoncules plus courts et biflores. Fleurs un peu moins petites ; calice à 3 sépales obtus ;

ovaire arrondi, didyme, hérissé de petites pointes, accompagné de 2 ou 3 filaments staminaux stériles ; stigmate presque sessile, profondément partagé en deux branches très divergentes et très papilleuses. Fruit (*capsule*) à 2 coques, un peu hérissées, offrant chacune en dessus deux crêtes tuberculeuses. Graines solitaires, globuleuses, souvent réticulées ou rugueuses.

La *Mercuriale* est composée d'un principe amer, de mucilage, d'albumine, d'une matière grasse incolore, d'essence , de pectine, de sels (Fennculle).

2° PROPRIÉTÉS ET USAGES. — Odeur faible, mais peu agréable. Saveur herbacée et fade, à peine salée, légèrement nauséabonde.

Propriétés émollientes et laxatives : c'est un purgatif populaire. On l'administre en cataplasmes, en fomentations, en lavements, en bains, en sirop, en miel. Elle entre dans plusieurs préparations officinales. Le *sirop de longue vie* était un miel de *Mercuriale* composé.

3° OBSERVATION. — Il ne faut pas lui substituer la *Mercuriale vivace* (1), qui est beaucoup plus active (Soubeiran).

§ V. — De la Pariétaire.

1° PLANTE. — La *Pariétaire officinale* (2) est une plante herbacée, de la famille des Urticées. On la trouve communément en France, au pied et dans les fentes des vieux murs.

Description (fig. 5). — Racine vivace. Tiges nombreuses dressées, hautes de 3 à 8 décimètres, légèrement velues, un peu rougeâtres, charnues, tendres, simples ou rameuses dès la base. Feuilles alternes, pétiolées, ovales ou lancéolées, rétrécies inférieurement, acuminées, entières , ponctuées, velues , rudes , d'un vert obscur noircissant par la dessiccation. Inflorescence en glomérules axillaires plus courts que le pétiole, dichotomes, subglobuleux. Fleurs réunies par 3 dans un involucre commun court, composé de plusieurs folioles, très petites, sessiles, verdâtres, polygames. La fleur moyenne est ordinairement hermaphrodite ; les latérales sont femelles. Hermaphrodites. et mâles pourvues d'un calice gamosépale, tubuleux, mince, à 4 lobes aigus, et de 4 étamines très élastiques. Dans les premières, il existe de plus un ovaire libre, portant un stigmate en forme de pinceau. Fem. : Calice tubuleux-renflé, mar-

---

(1) *Mercurialis perennis* Linn., vulgairement *Chou de chien*, *Mercuriale sauvage*, *M. de montagne*.
(2) *Parietara officinalis* Linn., vulgairement *Casse-pierre*, *Perce-muraille*.

qué de côtes longitudinales, 4-denté, persistant. Étamines rudimentaires. Ovaire à style très court ou nul ; stigmate en pinceau.
Fruit (*achaine*) enveloppé par le calice, ovoïde, comprimé, lisse, luisant.

2° PROPRIÉTÉS ET USAGES. — Saveur herbacée, un peu nitreuse.

FIG. 5. — *Pariétaire officinale.*

Propriétés diurétiques et rafraîchissantes. Quelques auteurs la
croient émolliente. C'est un remède populaire.

On administre son suc ou sa décoction. Elle est prise encore en
lavements et appliquée en cataplasmes. On en prépare une eau distillée.

§ VI. — De la Pensée.

1° PLANTE. — La *Pensée* (1) est une plante annuelle de la famille des Violariées, qui vient naturellement dans les champs et les prés montueux de l'Europe, de la Sibérie et de l'Amérique septentrionale. On la cultive dans les jardins.

Description (fig. 6). — Racine presque fusiforme. Tige longue de 2 décimètres, plus ou moins redressée, rameuse, diffuse, anguleuse, comme trigone, glabre ou presque glabre. Feuilles pétiolées, oblongues ou ovales-oblongues, fortement crénelées; les inférieures

FIG. 6. — *Pensée.*

presque cordées à la base. Stipules foliacées, pinnatipartites-lyrées, à lobes latéraux linéaires, le terminal oblong. Fleurs axillaires, à pédoncules plus longs que les feuilles, mélangées de jaune et de blanc ou bien de violet pâle et de blanc jaunâtre. Pétales plus ou moins grands; les supérieurs et les latéraux dirigés en haut, l'inférieur dirigé en bas; l'onglet des latéraux et de l'inférieur barbu; éperon court et obtus. Style atténué du sommet à la base; stigmate droit, en forme d'entonnoir, à ouverture grande, munie d'un labelle couvert de poils fasciculés. Fruit (*capsule*) ovoïde-oblong, trigone,

(1) *Viola tricolor* Linn., vulgairement *Herbe de la Trinité, Violette tricolore.*

glabre, s'ouvrant par trois valves. Graines nombreuses, petites, ovoïdes, blanches.

On distingue deux variétés : la *Pensée sauvage* (1), à pétales dépassant à peine le calice, de couleur jaunâtre, rarement tachés de violet ; et la *Pensée cultivée* (2), à pétales dépassant longuement le calice, les supérieurs violets ou maculés de violet au moins dans leur moitié terminale ; les latéraux et l'inférieur jaunes, striés de violet à la base, tachés de la même couleur ou entièrement violets.

On se sert surtout du type sauvage. En Allemagne on conseille plus généralement la variété cultivée. Quelques pharmaciens emploient toute la plante, et d'autres seulement les sommités.

2° PROPRIÉTÉS ET USAGES. — Odeur herbacée, peu agréable. Saveur amère et mucilagineuse. A faible dose, elle agit comme tonique ; à haute dose, elle provoque le vomissement et même des évacuations alvines. On la regarde généralement comme dépurative et antiscrofuleuse. On assure qu'elle est excellente contre les dartres (Haase). D'après Bergius, la tige serait purgative, et les racines seraient vomitives (3).

On l'administre soit en poudre, soit en infusion ou décoction, ou en sirop ; on la fait entrer dans les sucs d'herbes ; on la donne aussi, pour les enfants, en décoction laiteuse.

§ VII. — De la Fumeterre.

1° PLANTE. — La *Fumeterre officinale* (4) est une plante herbacée de la famille des Fumariacées. Elle est très commune en France, dans les champs et les vignes.

Description. — Plante annuelle. Racine oblongue, blanchâtre, fibreuse. Tige longue de 2 à 8 décimètres, couchée, anguleuse, glabre, glauque, rameuse, à branches diffuses. Feuilles alternes, pétiolées, bi-tripinnatiséquées, glabres, d'un vert un peu glauque, molles ; à segments écartés, découpés en lobes étroits et acuminés. Inflorescence en grappes longues, assez lâches. Bractées petites et lancéolées. Fleurs nombreuses, brièvement pédonculées, d'un blanc légèrement pourpré, tachées de pourpre noirâtre au sommet. Calice oblique, à 2 sépales attachés par leur partie moyenne, ovales-

---

(1) *Viola tricolor* α Linn. (*V. arvensis* Murr. *V. tricolor arvensis* Pharm.).
(2) *Viola tricolor* β Linn. (*V. tricolor hortensis* Pharm.).
(3) Voy. FLEURS SIMPLES, § V.
(4) *Fumaria officinalis* Linn., vulgairement *Fiel de terre*.

lancéolés, aigus, à bords érodés. Corolle irrégulière, à 4 pétales ; l'inférieur long, spathulé, canaliculé ; les deux latéraux semblables, onguiculés, ovales-allongés, obtus, mucronulés, épais sur les bords, portant sur le dos une crête longitudinale saillante supérieurement. Le supérieur, le plus grand, arrondi, prolongé à sa base externe en un éperon court, obtus, recourbé et comprimé, à bords un peu relevés, comme creusé en gouttière, offrant une tache verte en dehors. Étamines 6, réunies par les filets en deux faisceaux à 3 anthères dont la moyenne biloculaire et les latérales à une loge. Ovaire libre, ovoïde, portant un style articulé, filiforme, décliné, caduc, terminé par un stigmate capitulé. Fruit subglobuleux, tronqué et légèrement émarginé au sommet, un peu comprimé, glabre, monosperme, indéhiscent. Graine sans arille.

La *Fumeterre officinale* contient de la *fumarine*, de l'extractif, de la résine et un acide cristallisable (Preschier).

2° PROPRIÉTÉS ET USAGES. — Saveur amère et un peu mucilagineuse.

Propriétés toniques, apéritives et diurétiques. Employée dans les maladies de la peau, dans les affections scorbutiques, dans certaines fièvres.

On administre son suc et sa décoction. On la donne aussi bouillie dans du lait. On en compose un sirop et un extrait.

3° AUTRES ESPÈCES. — On peut employer indistinctement les autres espèces de la France ; par exemple : 1° la *Fumeterre à petites fleurs* (1), 2° la *grimpante* (2), 3° la *moyenne* (3), 4° celle *en épi* (4).

§ VIII. — De la Gratiole.

1° PLANTE. — La *Gratiole officinale* (5) est une plante herbacée de la famille des Scrophularinées ; elle croît dans presque toute la France ; elle aime les endroits très humides.

Description (fig. 7). — Plante vivace. Racine rampante, rameuse, à radicelles capillaires. Tige herbacée, de 2 à 5 décimètres, dressée, marquée d'un sillon longitudinal, glabre, simple ou un peu rameuse. Feuilles opposées, sessiles, demi-embrassantes, ovales ou lancéolées, un peu inégales, obscurément denticulées dans leur partie supérieure,

(1) *Fumaria parviflora* Linn.
(2) *Fumaria capreolata* Linn.
(3) *Fumaria media* Lois.
(4) *Fumaria spicata* Linn.
(5) *Gratiola officinalis* Linn., vulgairement *Herbe à pauvre homme*.

un peu épaisses, trinerviées, glabres. Fleurs axillaires, solitaires,
dressées, portées par un pédicelle
assez long, mais plus court que la
feuille, aplati, avec deux bractéoles
terminales, d'un blanc jaunâtre légèrement rosé. Calice à 5 sépales un
peu inégaux, linéaires-lancéolés,
étroits, aigus. Corolle irrégulière, à
tube allongé, un peu plissé longitudinalement, à limbe presque bilabié, quadrifide. La lèvre supérieure large, légèrement échancrée,
barbue intérieurement ; l'inférieure
à 3 lobes égaux, arrondis, très
obtus, le médian redressé. Étamines 4, 2 fertiles et 2 avortées
réduites à des filaments capillaires
un peu renflés au sommet ; anthères
à lobes parallèles s'ouvrant chacun
par une fente longitudinale. Disque
hypogyne, jaune, entourant la base
de l'ovaire. Ovaire ovoïde, pointu ;
style un peu oblique, cylindracé,
épaissi au sommet, glabre ; stigmate
dilaté, creux, surmonté d'une petite
languette, glanduleux intérieurement. Fruit (*capsule*) ovoïde, acuminé, glabre, biloculaire, polysperme, à deux valves devenant
bifides. Graines très petites, oblongues, rugueuses.

2° PROPRIÉTÉS ET USAGES. —
Odeur nulle. Saveur amère et nauséabonde.

Purgative, énergique. On la vantait contre la goutte et contre l'hydropisie. Employée surtout dans la
médecine populaire. Sa racine passe
pour émétique.

On l'administre en décoction et en
lavements.

FIG. 7. — *Gratiole officinale.*

§ IX. — De la Laitue.

1° PLANTE. — La *Laitue commune* (1) est une plante herbacée de la famille des Composées, dont la patrie est inconnue. On la cultive généralement dans les jardins. C'est une des principales plantes potagères.

Description. — Plante annuelle. Tige haute de 6 à 12 décimètres, droite, cylindrique, lisse, très glabre, presque pleine, très ramifiée supérieurement ; rameaux ascendants ou dressés, grêles. Feuilles alternes, amplexicaules, ovales-oblongues, un peu dentées inférieurement, ondulées, lisses, sans aiguillons, d'un vert pâle, tendres, succulentes ; les inférieures disposées en rosette, rétrécies à la base et arrondies au sommet ; les supérieures cordiformes, terminées par une pointe courte. Inflorescence en panicule corymbiforme. Capitules brièvement pédonculés, petits, munis d'un involucre cylindrique-oblong, composé de folioles nombreuses disposées sur plusieurs rangs, inégales, membraneuses sur les bords ; les extérieures très petites ; réceptacle nu. Fleurs jaunes. Fruits (*achaines*) petits, ovales-oblongs, comprimés, marqués de cinq stries sur chaque face, grisâtres, brusquement atténués en un bec très ténu ; aigrette à soies capillaires légèrement scabres ou lisses, disposées sur un seul rang, simples et blanches.

Cette plante présente un très grand nombre de variétés. Lamarck en connaissait jusqu'à 149. Les principales sont la *pommée*, la *frisée* et la *romaine*.

Les anciens faisaient usage de la *Laitue vireuse* (2), qu'on disait plus active.

2° PROPRIÉTÉS ET USAGES. — Les *Laitues* passent pour sédatives.

La plante près de fleurir sert à la préparation de l'*eau* et du *sirop de Laitue*.

La *Laitue pommée* a été employée quelquefois dans les sucs d'herbes. Les anciens recommandaient l'extrait de *Laitue vireuse* (3).

§ X. — De quelques plantes peu employées.

1° L'AGARIC BLANC, ou *Polypore du Mélèze* (4), Champignon des Alpes, de la Carinthie et de la Circassie. — Amer et nauséeux. —

______

(1) *Lactuca sativa* Linn.
(2) *Lactuca virosa* Linn.
(3) Voy. le chapitre du *Lactucarium*.
(4) *Polyporus Laricis* Duby (*Boletus Laricis* Jacq., *B. purgans* Pers., *Polyporus officinalis* Fries), officin., *Agaricus albus*.

Purgatif drastique et hydragogue, à peu près abandonné. — On l'administrait en poudre et en extrait aqueux.

2° La BÉTOINE OFFICINALE (1), Verbénacée indigène. — Vantée autrefois contre les vertiges, les tremblements, la paralysie, la goutte, la jaunisse... — Administrée en décoction.

3° La CHAUSSE-TRAPE, ou *Centaurée chausse-trape* (2), Composée indigène. — Saveur très amère. — Stomachique, employée dans les maladies des voies urinaires, contre les fièvres intermittentes. — Administrée en décoction, en suc, en extrait.

4° Le CRESSON DU PARA, ou *Spilanthe potager* (3), Composée du Brésil, cultivée aujourd'hui dans les jardins. — On emploie toute la plante, surtout les capitules. Il excite fortement la salivation. On s'en sert contre les maux de dents; conseillé aussi comme antiscorbutique. — Administré en teinture alcoolique et en sirop ; c'est une des bases du *Paraguay-Roux*.

5° La DENT-DE-LION (4), Composée indigène. — Amère, la racine surtout. — Conseillée contre la jaunisse, les fièvres, les affections dartreuses. On emploie toute la plante ou seulement son suc. — Administrée en tisane, en eau distillée, en extrait, en onguent. Elle entrait avec le Chiendent dans la composition de cette *tisane royale* dont Louis XIV paya si généreusement la recette.

6° L'ÉPHÉMÉRINE DIURÉTIQUE (5), Commélinée du Brésil. — Herbe savonneuse, un peu acide. — Elle passe pour calmer les douleurs rhumatismales et pour combattre les refroidissements et les rétentions d'urine. — Administrée en bains, en cataplasmes, en injections.

7° L'EUFRAISE OFFICINALE (6), Scrophularinée indigène. — Odeur légèrement aromatique. Saveur amère et un peu astringente. — Elle passait pour ophthalmique, céphalique et incisive. — On l'administrait en eau distillée et en collyre, dans lequel on incorporait diverses substances astringentes.

8° Le GUACO, ou *Mikanie guaco* (7), Composée de la Colombie. — Conseillé en Amérique contre la morsure des serpents venimeux.

9° L'HYDROCOTYLE ASIATIQUE (8), Ombellifère de l'Asie orien-

(1) *Betonica officinalis* Linn.
(2) *Centaurea calcitrapa* Linn., vulgairement *Chardon étoilé*.
(3) *Spilanthus oleraceus* Linn., vulgairement *Cresson du Brésil*.
(4) *Taraxacum dens-leonis* Desf. (*Leontodon Taraxacum* Linn.), vulgairement *Pissenlit*.
(5) *Tradescantia diuretica* Mart., vulgairement *Trepoeraba, Traboerava*.
(6) *Euphrasia officinalis* Linn.
(7) *Mikania Guaco* Kunth.
(8) *Hydrocotyle Asiatica* Linn., vulgairement *Écuelle-d'eau d'Asie*.

tale. — Proposée contre la lèpre, les dartres et les autres maladies de la peau, contre les scrofules, la syphilis, le rhumatisme et la goutte (Boileau, Lépine). — Administrée en extrait, en sirop, en granules, en poudre et en pommade.

10° Le LIERRE TERRESTRE, ou *Terrette à feuilles réniformes* (1), Labiée indigène. — Saveur un peu amère et légèrement âcre. — Employé dans le catarrhe pulmonaire chronique. — Administré en infusion et en eau distillée.

11° L'ORPIN, ou *Sedum âcre* (2), Crassulacée indigène. — Odeur peu forte. Saveur plus ou moins âcre. — Purgatif et même émétique, caustique. Passait pour antiscorbutique. Employé aussi contre les cors, la gale, les ulcères et le cancer. — Administré à l'intérieur, en décoction, dans du lait ou de la bière, ou bien à l'extérieur, simplement pilé.

12° L'ORTIE BLANCHE, ou *Lamier blanc* (3), Labiée indigène. — Odeur aromatique peu agréable, légèrement amère. — Conseillée contre les scrofules et la leucorrhée. — Administrée en poudre, en eau distillée, en extrait et en sirop.

13° La PARISETTE (4), Smilacée indigène. — Réputée purgative, céphalique et bonne contre la toux. On a cru que sa racine pouvait remplacer l'ipécacuanha. Ses feuilles et ses baies bouillies ou seulement pilées sont appliquées, dans certains pays, sur les panaris, les ulcères invétérés et les bubons pestilentiels. Son suc a été recommandé dans les inflammations des yeux.

14° La PAVONIE DIURÉTIQUE (5), Malvacée brésilienne. — Conseillée contre la dysurie. — Administrée en décoction.

15° Les PLANTAINS (Plantaginées). — On emploie quelquefois le grand *Plantain* (6), le *moyen Plantain* (7), et le *Plantain lancéolé* (8), tous les trois indigènes. — Vulnéraires et astringents. — Administrés en eau distillée et en collyre.

16° La PÉDICULAIRE (9), Scrophularinée indigène. — Odeur virulente. — Linné la croyait vulnéraire ; d'autres l'ont signalée

(1) *Glechoma hederacea* Linn., vulgairement *Herbe de Saint-Jean*, *Rondotte*, *Gléchome*.

(2) *Sedum acre* Linn., vulgairement *Orpin brûlant*, *Vermiculaire*.

(3) *Lamium album* Linn., vulgairement *Ortie morte*, *Archangélique*.

(4) *Paris quadrifolia* Linn., vulgairement *Raisin de renard*, *Herbe à Paris*, *Parisette à quatre feuilles*.

(5) *Pavonia diuretica* Saint-Hil.

(6) *Plantago major* Linn.

(7) *Plantago media* Linn.

(8) *Plantago lanceolata* Linn.

(9) *Pedicularis palustris* Linn., vulgairement *Herbe aux poux*, *Pédiculaire des marées*.

comme astringente, comme bonne dans le traitement des ulcères et des fistules. — On l'administrait en décoction. Elle est très peu employée et regardée généralement comme suspecte.

17° La RENOUÉE ACRE (1), Polygonée indigène.—Très âcre.—Employée autrefois comme détersive, vulnéraire, fondante et apéritive. Elle tue les vers. Les feuilles et les jeunes pousses étaient recommandées contre la goutte. Les graines réduites en poudre ont été prises comme assaisonnement par des gens de la campagne. — Administrée en infusion. Très peu employée.

La *Renouée antihémorrhoïdale* (2) est ordonnée, au Brésil, contre les douleurs articulaires et contre les hémorrhoïdes. Son suc, âcre et stimulant, passe pour utile, dans la strangurie et la dysenterie.

18° La SPIGÉLIE ANTHELMINTHIQUE (3), Loganiacée du Brésil, de la Guyane et de quelques autres contrées de l'Amérique méridionale. — Regardée comme un spécifique contre les vers intestinaux. On emploie la plante tout entière, mais surtout les feuilles.—Administrée en poudre, en décoction, en sirop, en gelée. A peu près abandonnée.

Une autre espèce moins active, la *Spigélie du Maryland* (4), jouit de propriétés analogues, mais plus faibles. On se sert aussi de la plante entière, principalement des racines.

CHAPITRE II.

DES RACINES.

On emploie en médecine un très grand nombre de racines. On se sert tantôt de l'écorce seulement (*Grenadier*, *Simarouba*), ou bien du bois (*Rhubarbe*), tantôt de tout le tissu (*Salsepareille*, *Valériane*).

Parmi ces racines, les principales sont : 1° l'*Ipécacuanha*, 2° la *Rhubarbe*, 3° la *Gentiane*, 4° la *Salsepareille*, 5° la *Valériane*, 6° le *Jalap*, 7° l'*Aconit*, 8° le *Pyrèthre*, 9° le *Sénéga*, 10° la *Ratania*, 11° le *Grenadier*, 12° le *Simarouba*, 13° le *Raifort*, 14° la *Guimauve*.

---

(1) *Polygonum hydropiper* Linn., vulgairement *Poivre d'eau*, *Curage*, *Persicaire âcre*.

(2) *Polygonum antihæmorrhoidale* Mart., vulgairement *Erva do bicho*.

(3) *Spigelia anthelmia* Linn., vulgairement *Poudre aux vers*, *Brinvillière*, *Yerba de lombrices*.

(4) *Spigelia Marylandia* Linn., vulgairement *Œillet de la Caroline*.

§ I. — Racines d'Ipécacuanha.

On désigne sous le nom d'*Ipécacuanha* (1), plusieurs racines appartenant à des végétaux de genres et même de familles différents.

1° HISTOIRE. — Marcgrav et Pison ont parlé les premiers des vertus de l'*Ipécacuanha*, dans leur *Histoire naturelle médicale du Brésil*. En 1672, un médecin, nommé Legras, qui avait fait trois fois le voyage de l'Amérique, cueillit une certaine quantité d'*Ipécacuanha*, qu'il déposa chez un pharmacien alors en vogue. Mais celui-ci, ayant administré des doses un peu trop fortes du nouveau remède, nuisit considérablement au débit de la racine américaine. Environ quatorze ans après, un certain Grenier, négociant, revenant d'Espagne, rapporta à Paris près de 140 livres d'*Ipécacuanha*. Adrien Helvétius encouragea la vente de ce remède, et en surveilla l'administration. Louis XIV donna la permission de faire des essais à l'Hôtel-Dieu. L'efficacité de la racine du Brésil fut constatée ; Helvétius guérit même le Dauphin par son emploi. Le roi voulut en répandre les avantages, et fit l'acquisition du remède, jusqu'à ce moment tenu secret, moyennant une somme assez considérable. Il y eut alors un procès entre le négociant et le médecin, le premier voulant partager la récompense que Louis XIV avait accordée à Helvétius. Le Châtelet et le Parlement décidèrent que la récompense appartenait à celui dont l'habileté avait démontré, par expérience, les avantages de l'*Ipécacuanha*. Depuis cette époque, l'usage de la nouvelle racine se répandit en Allemagne, en Angleterre et dans les autres parties de l'Europe.

La description et la figure données par Marcgrav et Pison sont tellement imparfaites, qu'on a été pendant longtemps embarrassé pour savoir au juste quelle était la plante mentionnée. On a cru tour à tour que l'*Ipécacuanha* était produit par une *Parisette* (Raj), par un *Chèvre-feuille* (Morison, Pluknet) et par une *Violette* (Linné). Il est reconnu, aujourd'hui, que l'*Ipécacuanha* (ou une racine analogue) est fourni par un grand nombre de plantes différentes.

L'*Ipécacuanha* contient : un extrait vomitif (*émétine noire*), un extrait non vomitif, de la gomme, de l'amidon, du ligneux et une matière grasse odorante (Pelletier).

L'*émétine* est un alcaloïde faible, pulvérulent, de couleur blanche.

(1) Officin., *radix Ipecacuanhæ*. On l'appelait, dans le principe, *Béconquille* ou *Mine d'or*.

2° Espèces. — On distingue généralement trois espèces d'*Ipéca-cuanhas* : 1° l'*annelé*, 2° le *strié*, 3° l'*ondulé*. Ce sont les espèces réellement officinales.

1° *Ipécacuanha annelé.* — L'*Ipécacuanha annelé* provient de la Céphélide ipécacuanha (1), de la famille des Rubiacées. Cette plante habite les forêts ombragées du Brésil.

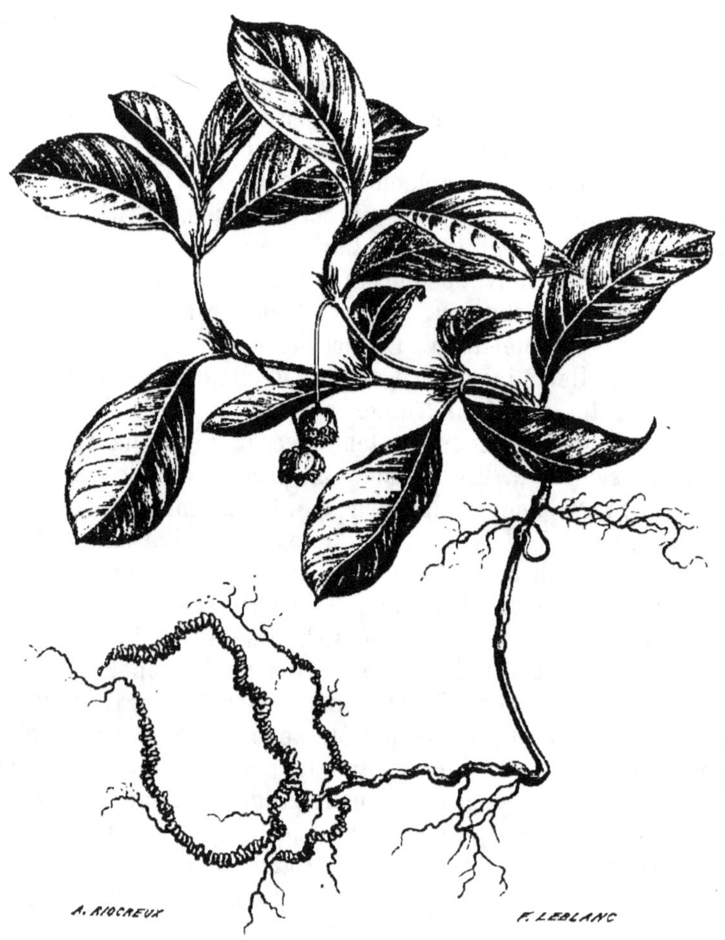

FIG. 8. — *Céphélide ipécacuanha.*

Description (fig. 8). — Tige herbacée, ascendante ou droite, obscurément quadrangulaire, pubescente vers le sommet. Feuilles

(1) *Cephælis Ipecacuanha* Rich. (*Callicocca Ipecacuanha* Brot., *Ipecacuanha offi-cinalis* Arrud.

opposées, brièvement pétiolées, oblongues, ovales ou obovées, brièvement acuminées, entières, rudes en dessus, légèrement pubescentes en dessous. Stipules assez grandes, réunies à la base, découpées supérieurement en 5 ou 6 lanières très étroites et subulées. Capitules terminaux, petits. Pédoncules droits, plus tard pendants. Bractées au nombre de quatre, un peu larges, cordiformes et pubescentes. Fleurs petites, blanches. Calice à tube adhérent et à 5 dents. Corolle infundibuliforme, à tube dépassant de beaucoup le calice, presque cylindrique et à limbe 5-lobé ; ces lobes sont étalés, allongés et aigus. Étamines au nombre de 5, insérées au-dessous de la gorge de la corolle, ne dépassant pas cette dernière, à filet extrêmement court et à anthère presque linéaire. Style simple, atteignant à peine la moitié du tube de la corolle, terminé par deux petits stigmates linéaires et divergents. Fruit (*nuculaine*) ovoïde, peu charnu, couronné par les débris du calice, noirâtre, contenant deux petites noix oblongues, planes d'un côté, bombées de l'autre et blanchâtres.

Racine (1) (fig. 9).— Assez commune dans le commerce, de la grosseur d'une plume à écrire, allongée, irrégulièrement et flexueusement contournée ou coudée, simple ou rameuse, formée de petits anneaux saillants, très rapprochés, inégaux, séparés par des enfoncements étroits. Cette racine est composée d'un axe plus ou moins grêle et d'une écorce plus ou moins épaisse ; elle est lourde, compacte, cassante, à cassure brunâtre, manifestement résineuse dans sa partie corticale.

L'*Ipécacuanha annelé* présente trois variétés principales de couleur : 1° L'*annelé brun*. Son épiderme est d'un brun plus ou moins foncé, quelquefois même presque noir. 2° L'*annelé gris*, dont les anneaux sont moins rapprochés et moins saillants et dont l'épiderme est d'un gris blanchâtre. Cette variété n'est pas très commune ; elle se trouve, parfois, mélangée avec la précédente. 3° L'*annelé rouge*, dont l'épiderme est d'un brun rougeâtre, couleur de rouille. Il est aussi commun que le brun (A. Richard).

Odeur faible, mais nauséabonde. Saveur herbacée, un peu âcre et amère.

2° *Ipécacuanha strié*. — L'*Ipécacuanha strié* ou *brun* (2) provient de la *Psychotrie émétique* (3), de la famille des Rubiacées. Il habite le Pérou.

---

(1) Officin., *Ipecacuanha cineritia vulgaris, Peruviana, Ipécacuanha gris, Ipéca*, vulgairement au Brésil *Poaya, Poaya do mato, Poaya da botica.*
(2) Ou *noir*.
(3) *Psychotria ? emetica* Mut. in Linn. (*Cephœlis emetica* Pers.).

Description. — Tige un peu ligneuse, droite, simple, velue. Feuilles opposées, brièvement pétiolées, oblongues, étroites à la base, acuminées, entières, ciliées, pubescentes en dessus. Stipules très courtes, ovales-étroites et acuminées. Inflorescence en petites grappes axillaires bifurquées. Pédoncules peu rameux, pau-

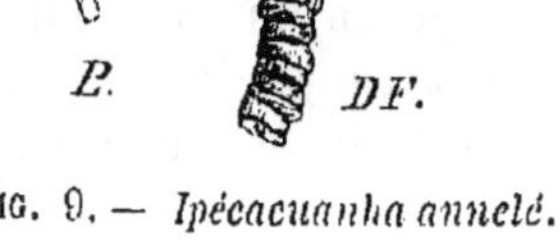

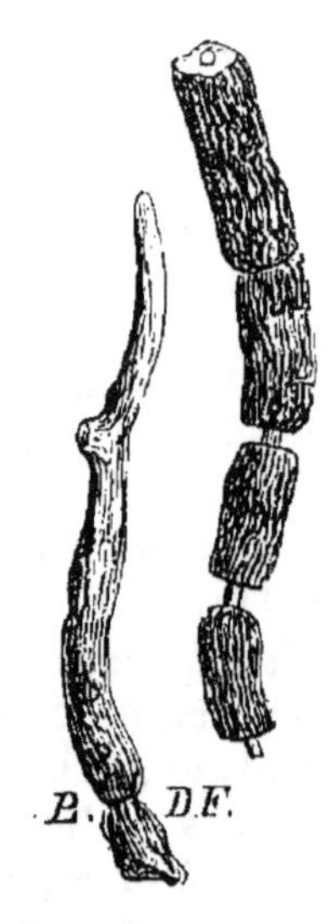

Fig. 9. — *Ipécacuanha annelé.*   Fig. 10. — *Ipécacuanha strié.*

ciflores. Calice à 5 lobes, ovales. Corolle infundibuliforme, évasée, quinquéfide. Étamines au nombre de 5, attachées au tube, incluses. Fruit ovoïde-globuleux, lisse, bleuâtre.

Racine (fig. 10).—Plus rare dans le commerce que celle de l'*Ipécacuanha annelé*, de la grosseur d'une plume à écrire, cylindracée, peu contournée, le plus souvent simple, non rugueuse, offrant d'espace en espace des espèces d'étranglements circulaires et profonds. Surface avec des stries longitudinales plus ou moins marquées, d'un brun foncé. Couche corticale moins cassante que dans l'espèce précédente. Cassure brune, noirâtre, faiblement résineuse.

Odeur presque nulle. Saveur fade, nullement amère, offrant à peine une légère âcreté lente à se produire.

3° *Ipécacuanha ondulé.* — Cette troisième espèce a été attribuée pendant longtemps à une *Violette*, le *Viola Ipecacuanha* de Linné; mais elle provient d'une Rubiacée, comme les précédentes, très voisine des *Céphélides.*

50 VÉGÉTAUX EMPLOYÉS EN MÉDECINE.

Cette Rubiacée a été appelée *Richardsonia scabra* (1) ; elle croît dans les prés, aux environs de Rio-Janeiro.

Description. — Plante couchée, velue. Tiges grêles, ascendantes. Feuilles ovales ou ovales-lancéolées, un peu pointues, entières, rudes sur les bords. Stipules en forme de gaîne divisée par le haut. Inflorescence en petits capitules terminaux, entourés d'un grand involucre composé de quatre bractées étalées. Calice subglobuleux, à lobes presque égaux, triangulaires et ciliés. Corolle en entonnoir, à lobes poilus au sommet. Capsule d'abord couronnée par le calice, puis dénudée, se séparant en 3 ou 4 coques membraneuses indéhiscentes et monospermes. Graines peltées.

Racine (2) (fig. 11). — De la grosseur de la première espèce, très sinueuse, quelquefois un peu annelée, mais n'offrant jamais les anneaux nombreux et serrés qui caractérisent la première racine, ni les stries longitudinales de la seconde espèce. La plupart des branches radicales fortement vermiculées, c'est-à-dire qu'une partie brusquement arquée ou creusée d'un côté répond à une partie fortement convexe, de l'autre ; l'extrémité des ramifications radicales se rétrécit brusquement ; extérieur d'un gris blanchâtre, souvent terreux ; l'intérieur d'un blanc mat, comme farineux.

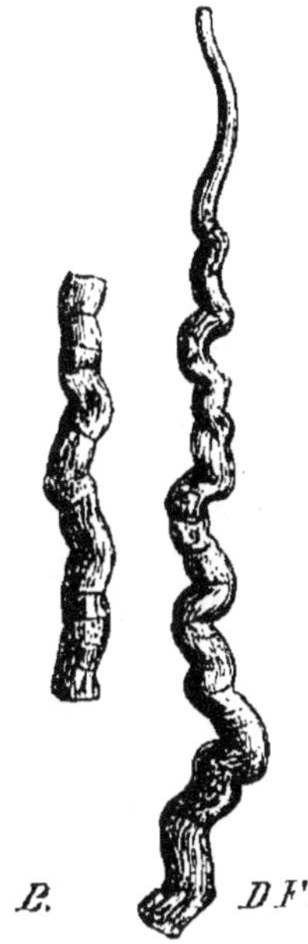

Fig. 11.—*Ipécacuanha onffulé*.

Lorsqu'on casse l'*Ipécacuanha onffulé*, et qu'un instant après, on regarde la cassure au soleil, on aperçoit, à la simple vue, surtout vers la circonférence, des points éclatants et perlés, et la loupe fait voir qu'il s'est élevé au-dessus de la cassure un tas de matière blanche et micacée, qu'on ne peut méconnaître pour de l'amidon (Guibourt).

Odeur de moisi. Saveur moins âcre que celle de l'*Ipécacuanha annelé*, et un peu farineuse.

3° FAUX IPÉCACUANHAS. — Les autres *Ipécacuanhas* offrent moins d'importance que ceux qui viennent d'être décrits. On les retire de diverses plantes appartenant, comme les précédentes, à

(1) *Richardsonia scabra* Saint-Hil. (*Richardia scabra* Linn., *R. pilosa* Ruiz et Pav., *Spermacoce hexandra* A. Rich., *Richardsonia Brasiliensis* Gomez), vulgairement *Poaya do campo*.

(2) *Ipécacuanha blanc* Bergius, *Ipéc. amylacé* ou *blanc* Mérat.

la famille des Rubiacées, ou bien à celles des Violariées, des Asclépiadées et des Euphorbiacées.

1° *Rubiacées.* — Suivant Auguste de Saint-Hilaire, on emploie
dans diverses parties du Brésil, les racines de la *Richardsonie
rose* (1), de la *Borréric poaya* (2) et de la *Borréric ferrugineus* (3).

Selon Dandrada, on fait également usage, en Amérique, de la
Géophile réniforme (4).

2° *Violariées.* — Les *Ipécacuanhas* retirés de cette famille ont
généralement une couleur blanche. Voilà pourquoi on les appelle
Ipécacuanhas blancs. Ils sont moins énergiques que les vrais *Ipécacuanhas.* Les espèces principales sont : l'*Ionidion ipécacuanha* (5),
de Cayenne; l'*Ionidion poaya* (6), du Brésil; l'*Ionidion parviflore* (7), de Santa-Fé de Bogota, et l'*Ionidion brévicaule* (8), du Brésil.
Les propriétés des Violariées exotiques se retrouvent, mais à un
faible degré, dans nos *Violettes* indigènes.

3° *Asclépiadées.* — Les espèces dont les racines sont employées
sont la *Cynanche vomitive* (9), du Ceylan et de Java; la *Cynanque cotonneuse* (10), du Ceylan, et la *Cynanque lisse* (11), du Bengale ; la
Périploque émétique (12), des Indes orientales ; l'*Asclépiade de Cura-
çao* (13), et le *Camptocarpe mauritien* (14), des îles de France et
de Bourbon.

4° *Euphorbiacées.* — Les racines de plusieurs Euphorbes ont été
employées comme succédanées des *Ipécacuanhas;* telles sont celles de
l'*Euphorbe ipécacuanha* (15), de l'Amérique septentrionale, et celle
de l'*Euphorbe effilée* (16), des grandes Indes.

4° PROPRIÉTÉS ET USAGES. — L'*Ipécacuanha* agit comme émétique, comme irritant local ou comme tonique, suivant la dose.

(1) *Richardsonia rosea* Saint-Hil. (*R. emetica* Mart.), vulgairement *Poayo do
campo.*

(2) *Borreria Poaya* DC. (*Spermacoce Poaya* Saint-Hil.).

(3) *Borreria ferruginea* DC. (*Spermacoce ferruginea* Saint-Hil., *Sp. globosa* Pohl.).

(4) *Geophila reniformis* Cham. et Schlecht. (*Psychotria herbacea* Linn., *Cephaëlis
reniformis* Kunth).

(5) *Ionidium Ipecacuanha* Vent. (*Viola Itoubou* Aubl., *Pombalia Ipecacuanha,*
Vand., *P. Itubu* Ging.), vulgairement *Poaya, Poaya da praia, Poaya branca.*

(6) *Ionidium Poaya* Saint-Hil., vulgairement *Poaya do campo.*

(7) *Ionidium parviflorum* Vent. (*Viola parviflora* Linn. f.).

(8) *Ionidium brevicaule* Mart.

(9) *Cynanchum vomitorium* Lam. (*C. Ipecacuanha* Willd.)

(10) *Cynanchum tomentosum* Lam.

(11) *Cynanchum laevigatum* Retz.

(12) *Periploca emetica* Retz.

(13) *Asclepias Curassavica* Linn., vulgairement *Ipécacuanha blanc ou bâtard.*

(14) *Camptocarpus Mauritianus* Dne (*Periploca Mauritiana* Poir.).

(15) *Euphorbia Ipecacuanha* Linn. (*Anisophyllum Ipecacuanha* Haw.).

(16) *Euphorbia Tirucalli* Linn.

On l'administre généralement en poudre suspendue dans de l'eau sucrée ou dans une infusion légère de camomille. On en compose aussi des pastilles et des sirops, ordonnés surtout aux enfants; un liniment, un vin, une teinture, un extrait.

§ II. — Racine de Rhubarbe.

1° PLANTE. — La racine dont il s'agit est fournie principalement par la *Rhubarbe palmée* (1), de la famille des Polygonées. Cette plante est originaire de la Chine et de la Tartarie.

Description. — Tige dressée, cylindrique, simple, rameuse au sommet. Feuilles très grandes, à pétiole engaînant à la base, à limbe palmé divisé jusqu'au milieu de sa hauteur en sept lobes très aigus, incisés latéralement et comme pinnatifides, légèrement onduleuses, à nervures très fortes et très saillantes. Inflorescence paniculée. Fleurs très nombreuses, pédicellées, petites et jaunâtres. Calice gamosépale, un peu tubuleux inférieurement. Étamines au nombre de 9, à filets capillaires et à anthères ovoïdes. Ovaire pyramidal, triquètre, à 3 styles portant chacun un stigmate comme pelté, plan, arrondi et glanduleux. Fruit sec, triangulaire, à angles légèrement membraneux.

2° RACINE (2). — Verticale, épaisse, de la grosseur du bras, d'un jaune plus ou moins foncé, rameuse, marbrée de veines très apparentes; son tissu est plus ou moins compacte et craque sous la dent, ce qui est dû à l'oxalate de chaux qu'il contient; il colore la salive en jaune.

On distingue dans le commerce trois sortes de *Rhubarbes*: 1° celle de *Chine*, 2° celle de *Moscovie*, 3° celle de *Perse*.

La *Rhubarbe de Chine* est en morceaux arrondis, d'un jaune sale, ordinairement percés d'un petit trou. Leur texture est compacte; leur intérieur paraît briqueté, terne, et à marbrures serrées. Elle donne une poudre d'un jaune orangé.

La *Rhubarbe de Moscovie* (3) est en morceaux irréguliers, anguleux, d'un jaune pur, ordinairement percés d'un grand trou. Leur texture est moins compacte et moins pesante que celle de la précédente; leur intérieur paraît plus clair et à veines rouges et blanches très apparentes et très irrégulières. Elle donne une poudre plus jaune. Cette *Rhubarbe* est très estimée.

(1) *Rheum palmatum* Linn.
(2) Officin., *Rhabarbarum, Rheum, Rhubarbe.*
(3) *Rhubarbe de Bucharie* Murray.

La *Rhubarbe de Perse* (1) est en morceaux cylindriques ou aplatis, d'une couleur jaune terne, ordinairement percés d'un petit trou. Leur texture est très compacte ; leur intérieur paraît d'un jaune sale, à marbrures peu marquées. Elle donne une poudre jaune terne. M. Guibourt regarde cette qualité comme la *Rhubarbe* par excellence ; il la préfère même à la précédente.

On a essayé de cultiver, en France, la *Rhubarbe palmée*. La racine qu'elle a produite est moins compacte, plus légère et moins active que la *Rhubarbe* du commerce.

La *Rhubarbe* a donné à l'analyse de la *rhabarbarine*, une matière colorante jaune, de l'extrait avec tannin, de l'oxalate de chaux, de la gomme, de l'amidon et du ligneux (Henry).

La *rhabarbarine* (Pfaff) est brune, soluble dans l'eau, dans l'alcool et dans l'éther.

3° Propriétés et usages. — L'odeur de la *Rhubarbe* est assez désagréable. Sa saveur paraît à la fois amère et astringente. La *rhabarbarine* présente une saveur amère et âcre.

La *Rhubarbe* est une substance purgative et tonique. On la dit aussi vermifuge.

On l'administre en poudre, en tablettes, en infusion, en sirop, en vin, en décoction, en teinture, en extrait. Elle fait partie du *sirop de Chicorée composé*.

4° Succédanés. — D'autres espèces du même genre présentent des propriétés analogues, et peuvent être employées aux mêmes usages. Tels sont : 1° le *Rhapontic* (2), 2° la *Rhubarbe ondulée* (3), 3° la *compacte* (4). Ces espèces ont moins d'action que la *Rhubarbe palmée*.

Plusieurs *Patiences*, et particulièrement la *commune* (5), l'*alpine* (6), surnommée *Patience des moines*, la *Renouée bistorte* (7), et d'autres Polygonées, possèdent des propriétés purgatives qui s'approchent de celles des *Rhubarbes*, mais qui sont généralement plus faibles. L'*extrait de Patience* est employé par quelques praticiens.

---

(1) *Rhubarbe de Turquie, Rhubarbe d'Alexandrette.*
(2) *Rheum rhaponticum* Linn., vulgairement *Rhapontique, Rapontic, Rhubarbe pontique, Rhubarbe anglaise.*
(3) *Rheum undulatum* Linn.
(4) *Rheum compactum* Linn.
(5) *Rumex Patientia* Linn.
(6) *Rumex Alpinus* Linn.
(7) *Polygonum Bistorta* Linn., vulgairement la *Bistorte*.

§ III. — Racine de Gentiane.

1° PLANTE. — La *Gentiane jaune* (1) est une plante de la famille des Gentianées. Elle se trouve en France, particulièrement dans les Alpes, les Pyrénées, les Cévennes, le Puy-de-Dôme, la Côte-d'Or, les Vosges ; elle croît dans les prairies des montagnes.

Description. — Tige haute d'un mètre à un mètre et demi, droite, cylindrique, glabre, d'un vert pâle. Feuilles opposées, sessiles, connées à la base, largement ovales, pointues, entières, glabres, nerveuses, plissées ; les inférieures très grandes, elliptiques, obtuses. Fleurs nombreuses, fasciculées, comme verticillées, pédicellées. Calices membraneux, unilatéraux. Corolles étalées en roue, profondément découpées, à limbe non cilié, à lobes aigus, jaunes, parsemés de points très petits. Étamines libres, portant des anthères oblongues. Ovaire glabre ; style court ; stigmates au nombre de deux, petits, divergents. Fruit conoïde, terminé par le style persistant, glabre. Graines nombreuses, arrondies, très minces.

2° RACINE (2) (fig. 12). —Très longue, grosse comme l'avant-bras,

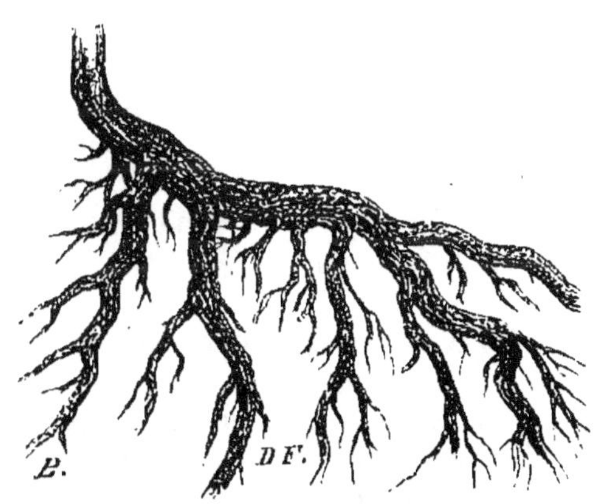

Fig. 12. — *Racine de Gentiane.*

tortueuse, ramifiée ou simple. Surface rugueuse, brune ; intérieur d'un jaune roussâtre ; texture spongieuse, un peu compacte.

L'analyse a donné de la glu, une huile odorante, de la gomme,

____

(1) *Gentiana lutea* Linn., vulgairement *grande Gentiane.*
(2) Officin., *radix Gentianæ.*

du sucre en quantité considérable et incristallisable, quelques sels et du *gentianin* (Henry et Caventou).

Le *gentianin* est jaune, soluble dans l'eau et dans l'alcool. Traité par l'eau froide, il laisse des flocons composés de matière grasse et d'un principe cristallisable (*gentisin*) qu'on peut obtenir en traitant la matière par l'alcool et en faisant cristalliser. Ce principe forme environ le 0,004 du poids de la racine. Il offre des aiguilles très légères, feutrées (on dirait du coton), d'un jaune soufré très brillant.

3° PROPRIÉTÉS ET USAGES. — La *racine de Gentiane* a une odeur forte, désagréable et une saveur amère. Le *gentianin* présente une grande amertume.

La *racine de Gentiane* est employée comme tonique et comme fébrifuge. C'est le plus puissant et le plus énergique des médicaments toniques indigènes. (A. Richard.)

On l'administre en poudre, en tisane, en extrait, en sirop, en élixir, en vin, en teinture. Elle entre dans le *vin amer*, dans le *sirop antiscorbutique de Portal*, dans l'*élixir de Peyrilhe* et dans plusieurs autres préparations stomachiques.

4° SUCCÉDANÉS. — On se sert aussi, principalement en Allemagne et dans le nord de l'Europe, des racines de plusieurs autres Gentianes. Telles sont la *purpurine* (1), la *ponctuée* (2), et la *croisette* (3), espèces qui appartiennent également à la France.

Le *Tachi de la Guyane* (4), dont la racine ressemble à celle du Quassia, et qui possède une amertume prononcée, est employé au Brésil, comme fébrifuge.

Le *Frasera de la Caroline* (5) produit une racine qu'on substitue, en Amérique, au Columbo.

§ IV. — Racines de Salsepareille.

1° PLANTE. — La *Salsepareille de la Jamaïque* (6) appartient à la famille des Smilacées. Elle croît au Pérou, au Mexique et dans d'autres parties de l'Amérique méridionale.

Description (fig. 13). — Arbuste sarmenteux et grimpant. Tige

(1) *Gentiana purpurea* Linn.

(2) *Gentiana punctata* Linn.

(3) *Gentiana cruciata* Linn.

(4) *Tachia Guianensis* Aubl. La racine est appelée vulgairement *Quassia de Para, Tupurubo, Raiz de Jacaré aru, Caferana*.

(5) *Frasera Carolinensis* Walt. (*Fr. Waltheri* Mich). La racine est appelée vulgairement *faux Columbo d'Amérique*.

(6) *Smilax Salsaparilla* Linn., vulgairement *Salsepareille rouge de la Jamaïque*.

articulée, à 4 angles, armée d'aiguillons recourbés, rameuse.

FIG. 13. — *Salsepareille.*

Feuilles alternes, pétiolées, ovales, un peu cordiformes, acuminées.

entières, très glabres, coriaces, pourvues de 3 à 5 nervures longitudinales, offrant à leur base 2 vrilles spirales. Inflorescence en petites ombelles simples, pédonculées. Fleurs pédicellées, d'un vert blanchâtre, dioïques. Mâles : Calice à 5 sépales égaux, étalés, un peu soudés à la base, ovales, légèrement pointus. Étamines, 6, à anthères dressées linéaires-oblongues. Fem. : Calice comme dans le mâle. Ovaire ovoïde, obtus, glabre ; style très court ; stigmates 3, petits, arrondis, lobés. Fruit (*baie*) sphérique, violacé, contenant d'une à 3 graines globuleuses.

2° RACINE (1). — Très longue, très grêle, de l'épaisseur d'une plume, ridée, simple, flexible, entortillée, difficile à rompre, composée d'un très grand nombre de fibres simples, très longues et cylindriques. Écorce d'un roux cendré. Intérieur blanc. Tissu tendre, un peu farineux. On la trouve dans les pharmacies, en petits morceaux fendus.

La *Salsepareille* est composée de *salseparine*, d'huile volatile, de résine âcre et amère, d'une matière huileuse, d'une matière extractive, d'amidon, d'albumine.

La *salseparine* (Tubœuf) est solide et neutre ; elle forme des cristaux rayonnés, comme plumeux, incolores. Elle est peu soluble dans l'eau et lui donne la propriété de mousser. L'alcool la dissout mieux à chaud qu'à froid. Elle est insoluble dans l'éther.

3° PROPRIÉTÉS ET USAGES. — Odeur nulle. Saveur faible, un peu amère et laissant dans la bouche une impression comme visqueuse. La *salseparine* n'a pas d'odeur. En dissolution, elle devient âcre et amère.

La racine de cette plante provoque les sueurs et la sécrétion urinaire. Elle donnait un des quatre bois sudorifiques.

On l'administre en poudre, en tisane, en sirop, en vin, en teinture, en extrait... c'est un des éléments du *rob de Boyveau-Laffecteur*, du *sirop de Cuisinier*, de la *décoction de Zittmann* et de la *tisane de Vinache*.

4° AUTRES ESPÈCES. — Indépendamment de la *Salsepareille de la Jamaïque*, la thérapeutique met en usage la *Squine* et trois autres espèces plus ou moins répandues dans le commerce.

1° La *Squine*, appelée *Salsepareille squine* (2), se trouve en Chine et dans les grandes Indes.

Sa racine est de la grosseur du poing, noueuse, tuberculeuse, d'un brun rougeâtre en dehors, blanchâtre avec des nuances rouges en dedans.

(1) Officin., *Salsaparilla*.
(2) *Smilax China* Linn.

Cette racine offre les mêmes vertus que la *Salsepareille de la Jamaïque*. C'était un des quatre bois sudorifiques.

2° La *Salsepareille de la Vera-Cruz* (1) se vend en bottes cordées, de 60 à 80 kilogrammes. Écorce grisâtre souvent salie par de la terre. C'est la plus commune en France.

3° La *Salsepareille de Honduras* (2) nous est apportée aussi en bottes. Écorce rougeâtre.

4° La *Salsepareille du Brésil* (3), en bottes, sans souche. Écorce d'un gris terne.

§ V. — Racine de Valériane.

1° Plante. — La *Valériane officinale* (4) appartient à la famille des Valérianées. Elle habite les bois un peu ombragés.

Description. — Plante bisannuelle, herbacée. Tige dressée, haute de 5 à 10 décimètres, simple inférieurement, à deux ou trois branches dichotomes dans sa partie supérieure, cylindrique, sillonnée, fistuleuse, velue. Feuilles ternées, rarement quaternées, celles des jets latéraux ordinairement opposées, pubescentes, les inférieures pétiolées, les supérieures sessiles, très profondément pinnatiséquées, à segments lancéolés, étroits, aigus, presque entiers ou inégalement dentés ou incisés, les terminaux confluents. Inflorescence en cymes corymbiformes, axillaires et terminales. Fleurs petites, à pédoncules 3 ou 4 fois trifurqués, d'un blanc rose, hermaphrodites. Bractées trifides. Calice à tube allongé-ovoïde, strié, à limbe roulé en dedans pendant la floraison, se déroulant en aigrette à la maturité. Corolle à tube étroit inférieurement, légèrement bossu à la base, à limbe presque hypocratériforme. Étamines au nombre de 3, attachées au sommet du tube de la corolle. Ovaire infère ; style plus long que la corolle, filiforme ; stigmates 3, étroits, glanduleux du côté interne. Fruit (*achaine*) ovoïde-allongé, strié, glabre, couronné par l'aigrette plumeuse calicinale.

M. Guibourt fait observer que, sous le nom de *Valériane officinale*, on désigne deux races distinctes : l'une grande, dont les feuilles ont des lobes étroits, lancéolés, même linéaires-lancéolés, presque sans dents ; l'autre à lobes larges, ovales et fortement dentés en scie. M. Guibourt désigne la première, qui paraît habiter de préférence

---

(1) *Smilax medica* Schlecht.

(2) *Smilax officinalis* Kunth, et *Smilax syphilitica* Willd., appelée aussi *Salsepareille caraque*.

(3) *Smilax papyracea* Poir.

(4) *Valeriana officinalis* Linn.

les endroits secs, sous le nom de var. *subdentata*, et la seconde, qui appartient aux terrains inondés, sous celui de *serrata*.

2° Racine (fig. 14).—Verticale, petite, tronquée, composée d'un corps écailleux, très court, donnant de tous côtés des radicules allon-

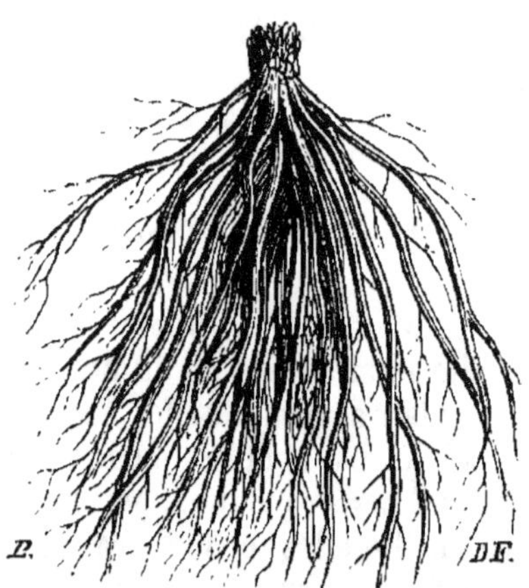

Fig. 14.— *Racine de Valériane.*

gées, cylindriques, blanchâtres, qui prennent par la dessiccation un aspect corné, brunâtre. On cueille cette racine vers la fin de la première année.

Elle contient de l'*acide valérianique* (Pentz), une résine noire, une huile volatile très liquide et verdâtre, un extrait gommeux, de la fécule et des fibres ligneuses (Trommsdorff).

L'*acide valérianique* est liquide, oléagineux, transparent et incolore ; il bout à 132° ; il se dissout dans 30 parties d'eau et en toutes proportions dans l'alcool et dans l'éther. Il forme des *valérianates* avec le zinc, avec l'ammoniaque et avec le fer.

3° Propriétés et usages. — La racine de la *Valériane* est presque inodore, quand on vient de l'arracher. Elle acquiert, en se desséchant, une odeur d'une nature particulière, fétide, très pénétrante et très repoussante. Sa saveur est âcre et amère, mais un peu sucrée au commencement. L'*acide valérianique* offre une odeur désagréable, qui ressemble à celle de la *Valériane*.

La *racine de Valériane* est tonique, stimulante et assez active. Elle agit aussi comme antispasmodique, emménagogue et sudorifique. Elle est encore légèrement narcotique et vermifuge. Combinée avec le jalap, l'oxymel scillitique et le sulfate de soude, elle constitue le *médicament anthelminthique de Storck*.

On l'administre généralement en poudre, en pilules, et plus rarement en eau distillée, en tisane, en sirop, en teinture et en extrait. Les *valérianates de zinc et d'ammoniaque* sont ordonnés en poudre, en pilules et en potion.

4° SUCCÉDANÉS. — On remplace quelquefois la *Valériane officinale* par la *Valériane phu* ou *grande Valériane* (1) (fig. 15). On conseillait,

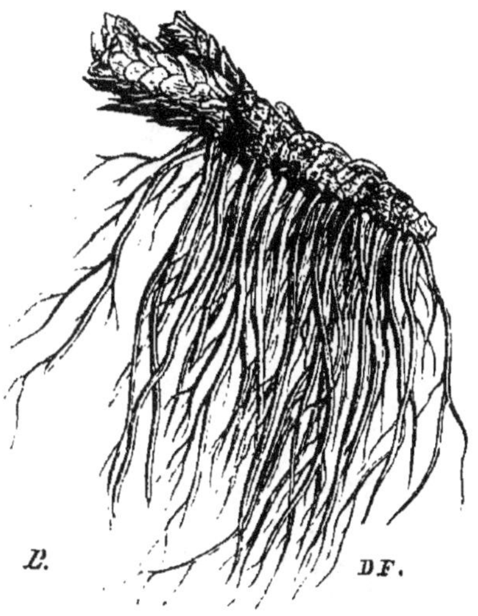

FIG. 15. — *Racine de Valériane phu.*

anciennement, comme analogues, la *Valériane dioïque* (2), la couchée (3), la *celtique* (4) et la *Jatamansi* (5). Aujourd'hui ces espèces sont à peu près tombées en désuétude.

§ VI. — Racine de Jalap.

1° PLANTE. — La plante qui donne le *Jalap* a été l'objet de beaucoup de controverses. On l'a regardée tantôt comme une *Bryone* ou une *Rhubarbe*, tantôt comme une *Belle-de-nuit* ou un *Liseron*. Il est bien reconnu que le *Jalap* est la racine d'une Convolvulacée; mais on n'a pas découvert de prime abord l'espèce qui la fournit.

(1) *Valeriana Phu* Linn. (*V. hortensis* Lam.).
(2) *Valeriana dioica* Linn., vulgairement *Nard de Crète*.
(3) *Valeriana supina* Linn. (*V. saliunca* All.).
(4) *Valeriana Celtica* Linn. (*V. saxatilis* Vill.), vulgairement *Nard celtique*.
(5) *Nardostachys Jatamansi* DC. (*Valeriana Jatamansi* Lamb.), officin., *Nardus Indica, Nard indien, Spicanard*.

On a cru dans le principe que c'était le *Batatier Jalap* (1). On admet généralement aujourd'hui que c'est l'*Exogone officinal* ou

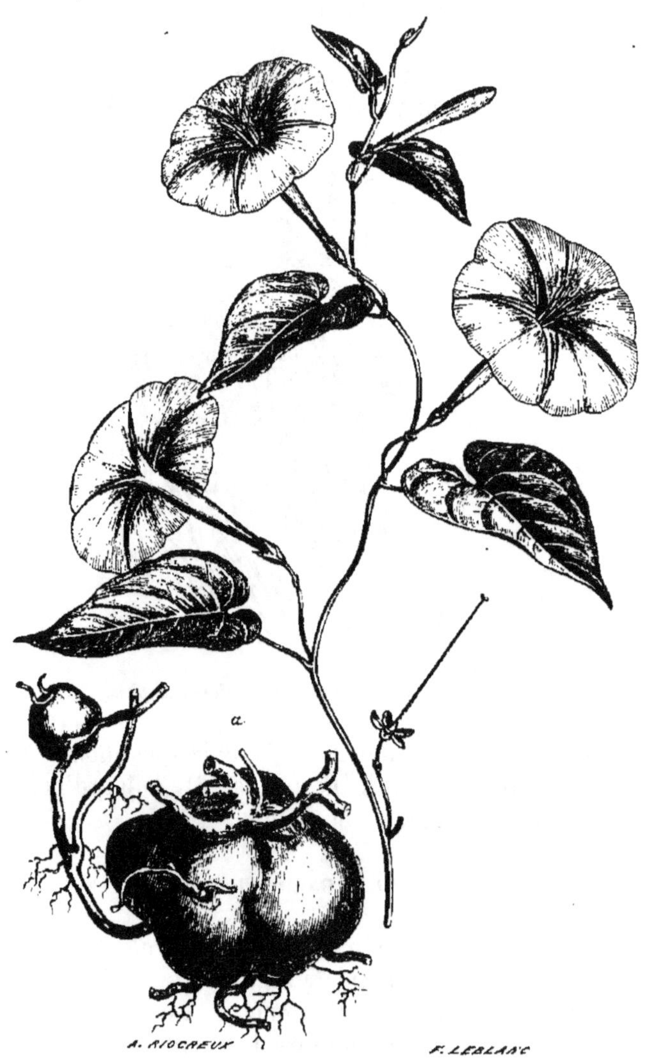

Fig. 16. — *Exogone officinal.*

tubéreux (2). Cette plante croît au Mexique, et probablement dans d'autres parties de l'Amérique.

Description (fig. 16). — Herbe très glabre. Tiges herbacées,

(1) *Batatas Jalapa* Chois. (*Convolvulus Jalapa* Linn., *Ipomœa macrorhiza* Mich.).
(2) *Exogonium officinale* (*Convolvulus officinalis* Pellet., *Ipomœa purga* Chois., *Exogonium purga* Benth.), vulgairement, au Mexique, *Tolonpatl.*

hautes de 5 à 7 mètres, sarmenteuses et s'entortillant autour des autres plantes, de la grosseur d'une petite plume à écrire, cylindriques, lisses, d'un brun brillant. Feuilles alternes, pétiolées, en cœur, profondément échancrées à la base, longuement acuminées, entières. Fleurs axillaires, solitaires ou réunies par deux, grandes, pédonculées, d'un rose tendre. Pédoncules bibractéolés vers les deux tiers supérieurs. Calice très court, un peu irrégulier, à 5 sépales légèrement obtus, persistant. Corolle presque en entonnoir, régulière, à tube beaucoup plus grand que le calice, à peu près cylindrique, à limbe évasé ressemblant à une coupe, offrant 5 lobes très peu marqués, à peine bilobés. Étamines au nombre de 5, dépassant le tube de la corolle, rapprochées, à anthères subcordées, étroites. Style un peu plus long que les étamines, filiforme, terminé par deux stigmates très petits, tuberculeux. Fruit (*capsule*) ovoïde-arrondi, mince, enveloppé par le calice, à 4 loges, contenant chacune une graine solitaire, globuleuse, glabre.

2° RACINE (1). — Le nom de *Jalap* vient de *Xalapa*, ville du Mexique. Cette racine a été apportée en Europe, vers 1570. Elle est tubéreuse, arrondie, plus ou moins irrégulière, blanche, charnue, remplie d'un suc lactescent et résineux.

Celle du commerce est en morceaux oblongs, irrégulièrement arrondis, hémisphériques ou en rouelles d'environ 5 à 8 centimètres de diamètre. Surface d'un gris foncé noirâtre. Intérieur plus clair, marqué de zones concentriques plus ou moins foncées. Cassure offrant quelques points brillants. Poudre d'un jaune gris.

On y a trouvé de l'eau, de la *résine*, un extrait gommeux, une matière colorante, de la fécule, de l'albumine, du phosphate de chaux (Gerber).

Résine d'un brun noir, un peu verdâtre, à cassure brillante. Elle est jaunâtre lorsqu'elle a été réduite en poudre.

3° PROPRIÉTÉS ET USAGES. — Odeur nauséabonde. Saveur âcre et très irritante ; elle excite de légères nausées. La *résine* offre une odeur vireuse et une saveur d'abord faible, puis âcre et désagréable.

Le *Jalap* est une substance très purgative, qui agit principalement sur les intestins grêles. On l'employait autrefois contre les entozoaires.

On l'administre en poudre, en teinture, en extrait, en sirop, en savon. Il fait partie du *vomi-purgatif Leroy* et de l'*élixir tonique antiglaireux de Guillé*. On prépare un savon avec sa *résine*.

---

(1) Officin., *Jalapa, Jalapium, Gialapa, Chelapa, Celopa, Mechoacanna nigra, Jalap officinal.*

4° SUCCÉDANÉS. — On a signalé, comme succédanés du *Jalap*, la racine du *Liseron scammonée* (1) dont on emploie surtout la gomme-résine (2), la racine de l'*Ipomée d'Orizaba* (3), celle du *Turbith* (4), de Ceylan et de Java, et celle du *Méchoacan du Mexique* (5).

Plusieurs Convolvulacées indigènes, à racine épaisse et charnue, jouissent, mais à un degré plus faible, des mêmes propriétés. Tels sont le *Liseron des haies* (6), la *Soldanelle* (7) et le *Liseron à feuilles d'Althæa* (8).

§ VII. — Racine d'Aconit.

1° PLANTE. — L'*Aconit napel* (9) est une plante de la famille des Renonculacées, indigène, qui croît dans les pâturages élevés des montagnes.

Description. — Plante vivace, herbacée. Tige haute de 8 à 12 décimètres, dressée, simple ou un peu rameuse supérieurement, cylindrique, glabre ou pubérulente. Feuilles alternes, divisées en 5 ou 7 lobes allongés, presque cunéiformes, découpés en 2 ou 3 lanières étroites, aiguës, luisantes, d'un vert foncé en dessus, d'un vert pâle en dessous. Les inférieures longuement pétiolées ; les supérieures brièvement. Inflorescence en grappes terminales, allongées, assez serrées. Fleurs un peu pédonculées, grandes, bleues, munies de 2 bractéoles. Calice pétaloïde, irrégulier, composé de 5 sépales inégaux, pubescents ; un supérieur (*casque*), en forme de capuchon dressé ; deux latéraux (*ailes*) plans, inégalement arrondis, poilus à la surface interne ; deux inférieurs un peu plus petits, ovales, entiers, poilus intérieurement. Corolle à 2 pétales supérieurs (*nectaires*), irréguliers, cachés sous le sépale d'en haut, dressés, longuement onguiculés et canaliculés, terminés par une sorte de casque obtus, recourbé au sommet, offrant antérieurement à son ouverture une petite languette roulée en dessus. Étamines, environ 30, plus courtes que le calice, inégales ; filets

(1) *Convolvulus Scammonia* Linn.

(2) Voy. le chapitre des GOMMES-RÉSINES.

(3) *Ipomœa Orizabensis* Led. (*Convolvulus Orizabensis* Pellet.), vulgairement *Jalap léger, Jalap mâle, Jalap fusiforme*.

(4) Voy. le paragraphe des *Racines peu employées*.

(5) Voy. *Racines peu employées*.

(6) *Convolvulus sepium* Linn.

(7) *Convolvulus Soldanella* Linn. (*C. maritimus* Lam., *Calystegia Soldanella* R. Br.).

(8) *Convolvulus althæoides* Linn.

(9) *Aconitum Napellus* Linn., vulgairement *Tue-loup, Coqueluchon, Napel*.

plans, subulés supérieurement; anthères cordiformes. Pistils 3,
allongés, presque cylindriques, pointus, glabres. Fruit composé de
3 capsules (*follicules*) oblongues, glabres, divergentes dans la
jeunesse, s'ouvrant par une suture longitudinale extérieure.

2° RACINE. — Les racines de l'*Aconit* sont vivaces, pivotantes,
allongées, épaisses, napiformes. Elles ont une écorce noirâtre.

Ces racines contiennent un principe particulier désigné sous le
nom d'*aconitine*, de l'albumine, de la cire verte, un extrait brun
et amer, de la gomme, des acides acétique et malique.

L'*aconitine* est un corps solide qui ne cristallise pas. Elle paraît
blanche quand elle est hydratée ; elle devient brunâtre en se déshy-
dratant. Elle fond à 80°; elle se volatilise à 140°, se décomposant
en grande partie. Elle est très soluble dans l'éther et surtout dans
l'alcool.

3° PROPRIÉTÉS ET USAGES. — La racine d'*Aconit*, mise sur la
langue, détermine une cuisson douloureuse. L'*aconitine* n'a pas
d'odeur ; sa saveur est amère, et plus tard âcre et un peu brûlante.

On emploie la *racine* d'*Aconit* contre le rhumatisme, la goutte,
la syphilis chronique. On l'a conseillée aussi dans certaines hydropisies et contre les maladies nerveuses.

On l'administre en poudre, en extrait et en teinture. On compose avec l'*aconitine* des pilules, un liniment et une embrocation.

§ VIII. — Racine de Pyrèthre.

1° PLANTE. — Le *Pyrèthre*, ou *Anacycle pyrèthre* (1) appartient
à la famille des Composées, tribu des Sénécioïdées. Il croît en Algérie, en Arabie et en Syrie, dans les endroits montueux.

Description. — Tiges simples, longues de 20 à 30 centimètres,
un peu couchées à la base, redressées, pubescentes. Feuilles radicales pétiolées; les caulinaires sessiles, pinnatifides, à divisions
linéaires un peu épaisses et charnues. Capitules terminaux, solitaires. Involucre à écailles lancéolées, acuminées, brunes sur les
bords. Demi-fleurons blancs, un peu rougeâtres en dessous et sur
les bords. Fruits comprimés, légèrement ailés, couronnés par une
aigrette courte et membraneuse.

2° RACINE (fig. 17). — Elle est vivace, persistante, longue
de 10 à 12 centimètres, de la grosseur du doigt, fusiforme ou

(1) *Anacyclus Pyrethrum* DC. (*Anthemis Pyrethrum* Linn.).

cylindrique, peu rameuse, charnue, grise et ridée extérieurement; d'un blanc grisâtre à l'intérieur. Elle nous arrive sèche de Tunis.

On y a découvert une substance brune, d'apparence résineuse et très âcre, une huile fixe d'un brun foncé, une huile jaune, du tannin, une substance gommeuse, de l'inuline, des sulfate, hydro-chlorate et carbonate de potasse, des carbonate et phosphate de chaux, de l'alumine, de la silice, des oxydes de fer et de manganèse (Kœne).

La résine de *Pyrèthre* (*pyrèthrine*) est assez consistante et d'un brun foncé un peu rutilant.

3° PROPRIÉTÉS ET USAGES. — Quand on vient d'arracher cette plante et qu'on la place dans la main, elle y produit une sensation de froid (Desfontaine). Son odeur est aromatique, mais irritante et désagréable. Sa saveur est âcre et piquante. Une très petite quantité, dans la bouche détermine une abondante salivation.

La racine de *Pyrèthre* est employée comme stimulante des glandes salivaires.

On l'administre en pastilles, en gargarismes et en élixir. On en compose un alcoolat, une huile, une teinture, un vinaigre. Sa poudre a été employée à l'extérieur pour tuer les poux.

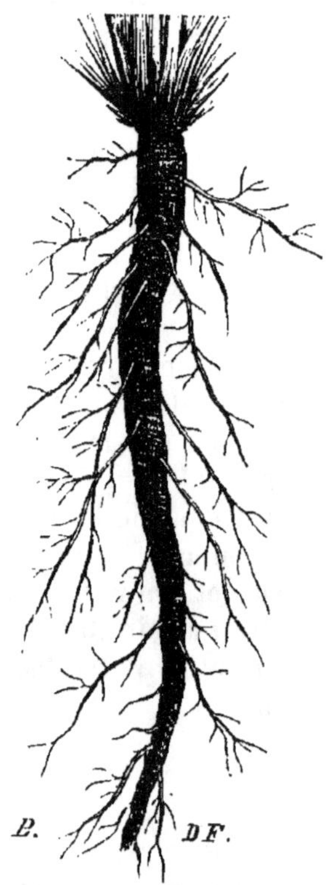

Fig. 17.—*Racine de Pyrèthre.*

§ IX. — Racine de Sénéga.

1° PLANTE. — Le *Polygala sénéga* ou *de Virginie* (1) appartient à la famille des Polygalées. Il croît dans les différentes parties de l'Amérique septentrionale.

Description. — Tiges herbacées, hautes de 20 à 30 centimètres, simples. Feuilles ordinairement alternes, sessiles, assez grandes, ovales-lancéolées, aiguës, entières, glabres, d'un vert clair. Inflorescence en épi terminal, allongé, lâche. Fleurs petites, médiocre-

(1) *Polygala Senega* Linn., vulgairement *Polygala de Virginie.*

ment pédonculées, tachetées de rougeâtre. Calice avec 2 ailes obtuses, veinées. Corolle courte, close. Stigmate subbifide. Fruit (*capsule*) petit, en cœur, comprimé, à 2 loges et 2 valves. Graines ovoïdes, allongées, pointues, noires.

2° Racine (1) (fig. 18). — Vivace , de la grosseur du petit

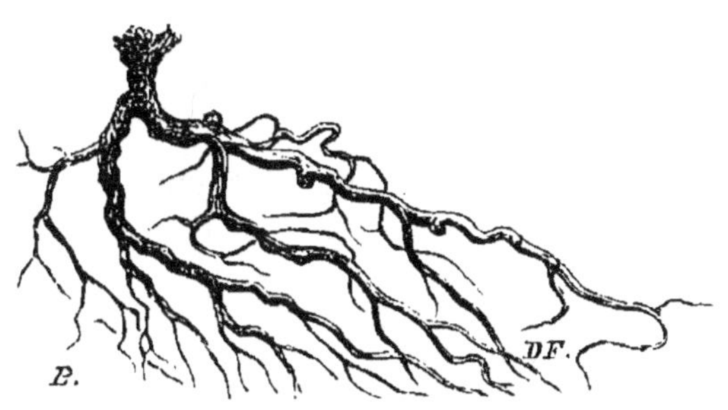

Fig. 18. — Racine de Sénéga.

doigt ou plus étroite, très irrégulièrement contournée, avec une côte saillante et unilatérale, un peu rameuse. Écorce épaisse, rude, grisâtre ou d'un gris jaunâtre, et comme résineuse. Intérieur blanchâtre.

Cette *racine* contient des acides· *polygalique*, *virginéique*, pectique et tannique, une matière colorante jaune, de la gomme, de l'albumine, de la cérine, une huile fixe, des carbonates de chaux et de potasse, des sulfate et phosphate de potasse, du sulfate de chaux, de l'alumine, de la magnésie, de la silice, du fer... (Quevenne).

L'*acide polygalique* est une poudre blanche, soluble dans l'eau et rendant ce liquide capable de mousser par l'agitation, et de rougir le tournesol.

L'*acide virginéique* est un acide gras, volatil ; c'est lui qui donne à la racine son odeur.

3° Propriétés et usages. — Odeur faible et nauséeuse. Saveur d'abord douceâtre et mucilagineuse, puis un peu âcre et amère. Elle augmente la sécrétion salivaire. Sa poudre provoque l'éternument.

La partie externe paraît la plus active. L'*acide polygalique* présente une odeur aromatique particulière et une saveur âcre prenant au gosier.

Ses propriétés sont toniques, excitantes, diurétiques ; à faible

____

(1) Vulgairement *Sénéka*.

dose, elle augmente la respiration cutanée et pulmonaire ; à dose plus élevée, elle peut être émétique et purgative. On l'a recommandée dans l'asthme, le croup, le rhumatisme chronique, l'aménorrhée et les hydropisies (A. Rich.). En Amérique, on la préconise lorsqu'elle est récente, contre la morsure des serpents.

On l'administre en infusion, macérée dans du vin, en teinture alcoolique, en sirop, en extrait et en poudre. L'infusion aqueuse est plus âcre que la teinture alcoolique. On pourrait employer avec avantage l'*acide polygalique*. (Bouchardat.)

4° SUCCÉDANÉS. — On a signalé comme analogues de cette Polygalée, mais jouissant de propriétés beaucoup plus faibles, le *Polygala amer* (1), le *Polygala vulgaire* (2), et le *Polygala d'Autriche* (3). On a vanté surtout la première espèce dans la pneumonie, la pleurésie, la phthisie pulmonaire, le crachement de sang (Collin, Van Swieten). On l'administrait en poudre, en infusion, en extrait, dans des bols ou dans un électuaire.

Le *Polygala glanduleux* (4) du Pérou, et le *Polygala poaya* (5) du Brésil, ont aussi des racines qui jouissent de propriétés très analogues à celles du *Sénéga*.

§ X. — Racine de Ratania.

1° PLANTE. — Cette racine appartient au *Kramer à trois étamines* (6), de la famille des Polygalées, lequel croît dans le Pérou.

Description. — Arbuste. Tige dressée. Rameaux nombreux, velus, blanchâtres. Feuilles alternes, très rapprochées à la partie supérieure, petites, ovales-oblongues, aiguës, coriaces. Fleurs axillaires, brièvement pédonculées. Calice à 4 sépales ovales, allongés, aigus, velus extérieurement, glabres en dedans. Corolle irrégulière : 2 pétales supérieurs redressés, onguiculés, lancéolés-étroits ; 2 inférieurs appliqués contre l'ovaire, sessiles, presque orbiculaires, très obtus. Étamines au nombre de 3, libres et ascendantes ; à filets épais, cylindriques, articulés au-dessous de l'anthère. Ovaire ovoïde, très velu, à style long et recourbé, et à stigmate très petit, arrondi et bilobé. Fruit pisiforme, hérissé d'aiguillons, indéhiscent, renfermant une ou deux graines.

---

(1) *Polygala amara* Jacq.
(2) *Polygala vulgaris* Linn.
(3) *Polygala Austriaca* Crantz.
(4) *Polygala glandulosa* Kunth (*Viola punctata* Willd.).
(5) *Polygala Poaya* Mart.
(6) *Krameria triandra* Ruiz et Pav.

2° RACINE. (fig. 19). — Connue vulgairement sous le nom de *Ratania* ou *Ratanhia*, rampant horizontalement, rameuse ; rameaux de la grosseur du petit doigt ou plus petits, cylindriques. Écorce

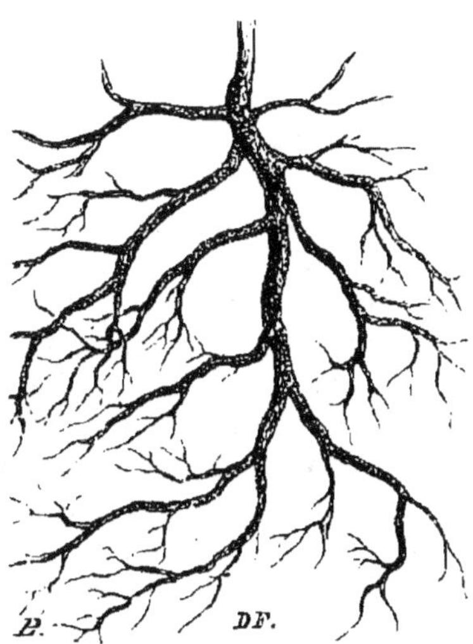

FIG. 19. — *Racine de Ratania.*

d'un brun rougeâtre un peu foncé. Intérieur plus dur, d'un jaune rougeâtre. On emploie seulement la partie corticale.

On a trouvé dans la *Ratania*, du tannin, de l'extractif, de la fécule, une matière muqueuse, de la gomme ?, des sels, et d'après Preschier, de l'acide *kramérique*. Le principe actif de cette racine réside, suivant les uns, dans le tannin, suivant les autres, dans l'acide kramérique.

3° PROPRIÉTÉS ET USAGES. — L'écorce de *Ratania* est extrêmement astringente sans mélange d'amertume. L'intérieur offre une saveur plus faible.

C'est un tonique très énergique. On l'emploie contre les hémorrhagies passives et les diarrhées chroniques. On l'a conseillé aussi dans les cas de leucorrhée, d'aménorrhée et de blennorrhagies chroniques. (Hurtado.)

On administre la *Ratania* en poudre, en décoction, en sirop, en extrait, en mixture ; on en compose un collyre (Quadri). Elle fait partie d'un élixir dentifrice.

4° SUCCÉDANÉS. — Le *Kramer d'Amérique* (1), originaire des Antilles, fournit aussi de la *Ratania*.

(1) *Krameria Ixina* Linn.

On a signalé des propriétés analogues dans la *Renouée des petits oiseaux* (1). (Parel.)

§ XI. — Racine de Grenadier.

1° PLANTE. — Le *Grenadier commun* (2) est un arbrisseau de la famille des Granatées. On le dit originaire de l'Afrique. Cependant il semble croître naturellement dans les provinces méridionales de la France. On le cultive dans beaucoup d'endroits ; il s'appelle alors *Balaustier*.

Description. — Hauteur, 2 à 3 mètres. Branches nombreuses disposées à peu près en tête. Rameaux épineux à l'extrémité, dans les individus sauvages. Feuilles opposées, petites, brièvement lancéolées, entières, lisses, persistantes, rougeâtres dans leur jeunesse. Fleurs disposées au sommet des rameaux, ordinairement solitaires, presque sessiles, grandes. Calice à 5 ou 6 lobes, coloré, charnu. Pétales au nombre de 5, souvent doublés par la culture, chiffonnés, d'un rouge éclatant. Étamines très nombreuses. Ovaire infère, surmonté d'un stigmate capitulé. Fruit désigné sous le nom de *Grenade*. Je le décrirai dans mon chapitre sur les FRUITS.

2° RACINE. — Cette racine est noueuse, pesante, dure et ligneuse. Elle présente une écorce (3) assez épaisse, coriace, ridée, un peu rougeâtre, jaunâtre en dedans ; elle est cassante et non fibreuse.

Cette écorce contient du tannin, de l'acide gallique, de la résine, de la cire, une matière grasse, de la mannite, et une matière amère cristalline appelée *granatine*. (Landerer.)

3° PROPRIÉTÉS ET USAGES. — Odeur à peu près nulle. Saveur acerbe, non amère, désagréable.

On l'a conseillée comme fébrifuge et comme anthelminthique. On s'en sert surtout contre les ténias et contre le bothriocéphale. Son usage, comme vermifuge, remonte à la plus haute antiquité. Il était déjà vulgaire du temps de Caton le censeur.

L'écorce est plus active que le bois. On préfère celle qui est fraîche.

On l'administre en apozème, en extrait, en potion, macérée dans du vin (4).

(1) *Polygonum aviculare* Linn. (*P. centinodium* Lam.).
(2) *Punica Granatum* Linn. (*P. spinosa* Lam.).
(3) Officin., *cortex Granatorum, Malicorium, Psidium* ou *Sidium*.
(4) Voy. les chap. des FLEURS et des FRUITS.

§ XII. — Racine de Simarouba.

1° PLANTE. — Le *Simarouba de Cayenne* (1) appartient à la famille des Simaroubées. C'est un arbre de la Guyane, de Saint-

FIG. 20. — *Simarouba de Cayenne.*

Domingue et de la Jamaïque. Il croît dans les endroits sablonneux. *Description* (fig. 20). — Très grand arbre d'environ 20 mètres de

(1) *Simaruba amara* Hayn. (*Quassia Simaruba* Linn., *Simaruba officinalis* DC., *S. Guyanensis* A. Rich.).

haut, à port de Frêne. Tronc droit. Feuilles alternes, longuement pétiolées, très grandes, ailées, à folioles au nombre de 9 à 16, alternes, presque sessiles, oblongues, obtuses ou un peu rétuses, terminées par une pointe courte, entières, glabres, légèrement pubescentes en dessous, épaisses, coriaces. Inflorescence en panicules très grandes. Fleurs monoïques, très petites, brièvement pédicellées, blanchâtres. Mâles : Calice court, campanulé, pubescent, à 5 dents dressées et inégales. Corolle à 5 pétales, plus grands que le calice, dressés, incombants, sessiles, elliptiques, pointus, un peu canaliculés. Étamines 10, un peu moins longues que les pétales, à filets dressés, filiformes, hérissés de poils, portant à leur base interne une écaille obovale, velue. Disque charnu, tronqué supérieurement. Aucune trace de pistil. Fem. : Étamines avortées. Pistil un peu plus court que la corolle ; ovaire arrondi, à 5 parties ovoïdes ; style épais, à 5 sillons ; stigmate capitulé, ombiliqué, à 5 lobes ligulés, obtus, réfléchis. Fruit composé de 5 carpelles distincts, obovés, anguleux intérieurement, noirs, formant chacun une drupe qui contient une noix de même forme.

2° Racine. — Son écorce (1) est en plaques, souvent très longues, assez épaisses, plus ou moins roulées, difficiles à rompre, rugueuses et comme striées à l'intérieur. Couleur d'un jaune blanchâtre. Texture très fibreuse, lâche et légère.

3° Propriétés et usages. — Odeur nulle. Saveur fortement amère.

Regardée comme tonique et fébrifuge. On la conseille aussi quelquefois contre la dysenterie et les flueurs blanches.

On l'administre en poudre, en électuaire, en extrait et en décoction.

§ XIII. — Racine de Raifort.

1° Plante. — Le *Raifort ordinaire* (2) appartient à la famille des Crucifères. On le croit originaire de l'Asie méridionale. Il est cultivé, depuis des siècles, dans toutes les parties de l'Europe.

Description. — Plante annuelle. Tige haute de 4 à 8 décimètres, dressée, cylindrique, offrant quelques poils rudes et recourbés, rameuse. Feuilles pétiolées, profondément pinnatifides et lyrées, à lobes oblongs dentelés, dont le terminal est plus grand que les autres, très rudes. Inflorescence en longs épis terminaux, lâches. Fleurs assez petites, pédonculées, roses, lilas ou blanches, veinées

(1) Officin., *cortex Simaruba.*
(2) *Raphanus sativus* Linn.

de violet foncé. Calice à 4 sépales dressés, un peu poilus supérieurement, les latéraux gibbeux à la base. Pétales longuement onguiculés, à limbe étalé, obovale, obtus, entier. Ovaire grêle, muni d'un style assez long, terminé par un stigmate capitulé, glanduleux. Fruit (*silique*) oblong-lancéolé, renflé et bosselé à la base, insensiblement atténué en bec allongé, non partagé en articles transversaux, spongieux à l'intérieur, indéhiscent. Graines logées chacune dans une fossette particulière, arrondies.

2° RACINE. — Vulgairement désignée sous le nom de *Radis*, pivotante, cylindracée, napiforme ou globuleuse, charnue, terminée ou non terminée par un prolongement étroit. Écorce rouge pourpre ou rose, quelquefois noirâtre ou blanche. Tissu tendre ou ferme, cassant, demi-transparent et aqueux.

On distingue quatre variétés principales de *Radis* : 1° le *Radis proprement dit*, qui est napiforme ou globuleux, à écorce lisse, rouge, rose ou blanche et à chair tendre; 2° la *petite Rave*, qui est cylindracée ou fusiforme, à écorce et à chair comme dans la précédente; 3° le *Radis noir*, qui est globuleux, à écorce rugueuse et noirâtre, et à chair dure.

3° PROPRIÉTÉS ET USAGES. — Les *Radis* ont une odeur *sui generis* et une saveur plus ou moins piquante. La troisième variété est la plus âcre.

Ces racines sont excitantes et antiscorbutiques.

On les administre en eau distillée, en tisane, en potion, en vin, en bière, en sirop, en teinture.

Le *Raifort sauvage* (1) donne une poudre recommandée comme rubéfiante et révulsive (Lepage).

§ XIV. — Racine de Guimauve.

1° PLANTE. — La *Guimauve officinale* (2) appartient à la famille des Malvacées. Elle croît en France, dans les champs cultivés.

Description (fig. 24). — Plante vivace. Tige de 6 à 12 décimètres, herbacée, dressée, cylindrique, pubescente-tomenteuse. Feuilles alternes, pétiolées, ovales ou cordiformes et un peu lobées, aiguës et crénelées (crénelures inégales), tomenteuses, blanchâtres, douces au toucher, molles; les inférieures à 5 lobes peu marqués; les supérieures à 3 stipules membraneuses, divisées profondément en deux ou trois lanières étroites, pubescentes,

____

(1) *Cochlearia Armoracia* Linn., vulgairement *Cran de Bretagne*.
(2) *Althœa officinalis* Linn., vulgairement *Guimauve ordinaire*.

caduques. Inflorescence en fascicules à l'aisselle des feuilles, rapprochées au sommet de la tige et des rameaux. Fleurs blanchâtres

FIG. 21. — *Guimauve officinale.*

ou légèrement rosées. Calice double : l'extérieur à 9 parties étroites, presque égales, aiguës, soudées dans leur tiers inférieur ; l'intérieur à 5 sépales plus grands, ovales, acuminés, tomenteux. Corolle à 5 pétales, presque en cœur, entiers. Étamines monadelphes, en nombre indéterminé ; filets subulés, distincts vers leur partie supérieure ; anthères réniformes, transversales. Ovaire libre, arrondi, pubescent ; style plus court que le tube staminal, cylindrique, glabre, offrant supérieurement 8 ou 9 branches étroites, terminées chacune par un stigmate capitulé. Fruit orbiculaire, très déprimé, avec des côtes relevées, tomenteux, enveloppé par le calice ; carpelles nombreux, verticillés, comprimés, monospermes, se séparant à la maturité.

2° RACINE. — *Racine* pivotante, longue d'environ 30 centimètres, de la grosseur du doigt, fusiforme ou cylindrique, simple, rarement rameuse ; sa surface présente, de distance en distance, de petits tubercules répondant à l'origine des radicelles. Son épiderme est jaunâtre. Quand elle en est dépouillée, elle offre une couleur très blanche. Son tissu est charnu et rempli d'un mucilage gluant.

Elle contient de la gomme, de l'amidon, une matière colorante jaune, de l'albumine, de l'asparagine, du sucre et des sels (Bouchardat).

3° PROPRIÉTÉS ET USAGES. — Son odeur est faible. Sa saveur est douce et légèrement sucrée.

Elle est émolliente, adoucissante, béchique et un peu apéritive.

On l'administre en décoction, en tablettes, en poudre, en sirop, en cataplasmes. Elle entre dans les *sirops de Guimauve* et d'*Althæa*.

§ XV. — De quelques Racines peu employées.

1° RACINE D'ACHE, ou *Ache odorante* (1), Ombellifère indigène, cultivée. Le *Céleri ordinaire* et le *Céleri rave* en sont des variétés. — Odeur forte, analogue à celle de l'Angélique. Saveur aromatique, amère et âcre. — Administrée en sirop. C'était une des cinq racines apéritives.

2° RACINE D'ANGÉLIQUE, ou *Angélique officinale* (2), Ombellifère indigène, cultivée. — Odeur agréable. Saveur aromatique, un peu musquée, légèrement amère et âcre. — Cordiale, stomachique, sudorifique. — Administrée en tisane et en teinture. Elle entre dans la composition du *baume de Commandeur* et de certains alcoolats.

3° RACINES D'ARISTOLOCHE (Aristolochiées). On en connaît quatre

______

(1) *Apium graveolens* Linn., vulgairement *Paludapium*, *Ache des marais*.
(2) *Archangelica officinalis* Mœnch (*Angelica Archangelica* Linn.). — Officin., *radix Angelicæ*.

espèces indigènes : 1° la *ronde* (1), 2° la *longue* (2), 3° la *petite* (3), 4° la *Clématite* (4). — Odeur plus ou moins forte, souvent désagréable. Saveur amère. — Détersives, emménagogues, conseillées pour favoriser l'expulsion des lochies.

Les espèces exotiques sont : 1° la *Serpentaire* (5) *de Virginie*, excitante et tonique. Conseillée dans les fièvres adynamiques. Elle fait partie de l'orviétan et de l'eau thériacale ; 2° l'*officinale* (6), du même pays, l'une et l'autre administrées contre la morsure des serpents ; 3° le *Mil-homen* (7), du Brésil, conseillé contre l'hydropisie, la dyspepsie, la paralysie.

4° Racine d'Arnica, ou *Arnique de montagne* (8), Composée indigène. — Odeur forte et pénétrante. Saveur aromatique et âcre. — Excitante, antiseptique et résolutive. — Administrée en poudre, en eau distillée, en extrait.

5° Racine d'Aunée, ou *Inule aulnée* (9), Composée indigène. — Odeur forte. Saveur aromatique, âcre et amère. — Tonique et diaphorétique ; employée aussi contre les dartres. — Administrée en poudre, en tisane, en vin, en conserve, en extrait.

6° Racines de Bardane (Composées), fournies par trois espèces indigènes : 1° la *Bardane à grosses têtes* (10), 2° la *Bardane à petites têtes* (11), 3° la *Bardane à têtes cotonneuses* (12). — Odeur désagréable. Saveur douceâtre, un peu amère, austère, nauséeuse. — Employées dans les maladies chroniques de la peau, contre les rhumatismes et contre la syphilis. — Administrées en tisane et en extrait.

7° Racine de Behen, ou *Centaurée behen*. Il y a deux *Behens* : 1° le *blanc* (*Centaurée behen*) (13), Composée de Perse. — Odorante, un peu amère, tonique ; 2° le *rouge* (*Statice Limonium* (14), Plom-

---

(1) *Aristolochia rotunda* Linn.
(2) *Aristolochia longa* Linn.
(3) *Aristolochia Pistolochia* Linn.
(4) *Aristolochia Clematitis* Linn.
(5) *Aristolochia serpentaria* Willd., vulgairement *Serpentaire de Virginie, Vipériar de Virginie*.
(6) *Aristolochia officinalis* Nees.
(7) *Aristolochia cymbifera* Mart. (*A. grandiflora* Gom.).
(8) *Arnica montana* Linn. (*Doronicum oppositifolium* Lam., *D. Arnica* Desf.), vulgairement *Tabac des Vosges, Tabac des Savoyards, Bétoine des montagnes*.
(9) *Inula Helenium* Linn., vulgairement *Inule hélénière, Enule campane, Aulnée*.
(10) *Lappa major* Gærtn. (*Arctium majus* Schk., *Lappa officinalis* All.).
(11) *Lappa minor* DC. (*Arctium minus* Schk., *Arctium Lappa* Thuil., *Lappa glabra* α, Lam.).
(12) *Lappa tomentosa* Lam. (*Arctium tomentosum* Schk., *A. Bardana* Willd.).
(13) *Centaurea Behen* Linn.
(14) *Statice Limonium* Linn. (*Limonium vulgare* Mœnch).

baginée indigène. — Aromatique et un peu styptique. — Astringente.

8° RACINE DE BELLADONE, ou *Atropa belladone* (1), Solanée indigène. — Employée contre la coqueluche et la scarlatine. Elle est la base de la *poudre de Wetzler* (2).

9° RACINE DE BENOITE, ou *Benoîte commune* (3), Rosacée indigène. — Odeur de girofle. Saveur un peu styptique. — Tonique, astringente, fébrifuge et antispasmodique. — Administrée en infusion.

10° RACINE DE BISTORTE, ou *Renouée bistorte* (4), Polygonée indigène. — Presque inodore. Saveur très austère. — Astringente, vulnéraire. — Administrée en poudre, en tisane, en injections, en extrait.

11° RACINE DE BRYONE, ou *Bryone dioïque* (5), Cucurbitacée indigène. — Odeur vireuse et nauséeuse. Saveur âcre et caustique. Elle contient un principe amer appelé *bryonine*. — Regardée comme purgative, hydragogue et diurétique ; employée aussi dans l'hystérie et comme rubéfiante.

12° RACINE DÉ BUGRANE, ou *Ononis des champs* (6), Papillonacée indigène. — Odeur faible et désagréable. Saveur douce, un peu sucrée. — Apéritive.

13° RACINES DE BUTUA (7), produites par des *Cissampelos* (8) et des *Cocculus* (9), Ménispermacées du Brésil. — Inodores. Saveur très amère et un peu douceâtre. — Fortement diurétiques. Employées aussi contre le venin des serpents.

14° RACINE DE CABARET, ou *Asaret d'Europe* (10), Aristolochiée indigène. Elle renferme un principe particulier (*asarine*). — Odeur forte, un peu aromatique. Saveur poivrée et nauséeuse. — Émétique, purgative. — Administrée en poudre, en infusion, en teinture. Elle entre dans la *poudre Saint-Ange*.

15° RACINE DE CAÏNÇA, ou *Chiocoque dompte-venin* (11), Rubiacée du Brésil. — Son écorce a une odeur analogue à celle du jalap.

(1) *Atropa Belladona* Linn. (*Belladona baccifera* Lam , *B. trichotoma* Scop.).
(2) Voy. le chap. des FEUILLES.
(3) *Geum urbanum* Linn. (*Caryophyllata urbana* Scop., *C. vulgaris* Lam.), vulgairement *Racine giroflée*.
(4) *Polygonum Bistorta* Linn.
(5) *Bryonia dioica* Jacq. (*Br. ruderalis* Salisb.), vulgairement *Couleuvrée, Vigne blanche, Brioine blanche, Navet du diable*.
(6) *Ononis arvensis* Lam. (*O. spinosa* Willd.), vulgairement *Arrête-bœuf*.
(7) Vulgairement *Pareira brava*; au Brésil, *Membrog, Butua*.
(8) *Cissampelos Pareira* Linn., *C. glaberrima* Saint-Hil., *C. ebracteata* Saint-Hil.
(9) *Cocculus platyphylla* Aubl., *C. rufescens* Endl.
(10) *Asarum Europæum* Linn., vulgairement *Rondelle, Oreille-d'homme*.
(11) *Chiococca anguifuga* Mart., vulgairement *Raiz preta, Racine noire*.

Saveur amère, âcre. — Émétique, drastique, antihydropique. — Administrée en décoction, en sirop, en vin, en teinture et en extrait.

16° RACINE DE CAPRIER, ou *Caprier épineux* (1), Capparidée indigène, cultivée. — Inodore. Saveur amère et piquante. — Apéritive.

17° RACINE DE CARLINE, ou *Carline à courte tige* (2), Composée indigène. Odeur et saveur de la racine de Bardane. — Employée anciennement contre la peste.

On se servait aussi de la *Carline à feuilles d'Acanthe* (3).

18° RACINE DE CAROTTE, ou *Carotte commune* (4), Ombellifère indigène. — Sauvage : odeur forte et aromatique. Elle renferme un principe cristallisable appelé *carottine* (Osanne). Apéritive. — Cultivée : mucilagineuse, alimentaire, adoucissante. On applique la pulpe râpée contre les gerçures des mamelons chez les nourrices. On emploie la décoction contre la jaunisse.

19° RACINE DE CHAUSSE-TRAPE, ou *Centaurée chausse-trape* (5), Composée indigène. — Assez douce. — Conseillée dans les maladies des voies urinaires, surtout dans la néphrite calculeuse. Elle entrait dans la composition du *remède de Baville*.

20° RACINE DE CHAYA, ou *Ærve laineuse* (6), Amarantacée du Bengale. — Inodore. Saveur mucilagineuse, légèrement salée. — Réputée adoucissante.

21° RACINE DE CHÉLIDOINE, ou *grande Chélidoine* (7), Papaveracée indigène. — Sèche, elle passait pour un bon apéritif ; on la recommandait contre les obstructions. — On l'administrait infusée dans du vin blanc.

Le suc jaune, âcre et légèrement amer, qui découle de cette plante, est un purgatif drastique violent. On le conseillait contre la jaunisse, l'hydropisie et même les fièvres intermittentes. On s'en servait contre les taches de la cornée, les vieux ulcères, les dartres, les cors et les verrues.

22° RACINE DE CHICORÉE, ou *Chicorée sauvage* (8), Composée in-

(1) *Capparis spinosa* Linn.

(2) *Carlina acaulis* Linn. (*C. caulescens* Lam., *C. subacaulis* DC.), vulgairement *Chaméléon noir*.

(3) *Carlina acanthifolia* All. (*C. acaulis* Lam., *C. chardousse* Vill.), vulgairement *Chardousse, Ciardousse*.

(4) *Daucus Carota* Linn.

(5) *Centaurea Calcitrapa* Linn. (*Calcitrapa stellata* Lam., *C. hypophæstum* Gærtn.), vulgairement *Chardon étoilé, Centaurée étoilée*.

(6) *Ærva lanata* Juss. (*Achyranthes lanata* Linn., *Illecebrum lanatum* Linn. Mant.), vulgairement *Schadjaret el Arhleb*.

(7) *Chelidonium majus* Linn., vulgairement *Éclaire, grande Chélidoine*.

(8) *Cichorium Intybus* Linn.

digène. — Saveur très amère. — Légèrement tonique, stomachique, très apéritive. — On l'emploie torréfiée comme succédané
du café. Administrée aussi en tisane et en sirop.

23° RACINE DE COLUMBO, ou *Cocculus palmé* (1), Ménispermacée
de Madagascar ; existe dans le commerce en rondelles. On y trouve
un principe particulier désigné sous le nom de *colombine*. — Odeur
faible, désagréable. Saveur très amère. — Conseillée contre les
indigestions, les vomissements, les coliques, la dysenterie. — Administrée en poudre, en hydrolé, en teinture, en extrait. Elle fait
partie de l'*élixir tonique antiglaireux de Guillé*.

Le *Columbo d'Amérique*, ou *faux Columbo*, est la *Frasère de Caroline* (2), plante bisannuelle de la famille des Gentianées.

24° RACINE DE CONSOUDE, ou *Consoude officinale* (3), Borraginée
indigène, cultivée. — Odeur faible. Saveur mucilagineuse, un peu
astringente. — Employée dans l'hémoptysie, les diarrhées chroniques et la dysenterie. On s'en servait autrefois pour *consolider* les
plaies. On en compose encore un sirop.

25° RACINE DE CONTRAYERVA, ou *Dorsténie contrayerva* (4),
Morée du Pérou et du Mexique, cultivée. — Odeur faible, un peu
aromatique et agréable. Saveur un peu astringente et âcre, mais
lente. — Stimulante, sudorifique. On s'en servait, en Amérique,
contre le venin des serpents. — Administrée en poudre et en
infusion.

26° RACINE DE COSTUS, ou *Auklandie costus* (5), Composée des
Indes. — Odeur forte, aromatique, pénétrante. Saveur amère,
un peu âcre. — Aphrodisiaque. — Elle entre dans la composition
de la thériaque.

27° RACINE DE CYNOGLOSSE, ou *Cynoglosse officinale* (6), Borraginée indigène. — Odeur vireuse, désagréable. Saveur fade. —
Pectorale, légèrement narcotique, calmante. — Administrée en
sirop et en pilules.

28° RACINE DE DENTELAIRE, ou *Dentelaire d'Europe* (7), Plomba-
ginée indigène. — Saveur âcre, caustique. — Vulnéraire, détersive, émétique. Employée contre les maux de dents et contre la gale.

---

(1) *Cocculus palmatus* DC.
(2) *Frasera Carolinensis* Gmel. (*Fr. Walteri* Mich.).
(3) *Symphytum officinale* Linn.
(4) *Dorstenia Contrayerva* Linn.
(5) *Auklandia Costus* Falcon (*Aplotaxis Lappa* Desf., *Haplotaxis Costus* Guib.) —
Officin., *radix Costi odorati*.
(6) *Cynoglossum officinale* Linn.
(7) *Plumbago Europæa* Linn., vulgairement *Malherbe*.

29° RACINE DE DICTAME, ou *Dictame blanc* (1), Rutacée indigène. — Odeur presque nulle. Saveur amère et aromatique. — Écorce sudorifique, vermifuge. Elle fait partie de la *poudre de Guttète.*

30° RACINE DE DOMPTE-VENIN, ou *Dompte-venin officinal* (2), Asclépiadée indigène. — Fraîche : odeur forte et désagréable ; saveur âcre. Sèche : odeur faible ; saveur douce. — Sudorifique, diurétique. On croyait anciennement qu'elle résistait aux venins. — Elle fait partie du *vin diurétique amer de la Charité.*

31° RACINE D'EUPATOIRE, ou *Eupatoire à feuilles de Chanvre* (3). Composée indigène. — Fortement purgative, apéritive, vulnéraire

32° RACINE DE FENOUIL, ou *Fenouil commun* (4), Ombellifère indigène. — Elle était rangée parmi les cinq racines apéritives.

33° RACINE DE FILIPENDULE, ou *Spirée filipendule* (5), Rosacée indigène. — Saveur amère, astringente. — Diurétique, incisive, vulnéraire.

On emploie aussi la racine de l'*Ulmaire* (6).

34° RACINE DE FRAISIER, ou *Fraisier de table* (7), Rosacée indigène. — Odeur nulle. Saveur styptique. — Astringente, diurétique, — Administrée en infusion.

35° RACINE DE GARANCE, ou *Garance des teinturiers* (8), Rubiacée indigène, cultivée. — Odeur nulle. Saveur amère et styptique. — C'était anciennement une des cinq racines apéritives mineures.

36° RACINE DE GINSENG, ou *Ginseng à cinq feuilles* (9), Araliacée de la Chine et du Canada. — Odeur faible d'Angélique, un peu pénétrante. Saveur amère, âcre et sucrée. — Tonique, excitante, fébrifuge.

37° RACINE DE HOUBLON, ou *Houblon commun* (10), Cannabinée indigène. — Diurétique. Très peu usitée (11).

---

(1) *Dictamnus albus* Linn., vulgairement *Fraxinelle.*
(2) *Vincetoxicum officinale* Mœnch (*Asclepias Vincetoxicum* Linn., *A. alba* Mill.), vulgairement *Asclépiade blanche.* — Officin., *radix Hellebori nigri.*
(3) *Eupatorium cannabinum* Linn., vulgairement *Eupatoire d'Avicenne, Chanvrin.*
(4) *Fœniculum vulgare* Gærtn. (*Anethum Fœniculum* Linn., *Fœniculum officinale* All., *Ligusticum Fœniculum* Roth).
(5) *Spiræa Filipendula* Linn.
(6) *Spiræa Ulmaria* Linn., vulgairement *Reine-des-prés,*
(7) *Fragaria vesca* Linn.
(8) *Rubia tinctorum* Linn. (*R. sylvestris* Mill.).
(9) *Panax quinquefolium* Linn.
(10) *Humulus Lupulus* Linn.
(11) Voy. le chap. des FRUITS.

38° RACINE D'IMPÉRATOIRE, ou *Impératoire commune* (1), Ombel-lifère indigène. — Odeur pénétrante analogue à celle de l'Angélique, mais moins agréable. Saveur aromatique très âcre, piquant fortement la langue. — Tonique et stimulante. — Elle entre dans l'*eau thériacale*, dans l'*eau impériale* et dans l'*esprit carminatif de Sylvius*.

39° RACINE DE KAWA, ou *Poivre kawa* (2), Pipéracée des îles de la Société. M. Gobley y a découvert deux principes immédiats particuliers, dont l'un (*méthysticin* ou *méthysticine*), cristallisable et insipide, présente une grande analogie avec la pipérine, et l'autre (*kawine*), incristallisable, mou et résinoïde, est très odorant et très sapide. — Odeur et saveur légèrement aromatiques. Mâchée, cette racine est un peu âcre, astringente et sialagogue. — Puissant sudorifique (O'Rocke). — Elle sert à la préparation d'une boisson enivrante.

40° RACINE DE LIVÈCHE, ou *Livèche officinale* (3), Ombellifère indigène.—Odeur forte. Saveur âcre et aromatique. — Stimulante.

41° RACINE DE LOBÉLIE, ou *Lobélie syphilitique* (4), Lobéliacée de l'Amérique septentrionale. — Odeur un peu aromatique. Saveur légèrement sucrée. — Réputée antivénérienne, sudorifique et bonne contre l'asthme. Abandonnée aujourd'hui. — On l'administrait en décoction et en teinture.

On a cherché à lui substituer la *Lobélie à fruits gonflés* (5), du même pays, et la *Lobélie brûlante* (6), indigène.

42° RACINE DE MANDRAGORE, produite par deux Solanées (7) du Midi de l'Europe et de l'Afrique. — Fortement purgative. On l'appliquait extérieurement sur les tumeurs scrofuleuses ou squir-rheuses. Abandonnée (8).

43° RACINE DE MANGOUSTE, ou *Ophiose mangouste* (9), Apocy-

---

(1) *Imperatoria Ostruthium* Linn. (*I. major* Lam., *Selinum Imperatoria* Crantz, vulgairement *Otours, Impératoire de montagne*. — Officin., *Imperatoria radix, Benjoin français*.

(2) Ou *Ava, Piper methysticum* Forst.

(3) *Levisticum officinale* Koch (*Ligusticum Levisticum* Linn.).

(4) *Lobelia antisyphilitica* Linn., vulgairement *Cardinale bleue*.

(5) *Lobelia inflata* Linn.

(6) *Lobelia urens* Linn.

(7) *Mandragora vernalis* Bert. (*Atropa Mandragora mas* Linn.), vulgairement *Mandragore mâle. Mandragora officinarum* Linn. (*Atropa Mandragora fem.* Linn.) vulgairement *Mandragore femelle*.

(8) Voy. le chap. des FEUILLES.

(9) *Ophioxylum serpentinum* Linn., vulgairement *Choulin, Chouline, Souliac, Racine d'or, Racine jaune, Racine amère de la Chine, Racine de Chypmen, Racine de Mango*.

née des Indes. — Inodore. Saveur très amère. — Employée contre les venins. Conseillée aussi dans les vomissements, les coliques, la fièvre...

44° RACINE DE MÉCHOACAN (1), produite par un *Liseron* (*Convolvulus*) (2), ou un *Tamier* (*Tamus*)? du Mexique. — Odeur nulle. Saveur très faible d'abord, puis légèrement âcre. — Purgative.

45° RACINE DE MEUM, ou *Meum athamantique* (3), Ombellifère indigène. — Odeur aromatique. Saveur piquante, un peu âcre. — Passe pour incisive, apéritive et antihystérique.

46° RACINE DE MUDAR, ou *Calotrope géant* (4), Asclépiadée des Indes. — Odeur nulle. Saveur amère. — Réputée bonne contre les affections cutanées, particulièrement contre l'éléphantiasis.

47° RACINE DE MURIER, ou *Mûrier noir* (5), arbre de la famille des Morées, originaire de l'Asie, cultivé dans les vergers et dans les parcs. — L'écorce de sa racine est âcre, amère, purgative et vermifuge. Déjà, du temps de Dioscoride, on la conseillait contre le ténia. — Administrée en poudre et en décoction, ou bien mêlée à la fougère mâle avec crème de tartre et antimoine diaphorétique (Lieutaud). Cet emploi est tombé complétement en désuétude (6).

48° RACINE DE NYCTAGE, ou *Nyctage belle-de-nuit* (7), Nyctaginée du Pérou. — Odeur faible et nauséeuse. Saveur douceâtre, un peu âcre. — Purgative.

On employait aussi les racines du *Nyctage dichotome* (8) et du *Nyctage à longues fleurs* (9).

49° RACINE DE NUNNARI, ou *Hémidesme indien* (10), Asclépiadée de Ceylan. — Odeur de fève tonka. Saveur à peine sensible. — Donnée comme succédanée de la Salsepareille.

50° RACINE D'ORCANETTE, ou *Alkanne des teinturiers* (11), Borraginée indigène. — Inodore et insipide. — Passait pour astringente et fortifiante. — Employée pour colorer quelques pommades.

(1) Vulgairement *Rhubarbe blanche, Méchoacan du Pérou, Bryone d'Amérique, Scammonée d'Amérique.* — Officin., *radix Mechoacannæ.*

(2) *Convolvulus Mechoacana* Linn.

(3) *Meum athamanticum* Jacq. (*Athamanta Meum* Linn., *Seseli Meum* Scop., *Ligusticum capillaceum* Lam., *L. Meum* DC.), vulgairement *Meum capillacé.*

(4) *Calotropis gigantea* Hamilt. (*Asclepias gigantea* Linn.).

(5) *Morus nigra* Linn.

(6) Voy. l'article FRUITS (*Soroses*).

(7) *Mirabilis Jalapa* Linn., vulgairement *Merveille du Pérou, Nyctage du Pérou, Belle-de-nuit.* — Officin., *faux Jalap.*

(8) *Mirabilis dichotoma* Linn., vulgairement *Fleur de quatre heures.*

(9) *Mirabilis longiflora* Linn.

(10) *Hemidesmus Indicus* R. Br. (*Periploca Indica* Linn.), vulgairement *Nunnari-vayr.*

(11) *Alkanna tinctoria* Tausch. (*Lithospermum tinctorium* Linn., *Anchusa tinctoria* Lam. Dict., *Buglossum tinctorium* Lam. Fl. fr.). — Officin., *radix Anchusæ.*

On confond, dans le commerce, sous le nom d'*Orcanette*, plusieurs Borraginées (1).

51° RACINE D'OSEILLE, ou *Patience à feuilles aiguës* (2), Polygonée indigène. — Odeur peu marquée *sui generis*. Saveur amère. — Dépurative et antiscorbutique. — Administrée en bouillon.

52° RACINE DE PANICAUT, ou *Panicaut des champs* (3), Ombellifère indigène. — Odeur assez prononcée. Saveur douceâtre. — Passait pour diurétique, apéritive et aphrodisiaque.

53° RACINE DE PERSIL, ou *Persil officinal* (4), Ombellifère cultivée. — C'était une des grandes racines apéritives.

54° RACINE DE PIPI, ou *Pétivérie alliacée* (5), Phytolaccée d'Amérique. — Odeur d'ail très forte. Saveur âcre. — Diurétique ; conseillée contre l'hydropisie et la paralysie.

On emploie aussi les racines de la *Pétivérie tétrandre* (6).

55° RACINES DES PIVOINES (Renonculacées), fournies par deux espèces indigènes : 1° l'*officinale* (7), 2° la *coralline* (8). — Odeur analogue à celle du Raifort. Saveur assez marquée, un peu astringente. — Elles entrent dans le *sirop d'Armoise composé* et dans la *poudre de Guttète*.

56° RACINE DE QUINTEFEUILLE, ou *Potentille rampante* (9), Rosacée indigène. — Saveur un peu styptique. — Vulnéraire, astringente.

On lui a substitué quelquefois la *Potentille argentine* (10).

57° RACINE DE RENONCULE, ou *Renoncule bulbeuse* (11), Renonculacée indigène. — Conseillée dans les névralgies des membres et dans les irritations chroniques des muqueuses bronchiques.

58° RACINE DE ROSEAU, ou *Roseau cultivé* (12), Graminée indigène. — Inodore. Saveur faible, légèrement sucrée. — Réputée antilaiteuse.

---

(1) Par exemple l'*Onosma echioides* Linn., l'*Arnebia tinctoria* Forsk, l'*Echium rubrum* Jacq.

(2) *Rumex acutus* Linn., vulgairement *Patience sauvage, Parelle*.

(3) *Eryngium campestre* Linn. (*E. vulgare* Lam.), vulgairement *Barbe-de-chèvre, Chardon Roland*.

(4) *Petroselinum sativum* Hoffm. et Koch. (*Apium Petroselinum* Linn., *A. vulgare* Lam.).

(5) *Petiveria alliacea* Linn., vulgairement *Raiz de Guiné, Herbe aux poules de Guinée*.

(6) *Petiveria tetrandra* Gomes, vulgairement *Raiz de Guiné, Pipi*.

(7) *Pæonia officinalis* Retz, vulgairement *Pivoine femelle*.

(8) *Pæonia corallina* Retz, vulgairement *Pivoine mâle*.

(9) *Potentilla reptans* Linn, (*Fragaria pentaphyllum* Crantz).

(10) *Potentilla Anserina* Linn. (*Argentina vulgaris* Lam.).

(11) *Ranunculus bulbosus* Linn., vulgairement *Grenouillette, Rave de Saint-Antoine*

(12) *Arundo Donax* Linn. (*A. sativa* Lam.), vulgairement *Canne de Provence*.

59° RACINE DE SAPONAIRE, ou *Saponaire officinale* (1), Caryophyllée indigène. Elle contient un principe immédiat intéressant (*saponine*). — Saveur mucilagineuse, d'abord nauséeuse, puis très âcre. — Fondante, dépurative, diurétique. — Administrée en tisane, en extrait (2).

60° RACINE DE TORMENTILLE, ou *Potentille officinale* (3), Rosacée indigène. — D'un goût astringent. — Employée dans le flux utérin, la diarrhée, les hémorrhagies. Elle jouissait autrefois d'une grande réputation. Ludwig disait qu'avec la *Tormentille* on pouvait se passer de tous les autres astringents. — Administrée en poudre, en infusion, en décoction, en extrait.

61° RACINE DE TURBITH, ou *Quamoclit Turbith* (4), Convolvulacée des Indes. — Inodore. Saveur d'abord peu sensible, puis nauséeuse. — Purgative (5).

62° RACINE DE VÉRATRE BLANC (6), Colchicacée indigène. — Odeur nulle. Saveur d'abord douceâtre et mêlée d'amertume, bientôt âcre et corrosive. — Émétique, purgative. — Administrée en lotions, en teinture et en pommade.

On emploie aussi la racine du *Vératre noir* (7).

63° RACINE DE VÉTIVER, ou *Barbon hérissé* (8), Graminée des Indes. — Odeur forte et tenace analogue à celle de la myrrhe. Saveur amère et aromatique. — On s'en sert pour parfumer les appartements.

CHAPITRE III.

DES TUBERCULES.

On nomme *tubercules*, des renflements charnus, plus ou moins arrondis, généralement gorgés de fécule, qui se développent dans le système souterrain des végétaux. Ces renflements sont de deux sortes : 1° les *tubercules* proprement dits, formés aux dépens des ramifications ou de l'axe des rhizomes; 2° les *racines tubéreuses*, qui sont de vraies racines, mais très épaisses, plus grosses que les tiges qui en naissent et plus ou moins hypertrophiées.

(1) *Saponaria officinalis* Linn. (*Lychnis officinalis* Scop., *Bootia vulgaris*, Neck.).
(2) Voy. le chapitre des FEUILLES.
(3) *Potentilla Tormentilla* DC. (*Tormentilla erecta* Linn.).
(4) *Ipomæa Turpethum* R. Br. (*Convolvulus Turpethum* Linn.).
(5) Voy. page 63.
(6) *Veratrum album* Linn., vulgairement *Varaire*, *Vraire*, *Varaso*, *Ellébore blanc*.
(7) *Veratrum nigrum* Linn.
(8) *Andropogon muricatus* Retz, vulgairement *Chiendent des Indes*, *Withe-vayr*, *Vettiver*.

A la surface des tubercules proprement dits, on remarque des yeux ou bourgeons, ordinairement placés à l'aisselle d'une petite écaille ou feuille avortée. Ces bourgeons n'existent pas dans les racines tubéreuses.

Une autre différence entre ces deux sortes de renflements, c'est que les tubercules apparaissent plus ou moins tard, dans le système souterrain, tandis que les dilatations radicales commencent à se former au moment même de la germination.

Les tubercules et les racines tubéreuses sont employés surtout pour l'alimentation humaine. Tout le monde connaît la *Pomme de terre*, une de nos plus précieuses conquêtes, fournie par la *Morelle tubéreuse* (1). Les renflements suivants sont d'un usage moins répandu : l'*Oxalide tubéreuse* (2), la *Capucine tubéreuse* (3), le *Cerfeuil bulbeux* (4), la *Glycine tubéreuse* (5), l'*Ulluco* (6), le *Nelumbo jaune* (7), le *Gouet comestible* (8).

Parmi les racines tubéreuses, citons le *Radis* (9), la *Rave* (10), le *Navet* (11), la *Carotte* (12), la *Patate* (13), l'*Igname* (14), le *Topinambour* ou *poire de terre* (15).

Je consacrerai des articles spéciaux aux tubercules : 1° des *Orchidées*, 2° des *Colchiques*.

§ I. — Tubercules des Orchidées.

1° PLANTE. — L'espèce principale est l'*Orchis mâle* (16). On la trouve en France, dans les prés et les pelouses montueuses.

(1) *Solanum tuberosum* Linn.

(2) *Oxalis tuberosa* Sav. — Ajoutez l'*Oxalis crenata* Jacq., et le *Deppei* Lodd. (*O. tetraphylla* Link et Otto).

(3) *Tropæolum tuberosum* Ruiz et Pav.

(4) *Chærophyllum bulbosum* Willd. — Ajoutez le *Carum bulbocastanum* (*Bunium bulbocastanum* Linn.), le *Conopodium denudatum* DC. l'*Arracacha esculenta* Bancr.

(5) *Apios tuberosa* Mœnch (*Glycine Apios* Linn.). — Ajoutez le *Psoralea esculenta* Pursh.

(6) *Ullucus tuberosus* Loz. (*Melloca Peruviana* Moq.). — Ajoutez le *Boussingaultia baselloides* Kunth.

(7) *Nelumbium luteum* Willd.

(8) *Arum esculentum* Forst. — Ajoutez le *Caladium eculentum* Willd. (*Arum esculentum* Linn.), le *Colocasia antiquorum* Schott. (*Arum Colocasia* Linn.), le *Tacca pinnatifida* Forst.

(9) *Raphanus sativus* Linn. (voy. page 71).

(10) *Brassica Rapa* Linn.

(11) *Brassica Napus* Linn.

(12) *Daucus Carota* Linn. (voy. page 77).

(13) *Batatas edulis* Chois. (*Convolvulus Batatas* Linn.).

(14) *Dioscorea Batatas* Dcn.

(15) *Helianthus tuberosus*, Linn.

(16) *Orchis mascula* Linn.

Description (fig. 22). — Tige élevée de 4 à 5 décimètres.

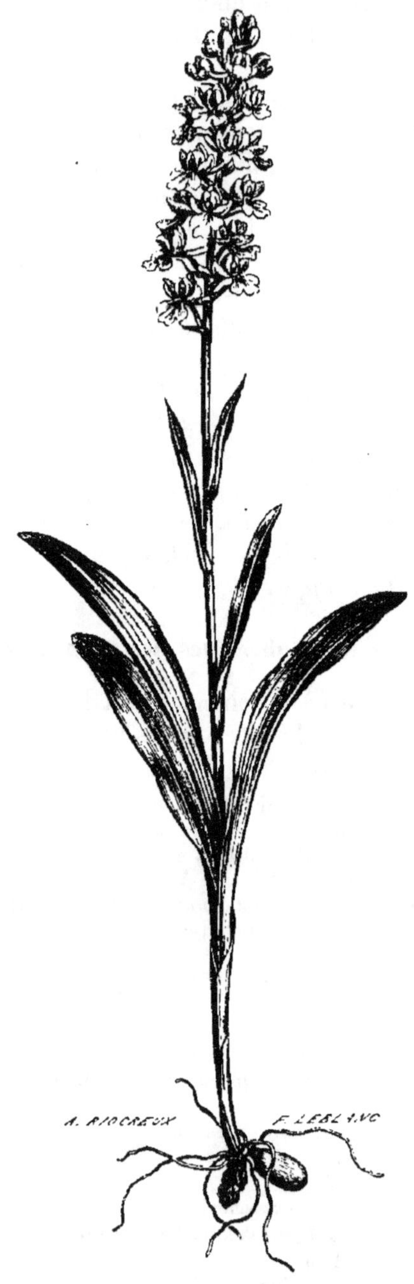

Fig. 22. — *Orchis mâle.*

Feuilles planes, oblongues ou oblongues-lancéolées, pointues, souvent tachetées de brunâtre. Inflorescence en épi lâche, allongé. Bractées membraneuses, colorées, à une seule nervure. Fleurs grandes, purpurines, rarement blanches. Périanthe à divisions extérieures libres, ovales-oblongues, aiguës ou acuminées ; les deux latérales étalées, puis réfléchies. Labelle large, pubescent à la base interne, à 3 lobes dentés ; le moyen le plus long, émarginé ou échancré. Éperon de la longueur de l'ovaire, ascendant ou dirigé horizontalement, cylindrique, obtus et épais.

2° SUCCÉDANÉS. — Suivant Geoffroy et Retz, on peut substituer à l'*Orchis mâle* plusieurs autres Orchidées de nos pays. Je citerai : l'*Orchis militaire* (1), l'*Orchis brun* (2), l'*Orchis bouffon* (3), l'*Orchis taché* (4), et l'*Orchis à larges feuilles* (5). On peut prendre encore les tubercules de l'*Anacampte pyramidale* (6), de la *Platanthère à deux feuilles* (7), du *Loroglosse à odeur de bouc* (8), de l'*Ophrys araignée* (9), de l'*Ophrys abeille* (10), et de l'*Acéras homme-pendu* (11).

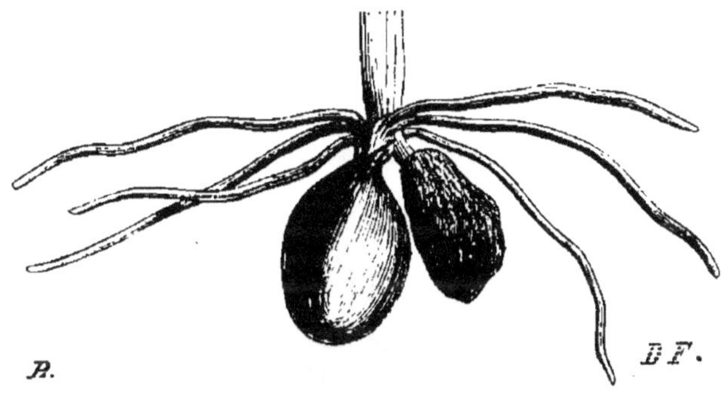

FIG. 23. — *Tubercules d'Orchis mâle.*

3° TUBERCULE (fig. 23). — Le *tubercule* de l'*Orchis mâle* est ovoïde et entier, c'est-à-dire non palmé, ni denté. Il a une peau

(1) *Orchis militaris* Jacq.
(2) *Orchis fusca* Jacq.
(3) *Orchis Morio* Linn.
(4) *Orchis maculata* Linn.
(5) *Orchis latifolia* Linn. (*O. comosa* Scop.).
(6) *Anacamptis pyramidalis* Rich. (*Orchis pyramidalis* Linn.).
(7) *Platanthera bifolia* Rich. (*Orchis bifolia* Linn., *O. alba* Lam.).
(8) *Loroglossum hircinum* Rich. (*Satyrium hircinum* Linn., *Orchis hircina* Crantz).
(9) *Ophrys arachnites* Lam. (*Orchis arachnites* All.), vulgairement *Ophrys bourdon*.
(10) *Ophrys apifera* Huds.
(11) *Aceras anthropophora* R. Brown (*Ophrys anthropophora* Linn.), vulgairement *Ophrys pendu*. — Quelle est la plante qui donne le *Badshah saleb*, ou *Salep royal*, qu'on apporte de Bombay en Angleterre?

très mince, lisse et roussâtre. Sa chair est ferme, homogène et d'un blanc à peine jaunâtre.

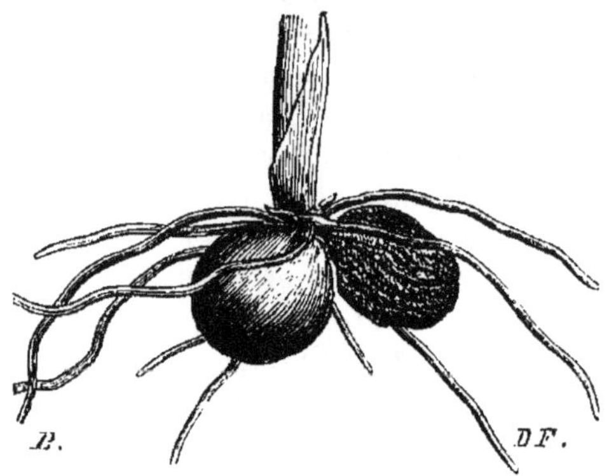

Fig. 24. — *Tubercules de l'Anacampte pyramidale.*

Les *tubercules* des autres espèces sont aussi plus ou moins ovoïdes. Ceux de l'*Anacampte pyramidale* (fig. 24), et de l'*Acéras homme-pendu*, sont courts et un peu globuleux. Ceux de l'*Orchis taché* (fig. 25), et de l'*Orchis à larges feuilles*, sont palmés.

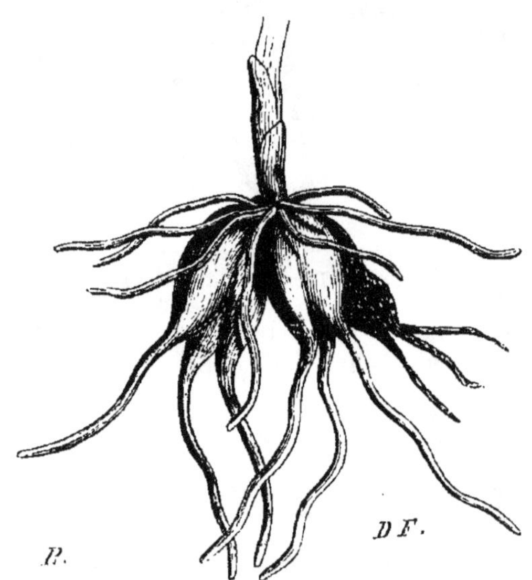

Fig. 25. — *Tubercules d'Orchis taché.*

4° Salep. — Pour préparer le *Salep*, on arrache les *tubercules* au moment où cesse la végétation extérieure de l'année. Le renflement ancien est alors presque entièrement épuisé et flétri, le nouveau est gros et ferme. C'est ce dernier seul que l'on récolte.

On enlève les radicelles. On lave les *tubercules*, et on les enfile en chapelets plus ou moins longs. On fait bouillir ces chapelets à grande eau, jusqu'à ce que le tissu commence à se résoudre en pâte mucilagineuse. On les retire alors du feu et on les fait sécher à l'étuve ou simplement au soleil. Quand ils sont bien secs, on les réduit quelquefois en poudre.

Les *tubercules* des *Orchis* sont formés de grandes cellules entourées d'un tissu particulier. Il existe des granules d'amidon dans ce tissu, mais il n'y en a pas dans les cellules. Ces dernières constituent la partie principale du *Salep*.

Le *Salep* est en morceaux ovoïdes, très durs, à demi transparents, d'une cassure comme cornée et d'une couleur jaunâtre.

On distingue deux sortes de *Saleps* : 1° le *Salep de Perse*, 2° le *Salep indigène*. Le premier vient de la Turquie, de la Natolie et de la Perse. Le second est préparé en Europe.

Le *Salep* ne se dissout pas dans l'eau, mais il y est extrêmement expansible. Il s'y gonfle considérablement. Il est uni cependant à un peu de matière mucilagineuse soluble.

L'analyse y a montré une substance azotée, du phosphate de chaux et du sel marin.

5° PROPRIÉTÉS ET USAGES. — Le *Salep* est inodore ou d'une très faible odeur approchant celle du Mélilot. Sa saveur ressemble à celle de la gomme adragante ; elle est un peu salée.

Cette préparation est employée comme analeptique et comme mucilagineuse. Dans l'Orient, elle passe pour aphrodisiaque, mais cette vertu paraît due aux matières excitantes qu'on y ajoute.

On administre le *Salep* dans du bouillon ou dans du lait, en tisane et en gelée. On l'incorpore aussi dans le chocolat.

§ II. — Tubercules des Colchiques.

1° PLANTE. — Le *Colchique d'automne* (1) appartient à la famille des Colchicacées. Il est commun dans les différentes parties de la France. On le trouve assez fréquemment aux environs de Paris.

Description (fig. 26). — Cette plante offre une tige courte et des feuilles qui ne se montrent qu'en hiver. Elles composent une

____

(1) *Colchicum autumnale* Linn., vulgairement *Safran bâtard, Safran des prés, Tue-chien, Tue-loup, Veilleuse, Veillotte.*

touffe dressée. Elles sont engaînantes, larges, lancéolées, atténuées au sommet, obtuses, luisantes. Les fleurs paraissent au mois de septembre, avant les feuilles ; elles sont grandes (1 décim. environ), au nombre de 2 ou 3, d'un lilas tendre ou rosées. Elles ont un calice en entonnoir longuement tubuleux, à limbe 5 ou 6 fois

FIG. 26. — *Colchique d'automne.*

plus court que le tube, campanulé, offrant 6 lobes assez grands, oblongs, lancéolés ; les intérieurs plus courts que les extérieurs. Les organes sexuels sortent du tube. L'insertion des étamines a lieu au sommet de ce dernier. Filets filiformes, subulés. Anthères versatiles. L'ovaire est trifide et à 3 styles. Fruit (*capsule*) entouré de feuilles dressées, assez gros, ovoïde, à 3 loges, s'ouvrant du côté intérieur.

2° TUBERCULE (1) (fig. 27). — Le *tubercule* du *Colchique* est un corps de la grosseur d'un marron, ovoïde, convexe d'un côté,

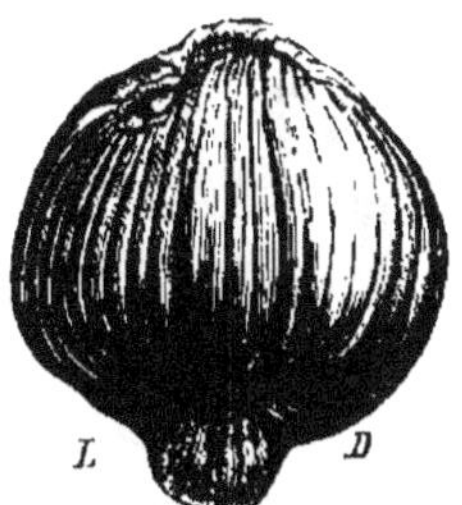

FIG. 27. — *Tubercule de Colchique.*

creusé longitudinalement de l'autre, d'un gris jaunâtre, entouré d'une tunique membraneuse noirâtre, d'un gris jaunâtre. Son tissu est charnu et blanc. Chaque année il s'en forme un nouveau à la partie inférieure et latérale du précédent.

Ce *tubercule* contient de la fécule, de la gomme, un acide volatil, une matière grasse et un principe d'une nature particulière, analogue aux substances alcalines végétales ; on l'a nommé *colchicine* (Geiger).

La *colchicine* cristallise en aiguilles déliées et incolores ; elle se dissout un peu dans l'eau ; elle est soluble dans l'alcool et dans l'éther.

3° PROPRIÉTÉS ET USAGES. — Les *tubercules de Colchique* présentent une saveur âcre et mordicante ; ils agissent sur l'économie à la manière des purgatifs drastiques les plus forts. La *colchicine* est inodore, âcre et amère, stimulante et très vénéneuse.

On emploie les *tubercules de Colchique* comme diurétiques, dans certaines hydropisies. On les a conseillés contre le rhumatisme et contre la goutte.

On les administre en oxymel, en vin, en teinture, en extrait et en vinaigre (2).

4° HERMODACTE (fig. 28). — Une grande confusion a régné pendant longtemps sur la plante d'où l'on retire ce *tubercule*. On a signalé tantôt un *Iris* (3), tantôt un vrai *Colchique*. On sait aujour-

(1) Vulgairement *bulbe solide.*
(2) Voy. le chap. des GRAINES.
(3) *Hermodactylus tuberosus* Salisb. (*Iris tuberosa* Linn.).

d'hui que c'est le *Colchique panaché* (1), qui croît dans l'Orient,
particulièrement dans l'île de Chio.

Ce *Colchique* offre des feuilles ouvertes, un peu étroites, ondulées sur les bords et d'un vert noirâtre. Ses fleurs ont un limbe

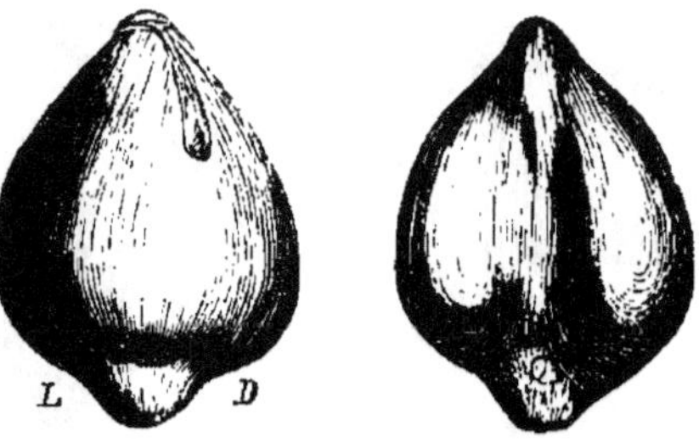

FIG. 28. — *Hermodacte.*

ample, étalé , à lobes ovales-lancéolés, acuminés, d'une couleur
rose, agréablement panaché ou tacheté par petits carreaux pourpres, en forme de damier, à la manière de la Fritillaire méléagre.

L'*Hermodacte* est ovoïde-cordiforme, convexe sur le dos, plus ou
moins aplati et présentant un large sillon longitudinal sur la face,
brusquement atténué à la base, pointu, généralement lisse, rarement avec des traces de stries longitudinales , d'une couleur
ochreuse blanchâtre. Son tissu est homogène, compacte, cassant
et friable. Il diffère surtout du *tubercule* produit par le *Colchique
d'automne*, par l'absence des rides et par sa couleur presque
blanche.

Sa saveur est douceâtre, laissant après elle une très légère trace
d'âcreté.

Il jouit des mêmes propriétés que le précédent. Il paraît que
c'est surtout cette espèce qui agit efficacement contre la goutte et
contre le rhumatisme.

CHAPITRE IV.

DES BULBES.

Les *bulbes* sont de gros bourgeons souterrains. Parmi les
bulbes, la thérapeutique estime surtout celui de la *Scille*.

(1) *Colchicum variegatum* Linn.

§ I. — Bulbes de la Scille.

1° PLANTE. — La *Scille maritime* (1) appartient à la famille des Liliacées ; elle croît sur les bords sablonneux de la Méditerranée et de l'Océan.

Description. — Feuilles toutes radicales, grandes, ovales ou lancéolées, aiguës, un peu onduleuses, lisses, glabres, luisantes, d'un vert foncé, charnues. Hampe poussant avant les feuilles, haute de 60 centimètres à 1 mètre. Inflorescence en épi terminal, long. Fleurs pédonculées, à calice campanulé, pétaloïde, blanc. Étamines à peu près de la longueur du calice, au nombre de six, à filets subulés, plans. Ovaire triloculaire. Style simple, filiforme, droit, terminé par un stigmate obscurément trilobé. Capsule trigone, à trois loges, s'ouvrant en trois valves. Graines presque globuleuses, d'un brun pâle.

2° BULBE (2). — *Bulbe* à demi enfoncé dans le sable, volumineux, ordinairement de la grosseur des deux poings. Il y en a qui pèsent plus de 4 kilogrammes. Ce *bulbe* est ovoïde, arrondi, recouvert de tuniques nombreuses, superposées et serrées. Les premières sèches, minces, longitudinalement striées et d'un brun rougeâtre. Les intermédiaires amples, épaisses principalement vers le haut et d'un blanc à peine rosé, prenant une belle teinte incarnat par l'exposition à l'air. Celles du centre petites, très mucilagineuses et blanches.

Les tuniques de la *Scille* sont recouvertes d'une membrane extrêmement ténue, transparente et incolore ; elles ont des stomates à leur surface extérieure seulement. Leur tissu est composé de cellules polyédriques homogènes, entremêlées de trachées solitaires nombreuses, surtout vers la partie du parenchyme qui touche les stomates. On remarque, dans ce tissu, des espèces de prismes allongés terminés par des sommets pyramidaux, blancs, brillants, dirigés dans le sens de la longueur des écailles. Chaque prisme est un faisceau de 18 à 25 aiguilles (*raphides*) composées de carbonate et d'oxalate de chaux. Ces prismes manquent complétement vers l'intérieur du *bulbe*.

La *Scille* contient du mucilage végétal, du sucre, du tannin, une matière colorante rouge acide, une matière colorante jaune acide et odorante, une matière grasse, de l'iode, des sels et un principe particulier appelé *scillitine*.

(1) *Scilla maritima* Linn., vulgairement *Scille officinale*.
(2) Officin., *Scillæ vel Squillæ radix*.

La *scillitine* est incristallisable, demi-transparente, d'un jaune
pâle, hygrométrique, mais non déliquescente, très soluble dans
l'alcool et dans l'éther à froid.

3° PROPRIÉTÉS ET USAGES. — On n'emploie que les écailles intermédiaires (*squames*) ; on les coupe en lanières pour les dessécher.
Quand elles sont fraîches, leur odeur est analogue à celle des Raves
sauvages ; avec la dessiccation, elle devient presque nulle. Leur
saveur est âcre et amère ; celle de la *scillitine* est d'une amertume intense et pénétrante ; c'est un poison violent, narcotico-âcre.

La *Scille* est ordonnée comme expectorante et diurétique.

On l'administre en extrait, en teinture, en vin, en vinaigre, en
oxymel, en sirop ; on la donne encore en poudre, en pilules et en miel.

§ II. — De quelques autres Bulbes.

On emploie, mais plus rarement, les *bulbes*
du *Lis blanc* (1) (fig. 29), de l'*Ail* (2) et de
l'*Oignon* (3).

Les premiers, cuits sous la cendre, composent des cataplasmes émollients. On les
administre aussi en apozème diurétique, en
vin et en sirop. Les seconds passent pour
anthelminthiques, stomachiques et antihystériques. Ils font partie du *vinaigre des quatre
voleurs* (4). Les troisièmes sont dits apéritifs
et diurétiques ; ils servent à composer un
sirop. On fait aussi avec leur pulpe des
cataplasmes maturatifs.

FIG. 29. — *Bulbe de Lis.*

CHAPITRE V.

DES RHIZOMES.

Cinq sortes principales de *rhizomes*, ou tiges souterraines, sont
employées en médecine : 1° le *rhizome* de la *Réglisse*, 2° celui de
l'*Asperge*, 3° celui de l'*Iris*, 4° ceux du *Chiendent*, 5° ceux des
Fougères.

(1) *Lilium candidum* Linn.
(2) *Allium sativum* Linn.
(3) *Allium Cepa* Linn.
(4) Pharm., *oxéolé d'Absinthe alliacé.*

§ I. — Rhizome de Réglisse.

1° PLANTE. — La *Réglisse glabre* (1) appartient à la famille des Légumineuses et à la tribu des Lotées. Elle habite le midi de l'Europe. On la cultive dans les jardins.

Description. — Tiges dressées, hautes de 9 à 12 décimètres, fermes, cylindriques, glabres, presque simples. Feuilles ailées avec impaire, à folioles au nombre de 13 à 15, ovales, obtuses, légèrement échancrées, entières, glabres et un peu visqueuses, pourvues de deux stipules très petites. Inflorescence en épis axillaires, pédonculés, allongés, lâches. Fleurs petites, papilionacées, rougeàtres. Calice tubuleux et bilabié, scabre. Corolle avec une carène dont les pétales sont distincts. Étamines diadelphes. Fruit (*gousse*) ovale-oblong, comprimé, glabre. Graines au nombre de 3 ou 4.

2° RHIZOME (2). — Ce *rhizome* est long de 1 à 2 mètres, traçant, de la grosseur du doigt, cylindrique, rude. Écorce grise ou roussâtre. Bois d'un tissu assez homogène, dur, d'un jaune pâle.

La *Réglisse* contient de l'amidon ; une matière azotée coagulable par la chaleur ; du ligneux, des phosphates et malates de chaux et de magnésie ; une huile résineuse brune, épaisse et âcre ; un principe particulier nommé *glycyrrhizine*, non cristallisable, brun rougeàtre, soluble dans l'eau et dans l'alcool, et sucré, mais non susceptible de fermentation alcoolique ; un autre principe (*agédoïte*) cristallisable, azoté, soluble dans l'eau et identique avec l'asparagine. (Robiquet, Plisson.)

3° PROPRIÉTÉS ET USAGES. — Odeur très faible. Saveur douce, sucrée, mêlée d'une certaine âcreté. Les bois de Sicile et d'Espagne sont plus sucrés que ceux de nos jardins.

On emploie le *bois de Réglisse* pour faire des tisanes. On s'en sert, surtout pulvérisé, dans un grand nombre de préparations pharmaceutiques. On en retire aussi le *suc de Réglisse* (3) ; on en compose encore une pâte.

4° SUCCÉDANÉS. — 1° La *Réglisse hérissonne* (4), originaire d'Orient, assez répandue dans le commerce, un peu moins sucrée que la *Réglisse glabre* ; 2° l'*Abrus des chapelets* (5), de l'Hindoustan et des Antilles ; 3° l'*Astragale à feuilles de Réglisse* (6), et le *Trèfle des Alpes* (7).

(1) *Glycyrrhiza glabra* Linn. (*Liquiritia officinalis* Mœnch), vulgairement *Réglisse officinale.*

(2) Officin., *Glycyrrhiza, Liquiritia, dulcis radix, Réglisse.*

(3) Voy. le chap. de la RÉGLISSE.

(4) *Glycyrrhiza echinata* Linn., vulgairement *Réglisse de Russie.*

(5) *Abrus precatorius* Linn., vulgairement *Liane à Réglisse.*

(6) *Astragalus glycyphyllos* Linn., vulgairement *Réglisse sauvage.*

(7) *Trifolium Alpinum* Linn , vulg. *Réglisse de montagne, Réglisse des Alpes.*

§ II. — Rhizome d'Asperge.

1° PLANTE. — L'*Asperge officinale* (1) appartient à la famille des Asparaginées. Elle est commune dans les lieux cultivés. On la cultive dans les jardins potagers.

Description. — Tige herbacée, de 7 à 9 décimètres, dressée, cylindrique, glabre, très rameuse à sa partie supérieure, à rameaux écartés. Feuilles (rameaux modifiés) fasciculées, sétacées, molles, partant de l'aisselle d'une écaille (feuille avortée). Fleurs pendantes à l'extrémité des pédoncules articulés dans leur milieu, géminées, petites, verdâtres ou d'un blanc jaunâtre, dioïques. Calice en cloche allongée, à sépales au nombre de 6, sur deux rangs, rétréci en une base filiforme en forme de pédicelle. Étamines au nombre de 6, attachées vers le tiers inférieur du calice. Anthères de la longueur du filet. Ovaire à trois loges, chacune à deux ovules. Style

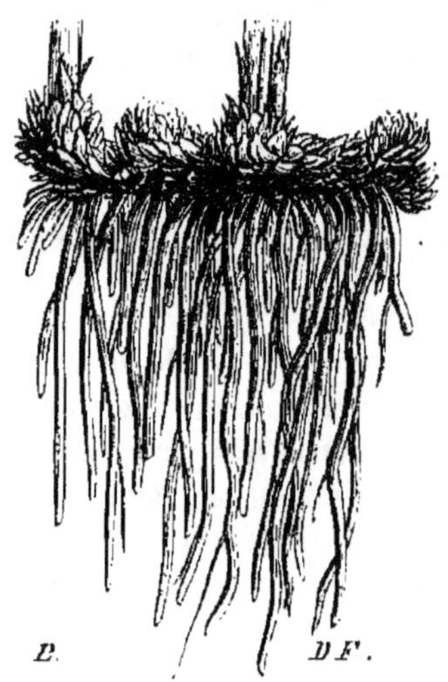

FIG. 30. — *Rhizome d'Asperge.*

trigone, terminé par trois stigmates étalés ou réfléchis. Fruit (*baie*) arrondi, d'un beau rouge, renfermant de 3 à 6 graines.

2° RHIZOME (2) (fig 30). — Rampant, de la grosseur du pouce, cylindracé, écailleux, charnu, rameux, produisant un grand nombre de radicelles simples, allongées, cylindriques, composant comme un

(1) *Asparagus officinalis* Linn.
(2) Vulgairement *Griffes d'Asperge.*

paquet. Ces radicelles sont grises au dehors et blanches en dedans. On les coupe et on les fait sécher à l'étuve.

Le *rhizome* de l'*Asperge* contient de l'albumine végétale, une matière gommeuse, de la résine, une matière sucrée, une matière amère extractive, du malate acide, de l'hydrochlorate, de l'acétate et du phosphate de chaux et de potasse. (Dulong.)

3° PROPRIÉTÉS ET USAGES. — Le *rhizome de l'Asperge officinal* est mucilagineux et amer. On l'emploie comme diurétique et apéritif. On le comptait jadis parmi les cinq racines apéritives.

On l'administre en infusion et en extrait (1).

§ III. — Rhizome d'Iris.

1° PLANTE. — L'*Iris de Florence* (2) appartient à la famille des Iridées ; il croît en Italie et dans les parties méridionales de l'Europe.

Description. — Hampe haute d'environ 5 décimètres. Feuilles au nombre de 4 ou 5, plus courtes que la hampe, ensiformes, droites, glabres, d'un vert glauque. Fleurs : 2 ou 3, grandes, d'un blanc de lait, d'une odeur douce et agréable, à sépales extérieurs, avec une ligne médiane barbue. Étamines à filets subulés ; anthères oblongues-linéaires. Ovaire un peu plus court que le tube ; style trigone, soudé inférieurement avec le calice ; stigmates (branches du style) 3, appliqués contre les étamines, dilatés, pétaloïdes, carénés en dessus, concaves en dessous, bilabiés, à lèvre supérieure bifide, à lèvre inférieure très courte, cachant la surface stigmatique. Fruit (*capsule*) à 3 angles obtus. Graines nombreuses, déprimées, planes, bordées.

2° RHIZOME (3) (fig. 31). — Ce *rhizome* est horizontal ou oblique, un peu plus gros que le pouce, articulé, rameux. Écorce d'un blanc à peine jaunâtre, avec quelques tubercules rudes, d'un jaune brunâtre. Tissu homogène, charnu, blanc ou d'un blanc jaunâtre.

L'analyse y a découvert une huile volatile, solide et cristallisable, une huile fixe, un extrait brun, de la gomme, de la fécule et du ligneux. (Vogel.)

3° PROPRIÉTÉS ET USAGES. — Odeur de violette très prononcée. Saveur légèrement âcre et amère.

Le *rhizome* de l'*Iris de Florence* est assez employé en pharmacie.

(1) Voy. le chap. des BOURGEONS.
(2) *Iris Florentina* Linn.
(3) Officin., *radix Iris Florentinæ*.

On se sert surtout de sa poudre; on en prépare des tablettes et une teinture (*eau de Violette*). On en fabrique de petites boules de

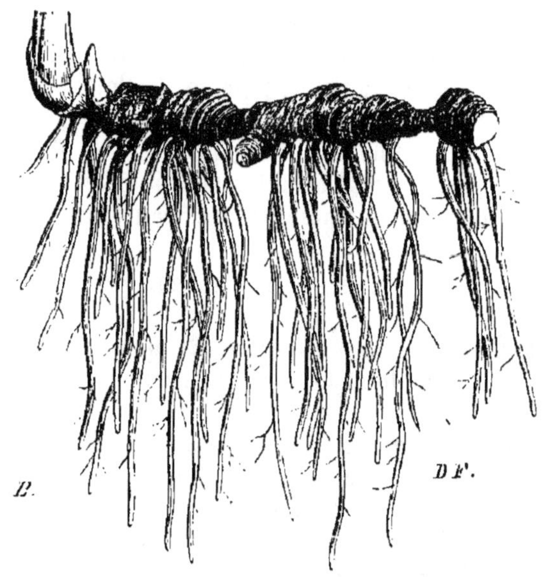

Fig. 31. — *Rhizome d'Iris.*

diverses grosseurs (*pois d'Iris*), à l'aide desquelles on entretient la suppuration des cautères.

Les parfumeurs et les marchands de vin mettent à profit l'odeur de violette particulière à cette plante.

4° DES AUTRES IRIS. — 1° Le *rhizome* de l'*Iris flambe* (1), qui présente une odeur de Violette très faible, est un mauvais succédané du précédent. On ne l'emploie guère que dans les buanderies pour parfumer les lessives. Les fleurs de cette espèce sont d'un bleu violet. 2° Celui de l'*Iris fétide* (2), qui est âcre, a été recommandé contre l'hydropisie. On en a retiré une huile volatile, de la cire, une matière résineuse, une matière orangée, du sucre, de la gomme... Les fleurs de cette espèce sont d'un violet pâle. 3° Celui du *faux Acore* (3), qui ne présente pas d'odeur et dont la saveur est très âcre. Il devient rougeâtre par la dessiccation. Il a été employé comme sternutatoire. Ses fleurs sont jaunes.

(1) *Iris Germanica* Linn., vulgairement *Flambe*, *Iris glaïeul.*
(2) *Iris fœtidissima* Linn. (*I. fœtida* Lam.), vulgairement *Glaïeul puant, Spatule fétide.*

(3) *Iris Pseudo-Acorus* Linn., vulgairement *Glaïeul des marais, Flambe bâtarde, faux Acore, Iris jaune.*

MOQ.-TAND. — BOT. MÉD. 6

§ IV. — Rhizomes de Chiendent.

1° PLANTES. — Deux Graminées indigènes fournissent le *Chien-dent* des pharmacies : ce sont le *Cynodon pied-de-poule* (1) et le *Froment rampant* (2).

Ces plantes se trouvent dans les lieux cultivés ou incultes et sur les bords des chemins.

Description. — Dans le genre *Cynodon* les épis sont au nombre de 3 à 5, disposés en panicule digitée, et les épillets subsessiles et uniflores. Dans le genre *Froment*, les épis sont solitaires et les épillets tout à fait sessiles, 4 à 6-flores, plus rarement 6 à 8-flores.

Le *Cynodon pied-de-poule* offre des tiges de 2 à 4 décimètres, rameuses inférieurement, donnant souvent naissance à leur base à des bourgeons allongés, flexueux, recourbés, composés d'écailles courtes étroitement imbriquées. Feuilles longues, roides, pubescentes, principalement en dessous, légèrement glauques; celles des rameaux, stériles, étalées, distiques, courtes. Épis ordinairement d'un rouge violet. Glumes aiguës, scabres.

Le *Froment rampant* (fig. 32) a des tiges de 5 à 8 décimètres. Feuilles longues, roides, scabres seulement en dessus, souvent glauques. Épi distique, plus ou moins glauque. Glumes lancéolées, acuminées, à 5 nervures.

2° RHIZOMES (3). — Les *rhizomes* de ces deux plantes sont très rameux et traçants.

Dans la première espèce, les jets souterrains sont très longs, de la grosseur d'une plume de corbeau, cylindriques et pourvus d'un grand nombre de nœuds. Leur épiderme est dur, jaune, comme vernissé ; leur tissu est blanc, farineux et sucré.

Dans la seconde espèce, les jets sont moins gros, moins noueux et plus rarement couverts d'écailles. Leur tissu est moins farineux et plus sucré.

Après avoir arraché ces *rhizomes*, on les nettoie, on les dépouille de leur chevelu et on les fait sécher. On les rassemble ensuite en petites bottes.

Le *Chiendent* contient un sucre cristallisant en aiguilles déliées (Pfaff).

---

(1) *Cynodon dactylon* Rich. (*Panicum dactylon* Linn., *Digitaria dactylon* All., *Dactylon officinale* Vill., *Paspalum umbellatum* Lam., *P. dactylon* DC.), vulgairement *Chiendent*.

(2) *Triticum repens* Linn., vulgairement *Chiendent*.

(3) Vulgairement *racine de Chiendent*, *Chiendent des boutiques*.

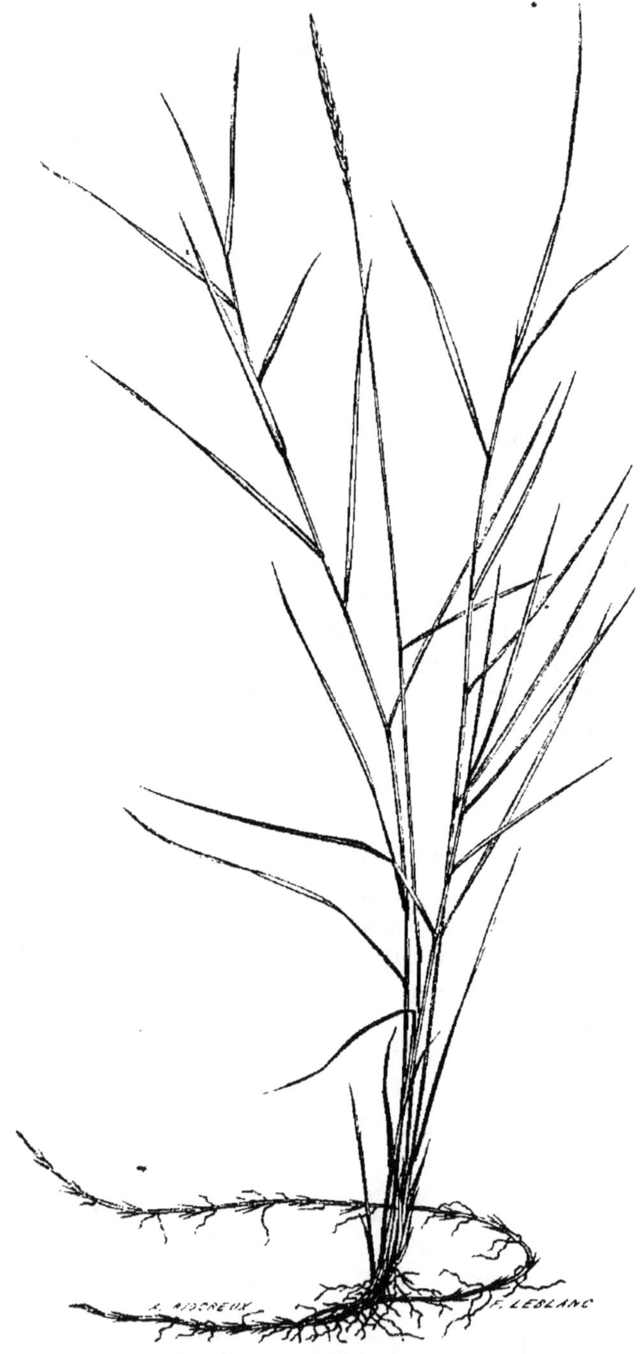

FIG. 32. — *Froment rampant.*

3° PROPRIÉTÉS ET USAGES. — Le *Chiendent* est adoucissant, rafraîchissant et légèrement diurétique.

On l'administre en tisane et en extrait.

§ V. — Rhizomes des Fougères.

Les *rhizomes* des *Fougères* employés en médecine sont : 1° le *rhizome* de la *Fougère mâle*, 2° celui du *Polypode*, 3° celui du *Calaguala*.

1° RHIZOME DE FOUGÈRE MALE. — 1° *Plante.* —Le *Néphrode Fougère mâle* (1) se trouve partout en France, dans les bois et dans les lieux stériles.

Description (fig. 33). — Feuilles grandes (5 à 10 décimètres), brièvement ou longuement pétiolées, planes, oblongues, lancéolées, vertes, deux fois ailées, offrant des poils scarieux le long de l'axe, plus nombreux et plus grands à la base. Folioles alternes, lancéolées, aiguës, les supérieures diminuant insensiblement et formant une longue pointe terminale. Les pinnules de ces folioles sont linéaires, assez larges, obtuses, dentées en scie à leurs bords. Fruits (*sores*) peu nombreux, disposés sur deux rangs longitudinalement, rapprochés, assez gros, réniformes, ombiliqués, d'un gris violacé, couverts d'un indusium membraneux.

2° *Rhizome.* — Le *rhizome* (2) de cette plante est composé d'un grand nombre de tubercules oblongs, rangés autour d'un axe commun. Écorce coriace et foliacée, brune, couverte d'écailles très fines, soyeuses et de couleur dorée. Intérieur solide, verdâtre à l'état frais, brunâtre à l'état sec. Sa poudre est d'un brun clair.

On récolte ce *rhizome* en été. La souche offre alors des bourgeons arrivés à maturité. Sa cassure est franche et sa couleur d'un vert pistache clair. (Peschier.)

Les praticiens recommandent de l'employer à l'état frais. Au bout de deux ou trois ans, elle perd ses propriétés.

On a retiré de ce *rhizome* une substance grasse, d'un jaune brunâtre, d'une odeur nauséabonde et d'une saveur très désagréable. Cette substance a présenté une huile odorante, de l'élaïne et de la stéarine. Il y a aussi des acides gallique et acétique, du tannin, du sucre incristallisable, une matière gélatineuse, de l'amidon.... (Morin.)

3° *Propriétés et usages.* — Odeur nauséabonde. Saveur astringente et un peu amère.

(1) *Nephrodium Filix-mas* Stremp. (*Polypodium Filix-mas* Linn., *Aspidium Filix-mas* Swartz).

(2) Officin., *radix Filicis*, racine de *Fougère mâle*.

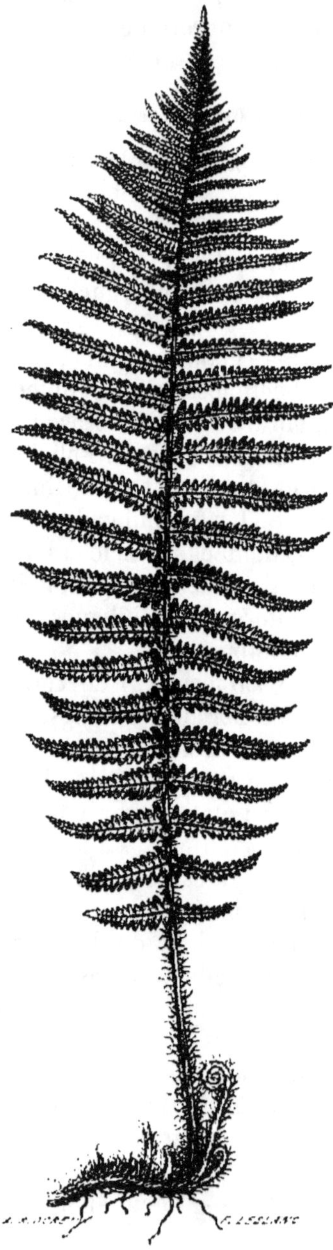

FIG. 33. — *Néphrode Fougère mâle.*

La *Fougère mâle* est recommandée comme anthelminthique. On

l'a employée en poudre, dans du vin blanc, en tisane et en extrait.
On se sert aussi de l'huile obtenue par le moyen de l'éther.

La *Fougère femelle* (1) et l'*aquiline* (2), indiquées autrefois comme
succédanées de cette espèce, ne sont pas usitées. Elles ne jouissent
pas d'ailleurs des mêmes propriétés.

2° RHIZOME DE POLYPODE. — 1° *Plante.* — Le *Polypode vulgaire* (3)
est très commun dans nos fossés, au pied des arbres, le long des
murs et même sur les toits.

Description. — Feuilles longues de 2 à 5 décimètres, longuement pétiolées, oblongues, lancéolées, simples, glabres, d'un vert
assez gai, pinnatifides, à lobes alternes, rapprochés, un peu confluents à la base, oblongs, obtus et crénelés particulièrement vers
le sommet. Nervures secondaires des lobes ordinairement trifur-
quées, à ramifications épaissies et transparentes au sommet, n'atteignant pas le bord. Fruits disposés sur deux rangs parallèles
à la nervure moyenne du lobe, naissant chacun à l'extrémité de la
ramification la plus courte des nervures secondaires, assez gros,
arrondis, sans indusium.

2° *Rhizome* (4) de la grosseur d'un tuyau de plume, tuberculeux,
en dessus, comme épineux en dessous. Écorce brune ou jaunâtre,
couverte d'écailles. Intérieur vert.

On y a découvert un corps moitié résineux, moitié huileux qu'on
a comparé à la glu, du sucre fermentescible, une matière astringente, de l'amidon, de la gomme, de l'albumine. (Desfosses.)

3° *Propriétés et usages.* — Odeur désagréable. Saveur douceâtre
et sucrée, nauséeuse, un peu âcre.

Le *rhizome de Polypode* a été conseillé comme laxatif et apéritif.
Il entre dans la composition de l'*électuaire catholicon double.*

3° RHIZOME DE CALAGUALA. — 1° *Plante.* — Le *Polypode calaguala* (5) croît dans les régions montagneuses du Pérou.

Description. — Feuilles alternes, longues de 2 à 3 centimètres,
lancéolées, étroites, entières, à bords réfléchis en dessous. Fruits
réunis en petits groupes arrondis (?) et disposés en quinconce.

2° *Rhizome* (6) horizontal, rampant, de la grosseur du doigt,
cylindrique, un peu comprimé, flexueux. Écorce écailleuse, donnant

---

(1) *Athyrium Filix-femina* Roth (*Polypodium Filix-femina* Linn. *Aspidium
Filix-femina* Engl. bot.).
(2) *Pteris aquilina* Linn.
(3) *Polypodium vulgare* Linn., vulgairement *Polypode du Chêne.*
(4) Officin., *radix Polypodii,* racine de *Polypode.*
(5) *Polypodium Calaguala* Ruiz.
(6) Officin., *radix Calagualæ,* racine de Calaguala, rac. de Calahuala.

naissance inférieurement à des fibrilles grêles et rameuses, d'un gris foncé. Intérieur d'un vert clair.

3° *Propriétés et usages.* — Saveur visqueuse, d'abord douceâtre, puis amère et comme rance.

Cette plante est employée, dans le nouveau monde, comme excitante et sudorifique. On l'a conseillée contre le rhumatisme chronique et contre la syphilis constitutionnelle. (Ruiz.)

4° *Succédanés.* — On confond, avec le *Calaguala*, les *rhizomes* de trois autres Fougères, du *Polypodium crassifolium*, de Linné, de l'*Acrostichum Huasaro*, de Ruiz, et de l'*Aspidium coriaceum*, de Swartz.

§ VI. — De quelques Rhizomes peu employés.

1° RHIZOME D'ACORE, ou *Acore aromatique* (1), Aroïdée indigène. — Odeur suave. Saveur aromatique, comme camphrée, amère et âcre. — Stimulant. — Administré en poudre et en tisane.

2° RHIZOME DE CURCUMA, ou *Curcuma officinal* (2), Amomée des Indes. On distingue, dans le commerce, quatre sortes de *Curcumas:* 1° le *long*, 2° l'*oblong*, 3° le *rond*, 4° le *petit*.—Odeur forte. Saveur aromatique, âcre et un peu amère.—Excitant, stomachique, diurétique.

3° RHIZOME DE CYCLAME, ou *Cyclame d'Europe* (3), Primulacée indigène. — Odeur presque nulle. Saveur âcre et caustique. — Émétique, purgatif, hydragogue.

4° RHIZOME D'ELLÉBORE NOIR (4), Renonculacée indigène, cultivée. — Odeur nauséabonde, désagréable. Saveur douceâtre, amère, astringente, un peu âcre. — Purgatif. —Administré en poudre, en pilules, en extrait et en teinture ; il entre dans les *pilules toniques de Bocher.*

L'*Ellébore fétide* (5) et l'*Ellébore à feuilles vertes* (6), étaient des succédanés du précédent. Les *rhizomes* du premier ne sont pas amers et ont peu d'âcreté ; ceux du second sont la base de la *teinture de Wendt*, conseillée contre la manie.

5° RHIZOMES DE FRAGON, ou *Fragon piquant* (7), Asparaginée

(1) *Acorus Calamus* Linn., vulgairement *Acore vrai.* — Officin., *radix Acori veri, rad. Calami aromatici.*

(2) *Curcuma longa* Linn., vulgairement *Safran des Indes, Souchet des Indes.* — Officin., *terra merita, Turmeric.*

(3) *Cyclamen Europæum* Linn., vulgairement *Pain-de-pourceau.*

(4) *Helleborus niger* Linn., vulgairement *Rose de Noël.*

(5) *Helleborus fœtidus* Linn., vulgairement *Pied-de-griffon.*

(6) *Helleborus viridis* Linn.

(7) *Ruscus aculeatus* Linn., vulgairement *Petit-Houx.*

indigène. — Odeur térébinthacée légère. Saveur sucrée et amère. — Diurétique léger. Il était rangé parmi les racines apéritives.

6° RHIZOMES DE GALANGA. Produits par diverses plantes de la famille des Amomacées. On a distingué trois sortes de *Galangas :* 1° le *grand,* 2° le *petit,* 3° le *léger.* Le premier est fourni par le *Galanga officinal* (1), des Indes orientales ; le second probablement par l'*Hellénie de Chine* (2), du pays dont elle porte le nom, et la troisième par une plante voisine. — Les *rhizomes* des *Galangas* sont très piquants et aromatiques. — On les emploie comme excitants. Le petit *Galanga* fait partie des *alcoolats thériacal* et de *Fioravanti.*

7° RHIZOME DE GINGEMBRE, ou *Gingembre officinal* (3), Amomacée des Indes orientales, cultivée en Amérique. On en distingue deux sortes : 1° le *gris,* 2° le *blanc.* — Odeur faible, piquante, agréable. Saveur aromatique, âcre, presque brûlante. — Excitant, stomachique, diurétique. — Administré en poudre, en tablettes, en sirop, en teinture, en marmelade.

8° RHIZOME DE GOUET, ou *Gouet commun* (4), Aroïdée indigène. — Odeur faible. Saveur âcre et caustique. — Purgatif.

Le *rhizome* de la *Serpentaire* (5) présente les mêmes propriétés.

9° RHIZOME D'OSMONDE, ou *Osmonde royale* (6), Fougère indigène. — Recommandé contre les scrofules et le rachitisme. — Administré en extrait. Rarement employé !

10° RHIZOME DE PANNA (7), Fougère de l'Afrique australe. — Employé par les Cafres pour expulser le ténia. On a cité 83 succès sur 90 cas (Behrens).

11° RHIZOME DU SCEAU-DE-SALOMON, ou *Polygonate anguleux* (8), Asparaginée indigène. — Saveur douceâtre. — Astringent et vulnéraire.

12° RHIZOME DE SOUCHET, ou *Souchet long* (9), Cypéracée indi-

---

(1) *Alpinia Galanga* Willd. (*Maranta Galanga* Linn.). — Officin., *radix Galangæ majoris, Galangæ savanensis, Galanga de l'Inde, Galanga de Java.*

(2) *Hellenia Chinensis* Willd. (*Heritiera Chinensis* Retz). — Officin., *radix Galangæ minoris, Galangæ sinensis, Galanga de la Chine, vrai Galanga officinal, Souchet de Babylone.*

(3) *Zingiber officinale* Rosc. (*Amomum Zingiber* Linn.) — Officin. *radix Zingiberis seu Gingiberis.*

(4) *Arum vulgare* Lam. (*A. maculatum* Linn.) vulgairement *Pied-de-veau.*

(5) *Arum Dracunculus* Linn. (*Dracunculus vulgaris* Schott).

(6) *Osmunda regalis* Linn., vulgairement *Fougère fleurie, Fougère royale.*

(7) *Drynaria quercifolia ?* (*Polypodium quercifolium ?* Linn.).

(8) *Polygonatum vulgare* Desf. (*Convallaria Polygonatum* Linn., *C. angulosa* Lam., *Polygonatum anceps* Mœnch).

(9) *Cyperus longus* Linn., vulgairement *Souchet odorant.* — Officin., *radix Cyperi longi.*

gène. — Odeur très faible de Violette. Saveur amère, astringente, aromatique. — Légèrement excitant, sialagogue ; il passait pour stomachique et emménagogue. — Administré en infusion.

Le *rhizome* du *Souchet rond* (1) présente les mêmes propriétés.

Celui du *Souchet comestible* (2) est alimentaire. On en fait, en Espagne et dans d'autres contrées, une sorte d'orgeat très agréable.

13° RHIZOME DE ZÉDOAIRE, ou *Curcuma zédoaire* (3), Amomacée des Indes. — Odeur et saveur semblables à celles du Gingembre, mais plus faibles. — Stimulant.

Le *rhizome* de la *Zédoaire ronde* ou *officinale* (4) présente les mêmes propriétés.

CHAPITRE VI.

DES TIGES.

Les *tiges* sont fort utiles à la matière médicale. Elles lui fournissent leurs écorces et leurs bois (5) ; elles lui donnent de plus une foule de produits plus ou moins actifs, tels que des gommes, des gommes-résines, des résines, des baumes, du cachou (6)...

Cependant il est très peu de *tiges* qui soient employées directement ou en nature. Je ne connais que celle de la *Douce-amère* qui mérite une attention spéciale.

§ I. — Tige de Douce-amère.

1° PLANTE. — La *Morelle douce-amère* (7) est un sous-arbrisseau de la famille des Solanées. Elle se trouve communément dans les haies.

Description (fig. 34). — Plante vivace. Feuilles alternes, pétiolées, profondément trilobées, glabres ou finement pubescentes, d'un vert foncé, à lobe moyen plus grand, ovale, aigu, et entier ; les latéraux sont opposés et irréguliers ; il y a des feuilles à cinq lobes

(1) *Cyperus rotundus* Linn.
(2) *Cyperus esculentus* Linn.
(3) *Curcuma Zedoaria* Rosc. (*Amomum Zedoaria* Willd.). — Officin., *Radix Zedoariæ longæ*.
(4) *Kæmpferia rotunda* Linn.
(5) Voy. les chapitres suivants VIII et IX.
(6) Voy. les chapitres consacrés à ces produits.
(7) *Solanum Dulcamara* Linn., vulgairement *Loque*, *Vigne de Judée*, *Vigne sauvage*, *Morelle grimpante*.

et d'autres presque entières ou entières, ovales-acuminées. Les supérieures ne sont pas lobées. Inflorescences en corymbes rameux,
opposées aux feuilles, longuement pédonculées, pauciflores. Fleurs

FIG. 34. — *Morelle douce-amère.*

pédicellées, violettes. Calice très petit, turbiné, hérissé de quelques poils, à cinq lobes, courts, triangulaires et aigus. Corolle
rotacée, à tube à peine marqué, à cinq lobes étroits, ovales-lan-

réolés, aigus, pourvus à leur base de deux petites taches glandu-leuses luisantes et vertes, bordées de blanc. Étamines rapprochées en cône allongé, formant une petite pyramide jaune au centre de la fleur. Anthères s'ouvrant par un petit trou terminal. Ovaire ovoïde, glabre ; style grêle, dépassant un peu le faisceau des éta-mines ; stigmate à peine capité, papilleux. Fruit (baie) entouré à sa base par le calice persistant, ovoïde, lisse, glabre, rougeâtre.

2° Tige. — La *tige* est longue de 1 à 2 mètres, sarmenteuse, se soutenant sur les plantes voisines, ligneuse à sa base, herbacée dans le reste de son étendue, grêle, cylindrique, pubescente, ra-meuse. Écorce grisâtre. Rameaux flexueux, à écorce pubescente, verte.

Ce sont les jeunes rameaux de l'année précédente que l'on recueille au printemps ; ils sont demi-ligneux. On les conserve, dans les pharmacies, en petits morceaux, fendus longitudinalement en deux parties.

La matière douce et sucrée de la *Douce-amère* a reçu le nom de *picroglycion*. Elle est cristalline, fusible, soluble dans l'eau, l'alcool et l'éther acétique (Pfaff). — On retire encore de ces tiges un alcali pulvérulent, d'un blanc brillant, micacé (*solanine*).

3° Propriétés et usages. — Les rameaux exhalent par le frois-sement une odeur désagréable. Saveur d'abord douce, puis assez amère.

La *Douce-amère* augmente la perspiration cutanée. On la prescrit dans les maladies de la peau, la syphilis, le rhumatisme chro-nique.

On l'administre en poudre, en décoction, en sirop, en extrait.

CHAPITRE VII.

DES SOMMITÉS.

En botanique médicale et en pharmacie, on désigne sous le nom de *sommités*, les extrémités des tiges et des rameaux.

On cueille, en général, les *sommités* au moment de la floraison.

Les principales sont celles : 1° de *Vélar*, 2° d'*Absinthe*, 3° de *petite Centaurée*, 4° de *Menthe*, 5° de *Sauge*, 6° de *Véronique*, 7° d'*Am-broisie*, 8° de *Chanvre*, 9° de *Sabine*.

§ I. — Sommités de Vélar.

1° PLANTE. — Le *Vélar*, ou *Sisymbre* (1) *officinal*, est une plante
de la famille des Crucifères. Il se trouve communément en France,
dans les endroits secs et stériles.

Description. — Tige herbacée, haute de 3 à 6 décimètres, dressée,

FIG. 35. — *Sommité de Vélar.*

effilée, cylindrique, roide, pubescente, simple inférieurement, rameuse à la partie supérieure. Rameaux très divariqués. Feuilles alternes, pétiolées, rudes, pubescentes, d'un vert glauque, les radicales
et les inférieures presque lyrées ou roncinées-pinnatifides, les supé-

(1) *Sisymbrium officinale* DC. (*Erysimum officinale* Linn., *Chamæplium officinale*
Walr.), vulgairement *Herbe aux chantres*.

rieures brièvement pétiolées, hastées à lobes étroits, le supérieur très allongé, irrégulièrement dentées. Inflorescence en longs épis terminaux, très grêles, nus. Fleurs petites, presque sessiles, jaunes. Calice déhiscent, à 4 sépales, pubescent. Corolle cruciforme, à pétales moitié plus longs que les sépales, spathulés, obtus, entiers. Filets épais. Anthères presque ovales. Pistil plus court que les étamines, à stigmate capitulé. Fruits (*siliques*) étroitement appliqués contre l'axe, un peu pédonculés, courts, oblongs, coniques, atténués légèrement de la base au sommet, anguleux, présentant 3 nervures longitudinales, velus, biloculaires, bivalves, à cloison mince et transparente. Graines unisériées, globuleuses, obliquement tronquées, finement ponctuées, brunes.

2° SOMMITÉS (fig. 35). — Les *sommités* sont divariquées, grêles et pourvues de petites feuilles. On emploie en même temps les feuilles les plus grandes de la tige.

3° PROPRIÉTÉS ET USAGES. — Les *sommités* de cette plante sont un peu acerbes ; mais elles n'offrent pas l'âcreté ni le piquant de la plupart des Crucifères.

On les emploie dans l'enrouement et dans le catarrhe pulmonaire chronique.

On les administre en infusion et en sirop.

§ II. — Sommités d'Absinthe.

1° PLANTE. — L'*Absinthe officinale* (1) est une plante herbacée, de la famille des Composées. On la trouve dans les lieux pierreux et incultes. On la cultive dans les jardins.

Description. — Racine vivace. Tige de 5 à 9 décimètres, dressée, pubescente-soyeuse, grisâtre, rameuse supérieurement. Feuilles inférieures tripinnatifides, à divisions étroites, lancéolées, obtuses, pubescentes-soyeuses sur les deux faces, blanchâtres, un peu argentées en dessous, à segments lancéolés ordinairement obtus ; les caulinaires pétiolées, bipinnatifides. Inflorescence en épis axillaires, simples, formant une panicule très allongée pyramidale. Capitules pédonculés, presque globuleux. Involucre à bractées imbriquées, ovales, obtuses, tomenteuses, scarieuses sur les bords. Réceptacle convexe, hérissé de poils longs et soyeux. Fleurons du centre hermaphrodites et fertiles. Corolle tubuleuse, à 5 lobes. Ovaire nu. Fleurons de

---

(1) *Artemisia Absinthium* Linn. (*Absinthium vulgare* Lam.), vulgairement *grande Absinthe*, *Absinthe commune*, *Aluine*.

la circonférence femelles, irréguliers, grêles, filiformes, terminés par 2 dents. Fruits (*achaines*) cylindriques, obovales, sans angles

FIG. 30. — *Sommité d'Absinthe.*

ni côtes, terminés par un disque très étroit, sans rebord membraneux et sans aigrette.

2° Sommités (fig. 36). — Les *sommités* sont grêles et portent des feuilles pinnatifides ou entières, et des capitules jaunâtres. On emploie en même temps les feuilles de la tige.

3° Propriétés et usages. — Odeur pénétrante. Saveur amère et aromatique.

Propriétés toniques, stimulantes, emménagogues et vermifuges. On s'en sert aussi contre les fièvres intermittentes.

On les administre en poudre, en infusion, en eau distillée, en huile, en vin, en teinture, en sirop, en extrait, en quintessence (1).

4° Autres Composées. — A la place de l'*Absinthe*, on ordonne quelquefois l'*Armoise vulgaire* (2), l'*Armoise maritime* (3), la *Tanaisie* (4) et la *Santoline* (5).

§ III. — Sommités de petite Centaurée.

1° Plantes. — L'*Érythrée petite Centaurée* (6) est une plante herbacée, de la famille des Gentianées. On la trouve communément en France, dans les bois.

Description. — Tige haute de 2 à 8 décimètres, dressée, grêle, quadrangulaire, rameuse surtout vers le haut, à rameaux opposés. Feuilles opposées, sessiles, petites, ovales ou oblongues, aiguës ou obtuses, entières ; les radicales disposées en rosette, pétiolées et obovales. Inflorescence en cymes rapprochées en corymbes terminaux, compactes. Fleurs brièvement pédicellées, d'un rose vif. Calice cylindrique, à 5 angles saillants et à 5 lanières étroites, subulées. Corolle plus longue que le calice, en entonnoir, à tube étroit strié ; limbe à 5 lobes ovales et obtus, se contournant au-dessus du fruit. Étamines 5, dépassant à peine le tube de la corolle ; anthères se tordant en spirale après l'émission du pollen. Ovaire très allongé, presque linéaire, offrant 2 sutures longitudinales, portant un style court, filiforme, présentant au sommet 2 branches terminées chacune par un stigmate arrondi. Fruit (*capsule*) entouré du calice et de la corolle, très allongé, linéaire. Graines très nombreuses, très petites.

2° Sommités (7). — Les *sommités* sont rameuses et dichotomes,

---

(1) Voy. les chapitres des Fruits et des Essences.
(2) *Artemisia vulgaris* Linn.
(3) *Artemisia maritima* Linn.
(4) *Tanacetum vulgare* Linn.
(5) *Santolina Chamæcyparissus* Linn.
(6) *Erythræa Centaurium* Rich. (*Gentiana Centaurium* Linn., *Chironia Centaurium* DC.), vulgairement *Herbe à Chiron*, *Herbe au centaure*, *petite Centaurée*.
(7) Officin., *herba Centaurii minoris*.

composées de branches ascendantes. Elles portent des fleurs nombreuses.

La *petite Centaurée* est composée de matière extractive, d'acide libre, de gomme et de quelques sels (Moretti).

3° PROPRIÉTÉS ET USAGES. — Saveur franchement amère. Elle devient plus intense par la dessiccation.

Les propriétés de la *petite Centaurée* sont toniques et fébrifuges.

On administre cette plante en infusion et en poudre. On en prépare une teinture et un extrait. C'est un des amers indigènes les plus généralement employés (Bouchardat).

§ IV. — Sommités de Menthe.

1° PLANTE. — La *Menthe poivrée* (1) est une plante herbacée, de la famille des Labiées, originaire d'Angleterre. On la cultive dans les jardins.

Description. — Tige dressée, haute de 3 à 6 décimètres, quadrangulaire, légèrement velue, rameuse, à rameaux dressés et opposés. Feuilles brièvement pétiolées, ovales-lancéolées, aiguës, dentées en scie, un peu pubescentes. Inflorescence en épi terminal, court, ovoïde, très serré. Fleurs brièvement pédonculées, violacées. Calice tubuleux, presque cylindrique, régulier, à 5 dents aiguës dont les 2 supérieures un peu plus petites. Corolle en entonnoir, presque égale. Tube de la longueur du calice, cylindrique, évasé supérieurement. Limbe à 4 lobes, le supérieur un peu plus large, légèrement échancré. Étamines ne dépassant pas beaucoup le tube de la corolle, didynames, écartées les unes des autres. Style saillant hors de la corolle, filiforme, terminé par un stigmate bifide.

2° SOMMITÉS (fig. 37). — Les *sommités* sont courtes et présentent à la fois des feuilles et des fleurs.

3° PROPRIÉTÉS ET USAGES. — Odeur aromatique et agréable. Saveur vive et piquante laissant dans la bouche une sensation particulière de fraîcheur.

Propriétés excitantes, antispasmodiques et carminatives.

On administre cette plante en infusion, en eau distillée et en huile essentielle.

4° AUTRES MENTHES. — On peut employer, comme jouissant de

____

(1) *Mentha piperita* Smith.

propriétés très analogues : 1° la *Menthe élégante* (1), 2° la *Menthe*

Fig. 37. — *Sommité de Menthe poivrée.*

verte (2), 3° la *Menthe aquatique* (3), 4° la *Menthe à feuilles rondes* (4).

(1) *Mentha gentilis* Linn. (*M. procumbens* Thuil.), vulgairement *Menthe commune, Baume des jardins.*
(2) *Mentha viridis* Linn.
(3) *Mentha aquatica* Linn. (*M. sativa* Sm., *M. hirsuta* DC.).
(4) *Mentha rotundifolia* Linn. (*M. rugosa* Lam.).

§ V. — Sommités de Sauge.

1° PLANTE. — La *Sauge officinale* (1) est un arbuste, de la fa-

FIG. 38. — *Sommité de Sauge.*

mille des Labiées, des provinces méridionales de la France. On la
cultive dans les jardins.

(1) *Salvia officinalis* Linn.

Description. — Plante sous-frutescente à la base. Tige quadrangulaire, pubescente, d'un brun cendré ; ramuscules herbacés, tomenteux, blanchâtres. Feuilles opposées, rapprochées, pétiolées, ovales ou lancéolées, un peu obtuses, à bords crénelés, à surface finement chagrinée, pubescentes surtout en dessous, d'un vert glauque un peu cendré. Inflorescence en épi, composée de verticilles rapprochés. Bractées foliacées, cordiformes, aiguës, concaves, caduques. Fleurs d'un rose lilas, plus rarement blanches. Calice tubuleux, à côtes longitudinales, pubescent ; à 5 dents égales, aiguës, terminées en pointe épineuse. Corolle assez grande, bilabiée ; à lèvre supérieure en casque, non comprimée, échancrée au sommet ; à lèvre inférieure plus grande, trilobée, lobes latéraux courts et réfléchis, le moyen très large, légèrement échancré. Gorge garnie d'une rangée de poils. Deux étamines incluses, à filets courts filiformes ; connectif long, grêle, transversal, fixé par le milieu, portant à une extrémité une loge fertile et à l'autre une loge avortée, glanduliforme, contenant quelques grains de pollen. Style dépassant très longuement la lèvre supérieure de la corolle. Fruit entouré par le calice.

2° SOMMITÉS (fig. 38). — Les *sommités* sont assez longues, portent des feuilles un peu écartées, et sont terminées par les épis floraux. On y ajoute souvent les feuilles plus grandes des ramuscules non fleuris.

3° PROPRIÉTÉS ET USAGES. — Odeur aromatique, forte, agréable, ne plaisant pas à tout le monde. Saveur prononcée, chaude, un peu piquante.

Propriétés toniques, excitantes, cordiales. Les *sommités* de cette Labiée jouissaient autrefois d'une assez grande réputation.

On les administre en infusion. On en préparait anciennement une eau distillée, un vinaigre et une huile (1).

§ VI. — Sommités de Véronique.

1° PLANTE. — La *Véronique officinale* (2) est une petite plante herbacée, de la famille des Scrofularinées. Elle croît abondamment, en France, dans les bois.

Description. — Racine vivace, fibreuse. Tiges longues de 1 à 3 décimètres, couchées, diffuses, radicantes à la base, redressées au sommet, cylindriques, velues, roides. Feuilles opposées, brièvement

(1) Voy. le chapitre des FEUILLES.
(2) *Veronica officinalis* Linn., vulgairement *Véronique mâle*, *Thé d'Europe*.

pétiolées, ovales-elliptiques, atténuées à la base, presque obtuses, finement dentées, très pubescentes, ridées, d'un vert sombre, assez fermes. Inflorescence en grappes spiciformes, assez compactes, axillaires, pédonculées. Bractées subulées. Fleurs presque sessiles, d'un violet pâle, veiné de violet foncé. Calice pubescent, à 4 lobes, ovales-allongés, aigus; les deux supérieurs plus courts. Corolle dépassant le calice, rotacée, à tube très court; limbe à 4 lobes inégaux; le supérieur le plus large, arrondi. Ovaire comprimé, pubescent. Fruit (*capsule*) recouvert par le calice, plus grand, triangulaire, obcordé, échancré au sommet, comprimé, portant le style qui égale sa longueur, glanduleux-velu, fortement cilié. Graines presque planes à la face interne.

2° SOMMITÉS (fig. 39). — Ces *sommités* sont courtes, garnies de

FIG. 39. — *Sommité de Véronique.*

feuilles et d'épis pédonculés. Les pédoncules égalent à peu près la longueur des feuilles; ils sont cylindriques, roides et pubescents.

3° PROPRIÉTÉS ET USAGES. — Saveur amère et aromatique.

Propriétés légèrement excitantes. On a conseillé la *Véronique officinale* dans les catarrhes pulmonaires chroniques.

On l'administre en infusion.

4° AUTRES VÉRONIQUES. — On attribue des propriétés analogues: 1° à la *Véronique des prés* (1), 2° à la *Véronique en épi* (2), 3° au *Petit-Chêne* (3).

(1) *Veronica Teucrium* Linn.
(2) *Veronica spicata* Linn.
(3) *Veronica Chamædrys* Linn.

§ VII. — Sommités d'Ambroisie.

1° PLANTE. — L'*Ansérine ambroisie* (1) est une plante herbacée,

FIG. 40. — *Sommité d'Ambroisie.*

(1) *Chenopodium ambrosioides* Linn. (*Atriplex ambrosioides* Crantz, *Ambrosia am-brosioides* Spach), vulgairement *Thé du Mexique, Ambroisie, Herbe de Sainte-Marie.*

MOQ.-TAND. — BOT. MÉD. 7.

de la famille des Salsolacées. Elle paraît originaire du nouveau monde. On la trouve, dans le midi de la France, autour des villes, dans les lieux secs.

Description. — Racine oblongue, fibreuse. Tige droite, haute de 3 à 6 décimètres, sillonnée, scabre, verdâtre, feuillée dans toute sa longueur. Feuilles ascendantes, alternes, un peu pétiolées, oblongues, atténuées aux deux extrémités, pointues, offrant quelques dents écartées vers leur moitié supérieure, glabres, vertes des deux côtés. Les feuilles florales sont très petites, lancéolées-linéaires ou linéaires, très pointues et très entières. Inflorescence en petites grappes axillaires, formant une grande panicule terminale. Fleurs sessiles, glomérulées, verdâtres. Calice à 5 sépales, rarement à 3 ou à 2, orbiculaires-ovales, obtus. Étamines un peu plus longues que le calice, à filets linéaires, terminés par des anthères ovées. Fruit (*utricule*) enveloppé du calice exactement fermé, mais non caréné; péricarpe très mince, blanchâtre. Graine lenticulaire, lisse, luisante, noirâtre, à bord obtus.

2° SOMMITÉS (fig. 40) (1). — Les *sommités* présentent des feuilles lancéolées, plus ou moins étroites et entières. Elles sont couvertes, ainsi que toute la plante, d'un grand nombre de glandules sessiles et jaunâtres.

3° PROPRIÉTÉS ET USAGES. — L'*Ambroisie* répand une odeur forte et agréable, surtout quand on la froisse. Cette odeur se conserve très bien dans les *sommités* sèches. Sa saveur est aromatique et approche de celle du Cumin (Lam.).

Propriétés stomachiques, anthelminthiques, carminatives et sudorifiques.

On administre l'*Ambroisie* en infusion. On en prépare une liqueur parfumée, très agréable.

4° AUTRES ANSÉRINES. — On peut employer comme succédanés : 1° l'*Ansérine vermifuge* (2), 2° et le *Botrys* (3). Cette dernière est un peu âcre et amère. On s'en est servi, quelquefois, contre l'hystérie.

(1) Officin., *herba Botryos Mexicanæ*, *Thé du Mexique*, *Thé des jésuites*.
(2) *Chenopodium anthelminthicum* Linn. (*Atriplex anthelminthicum* Crantz, *Ambrina anthelminthica* Spach).
(3) *Chenopodium Botrys* Linn. (*Atriplex Botrys* Crantz, *Botrydium aromaticum* Spach).

§ VIII. — Sommités de Chanvre.

1° PLANTE.—Le *Chanvre ordinaire* (1) est une plante de la famille des Cannabinées. Il paraît originaire de la Perse. On le cultive, aujourd'hui, dans toutes les parties de l'Europe.

Description. — Plante annuelle. Tige haute de 1 à 2 mètres, dressée, ordinairement simple, roide, effilée, très rude, un peu velue, à liber formé de fibres textiles résistantes. Feuilles alternes, pétiolées, palmatiséquées, à 5 ou 7 segments lancéolés, étroits, très aigus et dentés en scie, rudes au toucher, pubescentes, d'un vert pâle en dessous. Les inférieures opposées ; les supérieures souvent réduites à trois segments ou au segment terminal. Stipules libres. Dans les pieds mâles, les segments extérieurs sont quelquefois très entiers. Fleurs à l'aisselle des feuilles supérieures, dioïques. Mâles : en petites grappes, brièvement pédonculées, renversées et pendantes. Calice à 5 sépales étalés, lancéolés, étroits, presque égaux. Étamines au nombre de 5, dressées, à filets courts, capillaires et à anthères longues, pendantes. Femelles : réunies en glomérules serrés et munies chacune d'une petite bractée. Calice globuleux, inférieur, terminé supérieurement par un prolongement fendu dans sa longueur. Ovaire simple surmonté de deux styles saillants et de 2 stigmates très longs, filiformes et glanduleux. Fruit (*achaine*) recouvert par le calice, subglobuleux, un peu comprimé, lisse, d'un gris brunâtre, crustacé, s'ouvrant en deux valves par la pression.

Le peuple désigne sous le nom de femelles les pieds qui ont les étamines, et sous celui de mâles ceux qui portent les graines.

Le *Chanvre indien* (2) paraît n'être qu'une variété géante de cette espèce.

2° SOMMITÉS (fig. 41, 42).—Les *sommités du Chanvre* sont grêles, assez rudes et légèrement velues. Elles portent des feuilles à lobes peu nombreux, étroits, dont le terminal est le plus grand ; les plus élevées sont entières.

3° PROPRIÉTÉS ET USAGES. — Toute la plante exhale une odeur forte, désagréable et vireuse. Les émanations qui s'élèvent d'une plantation de *Chanvre* produisent des vertiges et des céphalalgies.

Le *Chanvre* est apéritif, résolutif et surtout narcotique. La variété *indienne* paraît plus active que le *Chanvre* du pays.

____

(1) *Cannabis sativa* Linn.
(2) *Cannabis Indica* Lam.

Fig. 41. — *Sommité de Chanvre mâle.*

Les Orientaux emploient les *sommités* fleuries de cette plante pour préparer une boisson enivrante. Ces *sommités* sont connues sous le nom de *Haschich* (1).

On fume le *Haschich* : c'est le *Kif* des Arabes. Trois ou quatre

FIG. 42. — *Sommité de Chanvre femelle.*

pipes suffisent pour donner un sommeil dans lequel le monde extérieur disparaît.

Torréfié pendant deux ou trois minutes et mélangé avec du miel, il forme le *Madjoun* des Arabes ou *Esrar* des Turcs.

(1) *Hashish, Hachich.*

Bouilli dans l'eau avec une certaine quantité de beurre frais, il constitue l'*extrait gras*. Ce dernier, mêlé avec du miel, des aromates et quelquefois des cantharides, a reçu le nom de *Dawamesc*.

La résine, recueillie sur les feuilles, constitue le *Churrus* ou *Cherris* des habitants de l'Inde (1). Quelques auteurs l'appellent *haschichine* ou *cannabine*.

Dans le même pays, on nomme *Gunjah* ou *Ganja* les tiges avec les *sommités*, avant la récolte de la résine, et *Bang* ou *Bhang* les feuilles séchées avec les fleurs. On fume le *Gunjah*, et l'on prend le *Bang* en boisson.

Les habitants du Caire composent avec le *Haschich* une teinture alcoolique dite *Chatsraky*.

On a voulu utiliser le *Haschich* en médecine, contre la manie, la danse de Saint-Guy, même contre les rhumatismes (Hœr).

On l'administre en infusion et en teinture. Sa résine sert à composer une autre teinture (Gastinel).

§ IX. — Sommités de Sabine.

1° PLANTE. — Le *Genévrier savinier* (2) est une Cupressinée qui habite dans les provinces méridionales de la France.

Description. — Arbrisseau élevé de 7 à 10 centimètres, très rameux, à écorce un peu rude et rougeâtre. Feuilles très petites, décurrentes et étroitement imbriquées. Inflorescence en chatons portés par de petits pédoncules recourbés et écailleux. Les chatons mâles ovoïdes, munis d'écailles verticillées, pédicellées en bouclier, et de 4 à 8 anthères à une loge. Les femelles globuleux, formés de 3 écailles convexes, offrant un ovaire avec un stigmate béant. Fruit porté par un pédoncule recourbé, pisiforme, charnu, d'un bleu noirâtre, composé de trois caryopses osseux et monospermes, enveloppés par les écailles soudées et charnues et simulant une baie.

On en connaît deux variétés : 1° la *Sabine à feuilles de Cyprès* très improprement appelée *mâle*; 2° la *Sabine à feuilles de Tamaris*, très improprement nommée *femelle* (3).

2° SOMMITÉS (4). — Les rameaux sont nombreux, très grêles, d'un vert rougeâtre, couverts de feuilles fort petites, semblables à

---

(1) Voy. le chap. des RÉSINES.
(2) *Juniperus Sabina* Linn., vulgairement *Sabine*, *Savinier*.
(3) Vulgairement *Sabine commune*, *Sabine stérile*.
(4) Officin., *herba Sabinæ*.

celles du Cyprès, imbriquées sur quatre rangs, squamiformes, ovales, aiguës, mais non épineuses, vertes; les supérieures un peu lâches.

3° PROPRIÉTÉS ET USAGES. — Odeur très forte, aromatique, térébinthacée, nauséabonde, pénétrante. Saveur âcre, amère et résineuse.

Ses *sommités* ou ses feuilles contiennent beaucoup de résine et d'huile volatile.

La *Sabine* est irritante, emménagogue, anthelminthique et détersive. Son action spéciale sur l'utérus la fait quelquefois employer dans un but coupable.

On l'administre en poudre, en infusion et en teinture.

C'est un des éléments du remède *vermifuge de Ratier*. Sa poudre, mêlée avec de l'alun calciné, est usitée comme escharotique.

La *Sabine* est un remède dangereux qu'on ne doit donner qu'à petite dose et avec beaucoup de prudence. A forte dose, elle peut déterminer un empoisonnement.

§ X. — Sommités peu employées.

1° SOMMITÉS DE CAILLE-LAIT, ou *Galiet jaune* (1), Rubiacée indigène. — Réputées antispasmodiques et diaphorétiques.

2° SOMMITÉS DE CAMOMILLE, ou *Matricaire camomille* (2), Composée indigène. — Conseillées dans l'aménorrhée. — Administrées en infusion.

3° SOMMITÉS DE CAMPHRÉE, ou *Camphrée officinale* (3), Salsolacée indigène. — Réputées excitantes, sudorifiques, diurétiques et bonnes contre l'asthme. — Administrées en infusion.

4° SOMMITÉS DE CHARDON-BÉNIT (4), Composée indigène. Elles contiennent un principe immédiat, cristallisable en aiguilles satinées, le *cnicin* (Nativelle). — Amères. — Autrefois recherchées comme stomachiques, conseillées dans la peste et contre les empoisonnements par les venins animaux. — Administrées en poudre, en infusion.

5° SOMMITÉS DE DICTAME DE CRÈTE, ou *Origan dictame* (5), Labiée du mont Ida, cultivée dans les jardins. — Passait pour cordiale et emménagogue; on l'employait pour ranimer les forces.

6° SOMMITÉS DE DRACOCÉPHALE, ou *Dracocéphale de Moldavie* (6),

-----

(1) *Galium verum* Linn.
(2) *Matricaria Camomilla* Linn., vulgairement *Camomille ordinaire*.
(3) *Camphorosma Monspeliaca* Linn., vulgairement *Camphrée de Montpellier*.
(4) *Cnicus benedictus* Linn. (*Centaurea benedicta* Linn.).
(5) *Origanum Dictamnus* Linn.
(6) *Dracocephalum Moldavicum* Linn., vulgairement *Mélisse de Moldavie*.

Labiée de la Moldavie, la Turquie, la Sibérie. — Réputées vulnéraires, cordiales et céphaliques. — Administrées en infusion.

7° SOMMITÉS DE GÈNET, ou *Sarothamne à balais* (1), Légumineuse indigène. Elles contiennent un principe particulier (*scoparine*). — Diurétiques; conseillées dans quelques cas contre l'albuminurie. — Administrées en décoction (2).

8° SOMMITÉS DE MATRICAIRE, ou *Matricaire officinale* (3), Composée indigène. — Réputées stimulantes; conseillées dans l'aménorrhée. — Administrées en infusion.

9° SOMMITÉS DE MÉLILOT, ou *Mélilot officinal* (4), Légumineuse indigène. — Réputées adoucissantes. —Administrées en lotions et en lavements. On en prépare une huile et une eau distillée.

Les *sommités* de *Mélilot bleu* (5) passaient pour excitantes. — On les donnait en infusion.

10° SOMMITÉS DE MILLEPERTUIS, ou *Millepertuis perforé* (6), Hypéricinée indigène. — Réputées excitantes, anthelminthiques et vulnéraires. —Administrées en décoction et en infusion dans l'huile. Elles entrent dans le *petit-lait de Weiss* et dans le *baume du Commandeur de Permes.*

11° SOMMITÉS DE MOSCATELLINE, ou *Adoxe moscatelline* (7), surnommée *musc végétal*, Caprifoliacée indigène. — Odeur musquée excessivement pénétrante, rendue plus forte par quelques gouttes d'ammoniaque caustique. — Conseillées contre les attaques d'hystérie et contre les accidents nerveux qui compliquent les fièvres typhoïdes ou les pneumonies ataxiques. — Administrées en oléosaccharum, en pastilles, en sirop, en pilules et en électuaire.

La *Mauve musquée* (8) (Malvacée), et surtout le *Mimule musqué* (9) (Scrofularinée), fournissent aussi du *musc végétal.*

12° SOMMITÉS D'ORTIES, Urticées indigènes. — Deux espèces sont employées quelquefois en médecine, la *grande* (10) et la *petite* (11),

(1) *Sarothamnus scoparius* Koch (*Spartium scoparium* Linn., *Genista scoparia* Lam.), vulgairement *Genêt à balais, Genêt commun.*

(2) Voy. le chap. des GRAINES.

(3) *Pyrethrum Parthenium* Smith (*Matricaria Parthenium* Linn., *M. odorata* Lam.), vulgairement *Espargoute, Matricaire.*

(4) *Melilotus officinalis* Lam. (*Trifolium Melilotus* Linn.).

(5) *Melilotus cæruleus* Willd.

(6) *Hypericum perforatum* Linn , vulgairement *Millepertuis commun.*

(7) *Adoxa Moschatellina* Linn., vulgairement *Herbe musquée, Moscatelline printanière.*

(8) *Malva moschata* Linn.

(9) *Mimulus moschatus* Dougl.

(10) *Urtica dioica* Linn.

(11) *Urtica urens* Linn. (*U. minor* Lam.), vulgairement *Ortie grièche, Ortie brûlante.*

mais surtout la première. — Leurs poils glanduleux déterminent sur la peau un effet irritant, désigné sous le nom d'*urtication*. On a conseillé ce moyen thérapeutique pour rappeler les exanthèmes, et généralement les fluxions extérieures qui se développent facilement ou qui tendent à disparaître, comme aussi dans tous les autres cas où il importe de faire rapidement de la peau le siége d'une fluxion dérivative énergique (Trousseau et Pidoux). On l'a recommandé dans les rhumatismes et les paralysies.

13° Sommités de Ronce, ou *Ronce arbrisseau* (1), Rosacée indigène. — Réputées astringentes, toniques et détersives. — Administrées en décoction.

14° Sommités de Souci, ou *Souci des jardins* (2), Composée indigène. — Réputées stimulantes et antispasmodiques. —Administrées en infusion.

On attribuait les mêmes propriétés au *Souci des champs* (3).

CHAPITRE VIII.

DES ÉCORCES.

Toutes les plantes ne présentent pas une *écorce* parfaitement caractérisée. Cette enveloppe est tantôt mince, tantôt épaisse, suivant les végétaux. Les Dicotylédones ligneuses seules possèdent une véritable *écorce*.

Les *écorces* employées en médecine sont assez nombreuses. Les principales sont : 1° les *Quinquinas*, 2° la *Cannelle*, 3° la *Cannelle blanche*, 4° l'écorce de *Winter*, 5° l'*Angusture*, 6° la *Cascarille*, 7° le *Garou*, 8° le *Mussenna*.

§ I. — Écorces de Quinquinas.

1° Histoire. — Le *Quinquina* était connu depuis longtemps des habitants du Pérou, avant l'arrivée des Européens en Amérique. On raconte qu'en 1638, la comtesse del Cinchon, femme du vice-roi de ce pays, était tourmentée depuis plusieurs mois par une fièvre intermittente. Un corrégidor de Loxa lui conseilla l'usage du *Quinquina*, dont un Indien lui avait révélé les propriétés. La comtesse guérit. Deux ans après elle revint en Espagne et rapporta la précieuse écorce ; elle la distribua réduite en poudre (*poudre de la Com-*

(1) *Rubus fruticosus* Linn., vulgairement *Ronce commune*.
(2) *Calendula officinalis* Linn., vulgairement *Souci des jardins*.
(3) *Calendula arvensis* Linn.

tesse). Je dois dire que plusieurs auteurs modernes regardent cette histoire comme apocryphe. Vers 1649, les jésuites de Rome reçurent une grande quantité de *Quinquina*, et le répandirent dans toute l'Italie. Le nouveau remède devint à la mode ; on l'appela *poudre des Jésuites* ; mais cette admirable poudre était restée inconnue, surtout en France, à la plupart des médecins. Enfin, en 1679, un Anglais, nommé Talbot, contemporain de Sydenham, vendit à Louis XIV le secret de la substance fébrifuge (*poudre de Talbot*), et bientôt l'écorce *du Pérou* entra complétement et ouvertement dans le domaine de la thérapeutique.

On ignorait, cependant, la véritable origine du *Quinquina*, c'est-à-dire le végétal dont il était l'écorce. En 1730, le célèbre La Condamine fut envoyé au Pérou pour mesurer, dans plusieurs points des Cordillères, quelques degrés du méridien. A son retour, il publia dans les *Mémoires de l'Académie des sciences* (1738) une notice sur l'arbre qui produit le nouveau fébrifuge. Linné désigne cet arbre sous le nom de *Cinchona officinalis*.

Vers la fin du dernier siècle on connaissait trois sortes principales d'écorces de *Quinquina* : 1° la *rouge*, 2° la *jaune*, 3° la *blanche*. Plus tard on a distingué : 1° la *rouge*, 2° l'*orangée*, 3° la *jaune*, 4° la *grise*, 5° la *blanche*. De nos jours, dans l'Amérique du Sud, on récolte sept variétés de *Quinquinas* : 1° le *noirâtre* (*negrilla*), 2° le *roulé en petits tuyaux* (*crespilla*), 3° le *gris léopard foncé* (*pardo-obscura*), 4° le *gris léopard clair* (*pardo-clara*), 5° l'*argenté* (*lagartigada*), 6° le *cendré* (*cenizienta*), 7° le *très blanc* (*blanquisina*). Les trois premières sont les plus estimées. On croit que ces divers *Quinquinas* appartiennent chacun à un végétal particulier, mais on est fort embarrassé pour la détermination de ces arbres. Dans ces derniers temps, l'histoire des *écorces* dont il s'agit, s'est singulièrement compliquée par la découverte d'un grand nombre d'espèces nouvelles et par les descriptions confuses des auteurs (Bouchardat). Plusieurs des *Quinquinas* du commerce sont probablement produits par le même végétal, et certains arbres, décrits sous des noms différents, ne doivent peut-être constituer qu'une seule et même espèce. M. Weddell a constaté que l'on peut retirer du même pied des *écorces* rouges, jaunes et grises...

2° PLANTES. — Le genre *Quinquina* (*Cinchona*) appartient à la famille des Rubiacées. Il a pour caractères : Un calice adhérent, 5-denté, persistant. Une corolle gamopétale, régulière, infundibuliforme, à tube légèrement anguleux et à limbe 5-lobé avec des lobes oblongs. 5 étamines insérées sur le milieu du tube, incluses, à filaments courts, portant des anthères linéaires ; un style simple avec 2 stigmates lobés. Un fruit capsulaire, ovoïde-allongé, couronné par les dents du calice, biloculaire, contenant plusieurs graines dans chaque loge et s'ouvrant en deux valves. Des graines nombreuses, dressées, planes, offrant sur les bords une aile membraneuse plus ou moins denticulée.

Les *Quinquinas* sont de grands arbres ou des arbrisseaux, à fleurs disposées en panicules thyrsiformes, blanches, rosées ou rougeâtres.

Les principales espèces sont : 1° le *Quinquina Calisaya* (1), 2° le *Quinquina La Condamine* (2), 3° le *Quinquina à petites fleurs* (3), 4° le *Quinquina ovale* (4). La première habite la Bolivie et le midi du Pérou ; la seconde aux environs de Loxa et d'Ayacava ; la troisième et la quatrième se trouvent dans la Bolivie et dans le Pérou. Voici les caractères de ces quatre espèces :

1° *Quinquina Calisaya* (fig. 43). — Feuilles oblongues ou lancéolées-obovées, obtuses, glabres, luisantes, pubescentes en dessous et scrobiculées dans l'aisselle des nervures ; bractées, elliptiques, très obtuses ; dents du calice triangulaires ; filaments des étamines beaucoup plus courts que la moitié de l'anthère ; capsule égalant à peine la longueur de la fleur, de forme ovée ; graines elliptico-lancéolées, à bord fortement frangé denticulé.

2° *Quinquina La Condamine* (fig. 44). — Feuilles lancéolées, ovales ou à peu près arrondies, généralement aiguës, très glabres et luisantes en dessus, scrobiculées en dessous dans l'aisselle des nervures ; bractées ovales, pointues ; dents du calice triangulaires-acuminées ou lancéolées ; filaments des étamines égalant la moitié des anthères ou plus longs ; capsule beaucoup plus longue que la fleur, oblongue ou lancéolée ; graines elliptiques-lancéolées, à bord denticulé.

3° *Quinquina à petites fleurs* (fig. 45). — Feuilles ovales ou obovées, un peu obtuses, membraneuses, glabres en dessus, très légèrement pubescentes en dessous, avec un peu de villosité sur les nervures ; bractées légèrement ovales, obtuses ; dents du calice courtes et acuminées ; filaments des étamines de la longueur des anthères ; capsule linéaire-lancéolée ; graines lancéolées, étroites, à bord denticulé.

4° *Quinquina ovale* (fig. 46). — Feuilles largement ovales, un peu aiguës, légèrement coriaces, glabres en dessus, pubescentes tomenteuses en dessous ; bractées ovales, un peu aiguës ; dents du

(1) *Cinchona Calisaya* Wedd.
(2) *Cinchona Condaminea* Kunth (*C. officinalis* Linn. ex parte).
(3) *Cinchona micrantha* Ruiz et Pav.
(4) *Cinchona ovata* Wedd.

calice courtes, aiguës ; filaments des étamines beaucoup plus courts que les anthères ; capsule lancéolée-étroite ; graines lancéolées, à bord frangé-denticulé.

3° ÉCORCES. — La récolte des *écorces* des *Quinquinas* forme une branche d'industrie très importante ; elle a lieu dans les mois de

Fig. 43. — *Quinquina Calisaya.*

septembre, d'octobre et de novembre. On nomme *cascarilleros* les hommes chargés de cette exploitation. Pour s'assurer si la récolte d'une *écorce* est possible, on en détache un petit fragment ; s'il se colore en rouge par l'action de l'air, on regarde la branche comme mûre. On dénude ensuite les axes avec des couteaux bien aiguisés. On pratique des incisions longitudinales, et l'on détache l'*écorce* avec le dos de la lame de l'instrument tranchant. On fait sécher au soleil les écorces détachées. Quand ces dernières sont minces, la chaleur les fait rouler sur elles-mêmes ; les plus épaisses se courbent légèrement.

M. Weddell a nommé, dans ces écorces, *exoderme* ou *périderme*, toute la partie extérieure qui, ayant perdu sa vitalité première, persiste à la surface des couches vives et leur sert d'enveloppe protectrice, et il donne le nom de *derme* à l'ensemble des couches inté-

Fig. 44. — *Quinquina La Condamine.*

rieures. Le derme est donc l'écorce, moins son exoderme. Cette distinction est importante pour caractériser plus nettement les différentes sortes de *Quinquinas* employés en médecine.

Les *écorces* des *Quinquinas* se rencontrent, dans le commerce, sous deux formes : 1° la *forme roulée,* 2° la *forme plate.*

1° L'écorce *du Calisaya* (1) est supérieure à toutes les autres.

____

(1) Vulgairement, en Amérique, *Cascarilla calisaya, calisiya, calisaya.* — *Coli* signifie *rouge,* et *saya* veut dire *sorte* ou *forme.*

La forme *roulée* présente un exoderme assez épais, rugueux, inégal, marqué de distance en distance de scissures annulaires, et, dans l'espace intermédiaire, de crevasses transversales et longitudinales plus ou moins rapprochées, souvent anastomosées, et à

Fig. 45. — *Quinquina à petites fleurs.*

bords épais et relevés, d'un blanc argenté, mat ou grisâtre, ou à bords d'un brun noirâtre ou un peu ardoisé, avec des marbrures blanches. Derme lisse extérieurement ou plus souvent marqué de petites impressions linéaires anastomosées ou punctiformes, répondant aux scissures et aux crevasses de l'exoderme, d'une couleur fauve, obscure ou violacée; face interne finement fibreuse, d'un jaune fauve; fracture transversale assez nette, largement résineuse extérieurement, à fibres peu saillantes en dedans (Wedd.).

Fig. 46. — *Quinquina ovale.*

La forme *plate* (1) est généralement constituée par le liber seul, quelquefois d'une épaisseur de 10 à 15 millimètres, d'une assez grande densité, et, en général, d'une texture parfaitement uniforme.

(1) Vulgairement, en Bolivie, *Colisaya amarilla*, *C. dorada*, *C. anaranjada.*

Surface extérieure irrégulière, marquée de sillons longitudinaux confluents à fond fibreux, et de crêtes saillantes d'un jaune fauve un peu brunâtre, fréquemment parsemé de taches d'un rouge noirâtre. Surface interne très nettement fibreuse, à grain souvent ondulé, d'un jaune fauve, quelquefois un peu orangé, surtout si l'écorce est fraîche. Fracture transversale purement fibreuse, à fibres très courtes, se détachant au moindre effort. Fracture longitudinale sans esquilles, à surface parsemée de points brillants: couleur uniforme dans toute l'épaisseur de l'écorce (Wedd.).

L'écorce de *Calisaya* présente deux variétés moins connues : 1° le *Calisaya Zamba* (1) , 2° le *Calisaya blanc* (2).

La première est remarquable par la nuance foncée de la face externe, qui est souvent en entier d'un noir vineux.

La seconde offre une surface moins inégale, quelquefois demi-celluleuse et de couleur plus pâle.

2° L'écorce du *Quinquina La Condamine* est généralement connue sous le nom de *Quinquina gris* (3).

La forme *roulée* offre un exoderme mince, adhérent, marqué de stries ou fissures linéaires transversales et assez rapprochées, à bords à peine relevés, d'un gris plus ou moins blanchâtre ou brunâtre et à marbrures peu nombreuses. Derme presque lisse extérieurement, d'un fauve brunâtre. Fracture transversale assez fibreuse, à cercle résineux peu prononcé (Wedd.).

La forme *plate* est composée par le liber et par une couche plus ou moins épaisse de la tunique cellulaire, souvent revêtue d'une lame d'exoderme. Derme presque lisse extérieurement, ou présentant çà et là quelques anfractuosités au fond desquelles le liber est à nu. Face interne à fibres assez marquées et parallèles, d'un fauve clair rougeâtre ou un peu orangé. Fracture transversale généralement subéreuse dans le quart extérieur de l'épaisseur de l'écorce, plus ou moins filandreuse vers sa partie interne, plus rarement entièrement fibreuse. Surface de la fracture longitudinale assez chatoyante (Wedd.).

3° L'écorce du *Quinquina à petites fleurs* n'est pas rare dans le commerce ; elle est connue sous le nom de *Huanuco*.

La forme *roulée* présente un exoderme très mince, assez adhérent, un peu ridé longitudinalement ou très légèrement verruqueux, d'un gris brunâtre assez clair, avec quelques marbrures plus foncées.

___

(1) Vulgairement, en Amérique. *Colisaya Zamba, C. negra, C. micha.*

(2) Vulgairement, en Amérique, *Colisaya blanca.*

(3) On l'appelle aussi *Quinquina gris brun de Loxa, Quinquina Carthagène spongieux, Quinquina orangé (Quina anaranjada), Quinquina Pitaya, Pitayon.*

Derme presque lisse extérieurement, finement fibreux en dedans, et d'un fauve orangé clair. Fracture transversale assez nette en dehors, fibreuse à la partie interne (Wedd.).

La forme *plate* est d'une densité peu considérable, constituée par le liber seul ou par le liber et la tunique celluleuse, celle-ci se présentant généralement sous une forme demi-fongueuse et imparfaitement exfoliée. Face externe inégale, anfractueuse, offrant souvent des concavités ou sillons digitaux superficiels et séparés par des éminences irrégulières de texture subéreuse; beaucoup plus rarement lisse par la persistance de toute l'épaisseur de la tunique celluleuse; d'un orangé clair et grisâtre. Face interne à fibres assez marquées, de la même couleur que l'externe, mais d'une nuance plus vive. Fracture transversale fibro-filandreuse dans toute son épaisseur ou plus ou moins subéreuse en dehors. Fracture longitudinale peu esquilleuse, à surface presque mate.

4° L'*écorce de Quinquina ovale* est moins commune que les précédentes.

La forme *roulée* offre un exoderme très variable, ressemblant tantôt à celui du *Calisaya*, quoique un peu moins épais, tantôt membraneux, et ne présentant que quelques rares scissures annulaires, finement ridé dans le sens de sa longueur, et variant, pour la couleur, du gris clair au brun foncé. Face externe du derme d'un brun fauve clair, lisse ou marqué de lignes déprimées correspondant aux scissures de l'exoderme. Face interne d'un jaune rougeâtre, finement fibreuse. Fracture transversale un peu filandreuse en dedans; cercle résineux à peine marqué (Wedd.).

La forme *plate* est très variée, et en général beaucoup moins dense que dans le *Calisaya;* constituée quelquefois par le liber seul ou plus fréquemment encore par celui-ci et par une partie plus ou moins considérable de la tunique celluleuse. Face externe, tantôt lisse, marquée de quelques dépressions linéaires transversales, à surface entièrement celluleuse; tantôt anfractueuse, et présentant souvent des sillons digitaux à fond nettement fibreux, ou cachés en partie sous une couche de tissu d'aspect subéreux ou fongueux dont la desquamation n'a pas été complétement opérée, d'une couleur fauve plus ou moins grisâtre ou bien rougeâtre, offrant quelquefois des marbrures de nuances plus foncées, résultant du mode de préparation. Face interne d'un jaune grisâtre mat ou orangé brillant, à texture finement fibreuse et à grain parallèle. Fracture transversale plus ou moins subéreuse en dehors, fibro-filandreuse en dedans, ou présentant sur toute sa surface ce dernier caractère. Fracture longitudinale peu esquilleuse. Couche périphérique d'une nuance moins claire que l'interne; chatoiement des fibres très marqué dans quelques cas, d'autres fois presque nul.

C'est à MM. Pelletier et Caventou que l'on doit la connaissance de la composition chimique des *Quinquinas* et l'admirable découverte du *sulfate de quinine*.

Les *Quinquinas* contiennent du kinate de quinine, du kinate de cinchonine, du kinate de chaux, du rouge cinchonique soluble, une matière colorante jaune, une matière grasse verte, de l'amidon et du ligneux. Dans certains, on trouve de plus de la gomme, de l'aricine, de la *quinidine*.

Suivant M. Pasteur, la *quinidine* présente deux alcaloïdes, la *quinidine* proprement dite et la *cinchonidine*.

4° PROPRIÉTÉS ET USAGES. — L'odeur des *écorces* des *Quinquinas* est généralement peu prononcée. Celle du *Calisaya*, quand elle est faible, rappelle un peu l'écorce du Sureau. La saveur des *Quinquinas* est plus ou moins amère. Elle se développe peu à peu à la mastication, ou bien arrive avec rapidité. Elle est tantôt un peu piquante, tantôt douée d'une astringence assez marquée. Dans le *Quinquina La Condamine*, cette astringence laisse dans la bouche un goût douceâtre. Dans le *Quinquina ovale* elle donne une sensation styptique.

Les propriétés des *Quinquinas* sont toniques, fébrifuges et antipériodiques. Dans l'Amérique du Sud, on croit que les écorces orangées sont les plus actives, et que la dégradation de cette couleur jusqu'au blanc sert à établir les qualités inférieures. Il n'y a rien d'absolu dans cette appréciation. Il est vrai, seulement, d'une manière générale, que, dans une qualité donnée, les échantillons pâles étant pris sur des rameaux plus ou moins jeunes, les principes fébrifuges n'y sont pas aussi développés que dans les *écorces* âgées et colorées.

On administre les *Quinquinas* en poudre, en tablettes, en décoction, en vin, en extrait, en sirop, en teinture alcoolique, en lavements, en cérat, en cataplasmes... On emploie surtout le *sulfate de quinine* et accessoirement le sulfate de cinchonine. On donne le *sulfate de quinine* en pilules, en pastilles, en vin, en sirop, en teinture, en pommade... Quelques médecins ont essayé les nitrate, acétate, valérianate et lactate de quinine.

5° AUTRES ESPÈCES. — On a mis en usage beaucoup d'autres *écorces de Quinquinas*. MM. Delondre et Bouchardat en reconnaissent vingt-deux espèces qu'ils ont groupées d'après leur pays natal.

sans se préoccuper des végétaux qui les produisent. Ils distinguent les *Quinquinas* : 1° de la *Bolivie*, 2° du *Pérou*, 3° de l'*Équateur*, 4° de la *Nouvelle-Grenade*, 5° des *côtes d'Afrique*. Cette classification est trop vague pour être admise par les naturalistes.

Parmi les *Cinchona* du commerce, je signalerai :

1° Le *Cinchona scrobiculata* de Kunth, qui fournit le *Quinquina de Loxa brun compacte*, le *Quinquina de Loxa rouge marron*, et le *Quinquina de Loxa rouge fibreux du roi d'Espagne*.

2° Le *Cinchona macrocalyx* de Pavon, qui fournit le *Quinquina de Loxa jaune fibreux*.

3° Le *Cinchona glandulifera* de Ruiz et Pavon, qui fournit le *Quinquina rugueux de Lima*.

4° Le *Cinchona nitida* de Ruiz et Pavon, qui fournit le *Quinquina rouge officinal*, le *Quinquina rouge de Lima*, le *Quinquina rouge vrai verruqueux* et le *Quinquina rouge vrai non verruqueux*.

5° Le *Cinchona lancifolia* de Mutis, qui fournit le *Quinquina orangé* ou *de Carthagène spongieux*.

6° Le *Cinchona ferruginea* de Saint-Hilaire, qui fournit le *Quinquina da Serra* (1) du Brésil.

6° SUCCÉDANÉS DES QUINQUINAS. — Les *Quinquinas* sont, jusqu'à présent, les fébrifuges les plus puissants que l'expérience ait fait connaître. Cependant on a cru trouver, dans certains végétaux, des succédanés de cette précieuse écorce.

On a préconisé d'abord plusieurs *écorces* indigènes, par exemple, celles de *Chêne*, d'*Orme*, de *Frêne*, de *Tulipier*, de *Cerisier*, de *Marronnier d'Inde*...; on a indiqué aussi les racines, les sommités, les feuilles, les fleurs ou les produits plus ou moins amers d'un assez grand nombre de plantes...

Parmi les végétaux exotiques, je signalerai :

* Rubiacées.

1° L'*Exostemme des Antilles* (2), arbuste qui donne le *Quinquina Caraïbe*.

2° L'*Exostemme multiflore* (3), arbre de Saint-Domingue, qui donne le *Quinquina Piton* (4).

_____

(1) Ou *Quina de Remijo*.
(2) *Exostemma Caribæum* Rœm. et Schult. (*Cinchona Caribæa* Jacq.).
(3) *Exostemma floribundum* Rœm. et Schult. (*Cinchona floribunda* Swartz).
(4) Appelé aussi *Quinquina de Sainte-Lucie*, *Quinquina de Saint-Domingue*.

3° L'*Exostemme du Pérou* (1), qui donne le *Quinquina du Pérou*.

4° L'*Exostemme de Souza* (2), du Brésil, qui donne le *Quinquina de Piauhi*.

5° Le *Malani en grappe* (3), grand arbre qui croît à la Guadeloupe, et qui donne le *Quinquina bicolore* ou *Pitaya*.

** Familles diverses.

6° Le *Copalchi* ou *Croton faux quina* (4), Euphorbiacée de Cuba, qui offre une saveur amère et térébinthacée.

7° Le *Cestreau faux quina* (5), aussi du Brésil.

8° L'*Esenbeckie fébrifuge* (6), Rutacée du Brésil.

9° Le *Mahogon fébrifuge* (7), arbre des Indes orientales, de la famille des Méliacées.

10° La *Morelle faux quina* (8), arbuste brésilien de la famille des Solanées, qui donne le *Quinquina de Saint-Paul*.

11° La *Soymide fébrifuge*, Diptérocarpée des Indes orientales (9).

12° La *Ticorée fébrifuge*, Rutacée du Brésil (10).

13° Le *Vomiquier faux quina* (11), arbre brésilien de la famille des Loganiacées, qui donne le *Quinquina do campo* (12).

§ II. — Écorce de Cannelle.

1° PLANTE. — Le *Cannellier* (13) est un arbre de la famille des Laurinées. On le trouve dans l'île de Ceylan. On le cultive à l'île de France, aux Antilles, à Cayenne...

(1) *Exostemma Peruvianum* Kunth.

(2) *Exostemma Souzanum* Mart.

(3) *Malanea racemosa* L'Hérit.

(4) *Croton Pseudo-china* Schiede, vulgairement *Copalche*, écorce de *Copalche roulée*.

(5) *Cestrum Pseudoquina* Mart., vulgairement *Quina do mato*.

(6) *Esenbeckia febrifuga* Mart. (*Evodia febrifuga* Saint-Hil.), vulgairement *Tres folhas vermelhas, Larangeira do mato*.

(7) *Swietenia febrifuga* Roxb.

(8) *Solanum Pseudoquina* Saint-Hil.

(9) *Soymida febrifuga* A. Juss.

(10) *Ticorea febrifuga* Saint-Hil., vulgairement *Quina, Tres folhas brancas*.

(11) *Strychnos Pseudoquina* Saint-Hil. (*Goniostoma febrifugum* Spreng.).

(12) Appelé aussi *Quina de Mandanha*.

(13) *Cinnamomum Zeylanicum* Breyn. (*Laurus Cinnamomum* Linn.), vulgairement *Cannelle de Ceylan*.

Description (fig. 47). — Tronc atteignant jusqu'à 10 mètres. Feuilles irrégulièrement opposées, brièvement pétiolées, elliptiques ou ovales-lancéolées, entières, pointues, lisses et vertes en dessus, cendrées en dessous, coriaces, à 3 nervures (rarement 5) longitu-

Fig. 47. — *Cannellier*.

dinales bien marquées, avec un grand nombre de veines transversales. Inflorescence en panicule lâche. Fleurs jaunâtres, unisexuées. Calice à tube court et turbiné, à 6 sépales ovales, un peu obtus, pubescents. Mâles : 12 étamines, disposées sur quatre rangs, dont 9 extérieures fertiles, les autres stériles ; les 3 intérieures des premières accompagnées de deux glandules basilaires. Anthères ovoïdes, introrses dans la première et la seconde série, extrorses dans la troisième ; toutes à quatre loges, s'ouvrant par des valvules ascendantes inégales (les deux supérieures très petites). Fem. : ovaire libre, ovoïde, portant un style épais, terminé par un stigmate capitulé. Fruit (*baie*) entouré par la base du calice, ovoïde, obtus, violet. Graine ovoïde, un peu pointue.

2° ÉCORCE (1). — On peut récolter la *Cannelle* lorsque l'arbre est seulement âgé de cinq ans. Généralement on l'exploite à trente, et l'on fait deux récoltes par an.

On coupe les branches ; on en détache l'épiderme avec un couteau. Cet épiderme est grisâtre. On fend ensuite longitudinalement l'*écorce* et on la sépare du bois. On introduit les plus petits tubes dans les grands, et on les fait sécher au soleil. Cette *écorce*, ainsi privée d'épiderme, roulée, emboîtée et desséchée, constitue la *Cannelle du commerce*.

La *Cannelle du commerce* est en morceaux plus ou moins longs et plus ou moins roulés, formant de petits tuyaux, minces ; elle a une surface unie ou striée, une couleur d'un jaune rougeâtre, uniforme, et une texture fibreuse, plus ou moins cassante.

On distingue plusieurs sortes de *Cannelles :* 1° celle de *Ceylan*, qui est la plus estimée ; 2° celle de *Cayenne*, qui est plus grande, plus large et plus pâle.

La *Cannelle de Chine* se retire d'une autre Laurinée (2). Elle est en morceaux plus courts, plus épais, non roulés. Sa couleur est plus fauve.

La *Cannelle* contient de l'huile volatile (3), du tannin, du mucilage, de la matière colorante, de l'acide benzoïque et de l'amidon (Vauquelin).

3° PROPRIÉTÉS ET USAGES. — L'odeur aromatique, suave et pénétrante de la *Cannelle* est connue de tout le monde. Il en est de même de sa saveur sucrée et piquante. La *Cannelle de Chine* présente une odeur et un goût moins agréables.

Cette écorce est tonique et excitante.

---

(1) Officin., *Cinnamomum acutum, Cannella vulgaris.*
(2) Le *Cinnamomum Cassia* Fr. Nees (*Laurus Cassia* Linn.).
(3) Voy. le chap. des ESSENCES.

On l'administre en poudre et en teinture alcoolique. On en com·
pose aussi une eau distillée, un sirop, une tisane, un vin, une potion cordiale. Elle entre dans un grand nombre de préparations
pharmaceutiques. C'est la base de la *poudre digestive de Duc* et un
des éléments de la *poudre cachectique d'Hartmann*.

§ III. — Écorce de Cannelle blanche.|

1° PLANTE. — La *Winterane cannelle* (1) est un arbre de la
famille des Guttifères, qui se trouve dans les bois de la Jamaïque et
dans plusieurs autres îles du golfe mexicain.

Description. — Hauteur de 8 à 10 mètres. Feuilles alternes,
presque sessiles, simples, obovales, rétrécies inférieurement, obtuses, entières, glabres, luisantes en dessus, d'un vert clair. Inflorescence en grappes terminales. Calice concave, à 3 sépales très
larges et très obtus. Corolle à pétales élargis, un peu épais. Étamines au nombre de 10, monadelphes; filets formant un tube,
rétréci et ouvert supérieurement; anthères insérées sur les deux
tiers supérieurs de leur face externe, allongées-cordiformes. Ovaire
ovoïde-allongé, portant un style court et épais, terminé par un
stigmate légèrement trilobé. Fruit globuleux. Graines 1 à 3, luisantes, noires.

2° ÉCORCE (2). — Plaques de 12 à 16 centimètres de longueur,
et de 4 à 6 millimètres d'épaisseur, roulées, grisâtres, presque
blanchâtres, quelquefois un peu rosées.

On confond souvent, dans le commerce, cette *écorce* avec celle
de Winter. Elle est généralement plus pâle et d'un tissu plus lâche
que cette dernière (A. Rich.).

On n'y trouve ni tannin, ni sulfate de potasse, ni oxyde de fer,
comme dans l'écorce de Winter (Henry).

3° PROPRIÉTÉS ET USAGES. — Odeur agréable. Saveur amère,
âcre et aromatique, tenant de la cannelle et du clou de girofle.

Elle est tonique et stimulante.

On en prépare une eau distillée et une teinture.

(1) *Winterana Cannella* Linn. (*Cannella alba* Murr.).
(2) Officin., *Cannella alba, cortex Winteranus spurius, cortex corticosus, Cassia
lignea Jamaïcensis, fausse écorce de Winter.*

§ IV. — Écorce de Winter.

1° PLANTE. — Le *Drimys de Winter* (1) est un arbre de la famille des Magnoliacées. Il croît dans les vallées du détroit de Magellan exposées au soleil.

Description. — Hauteur atteignant jusqu'à 14 mètres. Feuilles alternes, pétiolées, oblongues, obtuses, glabres, vertes en dessus, glauques et blanchâtres en dessous, coriaces. Stipules foliacées, caduques. Fleurs tantôt solitaires, tantôt réunies au nombre de 3 ou 4, au sommet d'un pédoncule commun, terminé par autant de pédicelles. Calice à 2 ou 3 sépales, caducs. Corolle à 6 pétales, également caducs. Étamines à filets épaissis au sommet; anthères à loges séparées. Pistils 4 à 6. Fruits globuleux, glabres.

2° ÉCORCE (2). — Plaques d'environ 3 décimètres de longueur, de 4 à 6 millimètres d'épaisseur, roulées, d'un gris rougeâtre ou couleur de chair, parfois d'un brun obscur; cassure compacte, grise vers la circonférence, rougeâtre ou rouge à l'intérieur.

Cette *écorce* contient de la résine, une huile volatile, du tannin, une matière colorante et quelques sels (Henry).

3° PROPRIÉTÉS ET USAGES. — Saveur aromatique, un peu âcre et poivrée.

Winter a découvert ses propriétés en 1755. Il s'en servit avec succès, pendant son voyage, pour combattre le scorbut.

Propriétés toniques et stimulantes.

On l'administre en poudre et en infusion. Elle entre dans le *vin diurétique amer*.

§ V. — Écorce d'Angusture.

1° PLANTE. — On a cru pendant longtemps que cette *écorce* provenait du *Magnolier glauque* (3) ou de la *Brucée antidysentérique* (4). On sait aujourd'hui qu'elle est fournie par la *Cusparie fébrifuge* (5),

(1) *Drimys Winteri* Forst. (*Winterana aromatica* Sol., *Wintera aromatica* Murr.).
(2) Officin., *cortex Winteranus.*
(3) *Magnolia glauca* Linn.
(4) *Brucea antidysenterica* Mill. (*Br. ferruginea* L'Hér.).
(5) *Galipea Cusparia* DC. (*Bonplandia trifoliata* Willd., *Angostura Cuspare* Rœm. et Schult.). — D'après le docteur Hancock, cette écorce proviendrait d'une espèce voisine qu'il a nommée *Galipea officinalis.*

arbre de la famille des Rutacées, qui habite les bords de l'Orénoque où il forme de grandes forêts.

Description. — Hauteur très grande. Rameaux jeunes cylindriques, avec de petits points gris. Feuilles éparses, pétiolées, à 3 folioles, sessiles, ovales, allongées, aiguës, entières, minces, luisantes et glabres. Inflorescence en grappes dressées et cylindriques. Fleurs blanches. Calice subcampanulé, à 5 sépales ovales-aigus. Corolle trois fois plus longue que le calice, tubuleuse inférieurement, à 5 lobes obtus. Étamines 5 à 6, dont 2 seulement anthérifères ; filets dilatés, membraneux inférieurement, servant de moyen d'union entre les pétales ; anthères allongées, obtuses, offrant inférieurement un petit appendice membraneux. Ovaire à 5 côtes obtuses, entouré par un disque saillant et concave ; style simple ; stigmate à 5 lobes. Fruit composé de 5 capsules réunies sur un axe commun, chacune uniloculaire, bivalve et monosperme. •

2° ÉCORCE (1). — Cette *écorce* est en plaques de 6 à 20 centimètres de longueur (il y a même des morceaux qui arrivent jusqu'à 40), un peu roulées ou tourmentées par la dessiccation, minces sur les bords. Épiderme d'un gris jaunâtre, quelquefois épais et fongueux, se colorant en rouge de sang par l'acide azotique. Tissu d'une grande dureté, difficile à rompre ; face interne jaune ou rosée ; cassure compacte, d'une teinte brune jaunâtre, résineuse.

L'*Angusture* contient de la gomme, une matière amère, de la résine, une huile volatile. On en a retiré un principe particulier, le *cusparin* (Saladin), qui cristallise en tétraèdres, et qui se dissout faiblement dans l'eau.

3° PROPRIÉTÉS ET USAGES. — Saveur amère, un peu nauséeuse, laissant dans la bouche, surtout à la pointe de la langue, un sentiment d'âcreté et de picotement (A. Rich.).

Recommandée dans la dysenterie et dans les fièvres intermittentes (Ewers, Williams). Quelques praticiens l'ont aussi conseillée contre la fièvre jaune.

On l'administre en poudre, en infusion, en teinture alcoolique, en extrait.

4° FAUSSE ANGUSTURE. — C'est l'*écorce* du *Vomiquier officinal* (2). On la distingue de la vraie *Angusture* par sa couleur grise, avec de petits tubercules blancs. Elle est quelquefois recouverte d'une substance fongueuse d'un rouge orangé. Sa face interne se colore en rouge de sang par l'acide azotique.

(1) Vulgairement *Angusture vraie, Cusparé.* — Officin., *cortex Angostoræ.*
(2) *Strychnos Nux vomica* Linn. —.Voy. le chap. des GRAINES.

Elle n'est guère employée que pour l'extraction de la *brucine*.

On se sert de cette dernière dans l'hémiplégie, la paraplégie, la paralysie saturnine.

On l'administre en pilules et en alcool.

§ VI. — Écorce de Cascarille.

1° PLANTE. — La *Cascarille* a été attribuée, pendant longtemps, au *Croton cascarille* (1), de la famille des Euphorbiacées. Il paraît qu'elle provient plutôt d'un autre arbrisseau du même genre, le *Croton éleutérie* (2), qui se trouve à Eleutera, l'une des îles Lucayes. On le rencontre abondamment à Haïti.

Description. — Feuilles alternes, pétiolées, lancéolées, un peu en cœur, couvertes de petites écailles orbiculaires, comme argentées en dessous. Inflorescence en grappes axillaires et terminales, rameuses. Mâles à 10 étamines...

2° ÉCORCE (3). — Le nom de *Cascarille* est d'origine espagnole, et signifie *petite écorce*.

La *Cascarille* est en petits fragments roulés, de 3 à 5 centimètres de longueur, épais comme une plume ou comme le petit doigt. Elle est pesante, dure et compacte. Elle offre une surface rugueuse et fendillée. Sa couleur est d'un brun obscur ferrugineux, un peu terne. Cassure finement rayonnée et résineuse.

Son analyse a donné du mucilage, un principe amer, de la résine, une huile éthérée... (Trommsdorf).

3° PROPRIÉTÉS ET USAGES. — Odeur particulière peu développée, agréable, surtout lorsqu'on la chauffe. Saveur aromatique, amère et âcre.

Cette *écorce* passe pour tonique, stimulante, antiseptique et même fébrifuge. Elle est ordonnée quelquefois contre le vomissement et contre la dysenterie. On la mêle au tabac pour l'aromatiser.

On l'administre en poudre, en infusion, en teinture et en extrait. Elle entre dans l'*élixir de Stoughton* et dans l'*élixir antiseptique de Chaussier*.

On utilise encore ses feuilles, qui ont l'odeur et le goût de celles de la Sauge.

---

(1) *Croton Cascarilla* Linn.

(2) *Croton Eleuteria* Sw. (*Clutia Eleuteria* Linn.), vulgairement, à Haïti, *Sauge du port de la paix*.

(3) Officin., *cortex Cascarillæ*, *cortex Eleutheranus*, *Chacrille*, *Quinquina aromatique*, *Cascarille officinale* ou *vraie*.

4° AUTRES ESPÈCES. — Il paraît qu'on emploie aussi aux mêmes usages les *écorces* du *Croton cascarille* (1), dont j'ai déjà parlé, du *Croton balsamifère* (2), du *Croton linéaire* (3), du *Croton brillant* (4) et du *Croton humble* (5).

§ VII. — Écorce de Garou.

1° PLANTE. — L'*écorce de Garou* est fournie par le *Daphné garou* (6), sous-arbrisseau de la famille des Thymélées, qui croît dans les lieux arides et montueux de nos provinces méridionales.

Description (fig. 48). — Tige haute de 6 à 10 décimètres, divisée, dès la base, en plusieurs branches plus ou moins droites. Feuilles nombreuses, très rapprochées, presque imbriquées au sommet des rameaux, sessiles, lancéolées-linéaires, aiguës, très glabres. Inflorescence en panicules terminales médiocres, peu étalées. Fleurs petites, pédonculées, blanchâtres ou rougeâtres, odorantes, hermaphrodites. Calice en entonnoir, à limbe 4-fide, couvert d'un duvet presque cotonneux, marcescent, puis caduc. Étamines 8, incluses. Style terminal, court, filiforme ; stigmate capité. Fruit (*baie*) globuleux, à mésocarpe charnu-pulpeux, un peu sec, noirâtre, monosperme, indéhiscent; endocarpe crustacé, fragile.

2° ÉCORCE (7). — L'*écorce de Garou* est brune et légèrement grisâtre. Elle se ride un peu par la dessiccation. Celle des pharmacies est en lanières minces, tenaces, couvertes d'un duvet soyeux, grisâtres et tachetées extérieurement, jaunes intérieurement.

Dans le commerce, ces lanières sont réunies en petits paquets.

Cette *écorce* contient de la *daphnine*, de la cire, une résine âcre, une matière colorante jaune, du sucre extractif, de la gomme (Baër et Gmelin).

La *daphnine* (Vauquelin) est en cristaux incolores ; elle est peu soluble dans l'eau froide, mais très soluble dans l'eau bouillante, l'alcool et l'éther.

---

(1) *Croton Cascarilla* Linn.
(2) *Croton balsamiferum* Linn.
(3) *Croton lineare* Jacq.
(4) *Croton micans* Sw. (*C. squamosum* Poir.).
(5) *Croton humile* Linn.
(6) *Daphne Gnidium* Linn. (*D. paniculata* Lam., *Thymelea Gnidium* All.), vulgairement *Lauréole paniculée*.
(7) Vulgairement *Saint-bois, Sainbois*.

3° **PROPRIÉTÉS ET USAGES.** — Odeur faible. Saveur âcre, corrosive, très persistante. Lorsqu'on la mâche, elle excite une violente irritation dans la bouche et dans l'œsophage. La *daphnine* offre une saveur astringente.

Fig. 48. — *Garou.*

Le *Garou* est stimulant et diaphorétique. On l'a conseillé dans les scrofules, la syphilis constitutionnelle, le rhumatisme chronique, les dartres et les maladies du système osseux.

On l'administre en poudre, en tisane, en extrait, en sirop, en pommade. On en retire une huile verte (Lartigues). Il entre dans la dréparation des *pois suppuratifs de Wislin.* Il sert à la composition du papier et du taffetas vésicant (Béral).

4° SUCCÉDANÉS. — La plupart des *Daphnés* peuvent être regardés comme des succédanés du *Garou*, principalement le *Bois gentil* (1), la *Lauréole odorante* (2) et la *Lauréole commune* (3). Les gens de la campagne emploient cette dernière comme épispastique.

§ VIII. — De l'Écorce de Mussenna.

1° PLANTE. — On doit la connaissance de cette précieuse écorce à M. G. Schimper. MM. d'Abbadie et Pruner l'ont importée en Europe. C'est en 1846 qu'on a commencé à l'employer. Mais elle est encore peu répandue, surtout en France.

La plante qui la produit croît en Abyssinie, dans le Kolla occidental et dans les terres basses de Samhar. Les docteurs Quartin Dillon et Antoine Petit l'ont récoltée autour d'Add'erbati.

On a ignoré longtemps quelle était au juste cette plante. M. Schimper, et plus tard les docteurs Quartin Dillon et Antoine Petit, n'en avaient envoyé que des échantillons sans fleurs et sans fruits. A. Richard rapporta ces échantillons à une Légumineuse qu'il désigna provisoirement sous le nom de *Besenna anthelminthica?* Tout récemment M. Courbon a remis au Muséum d'histoire naturelle des échantillons complets de *Mussenna*. M. Adolphe Brongniart les a étudiés et communiqués à la Société de botanique.

La plante est bien une Légumineuse. Elle appartient au genre *Albizzie*. M. Brongniart l'appelle *Albizzie anthelminthique* (4).

Description. — Petit arbre, de 3 à 6 mètres de hauteur; rameaux tortueux, couverts d'une écorce glabre et cendrée. Feuilles bipennées ; pinnes disposées par 2 ou 3 paires, à folioles 2, 3 ou 4 paripennées, irrégulièrement obovales, inéquilatérales à la base, obtuses ou à peine aiguës, entières, glabres, réticulées en dessous, d'un vert pâle. Inflorescence en capitules peu serrés, composés de 15 à 30 fleurs, petites, d'un jaune verdâtre. Calice turbiné, étroit, glabre, à 4 lobes courts, larges et obtus. Corolle deux fois plus grande que le calice, à 4 lobes, oblongs, un peu pointus, veinés. Étamines nombreuses, longues, capillaires ; à filaments jaunes et à anthères petites verdâtres. Ovaire allongé, étroit, glabre. Fruits oblongs, un peu réticulés, glabres, contenant 2 ou 3 graines, quelquefois courts, elliptiques ou obovés et monospermes, terminés par

---

(1) *Daphne Mezereum* Linn. (*Thymelea Mezereum* All.), vulgairement *Joli bois, Mezereon, Lauréole femelle, Lauréole gentille.*

(2) *Daphne cneorum* Linn.

(3) *Daphne Laureola* Linn. (*Thymelea Laureola* All.), vulgairement *Lauréole, Lauréole majeure, Lauréole mâle, Laurier des bois.*

(4) *Albizzia anthelminthica* A. Brong. (*Besenna anthelminthica?* A. Rich.).

une pointe très courte. Graines arrondies, comprimées, glabres et jaunes.

2° ÉCORCE. — L'écorce de *Mussenna* (1) est en plaques de 12 à 25 centimètres de longueur, sur 3 à 4 de largeur. Les plus grosses offrent 6 millimètres d'épaisseur. Ces plaques sont oblongues, irrégulières et un peu tuilées. Surface lisse, à peine fendillée et d'un gris roussâtre, un peu verdâtre dans les endroits dénudés. Intérieur d'un jaunâtre pâle, d'apparence assez fibreuse. Cette écorce se rompt sans effort. Cassure homogène, un peu grenue, comme spongieuse, d'un blanc jaunâtre, non résineuse. Cette description est faite sur des échantillons que M. d'Abaddie a bien voulu me communiquer.

L'*écorce de Mussenna* peut être pulvérisée assez facilement, si l'on a soin d'en ôter le liber.

On emploie celle du tronc et des branches.

Le docteur F. Pruner a fait préparer, au Caire, par M. Gastinel, un extrait de *Mussenna*. Cet extrait était cristallisé.

3° PROPRIÉTÉS ET USAGES. — Odeur nulle, du moins dans les échantillons secs. Saveur non désagréable, à peine astringente, très peu amère, laissant dans l'arrière-gorge une sensation comme aigrelette.

L'écorce de *Mussenna* est vermifuge; c'est un spécifique contre le ténia, très renommé en Abyssinie. Il guérit radicalement, plus radicalement que le *cousso*. Il tue le ver et même contribue à le décomposer dans le tube digestif (Pruner) ; car il est rendu, non pas en fragments rubanés plus ou moins longs, mais sous forme de bouillie caillebottée (Burguières). A faible dose, le *Mussenna* ne cause ni purgation, ni tranchée ; mais à dose trop forte, il agit comme purgatif et peut même devenir dangereux (Pruner).

Lorsqu'un Éthiopien veut se faire moine, il s'y prépare en prenant du *Mussenna*, à la dose ordinaire, pendant trois jours (d'Abbadie).

On l'administre réduit en poudre, dans de l'huile ou du miel, ou bien mêlé soit à de la bouillie de farine, soit à une purée de pois (Pruner). L'extrait cristallisé donné en grains, en Allemagne (1851), a produit de bons effets.

§ IX. — De quelques Écorces peu employées.

1° ÉCORCE D'ALCORNOQUE, ou *Bowdichie virgilioïde* (2), Légumineuse de l'Amérique méridionale. — Astringente et un peu amère. — Indiquée comme succédanée de l'ipécacuanha.

---

(1) Vulgairement, en Abyssinie, *Moussenna*, *Mowenna*, *Messenna*, *Muscena*, *Bassenna*, *Bessenna*, *Aboussenna*.

(2) *Bowdichia virgilioides* Kunth.

L'écorce d'une espèce voisine, l'*Alcornoque du Brésil* (1), a été recommandée contre les douleurs rhumatismales, la syphilis, l'hydropisie.

2° ÉCORCE D'ALYXIE (2), Apocynée des îles de la Malaisie. — Un peu amère et aromatique. — Conseillée contre les fièvres pernicieuses.

3° ÉCORCE D'ANGELIN (3), Légumineuse de la Jamaïque. — Saveur mucilagineuse et insipide. — Vermifuge.

L'écorce d'une espèce voisine, l'*Angelin de Surinam* (4), présente une saveur légèrement amère et astringente, et une propriété analogue à celle de la précédente.

4° ÉCORCE D'ANGUSTURE FAUSSE. Voyez page 141.

5° ÉCORCE D'AILANTE (5), Térébinthacée du Japon. — Proposée dans ces derniers temps contre le ténia (Hétet). — Administrée en poudre.

6° ÉCORCE DE BAOBAB (6), grand arbre africain, de la famille des Bombacées. — Fébrifuge. — Employée en décoction (Duchassaing).

Les feuilles pulvérisées et la pulpe aigrelette des fruits sont préconisées au Sénégal contre les fièvres intermittentes (Adanson).

7° ÉCORCE DE BARBATIMAO, produite par plusieurs Légumineuses du Brésil (7). — Astringente et amère. — Conseillée dans les hernies.

8° ÉCORCE DE BUIS (8), Euphorbiacée indigène. Elle contient un principe particulier (*buxine*). — Sudorifique. — Conseillée dans les syphilis rebelles et dans les rhumatismes chroniques. — Administrée en décoction.

9° ÉCORCE DE CAILCÉDRA, ou *Khaya du Sénégal* (9), Cédrélacée de la Gambie et du cap Vert, bel arbre. Elle contient un principe immédiat incristallisable (*caïl-cédrin*). — Amère. — Fébrifuge (Duvau). — Administrée en infusion, en vin, en alcool, en sirop (E. Caventou), en poudre et en extrait aqueux (Duvau).

---

(1) *Bowdichia major* Mart.

(2) *Alyxia stellata* Rœm. et Schult. (*A. aromatica* Reinw., *Gynopogon stellatum* Forst.).

(3) *Andira inermis*, Kunth (*Geoffroya inermis* Sw.), vulgairement *Bois palmiste des Antilles*.

(4) *Andira retusa* Kunth (*Geoffræa retusa* Lam.).

(5) *Ailantus glandulosa* Desf., vulgairement *Vernis du Japon, faux Vernis*.

(6) *Adansonia digitata* Linn.

(7) 1° *Acacia angica* Mart., 2° *A. Jurema* Mart., 3° *Philecollobium avaremotemo* (*Mimosa cochlicarpos* Gom., *Inga avaremotemo* Endl.).

(8) *Buxus sempervirens* Linn.

(9) *Khaya Senegalensis* Guill. et Perr. (*Swietenia Senegalensis* Desr.), vulgairement *Caïl, Quinquina du Sénégal, Acajou du Sénégal, Caïl-cédra*.

10° ÉCORCE DE CARAPA. — On en connaît deux espèces qui sont des arbres : 1° le *Carapa de la Guyane* (2) ; 2° le *Touloucouna* (5), du Sénégal. La dernière contient un principe particulier résinoïde (*touloucounin*). — Saveur amère. — Fébrifuge. — Administrée en vin, en teinture, en sirop (E. Caventou) (3).

11° ÉCORCE DE CASCA D'ANTA (4), Apocynée du Brésil. — Très amère. — Fébrifuge.

12° ÉCORCE DE CHÊNE. — Fournie par plusieurs espèces de Chênes indigènes, particulièrement par le *Chêne à grappes* (5) et par le *Chêne sessile* (6). Leur écorce réduite en poudre porte le nom de *tan* ; quand cette dernière est très fine, on l'appelle *fleur de tan*. — Astringente. — Administrée en poudre et en infusion.

On donne le nom de *jusée* au liquide qui se trouve dans les fosses des tanneurs. On l'a conseillée dans la phthisie (Vigla). On en prépare un extrait.

13° ÉCORCE DE CLAVALIER (7), Rutacée des Antilles. — Acre. — Fébrifuge.

14° ÉCORCE DE CODAGAPALA, ou *Wrightie dysentérique* (8), Apocynée du Ceylan. — Saveur très amère. — Conseillée contre la dysenterie.

15° ÉCORCE DE CULILAWAN (9), Laurinée des Indes, arbre. — Saveur aromatique et chaude, mêlée d'un goût astringent et mucilagineux. — Succédanée de la cannelle.

16° ÉCORCE DE FRÊNE (10), Oléacée indigène, arbre. — Conseillée contre les fièvres paludéennes, la goutte, le scorbut et même contre les vers intestinaux. — Administrée en poudre et en décoction vineuse (11).

17° ÉCORCE DE GUARÉ PURGATIF (12), Méliacée du Brésil. — Amère, un peu âcre, astringente. — Purgative et anthelminthique, bonne surtout contre les ascarides. On s'en sert aussi dans les tumeurs

(1) *Carapa Gujanensis* Aubl.
(2) *Carapa Touloucouna* Guill.
(3) Voy. le chapitre des HUILES.
(4) *Rauwolfia*.....
(5) *Quercus racemosa* Lam. (*Q. robur* Linn.), vulgairement *Gravelin*, *Chêne blanc*.
(6) *Quercus sessiliflora* Smith, vulgairement *Rouvre*, *Roure*.
(7) *Xanthoxylum clava-Herculis* Linn. (*X. Caribæum* Lam, *X. Carolinianum* Gærtn.).
(8) *Wrightia antidysenterica* Brown (*Nerium antidysentericum* Linn.).
(9) *Cinnamomum Culilawan* Blume (*Laurus Culilawan* Linn.), vulgairement *Cannelle giroflée*.
(10) *Fraxinus excelsior* Linn. (*Fr. apetala* Lam.)
(11) Voy. le chapitre des FEUILLES.
(12) *Guarea purgans* Saint-Hil., vulgairement *Marinheiro*.

arthritiques des extrémités. Elle agit fortement sur l'utérus et peut provoquer l'avortement.

Le *Guaré en épi* (1) présente des propriétés analogues.

18° ÉCORCE DE MARRONNIER (2), Hippocastanée de l'Asie cultivée en France. — On en retire un principe particulier (l'*æsculine*).—Prônée comme succédanée du Quinquina (Cusson). — Administrée en poudre, en infusion, en décoction.

19° ÉCORCE DE MONESIA (3), Sapotée du Brésil. — Saveur astringente et amère. Elle contient une matière grasse, analogue à la saponine (*monésine*). — Elle a une action puissante sur l'utérus. Quelques médecins la regardent comme un succédané précieux du seigle ergoté (Martin Saint-Ange). — Administrée en extrait, en sirop, en teinture, en pommade.

20° ÉCORCE DE NOYER (4), Juglandée originaire de la Perse, maintenant commune dans toute l'Europe. — Antiscrofuleuse, conseillée aussi contre l'ictère, les exanthèmes, et même contre la pustule maligne. — Administrée en sirop, en extrait, en lotions, en pommade, en collyre.

Le brou du fruit passe pour tonique, stomachique, anthelminthique et antiseptique. On en préparait un extrait; c'était un des éléments de la *tisane antivénérienne de Pollini* (5).

21° ÉCORCE D'ORME (6), Ulmacée indigène. — Conseillée contre l'hydropisie ascite.

L'*Ulmus fulva* Michx, d'Amérique, est employé contre les maladies inflammatoires.

22° ÉCORCE DE PALO PIQUANTE (7), Magnoliacée du Mexique. — Saveur aromatique et astringente.

23° ÉCORCE DE PAO PEREIRA (8), Apocynée du Brésil. — Saveur amère. — Fébrifuge.

24° ÉCORCES DE SAULES, Salicinées indigènes. On en a employé plusieurs espèces (9). On en a retiré un principe immédiat (*salicine*). — Amères, fébrifuges et un peu astringentes.

(1) *Guarea spicæflora* A. Juss. (*G. cernua* Vell.), vulgairement *Marinheiro de folha largo*, *Tuaiussu*, *Utuapoca*.

(2) *Æsculus Hippocastanum* Linn.

(3) *Chrysophyllum glycyphlœum* Casar., vulgairement *Buranhem*, *Guaranhem*, *Mohica*.

(4) *Juglans regia* Linn.

(5) Voy. les chapitres FEUILLES et HUILES.

(6) *Ulmus campestris* Linn.

(7) *Drimys Mexicana?* Moç. et Sessé.

(8) *Vallesia....*

(9) Particulièrement les *Salix alba* Linn., *monandra* Ard., *vitellina* Linn., *amygdalina* Linn., *incana* Schrank.

25o ÉCORCE DE SUREAU (1), Caprifoliacée indigène. — Son enveloppe verte et herbacée passe pour hydragogue. — Administrée en apozème et en vin.

CHAPITRE IX.

DES BOIS.

Les *bois* des végétaux, qui nous rendent de si grands services dans les arts, sont peu employés en médecine. Les quelques espèces qui intéressent la thérapeutique se font remarquer par leur saveur sucrée, par leur amertume ou par une odeur particulière. Tous appartiennent à des végétaux étrangers à la France.

Parmi ces bois, je traiterai seulement : 1° du *bois néphrétique*, 2° du *bois de Gaïac*, 3° du *bois de Quassia*, 4° du *bois amer*, 5° du *bois de Sassafras*, 6° du *bois de Garo*, 7° du *bois de Santal*.

§ I. — Bois néphrétique.

1° PLANTE. — On a attribué le *bois néphrétique* à deux Légumineuses mexicaines, d'abord au *Ben oléifère* (2), et plus tard à l'*Inga ongle-de-chat* (3). Ces deux origines sont douteuses. Hernandez désigne ce végétal sous les noms de *Coatli* et de *Tlapalezpatli*.

Description. — Le *Coatli* est un grand arbrisseau, à tige épaisse et sans nœuds, et à feuilles plus petites que les folioles du Pois chiche, et plus grandes que celles de la Rue ; son inflorescence est en épi ; ses fleurs sont jaunes. Il produit des gousses.....

2° BOIS (4). — Hernandez compare ce bois à celui des Poiriers. D'après M. Guibourt, il est sous la forme d'un tronc de 10 à 11 centimètres de diamètre. Il a une écorce très mince, légère, fibreuse, et s'enlevant par lames, d'un gris jaunâtre pâle. Sous cette écorce, se trouve un aubier peu épais, dur et compacte, blanchâtre, et, au centre, un bois pesant, d'une texture fibreuse (à fibres fines et très parallèles), et néanmoins fort dur, et susceptible d'un beau poli, d'un gris rougeâtre un peu rosé.

(1) *Sambucus nigra* Linn. — Voy. les chapitres des FEUILLES, des FLEURS et des FRUITS.

(2) *Moringa pterygosperma* Gærtn. (*Guilandina Moringa* Linn., *Hyperanthera Moringa* Vahl, *Moringa oleifera* Lam., *Anona Moringa* Lour., *Moringa Zeylanica* Pers.).

(3) *Inga unguis-cati* Willd. (*Mimosa unguis-cati* Linn.).

(4) Officin., *lignum nephreticum*.

Le *bois néphrétique* colore l'eau en jaune d'or. Cette liqueur paraît d'un beau vert par réflexion.

3° PROPRIÉTÉS ET USAGES. — Quand on le ratisse, il exhale une odeur un peu balsamique. Sa saveur est faiblement amère, astringente et aromatique.

On s'en servait anciennement, au Mexique et aussi en Europe, contre l'irritation des reins et de la vessie. Il passait aussi pour anthelminthique et lithontriptique.

J'ai parlé de ce bois parce qu'il a joui pendant longtemps d'une certaine réputation. J'aurais peut-être mieux fait de le placer parmi les substances végétales peu employées.

§ II. — Bois de Gaïac.

1° PLANTE. — Le *Gaïac officinal* (1) appartient à la famille des Zygophyllées. Il croît dans les Antilles, principalement à la Jamaïque et à Saint-Domingue.

Description (fig. 49). — Arbre très élevé, à tige tortueuse. Branches à ramifications souvent dichotomes. Feuilles opposées, pinnées sans impaire, à 2, 3 et même 4 paires de folioles sessiles, obovées ou ovales, obtuses, quelquefois obliquement émarginées, entières, glabres, d'un vert clair, fermes ; les inférieures plus petites et arrondies. Inflorescence presque en ombelle, au sommet des rameaux. Fleurs pédonculées, bleues. Calice à 5 lobes obtus. Corolle à 5 pétales onguiculés. Étamines au nombre de 10, à filets un peu élargis inférieurement, avec des anthères ovoïdes jaunes ; pistil un peu plus court que les étamines. Ovaire stipité, ovoïde, glabre, portant un style court et pointu ; stigmate simple. Fruit (*capsule*) charnu, offrant de 2 à 5 angles saillants comprimés, tronqué au sommet avec une petite pointe courbée, d'un jaune rougeâtre, à deux loges. Graine suspendue à l'angle interne, ovoïde, dure.

2° BOIS (2). — Le tronc du *Gaïac* se développe lentement. Cependant il arrive à un volume considérable. On en a vu qui avaient plus d'un mètre de diamètre transversal. Ce bois est apporté en France en bûches assez fortes et assez droites, recouvertes d'une écorce mince, un peu luisante, légère, résineuse, de couleur cendrée verdâtre, avec des taches plus foncées. Il est très dur et compacte, plus pesant que l'eau, résineux, et d'un brun verdâtre ou

(1) *Guajacum officinale* Linn.
(2) Officin., *lignum Guajaci*, bois de Gaïac, Bois saint.

d'un brun jaunâtre. Il a un aubier jaune de buis avec des mouchetures verdâtres du côté intérieur. Ses couches sont alternativement dirigées à droite et à gauche, et se croisent, formant avec l'axe un angle d'environ 30 degrés. Sa coupe perpendiculaire, polie, offre à la coupe des stries rayonnantes très fines et très serrées, parsemées çà et là de gros vaisseaux coupés, remplis de résine verte (Guibourt).

Fig. 49. — *Gaïac officinal*.

Sa râpure est jaunâtre et devient verte au contact de l'air et de la lumière. Le même effet est produit par la vapeur nitreuse.

Le *bois de Gaïac* contient de la résine, de l'extractif, de la gomme, de l'albumine, des sels (Trommsdorf). Sa *résine* est en masses considérables, friables, d'un brun verdâtre, et brillantes dans leur cassure.

On trouve, dans le commerce, d'après M. Guibourt, indépendamment du *bois de Gaïac officinal*, deux autres bois analogues, d'origine inconnue : 1° le *Gaïac à couches irrégulières*, 2° le *Gaïac à odeur de vanille*.

3° PROPRIÉTÉS ET USAGES. — Le *bois de Gaïac* n'a pas d'odeur sensible ; mais, quand on le râpe, il répand une odeur balsamique. Sa poussière fait éternuer. Sa saveur est aromatique, âcre, et resserre la gorge.

Le *Gaïac* est un des quatre bois sudorifiques et le plus renommé. Il est souvent conseillé dans les maladies de la peau, contre les rhumatismes, la goutte, l'asthme.

On l'administre en tisane, en émulsion, en teinture alcoolique, en extrait, en sirop, en savon. On l'emploie ordinairement mêlé avec d'autres sudorifiques. Il entre dans la composition du *sirop dépuratif de Larrey*.

Sa *résine* (1), qui est d'un noir verdâtre, se donne en pilules et en électuaire.

4° SUCCÉDANÉS. — On assure qu'on emploie aussi le *Gaïac à feuilles de Lentisque* (2), et qu'on pourrait peut-être utiliser le *Gaïac douteux* (3) et le *Guyacan* (4).

§ III. — Bois de Quassia.

1° PLANTE. — Ce bois est fourni par le *Quassier amer* (5), arbre de la famille des Simaroubées, qui croît à Surinam et à la Guyane.

Description. — Arbre élevé, conservant la physionomie d'un arbrisseau. Feuilles alternes, pétiolées, ailées avec impaire, composées de 3 à 5 folioles opposées, sessiles, ovales ou elliptiques, acuminées, entières, très glabres. Pétioles ailés. Inflorescence en grappes allongées. Fleurs presque unilatérales, écartées. Calice très petit, à 5 sépales ovales. Pétales assez grands, redressés, ovales-oblongs, presque obtus. Étamines beaucoup plus longues que la corolle. Ovaire porté par un réceptacle renflé et charnu, divisé en 5 lobes obtus. Fruit composé de 5 capsules ovoïdes, un peu charnues, contenant chacune une graine solitaire et globuleuse.

2° BOIS (6). — Ce bois se retire de la racine et des tiges. Il est

---

(1) Officin., *resina Gujaci.*
(2) *Guajacum sanctum* Linn.
(3) *Guajacum dubium* Forst.
(4) *Guajacum arboreum* DC. (*Zygophyllum arboreum* Jacq.).
(5) *Quassia amara* Linn. f.
(6) Officin., *lignum Quassiæ Surinamensis, bois de Surinam.*

cylindrique, de 3 à 6 centimètres de diamètre, très léger et blanc. Son écorce paraît mince, unie, blanchâtre, tachetée de gris; elle adhère peu au bois, et se rompt avec une extrême facilité.

Dans le commerce, on mêle ce bois avec celui d'une autre espèce, le *Quassier élevé* (1), moins amère et moins estimée. Les bûches de ce dernier sont beaucoup plus grosses.

Le *bois de Quassia* contient un principe particulier appelé *quassit* (2) (Wiggers), qui cristallise en prismes blancs, peu solubles dans l'eau et dans l'éther, mais assez solubles dans l'alcool.

3° PROPRIÉTÉS ET USAGES. — Le *bois de Quassia* est sans odeur; il offre une amertume franche très prononcée. L'écorce en a plus que le bois, et la racine plus que la tige.

C'est un tonique fort énergique, sans astringence et sans âcreté.

On l'administre en tisane, en vin, en teinture, en extrait.

§ IV. — Bois amer.

1° PLANTE. — Le *Calac bois amer* (3) appartient à la famille des Apocynées; il se trouve dans l'île Bourbon, autour de Saint-Denis. Il est rare.

Description. — Petit arbre à écorce mince et gercée. Branches bifurquées. Rameaux réunis en cyme pyramidale très garnie. Feuilles ovales, acuminées, lisses, fermes, pourvues de 3 nervures latérales et transverses. Pédoncules latéraux, longs, armés d'une ou deux épines, portant une ou deux fleurs. Sépales aigus. Fruit (*baie*) médiocrement succulent, ovoïde-oblong, terminé au sommet par une pointe obtuse. Graines au nombre de 12 à 15, aplaties, bordées d'un cercle membraneux.

2° BOIS (4). — Le *bois amer* est très compacte et d'un jaune plus foncé que le buis auquel il ressemble.

3° PROPRIÉTÉS ET USAGES. — La saveur de ce bois est très amère. Il est regardé comme stomachique.

On l'administre en tisane. On en fait des gobelets dans lesquels on laisse séjourner le vin pendant quelque temps, afin de lui donner une amertume très estimée.

----

(1) *Quassia excelsa* Swartz.
(2) *Quassine* Thompson.
(3) *Carissa xylopicron* Pet.-Th.
(4) Vulgairement *Bois de Calac*, *Bois de Bourbon*.

§ V. — Bois de Sassafras.

1° PLANTE. — Le *Sassafras officinal* appartient à la famille de Laurinées ; c'était autrefois un *Laurier*. On en a fait un genre séparé (1). Il est originaire de la Virginie, de la Caroline et de la Floride. On peut le cultiver en pleine terre sous le climat de Paris.

Description. — Grand arbre offrant le port d'un Érable. Ramuscules pubescents. Feuilles alternes, pétiolées, grandes, ovales et entières ou presque cordiformes et 2 à 3-lobées, un peu pointues, pubescentes, d'un vert pâle en dessus, blanchâtres en dessous. Inflorescence en petites panicules. Fleurs jaunâtres, dioïques. Mâles : Calice à 5 sépales étalés, oblongs, obtus, pubescents extérieurement ; étamines au nombre de 3, dressées ; 6 opposées et fertiles, à filet subulé poilu à la base ; 3 intérieures stériles, un peu plus grandes, offrant à leur base deux appendices globuleux stipités ; anthères comme quadrilatères ; pistil rudimentaire. Femelle : Calice comme dans la fleur mâle ; 6 étamines avortées, très courtes ; ovaire ovoïde, surmonté d'un style canaliculé d'un côté ; stigmate légèrement concave et glanduleux. Fruit (*drupe*) entouré par le calice, de la grosseur d'un pois, ovoïde, violet.

2° BOIS (2). — On emploie la racine, l'écorce et le bois. La racine est grosse comme la cuisse ou comme le bras et fourchue. L'écorce est épaisse, cendrée extérieurement, rougeâtre tirant sur le fer en dedans. Le bois est léger, spongieux, et de couleur d'un blanc jaunâtre plus ou moins roux ; il ressemble un peu à celui du noyer. On râpe le *Sassafras* avant de s'en servir.

3° PROPRIÉTÉS ET USAGES. — Le *Sassafras* est aromatique et agréable. Son odeur approche un peu de celle du fenouil. Elle est plus marquée dans l'écorce que dans le bois. Le *Sassafras* indigène est moins aromatique que celui de l'Amérique, et même sans odeur. Saveur un peu piquante. C'est un des quatre bois sudorifiques. On l'emploie fréquemment dans les maladies de la peau, dans les affections syphilitiques constitutionnelles, les rhumatismes, la goutte, les flueurs blanches.

On l'administre en infusion. On l'unit souvent aux autres sudorifiques. On en retire une essence.

4° BOIS ANALOGUES. — On a confondu et l'on confond encore quelquefois avec le *Sassafras* les deux bois suivants :

(1) *Sassafras officinarum* Nees (*Laurus Sassafras* Linn.), vulgairement *Pavame, Laurier des Iroquois.*

(2) Officin., *Sassafras radix, Sassafras lignum.*

1° Le *bois de l'Orénoque* (1). — Plus dur, d'un gris verdâtre. Odeur mixte de *Sassafras* et d'anis.

2° Le *bois de Naghas* (2). — Extrêmement dur, d'un brun noirâtre. Odeur de *Sassafras* très forte, sentant un peu l'anis.

§ VI. — Bois de Garo.

1° PLANTE. — Sous le nom impropre de *bois d'Aloès*, on a désigné et l'on désigne encore des *bois* qui n'ont aucun rapport avec la Liliacée dont la thérapeutique retire un suc très estimé. Ces *bois* sont fournis par des plantes de familles fort différentes. Un des principaux est celui de *Garo*, donné par une Aquilarinée, le *Garo de Malacca* (3).

Description. — Arbre élevé. Rameaux à écorce gercée, d'un gris roussâtre, velus à leur extrémité. Feuilles alternes, pétiolées, ovales-lancéolées, fortement acuminées, entières, glabres, ciliées, d'un beau vert; les plus jeunes velues. Fleurs petites. Calice? gamosépale, à 5 lobes étalés, ovales, pointus, offrant à leur base interne deux petites écailles. Étamines au nombre de 10, courtes, attachées au calice. Ovaire supérieur, ovoïde, à stigmate sessile, petit, simple. Capsule turbinée ou pyriforme, biloculaire. Graines solitaires, petites, ovoïdes, pointues, noires.

2° BOIS (4). — Ce *bois* est grisâtre, tirant un peu sur le jaune; il noircit avec le temps. Sa pesanteur spécifique est tantôt plus grande, tantôt plus légère que l'eau. Sa coupe transversale présente une surface lisse, résineuse, parsemée de petits points blancs. Son intérieur offre çà et là des excavations remplies d'une résine rougeâtre.

3° PROPRIÉTÉS ET USAGES. — Son odeur ressemble à celle de la résine animé. Sa saveur est amère et aromatique.

On brûle ce *bois*, surtout en le râpant sur des charbons ardents; il en résulte un parfum délicieux qui rappelle un peu celui du benjoin. Dans l'Inde, on le paye très cher et on le brûle dans des cassolettes.

---

(1) *Ocotea Pichurim* Kunth (*Laurus Pichurim* Berg.), vulgairement *Laurel, Bois de Sassafras de l'Orénoque, Bois d'anis*.

(2) *Ocotea cymbarum* Kunth, vulgairement *Bois de Naghas sentant l'anis* (Boutron-Charlard), *Bois à odeur de Sassafras* (Guib.).

(3) *Aquilaria Malaccensis* Lam. — Probablement on emploie aussi l'*Aquilaria Agallocha* Roxb., et l'*Aquilaria secundaria* DC.

(4) *Thim* ou *Thim-hio* et *Sock* ou *Soo* des Chinois, *Garo* de Rumphius, *Pao de aquila* des Portugais, *Bois d'aigle* de Sonnerat, *lignum Aloes, lignum aquila* dans les officines, *Bois d'Aloès ordinaire du commerce* (Guib.).

Il passait pour fortifiant. On l'ordonnait aussi dans l'épilepsie, l'apoplexie....

On l'administrait infusé dans l'eau ou dans du vin.

4° Bois analogues. — Les principaux *bois* confondus avec le Garo sont :

1° Le *Calambac*, retiré d'une Légumineuse, l'*Aloexyle agalloche* (1). Un peu mou lorsqu'il est récent, il durcit avec le temps ; d'un brun obscur cendré, strié de longues veines noires. Odeur forte et suave quand on le brûle. Saveur âcre et amère.

2° Le *bois jaspé* (2), retiré d'une Euphorbiacée, l'*Agalloche d'Amboine* (3). Brun rougeâtre, un peu gris, jaspé de noir.

3° Le *bois musqué* (4), d'origine inconnue. Jaune pâle, comme verdâtre, peu résineux.

4° Le *bois citrin* (5), d'origine inconnue. Jaune assez pur, médiocrement résineux.

₴ VII. — Bois de Santal.

Ce *bois* est célèbre. Les arbres qui le fournissent se rencontrent depuis l'Inde jusqu'aux îles de l'océan Pacifique. Ils appartiennent à la famille des Santalacées et au genre *Santalin* (*Santalum*).

1° Plante. — La principale espèce est le *Santalin blanc* (6), qui habite sur les montagnes voisines de la côte de Malabar.

Description. — Arbre semblable à un noyer. Rameaux étalés, droits, presque cylindriques, articulés, glabres. Feuilles opposées, brièvement pétiolées, ovales-elliptiques, aiguës, plus rarement obtuses, entières, glabres, vertes en dessus, glauques en dessous. Inflorescence en panicules terminales et latérales. Fleurs pédicellées, petites, d'abord jaunâtres, puis d'un rouge pourpre foncé. Calice à 4 dents aiguës. Étamines opposées ; disque concave, à lobes obovés, alternant avec les sépales. Ovaire ovoïde, d'abord libre, puis demi-infère, après la floraison tout à fait infère. Drupe de la grosseur d'une cerise, globuleuse, noire et à 3 loges.

(1) *Aloexylum Agallochum* Lour. (*Cynometra Agallocha* Spreng., *Aloexylon Agallochum* DC.).

(2) *Bois de Calambac faux* Guib.

(3) *Excœcaria Agallocha* Linn.

(4) *Bois d'Aloès musqué* Guib.

(5) *Bois d'Aloès citrin* Guib.

(6) *Santalum album* Linn.

Une variété, à feuilles lancéolées (1), a été considérée par quelques auteurs comme une espèce séparée.

2° Bois. — Le *bois de Santal* (2) est exploité particulièrement dans l'île de Timor. Le commerce nous l'apporte en bûches grossièrement privées d'aubier, arrondies à la hache, d'un mètre environ de longueur, sur 6 à 8 centimètres d'épaisseur. Il est médiocrement dur et compacte et d'une couleur fauve, tantôt claire, tantôt foncée, souvent jaunâtre, quelquefois un peu rougeâtre. Il a une pesanteur spécifique plus légère que l'eau. Il est formé de couches concentriques irrégulières et ondulées dont le centre se trouve rarement au milieu de la bûche.

Il est susceptible de poli et prend alors une apparence satinée.

La distillation en retire une huile volatile, jaune, un peu plus légère que l'eau.

On distingue, dans le commerce, trois sortes de *bois de Santal* : 1° le *blanc*, 2° le *citrin*, 3° le *rouge*. Quelques auteurs croient que le blanc est, ou du citrin plus jeune, ou de l'aubier d'un arbre âgé. D'autres pensent que ces deux *bois* sont produits par deux espèces différentes.

Le *Santal rouge* est fourni par une Légumineuse, le *Ptérocarpe santalin* (3). Il n'a pas d'odeur et n'a jamais été employé en médecine.

M. Guibourt a décrit une variété de *Santal* qui exhale une odeur de rose et une autre qui a une odeur de musc. Il en a reçu une troisième, originaire de Sandwich, produite par le *Santalin de Freycinet* (4). Il paraît que plusieurs arbres voisins donnent un *bois* plus ou moins semblable à celui du *Santal blanc*.

3° Propriétés et usages. — Le *bois de Santal* frais est inodore. Quand il est sec, il offre une odeur aromatique peu forte, qu'on a comparée à celles de la rose et du musc mêlées ensemble. Sa saveur est légèrement amère.

Ce *bois* est recherché pour la parfumerie encore plus que pour la thérapeutique. Dans l'Orient, on le brûle pour jouir de son odeur. Avec sa râpure et de la bouse de vache préparée, on compose une pâte dont on recouvre de longues pailles. Quand ces pailles sont bien sèches, elles brûlent lentement, répandant une

(1) β *myrtifolium* A. DC. (*Sirium myrtifolium* Linn. Mant., *Santalum myrtifolium* Roxb.).

(2) *Chandana* en hindou, *Ssjendana* en malai, *Sandal* en arabe, *Santalum* dans les officines.

(3) *Pterocarpus santalinus* Linn.

(4) *Santalum Freycinetianum* Gaud.

odeur très agréable. Ce *bois* passait pour astringent et pour cordial.

On l'administrait anciennement en décoction dans l'eau ou dans du vin. On l'emploie quelquefois en fumigation.

§ VIII. — De quelques Bois peu employés.

1° Bois DE COULEUVRE, fourni par un arbre des Indes orientales, le *Vomiquier bois de couleuvre* (1), de la famille des Loganiacées. Ce *bois* contient de la *strychnine* et de la *brucine*. — Recommandé contre les fièvres intermittentes, contre les vers et contre la morsure des serpents.

On le retire aussi du *Vomiquier officinal* (2), du *Vomiquier à feuilles de Troëne* (3) et du *petit Vomiquier* (4).

2° Bois DE LENTISQUE, fourni par un arbre indigène, le *Pistachier lentisque* (5), de la famille des Térébinthacées. — Employé anciennement dans l'apoplexie, l'asthme, l'épilepsie... — Administré en infusion dans l'eau ou dans du vin.

3° Bois DE SIMAROUBA, fourni par le *Picranène élevé* (6), arbre de la famille des Simaroubées, vulgairement connu sous le nom de *Quassia de la Jamaïque* (7).

CHAPITRE X.

DES BOURGEONS.

La Botanique fournit à la matière médicale trois sortes de *bourgeons* : 1° ceux du *Sapin*, 2° ceux du *Peuplier*, 3° ceux de l'*Asperge*.

§ I. — Bourgeons de Sapin.

1° PLANTE. — Le *Sapin élevé* (8) est un arbre de la famille des Abiétinées qui croît dans les montagnes des Pyrénées, du Dauphiné, des Vosges...

(1) *Strychnos colubrina* Linn., vulgairement, en portugais, *Pao de cobra*, *Naga musadia*.

(2) *Strychnos Nux-vomica* Linn. — Voyez le chapitre des GRAINES.

(3) *Strychnos ligustrina* Blume.

(4) *Strychnos minor* Blume.

(5) *Pistacia Lentiscus* Linn.

(6) *Picranena excelsa* Lindl. (*Simaruba excelsa* DC.).

(7) Officin., *lignum Quassiæ Jamaicensis*.

(8) *Abies excelsa* Poir. (*Pinus Abies* Linn., *P. excelsa* Lam.), vulgairement *Pesse*, *Picéa*, *Épicéa*, *Serento*, *Serente*, *faux Sapin*.

Description. — Arbre haut de plus de 20 mètres. Tronc droit, gros, cylindrique, nu, terminé par une tête pyramidale, à branches verticillées, ouvertes et même un peu pendantes. Feuilles courtes, éparses, rapprochées, aciculées, à quatre angles obtus, un peu comprimées, d'un vert très foncé. Inflorescence en chatons terminaux, solitaires, simples, ovoïdes-oblongs, presque cylindriques, composés d'écailles imbriquées, unisexuées. Mâles un peu pédonculés. Écailles (connectifs) portant en dessous deux loges anthérales qui n'atteignent pas son sommet et qui s'ouvrent longitudinalement. Femelles sessiles. Écailles atténuées au sommet, munies chacune d'une bractée extérieure membraneuse, qui disparaît bientôt avec l'accroissement de l'écaille, portant à leur base deux ovules suspendus, à col oblique, regardant au dehors, ouvert et denticulé au sommet. Cônes presque sessiles, pendants, plus ou moins gros, oblongs-cylindriques, souvent un peu arqués, à écailles planes, onguiculées, ovales, obtuses, très minces à leurs bords, quelquefois légèrement ondulées, non épaissies et un peu incisées dans leur partie supérieure, rougeâtres ou d'un blanc grisâtre. Graines offrant supérieurement une aile membraneuse, à testa coriace, ligneux.

FIG. 50. — *Bourgeons de Sapin.*

2° BOURGEONS (1) (fig. 50). — Réunis en faisceaux de trois ou quatre, dont un plus grand, longs de 10 à 20 millimètres, oblongs, cylindroïdes, un peu pointus, couverts d'écailles étroites, subulées supérieurement, aiguës, lisses, rougeâtres, bordées de cils longs membraneux et blancs.

3° PROPRIÉTÉS ET USAGES. — Les *bourgeons de Sapin* ont une odeur aromatique qui rappelle celle de la térébenthine. Leur saveur est résineuse, térébinthacée et peu agréable.

On les donne dans les maladies de la vessie et des voies urinaires, et dans les affections scorbutiques.

On les administre infusés dans du vin ou de la bière. Ils servent à la préparation de la *Bière sapinette* ou *antiscorbutique*. Ils entrent aussi dans la composition du *sirop de Blayn*.

On emploie, comme succédanés, les *bourgeons de Pin* (*Pinus sylvestris* Linn).

____

(1) Officin., *turiones Pini.*

§ II. — Bourgeons de Peuplier.

1° PLANTE. — Le *Peuplier noir* (1) appartient à la famille des Salicinées. Cet arbre se trouve communément dans les bois humides, sur les bords des prairies et des rivières.

Description. — Arbre élevé, atteignant jusqu'à 20 mètres. Tronc et ramifications couverts d'une écorce fendillée, jaunâtre ou grisâtre, à branches étalées. Feuilles longuement pétiolées, trapézoïdales, presque triangulaires, plus longues que larges, acuminées, irrégulièrement crénelées, glabres et luisantes, glutineuses dans leur jeunesse ; stipules squamiformes, caduques. Chatons mâles épars vers la partie supérieure des rameaux, grêles. Écailles glabres. Fleurs offrant un disque en forme de cupule. Mâles portant de 12 à 20 étamines insérées sur le disque, qui est tronqué obliquement, à filets libres, terminés par des anthères purpurines. Femelles : Ovaire entouré à sa base par le disque ; style très court ; stigmates 2, allongés, bipartits. Graines pourvues d'une aigrette.

2° BOURGEONS. — Ovoïdes-allongés, pointus, glabres, bruns et recouverts par plusieurs écailles imbriquées, et à feuilles enroulées par leurs bords ; vernis résineux, glutineux et brunâtre.

Ces *bourgeons* contiennent : de l'essence, une résine jaune verdâtre, de la gomme, des acides gallique et malique, de la cire, de l'albumine et des acétate et chlorhydrate d'ammoniaque (Pellerin).

3° PROPRIÉTÉS ET USAGES. — Les *bourgeons de Peuplier* ont une odeur balsamique forte, et une saveur chaude aromatique.

On emploie les *bourgeons de Peuplier noir* à la préparation de l'onguent *populéum* (*liparolé de Peuplier*).

On en faisait autrefois une teinture alcoolique recommandée contre la phthisie pulmonaire.

§ III. — Bourgeons d'Asperge.

1° PLANTE. — L'*Asperge officinale* (2) appartient à la famille des Asparaginées. J'ai déjà parlé de cette plante, en traitant de son rhizome (3).

2° BOURGEONS. — Les *bourgeons* ou jeunes pousses des *Asperges* sont désignés en Botanique sous le nom de *turions* (4).

(1) *Populus nigra* Linn., vulgairement, *Bruillard.*
(2) *Asparagus officinalis* Linn.
(3) Voy. page 35.
(4) Voy. page 3.

Les *turions* sont des corps très allongés, grêles, cylindriques, pointus à l'extrémité, blancs ou blanchâtres dans la plus grande partie de leur étendue, surtout inférieurement, verts, verdâtres ou un peu violacés vers le sommet, et composés d'un tissu charnu assez tendre quoique fibreux. Ils sont couverts d'écailles fortement appliquées.

On trouve, dans le suc de l'*Asperge*, une matière verte résineuse, de la cire, de l'albumine, du phosphate de potasse, du phosphate de chaux en dissolution dans de l'acide acétique, de l'acétate de potasse et deux principes cristallisables : la *mannite* et l'*asparagine*. Cette dernière est une substance azotée incolore ; elle cristallise en prismes droits rhomboïdaux (Vauquelin, Robiquet).

3° PROPRIÉTÉS ET USAGES. — Les *turions* communiquent rapidement à l'urine une odeur particulière, forte et fétide, qu'on peut transformer en odeur de violette en y jetant quelques gouttes de térébenthine. L'*asparagine* a une saveur fraîche et légèrement nauséabonde, provoquant la sécrétion de la salive.

C'est un aliment sain et de facile digestion. On en consomme, chaque année, en France, des quantités considérables.

Ces *bourgeons* sont légèrement diurétiques; ils ralentissent les pulsations du cœur.

On les administre en sirop et en extrait.

CHAPITRE XI.

DES FEUILLES.

Les *feuilles* sont bien certainement les parties des végétaux les plus employées en médecine.

On peut les recueillir avec facilité et abondance. Leur administration est peu compliquée et n'exige pas le plus souvent le concours du pharmacien. Enfin, il suffit ordinairement d'une simple dessiccation, pour les conserver dans les ménages.

Aussi, c'est sur les feuilles qu'ont porté principalement les exagérations passagères des anciens thérapeutistes, et que roulent d'ordinaire les prescriptions insignifiantes des gens du monde. Si l'on voulait faire l'histoire complète de tous les végétaux dont les feuilles ont été préconisées à telle ou telle époque, dans tel ou tel pays, soit par les médecins ou par les botanistes, soit par les amateurs, on composerait, à coup sûr, un gros volume.

J'étudierai, dans ce chapitre, 1° le *Thé*, 2° le *Tabac*, 3° la *Belladone*, 4° la *Jusquiame*, 5° la *Pomme épineuse*, 6° la *Digitale*, 7° les *Mauves*, 8° la *Mélisse*, 9° l'*Oranger*, 10° le *Cochléaria*, 11° la *Ciguë*, 12° le *Laurier-cerise*, 13° la *Chicorée*, 14° les *Capillaires*.

§ I. — Du Thé.

1° PLANTE. — Le *Thé de la Chine* (1) est un arbrisseau placé d'abord dans la famille des Aurantiacées, puis dans celle des Camelliacées. Il se trouve en Chine et au Japon, où on le cultive avec beaucoup de soin.

Histoire. — L'usage du *Thé* remonte à la plus haute antiquité, en Chine et en Cochinchine. On suppose que le besoin de corriger l'eau saumâtre et de mauvais goût, qui n'est pas rare dans ces pays, conduisit à l'infusion aujourd'hui si répandue.

Ce n'est guère que vers le milieu du XVII° siècle, que le *Thé* a été connu en Europe. On raconte que des aventuriers hollandais, voyant les Chinois faire leur boisson ordinaire d'une infusion végétale, imaginèrent de leur apporter des feuilles de Sauge, autrefois très vantées par l'école de Salerne, et que les Chinois leur donnèrent en échange des feuilles de *Thé* (2). Quoi qu'il en soit, nous savons que Tulpius, médecin hollandais, a publié, en 1641, une dissertation sur le *Thé*; que Joncquet, médecin français, appelait le *Thé*, en 1657, *herbe divine*, et le comparait à l'ambroisie, et que Cornelius Bentekoe assurait, en 1679, que la boisson dont il s'agit ne pouvait faire aucun mal, quand même on en prendrait *deux cents tasses par jour!*

C'est seulement en 1763 qu'on a vu, en Europe, des pieds de *Thé* vivants. Ils furent apportés à Linné, au jardin d'Upsal, le 3 août de cette année, par le capitaine Ekeberg.

Les Hollandais et les Anglais ont été les premiers à adopter l'usage de la boisson chinoise (3). Depuis le commencement de ce siècle, cette boisson s'est répandue assez rapidement en France (4); toutefois elle n'est encore en usage que dans les classes élevées.

---

(1) *Thea Sinensis* Sims (*Th. viridis* et *Bohea* Linn.).

(2) Ils remettaient trois livres de Sauge contre une de Thé. Ils vendaient ensuite de 30 à 100 francs ce qui leur avait coûté environ 50 centimes.

(3) Cet usage a mis du temps à s'établir. Suivant le docteur Josat, la duchesse de Monmouth, ayant envoyé en 1785, à l'un de ses parents en Écosse, une livre de Thé, sans dire la manière de le préparer, le cuisinier le fit bouillir, jeta l'infusion, et servit les feuilles comme un plat d'épinards !

(4) En 1648, Guy Patin l'appelait *une impertinente nouveauté*.

En 1679, l'Angleterre ne recevait que 56 kilos de *Thé* de la Compagnie hollandaise des Indes. En 1833, l'importation du *Thé* s'élevait à 10 millions de kilogrammes dans le royaume-uni. En 1858, elle y a dépassé 34 millions.

Description (fig. 51). — Tige haute de 2 à 3 mètres. Fleurs

Fig. 51. — *Thé.*

agglomérées au nombre de 3 ou 4, à l'aisselle des feuilles supérieures, pédonculées, blanches. Calice très court, persistant, à 5 sépales imbriqués, ovales-arrondis, obtus, les extérieurs plus petits. Corolle à 6, 8, 9 pétales, cohérents par la base, étalés, arrondis, un peu inégaux, très concaves, souvent échancrés au sommet. Étamines très nombreuses, plus courtes que la corolle, adhérentes à la base de cette dernière, plurisériées, à filets subulés, grêles, blancs, portant des anthères arrondies, introrses. Ovaire globuleux, comme trilobé, libre, hérissé de poils rudes, à 3 loges. Style d'abord simple, divisé supérieurement en 3 branches, grêles, glabres, pourvues chacune d'un stigmate à peine distinct. Fruit (*capsule*) à 3 coques arrondies, réduit quelquefois par avortement à 2 et même à une seule, s'ouvrant chacune par une fente supérieure. Graines solitaires ou bien au nombre de 2 dans chaque loge, rondes, anguleuses à une face.

2° FEUILLES. — Les *feuilles* sont alternes, brièvement pétiolées, ovales-allongées, un peu acuminées, finement dentées en scie, glabres, d'un vert foncé, légèrement coriaces. Elles n'ont pas de stipules. Quand ces feuilles sont arrivées à leur parfait développement, on y remarque, comme dans toutes les feuilles persistantes, des espèces de cellules cylindroïdes, irrégulières, qui traversent le parenchyme. On y voit aussi des glandes spéciales, nombreuses, disséminées, qui recèlent la précieuse essence, cause primitive de l'arome du *Thé* (Mirbel et Payen).

On cultive le *Thé* sur les bords des champs ou bien on en forme des espèces de quinconces sur le penchant des coteaux.

On ne commence à recueillir les *feuilles* qu'après trois ou quatre ans de plantation, et la récolte cesse après huit ou dix ans. Alors on recépe les pieds à la base, pour avoir des sujets nouveaux.

La récolte a lieu plusieurs fois par an. On commence le 15 avril ; on continue le mois de mai, et l'on a une ou deux cueillettes plus tard. Les premières pousses des arbustes offrent des organes foliacés couverts de duvet à reflets blanchâtres ; elles donnent le *Thé* le plus fin, doué de l'arome le plus suave et du goût le plus délicat. La deuxième récolte présente des *feuilles* plus grandes, et produit un *Thé* plus abondant. Enfin les troisièmes et les quatrièmes *feuilles*, encore plus développées, ont une odeur moins douce et une saveur moins agréable.

3° THÉ (1). — Les *feuilles* récoltées sont entassées dans des paniers de bambou et de jonc, et apportées aux ateliers de séchage établis sous des hangars. On croyait anciennement qu'elles étaient d'abord plongées, pendant une demi-minute, dans l'eau bouillante. Il paraît qu'il n'en est rien. On les met dans de petites bassines de tôle encastrées au nombre de deux, trois, quatre ou davantage, à la suite les unes des autres, sur un fourneau horizontal. Des

(1) Vulgairement, en Chine, *Théh* ou *Tcha*, au Japon *Tsja*, en Angleterre *Tea*, en France *Thé*.

ouvriers les remuent sans cesse, soit à la main, soit avec un petit balai en baguettes de bambou. Dans certains endroits, on les jette sur de grandes plaques de fer ou de cuivre placées aussi sur un fourneau. Au bout de cinq minutes, ces *feuilles* se crispent. On les enlève et on les étend sur une table à claire-voie formée de tiges de bambou ou sur de grandes nattes disposées sur des tables. D'autres ouvriers les pressent, les pétrissent, les roulent avec la paume de la main ; au bout de cinq minutes au plus, le volume de ces *feuilles* est réduit des deux tiers ou des trois quarts. On leur fait subir une sorte de vannage ; on les étend à l'air ; dans certaines localités, des Chinois cherchent à les refroidir à l'aide de grands éventails.

Cette opération du grillage est répétée deux ou trois fois. Mais on chauffe de moins en moins les bassines ou les plaques et l'on roule les *feuilles* de plus en plus. On assure que, pour les *Thés* les plus estimés, chaque feuille doit être roulée séparément, tandis que pour les *Thés* communs on en roule plusieurs à la fois.

Le grillage enlève à la matière herbacée l'âcreté vireuse qui la caractérise, sans nuire au parfum et à la saveur de la *feuille*.

Lorsque le *Thé* est bien roulé et bien sec, on le crible ; puis on l'enferme dans des caisses ou dans des boîtes, ayant soin de le tenir à l'abri de l'air et de la lumière. Suivant quelques voyageurs, on l'aromatise, parfois, avec certaines plantes, principalement avec le *Camelli sasanque* (1), l'*Olivier odorant* (2) et le *Jasmin sambac* (3).

Le nombre des *Thés* du commerce est assez considérable, et dans chaque variété il y a souvent plusieurs nuances. La bonté des qualités dépend du pays de l'arbrisseau, de son exposition, de sa culture, de l'âge des *feuilles*, de la durée de leur grillage et de l'art avec lequel on les a préparées. On a divisé les *Thés* en deux groupes : 1° les *Thés verts*, 2° les *Thés noirs*.

Les premiers ont une couleur verte ou grisâtre, plus ou moins glauque ; leur infusion est blonde ; ils ont une saveur aromatique un peu âcre. Les seconds offrent une teinte plus ou moins brune ; leur infusion est plus foncée ; ils sont moins aromatiques, mais plus doux. On obtient les *Thés verts* par une dessiccation rapide, qui ne laisse que peu de prise aux fermentations ou altérations spontanées, et conserve ainsi le plus possible aux *feuilles* leur coloration naturelle. On produit les *Thés noirs* par une dessiccation lente, qui permet

---

(1) *Camellia Sasanqua* Thunb., vulgairement *Sasankwa* (Kœmpf.).
(2) *Olea fragrans* Thunb., vulgairement, en Chine, *Lanhoa.*
(3) *Jasminum Sambac* Ait. (*Nyctanthes Sambac* Linn., *Mogorium Sambac* Lam.)

aux *feuilles* une macération qui modifie leur couleur et affaiblit leurs propriétés.

Il existe, en Chine, des districts à *Thé vert* et des districts à *Thé noir*, distinctions fondées principalement sur les habitudes locales de la fabrication.

Parmi les *Thés verts*, on peut citer :

1° Le *Thé poudre à canon*, à feuilles jeunes, ou bien coupées en trois ou quatre morceaux, roulées finement de manière à ressembler à des grains de poudre. Odeur très agréable.

2° Le *Thé perlé* (1), à feuilles jeunes et minces, roulées d'abord dans le sens de la longueur, puis repliées dans celui de la largeur, ce qui lui donne une forme ramassée un peu globuleuse; d'une teinte brune. Odeur très agréable.

3° Le *Thé Haysswen* (2), à feuilles grandes roulées dans le sens de la longueur, d'une teinte vert sombre bleuâtre. Odeur agréable et saveur astringente. C'est un des meilleurs et un de ceux qu'on emploie le plus généralement en France.

Le *Thé jeune Hyson*, produit par des feuilles très jeunes, rare et d'un haut prix. On l'offre en cadeau aux personnes éminentes de l'empire chinois.

4° Le *Thé Chulan* (3), à feuilles pliées dans le sens de la longueur. Odeur très suave ; il est aromatisé artificiellement.

Parmi les *Thés noirs*, nous avons :

1° Le *Thé Peko* (4), à feuilles très jeunes, recouvertes de duvet. D'une odeur forte et suave.

2° Le *Thé Souchon* (5), à feuilles un peu moins jeunes, lâchement roulées dans le sens de la longueur, d'un brun noirâtre. D'une odeur et d'une saveur faibles.

4° Propriétés et usages. — Le *Thé* fournit une boisson plus ou moins aromatique et plus ou moins astringente. Les plaques de cuivre ne sont pour rien, comme on l'a dit, dans la saveur des *Thés verts*.

Le *Thé* est souvent conseillé comme médicament. Il est très utile surtout aux personnes qui n'en boivent pas habituellement. Ses propriétés sont légèrement stimulantes. Il active la digestion , anime la circulation, favorise les sueurs et provoque les urines; il agit aussi sur le système nerveux et sur les facultés intellectuelles.

On administre le *Thé* en infusion. On mélange souvent, en France,

(1) Ou *impérial*.
(2) Ou *Hiswin*, ou *Hyson*.
(3) Ou *Schulang*, ou *Thréhulan*.
(4) Ou *Pekao*.
(5) Ou *Saoutchon*, ou *Souchong*, ou *Bouy*.

les *Thés verts* et les *Thés noirs*, afin d'éviter l'excitation trop grande produite par les premiers et pour obtenir un arome mixte généralement plus agréable. On ajoute quelquefois, à l'infusion, une liqueur alcoolique, principalement du rhum ou de l'eau-de-vie.

On augmente frauduleusement la teinte verte de certains *Thés* au moyen de l'indigo ou du bleu de Prusse et du jaune de Curcuma (Warington). On colore aussi plusieurs *Thés noirs* avec de la plombagine (Payen).

5° SUCCÉDANÉS DU THÉ. — Parmi les succédanés du *Thé*, je citerai seulement :

1° Le *Camara faux Thé* (1), Verbénacée employée au Brésil, dans la province de Minas-Geraës, dont les feuilles ont une odeur très aromatique.

2° Le *Houx apalachine*, ou *Thé des Apalaches* (2), Ilicinée des lieux humides et ombragés de la Floride, de la Caroline et de la Virginie, dont les feuilles passent pour toniques, diaphorétiques et diurétiques.

3° Le *Maté*, ou *Thé du Paraguay* (3), de la même famille, dont on fait un grand usage dans toute l'Amérique méridionale.

En Europe, on emploie quelquefois, en guise de *Thé*, les feuilles de la *Ronce du Nord* (4), de la *Dryade à huit pétales* (5), du *Cerisier Mahaleb* (6).....

§ II. — Du Tabac.

1° PLANTE. — La *Nicotiane ordinaire* (7) est une plante herbacée, de la famille des Solanées. Elle est originaire de l'Amérique. On la cultive en grand dans diverses parties de la France, particulièrement dans le Bas-Rhin et dans le Lot-et-Garonne.

Histoire. — Lorsque les Espagnols arrivèrent dans le nouveau monde, ils remarquèrent que les Indiens respiraient la fumée de certaines *feuilles*, et que ces mêmes feuilles étaient administrées

---

(1) *Lantana Pseudo-Thea* Saint-Hil., vulgairement *Capitao do matto, cha de pedreste*.

(2) *Ilex vomitoria* Ait.

(3) *Ilex Paraguayensis* Lamb. On lui substitue quelquefois le *Cassine Gonguba* de Martius, qui possède des propriétés analogues.

(4) *Rubus arcticus* Linn.

(5) *Dryas octopetala* Linn. (*Geum chamædrifolium* Crantz).

(6) *Cerasus Mahaleb* Mill. (*Prunus Mahaleb* Linn., *P. odoratus* Lam.), vulgairement *Quénot, Malagué, Arbre de Sainte-Lucie*.

(7) *Nicotiana Tabacum* Linn., vulgairement *Petun, Tabaco, Herbe angoulmoisine, Médicée, Catherinaire, Herbe à la reine, Herbe du grand prieur, Nicotiane. Tabac mâle*.

comme remède. On assure qu'ils observèrent, pour la première fois, la plante d'où provenaient ces *feuilles*, aux environs de *Tabago*, l'une des petites Antilles (1), et lui donnèrent le nom de cette ville, d'où nous avons fait celui de *Tabac*. Il paraît, cependant plus probable, que ce mot vient de *Tabago*, espèce de cigare employé, de temps immémorial, en Amérique, ou de *Tabacco*, sorte de pipe primitive, dont se servaient les habitants de Saint-Domingue.

C'est peu de temps après la découverte de l'Amérique, que le *Tabac* fut introduit en Europe. On le regarda, d'abord, comme un remède. Bientôt s'établit l'usage de le réduire en poudre et de l'introduire dans le nez. Cette bizarre innovation fut regardée d'abord comme dangereuse. En 1604, Jacques Ier, roi d'Angleterre, et, en 1624, le pape Urbain VIII, s'élevèrent avec violence contre la plante américaine, et la défendirent sous des peines très sévères. La même interdiction eut lieu, en Turquie et en Perse ; on alla, dans ces derniers pays, jusqu'à la menace de couper le nez, et même jusqu'à celle de la mort. Malgré ces défenses, le *Tabac* fut toujours regardé comme une source de plaisir, et d'autant plus recherché, qu'on rencontrait plus d'obstacles. On ne se contenta pas de le *priser*, on le fuma et on le mâcha !

C'est vers 1558, qu'un moine, André Thevet, importa en France le « *Tabac, herbe parfum fort salubre pour faire distiller et consumer les humeurs superflues du cerveau, qui fait passer la faim et la soif, et dont les chrestiens établis en Amérique sont devenus merveilleusement frians !* »

Très peu de temps après, en 1560, sous le règne de Henri IV, le *Tabac* fut mis en honneur par Jean Nicot, notre ambassadeur à la cour de Portugal, lequel envoya de Lisbonne, à Marie de Médicis, une certaine quantité de la nouvelle poudre. On l'appela d'abord l'*herbe à l'ambassadeur* et *poudre de la Reine.*

Les botanistes désignèrent la plante américaine sous le nom de *Nicotiane*, en l'honneur de son introducteur.

Peu à peu l'usage du *Tabac* s'est répandu. Le gouvernement y mit un impôt, puis il en prit le monopole, et le revenu de ce monopole s'est élevé graduellement jusqu'à la somme énorme où il est aujourd'hui. En 1787, le tabac rapportait au gouvernement français environ 29 millions ; en 1841, il a donné 100 millions, dont 75 de bénéfice net. En 1847, le produit net a été de 86 millions, et en 1853, de 105.

____

(1) Ou à *Tabaco*, province du royaume du Yucatan, ou bien encore à *Tabasco*, ville de l'ancienne intendance du Mexique.

Description (fig. 52). — Plante annuelle. Tige dressée, haute de 60 centimètres à un mètre et demi, cylindrique, pubescente, ra-

Fig. 52. — *Nicotiane ordinaire.*

meuse. Inflorescence en panicule terminale, pauciflore. Fleurs grandes, d'un blanc jaunâtre, légèrement verdâtres, à limbe rose. Calice urcéolé, persistant, à 5 lobes étroits et acuminés, inégaux. Corolle en entonnoir, à tube deux fois plus long que le calice, évasé au sommet, portant un limbe étalé, presque étoilé, à lobes larges, triangulaires, aigus, offrant un pli longitudinal. Étamines 5, insérées vers le milieu de la hauteur du tube, ne le dépassant pas; offrant des filets subulés, très grêles, un peu refléchis-arqués, velus inférieurement, et des anthères petites, ovoïdes. Ovaire conoïde, aigu, glabre, appliqué contre un disque hypogyne, jaune; style à peu près de la longueur des étamines, cylindrique, très grêle, un peu élargi vers le sommet, glabre, terminé par un stigmate convexe légèrement bilobé. Fruit (*capsule*) étroitement embrassé par le calice, ovoïde, un peu pointu, mince, s'ouvrant par deux valves longitudinales. Graines nombreuses, très petites, irrégulièrement arrondies, rugueuses.

Cette espèce présente 8 variétés principales.

2° FEUILLES. — *Feuilles* alternes, sessiles, amplexicaules et légèrement décurrentes à leur base, qui est pourvue de deux lobes arrondis en forme d'oreillettes, grandes, atteignant 33 centimètres de longueur et même davantage, et 10 à 12 de largeur, ovales ou oblongues-lancéolées, rétrécies à la base, acuminées, entières, pubescentes, visqueuses, vertes, molles.

La récolte des *feuilles* a lieu vers le mois de juillet. On prend d'abord les trois ou quatre inférieures, lorsqu'elles commencent à se pencher vers le sol. Comme ces *feuilles* sont souvent salies par de la terre, elles sont moins bonnes que les autres. On passe ensuite à celles qui viennent immédiatement après, et l'on répète cette opération tous les huit jours.

3° TABAC. — Les *feuilles* sont essuyées et triées. On les enfile et l'on en forme des paquets d'une cinquantaine ou d'une centaine. On suspend ces paquets dans des lieux bien aérés ou dans des espèces de hangars. Les *feuilles* se dessèchent.

On les examine encore une à une, pour en retirer toutes les parties attaquées : c'est là l'*époulardage*.

Puis on les arrose avec une solution aqueuse de sel marin : c'est là le *mouillage*. On le répète plusieurs fois. Dans certains cas, au lieu de sel, on met dans l'eau de la mélasse ou de l'eau-de-vie.

Ensuite on détache et l'on enlève la côte médiane. C'est là l'*écôtage*.

Après cela, on mêle ensemble les diverses qualités de *feuilles*, afin de corriger les plus faibles par les plus fortes. Alors s'opère la séparation du *Tabac à fumer* et du *Tabac à priser*.

1° Le premier est mouillé de nouveau, mais avec de l'eau pure seulement. On le laisse fermenter quelque-temps. Puis, on le hache grossièrement, et on l'expose sur une platine à un feu doux, qui le fait crisper : c'est le *frisage*.

Ainsi préparé, on roule le *Tabac* dans des *feuilles* entières, et on le tord à la mécanique, pour en former une *corde*, laquelle, tordue sur elle-même, produit un *rôle*. Ces cordes sont coupées en lames minces dont on sépare les feuillets. Ce qui donne le *Tabac à fumer ordinaire* ou *Tabac frisé*.

On façonne ce même *Tabac* en petits cylindres atténués à chaque extrémité ; ce qui produit les *Cigares*.

Les *Tabacs* qui brûlent le mieux sont ceux qui contiennent suffisamment de sels de potasse à acides organiques. Ils cessent de l'être, lorsqu'ils n'en renferment qu'une portion très faible (Schlœsing). On peut, du reste, leur en donner artificiellement.

2° Le *Tabac à priser* est mouillé avec de l'eau salée. On le laisse aussi fermenter quelque temps ; puis on coupe les rôles en morceaux d'égale longueur, que l'on place dans des moules cerclés de fer, où ils sont foulés et comprimés. On les retire de ces moules et on les entoure de ficelle très serrée. Il en résulte des *carottes* que l'on râpe de diverses manières pour les réduire en poudre.

Les *feuilles* de *Tabac* contiennent de la *nicotine*, de la *nicotianine*, de l'extractif, de la gomme, de l'albumine, du gluten, de l'amidon, de l'acide malique et quelques sels.

La *nicotine* est un liquide assez fluide, transparent, incolore, anhydre, s'épaississant et devenant jaunâtre, puis brun au contact de l'air. Elle se volatilise à 250 degrés environ, en laissant un résidu charbonneux.

La *nicotianine* est solide. C'est une espèce d'huile volatile, insoluble dans l'eau, mais soluble dans l'alcool et dans l'éther.

4° PROPRIÉTÉS ET USAGES. — Les *feuilles* fraîches du *Tabac* exhalent une odeur vireuse très désagréable. L'odeur de la *nicotine* est âcre ; celle de la *nicotianine* ressemble à l'odeur du tabac. La saveur des *feuilles* est bien connue. Celle de la *nicotine* est brûlante et celle de la *nicotianine* amère.

L'emploi des *Tabacs à priser* et *à fumer* est devenu depuis longtemps un besoin pour presque tous les peuples.

L'action forte et piquante du *Tabac* détermine sur les muqueuses nasale et buccale, et puis sur le système nerveux, des effets agréables, difficiles à décrire, surtout pour les personnes qui en ont la coutume.

On a beaucoup exagéré les vertus du *Tabac* comme médicament. Dans le principe, on le nommait *herbe à tous les maux*.

Le *Tabac* offre des propriétés irritantes, purgatives et narcotiques.

On l'administre frais en fomentation et préparé en fumigations et en lavements. On compose aussi un vin et un sirop de *Tabac*. Ce

FIG. 53. — *Nicotiane rustique.*

médicament doit être employé avec beaucoup de discernement, car il offre des dangers ; à l'extérieur, c'est un remède populaire contre les dartres et la gale.

5° AUTRES ESPÈCES. — La *Nicotiane ordinaire* n'est pas la seule espèce cultivée pour la préparation du *Tabac*. On se sert aussi de la *Nicotiane rustique* (1) (fig 53), et de la *Nicotiane paniculée* (2).

La première a des feuilles ovales, des panicules un peu serrées et des fleurs verdâtres. Elle est parfaitement naturalisée en Europe et très robuste. C'est elle qui fournit la plus grande partie du *Tabac* de la Corse et peut-être l'*Aloutcha* de la Crimée.

La seconde a des feuilles en cœur, des panicules lâches et des fleurs d'un vert jaunâtre ; on la cultive dans l'Orient ; elle est très délicate. Son *Tabac* est extrêmement doux ; on l'estime beaucoup en Turquie.

Parmi les autres *Tabacs*, les principaux sont : 1° l'*auriculé* (3), qui paraît être l'espèce importée du Portugal en France par Nicot ; 2° le *suave* (4), qui fournit très probablement le meilleur tabac de Virginie ; 3° le *Persique* (5), auquel on rapporte le célèbre tabac de Schiraz ; 4° le *quadrivalve* (6), avec lequel se prépare le tabac du Missouri ; 5° le *recourbé* (7), avec lequel on confectionne, à Cuba, les cigares si renommés de la Havane.

§ III. — Feuilles de Belladone.

1° PLANTE. — La *Belladone commune* (8) est une plante de la famille des Solanées. Elle se trouve sur les bords des bois montueux, dans les fossés, au milieu des décombres. Elle est commune autour de Paris.

Description (fig. 54). — Plante vivace, herbacée. Tige haute de 5 à 15 décimètres, dressée, robuste, cylindrique, finement pubescente, un peu glanduleuse supérieurement, dichotome ou trichotome. Fleurs solitaires ou géminées, pédonculées, penchées, assez grandes, d'un brun sale ferrugineux, un peu violacées à l'ouverture. Calice campanulé, un peu velu, persistant, à cinq lobes ovales, acuminés, à pointe un peu réfléchie. Corolle gamopétale, régulière, en forme de cloche, rétrécie et blanchâtre à la base, plissée, à 5 lobes courts et obtus. Étamines 5, insérées à la

(1) *Nicotiana rustica* Linn., vulgairement *Tabac femelle*, *Tabac du Mexique*, *Tabac à feuilles rondes*.

(2) *Nicotiana paniculata* Linn., vulgairement *Tabac du Brésil*, *Tabac de Vérinas*, *Tabac d'âne*.

(3) *Nicotiana auriculata* Bert.

(4) *Nicotiana suaveolens* Lehm.

(5) *Nicotiana Persica* Lindl.

(6) *Nicotiana quadrivalvis* Pursh.

(7) *Nicotiana repanda* Willd.

(8) *Atropa Belladona* Linn., vulgairement *Belle-Dame*.

base de la corolle, plus courtes que cette dernière, à filets subulés, courbés en dedans, un peu velus à la base, terminés par
des anthères petites, cordiformes, s'ouvrant longitudinalement, réfléchies sur le filet après l'émission du pollen. Ovaire ovoïde, très
obtusément 5-lobé, appliqué sur un disque jaunâtre, portant un
style plus long que les étamines, grêle, cylindrique, et un stigmate
légèrement bilobé, papilleux. Fruit (*baie*) entouré à sa base par le
calice étalé en étoile, de la grosseur d'une petite cerise, globuleux,
un peu déprimé, charnu, d'abord vert, puis rouge, enfin d'un noir
luisant, à deux loges. Graines nombreuses, réniformes.

FIG. 54. — *Belladone commune.*

2° FEUILLES. — Les *feuilles* sont alternes, quelquefois géminées,
surtout vers le haut, brièvement pétiolées, amples, ovales, acuminées, très entières, superficiellement sinuées, glabres ou pubescentes, vertes, molles, à nervures un peu pâles.

La *Belladone* contient du malate acide d'*atropine*, de la gomme,
de l'amidon, de la matière colorante, du ligneux et quelques
sels (Brandes).

L'*atropine* cristallise en prismes soyeux, transparents et incolores; vue en masse, elle paraît blanche. Elle fond et se volatilise
un peu au-dessus de 100 degrés; elle se dissout à froid.

3° PROPRIÉTÉS ET USAGES. — Les *feuilles* de la *Belladone* présentent une légère odeur vireuse. L'*atropine* est inodore.

Ces *feuilles* sont très narcotiques ; elles jouissent de la faculté de dilater la pupille. Autrefois elles passaient pour résolutives. On s'en sert dans la coqueluche, la toux convulsive, la scarlatine, les ophthalmies. Anciennement on les conseillait dans les scrofules, dans la syphilis et dans la paralysie. On en faisait des cataplasmes contre les tumeurs cancéreuses et les engorgements glanduleux. On a vu le sulfate d'atropine réussir dans le tétanos.

On administre ces *feuilles* en fumigations, en poudre dans du sucre pulvérisé, en eau distillée, en solution, en huile médicinale, en teinture, en extrait ; avec ce dernier on prépare une pommade et un emplâtre. Elles font partie du *baume tranquille*. L'*atropine* est ordonnée en teinture, en sirop, en pilules, en dragées et en collyres (1).

§ IV. — Feuilles de Jusquiame.

1° PLANTE. — La *Jusquiame noire* (2) est une plante de la famille des Solanées. Elle est très commune en France ; elle croît dans les lieux incultes et sur les bords des chemins.

Description (fig. 55). — Plante annuelle. Racines peu épaisses, blanchâtres. Tige haute de 3 à 8 décimètres, dressée, robuste, cylindrique, couverte de poils longs, mous et visqueux, d'un vert grisâtre, rameuse supérieurement. Inflorescence en grappes spiciformes, courtes, roulées en crosse au sommet. Fleurs unilatérales, presque sessiles, d'un jaune sale, veinées de lignes fines violacées, avec des taches d'un violet foncé dans le fond de la gorge. Calice presque campaniforme, un peu tomenteux, s'accroissant après la floraison, à 5 grosses dents écartées, ovales-lancéolées, mucronées, veinées-réticulées. Corolle en entonnoir, à tube court, cylindrique, étroit, un peu plissé longitudinalement, et à limbe oblique, composé de 5 lobes inégaux, très obtus ; le supérieur, le plus grand, légèrement émarginé. Étamines 5, déclinées ; filets un peu velus ; anthères oblongues, violettes. Ovaire petit, presque globuleux, glabre. Style long, violacé. Stigmate capitulé. Fruit (*capsule*) enveloppé par le calice qui le dépasse, oblong, un peu ventru à la base, creusé d'un sillon de chaque côté, à 2 loges, s'ouvrant transversalement par un opercule supérieur, comme une boîte à savonnette

(1) Voy. le chapitre des FRUITS.
(2) *Hyoscyamus niger* Linn., vulgairement *Jusquiame commune*, *Hanebane potelée. Careillade.*

(*pyxide*). Graines nombreuses, presque réniformes, comprimées, réticulées-ponctuées, grisâtres.

2° FEUILLES. — Les *feuilles* sont alternes, éparses et quelquefois opposées, sessiles, amplexicaules, grandes, ovales, aiguës, profondément sinueuses, anguleuses, pubescentes, visqueuses, d'un vert sombre, molles. Ces *feuilles* sont quelquefois presque pinnatifides et à lobes triangulaires-lancéolés, inégaux. Les radicales offrent un pétiole plus ou moins développé.

La *Jusquiame* contient de l'*hyoscyamine*, de la résine, du mucilage, de l'extractif et de l'acide malique (Brandes).

L'*hyoscyamine* ressemble à l'atropine, seulement elle s'obtient avec plus de difficulté. Elle cristallise en aiguilles soyeuses ; elle se

FIG. 55. — *Jusquiame noire*.

volatilise en donnant un peu d'ammoniaque ; elle est plus soluble dans l'eau.

3° PROPRIÉTÉS ET USAGES. — Odeur vireuse et désagréable.

Ces *feuilles* sont narcotiques. On les conseille contre les affections du système nerveux. Leur action toxique passe pour beaucoup moins puissante que celle de la Belladone et de la Pomme épineuse.

On les administre en fumigations, en poudre, en suc, en infusion, en extrait, en huile médicinale, en teinture, en sirop, en pommade et en emplâtre. Elles entrent dans les *pilules de Méglin*.

4° OBSERVATION. — On employait anciennement les racines et les graines de la *Jusquiame* ; on ne s'en sert plus depuis longtemps.

5° AUTRES ESPÈCES. — On trouve aussi, en France, deux autres espèces de *Jusquiames*, à feuilles pétiolées, la *blanche* (1) et la *dorée* (2), qui jouissent des mêmes propriétés. La première est la plus commune. On peut employer l'une et l'autre à la place de la *Jusquiame noire*.

La *Jusquiame blanche* a des feuilles obtuses et sinuées, et des fleurs sans taches. La *Jusquiame dorée* a des feuilles aiguës et dentées, et des fleurs striées de violet.

§ V. — Feuilles de Pomme épineuse.

1° PLANTE. — La *Pomme épineuse* appartient à la famille des Solanées. On l'appelle *Stramoine pomme épineuse* (3). Cette plante est commune autour des habitations et dans les lieux arides; on la cultive très facilement.

Description. — Plante annuelle. Tige herbacée, haute de 1 mètre à 1 mètre 1/2, cylindrique, un peu pubescente supérieurement, très rameuse, dichotome. Fleurs extra-axillaires, solitaires, brièvement pédonculées, dressées, très grandes, blanches ou violacées. Calice tubuleux, caduc, un peu renflé inférieurement, à 5 côtes très saillantes, aboutissant à 5 dents inégales et aiguës. Corolle dépassant le calice, infundibuliforme, à tube anguleux; à limbe évasé, plissé longitudinalement, terminé par 5 lobes très acuminés. Étamines incluses, insérées vers le haut du tube corollin. Ovaire presque pyramidal, couvert de petits poils, quadriloculaire, surmonté d'un style cylindrique, glabre, portant un stigmate en fer à cheval marqué d'un léger sillon, glanduleux. Fruit (*capsule*) offrant à sa partie inférieure les restes du calice, haut de 4 à 5 centimètres, ovoïde, presque pyramidal, hérissé de piquants très aigus, pubescent, à 4 valves et 4 loges incomplètes communiquant entre elles deux à deux, s'ouvrant de haut en bas.

2° FEUILLES. — Elles sont pétiolées, grandes, ovales, aiguës, anguleuses, sinuées et légèrement pubescentes.

Ces *feuilles* fraîches contiennent un alcali végétal appelé *daturine* (Brandes), de l'extractif gommeux, de la fécule, de l'albumine, de la résine, du ligneux et quelques sels (Prommitz).

La *daturine* est en cristaux blancs, un peu volatils et solubles dans 280 parties d'eau froide et 72 d'eau chaude. Elle se comporte avec les alcalis comme l'atropine.

(1) *Hyoscyamus albus* Linn.
(2) *Hyoscyamus aureus* Linn.
(3) *Datura Stramonium* Linn., vulgairement *Herbe aux sorciers, Endormie, Stramoine, Pommette épineuse*.

3° PROPRIÉTÉS ET USAGES. — Les *feuilles* de la *Pomme épineuse* ont une odeur vireuse et nauséabonde, surtout quand on les froisse. Saveur âcre et amère. Elles perdent une grande partie de leur odeur et presque leur saveur en se séchant. La *daturine* est amère, puis âcre.

On a vanté ces *feuilles* contre la coqueluche, le rhumatisme, les névralgies, l'asthme.

On les administre en cigares, en poudre, en suc, en infusion et en extrait (1).

§ VI — Feuilles de Digitale.

1° PLANTE. — La *Digitale pourprée* (2) est une plante de la famille des Scrofularinées. Elle est commune en France, dans les bois montueux. On la cultive dans les parterres.

Description. — Plante vivace. Tige haute de 5 à 10 décimètres, dressée, robuste, cylindrique, très pubescente, ordinairement simple. Inflorescence en long épi terminal. Bractées ovales et aiguës. Fleurs en grappes terminales, unilatérales, pendantes, pédonculées, grandes, d'un rouge pourpre assez vif. Calice persistant, velu, à 5 lobes profondément distincts, ovales ou oblongs, pointus à nervures presque parallèles. Corolle très grande, gamopétale, irrégulièrement campaniforme, très étroite à la base, à 5 lobes courts, inégaux, obtus, dont un extérieur beaucoup plus grand. Ces lobes portent de petits poils sur les bords ; le grand lobe présente en dedans des points noirâtres, garnis de longs poils mous. Étamines 4, plus courtes que la corolle, inégales, à filets arqués ou coudés, offrant des anthères didymes. Ovaire oblong, velu ; style de la longueur des grandes étamines ; stigmate bifide. Fruit (capsule) dépassant peu le calice, ovoïde, acuminé, presque tomenteux, s'ouvrant par deux valves. Graines nombreuses, très petites, anguleuses, brunes.

2° FEUILLES. — Les *feuilles* radicales sont alternes, disposées en touffe, assez longuement pétiolées, ovales ou ovales-lancéolées, plus ou moins obtuses, à bords crénelés, un peu onduleuses, pubescentes, fortement ridées et verdâtres en dessus, cotonneuses et blanchâtres en dessous ; les caulinaires sont oblongues et pointues ; celles du haut deviennent sessiles. Les nervures paraissent très saillantes à la face inférieure.

Les *feuilles de la Digitale* contiennent : de la *digitaline*, de la

(1) Voyez le chapitre des GRAINES.
(2) *Digitalis purpurea* Linn., vulgairement *Gants de Notre-Dame*, *Gantelée*.

digitalose, du *digitalin*, de la *digitalide*, de l'acide digitalique, de l'acide antirrhinique, de l'acide digitaléique, de l'acide tannique, de l'amidon, du sucre, de la pectine, une matière azotée albuminoïde, une matière colorante rouge orange cristallisable, de la chlorophylle, une huile volatile, du ligneux (Homolle et Quevenne).

Les quatre principes d'abord signalés sont des substances neutres. La *digitaline* est en fragments d'un jaune pâle ; elle brûle sans résidu ; elle est fort peu soluble dans l'eau, mais très soluble dans l'alcool.

3° PROPRIÉTÉS ET USAGES. — Ces *feuilles* ont une saveur âcre, amère et désagréable. La *digitaline* présente une odeur particulière qui provoque de violents éternuments. Elle possède une amertume intense.

Les *feuilles* de la *Digitale* sont purgatives et même émétiques. A faible dose, elles favorisent la sécrétion des glandes salivaires, resserrent la gorge et donnent du malaise à l'estomac. Elles ralentissent les mouvements du cœur. A dose un peu élevée, elles déterminent une excitation générale et augmentent la production de l'urine. A dose très forte, elles agissent comme les poisons narcotico-âcres.

On les administre en poudre, en granules, en extrait aqueux, en tisane, en vinaigre, en teinture alcoolique, en sirop, en lavements. On en compose une pommade, un emplâtre. On emploie la *digitaline* en pilules, en granules, en potion, en sirop et en pommade.

4° AUTRE ESPÈCE. — Nous avons, en France, une autre espèce à fleurs plus petites et jaunâtres, qui présente les mêmes propriétés: c'est la *Digitale parviflore* (1).

§ VII. — Feuilles de Mauves.

1° PLANTES. — Les *Mauves* appartiennent au genre *Malva* et à la famille des Malvacées ; elles sont très communes en France, le long des haies et des chemins et dans les bois.

Le genre *Mauve* est caractérisé : par un calicule à 3 petites folioles libres et étroites, presque égales ; par un calice gamosépale à 5 sépales; par une corolle à pétales subcordiformes, échancrés au sommet ; par des étamines nombreuses, à filets soudés en colonne, et par un fruit déprimé, composé de carpelles nombreux, capsulaires, indéhiscents, monospermes, réunis en cercle autour du prolongement de l'axe.

____

(1) *Digitalis lutea* Linn. (*D. parviflora* Lam.).

On emploie indistinctement les feuilles de la *Mauve sauvage* (1) et de la *Mauve à feuilles rondes* (2).

La première (fig. 56) présente une corolle purpurine, au moins trois fois plus longue que le calice, et des carpelles fortement réti-

Fig. 56. — *Mauve sauvage.*

culés. La seconde a une corolle d'un rose lilas pâle, deux fois plus longue que le calice, et des carpelles non réticulés.

2° FEUILLES. — Les *feuilles* des deux *Mauves* dont il vient d'être

(1) *Malva sylvestris* Linn., vulgairement la *grande Mauve*, la *Mauve sauvage*.
(2) *Malva rotundifolia* Linn., vulgairement la *petite Mauve*.

question sont alternes, très longuement pétiolées, arrondies, sub-
réniformes ou profondément cordées à la base, à 5 ou 7 lobes obtus
et crénelés ou dentés. Dans la première espèce, elles sont ordinairement tachées de noir inférieurement, et les supérieures offrent de
3 à 5 lobes profonds, étroits et plus ou moins aigus. Dans la seconde, elles n'offrent pas de taches, et toutes sont 5 ou 7 lobées.
Dans les deux espèces, les *feuilles* présentent 2 stipules sessiles,
ovales, aiguës, et presque entières, ciliées ou velues.

3° PROPRIÉTÉS ET USAGES. — Ces feuilles sont adoucissantes. On
les ordonne dans les inflammations des organes respiratoires.

On les administre en infusion (1).

§ VIII. — Feuilles de Mélisse.

1° PLANTE. — La *Mélisse officinale* (2) est une plante de la famille
des Labiées, assez commune dans les provinces méridionales de la
France.

Description (fig. 57). — Tige dressée, haute de 6 à 8 décimètres, poilue à ses nœuds à la partie supérieure, plus ou moins
rameuse. Fleurs verticillées, tournées du même côté, brièvement
pédonculées, blanches ; glomérules espacés, longuement dépassés
par les feuilles. Calice assez ample, tubuleux, évasé, composé de
deux lèvres : la supérieure tronquée, à 3 dents courtes ; l'inférieure
à 2, lancéolées, terminées par une pointe presque épineuse. Corolle
bilabiée. Tube grêle, un peu plus long que le calice, cylindrique,
arqué-ascendant. Limbe dilaté ; lèvre inférieure à 3 lobes : l'inférieur grand, cordiforme, émarginé, les deux latéraux petits, ovales
et obtus ; la supérieure redressée, en forme de voûte, échancrée.
Étamines sous la lèvre supérieure, plus ou moins conniventes ; les
inférieures les plus longues ; anthères à connectif étroit, à lobes
divergents, s'étalant horizontalement et confluents après l'émission
du pollen. Fruits au fond du calice.

2° FEUILLES. — Les *feuilles* sont opposées, longuement pétiolées,
ovales ou légèrement cordiformes, un peu aiguës, grossièrement et
régulièrement crénelées, rugueuses, luisantes et d'un vert foncé en
dessus, à nervures très saillantes et pâles en dessous.

On les recueille avant la floraison.

3° PROPRIÉTÉS ET USAGES. — Ces *feuilles* ont une odeur de citron
assez pénétrante et assez agréable, et une saveur amère, aromatique, un peu âcre.

(1) Voy. le chapitre des FLEURS.
(2) *Melissa officinalis* Linn., vulgairement *Citronnelle*.

Elles sont excitantes, cordiales, sudorifiques et antispasmo-diques.

FIG. 57. — *Mélisse officinale.*

On les administre en infusion et en eau distillée. Elles entrent dans la composition de l'eau spiritueuse, connue sous le nom d'eau des *Carmes* (*alcoolat de Mélisse composé*).

4° AUTRES LABIÉES. — Des vertus analogues nous sont offertes par d'autres plantes de la même famille, dans lesquelles domine aussi le principe aromatique. Tels sont la *Menthe* (1), la *Sauge* (2), la *Lavande* (3), l'*Origan* (4), le *Romarin*, (5), le *Thym* (6), le *Serpolet* (7).....

Dans d'autres Labiées, le principe aromatique se trouve, au contraire, très faible, tandis que le principe amer est plus abondant; alors les propriétés changent, et les plantes deviennent des médicaments simplement toniques, dont l'action plus lente, moins intense, mais plus durable, se concentre sur l'estomac (A. Rich). Tels sont l'*Ivette* (8), le *Petit-Chêne* (9), le *Scordium* (10).....

§ IX. — Feuilles d'Oranger.

1° PLANTE. — L'*Oranger ordinaire* (11) appartient à la famille des Aurantiacées. Il est originaire de la Chine et cultivé aujourd'hui à Malte, dans le Portugal, aux îles Baléares et dans le midi de l'Italie et de la France.

Description. — Arbre de médiocre grandeur. Tronc cylindrique, lisse, ramifié, revêtu d'une écorce d'un brun verdâtre, à bois compacte, blanc et légèrement odorant. Rameaux étalés et chargés d'aiguillons. Inflorescence en bouquets pauciflores à l'extrémité des rameaux. Fleurs grandes, blanches, d'une odeur suave. Calice très court, à 5 dents larges et aiguës. Corolle presque campanulée, à 5 pétales sessiles, allongés, elliptiques, obtus, un peu épais et légèrement charnus, offrant un grand nombre de glandes vésiculaires transparentes. Étamines dressées, environ 20, moitié plus courtes que la corolle, rapprochées les unes des autres, à filets comprimés, souvent soudés par 2 ou 3 et produisant comme un tube ; anthères cordiformes. Disque hypogyne, formant un bourrelet. Ovaire ovoïde,

(1) *Mentha piperita* Linn. (voy. p. 112).
(2) *Salvia officinalis* Linn. (voy. p. 114).
(3) *Lavandula Stœchas* Linn.
(4) *Origanum vulgare* Linn.
(5) *Rosmarinus officinalis* Linn.
(6) *Thymus vulgaris* Linn.
(7) *Thymus Serpyllum* Linn.
(8) *Ajuga Chamæpitys* Schreb. (*Teucrium Chamæpitys* Linn., vulgairement *Germandrée ivette, Bugle faux Pin, Calapito.*
(9) *Teucrium Chamædrys* Linn. (*T. officinale* Lam., *Chamædrys officinalis* Mœnch), vulgairement *Germandrée officinale.*
(10) *Teucrium Scordium* Linn. (*T. palustre* Lam., *Chamædrys Scordium* Mœnch), vulgairement *Germandrée aquatique, Chamarsas.*
(11) *Citrus Aurantium* Linn., vulgairement *Citronnier oranger.*

presque globuleux, à 8, 9 ou 10 loges, portant un style cylindrique, épais, terminé par un stigmate capitulé, globuleux, un peu concave au sommet. Fruit arrondi, un peu déprimé, à pulpe parfumée, douce, sucrée, plus ou moins acidule.

2° FEUILLES. — Les *feuilles* sont alternes, unifoliolées, pétiolées, articulées sur le pétiole, ovales, un peu acuminées, entières, glabres, luisantes des deux côtés, un peu épaisses, coriaces. Elles offrent, lorsqu'on les examine devant la lumière, de petits points transparents, semblables à des trous, qui sont autant de vésicules remplies d'une huile essentielle d'une odeur très agréable. Leur pétiole est long, ailé sur les bords, ce qui le fait paraître étroitement obcordé.

3° PROPRIÉTÉS ET USAGES. — Antispasmodiques et légèrement diaphorétiques.

On les administre fraîches ou sèches, en infusion, et plus rarement en poudre. On les associe souvent au tilleul (1).

§ X. — Feuilles de Cochléaria.

1° PLANTE. — Le *Cochléaria officinal* (2) est une plante herbacée, de la famille des Crucifères. Il croît dans les endroits humides, sur les bords de la mer. On le cultive dans beaucoup d'endroits.

Description. — Racine allongée, fusiforme, simple. Tige haute de 2 à 3 décimètres, cylindrique, glabre, verte, tendre, rameuse dès la base. Inflorescence en épis corymbiformes. Fleurs pédonculées, blanches. Calice à 4 sépales un peu ouverts, obtus, concaves, non gibbeux. Corolle à 4 pétales étalés, moitié plus grands que les sépales, arrondis, obtus, entiers, brusquement et longuement onguiculés. Étamines sans appendices. Style court. Fruit court (*silicule*), presque globuleux, entier au sommet et terminé par le style persistant, à 2 valves épaisses et bossues, légèrement carénées, à 2 loges contenant une ou deux graines comprimées, non bordées.

2° FEUILLES. — Les *feuilles* sont alternes : les radicales nombreuses, longuement pétiolées, ovales ou arrondies en cœur à la base, très obtuses, entières, lisses, luisantes, d'un vert foncé, un peu concaves ou en cuiller ; les caulinaires sessiles, oblongues, prolongées inférieurement en deux petites languettes, sinuées et anguleuses ; les supérieures embrassantes.

3° PROPRIÉTÉS ET USAGES. — Saveur âcre, légèrement amère. — Propriétés antiscorbutiques et stimulantes.

(1) Voy. les chap. des FRUITS et des ESSENCES.
(2) *Cochlearia officinalis* Linn., vulgairement *Herbe aux cuillers*, *Cranson officinal*.

On mange ces feuilles. On en extrait le suc. On en prépare une eau distillée, un alcoolat, un apozème, un sirop.

Elles font partie du vin, de la bière, et du sirop antiscorbutiques.

4° AUTRES CRUCIFÈRES. — Toutes les Crucifères présentent les mêmes propriétés, mais à des degrés différents.

Je citerai parmi celles qu'on emploie :

1° Le *Cresson de fontaine* (1), 2° le *Vélar de Sainte-Barbe* (2), 3° l'*Alliaire* (3), 4° le *Cresson alénois* (4), 5° la *Passerage à feuilles larges* (5), 6° la *Passerage ibéride* (6), 7° le *Tabouret des décombres* (7), 8° la *Cardamine des prés* (8), 9° la *Roquette cultivée* (9).

J'ai fait plusieurs fois préparer un sirop antiscorbutique excellent, en remplaçant le cochléaria, le cresson, le ményanthe et le raifort indiqués par le Codex, par les feuilles de la *Diplotaxe des murs* (10).

§ XI. — Feuilles de Ciguë.

1° PLANTE. — La *Ciguë maculée* (11) est une plante de la famille des Ombellifères ; on la rencontre communément dans toute la France, dans les endroits incultes et pierreux.

Description (fig. 58). — Plante bisannuelle. Racine pivotante, fusiforme, blanche. Tige haute de 8 à 12 décimètres, dressée, robuste, cylindrique, un peu striée, glabre, verte, avec des taches d'un pourpre foncé, très fistuleuse, rameuse supérieurement. Inflorescence en ombelles terminales, composées de 10 à 12 rayons. Involucre de 4 à 5 petites bractées lancéolées, acuminées, réfléchies sur le pédoncule. Involucelles de 3 bractéoles, ovales, aiguës, étalées et tournées du côté opposé à l'axe de l'inflorescence. Fleurs

<hr>

(1) *Nasturtium officinale* R. Brown (*Sisymbrium Nasturtium* Linn., *Cardamine fontana* Lam., *Cardaminum Nasturtium* Mœnch).

(2) *Erysimum Barbarea* Linn., vulgairement *Herbe au charpentier, Roudotte, Barbarée, Herbe de Sainte-Barbe.*

(3) *Alliaria officinalis* DC. (*Erysimum Alliaria* Linn., *Hesperis Alliaria* Lam.).

(4) *Lepidium sativum* Linn. (*Thlaspi sativum* Desf.), vulgairement *Cresson des jardins, Passerage cresson, Nasitort.*

(5) *Lepidium latifolium* Linn.

(6) *Lepidium Iberis* Linn. (*L. gramineum* Lam.), vulgairement *Petite Passerage, Chasserage, Nasitort sauvage.*

(7) *Thlaspi ruderale* All. (*Lepidium ruderale* Linn., *Iberis ruderalis* Crantz, *Nasturtium ruderale* Scop., *Thlaspi tenuifolium* Lam.).

(8) *Cardamine pratensis* Linn., vulgairement *Cresson des prés.*

(9) *Eruca sativa* Lam., (*Brassica Eruca* Linn.).

(10) *Diplotaxis muralis* DC. (*Sisymbrium murale* Linn.).

(11) *Conium maculatum* Linn., vulgairement *Grande ciguë, Ciguë tachée.*

petites, blanches. Calice à limbe presque nul. Pétales étalés, sessiles, obcordiformes, un peu inégaux. Étamines à peine plus longues que les pétales, portant des anthères assez grosses, blanchâtres. Fruit ovoïde, comprimé, presque didyme, marqué sur chaque carpelle de 5 côtes primaires saillantes et ondulées.

FIG. 58. — *Ciguë maculée.*

2° FEUILLES. — Les *feuilles* sont alternes, très grandes, tripinnées, à folioles allongées, pointues, profondément dentées, un peu luisantes, d'un vert sombre ; les inférieures sont pinnatifides et presque pinnées, glabres, quelquefois maculées.

La poudre préparée avec ces *feuilles* est d'un gris un peu verdâtre.

Ces *feuilles* contiennent un alcaloïde très actif, désigné sous le nom de *conicine* (1) (Berz.). C'est un liquide huileux, plus léger que l'eau, jaunâtre. Il est très altérable à l'air et se colore en brun en passant par les nuances les plus belles et les plus variées ; il se dissout entièrement dans l'alcool et dans l'éther.

3° PROPRIÉTÉS ET USAGES. — Odeur herbacée, vireuse et fétide, qui augmente quand on froisse les *feuilles* entre les doigts. La *conicine* offre une odeur forte et pénétrante, qui rappelle à la fois celles de la *Ciguë*, du tabac et de la souris. Sa saveur est très âcre et corrosive.

On conseillait anciennement la *Ciguë* contre les affections cancéreuses, le rhumatisme et même la goutte. On s'en sert aujourd'hui dans les engorgements des viscères abdominaux, dans les scrofules, dans la coqueluche, et surtout dans les affections nerveuses. La *conicine* a été vantée contre la coqueluche.

On administre la *Ciguë* en poudre, en teinture, en extrait, en huile médicinale. On en prépare aussi un emplâtre, un cataplasme et une pommade ; on compose encore un baume de conicine (2).

4° OMBELLIFÈRES ANALOGUES. — Il existe deux Ombellifères très voisines de la *Ciguë maculée*, qui jouissent des mêmes propriétés : ce sont la *petite Ciguë* (3) et la *Ciguë vireuse* (4).

Dans la *Ciguë maculée*, la graine est creusée à sa face commissurale d'un canal ou sillon profond dans lequel s'enfonce le péricarpe ; dans les deux autres espèces, la graine est plane ou convexe à la même face. La *petite Ciguë* offre un limbe calicinal presque nul ; son fruit donne une coupe horizontale à peu près orbiculaire, et ses carpelles ont 5 côtes saillantes carénées. La *Ciguë vireuse* présente un limbe calicinal à dents larges et membraneuses ; son fruit donne une coupe oblongue, et ses carpelles ont des côtes aplanies.

§ XII. — Feuilles de Laurier-cerise.

1° PLANTE. — Le *Laurier-cerise* (5) appartient à la famille des Amygdalées ; il est originaire de la mer Noire ; on le cultive en France.

(1) *Conin*, Brandes ; *cicutine*, Geiger et Giesecke ; *conéine* de quelques chimistes.
(2) Voy. le chap. des FRUITS.
(3) *Æthusa Cynapium* Linn., vulgairement *Ciguë des jardins, faux Persil, Persil des fous.*
(4) *Cicutaria aquatica* Lam. (*Cicuta virosa* Linn.), vulgairement *Cicutaire aquatique, Ciguë des marais.*
(5) *Cerasus Lauro-cerasus* Lois. (*Prunus Lauro-cerasus* Linn.), vulgairement *Laurier-amande, Laurier à lait, Laurine.*

Description (fig. 59). — Arbrisseau non épineux. Branches étalées, d'un brun cendré. Inflorescence axillaire, en grappes lâches. Fleurs pédicellées, d'un blanc sale, d'une odeur d'amandes amères. Calice urcéolé. Style plus long que la corolle. Fruit (*drupe*) de médiocre grosseur, ovoïde, terminé par le style persistant, pourvu d'un sillon longitudinal, à peine marqué, qui le divise en deux

FIG. 59. — *Laurier-cerise.*

parties, glabre, d'un pourpre noir, succulent; noyau presque globuleux, très lisse.

2° FEUILLES.—Persistantes, alternes, brièvement pétiolées, ovales, lancéolées, acuminées, denticulées sur les bords, glabres, luisantes, d'un vert pâle, coriaces. Les denticules sont couchées et très écartées, surtout vers la base ; le bord est un peu réfléchi en dessous.

Vers la base de ces feuilles, inférieurement, le long de l'axe, on observe deux ou plusieurs glandules ovoïdes, enfoncées, lubrifiées d'une humeur particulière.

Ces *feuilles* fournissent à la distillation une huile volatile vénéneuse. La quantité d'essence qu'on en retire varie aux différentes époques de l'année. On s'est assuré qu'au printemps elles n'en donnent presque pas (Garot), et qu'elles en produisaient le maximum au mois de juin (Soubeiran).

3° PROPRIÉTÉS ET USAGES. — Les *feuilles* de *Laurier-cerise* exhalent, par le froissement, une odeur d'amandes amères. Elles sont souvent employées pour donner du goût au lait et aux crèmes; mais il faut s'en méfier.

On les a conseillées dans les affections nerveuses, dans les catarrhes pulmonaires chroniques, dans les brûlures et contre le cancer. C'est un antispasmodique efficace et agréable : mais ce remède est dangereux, et l'on doit l'employer avec prudence.

On les administre en eau distillée, en infusion, en teinture, en cérat et en pommade.

§ XIII. — Feuilles de Chicorée.

1° PLANTE. — La *Chicorée sauvage* (1) est une plante herbacée indigène, de la famille des Composées, tribu des Chicoracées; elle croît sur les bords des chemins.

Description. — Tige haute de 5 à 12 décimètres, dressée, ferme, cylindrique, anguleuse, pubescente, rude inférieurement, à branches étalées peu feuillées, presque nues. Capitules presque axillaires, sessiles, grands, les inférieurs longuement pédonculés, à pédoncule renflé. Bractées sur deux rangs ; les extérieures courtes, dressées, ovales ou lancéolées, ciliées, offrant à la base un épaississement induré, blanchâtre ; les intérieures soudées à la base, étalées, réfléchies à la maturité. Fleurs (*demi-fleurons*) bleues. Réceptacle dépourvu de paillettes. Fruits (*achaines*) tétragones, comprimés, surmontés d'une aigrette très courte, composée de soies nombreuses disposées sur deux rangs, paléiformes, obtuses, membraneuses.

2° FEUILLES.—Sinuées, dentées, un peu velues sur les nervures. Les inférieures oblongues, profondément découpées, avec un lobe terminal élargi et presque triangulaire ; les supérieures sessiles, lancéolées.

Ces *feuilles* contiennent de l'extractif, de la chlorophylle, de l'albumine, du sucre, du nitrate de potasse et d'autres sels.

____

(1) *Cichorium Intybus* Linn.

3° Propriétés et usages. — Odeur nulle. Saveur amère assez agréable.

Ces *feuilles* sont légèrement toniques. On leur attribue mal à propos des propriétés apéritives et fondantes.

On les administre en tisane, en sirop et en extrait. On en retire un suc qu'on mêle à celui de plusieurs autres plantes.

§ XIV. — Feuilles de Capillaires.

Les *feuilles* des *Capillaires* sont des expansions, simples ou lobées, souvent composées, qui diffèrent des véritables feuilles en ce qu'elles portent les fructifications. Quelques auteurs les désignent, à cause de cette circonstance, sous le nom de *frondes*.

Les graines des *Fougères* (*spores*) sont fort petites et enfermées dans des capsules (*sporanges*) disposées en paquets (*sores*), nus ou munis d'une membrane (*indusium*).

Les *feuilles* des *Fougères* contiennent généralement du mucilage, un principe légèrement astringent et une matière aromatique.

1° Plantes. — Les *Fougères* principalement employées en médecine appartiennent au genre *Capillaire* (*Adiantum*).

Ces plantes présentent des capsules réunies en petites lignes, interrompues sur les bords des *feuilles* et recouvertes par un tégument qui s'ouvre de dedans en dehors, formé par le bord de la lame foliacée replié en dessous.

Les *feuilles* des *Capillaires* ont une odeur agréable et une saveur douce, un peu styptique.

On les regarde comme pectorales, adoucissantes et apéritives.

On les administre en sirop (1). Elles entrent dans la composition de l'*élixir de Garus*.

Les thérapeutistes en indiquent trois espèces : 1° le *Capillaire du Canada*, 2° le *Capillaire de Montpellier*, 3° le *Capillaire du Mexique*. Voici leurs caractères abrégés :

	pédalée.	1° *Capillaire du Canada*.
Feuille	composée	2° *Capillaire de Montpellier*.
	surcomposée. . .	3° *Capillaire du Mexique*.

1° Le *Capillaire du Canada* (2) se trouve au Canada et dans la Virginie. Cette espèce est une des plus élégantes. Feuilles hautes

(1) Officin., *sirupus Capillaris*.
(2) *Adiantum pedatum* Linn., *Adiante du Canada* Lam.

de 30 à 40 centimètres. Pétiole délié, lisse, d'un brun rougeâtre
très foncé, offrant au sommet deux branches qui portent 5 ou 6 rameaux presque capillaires du côté intérieur ; l'ensemble de ces
branches est disposé en éventail ou pédalé. Folioles un peu cunéi-

Fig. 60. — *Capillaire de Montpellier*.

formes, à bord supérieur arqué et incisé par de grandes crénelures.

Comme ce *Capillaire* n'est pas commun, on le remplace souvent,
dans le commerce, par l'*Adiante trapéziforme*, qui vient du Mexique
et de l'Amérique méridionale (1).

(1) *Adiantum trapeziforme* Linn.

2° Le *Capillaire de Montpellier* (1) (fig. 60) se trouve dans les lieux pierreux et humides de l'Europe méridionale. Feuilles hautes de 15 à 20 centimètres. Pétiole très grêle, lisse, luisant, d'un rouge noirâtre, divisé en branches alternes courtes, capillaires. Folioles cunéiformes, à bord supérieur arqué et découpé plus ou moins profondément.

Cette espèce est moins odorante que la précédente et que la suivante.

3° Le *Capillaire du Mexique* (2) se trouve dans l'Amérique méridionale. Feuilles hautes de 30 à 50 centimètres. Pétiole très lisse, luisant, noir, très ramifié dans sa partie supérieure. Foliole en trapèze ou un peu en losange, à bord supérieur légèrement incisé ou crénelé. Ces folioles se détachent très facilement.

2° DE QUELQUES FOUGÈRES MOINS EMPLOYÉES :

1° Le *Cétérach des boutiques* (3). — Indigène. — Pectoral et un peu astringent. Proposé contre les calculs.

2° La *Doradille noire* (4). — Indigène. — Pectorale et un peu apéritive.

3° La *Doradille des murs* (5). — Indigène. — Très pectorale et apéritive.

4° La *Doradille polytric* (6). — Indigène. — Apéritive et béchique.

5° La *Scolopendre officinale* (7). — Indigène. — Employée comme astringente dans les diarrhées et les hémorrhagies. Elle entre dans le *sirop de Rhubarbe composé* et dans les *électuaires lénitif* et *catholicum*.

§ XV. — Des Feuilles peu employées.

Je me bornerai à énumérer les principales *feuilles* rarement employées en médecine. La plupart sont indigènes.

(1) *Adiantum capillus-Veneris* Linn. (*A. coriandrifolium* Lam.), vulgairement *Herba capillorum Veneris, Cheveux de Vénus, Capillaire.*

(2) *Adiantum trapeziforme* Linn., *Adiante à feuilles en trapèze* Lam.

(3) *Ceterach officinarum* DC. (*Asplenium Ceterach* Linn.), vulgairement *Daurade, Doradille, Cétérach.*

(4) *Asplenium Adiantum nigrum* Linn. (*A. nigrum* Lam.), vulgairement *Capillaire noir, Capillaire commun.*

(5) *Asplenium Ruta muraria* Linn. (*A. murorum* Lam., *Phyllitis Ruta muraria* Mœnch), vulgairement *Rue des murailles, Sauve-vie.*

(6) *Asplenium Trichomanes* Linn. (*Phyllitis rotundifolia* Mœnch), vulgairement *Polytric des officines.*

(7) *Scolopendrium officinale* Smith (*Asplenium Scolopendrium* Linn.), vulgairement *Langue-de-cerf, Scolopendre.*

1° FEUILLES D'ACONIT (1), Renonculacée herbacée. — Elles contiennent un principe immédiat, l'*aconitine* (Hess), qui cristallise en grains blancs. — Conseillées dans la paralysie, l'épilepsie, le rhumatisme, les fièvres intermittentes... — Administrées en poudre, en sirop, en teinture éthérée et en teinture alcoolique (2).

On prépare avec l'*aconitine* une embrocation, un liniment et des pilules (Tornbull).

Les *Aconit tue-loup* (3) et *anthora* (4) possèdent les mêmes propriétés.

2° FEUILLES D'AIGREMOINE (5), Rosacée herbacée.—Astringentes. — Conseillées dans les inflammations de la bouche et de la gorge, dans la diarrhée. — Administrées en décoction.

3° FEUILLES D'ALCHEMILLE (6), Rosacée herbacée. — Regardées comme un tonique léger.

4° FEUILLES D'ANCOLIE (7), Renonculacée herbacée. — Diurétiques et apéritives.

5° FEUILLES D'ANÉMONE PULSATILLE (8), Renonculacée herbacée. — Conseillées contre la goutte sereine et dans les dartres.—Administrées en eau distillée, en extrait, en alcoolature et en sirop. Elles entrent dans les pilules antiamaurotiques.

Les *Anémones des bois* (9) et *des prés* (10) présentent les mêmes propriétés.

6° FEUILLES DE BARBON ODORANT (11), Graminée herbacée, de l'Inde et de l'Arabie. — Odeur douce, aromatique, rappelant celle de la rose. Saveur piquante. — Incisives, atténuantes, détersives. — Administrées en poudre et en infusion.

Le *Barbon nard* (12), qui ressemble au précédent, et dont l'odeur

(1) *Aconitum Napellus* Linn., vulgairement *Napel, Coqueluchon.*
(2) Voy. page 63.
(3) *Aconitum Lycoctonum* Linn.
(4) *Aconitum Anthora* Linn.
(5) *Agrimonia Eupatoria* Linn., vulgairement *Aigremoine officinale.*
(6) *Alchemilla vulgaris* Linn., vulgairement *Pied-de-lion, Alchemille vulgaire.*
(7) *Aquilegia vulgaris* Linn., vulgairement *Aiglantine, Gants de Notre-Dame, Ancolie commune.*
(8) *Anemone Pulsatilla* Linn. (*Pulsatilla vulgaris* Mill.), vulgairement *Coquelourde, Coquerelle, Teigne-œuf, Anémone officinale.*
(9) *Anemone nemorosa* Linn., vulgairement *Sylvie.*
(10) *Anemone pratensis* Linn. (*Pulsatilla pratensis* Mill., *Anemone sylvestris* Vill.).
(11) *Andropogon Schœnanthus* Linn. — Officin., *Juncus odoratus* sive *aromaticus Schœnanthus, Squinanthum.*
(12) *Andropogon Nardus* Linn.

rappelle celle de l'acore et du gingembre, a été mal à propos pris pour le *Nard indien* ou *Spicanard* (1).

7° FEUILLES DE BOURRACHE (2), Borraginée herbacée.—Pectorales, adoucissantes.—Passent pour sudorifiques et diurétiques.—Administrées en tisane, en eau distillée, en sirop, en extrait. — Remède populaire.

8° FEUILLES DE BRUCÉ ANTIDYSENTÉRIQUE (3), Térébinthacée, arbrisseau. — On prétend qu'elles sont employées, en Abyssinie, contre la dysenterie (4).

9° FEUILLES DE BUSSEROLE (5), Éricinée, arbuste. — Astringentes et légèrement diurétiques ; employées dans les maladies des reins et des voies urinaires (Murray). — Administrées en poudre et en décoction.

Les feuilles de l'*Arbousier commun* étaient regardées comme un succédané de la Busserole (6).

10° FEUILLES DE CHÈVREFEUILLE (7), Caprifoliacée, arbrisseau sarmenteux.—Astringentes.—Administrées en infusion et en sirop.

11° FEUILLES DE CLÉMATITE (8), Renonculacée sarmenteuse. — Proposées contre les chancres vénériens et les douleurs ostéocopes.

On se servait aussi, autrefois, de la racine, de l'écorce, de la fleur et même des graines.

12° FEUILLES DE COCA, ou *Érythroxyle du Pérou* (9), Erythroxylée, arbrisseau. On dit qu'elles exercent sur le système nerveux une action analogue à celle du vin. Les voyageurs et les mineurs les mâchent en petite quantité, mêlées avec les cendres de l'*Ansérine quinoa*. Elles permettent de supporter la faim et la soif pendant longtemps. Prises en plus grande quantité, avec des feuilles de tabac, elles déterminent une sorte d'ivresse. Ces *feuilles* sont l'objet d'un commerce considérable au Pérou.

13° FEUILLES DE CROTON ANTISYPHILITIQUE (10), Euphorbiacée du

---

(1) Voy. page 60.

(2) *Borrago officinalis* Linn., vulgairement *Bourrache officinale*.

(3) *Brucea antidysenterica* Mill.

(4) Voy. page 140.

(5) *Arbutus Uva-ursi* Linn., vulgairement *Uva-ursi*, *Raisin d'ours*, *Buxerole*, *Bousserole*, *Arbousier rampant*.

(6) Voy. le chapitre des FRUITS.

(7) *Lonicera Caprifolium* Linn. (*Caprifolium hortense* Lam., *Periclymenum Italicum* Mill.), vulgairement *Chèvrefeuille des jardins* ou *d'Italie*.

(8) *Clematis Vitalba* Linn., vulgairement *Herbe aux gueux*, *Consolation*, *Viorne*, *Clématite blanche* ou *des haies*.

(9) *Erythroxylon Coca* Linn.

(10) *Croton antisyphiliticus* Mart. (*Croton perdicipes* Saint-Hil.), vulgairement *Erva mular*, *Curraleira*.

Brésil, âcres, aromatiques, diurétiques, excitantes. — Administrées en infusion et en fomentation.

14° FEUILLES D'ÉPURGE, ou *Euphorbe Épurge* (1), Euphorbiacée indigène. — Purgatives émétiques, dépilatoires. — Remède dangereux à peu près abandonné. Son suc est employé par les gens de la campagne pour détruire les verrues (2).

15° FEUILLES DE FRÊNE (3), Oléacée, arbre. Elles contiennent un principe particulier (*fraxinine*). — Conseillées contre le rhumatisme et la goutte. — Administrées en poudre et en infusion (4).

16° FEUILLES DE FUSAIN (5), Célastrinée indigène. — Acres plus ou moins émétiques et purgatives, détersives. — Administrées en décoction. — Remède des gens de la campagne.

17° FEUILLES DE GLOBULAIRE TURBITH (6), Globulariée, sous-arbrisseau.—Purgatives, toniques.—Administrées bouillies dans l'eau.

18° FEUILLES DE HOUX (7), Rhamnée, arbrisseau. — Sudorifiques, conseillées dans la goutte, le rhumatisme et même les fièvres intermittentes. — Administrées en poudre.

19° FEUILLES DE LIERRE (8), Hédéracée indigène. — On les croyait vulnéraires et détersives ; on les recommandait aussi dans le traitement de la teigne et de la gale. — Administrées en décoction, en bains locaux.

On employait aussi les fruits mûrs, et pulvérisés dans du vinaigre ou du vin blanc (9).

20° FEUILLES DE MANDRAGORE (10), Solanées.—Passaient autrefois pour atténuantes et résolutives. —Elles entraient dans le *baume tranquille* et dans l'*onguent populéum*. On leur substitue les feuilles de la Belladone.

21° FEUILLES DE MATICO, ou *Arthante allongée* (11), Pipéracée du Pérou.—Ordonnées dans la gonorrhée, la leucorrhée, et en général dans toutes les affections ayant pour cause un relâchement des tissus. — Administrées en infusé, en eau distillée, en opiat, en

(1) *Euphorbia Lathyris* Linn., vulgairement *Catapuce*.
(2) Voy. le chapitre des GRAINES.
(3) *Fraxinus excelsior* Linn., vulgairement *Frêne élevé*.
(4) Voy. page 148.
(5) *Evonymus Europæus* Linn. (*E. vulgaris* Lam.), vulgairement *Bonnet-de-prêtre. Bois à lardoire*.
(6) *Globularia Alypum* Linn. — Les anciens l'appelaient *Herba terribilis*.
(7) *Ilex aquifolium* Linn., vulgairement *Houx épineux*.
(8) *Hedera Helix* Linn., vulgairement le *Lierre rampant*.
(9) Voy. le chapitre des RÉSINES.
(10) *Mandragora vernalis* Bert. et *M. officinarum* Linn. (voy. p. 80).
(11) *Arthante elongata* Miq. (*Piper elongatum* Vahl.).

extrait, en teinture, en pommade et surtout en sirop (Lesaulnier).

22° FEUILLES DE MÉNYANTHE (1), Gentianée. — Toniques, vermifuges. — Conseillées dans les maladies cutanées, contre les scrofules et le rachitisme. — Administrées en suc ou en extrait.

23° FEUILLES DE MORELLE NOIRE (2), Solanée indigène. — Odeur narcotique et virulente ; saveur âcre et nauséabonde. On les a regardées comme anodines et narcotiques, suivant la dose. Elles peuvent même empoisonner. On les appliquait anciennement contre les hémorrhoïdes.

Il faut se méfier des baies de cette plante.

24° FEUILLES DE MYRTE (3), Myrtinée, arbrisseau. — Toniques et stimulantes. — Conseillées anciennement contre le flux muqueux atonique.

25° FEUILLES DE NOYER (4), employées vertes et sèches à l'intérieur et à l'extérieur, comme astringentes, toniques et détersives ; recommandées comme antiscrofuleuses, et même comme propres à combattre la pustule maligne. — Administrées en infusion, en décoction, en extrait, en sirop.

26° FEUILLES D'ORIGAN (5), Labiée de Crète. — Aromatiques et excitantes. — Administrées en infusion et en teinture.

27° FEUILLES DE PATAGONULE VULNÉRAIRE (6), Cordiacée du Brésil. —Vulnéraires, employées principalement contre les tumeurs syphilitiques des aines.

28° FEUILLES DE PERVENCHE (7), Apocynée. — Faiblement purgatives et diaphorétiques. — Conseillées principalement dans le catarrhe pulmonaire. — Administrées en décoction.

On employait aussi la *Pervenche à grandes fleurs* (8).

29° FEUILLES DE PISSENLIT (9), Composée herbacée. — Propriétés médicinales analogues à celles de la Chicorée. — Administrées sous les mêmes formes (10).

30° FEUILLES DE PULMONAIRE (11), Borraginée herbacée.—Diuré-

(1) *Menyanthes trifoliata* Linn., vulgairement *Trèfle d'eau, de castor, des marais.*
(2) *Solanum nigrum* Linn., vulgairement *Morelle commune.*
(3) *Myrtus communis* Linn.
(4) *Juglans regia* Linn. (voy. p. 149 et le chapitre des HUILES).
(5) *Origanum Dictamnus* Linn., vulgairement *Dictame de Crète* ou *de Candie.* — Officin., *folia Dictamni Cretici.*
(6) *Patagonula vulneraria* Mart., vulgairement *Ipé branco.*
(7) *Vinca minor* Linn., vulgairement *Pervenche mineure, Pervenche couchée.*
(8) *Vinca major* Linn.
(9) *Taraxacum Dens-leonis* Desf. (*Leontodon Taraxacum* Linn, *Taraxacum officinale* Vill., *Leontodon vulgare* Lam.), vulgairement *Dent-de-lion.*
(10) Voy. page 190.
(11) *Pulmonaria officinalis* Linn., vulgairement *Pulmonaire officinale.*

tiques et diaphorétiques. — Conseillées principalement dans le catarrhe pulmonaire. — Administrées en décoction.

31° FEUILLES DE PYROLE (1), Éricinée herbacée. — Toniques, astringentes. — Conseillées anciennement dans les catarrhes chroniques, la diarrhée, les flueurs blanches.

32° FEUILLES DE RENONCULE ACRE (2), Renonculacée herbacée. — Employées comme vésicantes. Conseillées aussi contre les névralgies des membres et contre les irritations chroniques des muqueuses bronchiques.

On trouve des propriétés analogues dans les *Renoncules scélérate* (3), *bulbeuse* (4) et *flammette* (5).

33° FEUILLES DE RONCE (6), Rosacée indigène. — Astringentes. — Employées dans des gargarismes.

34° FEUILLES DE RUE (7), Rutacée. — Elles contiennent une huile essentielle. — Odeur forte, aromatique, désagréable ; saveur âcre, un peu amère très chaude. — Propriétés stimulantes, emménagogues. Conseillées contre le scorbut et contre les vers. — Administrées en poudre, en pilules et en infusion.

35° FEUILLES DE SAPONAIRE (8), Caryophyllée herbacée. — Stimulant léger. Conseillées dans certaines affections de la peau ; vantées dans la goutte, le rhumatisme, la jaunisse, la syphilis constitutionnelle. — Administrées en tisane et en extrait (9).

Les *feuilles* de la *Saponaire d'Orient*, ou *Gypsophile fruticqueuse* (10), sont employées en Syrie et en Espagne, en guise de savon, pour le dégraissage des laines et pour d'autres usages. Il en est de même de sa racine, qui est très grosse. On retire de cette dernière une matière sucrée qui jouit d'une certaine réputation.

36° FEUILLES DE SCABIEUSE (11), Dipsacée herbacée. — Conseillées dans les maladies de la peau, particulièrement contre la gale. — Administrées en décoction.

(1) *Pyrola rotundifolia* Linn.
(2) *Ranunculus acris* Linn., vulgairement *Bouton-d'or, Bassinet, Grenouillette.*
(3) *Ranunculus sceleratus* Linn., vulgairement *Renoncule des marais.*
(4) *Ranunculus bulbosus* Linn., vulgairement *Grenouillette, Rave de Saint-Antoine, Bassinet des jardins.*
(5) *Ranunculus flammula* Linn., vulgairement *petite Douve.*
(6) *Rubus fruticosus* Linn.
(7) *Ruta graveolens* Linn., vulgairement *Rue odorante, Rue fétide.*
(8) *Saponaria officinalis* Linn.
(9) Voy. page 83.
(10) *Gypsophila Struthium* Linn., vulgairement *Saponaire d'Égypte, Saponaire d'Espagne.*
(11) *Knautia arvensis* Coult. (*Scabiosa arvensis* Linn.), vulgairement *Scabieuse des champs.*

37° FEUILLES DE SENEÇON (1), Composée herbacée. — Émollientes, un peu rafraîchissantes, vulnéraires. — Administrées en décoction et en application. Elles entraient dans la composition du *Fultrank*.

38° FEUILLES DE SPARRATOSPERME LITHONTRIPTIQUE (2), Bignoniacée du Brésil. — Amères, âcres, diurétiques ; employées contre les douleurs produites par les calculs lithontriptiques.

39° FEUILLES DE SUREAU (3). — Employées depuis un temps immémorial comme purgatives. Conseillées dans les hydropisies et dans la suppression des lochies. — Administrées dans de l'eau ou du lait.

On remplace, quelquefois, ces *feuilles* par celles de l'Hièble (4).

40° FEUILLES DE VERVEINE (5), Verbénacée herbacée. — Employées anciennement contre les ulcères, la pleurésie, l'hydropisie, l'ictère... — Administrées en cataplasmes et en infusion.

CHAPITRE XII.

DES BOUTONS.

Les *boutons* (*alabastra*, Link) sont les fleurs avant leur épanouissement.

Les *boutons* sont des espèces de *bourgeons* (6).

Nous avons deux *boutons* à étudier : 1° les *Girofles*, 2° les *Câpres*.

§ I. — Des Girofles.

1° PLANTE. — Le *Giroflier aromatique* (7) est un grand arbrisseau de la famille des Myrtacées. Il est indigène des Moluques ; on le cultive à Cayenne.

Histoire. — Cette plante précieuse a été transportée d'abord dans les autres parties des Indes, puis dans les îles Maurice et Mascareigne, puis dans la Guyane et dans les Antilles.

Pour réussir dans ces importations, il a fallu braver bien des

(1) *Senecio vulgaris* Linn.
(2) *Sparratosperma lithontripticum* Mart., vulgairement *Carcba branca*.
(3) *Sambucus nigra* Linn. (voy. page 150, et les chapitres des FLEURS et des FRUITS.)
(4) *Sambucus Ebulus* Linn.
(5) *Verbena officinalis* Linn., vulgairement *Herba sacra*, *Verveine officinale*.
(6) Voy. page 3.
(7) *Caryophyllus aromaticus* Linn.

obstacles. Lorsque les Hollandais chassèrent les Portugais de leurs possessions dans les îles de la mer des Indes, ils forcèrent tous les peuples qu'ils soumirent à détruire leurs *Girofliers*, et ils concentrèrent la culture de cet arbrisseau productif dans les îles d'Amboine et de Ternate. Poivre, alors intendant des îles de France et de Mascareigne (1679), eut l'idée de se procurer et de cultiver cette précieuse Myrtacée. Il fit partir deux vaisseaux commandés par

Fig. 61. — *Giroflier.*

les lieutenants Tréméguon et d'Etcheverry, qui parvinrent, non sans peine, à obtenir des rois de Gueby et de Patany un certain nombre de *Girofliers*. Ces arbrisseaux prospérèrent, grâce à l'intelligence du major d'infanterie Céré, directeur du jardin botanique de l'île de France. Ce zélé cultivateur en fit plus tard des envois à Cayenne, à Saint-Domingue et à la Martinique.

Description (fig. 61). — Le *Giroflier aromatique* présente une forme généralement conoïde. Il a le port d'un Caféier. Il est toujours vert. Tronc droit. Rameaux opposés, ouverts, grêles, faibles, glabres, grisâtres. Feuilles opposées, longuement pétiolées, ovales-lancéolées, acuminées, entières, lisses, glabres, coriaces, très fine-ment ponctuées, avec des nervures latérales très grêles et presque parallèles ; leur pétiole est articulé et un peu renflé à la base. Inflo-rescence en cymes ou corymbes terminaux et trichotomes, à rami-fications articulées. Fleurs roses, d'une odeur très agréable. Calice allongé, infundibuliforme, rugueux, d'un rouge de sang, avec un limbe à 4 dents ovales, aiguës et épaisses. Corolle à 4 pétales ses-siles, un peu concaves. Étamines insérées sur un anneau charnu tétragone, nombreuses, disposées en 4 phalanges. Ovaire allongé, biloculaire, adhérent au calice ; style simple ; stigmate petit, capi-tulé. Fruits ovoïdes, presque secs, couronnés par les dents calici-nales, très aromatiques.

2° BOUTONS (1). — Les *Girofles* ou *Gérofles* sont les *boutons* du *Giroflier*. Ils ressemblent à de petits clous ; c'est pour cela qu'on les appelle souvent *clous de Girofle*. Ils sont composés de deux par-ties : une étroite (*queue*), qui est le tube du calice soudé avec l'ovaire, et une globuleuse (*tête, fust*), qui est le limbe du calice surmonté des pétales, en estivation, recouvrant les organes sexuels. Cette petite tête se détache souvent pendant le transport ou par le frottement, et il ne reste que la partie grêle et les dents calicinales.

On récolte les *Girofles*, soit avec la main, les uns après les autres, soit en les frappant avec de longs roseaux et les faisant tomber sur des toiles. On les fait sécher simplement au soleil. On assure que les Hollandais passent à la fumée les *Girofles des Mo-luques ;* mais cela n'est pas certain.

Les bons *Girofles* doivent être bien nourris, lourds, gras, faciles à casser, d'une couleur plus ou moins brune, et garnis autant que possible de leur partie renflée. Leur *queue* est allongée, tétragone et ridée. Leur *tête* est composée d'une partie globuleuse placée sur une étoile à 4 pointes.

On distingue, dans le commerce, trois principales sortes de *Girofles* : 1° le *Girofle des Moluques* (2), qui est gros, obtus, d'un brun clair, comme cendré, et à surface un peu huileuse ; 2° le *Girofle de Bourbon*, qui est plus petit et qui offre à peu près les mêmes caractères ; 3° le *Girofle de Cayenne*, qui est grêle, aigu, sec et noirâtre. Ce dernier est le moins aromatique et le moins estimé.

On trouve dans le *Girofle* un principe désigné sous le nom de

(1) Officin., *Caryophylli aromatici, Carunfel,* vulgairement *Clous-matrices, Mères des fruits, Anthofles.*

(2) Vulgairement *Girofle anglais.*

caryophylline, une essence, du tannin, de la gomme, de la résine et de l'extractif (Trommsdorf).

La *caryophylline* est une matière résineuse, brillante, satinée, qui cristallise en aiguilles rayonnées très fines (Lodibert) ; elle est insoluble dans l'eau, mais soluble dans l'alcool et dans l'éther ; elle paraît isomérique avec le camphre.

3° PROPRIÉTÉS ET USAGES. — Les *Girofles* ont une odeur aromatique piquante, et une saveur âcre, chaude, brûlante et un peu amère.

Ces *boutons* sont très recherchés et très usités comme aromates et comme condiment. On en retire une huile essentielle dont je parlerai plus loin (1).

On emploie peu les *Girofles* tout seuls comme médicaments. Leurs propriétés sont toniques, cordiales, excitantes.

On les administre en eau distillée, en vin, en teinture alcoolique et en poudre avec du sucre pulvérisé ; ils font partie du *laudanum de Sydenham* et de l'*eau de Botot*.

§ II. — Des Câpres.

1° PLANTE. — Le *Câprier ordinaire* (2) est un arbuste sarmenteux de la famille des Capparidées. On le croit originaire de l'Asie ou de l'Égypte. Il est cultivé dans le midi de la France, particulièrement dans le bas Languedoc et dans la Provence. On le plante contre les murs en pierre sèche ou dans les champs rocailleux.

Description. — Tiges sous-frutescentes, étalées, cylindriques, glabres, rameuses, formant des touffes lâches et rampantes. Feuilles alternes, pétiolées, articulées, ovales-arrondies, obtuses ou acuminées, entières, offrant quelques poils courts, vertes et molles. Stipules épineuses, subulées, recourbées. Fleurs axillaires, solitaires, pédonculées, très grandes, blanchâtres, d'une odeur très suave. Calice à 4 sépales, disposés en croix, inégaux, concaves, en forme de nacelle, l'inférieur le plus grand et comme bossu, les deux latéraux les plus petits. Corolle à 4 pétales ovales-arrondis : les 2 inférieurs très irréguliers, onguiculés, offrant un appendice en forme de corne au devant duquel paraît une fossette verte, couverte de poils fins soyeux ; les 2 supérieurs un peu plus petits, dressés et déchiquetés sur les bords. Étamines attachées à un petit tubercule, très nombreuses, très longues, violacées, les unes ascendantes, les

(1) Voy. le chapitre des ESSENCES.
(2) *Capparis spinosa* Linn. (voy. p. 77).

autres descendantes, plus courtes. Ovaire pédiculé, ovoïde-allongé, surmonté d'un style court, terminé par un stigmate capitulé à 8 dents courtes et conniventes. Fruit longuement pédiculé, pyriforme, charnu, pulpeux, polysperme.

2° BOUTONS (1). — Les *boutons* floraux du *Câprier*, ou *Câpres*, sont arrondis, un peu pointus, comprimés, glabres et verts.

On les cueille pendant leur jeunesse ; plus ils sont petits, plus ils sont fermes et estimés.

On les ramasse à la main. On les confit dans le vinaigre avec un peu de sel. On les passe ensuite à travers un crible pour les séparer en diverses grosseurs (2).

3° PROPRIÉTÉS ET USAGES. — Les *Câpres* sont recherchées surtout comme condiment et assaisonnement.

Elles passent pour stimulantes et antiscorbutiques. On les dit aussi apéritives et propres à tuer les vers ; cependant on les emploie rarement (3).

CHAPITRE XIII.

DES FLEURS.

Parmi les *fleurs* employées en médecine, les unes sont des *capitules* ou *fleurs composées*, et les autres des *fleurs simples*.

1. — CAPITULES FLORAUX.

Au nombre des *capitules*, on trouve surtout : 1° ceux de la *Camomille romaine*, 2° ceux de l'*Arnica*, 3° ceux du *Semen-contra*, 4° ceux du *Tussilage*.

Tous ces *capitules* appartiennent à des plantes de la famille des Synanthérées.

§ I. — Capitules de Camomille romaine.

1° PLANTE. — La *Camomille romaine* (4) est commune, en France, dans les pelouses des bois et sur les bords des chemins.

Description (fig. 62). — Plante vivace à souche un peu traçante. Tiges hautes de 1 à 3 décimètres, ascendantes ou couchées, rarement dressées, cylindriques, striées, pubescentes ou velues, sim-

(1) Officin., *gemmæ Capparis conditæ*, vulgairement, dans le midi de la France, *Tapéda*.

(2) On confit aussi les jeunes fruits, qu'on appelle *Cornichons de Câprier*.

(3) Voy. page 77.

(4) *Ormenis nobilis* Gay (*Anthemis nobilis* Linn.).

ples ou rameuses. Feuilles courtes, irrégulièrement pinnatiséquées, pubescentes ou velues, fortement aromatiques, à nervure moyenne élargie, à segments très petits, linéaires ou subulés. Fleurs solitaires à l'extrémité des rameaux, à disque jaune et à rayons blancs. Fruit (*achaine*) allongé, presque cylindrique, surmonté d'un petit bourrelet membraneux, présentant 3 côtes filiformes blanches, à la face interne, d'un jaune brunâtre.

Fig. 62. — *Camomille romaine.*

2° CAPITULES. — Involucre composé de folioles disposées sur plusieurs rangs, pubescentes, largement scarieuses sur les bords surtout supérieurement ; paillettes oblongues-linéaires, obtuses, souvent lacérées au sommet, pliées longitudinalement, minces, membraneuses-scarieuses. Réceptacle très convexe et proéminent, oblong-conique, devenant spongieux au centre. Demi-fleurons femelles, fertiles, à limbe terminé par trois dents. Fleurons hermaphrodites.

fertiles, à tube infundibuliforme et à limbe campanulé. Ovaire ovoïde, nu.

Ces fleurs doublent par la culture. Les fleurons se transforment en demi-fleurons. Le *capitule* représente alors un petit pompon entièrement blanc. On préfère ces capitules transformés pour l'usage médical.

On a découvert, dans ces fleurs, une essence de consistance visqueuse, bleue, brunissant à l'air (1), du camphre, un principe gommo-résineux et une petite quantité de tannin.

3° PROPRIÉTÉS ET USAGES. — Les *capitules* de *Camomille romaine* ont une odeur forte et agréable. Leur saveur est amère et aromatique.

Leur vertu est tonique et excitante. On les emploie aussi comme fébrifuges, et dans quelques cas, comme anthelminthiques et comme antispasmodiques. C'est un remède populaire.

On les administre en tisane et en extrait. On les donne également macérés dans du vin, ou bien en poudre. L'eau distillée fait partie de certaines potions excitantes. L'*huile de Camomille* est assez usitée.

4° SUCCÉDANÉS. — On a conseillé quelquefois, comme succédanés de la *Camomille romaine*, la *Camomille des teinturiers* (2) et la *Camomille puante* (3).

§ II. — Capitules d'Arnica.

1° PLANTE. — L'*Arnica*, ou *Arnique des montagnes* (4), se trouve dans les montagnes des Pyrénées, des Cévennes, de l'Auvergne, des Vosges et des Alpes.

Description (fig. 63). — Racine vivace, horizontale, noirâtre, produisant des radicelles grêles et brunes. Tige haute de 25 centimètres, simple, cylindrique, striée, pubescente. Feuilles réunies en rosette à la surface du sol, sessiles, obovales ou ovales, obtuses, presque entières, à 5 nervures, légèrement pubescentes surtout en dessus, d'un vert clair plus pâle en dessous. La tige présente ordinairement vers sa partie moyenne deux feuilles plus petites, opposées, dressées, oblongues ou lancéolées et plus ou moins aiguës. Fruits allongés, subcylindracés, atténués à chaque extrémité, à côtes peu marquées, pubescents, surmontés d'une aigrette sessile, légèrement plumeuse.

(1) Voy. le chapitre des ESSENCES.
(2) *Anthemis tinctoria* Linn. (*Chamæmelum tinctorium* All.).
(3) *Maruta Cotula* DC. (*Anthemis Cotula* Linn., *A. fœtida* Lam., *Chamæmelum Cotula* All.), vulgairement *Maroute cotule*.
(4) *Arnica montana* Linn., vulgairement *Tabac des Vosges* (voy. p. 75).

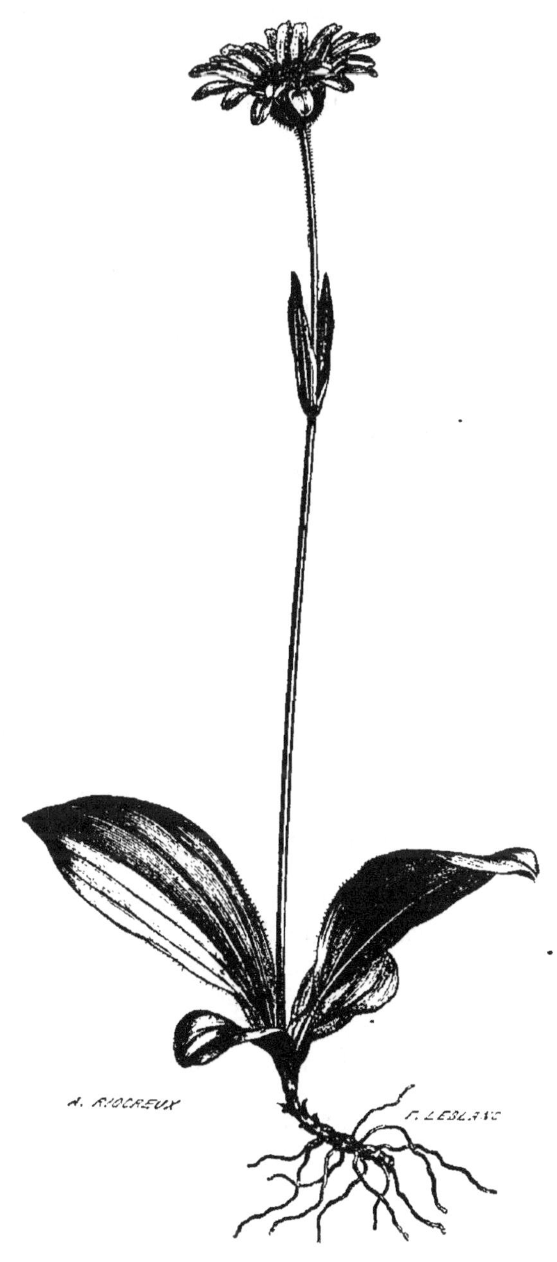

Fig. 63. — *Arnique des montagnes.*

2° CAPITULES (1). — Ordinairement solitaires au haut de la tige (rarement 2 à 3), grands, d'un beau jaune. Involucre évasé, campanulé, composé d'écailles bisériées, égales, linéaires-lancéolées, aiguës, couvertes de petits poils glanduleux très rudes. Réceptacle fimbrillifère, un peu poilu. Demi-fleurons très grands, femelles. Fleurons réguliers, à 5 dents, hermaphrodites.

On y trouve une résine odorante, une matière amère nauséabonde, une matière colorante, de l'acide gallique, de la gomme, de l'albumine et quelques sels.

3° PROPRIÉTÉS ET USAGES. — Lorsqu'on sent les fleurs récentes de l'*Arnique*, leur odeur est assez forte pour exciter l'éternument. La dessiccation affaiblit cette odeur et cette action. Saveur un peu amère et âcre.

Ces *capitules* sont stimulants. Ils jouissent d'une réputation populaire dans les commotions du cerveau à la suite des coups ou des chutes (*panacea lapsorum*). On les a recommandés dans des maladies très différentes, par exemple contre les fièvres intermittentes (Stoll) et contre la dysenterie (Stahl). On les a prescrits aussi contre la paralysie et contre l'amaurose.

On les administre en infusion dans de l'eau, dans du vin blanc et même dans de la bière. On en prépare une teinture et un extrait. On s'en sert aussi en fomentation et en poudre qu'on incorpore dans un électuaire.

M. Paul Boileau (de Luchon) prépare une teinture d'*Arnica* très estimée, dans laquelle il fait entrer toutes les parties de la plante (2).

§ III. — Semen-contra.

Le *Semen-contra* n'est pas un amas de graines, comme son nom l'indique, mais un assemblage de fleurs.

On distingue deux sortes de *Semen-contra* : 1° celui du *Levant*, 2° celui de *Barbarie*.

1° PLANTES. — Les plantes qui fournissent les deux sortes de *Semen-contra* qui viennent d'être signalées, appartiennent l'une et l'autre au genre *Armoise* (*Artemisia*). La première est l'*Armoise vermifuge* (3), et la seconde l'*Armoise agglomérée* (4). Elles croissent toutes les deux dans la Palestine, le royaume de Boutan, la Caramanie.

(1) Vulgairement *Tabac des Vosges*, *Plantain des Alpes*, *Bétoine de montagne*.
(2) Voy. page 75.
(3) *Artemisia contra* Linn. (*A. Sieberi* Bess.), vulgairement *Armoise de Perse*.
(4) *Artemisia glomerata* Sieb.

Description. — Le genre *Armoise* a pour caractères : un involucre ovoïde ou globuleux, à écailles imbriquées, sèches, scarieuses sur les bords ; des fleurons tous tubuleux ; un réceptacle non paléacé ; des fruits obovés, sans aigrette.

Les deux espèces dont il s'agit se trouvent dans la section *Seriphidium*, qui offre un réceptacle nu (c'est-à-dire non poilu) et des fleurons tous hermaphrodites.

L'*Armoise vermifuge* présente des feuilles rigides, glabres, vertes ; celles de la tige à 3 ou 5 divisions, avec un lobe médian pinnatifide et des latéraux trifides ; des panicules demi-ouvertes, à rameaux ascendants, et des capitules épars, disposés en épis.

L'*Armoise agglomérée* présente des feuilles molles, velues, cendrées ; celles de la tige à 3 ou 4 divisions entières ; des panicules très ouvertes, à rameaux presque horizontaux, et des capitules agglomérés.

2° CAPITULES. — Les *capitules* de l'*Armoise vermifuge* sont ovoïdes, allongés et glabres ; ils offrent des écailles oblongues, tuberculeuses à la surface.

Les *capitules* de l'*Armoise agglomérée* sont courts, globuleux et recouverts d'un duvet blanchâtre ; ils offrent des écailles arrondies et pubescentes.

3° SEMEN-CONTRA (1). — Le *Semen-contra du Levant* (2) est sans duvet et de couleur verdâtre lorsqu'il est récent ; il devient roussâtre ou rougeâtre en vieillissant. Quand il est de bonne qualité, il ressemble à un amas de petites graines.

Lorsqu'on l'examine avec attention, on voit qu'il est composé d'un grand nombre de capitules isolés, de capitules plus jeunes attachés à leur pédoncule et de pédoncules brisés. On y trouve aussi quelques capitules fructifères.

Le *Semen-contra de Barbarie*, mêlé de duvet, est d'un blanc grisâtre. Il ne ressemble pas à un amas de graines. Il est peut-être plus impur que l'autre espèce. On n'y trouve pas de capitules développés et isolés ; ils sont tous sous la forme de petits boutons globuleux réunis plusieurs ensemble (Guib.). Cette seconde espèce est plus légère que la précédente.

Le *Semen-contra* contient un principe particulier appelé *santonine* (Kahler), une huile volatile, de la résine, une huile grasse et de l'extractif (Trommsdorf).

La *santonine* est en cristaux allongés, en tables quadrilatères,

(1) Officin., *Semen contra vermes, Semen sanctonicum, Semen sanctum, Lumbricorum semen, Semence à vers, Semencine, Sémentine, Santoline.*
(2) Vulgairement *Semen-contra d'Alep, Semen-contra d'Alexandrie.*

brillants et incolores. Elle ne se dissout pas dans l'eau ; elle est soluble dans l'alcool et dans l'éther.

4° PROPRIÉTÉS ET USAGES. — Dans la première espèce, l'odeur est très forte, très aromatique et assez agréable, surtout quand on l'écrase. Sa saveur est amère, aromatique et chaude, rappelant un peu celle de l'anis.

Dans la seconde, l'odeur paraît plus forte et moins agréable. La saveur est un peu âcre.

La *santonine* est inodore et insipide, mais sa dissolution alcoolique devient très amère.

Le *Semen-contra* est employé comme anthelminthique.

On l'administre en poudre, en tablettes, en sirop, dans des biscuits, des bols ou des confitures. Mélangé avec les fruits de la Tanaisie, de l'Aurone et de la Santoline, il constitue le médicament connu sous le nom de *barboline*. On l'associe quelquefois avec des purgatifs.

Avec la *santonine*, on prépare des dragées et des pastilles ; on la mêle aussi avec le calomel.

5° SUCCÉDANÉS. — Le *Semen-contra* est souvent mêlé avec les *capitules* d'une autre espèce du même genre, l'*Armoise de Judée* (1), qu'on a souvent confondue avec la *vermifuge*.

Parmi les espèces exotiques jouissant des mêmes propriétés, on peut citer : 1° l'*Armoise santonique* (2), de la Tartarie et de la Perse ; 2° l'*Armoise pauciflore* (3), des bords du Volga ; 3° l'*Armoise rameuse* (4), des îles Canaries.

Nous avons aussi, en France, l'*Absinthe commune* (5), qui possède les mêmes vertus (6).

La plupart de nos *Armoises* sont aromatiques, amères et plus ou moins vermifuges. Les principales de notre pays sont : 1° l'*Armoise de France* (7), 2° la *champêtre* (8), 3° la *Citronnelle* (9), 4° la *commune* (10), 5° le *Genipi* (11).

---

(1) *Artemisia Judaica* Linn., vulgairement, en Arabie, *Berterann, Bascherann, Chejh, Chihay, Mantina.*
(2) *Artemisia Santonica* Linn.
(3) *Artemisia pauciflora* Stechm., vulgairement *Cina, Cyna.*
(4) *Artemisia ramosa* C. Smith.
(5) *Artemisia Absinthium* Linn.
(6) Voy. page 109, et le chapitre des ESSENCES.
(7) *Artemisia Gallica* Willd., vulgairement *Sanguenié, Sanguenita.*
(8) *Artemisia campestris* Linn.
(9) *Artemisia Abrotanum* Linn., vulgairement *Aurone des jardins.*
(10) *Artemisia vulgaris* Linn., vulgairement *Herbe de Saint-Jean.*
(11) *Artemisia glacialis* Linn., vulgairement *Armoise des glaciers.*

§ IV. — Capitules de Tussilage.

1° PLANTE. — Le *Tussilage commun* (1) se trouve, en France, dans les lieux incultes, surtout dans les terrains argileux.

Description. — Plante vivace. Rhizomes traçants, de la grosseur du petit doigt, brunâtres, charnus. Tiges florifères hautes de 1 à 2 décimètres, s'allongeant beaucoup après la floraison, cylindriques, portant des écailles (feuilles avortées) apprimées, sessiles et rougeâtres, cotonneuses, blanchâtres. Feuilles naissant après la floraison, radicales, disposées en rosette, grandes, longuement pétiolées, cordiformes, anguleuses, d'un vert clair en dessus, cotonneuses et blanchâtres en dessous. Fruits oblongs-cylindriques, un peu striés, couronnés d'une aigrette à soies très longues et très fines, disposées sur plusieurs rangs dans les fruits de la circonférence et sur un seul dans ceux du centre.

2° CAPITULES. — Solitaires, jaunes. Involucre cylindrique, composé de folioles disposées sur un ou deux rangs, lancéolées, étroites, offrant à sa base quelques écailles lâches plus petites. Réceptacle plan et nu. Demi-fleurons sur plusieurs rangs, terminés par une languette très longue, étroite, obtuse et entière, femelles. Fleurons réguliers, tubuleux, mâles.

3° PROPRIÉTÉS ET USAGES. — Odeur forte et agréable. Saveur légèrement amère et aromatique.

Faiblement stimulants et béchiques. On les a recommandés contre la toux (de là le nom de *Tussilage*), contre les inflammations chroniques des poumons et dans les irritations légères des bronches. On les administre en infusion et en sirop.

§ V. — Capitules peu employés.

1° ARTICHAUT (2).—Saveur amère assez intense. —Usité comme diurétique. Ses *capitules*, récoltés avant l'épanouissement floral, fournissent un aliment très agréable, quoique peu nourrissant. On mange le réceptacle et la base des bractées.

2° BLUET (3). — Saveur légèrement amère. — Servait autrefois dans différentes maladies, particulièrement dans les affections des yeux. — Administré en collyres.

(1) *Tussilago Farfara* Linn., vulgairement *Pas-d'âne.*
(2) *Cinara-Scolymus* Linn.
(3) *Centaurea Cyanus* Linn., vulgairement *Casse-lunette, Barbeau, Aubifoin, Centaurée bluet.*

3° CARTHAME (1). — Fournit une matière colorante jaune (*saframum*), dont les *capitules* passaient pour légèrement purgatifs et bons contre l'hydropisie. On employait aussi les fruits.

4° CRESSON DU PARA (2). — Sa saveur est aromatique, pénétrante et chaude.—Conseillé comme antiscorbutique et anti-fébrile.

5° ONOPORDE (3). — Odeur agréable et d'une saveur amère. Employé pour coaguler le lait. — Conseillé dans les blennorrhagies. On se servait aussi de la racine.

6° PIED-DE-CHAT (4). — Est faiblement aromatique. — Ordonné contre les affections catarrhales chroniques, surtout contre la toux.

II. — FLEURS SIMPLES.

Parmi les *fleurs simples*, il faut distinguer : 1° celles de *Mauve*, 2° celles de *Sureau*, 3° celles de *Bouillon-blanc*, 4° celles de *Tilleul*, 5° celles de *Violette*, 6° celles de *Pêcher*, 7° celles de *Cousso*.

§ I. — Fleurs de Mauve.

1° PLANTE.—La *Mauve sauvage* (5) appartient à la famille des Malvacées. Elle croît le long des haies et dans les bois. J'en ai déjà parlé dans le chapitre des FEUILLES.

Description (fig. 64). — Racine pivotante, blanchâtre, charnue, presque simple. Tiges hautes de 3 à 8 décimètres, dressées, ascendantes ou étalées, cylindriques, couvertes de poils rudes, surtout au sommet, rameuses. Feuilles alternes, longuement pétiolées, réniformes-arrondies, ordinairement tachées de noir à la base, à 5 ou 7 lobes peu profonds, très obtus et crénelés, portant deux stipules ovales, aiguës, presque entières et ciliées. Inflorescence en fascicules axillaires. Fleurs au nombre de 3 à 5, longuement pédonculées. Fruit à pédicelle redressé, incomplétement enveloppé par le calice, composé d'un grand nombre de petites coques disposées circulairement autour d'un axe. Ces coques sont glabres, fortement réticulées et monospermes (6).

2° FLEURS. — Purpurines, veinées, quelquefois un peu violettes. Calice double : l'extérieur à 3 sépales étroits, libres ; l'intérieur

---

(1) *Carthamus tinctorius* Linn., vulgairement *Safran bâtard*, *Carthame des teinturiers*.

(2) *Spilanthes oleracea* Linn.

(3) *Onopordon Acanthium* Linn., vulgairement *Chardon aux ânes*, *Pédane*, *Épine blanche*, *Chardon à feuilles d'Acanthe*, *Onopordone acanthin*.

(4) *Antennaria dioica* Gærtn. (*Gnaphalium dioicum* Linn.).

(5) *Malva sylvestris* Linn.

(6) Voy. page 180.

campanulé, à lobes aigus. Corolle au moins trois fois plus longue que le calice, à 5 pétales onguiculés, en cœur renversé, échancrés supérieurement. Tube des étamines soudé inférieurement avec la corolle.

FIG. 64. — *Mauve sauvage.*

3° PROPRIÉTÉS ET USAGES. — Les *fleurs* de la *Mauve* sont adoucissantes et béchiques. On les administre en infusion.

4° SUCCÉDANÉS. — La *petite Mauve* (1) jouit des mêmes propriétés. Il en est de même de la *Guimauve officinale* (2).

(1) *Malva rotundifolia* Linn. (voy. page 181).
(2) *Althæa officinalis* Linn. (voy. page 72).

§ II. — Fleurs de Sureau.

1° PLANTE. — Le *Sureau noir* (1) appartient à la famille des Caprifoliacées. Il croît dans les bois et dans les haies.

Description. — Arbre de moyenne grandeur, à écorce fendillée, grise, et à bois mou, blanc et léger. Feuilles opposées, imparipennées, d'un vert foncé, à folioles opposées presque sessiles, ovales, un peu échancrées en cœur à la base, acuminées, denticulées. Inflorescence en cyme. Fruit (*nuculaine*) globuleux, couronné par les dents du calice, noirâtre, contenant trois petits noyaux.

2° FLEURS. — Blanches. Calice très petit, à tube turbiné. Corolle gamopétale, régulière, rotacée, étalée, à 5 lobes profonds, ovales et arrondis. Étamines 5, attachées à la base interne de la corolle, plus courtes que cette dernière, étalées, à filets courts et à anthères cordiformes. Ovaire adhérent au tube du calice, à 3 loges, offrant à son sommet un tubercule glanduleux blanchâtre, qui supporte 3 stigmates sessiles.

3° PROPRIÉTÉS ET USAGES. — Les *fleurs* du *Sureau* exhalent une odeur aromatique, un peu nauséeuse quand elles sont fraîches, mais qui devient assez agréable par la dessiccation.

Elles sont légèrement excitantes et diaphorétiques.

On les administre en infusion. On en prépare aussi une eau distillée. On les emploie encore à l'extérieur comme résolutives (2).

§ III. — Fleurs de Bouillon-blanc.

1° PLANTE. — Le *Bouillon-blanc*, ou *Molène bouillon-blanc* (3), appartient à la famille des Verbascées. Il se trouve sur les bords des chemins et généralement dans les lieux incultes.

Description. — Plante bisannuelle. Tige haute de 5 à 20 décimètres, dressée, droite, robuste, simple ou rameuse, effilée, ailée, très cotonneuse. Feuilles grandes, ovales ou oblongues, rétrécies à la base, aiguës, entières ou crénelées, tomenteuses-laineuses dessus et dessous, blanchâtres, épaisses, molles ; les radicales rétrécies en pétiole ; les caulinaires étroites et lancéolées : ces dernières, un peu étalées, sont décurrentes, au moins d'un côté, dans toute la longueur d'un entre-nœud. Fleurs disposées en grappe spiciforme, terminale, ordinairement simple et compacte, pédicel-

(1) *Sambucus nigra* Linn.
(2) Voy. page 180, et le chapitre des FRUITS.
(3) *Verbascum Thapsus* Linn.

lées. Fruit (*capsule*) ovoïde, un peu aigu, tomenteux, à deux loges et deux valves. Graines petites, irrégulières, chagrinées.

2° FLEURS. — Grandes, jaunes. Calice à 5 divisions profondes, ovales, aiguës, tomenteuses. Corolle plus grande que le calice, à tube court, à limbe rotacé, presque plan, composé de 5 lobes arrondis, un peu inégaux, obtus. Étamines 5, déclinées, inégales ; à filets arqués, subulés, couverts d'une laine blanchâtre dans les étamines supérieures, glabres ou présentant quelques poils épars dans les inférieures ; anthères une ou deux fois plus courtes que le filet, transversales, réniformes, étroites. Ovaire subpyramidal, cotonneux. Style oblique, plus long que les étamines, renflé au sommet. Stigmate convexe, à peu près réniforme.

3° PROPRIÉTÉS ET USAGES. — Adoucissantes et pectorales. Employées surtout dans les catarrhes pulmonaires.

On les administre en infusion, qu'il faut passer à travers un linge pour en séparer les poils staminaux.

4° SUCCÉDANÉS. — Plusieurs autres espèces du même genre peuvent être prises indistinctement pour remplacer le *Bouillon-blanc*. Telles sont, parmi celles de France : la *Molène sinuée* (1), la *noire* (2) et la *Lychnis* (3).

§ IV. — Fleurs de Tilleul.

1° PLANTE. — Le *Tilleul à petites feuilles* (4) appartient à la famille des Tiliacées. Il croît dans presque toutes les forêts ; on le plante dans les promenades.

Description. — Tronc haut de 15 à 20 mètres ; à écorce fendillée inférieurement, rugueuse, lisse supérieurement. Feuilles alternes, petites, cordiformes-arrondies, acuminées, dentées en scie, presque glabres, un peu fermes, offrant en dessous, à l'angle de ramification des nervures, de petites touffes de poils courts et ferrugineux. Inflorescence en bouquets de 3 à 8 fleurs sur un pédoncule rameux, nu dans son tiers inférieur, adhérant à une bractée oblongue, linéaire, spatulée, très obtuse, d'un vert jaunâtre pâle, membraneuse.

2° FLEURS. — *Fleurs* petites, d'un blanc sale, un peu jaunâtre. Calice caduc, à 5 sépales ovales, aigus, concaves, jaunâtres. Corolle à 5 pétales obovés, concaves, à onglet court et large. Étamines

______

(1) *Verbascum sinuatum* Linn.
(2) *Verbascum nigrum* Linn.
(3) *Verbascum Lychnitis* Linn. (*V. album* Mill.).
(4) *Tilia microphylla* Vent. (*T. Europæa* Linn., *T. sylvestris* Desf.), vulgairement *Tilleul sauvage, Tillaux.*

nombreuses, dépassant un peu les pétales. Ovaire globuleux, velu ; style filiforme ; stigmate presque capité, 5-lobé, à lobes plus ou moins étalés.

On emploie toute la petite grappe florale avec son pédoncule et sa bractée.

3° PROPRIÉTÉS ET USAGES. — Ces *fleurs* ont une odeur suave. Leur saveur est douce et mucilagineuse.

Elles sont faiblement antispasmodiques, calmantes et légèrement diaphorétiques. On croyait autrefois qu'elles étaient efficaces dans le traitement de l'épilepsie. C'est un remède populaire. *Ad medicum forum pertinent* (Murray).

On les administre en infusion ; on en prépare une eau distillée.

4° SUCCÉDANÉS. — On emploie avec le même avantage le *Tilleul à larges feuilles* (1). Cette espèce est moins élevée que le *Tilleul à petites feuilles* ; elle a des feuilles plus grandes, plus molles, pubescentes dans toute leur face intérieure. Ses fleurs sont plus grandes, solitaires ou réunies par deux ou trois ; leur pédoncule commun adhère à la bractée dès la base, et les lobes stigmatiques sont dressés.

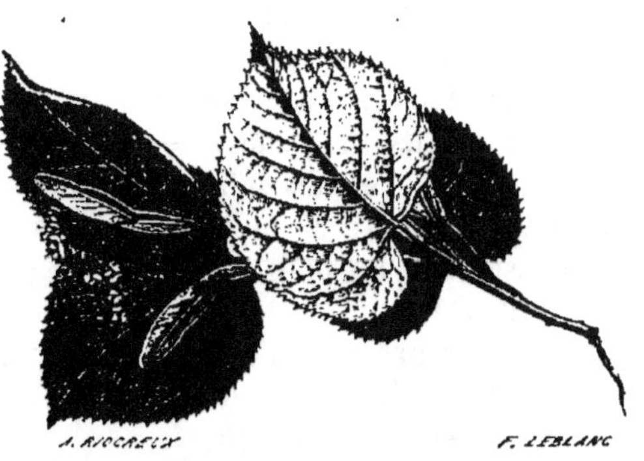

FIG. 65. — *Tilleul argenté.*

J'ai fait usage avec succès d'une autre espèce, le *Tilleul argenté* (2) (fig. 65), remarquable par ses feuilles tomenteuses et blanches en dessous, par ses fleurs plus grandes, plus colorées et plus odorantes, et par ses fruits ovoïdes.

§ V. — Fleurs de Violette.

1° PLANTE. — La *Violette odorante* (3) appartient à la famille des Violariées. Elle croît dans les lieux ombragés ; on la cultive dans les jardins.

Description. — Presque cespiteuse. Souche horizontale, de la

(1) *Tilia platyphylla* Scop. (*T. cordata* Mill , *T. cordifolia* Bess., *T. grandifolia* Ehrh.), vulgairement *Tilleul de Hollande.*

(2) *Tilia argentea* Hort. Par. (*T. alba* Waldst. et Kit., *T. rotundifolia* Vent.; *T. tomentosa* Mœnch).

(3) *Viola odorata* Linn., vulgairement *Violette cultivée.*

grosseur d'une plume à écrire, inégale, écailleuse, d'un blanc sale,
produisant un grand nombre de radicelles chevelues. Il en sort des
stolons radicants, très allongés. Tige nulle. Feuilles naissant par
touffes, radicales ou portées par les stolons, longuement pétiolées
(à pétioles pubescents), réniformes ou ovales-suborbiculaires, profondément cordiformes, obtuses, crénelées, légèrement pubescentes. Stipules ovales ou lancéolées, acuminées, entières, ciliées,
minces. Fleurs solitaires, à pédoncules axillaires, grêles, réfléchis
au sommet. Fruit (*capsule*) porté par un pédoncule couché et droit
au sommet, subglobuleux, à une loge et à 3 valves.

On en cultive à Paris une variété alpine sous le nom de *Violette
des quatre saisons.*

2° FLEURS. — D'une belle couleur violette ou d'un bleu rougeâtre, rarement blanches. Calice à 5 sépales, dont la base se prolonge au-dessous du point d'attache. Corolle à 5 pétales irréguliers :
les deux supérieurs redressés, les autres dirigés en bas ; les deux
latéraux barbus au-dessus de l'onglet ; l'inférieur, le plus grand,
offrant à sa base un éperon court et obtus. Étamines 5, presque
sessiles, à filets très courts, élargis, portant des anthères rapprochées, formant une espèce de dôme, surmontées d'une petite languette mince et pointue, jaune foncé. Les deux étamines qui
regardent le pétale inférieur produisent chacune, du milieu de leur
face externe, une corne plane et tranchante qui s'enfonce dans
l'éperon. Ovaire globuleux ; style recourbé en S, renflé supérieurement ; stigmate très petit, creux, avec un bec courbé.

On estime surtout les *fleurs* qui paraissent au premier printemps.

On sépare les pétales du calice, on ôte leur onglet, et on les fait
sécher rapidement dans une étuve ou dans un grenier aéré. On
les enferme, pendant qu'ils sont encore chauds, dans des flacons
bien secs qu'on ferme hermétiquement et qu'on met à l'abri de la
lumière (Save).

3° PROPRIÉTÉS ET USAGES. — Tout le monde connaît l'odeur fra-
grante des *Violettes.*

On regarde généralement ces *fleurs* comme adoucissantes et
calmantes. Elles contiennent beaucoup de mucilage. On les a signalées aussi comme antispasmodiques. Elles sont très utiles dans les
inflammations des organes respiratoires.

On les administre, sèches ou fraîches, en infusion. On en compose aussi un sirop et une eau distillée.

4° OBSERVATION. — On substitue souvent, dans le commerce, à
la *Violette odorante*, la *Violette de chien* (1), la *Violette à long* épe-

(1) *Viola canina* Linn. (*V. sylvestris* Lam.).

ron (1) et la *Violette tricolore* (2), qui présentent peu d'odeur ou qui n'en ont pas du tout.

§ VI. — Fleurs de Pêcher.

1re Plante. — Le *Pêcher commun* (3) appartient à la famille des Amygdalées. Il est originaire de la Perse ; on le cultive aujourd'hui presque partout.

Description. — Arbre médiocrement élevé. Feuilles alternes, elliptiques-lancéolées, étroites, aiguës, dentées en scie, glabres, d'un vert glauque des deux côtés. Fleurs alternes, rapprochées les unes des autres à la partie supérieure des rameaux, sessiles. Fruit (drupe) globuleux, creusé d'une sorte de gouttière longitudinale d'un seul côté, pubescent-velouté, d'un vert jaunâtre ou rougeâtre, ordinairement d'un rouge vif du côté développé au soleil, à chair épaisse, succulente et parfumée. Noyau ovoïde, pointu, très rugueux, creusé de sillons irréguliers et d'anfractuosités profondes. Graine comprimée, amère.

2e Fleurs. — Naissant avant les feuilles, d'un rose vif. Calice à tube turbiné et à limbe étalé offrant 5 divisions lancéolées. Corolle à pétales arrondis, entiers, brusquement onguiculés. Étamines environ 30, un peu plus courtes que les pétales ; pistil unique, plus court que les étamines.

On récolte ces *fleurs* avant leur entier développement, et on les fait sécher à l'étuve.

3e Propriétés et usages. — Les *fleurs du Pêcher* présentent une vertu laxative très douce. Cette vertu est moins active quand elles sont fraîches. On les emploie surtout pour les petits enfants.

On les administre en sirop.

On substitue quelquefois à ces fleurs celles de l'*Amandier* (4).

§ VII. — Fleurs de Cousso.

1re Plante. — Le *Coussotier* ou *Cossotier* (5) appartient à la famille des Rosacées. Il croît sur les montagnes de l'Abyssinie, à environ 300 mètres d'élévation. Il a été introduit en France d'abord par le docteur Brayer, et plus tard par M. Rochet d'Héricourt.

---

(1) *Viola calcarata* Linn.
(2) *Viola tricolor* Linn. (voy. p. 38).
(3) *Persica vulgaris* Mill. (*Amygdalus Persica* Linn.).
(4) *Amygdalus communis* Linn. (voy. les chapitres des Fruits et des Huiles).
(5) *Brayera Abyssinica* (*Bankesia Abyssinica* Bruce, *Hagenia Abyssinica* Lam., *Brayera anthelminthica* Kunth).

Description. — Arbre élevé de 20 mètres, offrant la physionomie d'un Noyer, toujours vert, à bois mou. Rameaux inclinés, velus à l'extrémité et marqués de cicatrices annelées, formées par la base des pétioles. Feuilles grandes, pétiolées, imparipennées, à 6 ou 7 paires de folioles sessiles, lancéolées, aiguës, dentées en scie, d'un vert foncé, entremêlées d'autres folioles très petites et presque rondes. Panicules très amples, compactes, pendantes. Fruit...

2° FLEURS (1). — Très petites, rougeâtres. Calice caché entre deux bractées, turbiné, très velu ; à limbe composé de 5 divisions radiées, oblongues, obtuses, veinées-réticulées, glabres. Corolle à 5 pétales spatulés. Kunth regarde cette corolle comme un second calice et admet une autre corolle à 5 pétales très petits et linéaires. Étamines au nombre de 10 environ, jaunes. Ovaires 2, libres ; styles terminaux.

On fait sécher ces *fleurs* comme nos fleurs de Tilleul ; elles deviennent d'un gris rosé.

On distingue deux sortes de *Cousso* : 1° le *Cousso essels*, ou les inflorescences mâles ; 2° le *Cousso rouge*, ou les femelles.

Ces *fleurs* contiennent une huile grasse, de la chlorophylle, de la cire, une résine âcre, une résine insipide, du tannin, de la gomme, du sucre, des sels (Wittstein).

On y trouve aussi une matière particulière qui cristallise en aiguilles (Martin).

3° PROPRIÉTÉS ET USAGES. — Odeur particulière, faible. Saveur d'abord peu marquée, puis âcre et désagréable. Il laisse dans l'arrière-bouche une sensation de grattement et d'astriction.

Ces *fleurs* sont employées avec succès contre les vers intestinaux. C'est un des anthelminthiques les plus puissants que l'on connaisse. Il agit surtout contre le ténia et le bothriocéphale, mais paraît presque dénué d'action contre les ascarides. Toutefois le *Cousso* n'expulse les vers que *partiellement.* On croit, en Éthiopie, qu'il faut deux mois pour obtenir une cure radicale. En Europe, ce remède semble plus efficace. Les Éthiopiens emploient souvent le *Cousso* comme purgatif ; ils assurent qu'il augmente l'appétit. Son usage est si fréquent, que lorsqu'une personne ne veut pas recevoir la visite d'une autre, elle lui fait dire qu'elle a bu le *Cousso* (D'Abbadie).

On les administre en poudre délayée dans un verre d'eau tiède,

____

(1) Vulgairement *Kousso, Kosso, Cosso, Cusso, Gossolz, Cot.*

§ VIII. — **Fleurs peu employées**.

Parmi les *fleurs* peu usitées, je me bornerai à signaler :

1° Les FLEURS DE COLCHIQUE (1), Colchicacée indigène. — Vantées contre le rhumatisme (2).

2° Les FLEURS DE GENESTROLLE (3), Légumineuse indigène.—Légèrement purgatives. Sa décoction est regardée en Russie comme un bon remède contre l'hydrophobie (4).

3° Les FLEURS DE GRENADIER (5), Granatée indigène. — Recommandées comme astringentes et toniques. — Administrées à l'intérieur et à l'extérieur (6).

4° Les FLEURS DE LAVANDE STÉCHADE (7), Labiée indigène. — Considérées comme aromatiques, toniques et antispasmodiques.

5° Les FLEURS DE MUGUET (8), Asparaginée indigène. —Regardées, réduites en poudre, comme sternutatoires.

6° Les FLEURS DE NÉNUPHAR (9), Nymphéacée indigène. —Signalées comme rafraîchissantes et béchiques.

7° Les FLEURS DE RENONCULE FLAMMETTE (10), Renonculacée indigène. — Conseillées dans les névralgies des membres et dans les irritations chroniques des muqueuses bronchiques (11).

III. — PARTIES DES FLEURS.

Les *parties des fleurs* recherchées par la matière médicale sont les *pétales* et les *stigmates*.

Parmi les pétales se trouvent : 1° ceux de la *Rose*, 2° ceux du *Coquelicot*, 3° ceux de l'*OEillet*.

On n'emploie que les *stigmates* du *Safran*.

§ I. — **Pétales de Roses**.

1° PLANTE. — Le *Rosier de France* (12) appartient à la famille des Rosacées. Il croît sur les collines boisées.

(1) *Colchicum autumnale* Linn.
(2) Voy. page 88.
(3) *Genista tinctoria* Linn. (*Genistoides tinctoria* Mœnch, *Spartium tinctorium* Roth).
(4) Voy. le chapitre des GRAINES.
(5) *Punica Granatum* Linn.
(6) Voy. page 69, et le chapitre des FRUITS.
(7) *Lavandula Stœchas* Linn.— Officin., *flores Stœchadis Arabicæ, flores Stœchados*.
(8) *Convallaria maialis* Linn.
(9) *Nymphœa alba* Linn.
(10) *Ranunculus flammula* Linn.
(11) Voy. page 82.
(12) *Rosa Gallica* Linn. (*R. rubra* Lam.).

Description. — Arbrisseau à souche longuement traçante. Tiges hautes de 6 à 12 décimètres, dressées ou étalées, cylindriques plus ou moins rameuses. Rameaux hérissés d'aiguillons nombreux, inégaux, rougeâtres, caducs. Ces aiguillons sont : les uns plus ou moins courbés, élargis à la base, comprimés et robustes; les autres, droits, sétacés, et entremêlés de soies spinescentes ou glanduleuses. Feuilles alternes, pétiolées, composées de 3 à 7 folioles sessiles, oblongues ou ovales-cordiformes, aiguës; simplement ou doublement dentées en scie, à surface crépue, glabres et d'un vert foncé supérieurement, un peu tomenteuses et pâles en dessous. Leurs denticules sont larges et glanduleuses. Stipules adhérentes au pétiole, oblongues-linéaires, à oreillettes divergentes, un peu ciliées. Fleurs réunies au nombre de 2 ou 3 au sommet des rameaux, très grandes, à pédoncules grêles, cylindriques et glanduleux. Calice ovoïde, pubescent et glanduleux, à limbe peu grand. Fruit un peu globuleux, d'un rouge foncé, très coriace.

La variété employée en médecine est connue sous le nom de *Rose de Provins* ou *Rose pourpre.*

2° PÉTALES. — Au nombre de 5, dans l'état sauvage, arrondis, un peu échancrés en cœur, d'un rouge cramoisi très foncé. La fleur double ordinairement dans les individus cultivés.

3° PROPRIÉTÉS ET USAGES. — Odeur peu prononcée. Saveur astringente assez forte. On assure que lorsque ces *pétales* ont été séchés rapidement, cette astringence se manifeste davantage.

Propriétés toniques. On prescrit ces *pétales* dans la leucorrhée et la blennorrhée chroniques, et généralement dans tous les écoulements qui dépendent de causes débilitantes. On en fait usage aussi dans les inflammations légères du larynx et dans certaines maladies des yeux. On vantait, autrefois, leur efficacité dans la phthisie pulmonaire.

On les administre en infusion et en poudre. Ils entrent dans la composition du vin rosat, du vinaigre rosat et du miel rosat. On prépare aussi une *conserve de roses rouges*, une eau distillée et un sirop.

4° SUCCÉDANÉS. — Une partie des *Roses* de France peuvent être employées comme la *Rose de Provins.* C'est avec les pétales du *Rosier à cent feuilles* (1) que l'on compose une eau distillée odorante et très légèrement astringente.

____

(1) *Rosa centifolia* Linn.

§ II. — **Pétales de Coquelicot.**

1° PLANTE. — Le *Coquelicot* (1) est une plante de la famille des Papavéracées. Il croît dans les champs, parmi les moissons.

Fig. 66. — *Fleur de Coquelicot.*

Description (fig. 66). — Planté annuelle. Tige haute de 3 à 6 décimètres, dressée, hispide, rude, rameuse. Feuilles alternes, profondément pinnatifides, rudes, à lobes oblongs lancéolés, aigus,

(1) *Papaver Rhœas* Linn.

très profondément et irrégulièrement dentés, à dents terminées par une soie. Fleurs au sommet des rameaux, très grandes. Sépales 2, elliptiques, concaves, hispides en dehors ; les poils sont subulés, roides, jaunâtres et portés par des mamelons. Étamines très nombreuses, à filets capillaires, luisants, d'un violet foncé, portant des anthères oblongues, d'un violet pâle ; pistil un peu plus court que les étamines. Ovaire glabre ; stigmate capité, formant une espèce de chapeau à 12 ou 15 côtes rayonnantes très papilleuses et violacées. Capsule obovée, couronnée par le stigmate persistant étoilé, et à 12 ou 15 lobes, glabre. Graines sans arille.

2° PÉTALES (1). — Au nombre de 4, très grands, plus larges que longs, transversalement elliptiques, extrêmement obtus, entiers ou irrégulièrement crénelés, plissés, très minces, à nervures fines assez marquées à la base, d'un beau rouge ; à onglet très court, d'un brun violet.

Ces *pétales* contiennent des traces de morphine, une matière astringente, une résine molle, de la gomme, de l'albumine végétale et quelques sels.

3° PROPRIÉTÉS ET USAGES. — Les *pétales* du *Coquelicot* ont une odeur un peu vireuse et une saveur mucilagineuse.

Ils sont adoucissants et légèrement calmants. On les recommande dans les catarrhes pulmonaires, la pleurésie et la toux.

On les administre en infusion et en sirop ; on en prépare une eau distillée.

§ III. — Pétales d'OEillet.

1° PLANTE. — L'*OEillet rouge* (2) est une plante de la famille des Caryophyllées. Il croît dans les endroits secs ; on le cultive dans les jardins.

Description. — Tige couchée inférieurement, redressée dans sa partie supérieure, haute de 50 centimètres à 1 mètre, cylindrique, noueuse, comme articulée, glabre, glauque. Feuilles opposées, demi-amplexicaules, longues, linéaires, creusées en gouttière, recourbées vers le sommet. Fleurs solitaires ou réunies au nombre de 2 ou 3. Calice offrant à sa base quelques écailles imbriquées, tubuleux, à 5 dents. Capsule ovoïde, très allongée, s'ouvrant par des dents terminales.

2° PÉTALES. — Au nombre de 5, composés d'un onglet très long, grêle, blanchâtre et d'une lame étalée, à sommet tronqué et denticulé, d'un rouge ponceau.

(1) Officin., *flores Rhœados.*
(2) *Dianthus Caryophyllus* Linn., vulgairement *OEillet des jardins.*

On les monde de leurs onglets ; on les fait sécher rapidement à l'étuve, et on les conserve dans des bocaux secs et bien fermés (Bouchardat).

3° PROPRIÉTÉS ET USAGES. — Ces *pétales* ont une odeur très agréable, aromatique, légèrement piquante, rappelant un peu celle du Girofle.

Ils sont légèrement excitants et un peu diaphorétiques.

On les administre en infusion et en potion cordiale. On en prépare encore un sirop et un ratafia.

§ IV. — Stigmates de Safran.

1° PLANTE. — Le *Safran cultivé* (1) est une petite plante de la famille des Iridées. Il paraît originaire de l'Asie ; on le cultive en grand dans les environs d'Avignon, en Normandie, dans le Gâtinais et dans l'Orléanais.

Description. — Souche bulbeuse, à bulbes superposés ; chaque bulbe arrondi, déprimé, recouvert de tuniques sèches et brunes, charnu intérieurement. Feuilles rapprochées en fascicule radical entouré de gaînes à la base, dressées, linéaires, étroites, à bords réfléchis, vertes et lisses en dessus, blanchâtres en dessous. Fleurs au nombre de 3, radicales, naissant au milieu des feuilles, grandes, violettes, veinées de rose ou de pourpre. Périanthe régulier, en entonnoir, à tube très long, étroit, naissant directement du bulbe, à limbe offrant 6 divisions disposées sur deux rangs, dressées ou peu étalées. Étamines attachées à la gorge du périanthe. Ovaire soudé avec le tube de ce dernier dans sa partie souterraine ; style très long, filiforme.

2° STIGMATES (2) (fig. 67). — Le pistil de cette Iridée se dilate à la partie supérieure en 3 lanières assez longues, pendantes hors du tube de la fleur, un peu roulées en cornet

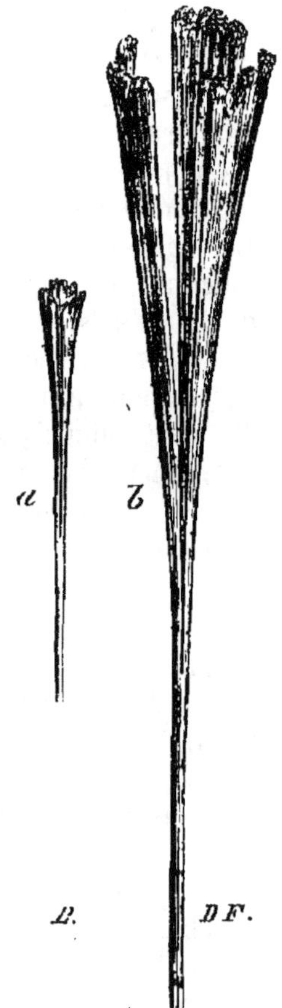

FIG. 67. — *Stigmates de Safran.* — *a*, stigmates de grandeur naturelle ; *b*, grossis.

(1) *Crocus sativus* Linn.
(2) Officin., *Crocus, Safran.*

et terminées chacune par un *Stigmate* crénelé. Cette partie offre une couleur d'un jaune foncé un peu rougeâtre.

La substance généralement connue sous le nom de *Safran* est cette partie supérieure des styles et les *Stigmates*. On la recueille en septembre et en octobre.

Le *Safran* du commerce est sous la forme de filaments longs, élastiques, un peu crispés, durs, rouge-jaune foncé ; il colore en jaune la salive.

On a découvert dans le *Safran* une matière colorante particulière, qui se teint en bleu et en vert par l'action des acides et des alcalis (Bouillon-Lagrange, Vogel). Elle est soluble dans l'eau et dans l'alcool. Elle paraît composée de matière colorante et d'huile volatile (Henry).

3° PROPRIÉTÉS ET USAGES. — L'odeur du *Safran* est forte, pénétrante et agréable. Sa saveur est amère et piquante.

Ses propriétés sont stimulantes et antispasmodiques. Il doit être employé à petites doses. Quand il est pris en trop grande quantité, il détermine des accidents analogues à ceux de l'ivresse et même une congestion cérébrale.

On l'administre en poudre, en infusion, en teinture, en extrait et en sirop. Il entre dans la composition du *laudanum de Sydenham*, et dans celle de l'*élixir de Garus*.

CHAPITRE XIV.

DES FRUITS.

Les botanistes ont distingué les *fruits* en *simples, multiples et agrégés* (1).

I. — FRUITS SIMPLES.

Les *fruits simples* sont produits par un ovaire simple ou par plusieurs ovaires confondus. Ces fruits sont les plus nombreux. Ceux qui intéressent la matière médicale peuvent être rapportés à dix types principaux : 1° la *baie*, 2° la *balauste*, 3° l'*hespéridie*, 4° la *péponide*, 5° la *mélonide*, 6° la *drupe*, 7° le *caryopse*, 8° l'*achaine*, 9° la *gousse*, 10° la *capsule*.

Les six premiers sont charnus, et les quatre derniers secs. Voici les caractères abrégés des uns et des autres :

(1) Voy. page 6.

a. — Fruits charnus.

Fruits	aqueux..	Sans loges apparentes	. . . .	1.	BAIE.
		Avec loges membraneuses	irrégulières . . .	2.	BALAUSTE.
			régulières	3.	HESPÉRIDIE.
	pulpeux..	Des graines..	à la circonférence.	4.	PÉPONIDE.
			au centre.	5.	MÉLONIDE.
		Un noyau.		6.	DRUPE.

b. — Fruits secs.

Fruits	indéhiscents.	Nu.		7.	CARYOPSE.
		Couvert par le calice.		8.	ACHAINE.
	déhiscents..	Graines d'un côté.		9.	GOUSSE.
		Graines de plusieurs côtés.		10.	CAPSULE.

1° BAIES.

Les *baies* sont des fruits aqueux, sans noyau, les unes nues, comme les *Raisins*, les autres recouvertes par le calice, comme les *Groseilles*. Généralement, elles ne présentent pas de loges bien caractérisées. Elles contiennent des graines disposées sans ordre apparent.

Je traiterai des *baies* suivantes : 1° des *Raisins*, 2° des *Groseilles*, 3° de l'*Alkékenge*, 4° du *Nerprun*, 5° des *Poivres*, 6° des *Dattes*.

Les *Raisins*, les *Groseilles* et l'*Alkékenge* sont de véritables *baies* à plusieurs graines et à parenchyme plus ou moins succulent. Dans les *Nerpruns*, la chair est peu abondante. Dans les *Poivres* et les *Dattes*, il n'y a plus qu'une graine : ces *fruits* font le passage des *baies* aux *drupes*.

§ I. — Des Raisins.

1° PLANTE. — L'arbrisseau auquel nous devons les *Raisins*, la *Vigne cultivée* (1), appartient à la famille des Vinifères ou Sarmentacées. Il est originaire de l'Asie. On l'importa d'abord dans la Grèce et dans l'Italie. On croit généralement qu'il fut introduit dans les Gaules par les Phéniciens, lorsqu'ils vinrent s'établir à Marseille. La *Vigne* est cultivée aujourd'hui dans toutes les parties tempérées de l'Europe. On sait qu'elle forme une des principales richesses de la France.

____

(1) *Vitis vinifera* Linn.

Description. — Arbrisseau sarmenteux, pouvant acquérir une hauteur considérable en s'enroulant autour des arbres élevés. Tige tortueuse, noueuse, striée, à écorce fibreuse, crevassée, brune, peu adhérente au bois et se détachant par filaments. Il en sort, tous les ans, des jets très longs et très vigoureux (*sarments*). Bourgeons velus tomenteux. Feuilles alternes, brièvement pétiolées, presque arrondies, échancrées à la base, à cinq lobes aigus doublement dentés, tomenteux en dessous, plus rarement glabrescents. Vrilles opposées aux feuilles, rameuses, tordues en spirale dans divers sens, herbacées, contenant un suc acide. Inflorescence en grappes également oppositifoliées. Fleurs très petites, verdâtres. Calice gamosépale, très court, cupuliforme, à limbe obscurément 5-denté. Corolle à 5 pétales soudés supérieurement en une coiffe qui se détache d'une seule pièce. Étamines 5, opposées, à filets grêles et subulés, portant des anthères cordiformes. Ovaire libre, ovoïde, acuminé, biloculaire, entouré d'un disque annulaire ; stigmate presque sessile, capité, un peu bilobé.

2° BAIES. — La grappe de la *Vigne* est appelée *Raisin*. Cette grappe est pyramidale, allongée ou arrondie, à *baies* serrées ou lâches.

Les *baies* sont pédicellées, ovoïdes ou globuleuses, très succulentes, tantôt d'un rouge violet ou rougeâtre, tantôt d'un jaune roux ou d'un vert jaunâtre, suivant les variétés, lisses, à peau plus ou moins mince, à pulpe très aqueuse, plus ou moins sucrée et plus ou moins parfumée. Elles renferment de 1 à 4 graines. Dans le *Raisin de Corinthe*, toutes ces dernières ont avorté. Graines obovoïdes, subbilobées. Les *baies* sont d'abord acerbes, puis acides, puis acidules, puis douces et sucrées.

Avant leur maturité, on retire des *Raisins* du *verjus*.

Quand ils sont mûrs, on les fait sécher (*Raisins secs*), soit pour l'usage de la table, soit pour la pharmacie. On les trempe dans de l'eau de lessive ou dans une solution alcaline chaude ; puis on les expose au soleil ou bien on les porte dans un four.

On distingue trois sortes principales de *Raisins secs* : 1° ceux de *Malaga*, qui sont les plus gros, d'une couleur violacée et *fleuris* ; 2° ceux de *Provence* (ou *Raisins de caisse*), de taille moyenne, de couleur roussâtre et non fleuris ; 3° ceux de *Corinthe*, très petits, rougeâtres et sans pepins. Les deux premières qualités tiennent à leur râfle ; la troisième en est séparée.

Mais les produits de la *Vigne* les plus importants sont, sans contredit, le *vin*, le *vinaigre* et l'*alcool*, dont il sera traité dans des chapitres spéciaux.

Les *Raisins* contiennent de l'eau, du glucose, une matière mucilagineuse, une matière grasse, des acides végétaux libres ou combinés avec les bases, spécialement des acides tartrique et malique, des tartrates de potasse et de chaux, diverses substances minérales, telles que la potasse, la soude, la chaux et la magnésie, combinées avec les acides sulfurique et phosphorique et le chlore, des oxydes de fer et de manganèse, de la silice, de l'alumine.....

3· PROPRIÉTÉS ET USAGES. — L'odeur des *Raisins* est faible, mais agréable. Leur saveur est douce, sucrée et parfumée.

Parvenus à leur parfaite maturité, les *Raisins* constituent un des meilleurs fruits de nos climats. On en consomme, en Europe, une immense quantité. Ils sont rafraîchissants ; mangés en trop grande quantité, ils deviennent laxatifs.

La *cure aux Raisins* jouit d'une certaine réputation en Allemagne et en Suisse ; mais les propriétés de ces fruits varient suivant les qualités. On a reconnu que ceux qui contiennent une proportion convenable d'eau et de matière gommo-sucrée, avec un peu de fer et d'autres principes actifs, sont adoucissants, béchiques et pectoraux ; que les *Raisins* aromatiques, tels que les Muscats, sont excitants et échauffants ; que ceux qui renferment du fer, du manganèse, sont toniques et stomachiques ; que ceux qui contiennent du tannin sont astringents ; que ceux qui ont beaucoup de potasse sont diurétiques, et que ceux qui présentent du sulfate de potasse sont laxatifs et même un peu purgatifs (Herpin).

Les *Raisins secs* sont béchiques et pectoraux. On les emploie en décoction.

§ II. — Des Groseilles.

1° PLANTES. — Le genre *Groseillier* (*Ribes*) appartient à la famille des Grossulariées. Il a pour caractères : Un calice ventru, à 5 lobes un peu colorés ; des pétales et des étamines au nombre de 5. Un ovaire adhérent, surmonté d'un style bifurqué à stigmates obtus. Une baie à plusieurs graines attachées par de petits cordons ombilicaux, à deux placentas opposés aux parois du péricarpe, anguleuses et à testa mucilagineux. Ce sont de petits arbrisseaux à feuilles alternes, pourvues de nervures palmées.

L'espèce principale est le *Groseillier rouge* (1) ; mais il en est deux autres dont il est question dans la plupart des traités de matière

----

(1) *Ribes rubrum* Linn., vulgairement *Groseillier ordinaire*, *Raisin de mars*.

médicale, quoique moins importantes : ce sont le *Groseillier noir* (1) et le *Groseillier épineux* (2).

Caractères. — Voici les caractères abrégés de ces trois espèces :

$$\text{Fleurs}\begin{cases}\text{en grappes.}\quad\text{Style}\begin{cases}\text{bifide.}\ldots\ldots & \text{1. } \textit{Groseillier rouge.}\\ \text{simpe}\ldots\ldots & \text{2. } \textit{Groseillier noir.}\end{cases}\\ \text{solitaires}\quad\text{Style bipartit.}\ldots & \text{3. } \textit{Groseillier épineux.}\end{cases}$$

Le *Groseillier rouge* est sans aiguillons; il a un calice presque plan, des anthères didymes et un ovaire infère.

Le *Groseillier noir* est aussi sans aiguillons; il a un calice campanulé, des anthères cordiformes et un ovaire semi-infère.

Le *Groseillier épineux* est hérissé d'aiguillons; il a un calice campanulé, des anthères cordiformes et un ovaire complétement infère.

2° BAIES. — Les *baies* des *Groseilliers* sont ombiliquées au sommet et contiennent une pulpe très aqueuse. Celles du *Groseillier rouge* sont globuleuses, un peu déprimées, lisses, pourvues de nervures fines longitudinales, plus ou moins transparentes, tantôt d'un beau rouge cramoisi, tantôt blanchâtres. Celles du *Groseillier noir*, appelées vulgairement *Cassis*, présentent la même taille et la même forme; mais leur surface est terne et leur couleur noire. Celles du *Groseillier épineux* sont presque aussi grosses que des cerises, ovoïdes, couvertes de quelques poils rudes et d'une couleur rosée vineuse ou d'un rougeâtre violacé.

3° PROPRIÉTÉS ET USAGES. — Les *baies* des *Groseilliers* sont plus ou moins acidules et plus ou moins sucrées. Le type rouge de la première espèce est la plus aigre.

Les parois du *Cassis* sont remplies d'un fluide aromatique peu agréable et très actif.

Ces fruits sont rafraîchissants et un peu relâchants. Ceux de la troisième espèce passent pour excitants.

On compose, avec les *baies* du *Groseillier rouge*, des tisanes, un sirop et une gelée. On fait avec le *Cassis* une sorte de ratafia. On emploie très peu les *baies* du *Groseillier épineux*.

§ III. — De l'Alkékenge.

1° PLANTE. — Le *Coqueret alkékenge* (3) appartient à la famille des Solanées. Il croît dans les champs cultivés.

(1) *Ribes nigrum* Linn. (*Botrycarpum nigrum* A. Rich.), vulgairement *Cassier*.
(2) *Ribes Grossularia* Linn. (*Grossularia vulgaris* A. Rich.), vulgairement *Groseillier à maquereau*.
(3) *Physalis Alkekengi* Linn., vulgairement *Coqueret officinal*.

Description. — Plante annuelle. Rhizome rameux, longuement traçant. Tige haute de 3 à 6 décimètres, dressée, anguleuse, pubescente, simple ou rameuse. Feuilles géminées, pétiolées, ovales, acuminées, quelquefois deltoïdes, entières ou légèrement sinueuses, glabres ou glabrescentes. Fleurs extra-axillaires, solitaires, assez grandes, blanchâtres, à pédoncule court et recourbé. Calice très petit, urcéolé, renflé, très velu, à 5 lobes. Corolle en roue ; à tube court et à limbe étalé offrant 5 divisions ovales aiguës et plissées. Étamines 5, raccourcies, à filets assez longs, portant des anthères qui sont conniventes avant l'émission du pollen et qui s'ouvrent longitudinalement. Ovaire ovoïde, glabre, offrant un style court, terminé par un stigmate très petit, convexe.

2° BAIES. — *Baies* portées par un pédicelle réfléchi, de la grosseur d'une petite cerise, globuleuses, lisses, glabres, rouges, succulentes, à deux loges. Elles sont enveloppées complétement par le calice, qui s'est accru et transformé en une espèce de vessie très ample, membraneuse, subpentagone, ombiliquée à la base, à lobes connivents, veinée-réticulée et d'un rouge assez vif. Graines réniformes et aplaties.

3° PROPRIÉTÉS ET USAGES. — Les *baies* dont il s'agit sont aigrelettes, un peu amères et assez agréables.

Elles passent pour diurétiques et laxatives.

On les administre en poudre et en décoction. — Elles font partie du *sirop de Rhubarbe composé*.

§ IV. — Du Nerprun.

1° PLANTE. — Le *Nerprun purgatif* (1) appartient à la famille des Rhamnées. Il croît dans les bois, les haies et les lieux incultes.

Description. — Arbrisseau. Tige haute de 3 à 4 mètres environ, droite, très rameuse, à écorce lisse, d'un brun grisâtre. Rameaux souvent opposés, offrant à leur bifurcation une épine très dure (rameau terminal avorté). Feuilles opposées, pétiolées, arrondies ou ovales, assez larges, brusquement acuminées, finement et régulièrement dentées, glabres, disposées en rosettes sur les rameaux florifères. Inflorescence en fascicules très courts, au sommet de rameaux latéraux. Fleurs petites, d'un jaune verdâtre, dioïques ou polygames. Calice urcéolé, persistant, à 4 lobes allongés. Pétales

(1) *Rhamnus catharticus* Linn., vulgairement *Noirprun, Bourguépine*.

au nombre de 4, petits, un peu jaunâtres. Étamines 4. Ovaire arrondi; style 2-3-fide.

2° BAIES (fig. 68). — *Baies* globuleuses, luisantes, d'abord vertes, puis noires. Elles contiennent un suc d'un rouge violet très foncé. Ce suc devient rouge par les acides et vert par les alcalis (c'est en l'épaississant par évaporation et en le combinant avec la chaux, qu'on obtient la couleur appelée *vert de vessie*). Ces *baies* présentent 3 à 4 loges monospermes s'ouvrant intérieurement par une fente longitudinale. Les graines sont oblongues, dures et marquées du côté extérieur d'un sillon plus large à la base.

On récolte les *baies* du *Nerprun* pendant les mois de septembre et d'octobre. On a soin de choisir les plus grosses, les plus luisantes et les plus riches en suc. Ordinairement on ne les fait pas sécher.

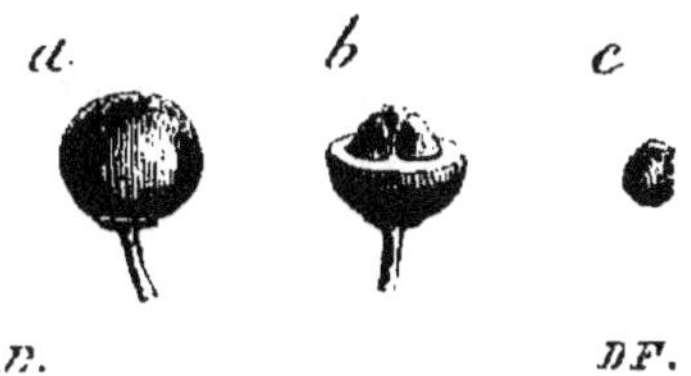

FIG. 68. — *Baies de Nerprun.* — *a*, baie entière; *b*, baie dont la partie supérieure est enlevée; *c*, une graine isolée.

Ces *baies* contiennent une matière particulière colorante, de l'acide acétique, du sucre, une matière azotée, du mucilage (Vogel). On y trouve un principe immédiat (*rhamnine*) d'un jaune soufré.

3° PROPRIÉTÉS ET USAGES. — Les *baies* du *Nerprun* ont une odeur désagréable un peu nauséabonde et une saveur amère, âcre et glutineuse.

Elles sont purgatives et hydragogues.

On les administre en poudre, en sirop (1), en rob et en extrait.

4° AUTRE ESPÈCE. — Le *Nerprun bourgène* (2) a été plusieurs fois conseillé dans la goutte, l'amygdalite et la constipation des vieillards. C'est un purgatif employé par les paysans.

§ V. — Des Poivres.

1° PLANTES. — Les *Poivriers* appartenaient anciennement à la famille des Urticées. Richard père et Kunth en ont fait une famille distincte sous le nom de Pipéracées.

____

(1) Officin., *sirupus e Spina cervina.*
(2) *Rhamnus Frangula* Linn., vulgairement *Aulne noir, Bourdaine, Bourgène.*

Les *Poivriers* ont une spadice très simple couverte de fleurs dans toute son étendue, des fleurs sans calice ni corolle, mais pourvues chacune d'une écaille protectrice, les sexes réunis, des étamines en nombre indéterminé, un ovaire supérieur et uniloculaire, un stigmate trifide et une baie.

Ce sont des arbustes aromatiques, à rameaux articulés et noueux, à feuilles alternes ou opposées, et à inflorescence axillaire ou oppositifoliée.

Parmi les espèces nombreuses de ce genre, je signalerai seulement : 1° le *Poivrier aromatique* (1), 2° le *Poivrier cubèbe* (2), 3° le *Poivrier long* (3), 4° le *Poivrier de Roxburgh* (4).

Le premier appartient au genre *Poivre* proprement dit ; le second au genre *Cubèbe*; le troisième et le quatrième font partie du genre *Chavica*.

Caractères. — Voici les caractères de ces trois genres :

1° *Poivre*. Fleurs dioïques et hermaphrodites ; bractées sessiles, oblongues et décurrentes ; baies sessiles.

2° *Cubèbe*. Fleurs dioïques ; bractées sessiles ; baies pédicellées;

3° *Chavica*. Fleurs dioïques; bractées pédicellées, offrant une dilatation quadrangulaire ; baies sessiles.

Les *Poivres* croissent dans les Indes, particulièrement à Java, à Sumatra et au Ceylan.

2° BAIES. — Les fruits du *Poivrier aromatique* sont petits, globuleux, lisses, luisants, d'abord verdâtres, puis rouges, et enfin d'un brun noirâtre. On les recueille quatre mois après la floraison. On les expose au soleil pendant sept jours, afin de faire foncer leur péricarpe ; leur surface se ride avec réticulations et devient plus ou moins noire. C'est là le *Poivre noir* (5). Quelquefois on les monde, en les mettant macérer dans l'eau de la mer, opération qui fait gonfler et crever leur écorce, et qui permet de la détacher facilement. On obtient ainsi le *Poivre blanc* (6).

Le *Poivre aromatique* contient du *pipérin*, une huile concrète, âcre, une huile balsamique, une matière gommeuse, des acides tartrique et malique, de l'amidon, de la bassorine (Pelletier).....

Le *pipérin* est un principe azoté, neutre, cristallisant en prismes

---

(1) *Piper nigrum* Linn. (*P. aromaticum* Poir.).

(2) *Cubeba officinalis* Miq. (*Piper Cubeba* Linn. f.)., vulgairement *Poivrier à queue, Poivrier pédiculé*.

(3) *Clavica officinarum* Miq. (*Piper longum* Linn., partim., *P. callosum* Opiz).

(4) *Clavica Roxburghii* Miq. (*Piper longum* Linn., partim).

(5) Officin., *Piper nigrum*.

(6) Officin., *Piper album, Leucopiper*.

à quatre pans, transparents, d'un jaune pâle. Il fond à 100 degrés ; il est insoluble dans l'eau froide, peu soluble dans l'eau bouillante, mais très soluble dans l'alcool à chaud.

Le *Poivre cubèbe* (1) paraît un peu plus petit que le *Poivre noir*. Il est pédiculé, presque globuleux, très brièvement apiculé, plus ou moins ridé et noirâtre. La graine offre huit nervures longitudinales, onduleuses et rameuses ; elle est d'un gris brun pâle.

Le *Poivre long* (2) diffère des autres *Poivres* en ce que ses *baies* ne sont pas isolées, mais réunies ensemble et soudées ; leur association forme de petits cylindres obtus, d'un roux grisâtre, qui ressemblent à des chatons. Ce *Poivre* est recueilli avant la maturité. Les fruits sont globuleux, oblongs, lenticulaires et légèrement tétragones. Leur graine est obovée-globuleuse, à peine anguleuse, obtuse et presque ombiliquée à la base, apiculée au sommet, un peu luisante, légèrement excavée-ponctuée et noire.

Le *Poivre de Roxburgh* a des *baies* obovées-tétragones, presque pyramidales, convexes au sommet. Ses graines sont oblongues-subglobuleuses, obtusément tétragones et lenticulaires, subcomprimées, largement ombiliquées à la base, légèrement rétuses au sommet, luisantes, subtilement aréolées et d'un châtain rougeâtre.

3° PROPRIÉTÉS ET USAGES. — Les *Poivres* ont une odeur et une saveur parfaitement connues. Le *noir* est plus âcre que le *blanc*. Le *pipérin* n'a pas de saveur.

L'usage des *Poivres*, comme condiments et comme aromates, est très ancien.

Le *Poivre*, pris modérément, facilite la digestion et ranime les forces ; c'est un bon stimulant. Il fait partie d'un grand nombre de compositions pharmaceutiques : par exemple, du *mithridate* et de la *thériaque*. On en prépare une teinture et une pommade.

Le *Cubèbe* sert à combattre les blennorrhagies uréthrales. On l'administre en poudre, en bols, en injections, en lavements, en mixture, en opiat (3).

§ VI. — Des Dattes.

1° PLANTE. — Le *Dattier cultivé* (4) appartient à la famille des Palmiers. Il croît naturellement dans l'Égypte et dans l'Inde. Il

(1) Ou *Quabèbe*, ou *Poivre à queue*.
(2) Officin., *Piper longum*, *Macropiper*.
(3) Voy. le chapitre des ESSENCES.
(4) *Phœnix dactylifera* Linn.

vient dans le midi de la France, dans le golfe de Gênes et en Corse ; mais il n'y donne jamais de fruits mûrs.

Description. — Grand et bel arbre. Stipe haut de 15 à 20 mètres, simple, cylindrique ou un peu renflé vers le milieu, marqué d'anneaux rapprochés ou d'écailles produites par les feuilles tombées. Feuilles rassemblées en bouquet au sommet de l'axe, engaînantes à leur base, très grandes, pinnées. Inflorescence en longs régimes rameux placés aux aisselles des feuilles, sortant d'une grande spathe coriace, monophylle, fendue d'un côté. Ces régimes portent des fleurs mâles ou des fleurs femelles. Mâles : calice à 6 sépales, 3 internes et 3 externes. Étamines au nombre de 6. Femelles : à 3 stigmates distincts.

2° BAIES. — Les *baies* du *Dattier* sont désignées sous le nom de *Dattes* (1). Ce sont des fruits ovoïdes-allongés, charnus. Leur épiderme est mince, rouge jaunâtre. Pulpe solide, un peu visqueuse. Graine offrant un tégument mince, membraneux, lâche, d'un blanc soyeux. Amande extrêmement dure, cylindroïde, un peu pointue à chaque extrémité, profondément sillonnée d'un côté, convexe de l'autre, et portant au milieu de ce dernier une petite empreinte circulaire, espèce d'opercule qui tombe au moment de la germination pour laisser sortir la radicule.

On fait sécher les *Dattes* au soleil.

Les *Dattes* contiennent du sucre liquide et du sucre cristallisable, du mucilage, de l'arabine, de l'albumine (Bonastre).....

3° PROPRIÉTÉS ET USAGES. — Les *Dattes* ont une saveur douce, sucrée, parfumée et très agréable ; elles présentent un goût un peu vineux lorsqu'elles sont fraîches. Le tégument propre de la graine est toujours fort astringent.

Une grande partie des habitants de l'Afrique se nourrissent de *Dattes* fraîches ou sèches. On en apporte beaucoup en Europe, surtout en France, depuis la conquête de l'Algérie.

Les *Dattes* sèches sont adoucissantes et pectorales.

On en fait diverses tisanes très utiles dans les irritations des organes respiratoires ; on en prépare aussi une pâte. C'est la base de l'*électuaire diaphœnix*.

§ VII. — De quelques Baies peu employées.

1° BAIES D'ARBOUSIER, fournies par l'*Arbousier commun* (2), arbrisseau de la famille des Éricinées, du midi de la France, de

(1) Officin., *Dactyli.*
(2) *Arbutus Unedo* Linn.

l'Italie et de l'Espagne. — Fades et indigestes. — Employées
contre la peste. — Administrées en eau distillée (1).

2° BAIES DE BELLADONE, fournies par la *Belladone commune* (2).
— Solanée indigène. — Narcotiques. — Administrées en rob (3).

3° BAIES D'EUGENIE DYSENTÉRIQUE (4). — Myrtacée du Brésil. —
Sucrées, un peu acides et astringentes.

4° BAIES DE LAURIER (5), fournies par le *Laurier franc* (6), arbre
de la famille des Laurinées, du midi de la France. — Aromatiques,
amères et âcres. — Anciennement usitées comme toniques et
carminatives. — On en retire une huile et l'on en prépare un
onguent (7).

5° BAIES DE MYRTILLE, fournies par l'*Airelle myrtille* (8), petit
arbrisseau de la famille des Vacciniées, indigène. — Rafraîchissantes, un peu astringentes et antidysentériques. — Administrées
en rob, en teinture, en sirop (Reiss).

6° BAIES DE SUREAU, fournies par le *Sureau noir* (9), arbrisseau
de la famille des Caprifoliacées, indigène. — Sudorifiques et légèrement purgatives. — Administrées en rob (10).

2° BALAUSTES.

Les *balaustes* ou *balautes* sont des fruits aqueux, recouverts par
le calice et couronnés par ses lobes, à écorce coriace et à comparti-
ments membraneux peu réguliers. Elles contiennent des graines très
nombreuses, osseuses et entourées d'un parenchyme très aqueux.

1° PLANTE. — Les *balaustes* employées en médecine sont produites par le *Grenadier commun* (11), dont j'ai déjà donné la
description en traitant des RACINES (12).

2° BALAUSTE. — La *balauste*, désignée vulgairement sous le nom
de *Grenade*, est de la grosseur d'une belle pomme, sphérique, cou-

(1) Voy. page 195.
(2) *Atropa Belladona* Linn.
(3) Voy. page 174.
(4) *Eugenia dysenterica* Mart., vulgairement *Cagaiteira*.
(5) Officin., *baccæ Lauri.*
(6) *Laurus nobilis* Linn., vulgairement *Laurier commun, Laurier à jambon, Laurier d'Apollon.*
(7) Voy. le chapitre des ESSENCES.
(8) *Vaccinium Myrtillus* Linn. (*Vitis idæa Myrtillus* Mœnch).
(9) *Sambucus nigra* Linn. (*S. vulgaris* Lam.).
(10) Voy. page 212.
(11) *Punica Granatum* Linn.
(12) Voy. page 69.

ronnée par les lobes calicinaux. Son écorce (1) est mince, lisse, d'un brun rougeâtre et coriace ; elle se fend souvent à la maturité. Ce fruit est divisé par un diaphragme transversal en deux cavités inégales : la supérieure partagée en 7 ou 9 loges ; l'inférieure, plus petite, en 3 ou 4. Les cloisons sont membraneuses et d'un blanc un peu jaunâtre. Les graines sont nombreuses, entourées d'une pulpe aqueuse, d'un rouge brillant.

3° PROPRIÉTÉS ET USAGES. — L'écorce de la *Grenade* est fortement astringente. Il en est de même de ses cloisons membraneuses.

La pulpe aqueuse des graines est acidule et rafraîchissante.

On compose avec ce fruit un sirop légèrement acide et astringent.

3° HESPÉRIDIES.

Les *hespéridies* sont des fruits aqueux non recouverts par le calice, à écorce coriace et à loges régulières, séparées par des cloisons membraneuses, pouvant être isolées sans déchirement. Elles contiennent des graines attachées du côté intérieur et cartilagineuses.

1° PLANTES. — Les *hespéridies* appartiennent aux Aurantiacées. Les espèces dont les fruits sont principalement employés en médecine sont : 1° l'*Oranger* (2), 2° le *Citronnier* (3).

J'ai déjà parlé de l'*Oranger* au chapitre des FEUILLES (4).

Le *Citronnier* passe pour originaire de l'Asie Mineure. On le cultive dans les parties chaudes de l'Europe.

Description. — Arbre assez élevé. Tronc à écorce d'un vert pâle, à tissu très dur, blanchâtre. Rameaux souvent épineux. Feuilles oblongues, aiguës ou obtuses, dentelées, d'une belle couleur verte, coriaces, d'une odeur forte. Leur pétiole est court et non ailé. Inflorescence en bouquets terminaux. Fleurs blanches, d'une odeur douce très agréable. Calice petit, très épais, verdâtre, à 5 dents obtuses. Pétales au nombre de 5, ouverts, oblongs et charnus. Étamines 5, à filaments droits, subulés, souvent soudés inférieurement, portant des anthères oblongues. Ovaire arrondi, surmonté d'un style cylindrique, terminé par un stigmate globuleux.

2° HESPÉRIDIES. — Les fruits du *Citronnier* (*Citrons*) sont

(1) Officin., *Malicorium.*
(2) *Citrus Aurantium* Linn.
(3) *Citrus medica* Linn., vulgairement *Citronnier commun.*
(4) Voy. page 184.

ovoïdes ou globuleux, à écorce raboteuse, d'un jaune de soufre, et à pulpe acide.

Les fruits de l'*Oranger* (*Oranges*) sont globuleux, à écorce également rude, d'un jaune d'or foncé et à pulpe douce.

Les uns et les autres contiennent, dans leur écorce, une huile essentielle dont je traiterai plus loin (1). Ils offrent de plus, dans la partie blanche de cette écorce, un principe cristallin, amer, appelé *hespéridine*, qui se rapproche des résines, qui est soluble dans l'alcool, mais insoluble dans l'éther. Leur pulpe est plus ou moins aqueuse et plus ou moins abondante.

Cette pulpe contient du sucre, de la gomme et une faible proportion d'acide.

3° PROPRIÉTÉS ET USAGES. — Le suc des *hespéridies* est plus ou moins parfumé. Leur saveur est plus ou moins acide et sucrée.

Ce suc est rafraîchissant. L'*hespéridine* est tonique.

Les *Citrons* sont employés pour nettoyer la bouche, dans les fièvres graves. Les tranches d'*Oranges* sont souvent ordonnées, dans la plupart des phlegmasies, pour calmer la soif et tromper l'appétit des malades. Les *hespéridies* servent surtout à la composition de la *limonade* et de l'*orangeade*. Ces fruits non mûrs, tombés de l'arbre peu après la floraison (*orangettes*, *petit grain*), ceux surtout d'une espèce voisine, le *Bigaradier*, entrent dans le *sirop antiscorbutique*. On les utilise aussi comme pois à cautères.

4° PÉPONIDES.

Les *péponides* sont des fruits pulpeux, recouverts par le calice et non couronnés par ses lobes, à écorce mince, à centre presque vide. Elles contiennent des graines attachées à la circonférence et cartilagineuses.

Nous avons deux *péponides* à étudier : 1° la *Coloquinte*, 2° le *Concombre sauvage*.

§ I. — De la Coloquinte.

1° PLANTE. — La *Cucumère coloquinte* (2) est une plante de la famille des Cucurbitacées, originaire de l'Orient et des îles de l'Archipel.

Description.—Tige herbacée, couchée ou s'élevant sur les végétaux voisins au moyen de ses vrilles, cylindrique, charnue, cassante,

(1) Voy. le chapitre des ESSENCES.
(2) *Cucumis Colocynthis* Linn., vulgairement *Cucumère*.

couverte de poils très rudes. Feuilles alternes, longuement pétiolées, presque réniformes, aiguës, à 5 lobes (dont le moyen très grand), dentées, pubescentes. Vrilles nombreuses, extra-axillaires, courtes. Fleurs solitaires, d'un jaune orangé, monoïques. Mâles : Calice campanulé, hérissé de poils rudes et blancs ; limbe à lanières étroites et subulées. Corolle adhérente par son tiers inférieur avec le tube calicinal, campanulée, à 5 lobes ovales, aigus, terminés par une petite pointe. Étamines au nombre de 5, dont 4 soudées intimement deux par deux. Anthères linéaires, repliées plusieurs fois sur elles-mêmes, rapprochées et formant une sorte de cône. Fem. : Partie inférieure du calice ovoïde, comme en massue. Corolle semblable à celle de la fleur mâle. Étamines avortées. Ovaire soudé avec le tube calicinal ; style gros, charnu, glabre, trifide.

2° PÉPONIDE. — Le *fruit* de la *Coloquinte* est de la grosseur d'une orange, globuleux et recouvert d'une écorce assez mince, dure, coriace, glabre et jaune. Il renferme une pulpe blanche et spongieuse. Ses graines sont nombreuses, ovales, comprimées, et blanches ou roussâtres.

La *Coloquinte* du commerce et des pharmacies (1) n'est autre chose que cette *péponide* dépouillée de son enveloppe. Elle se présente, après cette décortication, comme un corps globuleux, sec, léger, spongieux et blanchâtre. La *Coloquinte*, ainsi préparée, nous arrive d'Espagne et des îles de l'Archipel.

Ce fruit contient : de la *colocynthine*, une huile grasse, une résine amère, de l'extractif, de la gomme, de l'acide pectique, des sels (Meisner)....

La *colocynthine* (Vauquelin) est friable, translucide et d'un jaune rougeâtre. Elle brûle à la manière des résines et se dissout dans cinq parties d'eau froide ; elle est soluble dans l'alcool et dans l'éther.

3° PROPRIÉTÉS ET USAGES. — La saveur du tissu spongieux de cette *péponide* est d'une amertume insupportable mêlée d'âcreté. La *colocynthine* est aussi extrêmement amère.

La *Coloquinte* est un purgatif drastique des plus violents ; elle est aussi emménagogue.

On l'administre en nature et en poudre, à faible dose. On en prépare un extrait aqueux, un vin, une teinture, une pommade. Elle entre dans beaucoup de médicaments drastiques. Elle fait partie des *pilules* ou *trochisques d'alhandal*, de la *confection Hamech* et de l'*extrait panchymagogue*.

(1) Officin., Colocynthis, fructus Colocynthidos, Cucurbita cathartica, Pomme de Coloquinte.

§ II. — Du Concombre sauvage.

1° PLANTE. — L'*Ecballie élatérie* (1) est aussi une plante de la famille des Cucurbitacées. On la trouve communément en Provence et en Languedoc, dans les lieux stériles et pierreux.

Description. — Racine longue, épaisse, blanchâtre. Tiges couchées à terre, rampantes, épaisses, très rudes et très rameuses. Feuilles pétiolées, en cœur, offrant deux oreillettes à la base, quelquefois un peu lobées, crénelées, épaisses, très rudes, d'un vert cendré. Fleurs assez petites, d'une jaune pâle, monoïques ; les mâles en grappe, les femelles solitaires. Calice très court, campanulé, à 5 lobes aigus. Corolle insérée sur le calice, à 5 lobes étalés, veinés de verdâtre. Étamines triadelphes, à anthères linéaires. Ovaire triloculaire, surmonté d'un style trifide.

2° PÉPONIDE. — Le *Concombre sauvage* est penché, ovoïde-oblong, hérissé de tubercules coniques, épaissis à la base, et de poils rudes, d'abord vert, puis jaunâtre. Son péricarpe est très coriace. Ses graines sont nombreuses, ovales, à peine comprimées, lisses, brunes, et munies d'un arille.

Pendant leur jeunesse, ces fruits contiennent une pulpe assez ferme, semblable à celle des autres Cucurbitacées. A mesure que les graines grossissent, l'enveloppe qui les recouvre ne se dilatant pas en proportion, elles font effort contre cette dernière qui résiste. En même temps, la matière pulpeuse se désorganise et devient plus ou moins aqueuse. Lorsque la *péponide* se sépare de son pédoncule, la cicatrice formée au point d'attache, cédant sous l'effort des matières contenues, celles-ci s'échappent avec force et comme par une explosion.

Le suc de ce fruit était désigné anciennement sous le nom d'*élatérium*. Ce suc contient de l'*élatérine*, de l'extractif non purgatif, de l'albumine végétale et quelques sels (Morrus et Pâris).

L'*élatérine* est un produit neutre, cristallisant en prismes rhomboïdaux, blancs et brillants, fusibles à quelques degrés au-dessus de 100. L'eau ne le dissout pas. Il est très soluble dans l'alcool, mais pas dans l'éther.

3° PROPRIÉTÉS ET USAGES. — L'*élatérium* est excessivement amer et un peu âcre. L'*élatérine* présente aussi de l'amertume ; elle est de plus styptique.

(1) *Ecballium Elaterium* C. Rich. (*Momordica Elaterium* Linn , *M. aspera* Lam., *Elaterium cordifolium* Mœnch, *Ecballium agreste* Reichenb.), vulgairement *Elatérium*, *Élatérie*, *Concombre sauvage*, *Concombre d'âne*.

Les propriétés de l'*élatérium* sont purgatives. On le dit aussi emménagogue et hydragogue.

On administre l'*élatérium* en poudre et en teinture. On emploie l'*élatérine* sous les mêmes formes.

5° MÉLONIDES.

Les *mélonides* ou *mélonidies* sont des fruits pulpeux recouverts par le calice et couronnés par ses lobes; à écorce très mince, à loges petites et cartilagineuses; elles contiennent des pepins.

Les *mélonides* employées en médecine sont : 1° les *Coings*, 2° les *Pommes*.

§ I. — Des Coings.

1° PLANTE. — Le *Cognassier cultivé* (1) appartient à la famille des Pomacées. Il paraît originaire de l'île de Crète.

Description. — Arbre de taille moyenne. Tige tortueuse ; branches nombreuses, naissant souvent dès la base. Jeunes rameaux cotonneux, blanchâtres. Feuilles brièvement pétiolées, ovales-arrondies ou oblongues, obtuses, très entières, cotonneuses en dessous, molles. Stipules caduques, finement dentées, à dents glanduleuses. Fleurs solitaires, à la partie supérieure des jeunes rameaux, très grandes, d'un blanc rosé. Calice à tube un peu renflé inférieurement, très cotonneux, offrant un limbe à 5 lobes, doublement dentés, presque foliacés, glanduleux sur les bords. Corolle à pétales suborbiculaires. Pistils au nombre de 5. Ovaire uniloculaire, à plusieurs ovules. Styles très cotonneux à la base.

2° MÉLONIDE. — Le *fruit* du *Cognassier* est désigné sous le nom de *Coing* (2). Il est très gros, pyriforme-arrondi, ombiliqué au sommet, surmonté par le limbe persistant du calice, cotonneux, surtout dans la jeunesse, et d'une belle couleur jaune. Sa pulpe est assez ferme et ne subit pas la fermentation sucrée. Au centre, se trouvent 5 loges membraneuses contenant chacune de 10 à 15 pepins disposés sur deux rangs presque horizontaux, à tégument extérieur entouré de mucilage.

3° PROPRIÉTÉS ET USAGES. — Le *Coing* a une odeur très forte et très agréable. Sa pulpe crue est d'une âpreté et d'une astringence insupportables ; mais cuite, avec addition de sucre, elle devient la

1. *Cydonia vulgaris* Pers. (*Pyrus Cydonia* Linn.).
2. *Mala aurea* Virgile, *Mala Cydonia. Mala cotonea* auctor.

base d'une foule de préparations très recherchées. On en fait des confitures, des pâtes, des bonbons.

L'astringence du *Coing*, qui ne disparaît jamais entièrement, a fait introduire ce fruit dans la matière médicale. On compose avec sa pulpe une *eau de Coing*, un sirop et une gelée.

Les pepins (*semences de Coing*), qui contiennent un mucilage abondant, sont employés comme adoucissants, en décoction dans l'eau.

§ II. — Des Pommes.

1° PLANTE. — Le *Pommier commun* (1) appartient également à la famille des Pomacées; il est aujourd'hui cultivé partout.

Description. — Arbre de taille moyenne; tête hémisphérique, à branches étalées, à bourgeons velus ou cotonneux. Feuilles alternes, pétiolées, obovales ou subcordiformes, acuminées, denticulées ou crénelées, glabres et d'un vert sombre en dessus, cotonneuses et pâles en dessous, surtout dans leur jeunesse. Inflorescence en ombelle simple (*sertule*), presque sessile. Fleurs pédicellées, assez grandes, d'un blanc mêlé de rose, colorées principalement en dehors. Calice turbiné à sa base, à 5 lanières lancéolées, roulées en dehors. Corolle à 5 pétales arrondis, presque entiers, velus inférieurement. Étamines nombreuses, rapprochées en gerbe. Ovaire à 5 loges biovulées; style 5, soudés par la base, velus.

2° MÉLONIDE. — Les *Pommes* sont très variables par la taille. Il y en a de la grosseur d'une noix et d'autres égalant la tête d'un enfant. Toutefois le volume ordinaire est un peu au-dessous de celui du poing. Leur pédicule est peu prolongé en dessous de la dépression ombiliquée où il s'insère. Ces fruits sont globuleux, souvent déprimés, très rarement allongés, ombiliqués à leur base et à leur sommet, glabres, jaunes, jaunâtres, rougeâtres, grisâtres, roussâtres ou violacés. Épicarpe très mince. Pulpe abondante, ferme et cassante. Loges au nombre de 5, petites, cartilagineuses, contenant chacune deux pepins.

On a distingué les *Pommes* en deux groupes : 1° celles à *couteau*, c'est-à-dire qui sont bonnes à manger; on en connaît une quarantaine de variétés; 2° celles à *cidre*, qui sont cultivées, en Normandie et dans quelques provinces voisines, pour la fabrication du cidre. On se sert surtout, pour les usages pharmacologiques, de la variété connue sous le nom de *Rainette blanche*.

3° PROPRIÉTÉS ET USAGES. — Odeur souvent parfumée. Saveur

____

(1) *Malus communis* Lam. (*Pyrus Malus* Linn.).

acerbe, aigrelette ou douce. Les *Pommes* sont un fruit très agréable et très sain.

Cuites, elles deviennent légèrement acidules. On les mêle avec une petite quantité de sucre et on les donne aux malades et aux convalescents.

Les *Pommes* sont rafraîchissantes et adoucissantes.

On les administre principalement en tisane. On prépare aussi avec ce fruit une gelée, un sucre candi et des pastilles.

6° DRUPES.

Les *drupes* sont des *fruits* pulpeux, non recouverts par le calice ; à écorce très mince et à noyau, contenant une graine solitaire.

Les *drupes* sur lesquelles j'appellerai l'attention sont : 1° les *Prunes*, 2° les *Jujubes*, 3° les *Sébestes*.

§ I. — Des Prunes.

1° PLANTE. — Le *Prunier domestique* (1) appartient à la famille des Amygdalées. Il paraît originaire de la Syrie ; on le cultive, depuis longtemps, dans toute l'Europe.

Description. — Arbre ou arbrisseau médiocrement élevé, non épineux. Rameaux étalés, à épiderme brun, légèrement grisâtre ; les plus jeunes glabres. Feuilles alternes, pétiolées, ovales-oblongues, acuminées, dentées en scie ou crénelées, glabres en dessus, pubescentes en dessous, d'un vert triste. Bourgeons florifères, ordinairement biflores. Inflorescence en petits bouquets pauciflores. Fleurs naissant en même temps que les feuilles, pédicellées, blanches. Calice turbiné, à 5 lobes étalés, obtus, denticulés, un peu glanduleux. Corolle à pétales étalés, arrondis, très obtus, entiers, un peu concaves, brusquement onguiculés. Étamines 20 à 25, inégales. Ovaire libre, comme pyramidal, glabre, portant un style subulé, terminé par un petit stigmate aplati qui se continue par un sillon sur un des côtés du style.

2° DRUPE. — Cette *drupe*, désignée sous le nom de *Prune*, présente un pédicelle court et penché. Elle est arrondie ou oblongue, lisse, glabre, recouverte d'une légère poussière cireuse (*fleur* ou *glauque*) et plus ou moins succulente.

La culture a produit un grand nombre de variétés de *Prunes* qui

(1) *Prunus domestica* Linn.

diffèrent par le volume, par la forme et par la couleur. Il y en a de la grosseur d'une cerise et d'autres du volume d'un abricot. Les unes sont tout à fait sphériques, les autres très ventrues ou plus ou moins allongées. Leur épicarpe est noirâtre violacé, rougeâtre, jaunâtre ou verdâtre. Leur noyau est oblong, comprimé, lisse ou à peine rugueux.

On sèche les *Prunes* en les passant au four et au soleil. Elles offrent alors le grand avantage de pouvoir se conserver. On désigne les *Prunes* sèches sous le nom de *pruneaux*. Les meilleures sont celles de Tours, d'Agen et de Brignoles. On estime surtout, pour les usages thérapeutiques, la variété connue sous le nom de *petit Damas noir*, et les petites *Prunes de Saint-Julien*.

3° PROPRIÉTÉS ET USAGES. — Les *Prunes* ont un arome très délicat. Leur saveur est douce et sucrée.

Ces fruits sont laxatifs, surtout à l'état de pruneaux cuits.

Les pruneaux préparés avec les petites *Prunes de Damas noir* et de *Saint-Julien* sont moins sucrés et plus purgatifs que les autres. On les appelle *pruneaux à médecine*.

On les administre en nature, crus ou cuits, et en pulpe. On prépare aussi une eau de pruneaux.

§ II. — Des Jujubes.

1° PLANTE. — Le *Jujubier officinal* (1) est un arbre de la famille des Rhamnées. On le croit originaire de l'Orient, particulièrement de la Syrie; on le cultive dans les parties méridionales de l'Europe.

Description. — Tronc de moyenne grandeur. Feuilles alternes, presque sessiles, ovales, obtuses, acuminées, obscurément dentées, glabres, luisantes, marquées de 3 nervures longitudinales; les inférieures presque rondes. Stipules subulées, très aiguës, persistantes, se transformant en aiguillons. Inflorescence en glomérules à l'aisselle des feuilles. Fleurs petites, jaunâtres. Calice étalé, à 5 lobes, ovales, aigus, entiers. Corolle à 5 pétales, très petits, étalés, en forme de cuiller, pourvus d'un onglet allongé et droit. Étamines au nombre de 5, insérées au pourtour d'un disque aplati, glanduleux, jaune, qui tapisse le fond du calice et forme un bourrelet autour du pistil. Ovaire ovoïde, déprimé; styles au nombre de 2, courts et charnus, terminés par 2 stigmates capités qui se prolongent sur leur face interne.

(1) *Zizyphus vulgaris* Lam. (*Rhamnus Zizyphus* Linn., *Zizyphus sativa* Duh., *Z. Jujuba* Mill.).

2° Drupe (1). — Ce fruit est de la grosseur d'une olive et même un peu plus gros, ovoïde. Épicarpe très mince, mais très coriace, lisse, luisant, d'un rouge plus ou moins foncé. Pulpe d'abord un peu ferme et verdâtre ; puis molle, jaunâtre et mucilagineuse. Quand la drupe est bien mûre, elle se ride longitudinalement. Au milieu du fruit, se trouve un noyau allongé, osseux, avec une pointe dure ; il est divisé en deux loges dont une ordinairement atrophiée. La loge normale contient une amande huileuse.

On fait sécher au soleil les *Jujubes* mûres, et on les vend pour les usages de la pharmacie.

3° Propriétés et usages. — Lorsque les *Jujubes* ne sont pas tout à fait mûres et que leur chair est encore verte, elles sont légèrement aigrelettes et d'un goût très agréable. Quand elles se rident et que leur pulpe a jauni, elles deviennent très douces et mucoso-sucrées.

Les *Jujubes* sont adoucissantes, béchiques et pectorales.

On les administre en tisane et en sirop. On en prépare, avec la gomme arabique, la *pâte de Jujube*.

§ III. — Des Sébestes.

1° Plante. — Le *Sébestier domestique* (2) est un arbre de la famille des Borraginées, originaire de l'Inde, importé, depuis long-temps en Égypte.

Description. — Tronc de médiocre grandeur, épais. Branches et rameaux lisses, de couleur cendrée. Feuilles alternes, pétiolées, grandes, ovales ou arrondies, rétrécies à la base, entières ou légèrement dentées, d'un vert foncé en dessus, pubescentes et un peu pâles en dessous. Inflorescence en panicule terminale, assez ample, rameuse et serrée. Fleurs blanches, d'une odeur agréable. Calice tubuleux. Corolle en entonnoir, à 5 lobes étalés et obtus. Étamines 5, insérées sur le tube de la corolle, offrant des anthères oblongues. Ovaire supérieur, arrondi, acuminé, portant un style divisé en deux branches terminées par 4 stigmates obtus.

2° Drupe. — Les *fruits* du *Sébestier* ont reçu le nom de *Sébestes*. Ils sont ovoïdes. Ils contiennent une pulpe très visqueuse qui s'applique contre le noyau en se desséchant ou qui se déforme sans se mouler sur ce dernier. Cette pulpe contient un noyau volumineux, un peu aplati, offrant un angle proéminent, à surface inégale mar-

----

(1) Officin., *Jujubæ, Ziziphæ. Jujubes.*
(2) *Cordia Myxa* Linn.

quée de fossettes et à consistance ligneuse ; il présente 4 loges,
dont une, deux ou trois oblitérées. La loge normale est tapissée
d'une membrane blanchâtre. La graine offre un épisperme très
mince.

D'après M. Guibourt, il existe deux variétés de *Sébestes* : 1° les
unes ovoïdes, pointues aux deux extrémités, grisâtres et formées
d'un brou très mince ; 2° les autres arrondies, noirâtres et formées
d'un brou épais.

3° PROPRIÉTÉS ET USAGES. — La pulpe des *Sébestes* est mucilagineuse et un peu sucrée.

Elle passe pour adoucissante et légèrement laxative. On la conseillait dans les affections bronchiques et pulmonaires et aussi
contre la diarrhée.

On administrait les *Sébestes* en tisanes, mélangées souvent avec
les Jujubes ou les Dattes. Dans l'Orient, on s'en sert comme topique
pour résoudre les tumeurs. On a presque abandonné ces fruits. Si
j'en ai parlé, c'est parce qu'ils figurent encore dans la matière médicale des Égyptiens.

§ IV. — De quelques Drupes peu employées.

1° DRUPES D'ANACARDE (1), produites par une Térébinthacée, le
Sémécarpe anacarde (2), arbre élevé de l'Inde orientale. — Employées
pour ronger les cors, contre les dartres et les vieux ulcères (3).

2° CARPOBALSAMES (4), produits par les *Baumiers de la Mecque* (5)
et *de Gilead* (6), Térébinthacées. Ces fruits ressemblent au Cubèbe ou Poivre à queue ; ils sont marqués de quatre angles peu
apparents et d'un gris rougeâtre. — Aromatiques. Saveur âcre et
amère. — Ils entraient dans la thériaque (7).

3° COQUES DU LEVANT (8), produites par une Ménispermacée,
le *Ménisperme subéreux* (9), arbre des Indes orientales. Elles contiennent un principe particulier appelé *picrotoxine* (Boulay). —
Conseillées contre les vers et contre l'épilepsie ; indiquées aussi

(1) Officin., *Anacardium, Anacarde, Baladar.*
(2) *Semecarpus Anacardium* Linn. f. α *angustifolium* DC. (*Anacardium longifo-
lium* Lam.).
(3) Voy. le chap. des HUILES.
(4) Officin., *Carpobalsamum.*
(5) *Balsamodendron Opobalsamum* Kunth.
(6) *Balsamodendron Gileadense* Kunth.
(7) Voy. le chap. des TÉRÉBENTHINES.
(8) Officin., *Cocculi Indi.*
(9) *Cocculus suberosus* DC. (*Menispermum Cocculus* Linn., *Anamirta Cocculus*
Am.).

pour détruire les poux. — Administrées en extrait aqueux et en pommade. Médicaments dangereux et très peu usités.

4° MYROBALANS, ou *Myrobolans*, drupes sèches, originaires des Indes. On en distingue cinq espèces : les *Myrobalans chébules* (1), produits par le *Badamier chébule* (2) (Combrétacée) ; 2° les *Myroba-lans citrins* (3), produits par le *Badamier citrin* (4), lequel est peut-être une variété du précédent ; 3° les *Myrobalans indiens* (5), fruits jeunes du *Badamier chébule* ; 4° les *Myrobalans bellerics* (6), pro-duits par le *Badamier belleric* (7) ; 5° les *Myrobalans emblics* (8), produits par le *Phyllanthe emblic* (9) (Euphorbiacée). — Tous ces fruits jouissaient anciennement d'une grande réputation comme aromatiques, astringents et légèrement purgatifs. L'usage en est à peu près abandonné.

5° PISTACHES (10), produites par une Térébinthacée, le *Pistachier commun* (11), arbre indigène de la Syrie, cultivé dans le midi de la France. — Anciennement conseillées dans la phthisie, les catarrhes, le scorbut. — Principalement employées aujourd'hui par les confi-seurs.

6° DRUPES DE SAORIA (12), produites par la *Maese peinte* (13), Myrsinacée d'Abyssinie. — Purgatives et vermifuges. — Employées avec succès contre le ténia. — Administrées dans une purée de lentilles ou de fèves (Schimper, Strohl).

7° DRUPES DE ZAREH (14), produites par une autre Myrsinée, la *Myrsine à feuilles pointues* (15), qui croît également en Abyssinie.— Fortement anthelminthiques (Schimper, Strohl).

(1) Officin., *Myrobolani chebulæ.*
(2) *Terminalia Chebula* Retz (*Myrobalanus Chebula* Gærtn.).
(3) Officin., *Myrobolani citrinæ.*
(4) *Terminalia citrina* (*Myrobalanus citrina* Gærtn).
(5) Officin., *Myrobalani Indiæ, M. nigræ, M. Damasonæ, Myrobolans noirs* ou *indiques.*
(6) Officin., *Myrobolani Belliricæ, Myrobolans bellirics, M. belliriques.*
(7) *Terminalia Bellirica* Roxb. (*Myrobalanus Bellirica* Gærtn.).
(8) Officin., *Myrobolani emblici, Emblics, Embliques.*
(9) *Phyllanthus Emblica* Linn. (*Emblica officinalis* Gærtn.).
(10) Officin., *nuces Pistaciæ.*
(11) *Pistacia vera* Linn.
(12) Vulgairement *Semences de Saoria* ou *Savarja.*
(13) *Mæsa picta* Hochst.
(14) Ou *Tatzé.*
(15) *Myrsine Africana* Linn.

7° CARYOPSES.

Les *caryopses* sont des *fruits* secs, indéhiscents, non recouverts par le calice, à péricarpe confondu avec les téguments de la graine.

Ces fruits se font remarquer, ordinairement, par la grande quantité de fécule qu'ils renferment et par les immenses services qu'ils rendent à l'économie domestique, aux arts et à la médecine.

Les *caryopses* appartiennent à la famille des Graminées.

1° PLANTES. — Les Graminées sont, sans contredit, les plantes les plus utiles à l'homme. On les cultive dans presque tous les pays, parce que, à l'exception d'un très petit nombre, elles sont alimentaires; mais on choisit toujours celles qui croissent le plus rapidement, qui sont les plus aisées à récolter et qui donnent le plus de matière nutritive.

Les Graminées qui servent à faire du pain sont dites *céréales*.

Les principales espèces se rapportent aux genres : 1° *Blé*, 2° *Seigle*, 3° *Orge*, 4° *Avoine*, 5° *Riz*, 6° *Maïs*.

Chacun de ces genres présente des espèces et des variétés plus ou moins tranchées et plus ou moins précieuses, suivant les pays.

Caractères. — Voici les caractères distinctifs de ces six genres :

Épillets
- multi- ou biflores ; glumes.
  - ne recouvrant pas les fleurs; épillets.
    - solitaires.
      - 3-multiflores. 1. Blé.
      - 2-flores. . . 2. Seigle.
    - ternés. . . . . 3. Orge.
  - recouvrant presque les fleurs ou les dépassant. . . . . 4. Avoine.
- uniflores. . . .
  - hermaphrodites. . . . . 5. Riz.
  - monoïques. . . . . 6. Maïs.

Le *Blé* (*Triticum*) est pourvu de deux glumes parallèles au rachis, ainsi que les glumelles latérales, 3-9-nerviées, concaves ou carénées, entières ou 1-2-dentées au sommet.

On ignore la patrie de l'espèce commune, le *Blé cultivé* (1). L'origine de cette plante si précieuse se perd dans la nuit des temps. On possède un grand nombre de races caractérisées par des épis longs ou courts, grêles ou épais, velus ou glabres, munis ou dépourvus de barbes, fauves, rougeâtres, gris ou blanchâtres.

Le *Seigle* (*Secale*) offre, dans ses épillets, le rudiment en forme

____

(1) *Triticum sativum* Lam. (*T. æstivum* et *hibernum* Linn., *T. vulgare* Vill.).

de pédicelle d'une troisième fleur. Ses deux glumes sont parallèles au rachis, ainsi que les glumelles latérales, étroitement lancéolées et acuminées.

L'espèce vulgaire est le *Seigle cultivé* (1).

L'*Orge* (*Hordeum*) a des épillets uniflores, avec le rudiment en forme de pédicelle d'une seconde fleur. Ses deux glumes sont latérales, placées au-dessous de la fleur dans un même plan, lancéolées-linéaires ou linéaires, subulées et munies d'une arête.

L'*Orge commune* (2) paraît originaire de la Russie et peut-être aussi de la Sicile.

L'*Orge* dépouillée de son enveloppe est connue sous le nom d'*orge perlé*.

L'*Avoine* (*Avena*) offre généralement la fleur supérieure rudimentaire. Sa glumelle inférieure a sur le dos une arête tordue inférieurement et pliée en genou.

L'*Avoine cultivée* (3) est l'espèce la plus commune.

L'*Avoine* dépouillée de ses enveloppes donne le *gruau de Bretagne*.

Le *Riz* (*Oryza*) a des fleurs disposées en panicule. La glume extérieure est brusquement terminée à son sommet par une longue arête.

Le *Riz cultivé* (4) croît de préférence dans les lieux bas et inondés.

Le *Maïs* (*Zea*) a des fleurs mâles disposées en panicules terminales et des fleurs femelles réunies en épis axillaires. Les deux glumes sont un peu charnues, très larges, obtuses, concaves et sans arêtes.

Le *Maïs cultivé* (5) paraît originaire de l'Amérique.

2° CARYOPSES. — Les fruits des Graminées sont petits, oblongs ou raccourcis, libres ou soudés avec les glumelles; ils offrent quelquefois un sillon longitudinal. Ils ont un albumen très épais et farineux sur la partie inférieure duquel l'embryon est appliqué latéralement. Cet embryon présente du côté interne une sorte d'écusson (*vitellus*, Gærtn. ; *hypoblaste*, Rich.). Sa radicule est en forme de gros tubercule dans lequel sont enfermés de 3 à 5 mamelons. Le cotylédon ressemble à un petit cône qui contient la gemmule.

---

(1) *Secale cereale* Linn.
(2) *Hordeum vulgare* Linn.
(3) *Avena sativa* Linn.
(4) *Oryza sativa* Linn.
(5) *Zea Mays* Linn., vulgairement *Blé de Turquie, Blé de Guinée, Blé d'Inde, Blé d'Espagne, gros Millet.*

On désigne sous le nom de *farine* la poudre que l'on obtient en écrasant les *caryopses* des Graminées. Plusieurs autres fruits (ou graines) peuvent donner aussi cette précieuse matière. Je parlerai des *farines* du *Lin* et de la *Moutarde* dans le chapitre suivant. Le mot *farine*, employé seul, désigne habituellement celle du *Blé* ou *Froment*.

La *farine de Blé* est blanche ou d'un blanc un peu jaunâtre, douce au toucher et attirant promptement l'humidité de l'air. Mise sur des charbons ardents, elle répand l'odeur du pain grillé.

La *farine de Blé* contient de l'amidon (1), du gluten, un extrait muqueux sucré et un peu de résine (Proust). La proportion d'amidon et de gluten est variable ; ce qui dépend du plus ou moins de pureté de la poudre obtenue. On y trouve jusqu'à 74 et 75 pour 100 d'amidon, et depuis 12 jusqu'à 28 de gluten.

3° PROPRIÉTÉS ET USAGES. — Il est inutile de rappeler ici que les *farines* du *Blé* et des autres Céréales forment dans les différentes parties du globe la base de la nourriture de l'homme et même de celle des animaux domestiques.

On prépare avec l'*Orge* une tisane adoucissante. L'*Avoine* a été vantée comme diurétique. Le *Riz* passe pour légèrement astringent. Le pain de gluten rend de grands services aux malades affectés de glycosurie....

On administre les *caryopses* ou les *farines* des Graminées en tisanes, en lavements, en cataplasmes.

8° ACHAINES.

Les *achaines* ou *akènes* sont des fruits secs, indéhiscents, recouverts par le calice qui adhère au péricarpe. Ce dernier se confond avec les téguments de la graine. Les *achaines* sont ordinairement couronnés par l'extrémité persistante des sépales.

Ces fruits appartiennent à la famille des Composées.

Ils sont peu employés en médecine. Je traiterai seulement du *Calageri*. Je renverrai l'étude des *achaines* qui fournissent de l'*huile* au chapitre consacré à ce produit.

Du Calageri.

1° PLANTE. — La *Vernonie anthelminthique* (2) est une plante herbacée. Elle se trouve dans les Indes.

(1) Voy. le chap. des FÉCULES.
(2) *Vernonia anthelminthica* Willd. (*Conyza anthelminthica* Linn., *Serratula an-*

Description. — Tige haute d'un mètre à un mètre et demi, droite, cylindrique, striée, pubescente vers le sommet, dure. Feuilles alternes, ovales-lancéolées, pointues, dentées en scie, un peu âpres au toucher, vertes. Fleurs au sommet de pédoncules simples terminaux et latéraux, assez grosses, purpurines. Bractées lâches, ligulaires, les extérieures un peu plus longues. Fleurons au nombre de 25, tous hermaphrodites.

2° ACHAINE — Fruits longs de 5 millimètres, étroits, coniques inférieurement, élargis supérieurement en un petit disque, offrant les vestiges d'une aigrette, sillonnés et couverts de poils rares et courts, bruns, blanchâtres en dessus.

3° PROPRIÉTÉS ET USAGES. — Odeur nulle. Saveur amère.

Employés comme vermifuges. Conseillés aussi dans les rhumatismes, dans la goutte et contre la toux.

On les administre pilés, en décoction ou dans l'huile, ou simplement en poudre dans de l'eau chaude.

D'après Lamarck, toutes les parties de la plante sont amères et jouissent des mêmes propriétés.

9° GOUSSES.

Les *gousses* ou *légumes* sont des fruits non symétriques, secs et indéhiscents presque toujours à deux valves, quelquefois ne s'ouvrant pas, comme la *Casse*, mais offrant toujours l'indication d'une suture entre les valves ; leurs graines se trouvent d'un seul côté au bord de la suture.

Cette sorte de fruit appartient essentiellement à la famille des Légumineuses.

Nous étudierons trois sortes de *gousses* : 1° la *Casse*, 2° les *Sénés*, 3° le *Tamarin*.

§ I. — De la Casse.

1° PLANTE. — Le genre *Casse* (*Cassia*) jouit d'une grande réputation en thérapeutique. Ce genre présente un calice coloré et caduc, à 5 lobes saillants ; une corolle à 5 pétales presque réguliers ; des étamines au nombre de 10, libres, déclinées, inégales, dont 3 inférieures grandes, 4 latérales moyennes et 3 supérieures stériles plus courtes. Ce sont des plantes herbacées ou ligneuses, à feuilles pinnées et à inflorescence en grappe ou en épi.

anthelminthica Roxb., *Baccharoïdes anthelminthica* Mœnch, *Ascaricida Indica* Cass.) vulgairement *Calageri* (Rheede), *Kalie zeerie* (Ainslie).

Les espèces utiles à l'art de guérir peuvent être réparties en deux sections : 1° celles dont le fruit est cylindrique, indéhiscent et à loges remplies de pulpe (*Cathartocarpe*) ; 2° celles dont le fruit est très comprimé, déhiscent et dépourvu de pulpe (*Sénés*).

C'est à la première section qu'appartient le *Canéficier* (1), végétal précieux, originaire de l'Inde et de l'Égypte, d'où il a été

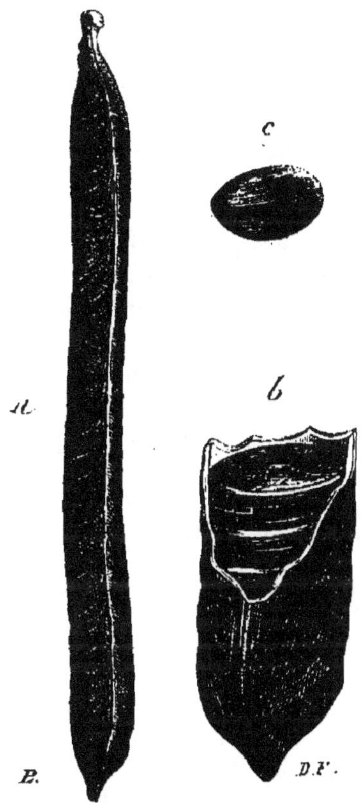

Fig. 69. — *Casse.* — *a*, Casse plus petite que nature ; *b*, Extrémité ouverte pour montrer les cloisons et la pulpe ; *c*, graine.

importé dans les Antilles et dans l'Amérique méridionale ; on l'élève dans le voisinage des habitations.

Description. — Le *Canéficier* a le port d'un Noyer ; son tronc peut acquérir 50 à 60 centimètres de diamètre. Écorce d'un gris cendré, verte dans les jeunes rameaux. Feuilles alternes, pétiolées.

(1) *Cassia fistula* Linn. (*Cathartocarpus fistula* Pers., *Bactyrilobium fistula* Willd.).

composées de 5 ou 6 paires de folioles ovales, aiguës, glabres. Inflorescence en longues grappes lâches et pendantes Fleurs pédonculées, jaunes. Calice glabre. Pétales veinés. Anthères ovales. Ovaire pédiculé, grêle, cylindrique, courbé en arc.

2° Gousse (fig. 69). — Les fruits (1) du *Canéficier* portent le nom de *Casse*; ils sont pendants, longs d'environ 30 centimètres et même plus longs, étroits, cylindriques, lisses, noirs, marqués d'une sorte de bande longitudinale sur chaque suture, assez lourds. On trouve intérieurement un grand nombre de loges séparées par des cloisons transversales, minces. Dans chaque loge, est une graine entourée d'une pulpe d'un brun rougeâtre, dont la consistance approche de celle du miel. Graines arrondies en cœur, plates, dures, lisses, d'un jaune roussâtre.

On a trouvé dans la pulpe dont il s'agit de la gélatine, de la gomme, du gluten et du sucre (Vauquelin).

On brise les *gousses* du *Canéficier*, on les racle et l'on en retire la pulpe Ainsi isolée, cette matière est dite *Casse en noyaux*. On la fait passer à travers un tamis de crin. Débarrassée des graines et des cloisons, on l'appelle *Casse mondée*. Cuite alors, avec une certaine quantité de sucre, elle porte le nom de *Casse cuite*.

3° Propriétés et usages. — La pulpe de la *Casse* est douce, sucrée et légèrement acidule.

Propriétés laxatives; c'est un purgatif assez doux.

On l'administre en décoction plus ou moins épaisse. Elle entre dans l'*électuaire catholicum* et dans le *laxatif*.

§ II. — Des Sénés.

1° Plantes. — Les *Sénés* appartiennent au genre *Casse* dont les caractères viennent d'être exposés. On a vu, en même temps, en quoi ils différaient des *Casses* proprement dites.

Trois espèces de *Casses sénés* méritent une attention particulière :

1° La *Casse à feuilles obovées* (2), qui se trouve dans la Thébaïde et dans d'autres parties de l'Égypte. C'est un petit arbuste à folioles obovales, obtuses et à pétiole non glanduleux.

2° La *Casse à feuilles aiguës* (3) (fig. 70), qui croît en Égypte et en

(1) Officin., *Cassia fistula, Cassia nigra, Cassia solutiva, Siliqua Ægyptiaca,* Casse, Casse des boutiques, Casse solutive, Casse en bâtons.
(2) *Cassia obovata* Coll. (*C. Senna* β. Linn., *C. Senna* Lam.).
(3) *Cassia Senna* (*C. Senna* α Linn., *C. lanceolata* Nect., non Forsk., *C. acutifolia* Del.).

Nubie. Petit arbuste un peu plus grand que le premier, confondu par
quelques auteurs avec le suivant, à folioles ovales-lancéolées, aiguës
et à pétiole non glanduleux.

3° La *Casse à feuilles lancéolées* (1) qui habite l'Arabie. Arbuste
de la taille du précédent, à folioles étroites-lancéolées, aiguës et à
pétiole glanduleux.

Fig. 70. — *Casse à feuilles aiguës.*

2° Gousses. — Les *gousses des Sénés* sont désignées sous le nom
de *follicules* (2). Ces *gousses* sont fortement comprimées, obtuses
et foliacées; elles présentent plusieurs loges contenant chacune une
graine presque cordiforme.

(1) *Cassia lanceolata* Forsk., non Nect.
(2) Officin., *folliculi Sennæ, follicules de Séné.*

Les *follicules* de la *Casse à feuilles obovées* (1) (fig. 71) sont étroites, très arquées, offrant une crête médiane interrompue sur chaque face, couvertes d'un duvet très court et d'un brun pâle légèrement violacé.

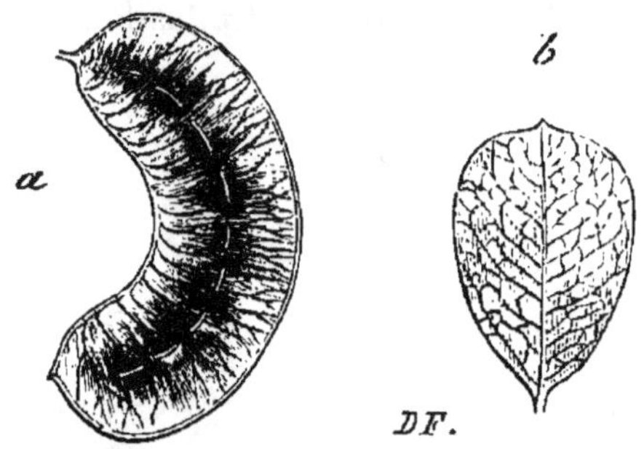

FIG. 71. — *Séné de la Casse à feuilles obovées.* — *a*, follicule ; *b*, foliole.

Les *follicules* du *Séné à feuilles aiguës* (2) (fig. 72), sont larges, presque droites (c'est-à-dire non arquées), presque elliptiques, courtes, n'offrant pas d'arête médiane, glabres, un peu noirâtres au centre, et vertes sur les bords.

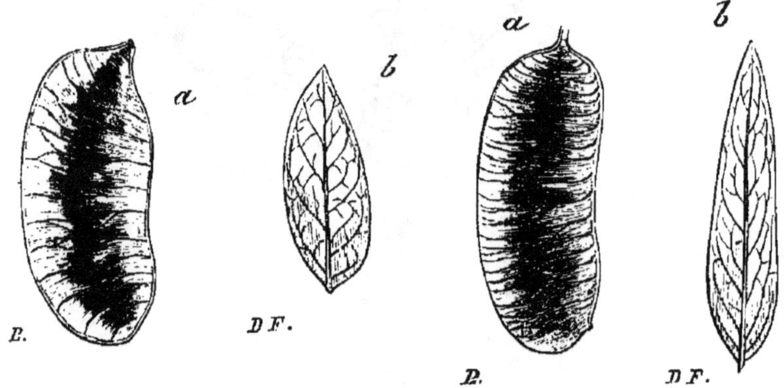

FIG. 72. — *Séné de la Casse à feuilles aiguës.* — *a*, follicule ; *b*, foliole.

FIG. 73. — *Séné de la Casse à feuilles lancéolées.* — *a*, follicule ; *b*, foliole.

La variété dite de *Tripoli* est plus courte et quelquefois presque obovée.

Les *follicules* du *Séné à feuilles lancéolées* (fig. 73) sont médiocrement larges, presque droites, un peu allongées, n'offrant pas de

____

(1) Vulgairement *Senna Italica, Senna nostras, Séné d'Italie, S. de Tripoli, S. de Barbarie, S. de la Thébaïde.*

(2) Vulgairement *Senna Alexandrina, Senna Orientalis, Séné d'Alexandrie, S. de la palte.*

crête médiane, pubescentes, noirâtres au centre et verdâtres sur les bords.

Le *Séné* contient : de la *cathartine*, de la chlorophylle, une huile grasse, une huile volatile, de l'albumine, un principe colorant jaune, des malate et tartrate de chaux, de l'acétate de potasse, des sels minéraux (Lassaigne et Feneulle).

La *cathartine* est incristallisable, soluble dans l'eau et dans l'alcool, insoluble dans l'éther. On croit que c'est le principe actif du *Séné*.

3° PROPRIÉTÉS ET USAGES. — Les *follicules de Séné* jouissent de propriétés purgatives. On les associe souvent à la manne.

On les administre en poudre, en infusion dans du café, en décoction, en lavements, en sirop, en extrait, en pilules (*pilules d'Hufeland*). Elles font partie du *sirop de Pomme composé* et du *petit-lait de Weiss*.

Les *folioles* de la plante (1) présentent les mêmes vertus.

On mêle souvent à ces folioles les feuilles d'une Asclépiadée, l'*Arguel* (2), qui sont amères purgatives et irritantes. On les falsifie avec les feuilles du *Redoul* (3), de la famille des Coriariées.

§ III. — Du Tamarin.

1° PLANTE. — Le *Tamarinier indien* (4) est un arbre originaire de l'Égypte, de l'Asie occidentale et des Indes. On l'a transporté en Amérique.

Description (fig. 74). — Tige élevée, à écorce brune. Feuilles alternes, pinnées sans impaire, composées de 10 à 18 paires de folioles opposées, presque sessiles, petites, elliptiques, inéquilatérales à leur base, obtuses, très entières, glabres. Inflorescence vers le sommet des rameaux, en grappes un peu pendantes, pauciflores. Fleurs assez grandes, d'un jaune verdâtre veiné de rouge. Calice turbiné à la base, offrant 4 lobes un peu inégaux, l'intérieur le plus large. Corolle à 5 pétales insérés sur la gorge du calice, dont 3 un peu plus longs que ce dernier, redressés, à onglet court, oblongs, ondulés sur les bords, et 2 très petits et très étroits. Étamines au nombre de 7, insérées sur la gorge du calice, soudées ensemble à la base, dont 3 opposées aux sépales extérieurs, inclinées vers la partie inférieure, fertiles, longues, à anthères petites,

---

(1) Officin., *folia Sennæ, Senna Orientalis, feuilles de Séné, feuilles d'Orient.*
(2) *Solenostemma Arghel* Hayne. (*Cynanchum Arguel* Del.).
(3) *Coriaria myrtifolia* Linn.
(4) *Tamarindus Indica* Linn.

oblongues et jaunes, les 4 autres alternes avec les premières, stériles, menues, terminées supérieurement par une dent pointue. Pis-

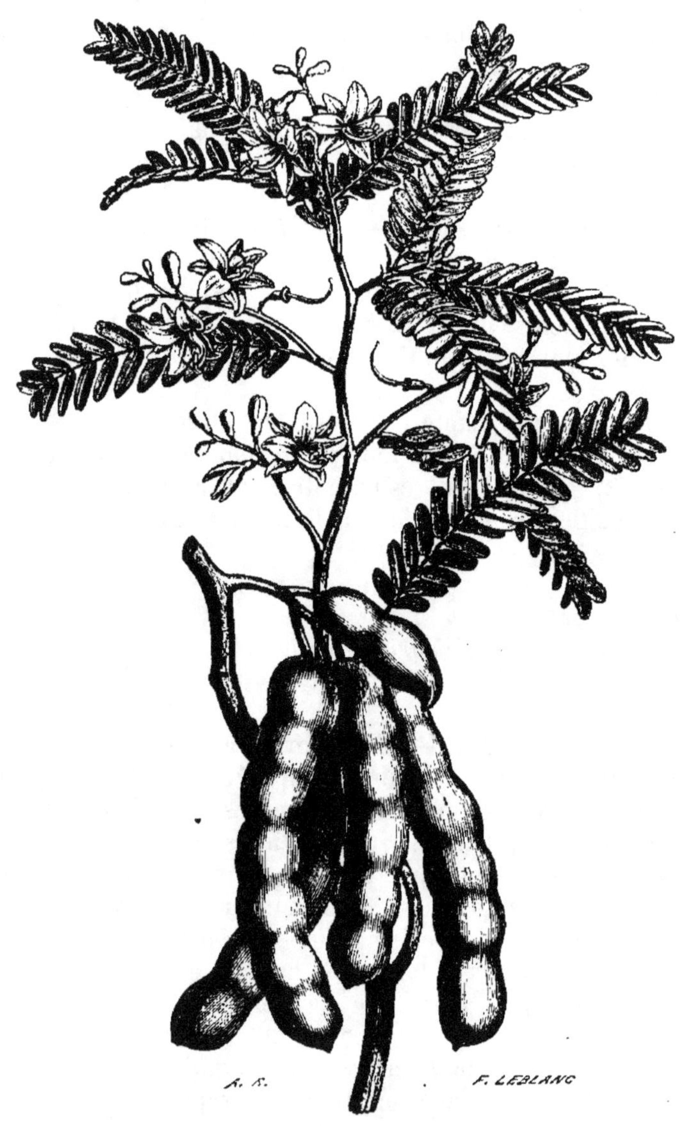

FIG. 74. — *Tamarinier.*

til dépassant un peu les étamines, recourbé. Ovaire stipité, allongé,
étroit, falciforme, un peu velu ; son pédicule est soudé avec le tube

du calice. Style ascendant, épaissi au sommet, barbu longitudinalement en dehors ; partie stigmatique obtuse.

2° GOUSSE (1). — Le fruit du *Tamarinier* est long de 10 à 14 centimètres, épais, légèrement comprimé, terminé par une très petite pointe, un peu recourbé, présentant de distance en distance des étranglements, légèrement rude, d'un fauve brun. Il est rempli d'une pulpe rougeâtre qui devient d'un brun noir par la dessiccation, dans laquelle sont logées de 8 à 12 graines irrégulièrement rhomboïdes, comprimées, largement bordées, d'un rouge brun plus ou moins noirâtre.

C'est la pulpe, dont il vient d'être question (2), qui est employée en médecine. On l'apporte en Europe contenant encore les graines et mêlée à des fibres végétales. On la sépare du péricarpe ; on la met dans de grandes bassines de cuivre, et on la fait évaporer à un feu doux.

La *pulpe de Tamarin* contient des acides citrique, malique et tartrique, du sur-tartrate de potasse, du sucre, de la gomme. (Vauquelin).

3° PROPRIÉTÉS ET USAGES. — Odeur faible. Saveur acidule, astringente et légèrement sucrée.

Cette pulpe est rafraîchissante ou laxative, suivant la dose.

On l'administre en tisane légère, en conserve et en potion purgative. Elle entre dans la composition du *catholicum double*.

4° SUCCÉDANÉS. — On conseillait autrefois le parenchyme de la gousse du *Caroubier* (3) comme succédané de la *pulpe de Tamarin*. On en préparait des électuaires laxatifs. En Égypte, on en retire un sirop que l'on mêle à cette dernière pulpe.

10° CAPSULES.

Les *capsules* sont des *fruits* secs et déhiscents, à plusieurs valves. Elles contiennent des graines attachées de divers côtés.

Je traiterai dans ce chapitre de quatre sortes de *capsules* : 1° de la *Vanille*, 2° des *têtes de Pavot*, 3° de la *Cévadille*, 4° des *Cardamomes*.

§ I. — De la Vanille.

1° PLANTE. — Le *Vanillier officinal* (4) est un arbrisseau de la famille des Orchidées. Aucun botaniste ni voyageur de notre époque

(1) Officin., *Tamarindi, Oxyphœnicœ*.
(2) Officin., *Tamarindorum pulpa*.
(3) *Ceratonia siliqua* Linn.
(4) *Vanilla aromatica* Swartz (*Epidendrum Vanilla*, Linn.).

ne paraît l'avoir vu ou du moins étudié vivant. Aussi a-t-on quelques
doutes sur son existence comme espèce botanique bien constatée
(Morren, Duchartre)?

Cette plante croît dans les contrées maritimes du Mexique, de
la Colombie et de la Guyane.

Description. — Tige sarmenteuse, pouvant s'élever à des hauteurs considérables
en s'accrochant aux arbres voisins, de
l'épaisseur du doigt, cylindrique, noueuse,
verte. Feuilles alternes, distantes, sessiles,
ovales-oblongues, aiguës, entières, légèrement ondulées sur les bords, lisses, luisantes, épaisses, charnues, un peu coriaces. Inflorescence en grappes axillaires,
pédonculées et pauciflores. Fleurs grandes,
odorantes. Calice articulé avec l'ovaire,
d'un vert jaunâtre extérieurement, blanc
intérieurement, composé de 6 sépales;
3 extérieurs égaux et réguliers, et 3 intérieurs dont 2 plans, ondulés sur les bords,
et le troisième roulé en cornet et soudé
avec la columelle. Columelle dressée, sans
appendices latéraux. Anthère terminale,
operculée, biloculaire, mais trivalve.

2° CAPSULE (1). — On désigne très
improprement le fruit du *Vanillier* sous le
nom de *gousse*; c'est une *capsule* allongée
et léguminiforme (fig. 75). Ce fruit est
long de 14 à 25 centimètres, épais de
6 à 12; il ressemble à une silique étroite,
légèrement arquée, à extrémités atténuées
et un peu recourbées. Sa surface est lisse,
glabre, d'abord verte, puis colorée en

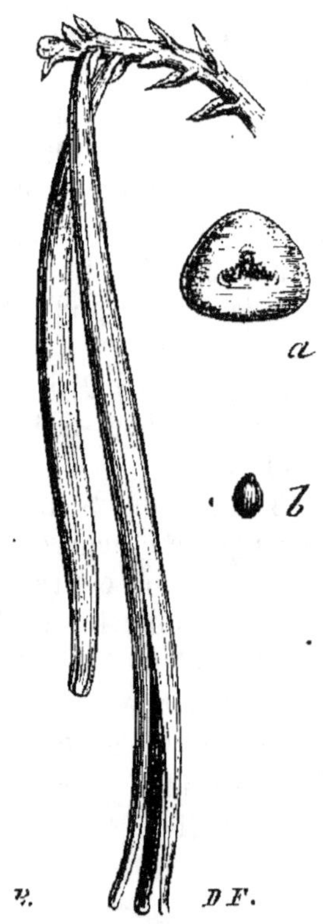

FIG. 75. — *Capsule de Vanille.*
— *a*, coupe transversale;
b, graines.

brun rougeâtre très foncé. Il n'offre qu'une loge, mais il s'ouvre
par trois valves. Chacune de ces dernières porte un trophosperme
sur sa ligne médiane. Les graines sont très nombreuses, extrêmement petites, globuleuses, lisses, noires et entourées d'un suc
épais et brunâtre.

On cueille ces fruits avant leur parfaite maturité; on les suspend
à l'ombre pour les faire sécher lentement, et on les frotte d'huile.

(1) Officin., *Vanilla, Vainiglia, Bainilla, Aracus aromaticus.*

Ils se rident, brunissent en se séchant, et il se développe alors l'odeur suave qui les fait rechercher.

La *Vanille* préparée est en corps allongés (*gousses*), grêles, rétrécis aux deux extrémités, recourbés à la base, sillonnés et ridés dans le sens de la longueur, à valves coriaces, d'un brun rougeâtre foncé, et d'une odeur plus ou moins prononcée.

On en forme des paquets de 50 à 100, que l'on enferme dans des boîtes de fer-blanc.

La *Vanille* est composée d'huile grasse, de résine molle, d'extrait amer, d'un extractif particulier, de sucre, d'amidon, d'acide benzoïque..... (Bucholz).

M. Gobley en a retiré un principe particulier (*vanilline*), cristallisé en longs prismes à quatre pans terminés par des biseaux. Ce principe n'est pas acide ; il entre en fusion à 76 degrés, et se volatilise en grande partie vers 150.

Dans le commerce, on trouve trois sortes de *Vanilles* :

1° La *Vanille lec* (1), qui est un peu molle et visqueuse. Conservée dans un lieu sec, elle se couvre de cristaux en aiguilles et brillants : on la dit alors *givrée*. Bucholz et Vogel père ont regardé ces cristaux comme formés par de l'acide benzoïque. M. Gobley pense qu'ils ne diffèrent pas de la *vanilline*.

2° La *Vanille simarona* (2), qui est plus courte, plus grêle, plus sèche et moins foncée. Elle ne se givre pas.

3° Le *Vanillon* (3), qui est encore plus petit, mou, visqueux et presque noir.

Les deux premières qualités sont fournies par la plante décrite plus haut. La troisième, qui est la moins bonne, paraît appartenir à une autre espèce.

On cultive, dans les serres chaudes de la Belgique et de la France, un *Vanillier* (4) qui donne d'excellents fruits, et qu'on commence à exploiter.

Le Jardin de la Faculté de médecine en possède une autre espèce, le *Vanillier jaunâtre* (5), qui produit aussi des fruits, mais d'une qualité inférieure.

3° PROPRIÉTÉS ET USAGES. — La pulpe de la *Vanille* exhale une odeur aromatique extrêmement suave ; c'est une des plus agréables

---

(1) *Ley* ou *leg*, ou *légitime*, *Vanilla sativa* Schiede.

(2) Ou *bâtarde*, *Vanilla sylvestris* Schiede.

(3) *Vanilla pomprona*, *pompara*, *pompona*, ou *bova* des Espagnols, *Vanilla pompona* Schiede.

(4) *Vanilla planifolia* Andr.

(5) *Vanilla lutescens* Moq.

que l'on connaisse. La variété *Simarona* est moins aromatique que la variété *Lec.* Le *Vanillon* est encore moins odorant. La *vanilline* offre une odeur parfumée très forte et une saveur chaude et piquante.

La *Vanille* a des propriétés excitantes. Elle favorise la digestion. On la dit aussi aphrodisiaque. On l'a crue pendant longtemps antispasmodique et emménagogue.

On s'en sert surtout comme aromate; on en met dans le chocolat. On l'administre en poudre, en tablettes, en teinture, en esprit, en potion. On la fait entrer dans plusieurs préparations pharmaceutiques.

§ II. — Des Pavots.

1° PLANTES. — Le genre *Pavot* (*Papaver*) offre un calice à 2 sépales herbacés ; une corolle à 4 pétales, régulière ; des étamines très nombreuses; plusieurs stigmates sessiles, formant un corps discoïde et rayonné ; une capsule ovoïde, uniloculaire, contenant des graines très nombreuses attachées à des trophospermes pariétaux, lamelliformes.

L'espèce de *Pavot* qui intéresse principalement les médecins est le *Pavot somnifère* (1), qui est originaire de la Perse et de l'Orient, et qu'on cultive aujourd'hui en Europe. Cette espèce présente deux races : 1° le *Pavot blanc* (2), 2° le *Pavot noir* (3).

Descriptions. — *Pavot blanc.* — Plante annuelle, haute de 1 à 2 mètres. Racine fusiforme, blanche. Tige ronde, lisse, glabre, glauque, ramifiée supérieurement. Feuilles semi-amplexicaules, oblongues, ondulées, à lobes irréguliers obtusément dentés. Fleurs solitaires à l'extrémité de la tige et des rameaux, d'abord penchées, redressées dans l'épanouissement, blanches. Sépales très caducs. Pétales grands, étalés, orbiculaires, munis d'un onglet très court.

Pavot noir. — Plus petit que le précédent (1 mètre ou 1ᵐ,20). Feuilles plus vertes. Fleurs d'un rouge violacé pâle. Il diffère aussi par ses capsules et par ses graines, ainsi qu'on va le voir.

2° CAPSULES (4). — Les *têtes* du *Pavot blanc* (fig. 76) présentent de 8 à 11 centimètres de hauteur, et de 5 à 7 de diamètre

(1) *Papaver somniferum* Linn.

(2) *Papaver album* Lob. (*P. somniferum* α Linn., *P. officinale* Gmel., *P. somniferum* β *album* DC.)

(3) *Papaver nigrum* Lob. (*P. somniferum* β Linn., *P. somniferum* α *album* DC, *P. somniferum* Nees), vulgairement *Pavot pourpre.*

(4) Officin., *capita Papaveris immatura.*

transversal. Elles sont ovoïdes, d'abord d'un vert glauque et un peu succulentes, puis sèches, blanchâtres et très légères. Elles sont munies, à la base, d'un étranglement et d'un bourrelet (*réceptacle* de la fleur), et couronnées au sommet par un petit disque sessile, à centre un peu élevé, offrant de 10 à 18 rayons étalés, à bords crénelés, munis chacun d'une petite côte médiane. Le tissu de ces *capsules* paraît un peu spongieux, ce qui explique leur légèreté. Leur surface interne est blanchâtre. On y remarque des trophospermes pariétaux, en forme de lames longitudinales, régulièrement espacés, minces, un peu jaunâtres, répondant chacun à un des stigmates qui composent le disque rayonné.

A ces trophospermes, sont attachées des graines très nombreuses. Linné en a compté 32 000 dans une grosse capsule. Ces graines sont très petites, réniformes, marquées d'un réseau proéminent, un peu translucides, et d'un blanc à peine jaunâtre. Leur hile est brunâtre.

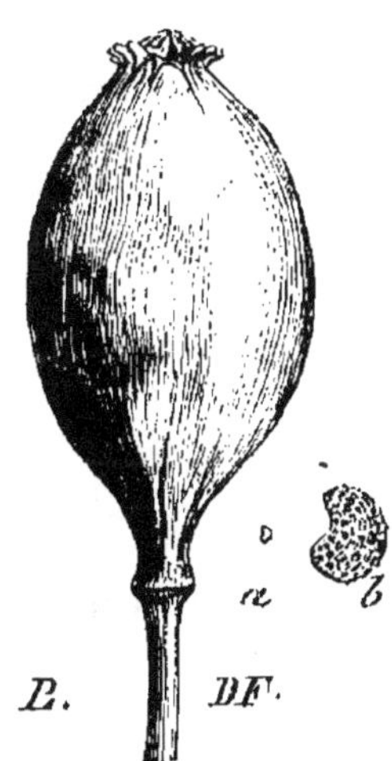

Fig. 76. — *Pavot blanc.* — *a*, graine de grandeur naturelle ; *b*, la même, grossie.

Ces fruits sont indéhiscents et, par conséquent, sans valves; en quoi ils s'éloignent des vraies *capsules*. Mais on va voir que les *têtes* du *Pavot noir* n'offrent plus cette différence.

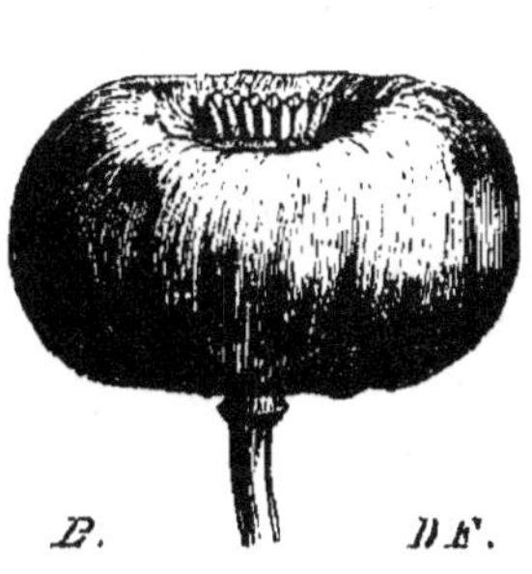

Fig. 77. — *Pavot blanc*, var. *déprimée.*

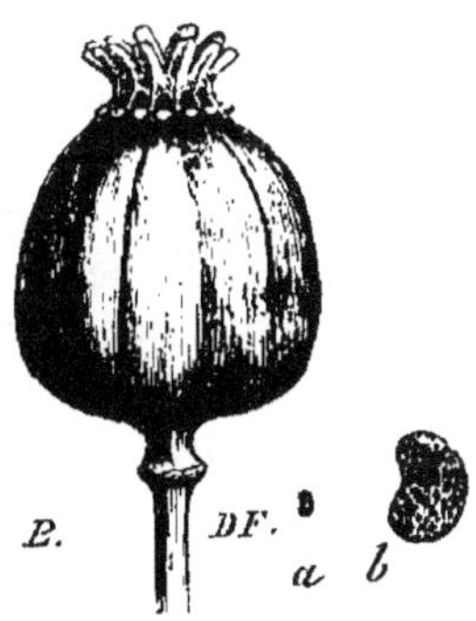

Fig. 78. — *Pavot noir.* — *a*, graine de grandeur naturelle ; *b*, la même, grossie.

Une variété de *Pavot blanc* (fig. 77), cultivée aux environs de Paris, présente un diamètre transversal plus grand que le longitudinal (1). Elle est fortement déprimée. Sa base et son sommet paraissent souvent creux. Les rayons du disque terminal sont quelquefois relevés, de manière que ce disque semble former une cupule.

Les *têtes* du *Pavot noir* (fig. 78) sont ovoïdes comme les précédentes ; mais, au moment de leur maturité, le disque stigmatique s'élève un peu, s'écarte de la capsule, par suite de l'allongement des lamelles qui unissent les trophospermes aux stigmates. Il en résulte une rupture dans les intervalles des stigmates, et une série de petites fenêtres par où les graines peuvent s'échapper. Les portions de la capsule qui fermaient chaque orifice se réfléchissent en dehors comme de très petites languettes. Ce sont des valves rudimentaires.

Les graines du *Pavot noir* ressemblent à celles du *Pavot blanc*, mais sont brunâtres.

On recueille les *capsules* des *Pavots* pendant qu'elles sont encore vertes, au moment où elles commencent à jaunir.

3° PROPRIÉTÉS ET USAGES. — Les *têtes de Pavot* sont très employées en médecine.

On les regarde comme calmantes.

On les administre en hydrolé, en sirop, en extrait, en fomentations, en lavements. Elles forment la base du *sirop de diacode*.

§ III. — De la Cévadille.

1° PLANTE. — Pendant longtemps on a attribué la *Cévadille* au *Varaire cévadille* (2). Il est bien reconnu aujourd'hui qu'elle provient du *Varaire officinal* (3), Colchicacée différente de la précédente. Cette plante croît au Mexique, et non en Chine, comme la première.

Description. — Plante bulbeuse. Tige haute de 15 à 18 décimètres. Feuilles radicales, longues, étroites, linéaires, pointues, entières, un peu roides. Inflorescence en grappe simple, étroite, pointue, spiciforme, assez dense. Fleurs polygames (Lindley) ou hermaphrodites (Gray), brièvement pédicellées. Calice à 6 divisions linéaires, obtuses, persistantes. Étamines alternativement plus courtes, à anthères réniformes. Ovaires 3, portant chacun un style très court, terminé par un stigmate peu marqué.

(1) *Papaver album depressum* Guib.
(2) *Veratrum Sabadilla* Retz.
(3) *Veratrum officinale* Schlecht. (*Helonias officinalis* Don, *Asagræa officinalis* Lindley, *Schœnocaulon officinale* Gray).

2° CAPSULES. — La *Cévadille* (1) est un amas de fruits oblongs, atténués supérieurement, acuminés, secs, à péricarpe mince, léger, d'un gris rougeâtre. Ces *capsules* ont trois loges, et dans chacune deux graines ; celles-ci sont allongées, pointues, recourbées par le haut en forme de sabre, ridées et noirâtres.

La *Cévadille* contient du gallate acide de *vératrine*, de l'acide cévadique, de la cire, une matière colorante jaune, de la gomme....

La *vératrine* est une matière blanche, cristallisant en prismes rhomboïdaux, mais difficilement ; elle n'est pas volatile ; elle fond à 115 degrés ; elle est insoluble dans l'eau, mais soluble dans l'alcool.

3° PROPRIÉTÉS ET USAGES. — La *Cévadille* fait éternuer ; elle est très âcre et très amère ; elle excite la salivation. La *vératrine* est d'une extrême âcreté. Portée sur les fosses nasales, elle y provoque les éternuments les plus violents.

Les propriétés de la *Cévadille* sont irritantes et purgatives. C'est un médicament dangereux dont quelques praticiens prudents proscrivent l'usage (A. Rich.). La *Cévadille* est bonne contre les vers· intestinaux, particulièrement contre le ténia.

On l'administre en teinture, en extrait et en pilules. On donne la *vératrine* en poudre, en pilules, en alcool, en pommade, en liniment, en teinture, en extrait, en lavements.

§ IV. — Des Cardamomes.

Les *Cardamomes* sont des *capsules* à graines aromatiques, produites par des Amomacées du genre *Alpinie* (*Alpinia*).

1° PLANTE. — La principale espèce, parmi ces végétaux, est l'*Alpinie en grappe* (2), qui habite dans les lieux ombragés des îles Moluques, de la Sonde et de Java.

Description. — Racine longue, traçante, un peu épaisse, noueuse, blanchâtre. Tiges hautes de 2 à 4 mètres, droites. Feuilles alternes, étroites, lancéolées, engaînantes. Inflorescence en grappe longue et irrégulière, articulée, coudée, écailleuse, portée par une hampe rameuse qui naît de la racine. Fleurs sortant de petites spathes membraneuses, blanchâtres. Calice tubuleux à sa base. Étamine à filet dilaté, plan et pétaloïde. Ovaire à trois loges, portant un style grêle et un stigmate terminal, concave.

(1) Vulgairement *Cébadille*, *Poudre de capucin*.
(2) *Alpinia Cardamomum* Roxb. (*Amomum Cardamomum* Linn., A. *racemosum* Lam., *Elettaria Cardamomum* Whit. et Mat.).

2° CAPSULE. — Le *Cardamome ordinaire* est un fruit de la grosseur d'un grain de raisin, comme formé de trois coques soudées ensemble et présentant à l'extérieur trois grosses côtes longitudinales ; ce fruit paraît sec, ferme, blanchâtre, quelquefois rougeâtre ou brunâtre d'un côté ; il offre trois loges distinctes et s'ouvre en trois valves. Graines attachées vers l'axe, cunéiformes, anguleuses et d'un gris brun.

Ces graines sont chargées d'huile essentielle mêlée à de l'huile grasse.

3° PROPRIÉTÉS ET USAGES. — Cette *capsule* est peu odorante, mais les graines ont une odeur pénétrante aromatique, qui tient un peu de celles du poivre et de la térébenthine. Saveur âcre.

Ces *capsules* et ces graines jouissent de propriétés stimulantes. Elles sont fort peu usitées dans la médecine européenne (A. Rich.). On s'en sert dans l'Orient comme parfum, comme aromate et comme remède.

On en prépare une teinture.

4° AUTRES ESPÈCES. — Les *Cardamomes* jouissaient d'un grand crédit dans l'ancienne matière médicale. On en distinguait de grands, de moyens, de petits, d'allongés, de courts, d'anguleux,

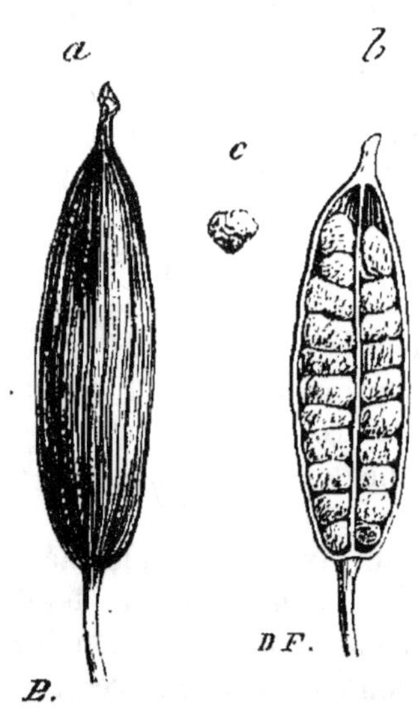

FIG. 79. — *Cardamome de Ceylan.* — *a*, capsule ; *b*, la même, coupée longitudinalement ; *c*, une graine isolée.

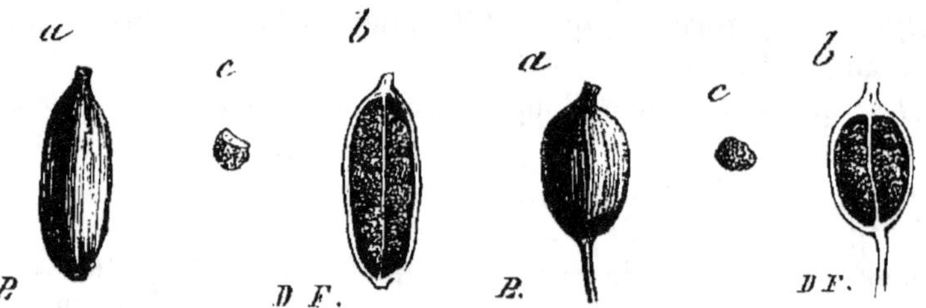

FIG. 80. — *Cardamome de Malabar, long.* — *a*, capsule ; *b*, la même, coupée longitudinalement ; *c*, une graine isolée.

FIG. 81. — *Cardamome de Malabar, petit.* — *a*, capsule ; *b*, la même, coupée longitudinalement ; *c*, une graine isolée.

de lisses, de poilus..... M. Guibourt en a décrit dix-neuf espèces. Le commerce en présente six sortes principales : 1° le *Cardamome ordinaire,* dont il vient d'être question ; 2° le *Cardamome de Ceylan* ou *grand Cardamome* (fig. 79) ; 3° le *Cardamome de Malabar, long,* ou *moyen Cardamome* (fig. 80) ; 4° le *Cardamome de Malabar, petit* (fig. 81) ; 5° la *Maniguette ;* 6° le *Cardamome sauvage ou bâtard.* Ces fruits sont produits par d'autres *Alpinies* ou par des *Amomes* (*Amomum*), genre très voisin.

§ V. — Des Capsules peu employées.

1° CAPSULES DE FUSAIN (1), Célastrinée indigène.—Fruits à 3, 4 ou 5 angles obtus, et à 3, 4 ou 5 loges. — Acres, émétiques et purgatifs. — Administrées en décoction. Séchées au four et pulvérisées, on s'en est servi contre la vermine des enfants. Très peu employées (2).

2° CAPSULES DE LILAS COMMUN (3), Jasminée originaire d'Orient, arbrisseau. — Fruits ovoïdes, comprimés, à deux loges et deux valves. —Conseillées contre les fièvres intermittentes (Cruveilhier).

II. — FRUITS MULTIPLES.

Les *fruits multiples* sont produits par plusieurs pistils distincts appartenant à une seule fleur. Nous n'avons à étudier que : 1° ceux des *Ombellifères,* 2° ceux de l'*Anis étoilé.*

Les premiers présentent 2 carpelles indéhiscents ; les derniers en ont de 6 à 12 s'ouvrant en dessus.

§ I. — Des Fruits d'Ombellifères.

Ces fruits sont secs et indéhiscents ; ils diffèrent des *achaines,* avec lesquels on pourrait les confondre, en ce que, à leur maturité, ils se séparent en deux carpelles. Ils forment, par conséquent, le passage des fruits simples aux fruits multiples. Quelques auteurs les ont désignés sous le nom de *diachaines* (4) ; mais cette dénomination n'est pas exacte, parce que, en réalité, les deux carpelles dont il s'agit ne sont pas de vrais *achaines.* Le caractère principal de ces derniers, est d'être couverts par le calice. Or, dans les Ombellifères, après leur séparation et leur isolement, le calice ne rêvet plus qu'un seul côté du carpelle, lequel est alors *achaine du*

____

(1) *Evonymus Europæus* Linn.
(2) Voy. page 196.
(3) *Syringa vulgaris,* Linn.
(4) On les a appelés aussi *polakènes.*

côté extérieur et *caryopse* du côté intérieur. De Candolle a désigné ces carpelles sous le nom de *méricarpes* (1).

Ces deux carpelles sont réunis au moyen d'un axe central (*columelle*) (2), souvent bifurqué au sommet.

Les *méricarpes* des *Ombellifères* contiennent des huiles essentielles variées. J'en traiterai dans le chapitre consacré aux ESSENCES.

L'odeur forte qui caractérise ces carpelles les fait rechercher comme aromates. On les emploie dans plusieurs préparations pharmaceutiques, mais on se sert plus habituellement de leur huile essentielle.

Voici les principaux fruits d'Ombellifères qui ont été recommandés :

1° FRUITS D'AMMI INODORE (3), produits par l'*Ammi à larges feuilles*(4), indigène.—*Méricarpes* oblongs, à 5 côtes filiformes, glabres, portés par une columelle bipartite. — Toniques et carminatifs. — Administrés infusés dans du vin. Aujourd'hui à peu près abandonnés.

2° FRUITS D'AMMI OFFICINAL (5), produits par la *Ptychote verticillée* (6), indigène.—*Méricarpes* petits, oblongs, à 5 côtes filiformes égales, portées par une columelle bipartite. — Acres, aromatiques, toniques et carminatifs. Ils étaient une des quatre semences chaudes mineures.

On confondait, avec les fruits de cette espèce, ceux de la *Ptychote de la Thébaïde* (7).

3° FRUITS D'ANETH, produits par l'*Aneth odorant* (8), de l'Europe australe et de l'Orient. — *Méricarpes* elliptiques, comprimés, glabres, à 5 côtes, les 3 moyennes médiocrement saillantes, les latérales formant une marge membraneuse. Columelle bipartite. — Aromatiques, excitants.

4° FRUITS D'ANIS, produits par le *Boucage anis* (9), originaire du Levant, cultivé dans les jardins. — *Méricarpes* linéaires - oblongs, à 5 côtes filiformes très peu saillantes, pubescents, blanchâtres,

(1) *Crémocarpes*, Mirb. ; *carpadèles*, Desv.
(2) *Spermapode, carpophore* des auteurs.
(3) Officin., *semences d'Ammi*.
(4) *Ammi majus* Linn. (*Apium Ammi* Crantz).
(5) Officin., *Ammi odore Origani, Cretici veri, Cumin d'Éthiopie*.
(6) *Ptychotis verticillata* Duby (*Sison Ammi* Ucr.).
(7) *Ptychotis Coptica* DC. (*Ammi Copticum* Linn.).
(8) *Anethum graveolens* Linn. (*Pastinaca Anethum* Spreng.). — Voy. le chapitre des ESSENCES.
(9) *Pimpinella Anisum* Linn. (*Anisum officinale* Mœnch).

portés par une columelle bifide. — Toniques, carminatifs. — Administrés en eau distillée, en infusion, en teinture (1).

5° FRUITS D'ATHAMANTE (2), produits par l'*Athamante de Crète* (3), indigène. — *Méricarpes* ovales, velus, à 5 côtes filiformes, aptères, égales. Columelle indivise. — Faiblement aromatiques et un peu âcres, carminatifs et emménagogues.

6° FRUITS DE CAROTTE (4), produits par la *Carotte commune* (5), indigène. — *Méricarpes* un peu oblongs, convexes, à 5 côtes primaires filiformes, chargées de 1 à 3 rangs de soies très courtes, et à 4 côtes secondaires ailées, découpées presque jusqu'à la base avec de longues soies presque épineuses. Columelle indivise ou bifide. — Incisifs, carminatifs, emménagogues (6).

7° FRUITS DE CARVI, produits par le *Carvi officinal* (7), indigène. — *Méricarpes* ovoïdes-allongés, recourbés, à 5 côtes filiformes, portés par une columelle bifurquée seulement au sommet. — Odeur très aromatique. Mêmes propriétés que l'Anis. — Administrés en eau distillée et en teinture (8).

8° FRUITS DE CIGUE, produits par la *Ciguë maculée* (9), indigène. — *Méricarpes* subglobuleux, à 5 côtes saillantes et ondulées. Columelle bifide ou bipartite. — Conseillés contre les affections cancéreuses (10).

9° FRUITS DE CORIANDRE, produits par la *Coriandre cultivée* (11), originaire d'Italie. — *Méricarpes* hémisphériques, formant un fruit ovoïde-globuleux, glabres, à 5 côtes primaires déprimées et flexueuses, et à 4 côtes secondaires saillantes. Columelle bifide. — Les fruits récents répandent une odeur de punaise ; quand ils sont secs, ils deviennent aromatiques. — Employés comme l'Anis.

10° FRUITS DE CUMIN, produits par le *Cumin officinal* (12), originaire d'Orient. — *Méricarpes* ellipsoïdes, étroits, pubescents, à 5 côtes primaires filiformes, légèrement hérissées, et à 4 côtes secondaires plus saillantes, un peu épineuses. Columelle bipartite. — Assez aromatiques. — Employés comme l'Anis, mais plus excitants.

(1) Voy. le chapitre des ESSENCES.
(2) Officin., *semina Dauci Cretici*.
(3) *Athamanta Cretensis* Linn. (*Libanotis Cretensis* Scop., *L. hirsuta* Lam.).
(4) Officin., *semina Dauci vulgaris*.
(5) *Daucus Carota* Linn. var. *sylvestris*.
(6) Voy. page 77.
(7) *Carum Carvi* Linn.
(8) Voy. le chapitre des ESSENCES.
(9) *Conium maculatum* Linn.
(10) Voy. page 186.
(11) *Coriandrum sativum* Linn. (voy. le chap. des ESSENCES).
(12) *Cuminum Cyminum* Linn. (voy. le chap. des ESSENCES).

11° FRUITS DE FENOUIL (1), produits par le *Fenouil commun* (2), indigène.— *Méricarpes* oblongs, plus ou moins arqués, plans d'un côté, convexes de l'autre, à 5 côtes ailées, presque membraneuses, égales entre elles, glabres, portées par une columelle bipartite. — Aromatiques, stomachiques, carminatifs et légèrement diurétiques (3).

12° FRUITS DE LIVÈCHE, produits par l'*Angélique livèche* (4), indigène. — *Méricarpes* ovales-oblongs, à 5 ailes, ceux des bords deux fois plus larges, portés par une columelle bipartite. — Aromatiques, carminatifs et emménagogues.

13° FRUITS DE PHELLANDRIE, produits par l'*OEnanthe phellandrie* (5), indigène. — *Méricarpes* ovoïdes, allongés, à 5 côtes légèrement obtuses, les marginales plus développées, couronnés par les dents du calice, glabres. Columelle indistincte. — On les croyait utiles contre le squirrhe, le cancer et la gangrène. On les recommande quelquefois dans la bronchite chronique et la phthisie pulmonaire. On leur attribue aussi des vertus fébrifuges et antiscorbutiques.

§ II. — De l'Anis étoilé.

1° PLANTE. — L'*Anis étoilé* est le fruit du *Badian anisé* (6), arbre de la famille des Magnoliacées. Cet arbre croît en Chine et au Japon.

Description. — Taille médiocre. Tronc à écorce aromatique. Feuilles alternes ou rassemblées en bouquets à la partie supérieure des rameaux, brièvement pétiolées, elliptiques, aiguës, très entières, persistantes, offrant 2 stipules lancéolées, blanchâtres, très caduques. Fleurs dans l'aisselle des feuilles supérieures, solitaires, longuement pédonculées, pourpres. Calice à 5 ou 6 folioles, squamiformes, inégales, caduques, les inférieures colorées. Corolle à pétales nombreux, disposés sur plusieurs rangs, lancéolés, aigus; les plus intérieurs les plus étroits. Étamines 25 à 30, étalées, réfléchies en dehors, à filets épais et courts, portant des anthères pla-

---

(1) Officin., *semina Fœniculi dulcis.*

(2) *Fœniculum officinale* All. (*Anethum Fœniculum* Linn., *Ligusticum Fœniculum* Roth).

(3) Voy. le chapitre des ESSENCES.

(4) *Levisticum officinale* Koch (*Ligusticum Levisticum* Linn., *Angelica paludanifolia* Lam., *A. Levisticum* All.).

(5) *OEnanthe Phellandrium* Lam. (*Phellandrium aquaticum* Linn., *Ligusticum Phellandrium* Crantz), vulgairement *Fenouil d'eau, Ciguë d'eau, Phellandrie aquatique.*

(6) *Ilicium anisatum* Linn.

cées contre leur face antérieure. Pistils 8, disposés en étoile et serrés les uns contre les autres. Ovaires comprimés, uniloculaires, terminés supérieurement et extérieurement par un style court, offrant un stigmate avec un sillon longitudinal.

2° FRUIT (1) (fig. 82). — Ce fruit, désigné sous le nom d'*Anis étoilé* ou sous celui de *Badiane* (2), est sec, étoilé, brun, composé de 6 à 12 capsules ovoïdes, comprimées, pointues, dures, ligneuses, soudées ensemble par la base, monospermes, s'ouvrant longitudinalement par le bord supérieur ou intérieur ; surface extérieure raboteuse, couleur de rouille. Endocarpe lisse, luisant, presque

FIG. 82. — *Badiane.* — *a*, graine.

osseux. Celles qui sont vieilles deviennent béantes. Graines ovoïdes, lisses, luisantes, d'un fauve rougeâtre, contenant une amande blanchâtre et huileuse.

3° PROPRIÉTÉS ET USAGES. — L'*Anis étoilé* exhale une odeur très douce et très suave. Sa saveur est aromatique, sucrée, légèrement acide, même un peu âcre. Elle offre de l'analogie avec celles de l'Anis et du Fenouil, mais surtout avec celle de l'Anis.

L'*Anis étoilé* est regardé comme un puissant stimulant.

On l'administre en poudre, en eau distillée, en infusion théiforme. On sait que c'est à la *Badiane* que l'*anisette de Bordeaux* emprunte son parfum et sa saveur.

4° SUCCÉDANÉS. — On trouve dans l'Amérique septentrionale deux autres *Badians* à fleurs jaunâtres, dont les fruits peuvent être substitués à l'*Anis étoilé* : ce sont le *Badian à petites fleurs* (3) et le *Badian de la Floride* (4).

III. — FRUITS AGRÉGÉS.

Les fruits simples et les fruits multiples sont produits par une seule fleur ; les *fruits agrégés* sont le résultat de plusieurs.

---

(1) *Syncarpe* ou *syncarpide* des botanistes.
(2) Officin., *Anisum Indicum stellatum*, *Badiane de la Chine*, *Anis de Sibérie*, *Anis des Philippines.*
(3) *Ilicium parviflorum* Michx.
(4) *Ilicium Floridanum* Linn.

Nous étudierons : 1° les *cónes*, 2° le *malaccóne*, 3° la *sorose*, 4° le *sycóne*.

Voici leurs caractères abrégés :

Fruits	sans involucre. { secs, ...	1° CÔNES.
	{ charnus. . (écailles bacciformes . .	2° MALACCÓNE.
	(calice bacciforme . . .	3° SOROSE.
	avec involucre.	4° SYCÓNE.

1° CÔNES.

Les *cónes* sont au nombre de deux : 1° ceux du *Houblon*, 2° ceux du *Cyprès*.

Les premiers sont composés d'écailles minces et membraneuses ; les seconds d'écailles épaisses et ligneuses : ceux-ci se rapprochent des *cónes* des *Pins*, c'est-à-dire des vrais *cónes*.

§ I. — Des Cônes de Houblon.

1° PLANTE. — Le *Houblon commun* (1) appartient à la famille des Cannabinées. On le trouve, en Europe, dans les haies, sur le bord des rivières. On le cultive en France et en Belgique.

Description. — Racines vivaces, ligneuses et fibreuses, produisant, tous les ans, des tiges herbacées longues de plusieurs mètres, sarmenteuses, volubiles, grêles, anguleuses, rudes, dures, couvertes de poils courts et crochus. Feuilles opposées, pétiolées, échancrées en cœur à la base, à 3 ou 5 lobes ovales, acuminés et dentés, ou bien simples, profondément dentées en scie, rudes en dessus, portant en dessous des glandes résineuses. Stipules soudées deux à deux. Dioïque. Inflorescence dans les fleurs mâles en petites grappes rameuses, dans les fleurs femelles en épis ovoïdes composés de grandes bractées membraneuses, concaves, colorées et accrescentes. Mâles : offrant un calice à 5 sépales, presque égaux, et 5 étamines à filets courts, portant des anthères dressées et apiculées. Fem. : réunies par paires. Calice réduit à un seul sépale squamiforme. Ovaire surmonté de deux styles filiformes, très longs.

2° CÔNES (fig. 83). — Ovoïdes-allongés, formés par les bractées et les sépales membraneux développés et réticulés. A la base de chaque écaille, on trouve deux petits fruits (*achaines*) ovoïdes, légèrement comprimés, jaunâtres, entourés d'une poussière granu-

(1) *Humulus Lupulus* Linn. (*Lupulus scandens* Lam., *L. communis* Gœrtn.).

leuse d'un jaune verdâtre ou d'un jaune d'or, odorante, qui contient le principe actif du *cône*. Cette poussière a été désignée sous le nom de *lupulin*.

Le *lupulin* (fig. 84) est un petit organe (Raspail) glanduleux, à peu près ovoïde, ressemblant grossièrement au fruit des Chênes. Son

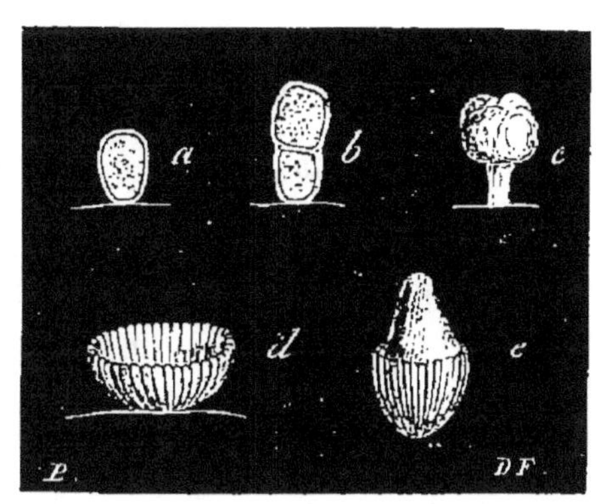

Fig. 83. — *Cône de Houblon.*   Fig. 84. — *Cône de houblon.* — *a*, lupulin commençant à se former ; *b*, lupulin composé de deux utricules; *c*, Lupulin pédiculé ; *d*, lupulin en forme de coupe striée ; *e*, lupulin devenu glandiforme.

grand diamètre varie entre 15 et 30 centièmes de millimètre. La partie inférieure est en forme de coupe striée de la base jusqu'au bord; la partie supérieure est conique ou conoïde et lisse. Ces deux parties paraissent à peu près égales en hauteur. Le *lupulin* commence à se former par la dilatation d'une cellule épidermique qui devient saillante à l'extérieur et se partage bientôt en deux par une cloison transversale. L'utricule inférieur finit par constituer une sorte de pédicelle court ; le supérieur se renfle et se remplit d'une matière granuleuse. Cette cellule se divise alors longitudinalement en deux, puis en quatre, puis en un grand nombre qui composent une sorte de disque rayonné. A cette époque, les bords du *lupulin* se relèvent et le disque devient cupuliforme. Il se produit alors autant de petites coupes déprimées à peu près sessiles, irrégulièrement et élégamment striées. Quand ces cupules sont arrivées à leur parfait développement, une couche de cellules microscopiques s'organise. Cette couche est revêtue d'une cuticule très mince qui tapisse la cavité du *lupulin*. Un liquide jaune est sécrété dans ces cellules, lequel s'épanche dans la cavité de la cupule et soulève la cuticule. Celle-ci, résistante et extensible, est refoulée à l'extérieur, comme un doigt de gant, et forme au-dessus de la cavité le corps conique ou conoïde. C'est alors que le *lupulin* ressemble plus ou moins à un gland (Personne).

En mettant dans l'eau très légèrement alcalisée des grains à moitié développés, on les voit, au microscope, soulever leur cuticule et se transformer en *lupulin* parfait (Personne).

Le *lupulin* est composé de *lupuline*, d'essence, de gomme, de résine, d'extractif, d'osmazome, de graisse, d'acides valérianique et malique, de malate de chaux et de quelques autres sels (Personne).

La *lupuline* ne cristallise pas ; elle est d'un blanc jaunâtre ; elle se dissout un peu dans l'eau ; elle est très soluble dans l'alcool, mais faiblement dans l'éther.

3° PROPRIÉTÉS ET USAGES. — Le *lupulin* présente une amertume parfumée, assez agréable. La *lupuline* offre aussi une saveur très amère.

Les *cônes de Houblon* servent principalement à la fabrication de la bière.

Ils sont toniques, antiscrofuleux et un peu narcotiques. On les emploie dans les maladies cutanées chroniques. Le *lupulin* présente les mêmes propriétés. On le dit aphrodisiaque.

On administre le *Houblon* en tisane et en eau distillée. On prépare, avec le *lupulin*, une teinture, un extrait, un sirop, un saccharure, une gelée et une pommade.

4° OBSERVATION. —Les jeunes pousses et les feuilles du *Houblon* passent pour antiscorbutiques.

§ II. — Des Cônes de Cyprès.

1° PLANTE. — Le *Cyprès commun* (1) appartient à la famille des Cupressinées. Il croît naturellement dans les régions australes de l'Europe.

Description. — Arbre d'aspect pyramidal. Tronc fort élevé. Feuilles petites, squamiformes, imbriquées sur 4 rangs, un peu pointues, persistantes, glabres, d'un vert sombre. Inflorescence en chatons jaunâtres. Chatons mâles conoïdes, entourés d'écailles par le bas. Chatons femelles globuleux, offrant 8 à 10 écailles, en forme de bouclier, portant à leur partie inférieure un grand nombre de fleurs femelles redressées, composées d'une urcéole presque fermée.

2° CÔNES (2). — Ces fruits, très improprement appelés *noix de*

(1) *Cupressus sempervirens* Linn.
(2) *Galbules*, Gærtn.

Cyprès, ressemblent à des Noix de galle. Ils présentent de grosses bosselures ; ils sont glabres et d'un vert olivâtre ou jaunâtre. Ils sont composés d'écailles charnues qui se séparent à la maturité et ressemblent alors à des clous à très grosse tête, attachés à un axe très court. Les graines sont petites, oblongues, anguleuses, glabres, rougeâtres, et munies latéralement de deux ailes membraneuses.

On cueille les *cônes de Cyprès* pendant qu'ils sont encore verts.

3° PROPRIÉTÉS ET USAGES. — Ces fruits sont fort astringents. Ils perdent une partie de leurs propriétés en devenant ligneux.

On emploie les *cônes de Cyprès* à cause de cette même astringence. Ce sont des succédanés de la Noix de galle.

2° MALACCÔNES.

Les *malaccônes* (1) sont les *baies de Genévrier*.

Des Baies de Genévrier.

1° PLANTE. — Le *Genévrier commun* (2) est un arbrisseau également de la famille des Cupressinées. Il croît en France sur les collines sèches et arides.

Description. — Il est rarement arborescent; il forme le plus souvent un buisson. Feuilles verticillées, ternées, sessiles, linéaires, très aiguës, piquantes, glauques en dessous. Inflorescence en chatons axillaires et solitaires. Chatons femelles très petits, verdâtres, formés de 3 écailles soudées et contenant 3 cupules dressées et 3 petits ovaires.

2° MALACCÔNES (fig. 85). — Les fruits du *Genévrier*, très improprement appelés *baies*, ressemblent beaucoup aux véritables baies. Ce sont des espèces de *cônes* globuleux et charnus, d'abord verts, puis noirâtres. Leur pulpe est très succulente. Dans l'intérieur, on trouve 3 caryopses osseux, monospermes, enveloppés par les écailles florales soudées et charnues.

Ces fruits sont composés d'*huile volatile*, de cire, de résine, de sucre, de gomme, d'une *matière extractive*, de sels, de chaux et de potasse (Trommsdorf).

L'*huile volatile* est très limpide et à peine jaunâtre. L'*extrait* est assez solide, gommo-résineux et d'un brun noir.

3° PROPRIÉTÉS ET USAGES. — Les *malaccônes de Genévrier* ont

(1) *Arcesthides* Desv.
(2) *Juniperus communis*, Linn.

une odeur aromatique et une saveur amère, résineuse et un peu sucrée.

On emploie ces fruits comme toniques et stimulants. L'extrait passe pour un bon stomachique.

On les administre en fumigations. On en prépare une infusion aqueuse, une eau distillée et un vin.

FIG. 85. — *Genièvre.* — *a*, fruit ; *b*, la partie supérieure enlevée pour montrer les graines ; *c*, une graine isolée.

On distille ces fruits avec de l'eau-de-vie, et l'on en obtient l'*eau-de-vie de Genièvre.*

3° SOROSES.

Les *soroses* (1) sont les *Mûres.*

Des Mûres.

1° PLANTE. — Le *Mûrier noir* (2) appartient à la famille des Morées. On le dit originaire de la Perse ; on le cultive aujourd'hui dans différentes parties de l'Europe.

Description. — Tronc assez élevé, à suc lactescent. Écorce noirâtre. Feuilles alternes, ovales-cordiformes, acuminées, dentées en scie, scabres, pubescentes, quelquefois divisées en 3 ou 5 lobes. Stipules au nombre de 2, ovales-lancéolées, membraneuses, caduques. Inflorescence en épis. Fleurs monoïques. Épis mâles ovoïdes, presque globuleux. Calice à 4 sépales soudés à la base, étalés pendant la floraison, ovales et concaves. Étamines 4, alternes, à filets filiformes, rugueux transversalement. Épis femelles brièvement pédonculés, assez gros, globuleux, pendants. Calice comme dans les fleurs mâles, à sépales dressés, hérissés sur les bords. Ovaire lenticulaire, surmonté de deux styles filiformes, hérissés, stigmatifères à leur face interne.

2° SOROSE. — Ce fruit est composé d'un certain nombre de

---

(1) *Syncarpes*, Richard.
(2) *Morus nigra* Linn.

petits achaines recouverts par le calice devenu charnu et succulent, lesquels se soudent latéralement, et forment une fausse baie mamelonnée qui ressemble à une framboise. Les *soroses* sont de la grosseur d'une prune de Damas, ovoïdes, lisses, d'abord vertes, puis d'un rouge vineux, puis d'un pourpre noir. Leur suc est visqueux et d'un rouge foncé.

3° PROPRIÉTÉS ET USAGES. — Les *Mûres* ont une saveur sucrée, légèrement acidule, assez agréable. Cependant, on ne les sert pas sur nos tables.

Elles contiennent une grande quantité de mucilage, et jouissent de propriétés fort analogues à celles des groseilles. Elles sont rafraîchissantes et adoucissantes.

On les administre en boisson. En les cueillant avant la maturité, on en prépare un sirop légèrement astringent assez estimé (*sirop de Mûres*) (1).

4° SYCÔNES.

Les *sycônes* (2) sont les *Figues*, réunion remarquable de très petits fruits dans un réceptacle creux et succulent.

Des Figues.

1° PLANTE. — Le *Figuier commun* (3) appartient à la famille des Artocarpées. Il est originaire d'Orient. On assure qu'il a été importé dans le midi de la France, avec la Vigne, par les Phéniciens.

Description. — Arbre de taille moyenne, à bois tendre. Rameaux grisâtres ou verdâtres, renfermant une moelle abondante. Feuilles alternes, pétiolées, grandes, palmées, ordinairement à 3, 5 ou 7 lobes arrondis, échancrées en cœur à la base, glabres, luisantes, et d'un vert foncé en dessus, hérissées de poils rudes et courts, un peu pâles en dessous, épaisses, fermes ; elles ont une odeur particulière. Inflorescence réunie dans des réceptacles assez gros, arrondis ou pyriformes, pédonculés, solitaires à l'aisselle des feuilles. Ces réceptacles offrent au sommet une petite ouverture entourée d'écailles. Les fleurs mâles sont à la partie supérieure de la cavité ; les femelles couvrent le reste de sa surface. Les premières ont un calice à 3 sépales lancéolés, soudés dans leur partie inférieure,

-----

(1) Voy. page 81.
(2) *Endophérides*, Guib.
(3) *Ficus Carica* Linn.

pointus, membraneux, et 3 étamines beaucoup plus grandes, à filets capillaires. Les femelles offrent un calice à 5 sépales soudés en un tube décurrent sur le pédicelle, et un ovaire supère obliquement stipité, portant un style un peu latéral, allongé, grêle, terminé par deux stigmates filiformes.

2° SYCONES. — Les *Figues* ne sont pas des fruits ordinaires, mais des amas de fruits. Toutes les fleurs femelles qui viennent d'être décrites se transforment, après leur fécondation, en autant de petites drupes charnues. En même temps, le réceptacle général devient succulent, sucré et parfumé.

Quand on ouvre une *Figue*, on voit les petits fruits dont il s'agit serrés les uns contre les autres. Ils sont pédicellés, obovés, comme tronqués au sommet et terminés par le style et les stigmates devenus très mous. Ils contiennent, au centre, une graine lenticulaire crustacée.

Il existe généralement deux sortes de *Figues* : les unes qui occupent la partie moyenne des branches, et qui mûrissent en juillet. On les appelle *Figues-fleurs*. Les autres qui sont terminales, et qui mûrissent en septembre. Les premières sont les plus grosses, et les secondes les plus sucrées.

On distingue un grand nombre de variétés de *Figues*, qui diffèrent par le volume, par la forme plus ou moins allongée ou arrondie, par la couleur de la peau, qui est verte, jaune, violacée ou rougeâtre, et par celle de l'intérieur, qui est jaunâtre, rougeâtre, rouge vif ou rouge violacé.

On sèche les *Figues* au soleil, suspendues à des fils, attachées à des branches épineuses ou bien étendues sur une claie. Les *Figues* des environs de Paris et du nord de la France sont peu sucrées et ne peuvent pas se conserver.

Les *Figues* employées en médecine sont : 1" les *violettes*, 2° les *grasses*. Les unes et les autres sont assez grosses ; les secondes un peu visqueuses et moins estimées que les premières.

3" PROPRIÉTÉS ET USAGES. — Les *Figues* fraîches ont une saveur sucrée et parfumée. On en consomme une grande quantité dans nos départements méridionaux.

Elles sont adoucissantes, béchiques et légèrement laxatives.

Les *Figues* sèches sont plus sucrées et d'une digestion moins facile.

Elles passent pour béchiques et pectorales.

On en fait des tisanes et une pâte ; on en compose même des cataplasmes.

CHAPITRE XV.

DES GRAINES.

Les *graines* les plus utiles sont, sans contredit, les *graines* féculentes et les *graines* huileuses. Je renverrai leur étude aux chapitres dans lesquels je traiterai des FÉCULES et des HUILES.

Je m'occuperai seulement, dans ce chapitre, des *graines* qui présentent des propriétés et des usages spéciaux. Ces *graines* sont : 1° le *Café*, 2° le *Cacao*, 3° les *graines de Lin*, 4° celles de *Moutarde*, 5° les *semences de Courge*, 6° les *Amandes*, 7° la *Noix vomique*, 8° les *graines de Pomme-épineuse*, 9° les *graines de Colchique*, 10° les *graines de Paullinia*.

§ I. — Du Café.

1° PLANTE. — Le *Caféier d'Arabie* (1) est un arbrisseau de la famille des Rubiacées. On le regarde comme originaire de la haute Égypte, d'où il a été transporté en Arabie vers la fin du XVᵉ siècle (Raynal). Il croît en abondance dans la province d'Yémen, sur les bords de la mer Rouge, particulièrement aux environs de Moka. Comme il prospère très bien autour de cette ville, plusieurs botanistes ont regardé cette région comme sa véritable patrie.

Histoire. — Ce sont les Hollandais qui, les premiers, importèrent le *Caféier* en Europe et nous firent connaître ce précieux arbrisseau. En 1690, van Horn en acheta quelques pieds à Moka, et les introduisit à Batavia : ils réussirent à merveille. Vers 1710, il envoya un jeune *Caféier* à Amsterdam. On le cultiva dans une serre du jardin botanique. Il donna bientôt des fleurs et des fruits féconds ; on le multiplia. Un consul de France en adressa un pied à Louis XIV. Ce *Caféier* fut placé au Jardin des plantes, où il fructifia.

Bientôt lès Français essayèrent d'acclimater cet arbrisseau dans leurs possessions des Antilles. Trois sujets furent envoyés à la Martinique : deux périrent en route ; le troisième ne dut sa conservation qu'aux soins dévoués du capitaine Declieux, qui partagea plusieurs fois sa ration d'eau avec le jeune *Caféier*. C'est ce pied qui est devenu la souche de toutes les plantations de la Martinique et des autres Antilles françaises.

Peu de temps après, le *Caféier* fut introduit à Cayenne, et enfin à l'île Bourbon.

(1) *Coffea Arabica* Linn.

L'usage du *Café* est répandu depuis longtemps dans l'Orient. On assure que le sultan Sélim II l'introduisit à Constantinople en 1553. En Turquie et en Perse, il y avait des établissements publics où l'on se réunissait pour boire du *Café*.

Fig. 86. — *Caféier*.

Apportée à Venise en 1615, et à Marseille en 1654, cette liqueur ne fut connue en France que trois ans plus tard, sous les auspices du voyageur Thévenot. En 1669, l'ambassadeur ottoman Soliman Aga, arrivé depuis peu à Paris, invita quelques personnes à prendre du *Café*. Il n'en fallait pas davantage pour donner de la vogue à la liqueur orientale. On en parla dans plusieurs salons de Paris; chacun voulut en goûter. Peu à peu les classes supérieures s'y habituèrent. L'usage se répandit ensuite, quoique plus lentement, chez le peuple. Les Parisiens imitèrent les Orientaux, et créèrent dans notre capitale des établissements analogues à ceux de Constantinople et d'Ispahan. On leur donna le nom de *cafés*. Le premier établissement de ce genre fut fondé à Paris, en 1669, par l'Arménien Paskal ; il ne réussit pas, son fondateur alla faire fortune à Londres. Mais en 1673 s'ouvrirent deux autres cafés publics : ce furent ceux du Florentin Procope et de Grégoire d'Alep.

La consommation du *Café*, en Europe, dépasse aujourd'hui 300 millions de kilogrammes (Payen).

Description (fig. 86). — Le *Caféier* ou *Cafier* est un arbrisseau toujours vert, haut de 4 à 5 mètres, à forme pyramidale. Tiges cylindriques. Branches opposées, un peu noueuses, flexibles, grisâtres. Feuilles opposées, presque sessiles, ovales-allongées, pointues, entières, un peu sinueuses sur les bords, glabres, d'un vert foncé, à nervures prononcées, pourvues de 2 stipules lancéolées et caduques. Inflorescence en petites panicules à l'aisselle des feuilles supérieures. Fleurs presque sessiles, d'un blanc légèrement rose, d'une odeur suave. Calice turbiné, à 5 petites dents égales. Corolle un peu hypocratériforme, à tube beaucoup plus long que le calice, cylindrique, et à limbe composé de 5 lobes lancéolés, pointus. Étamines au nombre de 5, insérées à la gorge de la corolle, saillantes, à filet très court et à anthères allongées, étroites et vacillantes. Ovaire biloculaire, portant un style qui n'arrive pas à l'insertion des étamines et qui est simple, terminé par un stigmate bifide. Baie de la grosseur d'une merise, ovoïde, à sommet ombiliqué, d'abord verte, puis rouge, et enfin noirâtre, à pulpe jaunâtre légèrement sucrée. Les premiers voyageurs l'appelaient *Mûre* ou *Meure des Indes*. Chaque fruit contient deux coques (*nucules*) ellipsoïdes, presque rondes, planes d'un côté et accolées par leur face aplatie. Ces coques offrent deux tuniques (*endocarpe*) minces et cartilagineuses.

Trois floraisons, en général, ont lieu tous les ans à trois semaines ou un mois d'intervalle.

2° GRAINES (fig. 87).— Chaque coque ne renferme qu'une graine offrant à peu près sa forme, c'est-à-dire plane du côté interne et bombée du côté extérieur. La face plane est creusée, au milieu, d'un sillon longitudinal profond. Sa couleur varie du blanc jaunâtre ou grisâtre au jaune verdâtre. Le tissu est dur, cartilagineux, comme corné. Si l'on examine au microscope une tranche très mince de ce tissu, on reconnaîtra qu'elle est formée d'un tissu

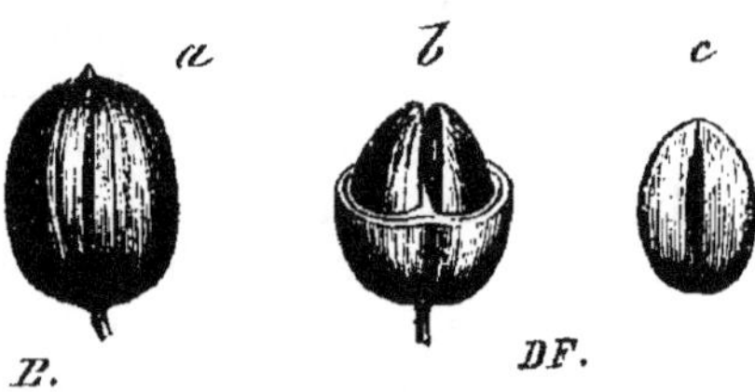

Fig. 87. — *Café.* — *a,* baie ; *b,* la partie supérieure enlevée pour montrer les deux graines ; *c,* une graine isolée.

cellulaire à parois épaisses et à cavités irrégulières, communiquant entre elles par de nombreux pertuis (Payen).

Les graines de *Café* contiennent de la cellulose, de l'acide chloroginique, des substances grasses, azotées, minérales, de l'huile essentielle, de la matière sucrée. Chose singulière, le principe de l'arome s'y rencontre en quantité tellement minime, qu'en l'évaluant à un demi-millième du poids total, on est peut-être au-dessous de la vérité (Payen). Parmi les principes azotés du *Café,* un des plus importants est la *caféine.* Ce principe cristallise en aiguilles très fines, longues, blanches et soyeuses. Il fond aisément et se résout en un liquide transparent. L'eau froide en dissout 1/50° de son poids, mais l'eau bouillante beaucoup plus.

La culture a produit plusieurs variétés de *Cafés* qui sont désignées dans le commerce par les noms des pays d'où elles viennent : tels sont le *Café Moka,* le *Café Bourbon,* le *Café Martinique,* le *Café Haïti...* La meilleure qualité est la première.

Récolte. — Lorsque les baies sont mûres, des nègres passent chaque jour entre les rangs des *Caféiers,* cueillent les fruits et les rassemblent dans un panier de liane. Chaque travailleur récolte ainsi par jour de 80 à 90 kilogrammes de *Café en cerises.* On prépare ces fruits de plusieurs manières : 1° On les laisse macérer et fermenter en tas, afin de faciliter l'extraction de la pulpe ; 2° on les froisse ou *grage,* immédiatement après la récolte, entre des cylindres de bois garnis de râpes métalliques, et l'on élimine la pulpe transformée en bouillie par des lavages multipliés ; 3° on les fait sécher le plus promptement possible, et on les soumet ensuite au décorticage. Dans certains pays, on ne cueille les baies qu'après les avoir laissées dessécher en partie sur le *Caféier*; quelques-unes tombent alors spontanément.

Le décorticage complet n'est pas regardé comme une opération indispensable dans tous les pays. La Bolivie, par exemple, et Java expédient en France une sorte de *Café* dont les baies ont été seulement débarrassées de la pulpe et non de l'enveloppe coriace intérieure. Ces grains sont connus sous le nom de *Café en parche* (Payen).

3° CAFÉ. — On torréfie les graines. Un ancien ouvrier forgeron, Vandenbrouck, a imaginé un moyen ingénieux de régulariser la température pendant la torréfaction. Ce moyen consiste à maintenir tous les grains de *Café* à une petite distance des parois de tôle du brûloir, en disposant à l'intérieur du cylindre un canevas métallique fixé parallèlement aux parois de ce dernier, de manière que les grains se brûlent dans un bain d'air.

Pendant la torréfaction, quelques industriels projettent une petite quantité de sucre sur les grains, au moment où l'arome commence à se développer. Ce *Café* est connu sous le nom de *Café de Chartres*.

On réduit en poudre les grains de *Café* torréfiés, et l'on en fait une infusion. Cette infusion doit avoir lieu en vaisseau clos. On a inventé de petits appareils de ménage qui donnent une liqueur très parfumée. Les Orientaux se bornent à verser de l'eau bouillante sur la poudre aromatique contenue dans de petites tasses. Ils obtiennent ainsi un breuvage couronné d'une mousse légère, hautement parfumé, mais où la poudre reste en suspension. La méthode française est généralement adoptée en Europe.

On prépare d'excellent *Café* en employant parties égales de *Moka* et de *Bourbon*. On les torréfie à part. Le *Café Moka* doit l'être seulement jusqu'à ce qu'il prenne une teinte rousse ; on pousse un peu plus loin la torréfaction du *Café Bourbon* (Soubeiran).

4° PROPRIÉTÉS ET USAGE. — Les graines de *Café* ont une odeur de foin et une saveur de seigle.

L'infusion de *Café* (1) est légèrement amère, mais son amertume est combinée avec un arome très suave. On y ajoute généralement une certaine quantité de sucre. Les Orientaux le prennent sans cette addition.

Le *Café* est tonique et excitant. Il favorise la digestion ; il exerce en même temps une action spéciale sur le cerveau. On connaît son influence sur les facultés intellectuelles. Il est nuisible aux personnes nerveuses, il leur cause souvent des insomnies.

____

(1) Appelée d'abord *Kavé* ou *Cavé*.

On emploie quelquefois le *Café* comme médicament. On l'a recommandé dans la diarrhée chronique et dans certaines aménorrhées, même (et alors non torréfié) contre les fièvres intermittentes (Grindel).

On l'administre en infusion plus ou moins forte, ou bien en poudre. Vandencorput a introduit en 1849, dans la thérapeutique, le *citrate de caféine* .. On préparait anciennement une huile aromatique de *Café*.

§ II. — Du Chocolat.

1° PLANTE. — Le *Cacaoyer ordinaire* (1) appartient à la famille des Byttnériacées. Il est originaire du Mexique et de plusieurs autres parties de l'Amérique méridionale ; il n'a été importé dans nos colonies que vers le milieu du XVIIe siècle. On le cultive aujourd'hui à la Martinique, à Sainte-Lucie, à la Trinité, dans la Colombie, à la Guyane, aux Philippines, à l'île Bourbon et même aux Canaries.

Histoire. — C'est vers 1520 que le *Chocolat* a été introduit en Europe. Il entra d'abord comme réconfortant dans le système médical ; et il en fut de cette denrée comme du sucre, qui ne se trouvait, dans le principe, que chez les apothicaires. Le *Chocolat* passait pour un excellent remède contre les maux de rate, et c'est probablement à cette prétendue efficacité qu'il a dû une partie de ses succès. Les Espagnols furent les premiers qui employèrent ce produit comme aliment; puis vinrent les Italiens, ensuite les Français. Au commencement du XVIIe siècle, on voit encore le *Chocolat* figurer (à la vérité, au premier rang) dans la pharmacopée d'un archevêque de Lyon !

Description (fig. 88). — Arbre atteignant jusqu'à 10 mètres de hauteur. Tronc composé d'un bois tendre et léger. Branches allongées et grêles. Feuilles alternes, brièvement pétiolées, obovales ou elliptiques, acuminées, entières, glabres et lisses, pourvues de deux stipules linéaires-subulées et caduques. Le pétiole est creusé en gouttière. Inflorescence en petits faisceaux de 5 à 7 fleurs, placés sur le tronc, sur les grosses branches et sur les jeunes rameaux, un peu au-dessus de l'aisselle des feuilles. Fleurs assez longuement pédicellées, blanchâtres, inodores ; celles des jeunes rameaux, stériles. Calice à 5 sépales lancéolés, subulés, aigus, entiers, pétaloïdes, caducs. Corolle à 5 pétales dressés, élargis et creusés en gouttière inférieurement, rétrécis dans leur partie moyenne, puis élargis de

(1) *Theobroma Cacao* Linn., vulgairement, au Mexique, *Cacahoaquahuitl, Cacaotal.*

nouveau et en forme de spatule au sommet. Étamines au nombre de 10, monadelphes inférieurement, dont 5 fertiles, opposées, très

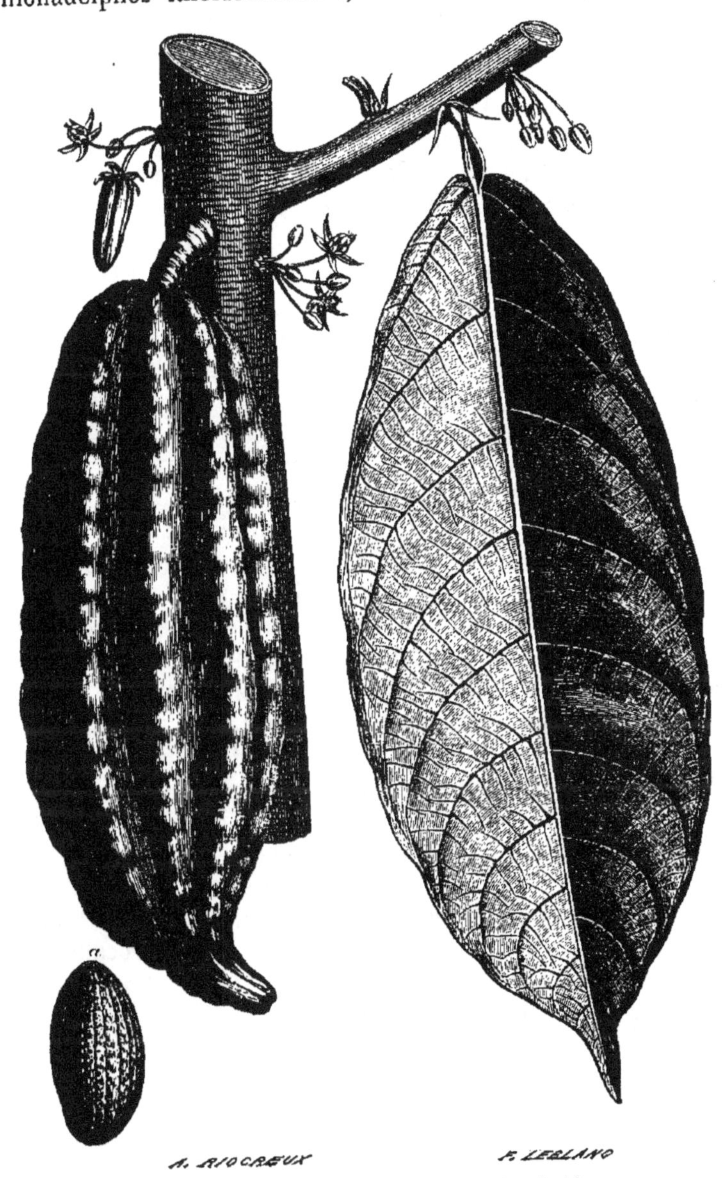

FIG. 88. — *Cacaoyer*. — *a*, une graine isolée.

courtes, portant des anthères didymes extrorses, et 5 sans anthères, alternes, représentées par des lanières stériles beaucoup plus longues. Ovaire libre, ovoïde, tomenteux, marqué de 10 sillons à 5 loges, portant un style long, terminé par 5 stigmates très petits, aigus. Fruit gros (vulgairement *cabasse*), ovoïde-allongé, quelquefois mamelonné au sommet, marqué de 5 à 10 côtes longitudinales, rugoso-tuberculeuses, jaune ou rouge. On a comparé ce fruit à un concombre. Péricarpe épais, dur, coriace-ligneux, indéhiscent, à une seule loge par suite du non-développement des cloisons de l'ovaire. Une sorte de pulpe d'abord blanche et ferme, puis mucilagineuse et acidule, entoure les graines, qui sont groupées au centre.

2° GRAINES (1) (fig. 88, *a*). — Au nombre de 15 à 40 dans chaque fruit, ovoïdes, comprimées, plus ou moins semblables à de grosses fèves, lisses, d'un brun un peu violet, charnues. Leur tégument propre est mou, flexible et blanchâtre quand il est frais. En se desséchant, il devient papyracé et d'un rouge brun. Leur amande est lisse et couleur de noisette obscure, un peu rougeâtre en dedans, et d'un tissu oléagineux. L'embryon est gros et présente deux cotylédons découpés en un grand nombre de lobes irrégulièrement plissés.

Chaque *Cacaoyer* peut produire de 2 à 3 kilogrammes de graines fraîches.

On brise les fruits mûrs pour en retirer les graines. On dépouille ces dernières de la pulpe qui les recouvre, et on les fait sécher au soleil. D'autres fois on enfouit les fruits dans la terre jusqu'à ce que la fermentation en ait détaché la partie pulpeuse. Ce second mode de préparation produit le *Cacao terré*.

On distingue deux sortes de *Cacaos* : 1° Le *Caraque*, qui se récolte sur la côte de Caracas, et qui est le plus estimé. On le *terre* généralement. On le dit *gros* ou *petit*, selon le volume des graines. 2° Le *Cacao des Iles*, qui vient des Antilles et des îles de France et de Bourbon. Ses graines sont moins grosses, plus aplaties, plus butyreuses, plus âpres, plus amères et moins agréables que celles de la première qualité. On le nomme, dans certaines localités, *Cacao Berbiche* ou *Cacao de Surinam*.

Les *Cacaos* de Saint-Domingue, de la Jamaïque et de Cuba, sont généralement plus gros que celui des Antilles.

La majeure partie du *Cacao* consommé en Europe est celui de Caracas et de Guyaquil. Le premier est employé principalement en France, en Espagne et en Italie ; le second en Angleterre, en Allemagne et en Russie. Le total de l'importation a été évalué, pour 1858, de 16 à 17 millions de kilogrammes, dont la France et

____

(1) Officin., *Cacao.*

l'Espagne ont reçu la plus forte partie. Il a été constaté que la consommation augmente beaucoup annuellement, et plus en France que partout ailleurs (Mitscherlich).

3° CHOCOLAT. — Avant l'arrivée des Espagnols et des Portugais en Amérique, les indigènes préparaient une liqueur avec le *Cacao* délayé dans de l'eau chaude, et de la bouillie de maïs assaisonnée de piment (1) et colorée avec le Rocou (2). Cette préparation était appelée *Chocolat* (*Chocolatl*).

Les Espagnols la modifièrent et la perfectionnèrent, mais lui conservèrent son nom.

On prépare aujourd'hui le *Chocolat* de la manière suivante. On monde les graines à la main avec le plus grand soin. On les met dans un brûloir et on les torréfie, jusqu'à ce que la surface du *Cacao* soit devenue luisante. Puis on les réduit en pâte, soit à la main dans un mortier chauffé, soit avec un cylindre sur une plaque de marbre également chauffée ; soit, enfin, dans une mécanique avec de petites meules mises en mouvement par un cheval ou par la vapeur. Pendant le broiement, on y incorpore les $4/5^{es}$ du sucre. Ce broiement doit être fait par petites portions. Lorsque la pâte est devenue parfaitement fine, on y ajoute le reste du sucre pulvérisé, avec une petite quantité, soit de cannelle, soit de vanille. On divise la masse par portions que l'on tasse dans des moules de fer-blanc. On porte ces moules dans un endroit chaud où on les laisse quelques instants, et l'on unit la surface du chocolat en imprimant des secousses brusques à ces moules. Lorsque le chocolat est refroidi, on le détache des moules en tordant légèrement ceux-ci, et l'on enveloppe les tablettes dans une feuille de papier ou d'étain.

Le degré de torréfaction que l'on fait subir à la pâte modifie les qualités du *Chocolat*. En Italie, la torréfaction est poussée assez loin, et le *Chocolat* est plus amer et plus aromatique. En Espagne, on ne fait presque que sécher le *Cacao* ; le *Chocolat* a moins d'amertume et il est plus gras. Les *Chocolats* de France tiennent le milieu entre ces deux qualités (Soubeiran).

4° PROPRIÉTÉS ET USAGES. — Le *Cacao* non torréfié est sans odeur. Sa saveur est amère et astringente.

Tout le monde connaît l'odeur et la saveur du *Chocolat*.

Les opinions les plus contradictoires ont été soutenues relativement au mérite réel du *Chocolat*. Les uns en faisaient un mets divin (de là le nom de *Théobrome*), et prétendaient qu'une once de

---

(1) *Eugenia Pimenta* DC. (*Myrtus Pimenta* Linn.).
(2) *Bixa Orellana* Linn.

cet aliment nourrit mieux qu'une livre de viande (Stubbe, Buchot) ; les autres, au contraire, le déclaraient une nourriture détestable et nuisible (Bensoni, Acosta).

Cette précieuse préparation est nourrissante et fortifiante. Elle est utile aux personnes épuisées par des excès. Cependant il est des estomacs qui la digèrent difficilement.

On mange le *Chocolat* cru ou délayé soit dans l'eau, soit dans le lait. On en fait des pastilles de forme variée.

Le *Chocolat* peut servir de véhicule à diverses substances médicamenteuses. On y introduit du salep, du tapioca, de l'arrow-root, du lichen, de l'iodure de fer, des anthelminthiques, des purgatifs (1).....

Le *Cacao* torréfié, mêlé à la farine de riz, ou au salep et à la fécule de pomme de terre, sucré et aromatisé avec un peu de vanille, constitue le *racahout des Arabes*.

5° AUTRES ESPÈCES.—Plusieurs autres espèces de *Cacaoyers* fournissent des graines recherchées. Tels sont le *bicolore* (2), le *pompeux* (3), le *blanchâtre* (4), le *sylvestre* (5) et celui à *petits fruits* (6). Ces espèces ne sont pas cultivées.

§ III. — Des Graines de Lin.

1° PLANTE. — Le *Lin usuel* (7) appartient à la famille des Linées, voisine des Malvacées. Il croît naturellement en France. On le cultive dans plusieurs départements.

Description.— Plante annuelle. Tige de 3 à 7 décimètres, solitaire, dressée, grêle, glabre, peu rameuse. Feuilles nombreuses, éparses, sessiles, lancéolées-linéaires, aiguës, entières, à bords lisses, d'un vert glauque, avec trois nervures longitudinales parallèles à leur face inférieure. Inflorescence en corymbe rameux terminal, à rameaux formant avant l'épanouissement des grappes presque scorpioïdes. Fleurs longuement pédicellées, d'un bleu pâle. Calice à 5 sépales ovales, acuminés, membraneux et non glanduleux sur les bords. Corolle au moins trois fois plus longue que le calice, en cloche, très caduque. Étamines au nombre de 5, monadelphes à la base. Ovaire à 5 styles, grêles, surmontés d'un stigmate obtus.

(1) Voy. le chapitre du BEURRE VÉGÉTAL.
(2) *Theobroma bicolor* Kunth.
(3) *Theobroma speciosum* Willd.
(4) *Theobroma subincanum* Mart.
(5) *Theobroma sylvestre* Mart.
(6) *Theobroma microcarpum* Mart.
(7) *Linum usitatissimum* Linn.

Fruit (*capsule*) dépassant à peine le calice, globuleux, à 10 valves dont les bords rentrants forment des cloisons.

2° GRAINES. — *Graines* solitaires dans chaque loge, petites, ovales-oblongues, comprimées, très lisses, luisantes, brunes en dehors, d'un blanc jaunâtre en dedans.

Ces *graines* sont composées d'amidon, de sucre, de mucus, d'extractif, de cire, de résine molle, de matière colorante jaune, de gomme, d'albumine, d'huile grasse, d'acide acétique et de sels.

Les *graines de Lin* fournissent la farine connue sous le nom de *farine de graines de Lin*. On obtient cette *farine* en pilant les *graines* dans un mortier ou bien à l'aide d'un moulin. Il faut que celui-ci incise ou déchire la semence et ne l'écrase pas, autrement l'huile est exprimée, la *farine* paraît moins belle et rancit plus vite (Soubeiran). Cette *farine* est mêlée avec les fragments de l'épisperme divisé; elle offre une teinte grisâtre; elle contient une grande quantité d'huile grasse, fournie par l'amande et un mucilage abondant donné par le tégument propre.

3° PROPRIÉTÉS ET USAGES. — Les *graines de Lin* ont une saveur douceâtre.

On les emploie surtout comme émollientes, dans les maladies inflammatoires des voies urinaires. On les prescrit aussi contre les phlegmasies des intestins et des poumons. Leur *farine* est ordonnée à l'extérieur dans une foule de circonstances.

On administre les *graines* en tisanes et en lavements. Tout le monde connaît les cataplasmes préparés avec la *farine*.

§ IV. — Des Graines de Moutarde.

1° PLANTES. — Il existe deux espèces de *Moutardes* qu'il importe de connaître : 1° la *Moutarde noire*, 2° la *Moutarde blanche*. Ce sont deux Crucifères qui faisaient d'abord partie du genre linnéen *Sinapis*. Aujourd'hui, la première est devenue un *Brassica*, la seconde est restée un *Sinapis*.

Le premier genre présente un calice à sépales dressés et une silique à bec conique dont les valves sont munies d'une seule nervure longitudinale. Le second offre un calice à sépales étalés et une silique terminée par un appendice pyramidal à quatre pans ou comprimé en forme de lame de sabre, dont les valves sont pourvues de 3 à 5 nervures longitudinales.

L'une et l'autre *Moutarde* sont communes dans les diverses parties de la France; elles croissent dans les lieux pierreux et dans les champs un peu humides. On les cultive, sur une grande échelle, dans plusieurs contrées.

Descriptions. — La *Moutarde noire* (1) présente une racine annuelle et une tige dressée, haute d'environ un mètre, cylindrique, à peine velue, un peu glauque. Feuilles pétiolées, vertes ; les inférieures lyrées-pinnatifides, à lobe terminal très grand plus ou moins sinué, hérissées de quelques poils écartés, un peu épaisses ; les supérieures lancéolées, aiguës, glabres. Inflorescence en longs épis terminaux. Fleurs pédonculées, petites, jaunes. Calice à sépales étalés. Corolle à pétales dressés. Siliques serrées contre la tige, grêles, tétragonales, un peu toruleuses et glabres.

La *Moutarde blanche* (2) diffère surtout de la *noire* par ses feuilles toutes lyrées-pinnatipartites, et par ses siliques étalées, couvertes de petits poils.

2° GRAINES. — Les *graines* de la *Moutarde noire* (3) sont unisériées, très petites, globuleuses, avec un ombilic terminal. Surface chagrinée, d'un rouge brun, quelquefois recouverte d'un enduit blanchâtre. Amande d'un jaune vif.

Ces *graines* nous sont apportées principalement de la Picardie, de l'Alsace et de la Flandre. Celles de l'Alsace sont un peu plus grosses que les deux autres ; celles de la Picardie sont les plus petites.

On en retire une *farine* d'un gris noirâtre mêlée de jaune verdâtre ou jaunâtre sale, lorsqu'on la prépare sans enlever le tégument propre, et d'un jaune plus ou moins pur, lorsqu'elle est faite seulement avec l'amande. La *farine* de la *graine* de Picardie est la moins forte et la moins estimée.

Les *graines* de *Moutarde noire* contiennent : *myrosine*, myronate de potasse, huile fixe douce, matière grasse, albumine, sucre, gomme, acide libre, substances colorantes verte et jaune, sels (Fauré et Hesse).

La *myrosine* offre une très grande analogie avec l'albumine. Son caractère principal consiste à déterminer, avec le myronate de potasse, sous l'influence de l'eau, la production de l'huile volatile de *Moutarde*.

Les *graines* de la *Moutarde blanche* sont plus grosses que les précédentes et d'un blanc jaunâtre.

Elles donnent à l'analyse la *sinapisine*, principe immédiat qui

(1) *Brassica nigra* Koch (*Sinapis nigra* Linn.).
(2) *Sinapis alba* Linn.
(3) Vulgairement *Moutarde usuelle*, *Sénevé noir*.

contient du soufre et qui se présente sous forme d'aiguilles cristallines blanches. Elle est soluble dans l'eau, l'alcool et l'éther.

3° PROPRIÉTÉS ET USAGES. — Les graines de *Moutarde noire* sont très âcres et très irritantes. La *sinapisine* n'a pas d'odeur. Sa saveur est amère.

Leur *farine*, unie à une petite quantité de farine de graine de lin et délayée dans du vinaigre, compose les cataplasmes irritants désignés sous le nom de *sinapismes*. On l'emploie aussi pour rendre plus actifs les pédiluves et certaines fomentations.

La *Moutarde noire* sert à la préparation d'une tisane contre l'ascite. C'est la *farine* de cette graine qui forme la base de ce condiment appelé *Moutarde*.

La *Moutarde blanche* est un remède populaire. On en fait avaler une ou plusieurs cuillerées à bouche par jour pour combattre la constipation et dans diverses affections du tube digestif.

§ V. — Des Semences de Courge.

1° PLANTE. — La *Courge potiron* (1) est une plante herbacée de la famille des Cucurbitacées, remarquable par ses fruits volumineux. Elle paraît originaire de l'Inde. On la cultive dans tous les jardins potagers.

Description. — Tige étalée à la surface du sol, atteignant quelquefois jusqu'à 10 mètres de longueur, épaisse, cylindrique, couverte de poils roides, charnue et fistuleuse. Feuilles longuement pétiolées, grandes, réniformes-arrondies, à 5 lobes peu marqués et obtus, couvertes de poils rudes. Leur pétiole est épais et fistuleux. Vrilles rameuses. Fleurs axillaires, solitaires, grandes, pédicellées, d'un beau jaune, monoïques. Mâles : Calice campaniforme. Corolle soudée par sa base avec le calice, 5-fide, à lobes étalés réfléchis. Étamines soudées à la fois par les filets et par les anthères et formant une colonne; anthères linéaires, plusieurs fois repliées sur elles-mêmes. Pistil rudimentaire. Fem. : Calice et corolle comme dans la fleur mâle, mais le calice soudé avec l'ovaire. Style court, portant 3 stigmates obcordés, épais et glanduleux. Fruit énorme, globuleux, un peu déprimé, marqué de côtes obtuses peu saillantes, lisse, d'un rouge clair tirant souvent sur le cendré. Chair jaune, jaune rouge, ou orange, ou pâle, ou verdâtre. Son intérieur

---

(1) *Cucurbita maxima* Duch. (*Pepo macrocarpus* Rich.), vulgairement *Potiron, Potiron jaune commun, gros Potiron vert, petit Potiron vert, Courge, Courgeron.*

offre une grande cavité irrégulière, portant à ses parois un grand nombre de filaments enveloppant les graines.

2° GRAINES. — Assez grosses, obovales, très comprimées, entourées d'un petit rebord épais, lisses, blanchâtres. Tégument propre crustacé; amande blanche, composée d'un gros embryon dépourvu d'albumen.

L'analyse de ces graines y a montré du mucilage et une huile fixe.

3° PROPRIÉTÉS ET USAGES. — Ces *graines* sont désignées, dans les anciennes pharmacopées, sous le nom de *semences froides* (1). Elles ont une saveur douce.

On les regarde comme rafraîchissantes et calmantes. On les emploie dans la néphrite, dans les inflammations de la vessie et de l'urèthre, dans l'ischurie. On a conseillé aussi les *semences de Potiron* contre le ténia (Tyson, Mongeny).

On dépouille ces *graines* de leur enveloppe crustacée; on les triture dans l'eau et l'on en forme une émulsion. On en compose aussi une pâte avec du miel ou du sucre.

4° SUCCÉDANÉS. — On mêle très souvent aux *graines de Potiron*, celles du *Melon* (2), du *Concombre* (3), de la *Pastèque* (4), et de la *Calebasse* (5).

§ VI. — Des Amandes.

1° PLANTE. — L'*Amandier* (6) appartient à la famille des Amygdalées. Il croît naturellement en Afrique. Il est cultivé dans le midi de la France, en Espagne et en Italie.

Description. — L'*Amandier* est un arbre d'environ 8 mètres de hauteur, d'une forme rarement régulière, à tronc raboteux et cendré. Ses feuilles sont brièvement pétiolées, oblongues-lancéolées, finement dentées en scie, glabres. Fleurs solitaires ou géminées, subsessiles, blanches ou rosées, paraissant avant les feuilles. Calice campanulé. Corolle à 5 pétales élargis, échancrés au sommet. Fruit oblong, comprimé, pubescent-velouté à duvet adhérent, d'un vert cendré, charnu-coriace; à noyaux ligneux, plus ou moins dur, uni, marqué de fissures étroites, s'ouvrant par une fente longitudinale et ne contenant qu'une graine.

(1) Ou *semences froides majeures.*
(2) *Cucumis Melo* Linn.
(3) *Cucumis sativus* Linn.
(4) *Cucumis Citrullus* Ser. (*Cucurbita Citrullus* Linn., *C. Anguria* Duch.).
(5) *Lagenaria vulgaris* Ser. (*Cucurbita Lagenaria* Linn.).
(6) *Amygdalus communis* Linn.

2° GRAINES. — Les *graines*, recouvertes de l'endocarpe, sont désignées sous le nom d'*Amandes*. Tout le monde connaît leur forme oblongue, plus ou moins pointue. Leur coque est tantôt dure, tantôt tendre, suivant les variétés. Les unes sont douces et les autres amères.

Elles contiennent de l'eau, de l'huile, du sucre liquide, de la gomme, de l'acide acétique et une certaine quantité d'albumine (*émulsine*).

Les *Amandes amères* renferment, de plus que les *Amandes douces*, une résine jaune, âcre, et une matière cristalline azotée (*amygdaline*).

3° PROPRIÉTÉS ET USAGES. — Les *Amandes douces* sont très employées en médecine. Indépendamment de l'huile qu'elles fournissent et dont il sera question dans un autre chapitre, elles servent à la préparation de plusieurs émulsions (*laits d'Amandes*), d'un looch, d'un orgeat, d'un sirop, d'une pâte.

Les *Amandes amères* ont été conseillées dans les douleurs névralgiques, les fièvres intermittentes.

On les administre en eau distillée, en émulsion (*lait d'Amandes amères*), en huile volatile, et en pommade.

§ VII. — De la Noix vomique.

1° PLANTE. — La *Noix vomique* est produite par le *Vomiquier officinal* (1), arbre de la famille des Loganiacées. Cet arbre croît dans l'Inde, particulièrement à Ceylan, au Malabar et sur la côte de Coromandel (2).

Description. — Hauteur médiocre. Branches jaunâtres. Rameaux opposés, cylindriques, glabres, d'un vert terne. Feuilles opposées, brièvement pétiolées, ovales-arrondies, aiguës ou obtuses, très entières, glabres, minces, à 5 nervures. Inflorescence en petits corymbes terminaux, assez compactes et longuement pédonculés; pédicelles légèrement velus. Fleurs petites, blanches, d'une odeur faible, non désagréable. Calice court, à 5 sépales. Corolle plus grande que le calice, à tube un peu renflé supérieurement, glabre. Étamines au nombre de 5, incluses. Fruits à peu près de la grosseur d'une orange, ovoïdes, revêtus d'une enveloppe crustacée, lisse, assez fragile, rougeâtre. Graines au nombre de 15, placées dans une pulpe aqueuse acidule. Quand on coupe le fruit transver-

(1) *Strychnos Nux vomica* Linn.
(2) Voyez pages 141 et 159.

salement, ces graines paraissent disposées en cercle, leurs faces placées verticalement, et un de leurs bords le plus souvent tourné vers le centre.

2° GRAINES (1) (fig. 89). — Orbiculaires, très aplaties, ombiliquées sur une face, un peu veloutées, comme soyeuses, de couleur brunâtre claire tirant sur le gris. Ces graines ressemblent à des boutons. Leur consistance est comme celle de la corne.

Les *Noix vomiques* contiennent du lactate de *strychnine*, de l'igasurate de *brucine*, de l'igasurate d'*igasurine*, de la cire, une huile concrète, une matière colorante jaune, de la gomme, de l'amidon, de la bassorine.

La *strychnine*, la *brucine* et l'*igasurine* sont des alcaloïdes très importants à étudier.

La *strychnine* cristallise en octaèdres ou en prismes blancs quadrilatères, terminés en pyramide, ordinairement très petits. Elle n'est ni fusible, ni volatile.

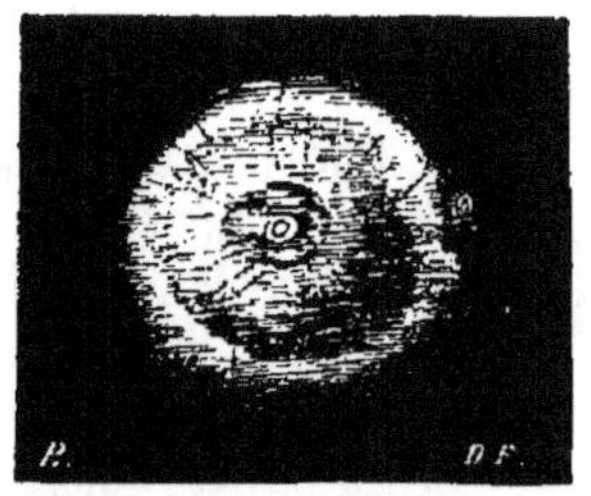

FIG. 89. — *Noix vomique.*

L'eau en ébullition en dissout 1/2500°, et à froid 1/6687°. La *strychnine* est soluble dans l'alcool ordinaire. Parfaitement pure, elle prend une couleur rouge par l'acide azotique ; elle devient d'un jaune pâle à la vapeur du brome.

La *brucine* cristallise en prismes obliques à quatre pans, à base parallélogrammatique. Quand on la retire d'une dissolution alcoolique saturée, elle se montre sous forme d'écailles nacrées qui ressemblent à l'acide borique. Un peu au-dessus de 100°, elle fond, et la masse se prend en une matière non cristallisée qui ressemble à la cire. Elle se dissout dans 500 parties d'eau bouillante et dans 850 d'eau froide. Elle se combine avec l'eau ; elle se dissout facilement dans l'alcool. L'acide azotique lui donne une teinte nacarat qui passe ensuite au jaune ; elle devient d'un brun noir à la vapeur du brome.

L'*igasurine* cristallise en petits prismes soyeux. Elle est plus soluble dans l'eau que la *strychnine* et la *brucine* ; elle se dissout dans 100 parties de ce liquide. Elle est très soluble dans l'alcool. Elle rougit par l'acide azotique.

3° PROPRIÉTÉS ET USAGES. — La *Noix vomique* n'a pas d'odeur. Elle présente une amertume très prononcée.

La *strychnine*, la *brucine* et l'*igasurine* offrent une saveur exces-

(1) Officin., *Nux vomica*, *Noix vomique*, vulgairement *Œil-de-corbeau.*

sivement amère. Leur action persiste plus ou moins dans la bouche. On assure que la saveur de la *brucine* est encore sensible, lorsque, rendue soluble par un peu d'acide, elle a été dissoute dans 1 500 000 parties d'eau.

Ces alcaloïdes sont très redoutables. La *strychnine* abolit les fonctions des nerfs du sentiment et laisse intacts les nerfs moteurs et le système musculaire. Quand on donne cette substance à une personne, il se manifeste premièrement une sorte de vertige et de la roideur dans les muscles, particulièrement dans ceux de la mâchoire. Suivent des secousses d'abord faibles et bientôt terribles. Le corps est roide et immobile, la tête jetée en arrière. L'intelligence reste nette. La parole est entrecoupée. Peu après, les mâchoires se resserrent, et le trismus se déclare. La respiration est courte et comme convulsive. Les malades, cloués sur le dos, font de vains efforts. Puis, tout se dissipe; un intervalle de calme survient. Il est suivi d'un nouvel accès plus violent. Le corps est parfois soulevé à une certaine hauteur au-dessus du lit. Toute parole devient impossible. La respiration, de plus en plus oppressée, semble par moments complétement suspendue. Les battements du cœur sont irréguliers. La plante des pieds est tournée en dedans. Un dernier accès se termine brusquement par la mort.

Les Arabes employaient la *Noix vomique* contre la morsure des serpents. On se sert de la *strychnine* dans le traitement des paralysies qui sont sous la dépendance de la moelle épinière. On l'a conseillée aussi comme vermifuge.

On administre la *Noix vomique* en poudre, en pilules, en extrait, en teinture, en essence spiritueuse.

La *strychnine* est donnée aussi en poudre, en pilules, en sirop, et en teinture (quelques gouttes dans une potion). On en prépare encore un sirop, une pommade, un collyre.

§ VIII. — Des Graines de Pomme épineuse.

1° PLANTE.—J'ai déjà parlé de la *Stramoine pomme épineuse* (1) dans le chapitre des FEUILLES.

2° GRAINES (fig. 90). — Les *graines* de cette plante sont nombreuses, assez grosses (3 millimètres), ovoïdes, réniformes, un peu comprimées, grossièrement ridées, très finement chagrinées, d'un brun noir. Les plus mûres paraissent les plus foncées. Comme on est obligé de cueillir les capsules avant qu'elles s'ouvrent, il en

____

(1) *Datura Stramonium* Linn.

résulte qu'elles contiennent un certain nombre de graines incomplétement développées et de cou-
leur blanchâtre.

On passe ces *graines* au moulin,
et on les traite par l'alcool chaud
à deux reprises. Les liqueurs, re-
froidies et filtrées, sont évaporées.
On redissout l'extrait dans une petite quantité d'eau. On filtre et l'on
évapore de nouveau jusqu'à consistance convenable. Ces *graines* fournissent 11 pour 100 d'extrait (Soubeiran).

3° PROPRIÉTÉS ET USAGES. — Les
graines de la *Pomme épineuse* présentent les mêmes propriétés que
ses feuilles. Elles sont narcotiques.

On les administre en vin et en
potion sédative. On donne aussi l'extrait sans mélange.

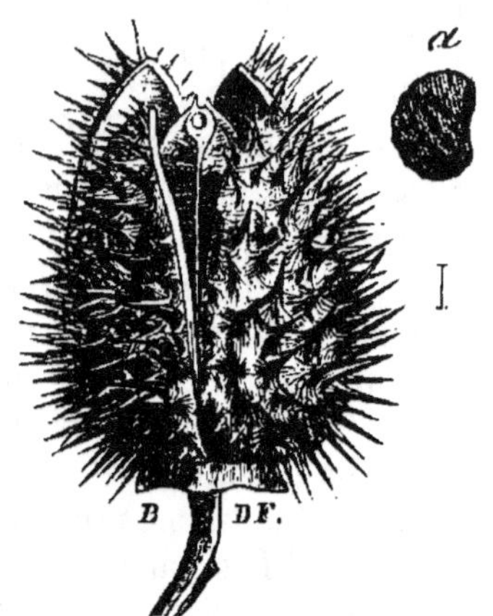

FIG. 90. — *Pomme épineuse.* —
a, une graine isolée.

§ IX. — Des Graines de Colchique.

1° PLANTE. — J'ai déjà parlé du *Colchique d'automne* (1) dans le
chapitre sur les TUBERCULES (voy. fig. 26) (2).

2° GRAINES. — La capsule de cette plante renferme un grand
nombre de graines petites, sphériques ou ovoïdes, rugueuses, mates,
et d'un brun noirâtre, s'approchant de la teinte de la suie. Elles
présentent un raphé court, renflé, spongieux, de la même couleur
que la graine ou plus foncé.

3° PROPRIÉTÉS ET USAGES. — Les *graines de Colchique* ont peu
d'odeur. Leur saveur est âcre et amère.

Les préparations faites avec les *graines de Colchique*, sont préfé-
rées, par quelques praticiens, à celles qui ont pour base les bulbes
de cette plante. On croit que ces médicaments produisent un effet
plus certain (Bouchardat).

Conseillées contre le rhumatisme et contre la goutte.

Administrées en vin (*teinture de semences de Colchique de William*)
et en teinture.

(1) *Colchicum autumnale* Linn.
(2) Voy. page 88.

§ X. — Des Graines de Paullinia.

1° PLANTE. — La *Paulinie guarana* (1) est un arbuste grimpant, de la famille des Sapindacées. On la trouve en abondance au Brésil, dans les forêts du Para, sur les bords du rio Madeiro.

Description.—Le genre *Paulinie* a, pour caractères : un calice à 4 sépales inégaux, imbriqués latéralement et persistants ; 4 pétales hypogynes, onguiculés, munis à leur base d'une écaille souvent bifide (le 5e pétale avorte et laisse une place vacante) ; 8 étamines un peu inégales, et une capsule coriace à 3 loges et à 3 valves.

La *Paulinie guarana*, dont nous devons la connaissance à M. de Martius, n'a pas été décrite.

2° GRAINES. — Les graines de cette plante sont dressées dans les loges et enveloppées à la base d'un arille bilobé et fongueux.

Ces *graines* contiennent de la gomme, de l'amidon, une matière grasse, huileuse, verdâtre, de l'acide tannique et une assez forte proportion de *caféine* (*guaranine*, Th. Martius).

3° PROPRIÉTÉS ET USAGES. — Les Brésiliens préparent, avec ces graines grossièrement pulvérisées et de l'eau, une pâte qu'ils désignent sous le nom de *Guarana*. Cette pâte ressemble un peu à celle du cacao. Elle est en petites masses cylindriques ou arrondies, très dures, de couleur brune, à cassure comme résineuse ; elle offre une saveur légèrement astringente. Pendant les voyages, les indigènes la délayent dans l'eau, avec addition d'une petite quantité de sucre, et la prennent comme rafraîchissante et fébrifuge.

Les *graines de Paullinia* ont été importées en France par le docteur Gavarelle, qui les avait expérimentées au Brésil. Ces *graines* sont recommandées contre les diarrhées, la dysenterie, les névralgies, particulièrement contre la migraine (Trousseau et Pidoux).

On fait subir à ces graines une légère torréfaction. On les traite ensuite avec une faible dissolution de carbonate alcalin ; on les lave à l'eau distillée et on les réduit en poudre fine (Fournier).

On administre le *Paullinia* en poudre, en extrait, en teinture, en sirop.

On prépare aussi une teinture avec le *Guarana*, mais cette dernière substance paraît ne pas offrir les propriétés sédatives et antinévralgiques qu'on croit avoir reconnues dans les semences.

4° AUTRE ESPÈCE. — Les *graines* de la *Paulinie cupana* (2)

---

(1) *Paullinia sorbilis* Mart., vulgairement, au Brésil, *Guarana üva*.
(2) *Paullinia Cupana* Kunth.

servent aux Indiens à préparer avec la cassave une liqueur fermentée dont ils forment une boisson antifébrile (1).

§ XI. — Des Graines rarement employées.

Voici l'indication de quelques *graines* d'un usage peu fréquent :

1° GRAINES D'ABELMOSCH (2), produites par l'*Abelmosch commun* (3), Malvacée, originaire de l'Inde, transportée en Égypte et dans les Antilles.—Réniformes, comprimées près de l'ombilic, marquées d'une rayure fine qui suit la courbure de l'enveloppe, grises. — D'une odeur de musc prononcée. — Employées plutôt par les parfumeurs que par les médecins.

2° GRAINES D'ANCOLIE, produites par l'*Ancolie vulgaire* (4), Renonculacée de France.—Ovoïdes.—Recommandées en poudre dans du vin blanc contre la jaunisse, et en émulsion pour faciliter la sortie des pustules varioliques.

3° GRAINES D'ANGELIN, produites par l'*Angelin rose* (5), Légumineuse du Brésil. — Grosses comme un œuf de pigeon, ovoïdes, un peu recourbées, jaunâtres. — Anthelminthiques.

On emploie aussi les *graines* des *Angelins anthelminthique* (6), *vermifuge* (7), *stipulacé* (8) et *à grappes* (9). Toutes ces plantes sont aussi du Brésil.

4° GRAINES DE CÉDRON, produites par le *Simaba cédron* (10), de la famille des Simaroubées. — Ses cotylédons sont employés, à la Nouvelle-Grenade, dans les fièvres intermittentes et contre la morsure des serpents.

5° GRAINES D'ÉPURGE, ou *Euphorbe épurge* (11), Euphorbiacée indigène. — Graines assez grosses, ovoïdes, tronquées à la base, réticulées, rugueuses, d'un brun mat. — Fortement purgatives ; conseillées dans les hydropisies. Très peu employées (12).

6° GRAINES DE FENUGREC, produites par la *Trigonelle fenugrec* (13),

(1) Voy. le chapitre sur les PLANTES VÉNÉNEUSES.
(2) Ou d'*Ambrette*.
(3) *Abelmoschus communis* Medik (*Hibiscus Abelmoschus* Linn.).
(4) *Aquilegia vulgaris* Linn.
(5) *Andira rosea* Benth.
(6) *Andira anthelminthica* Benth. (*Lumbricidia anthelminthica* Arrab.).
(7) *Andira vermifuga* Mart.
(8) *Andira stipulacea* Benth (*Lumbricidia legalis* Arrab.)
(9) *Andira racemosa* Lam.
(10) *Simaba Cedron* Planch.
(11) *Euphorbia Lathyris* Linn. — Officin., *Catapucia minor*.
(12) Voy. page 196.
(13) *Trigonella Fœnum græcum* Linn.

Légumineuse de la France méridionale.—Irrégulièrement rhomboïdales, presque lisses, ternes, roussâtres.—Odeur forte et agréable. — Employées en cataplasmes qui passent pour émollients et résolutifs; elles entrent dans la composition de l'éléolé de *Fenugrec*, anciennement appelé *huile de mucilage*.

7° FÈVES DE SAINT-IGNACE (1), produites par le *Vomiquier amer* (2), Loganiacée des Philippines. — Convexes d'un côté, anguleuses ou à trois ou quatre fossettes de l'autre. — Extrêmement amères ; elles contiennent de la *strychnine*, de la *brucine* et de l'*igasurine*. Elles donnent trois fois autant de *strychnine* que la Noix vomique. — Purgatives. Employées quelquefois contre les fièvres quartes rebelles et contre la morsure des serpents.

8° FÈVES DE TONKA, produites par le *Coumarouna odorant* (3), Légumineuse de la Guyane.—Oblongues, fortement ridées, luisantes, d'un brun noirâtre. — Odeur analogue à celle du Mélilot ; saveur douce et agréable. — Employées principalement pour parfumer le tabac.

9° GRAINES DE GAROU (4), produites par le *Garou sainbois* (5), Thymélée indigène. — Presque sphériques, avec une petite pointe terminale, jaunâtres, très âcres. — Usitées autrefois comme purgatives.

10° GRAINES DE GENESTROLLE (6), Légumineuse indigène.—Réputées émétiques.

Les *graines* du *Genêt à balais* (7), du *purgatif* (8) et du *joncier* (9) étaient regardées, anciennement, comme purgatives.

11° GRAINES DE MANGO, produites par le *Manguier commun* (10), Térébinthacée des Indes orientales, importée dans les Antilles. —Amande revêtue d'un arille.—Astringentes et amères. — Pourraient rendre de grands services, à cause de la forte proportion d'acide gallique libre qu'elles contiennent.

(1) Officin., *Faba sancti Ignatii, Faba febrifuga, Nux vomica legitima, Igasur,* Noix *igasure*.

(2) *Ignatia amara* Linn. f. (*Strychnos Ignatia* Bergm., *Ignatia Philippina* Lour.).

(3) *Dipteryx odorata* Willd. (*Coumarouna odorata* Aubl.).

(4) Officin., *grana Gnidia, cocca Gnidia.*

(5) *Daphne Gnidium* Linn., vulgairement *Coquenaudier.*

(6) *Genista tinctoria* Linn. (voy. p. 219).

(7) *Sarothamnus scoparius* Koch. (voy. p. 124).

(8) *Sarothamnus purgans* Godr. et Gren. (*Spartium purgans* Linn., *Genista purgans* DC.).

(9) *Spartium junceum* Linn. (*Genista odorata* Mœnch, G. *juncea* Lam., *Spartianthus junceus* Link.).

(10) *Mangifera Indica* Linn. (*M. domestica* Gærtn.).

12° MUSCADES (1), produites par le *Muscadier aromatique* (2), Myristicée des îles Moluques, cultivée à Banda et dans les îles de France et de Bourbon. — La graine présente un arille profondément et irrégulièrement lacinié (*macis*), d'un beau rouge, quand il est récent, mais devenant jaune par la dessiccation. L'amande constitue la partie connue sous le nom de *muscade*. Elle est grosse comme une petite noix, globuleuse ou ovoïde, ridée et sillonnée, d'un gris rougeâtre sur les parties saillantes, d'un blanc grisâtre dans les sillons. — Toniques. Plus employées comme condiment que comme médicament.

13° GRAINES DE NIGELLE (3), Renonculacée indigène. — Petites, triangulaires, un peu comprimées, ridées transversalement, noirâtres. — Saveur âcre et piquante, analogue à celle du poivre. — Conseillées comme stimulantes et emménagogues. A peu près abandonnées.

La *Nigelle des champs* (4) jouit des mêmes propriétés.

14° GRAINES DE PSYLLIUM, produites par le *Plantain pucier* (5), Plantaginée de l'Europe australe. — Menues, oblongues, creusées en nacelle, luisantes d'un côté. — Émollientes. — Employées contre l'irritation du tube digestif, et aussi dans les ophthalmies.

15° GRAINES DE SAPOTILLIER, produites par le *Sapotillier commun* (6), Sapotacée des Antilles. — Lenticulaires-elliptiques, polies, brillantes, d'un marron foncé, avec un long ombilic marginal, linéaire et blanchâtre. — Saveur très amère. — Réputées diurétiques.

16° GRAINES DE STAPHISAIGRE, produites par la *Dauphinelle staphisaigre* (7), Renonculacée indigène. — Irrégulièrement trigones, comprimées, bombées du côté extérieur, fortement réticulées, d'un gris foncé; elles contiennent un principe particulier (*delphine*). — Très amères et très âcres. Employées contre certaines maladies de la peau; usitées aussi dans les affections nerveuses. — Administrées en poudre, en pilules, en lotion, en teinture et en pommade.

---

(1) Officin., *Nux moschata, Nucista, Nux myristica, Moschocaryon, Moschocarydion, Nux unguentaria, Nux aromatica.*

(2) *Myristica moschata* Thunb. (*M. officinalis* Linn. f., *M. fragrans* Houtt., *M. aromatica* Lam.).

(3) *Nigella sativa* Linn., vulgairement *Nielle.*

(4) *Nigella arvensis* Linn.

(5) *Plantago Psyllium* Linn., vulgairement *Herbe aux puces.*

(6) *Achras Sapota* Linn. (*Sapota Achras* Mill.).

(7) *Delphinium Staphisagria* Linn., vulgairement *Herbe aux poux.*

LIVRE SECOND.

DES PRODUITS VÉGÉTAUX EMPLOYÉS EN MÉDECINE.

CHAPITRE PREMIER.

DU LIGNEUX.

Les tissus cellulaire, vasculaire et fibreux des végétaux ne sont que des modifications d'un seul et même élément. Cet élément, appelé *ligneux* par les chimistes, s'obtient en épuisant le bois, le linge et le papier successivement par l'éther, l'alcool, l'eau, les acides faibles et les alcalis dilués. Il est constitué par la cellulose et par les incrustations de son intérieur.

Les matières ligneuses employées en médecine se réduisent à trois : 1° le *coton*, 2° le *moxa*, 3° l'*amadou*.

§ I. — Du Coton.

1° PLANTES. — Le *coton* est un duvet laineux qui enveloppe la graine de plusieurs plantes du genre *Cotonnier (Gossypium)*, de la famille des Malvacées.

Le genre *Cotonnier* a pour caractères : Calice cyathiforme à 5 dents, entouré d'un involucre à 3 parties dont les lobes sont en cœur et plus ou moins dentés-incisés. Stigmates au nombre de 3 à 5. Capsule de 3 à 5 loges, contenant plusieurs graines entourées chacune d'un petit flocon de duvet assez long et très fin.

Les principales espèces de ce genre sont : 1° le *Cotonnier arborescent* (1), qui croît en Égypte, en Arabie et dans les Indes; 2° le *Cotonnier herbacé* (2), qui se trouve à Candie, à Chypre et aussi dans les Indes. On cultive ces plantes précieuses dans l'Inde, en Afrique, dans les deux Amériques, à Malte et en Sicile.

Caractères. — Le *Cotonnier arborescent* est un arbrisseau dont les feuilles ont des lobes lancéolés, dont les involucelles sont dentés en scie et dont les fleurs sont d'un rouge brun.

Le *Cotonnier herbacé* est une plante annuelle dont les feuilles ont des lobes arrondis, dont les involucelles sont presque entiers et dont les fleurs sont jaunâtres.

2° COTON (fig. 91). — Le duvet précieux qui entoure la graine des *Cotonniers* est une des plus utiles productions de la nature (Lam.).

(1) *Gossypium arboreum* Linn.
(2) *Gossypium herbaceum* Linn.

On recueille le *coton* avec soin à la maturité des fruits, c'est-à-dire lorsque les capsules se sont ouvertes et que les flocons laineux débordent de toutes parts. On l'expose pendant quelque temps au soleil ; puis on le sépare de la graine à l'aide d'un moulin. Il est dit alors *coton brut*, et il devient l'objet d'une branche de commerce extrêmement considérable.

Le *coton* est doux et soyeux, blanc ou roussâtre. Sa densité est 1,949 (Grassi).

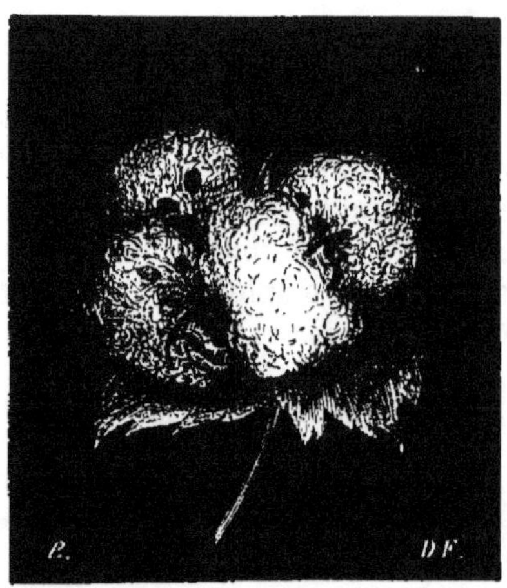

Fig. 91. — *Coton.*

Vu au microscope, quand il est frais, il paraît formé de tubes cylindriques très fins, remplis d'un liquide que le lavage n'enlève pas. Quand il est sec, le canal s'affaisse et prend la forme d'un ruban flexible à bords mousses relevés par un bourrelet.

3° PROPRIÉTÉS ET USAGES. — On applique le *coton* sur les brûlures et l'on en prépare des *moxas ;* il entre dans la composition du *collodion.*

4° SUCCÉDANÉS. — Le duvet qui se développe à la place des calices, dans les fleurs femelles de la *Massette à larges feuilles* (1), est employé quelquefois comme succédané du coton. En Picardie, on l'applique avec succès sur les engelures entamées et sur les brûlures.

§ II. — Du Moxa.

Sous le nom de *moxa*, les Chinois et les Japonais désignent le duvet cotonneux avec lequel ils préparent de petits cônes ou cylindres qu'on applique sur la peau, qu'on enflamme et qu'on y laisse

(1) *Typha latifolia* Linn.

brûler. Par extension, on a donné, en thérapeutique, le même nom aux cônes et aux cylindres eux-mêmes.

1° PLANTE. — La plante qui fournit principalement le *moxa*, est, d'après M. Lindley, une Composée sénécionidée, l'*Armoise moxa* (1), qui se trouve dans la Chine.

Description. — Tige frutiqueuse. Feuilles bipinnatiséquées, couvertes d'abord d'un duvet blanchâtre, puis presque chauves; divisions linéaires-lancéolées, obtuses. Inflorescence en grappes paniculées. Pédoncules généralement géminés, très ouverts, dont un long et l'autre court. Capitules penchés, médiocres (de 5 millimètres de diamètre), globuleux. Écailles de l'involucre membraneuses et scarieuses à l'extrémité. Corolles glabres.

2° MOXA. — On recueille la bourre cotonneuse qui couvre cette plante, par la contusion des sommités ou des feuilles sèches dans un mortier, suivie d'une friction entre les mains. On en forme de petits trochisques cylindriques ou coniques, qu'on serre un peu entre les doigts ou qu'on enveloppe de papier.

3° AUTRES PLANTES. — Quelques auteurs prétendent que le duvet dont il s'agit est retiré de l'*Armoise chinoise* (2). Il est probable que cette matière est fournie par plusieurs Composées du même genre, si nombreux en espèces (De Candolle en compte 182).

Un pharmacien de Paris s'est occupé pendant longtemps à préparer des *moxas* avec le duvet de l'*Armoise vulgaire* (3) (Guib.).

Il paraît cependant que les plus usités se font aujourd'hui avec un tronçon de moelle d'*Hélianthe annuel* (4), entouré d'une couche de coton légèrement nitré et maintenu, sous la forme d'un petit cylindre, par une bande de toile de coton cousue (Guib.).

Au surplus, une foule d'autres plantes peuvent servir de *moxa*. Tels sont le Lin, le Chanvre, le Sureau, l'amadou... Les meilleurs sont ceux qui sont composés d'un tissu homogène, capable de rendre la combustion facile, égale et continue.

§ III. — De l'Amadou.

1° PLANTE. — L'*amadou* est le tissu du *chapeau* de divers champignons appartenant au genre Polypore (*Polyporus*).

Ce genre, fondé par Micheli et reformé par Persoon, a pour caractères : Chapeau de consistance variée, non charnu, ayant

(1) *Artemisia Moxa* DC. (*Absinthium Moxa* Bess.).
(2) *Artemisia Chinensis* Linn. (*Absinthium Chinense* Bess.).
(3) *Artemisia vulgaris* Linn. (*A. officinalis* Gat.).
(4) *Helianthus annuus* Linn.

la face inférieure garnie de pores nombreux, séparés les uns des autres par des cloisons simples et très minces. Les sporules sont très ténues et réunies en petits glomérules.

Les deux principales espèces de France sont : 1° le *Polypore amadouvier* (1), 2° le *Polypore ongulé* (2). Ils se trouvent, le premier sur les Saules, les Frênes, les Cerisiers, les Pommiers ; le second sur les Hêtres et sur les Chênes.

Description. — Le *Polypore amadouvier* présente un chapeau obtus, d'un blanc ferrugineux, et des pores couleur de cannelle. Sa substance est assez dure. Les insectes ne l'attaquent pas.

Le *Polypore ongulé* possède un chapeau presque triquètre, fuligineux, blanchâtre, et des pores d'abord d'un glauque pâle, ensuite ferrugineux. Sa substance est assez tendre. Les insectes le dévorent facilement. On confond souvent ensemble les deux espèces (3).

2° AMADOU (4). — C'est pendant leur jeunesse que ces *Polypores* servent à la préparation de l'*amadou*. On enlève d'abord la couche corticale et les pores ; puis on coupe le parenchyme par tranches. On fait macérer ces dernières dans de l'eau de lessive, ou bien on les fait fermenter au milieu d'une certaine quantité de plantes vertes. Puis on les aplatit en les battant sur un billot et en les étirant. On les lave et on les fait sécher.

Ce sont ces mêmes tranches trempées dans une dissolution de nitre, dont on se sert pour fixer l'étincelle qui jaillit du silex frappé par le briquet.

3° PROPRIÉTÉS ET USAGES. — On emploie l'*amadou* pour arrêter les faibles jets de sang, les hémorrhagies capillaires et celles qui résultent de la piqûre des sangsues.

On l'applique aussi en couches épaisses sur les parties qu'on veut comprimer ou dans les cavités qu'on cherche à dilater.

L'*amadou* étant très absorbant et très doux, il peut fonctionner comme une éponge fine.

4° SUCCÉDANÉS. — La bourre qui accompagne les graines de certains *Fromagers* (*Bombax*), végétaux exotiques de la famille des Bombacées, est aussi employée avec succès pour arrêter les hémorrhagies. Il en est de même des écailles étroites de l'*Aspidie Barometz* (5), Fougère de la Chine (6).

(1) *Polyporus igniarius* Fries (*Boletus igniarius* Linn.).
(2) *Polyporus fomentarius* Fries (*Boletus fomentarius* Linn., *B. ungulatus* Bull.).
(3) Sous les noms de *Boula, Amadouvier, Agaric du Chêne, Agaric femelle*.
(4) Officin., *Agaricus, Agaricus chirurgorum*.
(5) Officin., *Barometz, Agnus Scythicus*.
(6) *Aspidium Baromez* Willd. (*Polypodium Baromez* Linn.), vulgairement *Barometz, Agnus Scythicus, Agneau de Scythie, Agneau tartare*.

CHAPITRE II.

DES FÉCULES.

1° CONSIDÉRATIONS GÉNÉRALES. — On désigne sous le nom de *fécule*, une matière qui forme la base principale des *farines*, qui se présente presque exclusivement sous la forme de petits granules de grosseur et de figure variables. Ces granules peuvent être simples ou composés, ces derniers résultant de l'assemblage d'un nombre plus ou moins considérable d'éléments amylacés. Les premiers sont globuleux, ellipsoïdes, ovoïdes, pyriformes, conoïdes, virguliformes, fusiformes, réniformes, tétragones, polyédriques. Leur volume maximum est de $0^{mm},1000$; leur minimum, de $0^{mm},0005$. Tous paraissent incolores et transparents.

Chaque grain est un corps solide, le plus souvent sans trace de cavité, composé de couches concentriques juxtaposées, offrant une cohésion plus faible dans les couches les plus intérieures. A leur surface, on aperçoit une, deux et, plus rarement, trois petites ponctuations qu'on a comparées à des cicatrices, et que plusieurs micrographes ont décrites comme des sortes d'enfoncement un peu en entonnoir. On les a nommées *hiles* (ou *ostioles*). Ces cicatrices sont entourées souvent de lignes vagues plus ou moins concentriques. Quelquefois même il en part des raies plus ou moins marquées, qui divergent comme les rayons d'une étoile. La couche la plus extérieure des granules renferme un seul principe immédiat, l'*amidone*.

On trouve les grains de *fécule* dans un grand nombre de parties, dans les racines, les tiges, les feuilles, mais surtout dans les tubercules et dans les graines.

Avec l'eau bouillante, la *fécule* se convertit en une gelée connue sous le nom d'*empois*. Cette gelée, de 10 à 60 degrés, mise en contact avec l'orge germée, se fluidifie, et la *fécule* est transformée en un principe soluble appelé *dextrine*, puis en *glycose* (le corps contenu dans l'orge germée, qui agit sur la *fécule*, a été nommé *diastase*).

2° PROPRIÉTÉS ET USAGES. — Les *fécules* sont analeptiques. On les emploie avec succès pour calmer les démangeaisons. Elles servent de topique dans un grand nombre d'éruptions aiguës.

On les administre en potages, dans du lait ou du bouillon. On les incorpore dans le chocolat. On en fait des gelées, des loochs, des lavements; on en compose surtout des cataplasmes.

3° ESPÈCES. — Les *fécules* qu'il importe le plus d'étudier sont :

1º l'*amidon*, 2º la *fécule de Pomme de terre*, 3º le *Manioc*, 4º le *Sagou*, 5º l'*Arrow-root*.

§ I. — De l'Amidon.

On donne généralement le nom d'*amidon*, ou celui de *fécule amylacée*, à la *fécule* des Céréales.

1º PLANTES. — J'ai parlé des Graminées qui fournissent l'*amidon* dans le chapitre des FRUITS (1).

2º FÉCULE (fig. 92). — L'*amidon* du *Blé* présente des granules extrêmement petits. Leur plus grand diamètre peut atteindre 0^{mm},0325. Ces granules sont arrondis, ellipsoïdes, ovoïdes et lenticulaires ; ils n'offrent pas de couches concentriques. On trouve toujours, mêlés avec eux, un certain nombre de grains écrasés par la meule. Le poids spécifique de l'*amidon* est de 1,529 (Grassi).

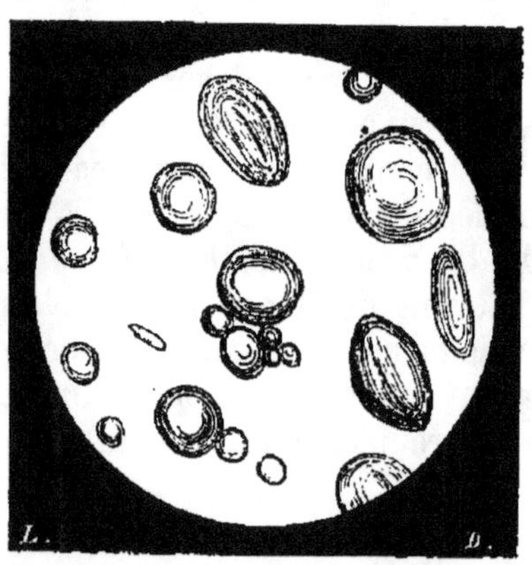

FIG. 92. — *Fécule de Blé* (2).

On l'obtient, dans l'industrie, en faisant fermenter des farines avariées. On les délaye dans une certaine quantité d'eau : le gluten et le sucre fermentent, et leur solution forme l'*eau sucrée* des amidonniers. Alors l'*amidon* se précipite. On le lave et on le fait sécher : il prend la forme d'espèces de prismes quadrangulaires. Dans cet état, on l'appelle *amidon en aiguilles*.

Les grains de l'*Avoine* (fig. 93) sont de plusieurs sortes. Il en est de simples, dont le contour peut être arrondi, ovoïde, fusiforme, polyédrique. Il en est qui sont formés de 2, 3, 4, ou d'un nombre

(1) Voy. page 246.
(2) Toutes les figures de ce chapitre ont été dessinées par M. le docteur Gris.

un peu plus élevé, mais restreint, d'éléments. Enfin, il en est de composés qui sont sphériques ou ovoïdes, dont le diamètre peut atteindre jusqu'à 5 centièmes de millimètre et dont la surface est comme une mosaïque de segments polyédriques.

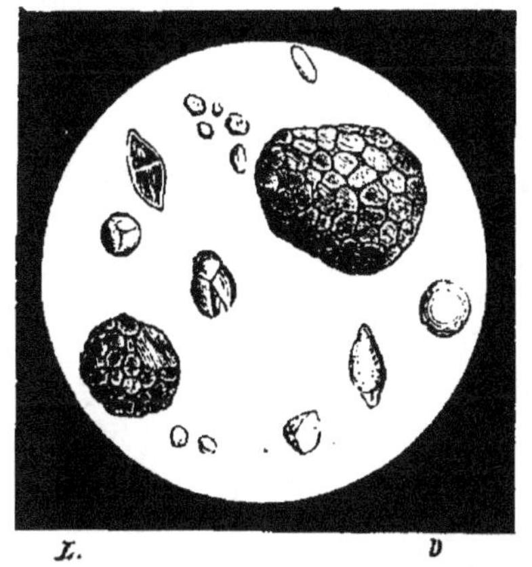

FIG. 93. — *Fécule d'Avoine.*

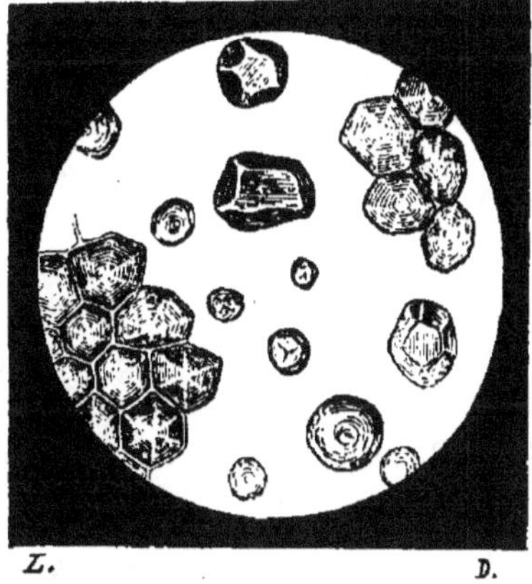

FIG. 94. — *Fécule de Maïs.*

Dans le *Maïs* (fig. 94), les granules amylacés de la zone cornée sont polyédriques, et offrent presque tous un point plus clair (*hile*) placé en leur centre de figure. Les granules de la zone farineuse sont tantôt complétement homogènes, tantôt pourvus à leur centre d'un petit cercle ou d'une ligne claire. Leurs contours sont arrondis.

§ II. — De la Fécule de Pomme de terre.

1° PLANTE. — La *Pomme de terre*, ou *Morelle tubéreuse* (1), appartient à la famille des Solanées. Cette plante, originaire du Pérou, a été introduite en Europe vers la fin du XVIe siècle. Elle est aujourd'hui cultivée dans tous nos départements. C'est bien certainement la plus utile à l'homme après les Céréales.

Description. — Racine vivace, rampante. Tige herbacée, haute de 4 à 6 décimètres, dressée, robuste, anguleuse, pubescente, rude, fistuleuse, souvent rameuse dès la base ; sa partie inférieure est enfoncée dans le sol. Feuilles alternes, pétiolées, pinnatiséquées, à rachis décurrent sur la tige, à segments pétiolulés, ovales-cordiformes, inéquilatéraux, un peu sinueuses, acuminées, pubescentes surtout en dessous. Inflorescence en corymbes rameux,

(1) *Solanum tuberosum* Linn.

pauciflores, opposés aux feuilles, au sommet des rameaux ou terminaux, longuement pédonculés. Fleurs assez grandes, violacées, roses ou blanches. Calice subcampanulé, poilu, à 5 lobes linéaires-lancéolés, aigus. Corolle rotacée, à tube court et à 5 lobes plans, triangulaires, dont le sommet est recourbé en dessus. Étamines, au nombre de 5, insérées au sommet du tube, à filaments très courts, portant des anthères réunies en cône tronqué, s'ouvrant par 2 pores terminaux. Ovaire libre, un peu conoïde, glabre, marqué de deux sillons opposés. Style plus long que les étamines, cylindracé, glabre, terminé par un stigmate bilobé et glanduleux. Baie du volume d'une cerise, pendante, globuleuse, d'un vert jaunâtre ou violacé.

2° TUBERCULES. — Les *tubercules* de la *Pomme de terre* sont plus ou moins enfoncés dans le sol et plus ou moins nombreux. On les regarde comme des branches ou des rameaux hypertrophiés, charnus, gorgés de *fécule*. Ces *tubercules* varient en grosseur. Il y

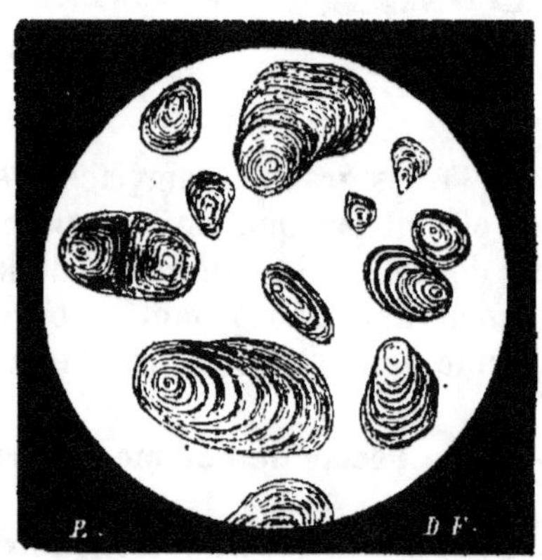

FIG. 95. — *Fécule de Pomme de terre.*

en a de la taille d'une prune et d'autres plus gros que les deux poings. Les uns sont arrondis, les autres allongés. Leur surface est plus ou moins lisse, roussâtre, jaunâtre ou violacée. On y remarque un certain nombre de dépressions avec un œil au milieu.

Les nombreuses variétés de *Pomme de terre* ont été rangées en trois grandes classes : 1° les *Patraques*, dont les *tubercules* sont arrondis et offrent des yeux rapprochés ; 2° les *Parmentières*, qui sont allongées, cylindroïdes ou légèrement aplaties, et présentent des yeux écartés ; 3° les *Vitelottes*, qui sont allongées, cylindriques, et qui ont des yeux très rapprochés, enfoncés et bien apparents.

3° FÉCULE (fig. 95). — On râpe ces *tubercules* au-dessus de vases pleins d'eau. On divise la pulpe ; on la jette sur un tamis à travers lequel passent la *fécule* et l'eau. On laisse reposer ; on lave plusieurs fois le dépôt, et on le fait sécher.

La *fécule de Pomme de terre* se présente comme une poudre blanche et éclatante, moins fine que l'amidon. Elle a toujours une apparence cristalline. Ses granules sont plus gros que ceux du Blé. Au microscope, on y remarque, pour ainsi dire, toutes les formes, depuis la globuleuse, qui appartient aux plus petits, jusqu'à la trigone, qui caractérise les plus gros. Il y en a d'ovoïdes, d'étranglés, de gibbeux. L'impression du hile y est très manifeste. Autour de cette cicatrice, on observe quelquefois, surtout dans les grains âgés, des déchirures anguleuses. Les stries concentriques dessinées autour paraissent fort irrégulières.

§ III. — Du Manioc.

1° PLANTE. — Le genre *Manioc* (*Manihot*), fondé par Plumier, appartient à la famille des Euphorbiacées. Ce genre diffère du *Médicinier* (*Jatropha*) par l'absence de la corolle et par la liberté des étamines. C'est dans ce groupe que se trouve une des plantes alimentaires les plus précieuses de l'Amérique méridionale, le *Manioc ordinaire* (1).

Description. — Tige ligneuse, haute d'environ 2 mètres, cylindrique, à écorce lisse, verdâtre ou rougeâtre. Feuilles alternes, pétiolées, profondément palmées, à 3 ou 7 lobes lancéolés, pointus et mucronés. Inflorescence en petites grappes lâches. Fleurs rougeâtres ou d'un jaune pâle, monoïques. Calice nul. Corolle à peu près de la grandeur de celle de la Douce-amère : celle des mâles campanulée, à lobes ovales ; celle des femelles entièrement dialypétale. Étamines au nombre de 10. Fruit presque sphérique, obscurément trigone, relevé longitudinalement de six angles saillants, glabre, à 3 coques, renfermant chacune une graine de la forme de celle du Ricin, luisante, d'un gris blanchâtre, avec des taches foncées.

2° RACINE (2). — La *racine* du *Manioc* est tubéreuse, grosse comme le bras et remplie d'un suc laiteux, qui est un poison extrêmement violent. Ce suc paraît contenir de l'acide cyanhydrique ou un corps facile à se transformer en cet acide (Boutron).

---

(1) *Manihot utilissima* Pohl (*Jatropha Manihot* Linn., *Janipha Manihot* Kunth), vulgairement *Manihoc, Manihot, Magnioc, Manioque, Mandiiba, Maniba.*

(2) Vulgairement, au Brésil, *Mandioca.*

3° FÉCULE (fig. 96). — Anciennement, on préparait la *fécule de Manioc* de la manière suivante : On séparait la racine de son écorce ; on la réduisait en pulpe à l'aide d'une râpe, et on la plaçait dans un sac de palmier long et étroit, tissu de manière qu'il se rétrécissait quand on éloignait les deux extrémités. On suspendait ce sac par un bout à une barre placée horizontalement sur deux fourches de bois, et l'on attachait à l'autre bout un vase très pesant, lequel, par l'effet de son poids, tirait le sac, en rapprochait les parois, pressait la pulpe et en exprimait le suc, qui était reçu dans sa cavité. Quand la matière était suffisamment privée de tout son suc, on la retirait et on la faisait sécher. La poudre ainsi obtenue constituait la *farine de Manioc*.

Aujourd'hui on se sert, pour extraire cette *fécule*, de presses de différentes formes et de diverses grosseurs. L'opération est plus régulière, plus certaine et plus expéditive.

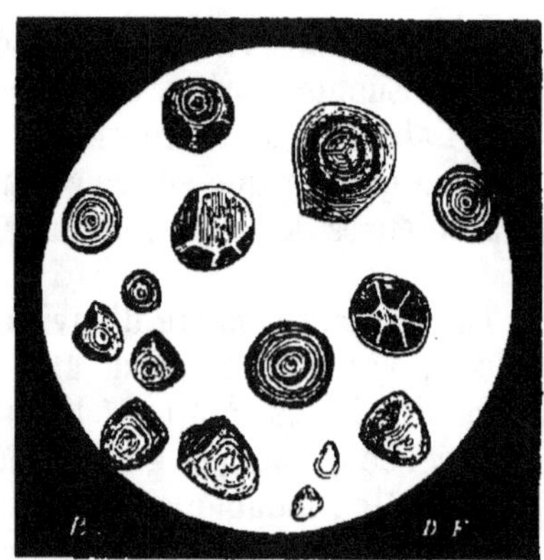

Fig. 96.—*Fécule de Manioc.*

La *fécule de Manioc* est un mélange de *fécule* proprement dite, de fibres végétales et d'une faible quantité de matière extractive.

On prépare avec la *fécule de Manioc* d'autres produits alimentaires : 1° le *Couaque*, 2° la *Cassave*, 3° la *Moussache*, 4° le *Tapioca*.

Le *Couaque* est retiré de la racine râpée et exprimée. On la sèche sur des claies exposées à la vapeur ; on la crible ; on la met dans des chaudières de fer, et on lui fait subir un commencement de torréfaction.

La *Cassave* est aussi obtenue de la racine râpée et exprimée On l'étend sur une plaque de fer chauffée, et l'on en forme un gâteau mince.

La *Moussache* (ou *Cepipa*) est la fécule pure, entraînée par le suc de la racine exprimée. On lave cette fécule et on la sèche à l'air. La *Moussache* se compose de granules très petits, d'une égalité de volume remarquable, qui présentent un point noir, quand on les examine au microscope. Leur diamètre est de 1/35ᵉ de millimètre.

Le *Tapioca* se fait avec de la moussache humide qu'on place sur des plaques chaudes où elle se cuit en partie. Un certain nombre de granules se crèvent, et la fécule s'agglomère en grumeaux irréguliers, durs et un peu élastiques.

4° AUTRE ESPÈCE. — On cultive dans l'Amérique australe une autre espèce du même genre, le *Manioc aipi* (1), dont la racine ne renferme pas de suc dangereux.

§ IV. — Du Sagou.

1° PLANTES. — Le *sagou* est une *fécule* fournie par plusieurs espèces de Palmiers, principalement par les *Sagouiers*.

Les *Sagouiers* (*Sagus*) ont un régime couvert de bractées imbriquées, portant au sommet les fleurs mâles, et à la base les fleurs femelles. Chaque fleur mâle offre un calice extérieur tubuleux, à 3 petites dents, et un calice intérieur à 3 segments. Les étamines, au nombre de 6, ont des filets courts et élargis, et des anthères dressées et ovoïdes. Les fleurs femelles ont un ovaire libre, ovoïde, à 3 loges, atténué supérieurement en un style court portant 3 stigmates aigus. Le fruit est arrondi, couvert entièrement d'écailles imbriquées.

Les *Sagouiers* sont des arbres peu élevés. On en connaît trois espèces principales, qui sont : 1° le *Roufia* (2), qui croît dans les Indes orientales et en Afrique, dans le royaume de Benin et d'Ovare ; 2° le *Sagouier pédonculé* (3), qui habite Madagascar, d'où il a été transporté d'abord aux îles de France et de Mascareigne, puis à Cayenne ; 3° le *Sagouier de Rumph* (4), originaire des Moluques.

Caractères. — Le *Roufia* est un arbre de moyenne grandeur, à tige droite et cylindrique, couverte des débris desséchés

(1) *Manihot Aypi* Pohl (*Jatropha Manihot* Linn. partim, *J. dulcis* Banks, *J. mitis* Rottb.), vulgairement *Aipi, Juca dolce, Manioc doux*. — Sa racine est appelée *Macajera*.

(2) *Sagus vinifera* Pers. (*S. Raphia* Poir., *Raphia vinifera* Pal. Beauv.), vulgairement *Raphia*.

(3) *Sagus pedunculata* (*S. Ruffia* var. Willd., *Raphia pedunculata* Pal. Beauv.).

(4) *Sagus Rumphii* Willd.

des feuilles. Ces dernières sont pendantes, grandes, ailées et épineuses. Ses fleurs mâles sont sessiles et ses fruits allongés.

Le *Sagouier pédonculé* diffère du *Roufia* par ses fleurs mâles pédicellées et par ses fruits presque arrondis ou pyriformes.

Le *Sagouier de Rumph* se distingue des deux précédents par son genre de spathe.

2° SAGOU (fig. 97). — On extrait le *sagou* de la partie médullaire du tronc des *Sagouiers*. On fend l'axe dans sa longueur. On en retire la partie intérieure; qui est tendre, spongieuse, et qui présente la consistance pulpeuse d'une pomme. On l'écrase et on la place dans des espèces de cônes ou entonnoirs faits d'écorces d'arbres, mais qui laissent des interstices comme ceux d'un tamis. On délaye ensuite cette matière avec de l'eau. Cette eau entraîne la partie la plus fine et la plus blanche de la moelle, qui se dépose peu à peu. On la sépare, par décantation, de l'eau qui surnage, ou bien en passant le liquide au travers d'un linge, et l'on expose au

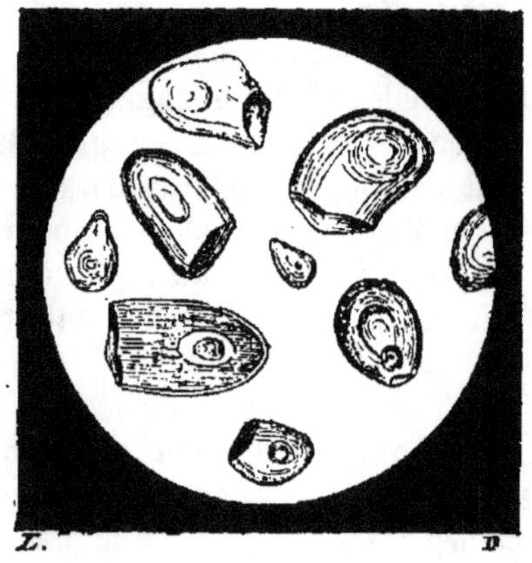

FIG. 97. — *Fécule de Sagou.*

soleil la matière obtenue. Celle-ci, en se séchant, prend la forme de petits grains irréguliers, blanchâtres, grisâtres ou roussâtres, d'abord de la taille d'une tête d'épingle, puis trois ou quatre fois plus gros.

Le *sagou* se ramollit dans l'eau, devient transparent et finit par se dissoudre.

Le *sagou* des Moluques passe pour le meilleur. On suppose qu'il est retiré du *Sagouier de Rumph.*

Dans un mémoire spécial sur les *sagous*, M. Planche en admet six espèces. Il y en a une grise et une autre qui est rosée.

§ V. — De l'Arrow-root.

1° PLANTE. — L'*arrow-root* est une *fécule* fournie par plusieurs plantes de la famille des Amomées, mais principalement par le *Galanga à feuilles de Balisier* (1) et par le *Curcuma à feuilles étroites* (2). La première espèce est cultivée à la Guadeloupe et dans les autres Antilles, d'où elle a été transportée dans l'Inde par les Anglais. La seconde habite dans les Indes.

Descriptions. — Le *Galanga à feuilles de Balisier* présente des tiges hautes d'un mètre à 1 mètre et demi, de l'épaisseur du doigt, droites, dures et couvertes par les pétioles ou les gaînes des feuilles. Ces dernières sont alternes, amples, ovales-lancéolées, aiguës, d'un vert gai. Inflorescence en panicule lâche. Fleurs petites et blanches. Calice à 3 lobes lancéolés. Corolle gamopétale, presque en entonnoir, à 6 lobes inégaux dont 3 plus grands. Fruit de la taille d'une olive, ovoïde, uniloculaire. Graine ridée, blanche et dure.

Le *Curcuma à feuilles étroites* est une plante moins connue. Radicelles nombreuses charnues terminées par des tubercules ovoïdes, lisses, succulents. Tige consistant en quelques gaînes de couleur pâle. Feuilles pétiolées, étroites, lancéolées, très pointues, striées de veines parallèles, très fines. Pétiole engaînant. Spathe radical couronné d'une touffe de bractéoles, d'un pourpre vif. Bractées communes ovales-cordées, obtuses ; bractées propres en forme de bateau. Fleurs plus longues que les bractées, grandes, d'un jaune clair. Calice un peu gonflé, à 3 dents. Corolle à tube légèrement gibbeux, contracté à l'ouverture, laquelle est fermée par des poils ; gorge campanulée. Anthère double avec un éperon partant de la partie inférieure de chaque lobe. Ovaire velu ; style mince avec deux corps nectarifères à son insertion ; stigmate globulaire, ouvert du côté antérieur.

2° FÉCULES (fig. 98). — Le nom d'*arrow-root* signifie *flèche-racine* ; il a été donné à cette *fécule*, parce que l'une des plantes qui la fournit a la réputation d'être un remède contre les blessures des flèches empoisonnées.

La *fécule* du *Galanga* s'appelle *arrow-root des Antilles* (3) ; celle du *Curcuma* est dite *arrow-root de Travancore* (4).

(1) *Maranta arundinacea* Linn.
(2) *Curcuma angustifolia* Roxb.
(3) On l'appelle aussi *fécule de la Jamaïque.*
(4) On la nomme quelquefois *Indian arrow-root.*

Pour obtenir ces *fécules*, on nettoie et lave plusieurs fois les racines. On a un baquet rempli d'eau aux trois quarts, sur lequel est établie une forte râpe de fer-blanc ou de tôle, appelée *grage*. La pulpe des racines divisées tombe au fur et à mesure au fond de l'eau. L'opération terminée, on agite fortement le liquide et on le verse dans un filtre de toile assez claire. L'eau passe chargée de la *fécule*, elle est reçue dans un autre baquet. L'*arrow-root* se dépose au fond. On décante l'eau et l'on fait sécher la *fécule* au soleil, étalée sur de grandes tables (De Tussac).

L'*arrow-root* ressemble par sa finesse et sa blancheur à la fleur de farine la plus belle.

Les granules de l'*arrow-root des Antilles*, examinés au microscope, ont le volume des plus gros de l'amidon ou même le dépassent. Il n'y en a jamais de très petits. Ces granules ne sont pas parfaitement ronds. Leur forme est ellipsoïde ovoïde ou obscurément

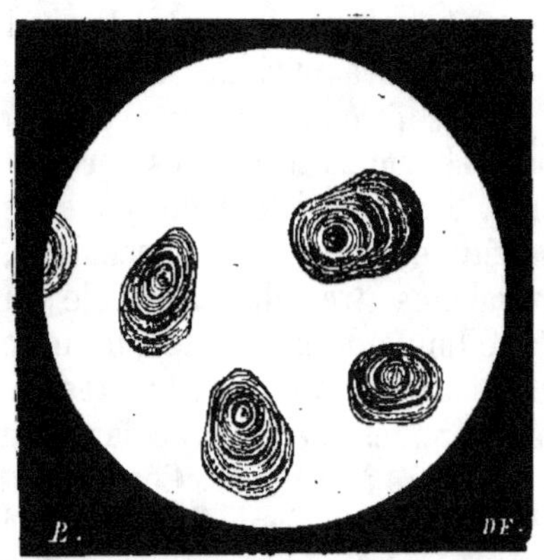

Fig. 98. — *Fécule d'Arrow-root.*

trigone, ou bien irrégulière. Ils offrent une surface nacrée et brillante. Un grand nombre sont traversés par des fissures, et dans presque tous on voit le hile entouré de zones concentriques. Ils paraissent un peu moins blancs et plus transparents que ceux du Blé.

Les granules de l'*arrow-root de Travancore*, vus au microscope, sont plus volumineux, ovoïdes, ellipsoïdes ou trigones-arrondis, mais le plus souvent atténués à l'extrémité. On n'y aperçoit aucune trace ni de hile, ni de couches concentriques.

3° FÉCULES ANALOGUES. — Une autre sorte d'*arrow-root* se retire du *Balisier écarlate* (1). On l'appelle *fécule de Tolomane* ou *de tous les mois.*

(1) *Canna coccinea* Mill.

Une quatrième est fournie par le *Tacca pinnatifide* (1), Taccacée des Indes orientales et de Madagascar. On la nomme *arrow-root de Taïti.*

CHAPITRE III.

DES MANNES.

La *manne* est une matière concrète et sucrée qui découle de plusieurs végétaux.

1° PLANTES. — La vraie *manne* se retire principalement de deux espèces de *Frênes* : 1° le *Frêne à feuilles rondes* (2), 2° l'*Orne* (3). Ces arbres sont cultivés dans la Sicile et dans la Calabre.

Caractères. — Le genre *Frêne* présente des fleurs munies de bractées ; des étamines au nombre de deux ; un ovaire comprimé perpendiculairement à la cloison, biloculaire et à loges biovulées ; un stigmate bifide, à lobes étalés, et un fruit (*samare*) oblong, renflé inférieurement, comprimé et presque foliacé dans sa partie supérieure, membraneux, coriace, uniloculaire, indéhiscent et monosperme par avortement.

Le *Frêne à feuilles rondes* et l'*Orne* diffèrent des autres espèces par leurs fleurs, presque toujours hermaphrodites, munies d'un calice et de 4 pétales. Leurs anthères sont pédicellées. Dans le premier les folioles sont ovales-arrondies, et dans le second lancéolées.

2° MANNE (4). — On a prétendu que la *manne* suintait naturellement à la suite de la piqûre d'une espèce de cigale (5). Il est bien reconnu que c'est un produit obtenu artificiellement.

Depuis le mois de juillet jusqu'au mois de septembre, on pratique des incisions sur les troncs de ces arbres. Il en découle un suc qui se concrète en sortant, soit sur l'écorce même, soit sur des pétioles de *Frêne*, sur des pailles ou de petits morceaux de bois disposés à cet effet.

La *manne* est une matière solide, granuleuse, d'un blanc jaunâtre, très sucrée. Celle qu'on obtient pendant les mois de juillet et d'août est la plus pure et la plus blanche. On la nomme *manne*

---

(1) *Tacca pinnatifida* Linn. f., vulgairement, à Madagascar, *Tavoulou.*
(2) *Fraxinus rotundifolia* Lam.
(3) *Fraxinus Ornus* Linn. (*Fr. florifera* Scop., *Fr. paniculata* Mill.).
(4) Officin., *Manna, ros Calabrinus.*
(5) *Cicada Orni* Linn.

en larmes. Celle des mois de septembre et octobre, se desséchant moins vite, coule le long du tronc et se salit : elle contient des parties molles, noirâtres (*marrons*), agglutinées avec les larmes. C'est la *manne en sortes.*

On distingue dans la manne en sortes : 1° celle de *Calabre* ou *Capacy ;* 2° celle de *Sicile* ou *Géracy.* La première présente des larmes plus nombreuses, plus blanches et plus belles que la seconde ; mais elle ne se conserve guère qu'un an, tandis que la seconde dure jusqu'à deux.

Au bout d'un certain temps, la *manne* jaunit, fermente et se convertit en *manne grasse.*

La *manne* contient de l'eau, du sucre, de la résine, une substance mucilagineuse, des matières azotées, de la *mannite* (Leuchtesweise).

La *mannite* cristallise en prismes quadrangulaires ou rhomboïdaux, blancs. Elle se dissout facilement dans l'eau, et en petite quantité dans l'alcool froid. L'alcool chaud en dissout beaucoup. La *mannite* se distingue du sucre en ce qu'elle ne fermente pas.

3° PROPRIÉTÉS ET USAGES. — La *manne* présente une odeur *sui generis.* Elle offre une saveur douceâtre, sucrée et plus ou moins agréable, toutefois un peu nauséabonde.

C'est un purgatif doux. La *manne grasse* agit plus efficacement que la *manne en sortes,* et celle-ci plus que la *manne en larmes.* Quant à la *mannite,* elle purge très faiblement.

On administre la *manne* dans de l'eau, du lait ou du café. On l'associe souvent à d'autres purgatifs. Prise en petite quantité, elle est adoucissante. On en prépare des tablettes contre la toux et contre les rhumes. Elle fait partie de la *marmelade de Tronchin* et de celle de *Zanetti.*

4° AUTRES MANNES. — Suivant Desfontaines, le *Frêne commun* (1) donne aussi une *manne* qui ressemble à celle des deux espèces dont il vient d'être question.

On connaissait autrefois trois sortes de *mannes* qui sont tout à fait oubliées (Guibourt). C'étaient : 1° La *manne de Briançon,* qui venait des environs de cette ville. Elle exsudait spontanément du *Mélèze* (2) ; elle était en petits grains arrondis et jaunâtres. 2° La *manne Alhagi,* qui arrivait de la Perse et de l'Asie Mineure ; on la retirait d'une espèce de *Sainfoin* (3). Elle était aussi en

(1) *Fraxinus excelsior* Linn.
(2) *Larix Europæa* Hort. Par. (*Pinus Larix* Linn., *Abies larix* Lam.).
(3) *Hedysarum Alhagi* Linn. (*Alhagi mannifera* Desv., *Manna Hebraïca* Don), vulgairement *Alhagi.*

petits grains. 3° La *manne liquide* (1), qui venait du même pays, et paraissait produite, soit par le même *Sainfoin*, soit par d'autres végétaux. C'était une matière semblable à du miel.

Les efflorescences qui recouvrent plusieurs Algues marines, quelque temps après leur dessiccation, surtout les *Laminaires sucrée* (2) et *digitée* (3), fournissent des quantités plus ou moins considérables d'une *mannite* particulière (*physcite*), qui se présente sous forme de petites houppes cristallisées, blanches, nacrées, rappelant un peu l'éclat soyeux de l'asbeste (Phipson, L. Soubeiran).

CHAPITRE IV.

DES SUCRES.

On appelle *sucres*, des corps de composition ternaire, d'une saveur douce *sui generis*, solubles dans l'eau, et qui, sous l'influence du ferment, peuvent se changer en alcool ou en acide carbonique.

Le principal *sucre* est désigné sous le nom de *sucre de Canne*.

Histoire. — Le *sucre de Canne* paraît avoir été connu de temps immémorial des Indiens et des Chinois.

Il n'a été introduit en Europe qu'à l'époque des conquêtes d'Alexandre. Pline et Dioscoride parlent du *saccharon* (4).

Pendant longtemps, l'usage du *sucre* a été restreint à la médecine. Après les croisades, les Vénitiens le répandirent dans les parties septentrionales de l'Europe.

Vers 1420, dom Henri, régent du Portugal, planta la *Canne à sucre* dans l'île de Madère. Elle y réussit parfaitement, et s'étendit bientôt aux Canaries et à Saint-Thomas.

En 1506, Pierre d'Arranca porta cette précieuse plante à Saint-Domingue, où elle se multiplia avec une si grande rapidité, que, douze ans plus tard, il y avait déjà dans cette île vingt-huit sucreries en pleine activité.

1° PLANTE. — La *Canne à sucre*, ou *Cannamelle officinale* (5), est une Graminée qui croît spontanément sur les rives de l'Euphrate; mais on la regarde comme originaire de l'Inde et de la Chine.

(1) Vulgairement *Téréniabin*, *Tringibin*.

(2) *Laminaria saccharina* Lamour. (*Fucus saccharinus* Linn., *Ulva saccharina* DC.), vulgairement *Baudrier de Neptune*.

(3) *Laminaria digitata* Lamour. (*Fucus digitatus* Linn., *Ulva digitata* DC.).

(4) Ce mot, qui signifie *suc doux*, vient du sanscrit *scharkara*. Chez les Persans, *scharkar* présente la même signification.

(5) *Saccharum officinarum* Linn., vulgairement *Cannamelle*, *Canne*.

Description. — C'est une des plus grandes Graminées connues. Racine vivace. Rhizomes géniculés. Chaumes atteignant jusqu'à 4 mètres de hauteur, cylindriques, à entre-nœuds rapprochés et un peu renflés, finement striés longitudinalement, luisants, pleins intérieurement et comme charnus. Feuilles rapprochées, engaînantes, planes, rubanées, aiguës, striées longitudinalement, un peu rudes. Inflorescence en panicule terminale, très grande, étalée, de forme à peu près pyramidale. Épillets triflores. Glumes couvertes de longs poils soyeux ; à une nervure (rarement deux) longitudinale, peu apparente.

2° SUCRE. — Le *sucre* se retire de cette Graminée ; mais comme sa tige n'est pas également sucrée dans toute sa longueur, on retranche la partie supérieure dont on se sert pour faire des boutures.

On coupe les chaumes près du sol. On en fait des paquets ou bottes que l'on porte dans un moulin composé de trois gros cylindres de fer verticaux, mis en mouvement par des chevaux ou par la vapeur. On les écrase, et le suc en découle. Récoltées sous des climats favorables, ces tiges contiennent en moyenne 18 pour 100 de leur poids total de sucre cristallisable.

La *Canne* privée de son suc est appelée *bagasse*. On la fait sécher et on l'emploie comme combustible.

Le suc est reçu dans une grande cuve (*réservoir*) ; on le nomme *vesou*. Ce suc contient de 15 à 20 centièmes de sucre pur.

On le fait cuire dans des chaudières jusqu'à consistance de sirop épais. Pendant la cuisson, on enlève continuellement l'écume qui se rassemble à la surface. On ajoute de temps en temps à la liqueur une certaine quantité de lait de chaux pour favoriser la clarification.

Les Anglais font couler le sirop cuit dans une grande chaudière nommée *rafraîchissoir*. En se refroidissant, le *sucre* se cristallise en partie. On l'agite pour rendre le grain plus fin et plus uniforme. On le met dans des tonneaux percés au fond de quelques trous, fermés d'abord avec des queues de Palmier. La cristallisation s'y achève. La partie restée liquide s'écoule par les trous.

Ce produit constitue le *sucre brut* ou *moscouade* ; le liquide non cristallisé forme la *mélasse*.

Les Français versent le sirop cuit dans des moules de terre coniques, placés verticalement la pointe en bas, ouverts et percés à la pointe d'un petit trou fermé par un tampon. Au bout de dix-huit à vingt-quatre heures on les débouche, et la mélasse s'écoule par l'ouverture. On laisse égoutter le moule pendant un mois.

Après ce temps, on recouvre la surface des pains avec une couche d'argile détrempée, laquelle cédant peu à peu son eau, celle-ci traverse toute la masse cristallisée et en dissout le sirop. On mouille cette argile trois fois en quatre jours ; le cinquième, on la remplace par d'autre terre, et l'on continue ainsi pendant quinze jours. On retire ensuite les *pains de sucre*. Cette opération a reçu le nom de *terrage*. Le produit obtenu s'appelle *sucre terré* ou *cassonade*.

La moscouade ou la cassonade sont purifiées, principalement en Europe, à l'aide de divers procédés, dans lesquels on emploie l'eau de chaux, le sang de bœuf et le noir animal. Le *sucre* devenu blanc et solide est désigné sous le nom de *sucre raffiné*.

Le *sucre* se dissout plus facilement dans l'eau chaude que dans l'eau froide. La dissolution de *sucre pur* se conserve sans altération ; celle du *sucre impur* se moisit, à moins qu'elle ne soit très concentrée. Quand on évapore une dissolution de *sucre*, il arrive un moment où elle est assez concentrée pour se prendre par le refroidissement en masse transparente : c'est le *sucre d'orge*.

Le *sucre de Canne* fait dévier vers la droite le plan de polarisation d'un rayon de lumière polarisée (54^d,75 r.). Il cristallise en prismes à 6 faces, à sommets dièdres : c'est le *sucre candi*. A 14 degrés, il commence à s'altérer, suivant Proust. A 200 degrés, il donne de l'eau et s'altère profondément. Entre 210 et 220 degrés, il fournit de l'eau, de l'acide acétique, des traces d'huile, et laisse un acide brun incristallisable, insoluble dans l'alcool : c'est le *caramel*. Dans cette transformation, le sucre perd 3 pour 100 d'eau (Soubeiran).

3° PROPRIÉTÉS ET USAGES. — Le *sucre de Canne* joue un très grand rôle dans l'économie domestique et dans la pharmacie. C'est de tous les *sucres* celui qui donne la saveur sucrée la plus franche, la plus intense et la plus agréable.

Il n'agit pas comme médicament, mais comme condiment. Il est indispensable dans une foule de préparations. Il adoucit tout ce qui est âpre, il émousse les acides ; il corrige les saveurs peu agréables ; il favorise la suspension des matières non solubles et le mélange de certains médicaments.

Le *sucre de Canne* est presque seul employé à la fabrication des saccharolés (Soubeiran).

4° AUTRES PLANTES. — Le *sucre de Canne* est abondamment répandu dans la nature. La *Cannamelle officinale* n'est pas la seule plante qui puisse le fournir.

La *Betterave* (1) (Salsolacée) lui fait depuis longtemps une assez

____
(1) *Beta vulgaris* Linn.

grande concurrence. C'est à Marcgrav qu'est due la première annonce d'un *sucre* cristallisable, semblable au *sucre de Canne*, contenu dans la racine de cette plante. Achard (de Berlin) essaya d'utiliser cette grande découverte. Chaptal démontra que ce *sucre* pouvait être exploité en France avec le plus grand profit. Toutes les variétés de la *Betterave* commune contiennent du sucre ; mais généralement, et surtout en France, on ne l'extrait que de la variété dite *Betterave blanche* ou *de Silésie*.

Depuis plusieurs années, l'attention des industriels s'est tournée en France vers le *Sorgho sucré* (1).

Dans l'Amérique septentrionale, on fabrique du *sucre de Canne* avec la séve de plusieurs *Érables* (2).

Les indigènes de la Malaisie de l'Inde, et surtout ceux de Java, en retirent du suc séveux de plusieurs Palmiers, particulièrement du *Cocotier ordinaire* (3), du *Nipa arbrisseau* (4), des *Rondiers flabelliforme* (5) et *Gomuti* (6), du *Caryote à fruits brûlants* (7), du *Dattier commun* (8) et du *Sagouier de Rumph* (9)... Ce sucre est désigné sous le nom de *Jagre* ou *Jaggery* (Itier).

Beaucoup d'autres plantes renferment du *sucre de Canne*. Il y en a dans la racine de la *Carotte*, dans celle du *Navet* et dans celle de la *Patate*; il y en a aussi dans la tige du *Maïs*...

On en trouve toujours, mais en quantité variable, dans les sucs non acides des végétaux : par exemple, dans les *Melons*, les *baies de Genièvre*, les *Châtaignes*...

5° AUTRES SUCRES. — Les autres *sucres* sont : 1° la *glycose*; 2° le *sucre interverti*.

1° La *glycose* (10) est cette matière blanche et douce qui vient s'effleurir en grains à la surface de certains fruits qu'on a séchés (*Prunes, Figues, Raisins*).

On sait aussi qu'elle se produit par l'action de l'acide sulfurique et des autres acides sur la fécule.

La *glycose* se présente sous la forme de masses mamelonnées, formées par l'entrelacement d'aiguilles très fines, qui laissent saillir au dehors des portions de rhombes.

(1) *Sorghum saccharatum* Micg.
(2) *Acer saccharinum* Linn., *rubrum* Linn., *nigrum* Mich. et *eriocarpum* Mich.
(3) *Coccos nucifera* Linn.
(4) *Nipa fruticans* Thunb.
(5) *Borassus flabelliformis* Linn.
(6) *Borassus Gomutus* Lour.
(7) *Caryota urens* Linn.
(8) *Phœnix dactylifera* Linn.
(9) *Sagus Rumphii* Willd.
(10) Ou *glucose, sucre en grains, sucre de raisin cristallisé.*

La *glycose* fait dévier à droite le plan de polarisation de la lumière polarisée ($+ 40^d$ r.).

Elle se fond avant 100 degrés. A 100 degrés, elle perd 9 pour 100 de son poids d'eau. Si l'on continue à la chauffer, elle se change en caramel.

Elle est moins soluble dans l'eau que le *sucre de Canne*. Quand on chauffe une dissolution de *glycose*, elle se montre stable, et ne se transforme qu'à grand'peine en matières colorées (Soubeiran).

Sa saveur est moins sucrée que celle du *sucre de Canne*.

2° Le *sucre interverti* (1) se trouve tout formé dans le suc des fruits acides.

On le produit artificiellement en chauffant, pendant quelques instants, le *sucre de Canne* avec les acides plus ou moins étendus (Soubeiran).

On ne connaît ce *sucre* qu'à l'état amorphe. On peut le solidifier à 100 degrés. Il fait dévier à gauche le plan de polarisation d'un faisceau de lumière polarisée ($- 18^d,93$ r.).

Il se dissout dans l'eau en toutes proportions. Cette dissolution est remarquable par la facilité avec laquelle elle se décompose quand on la tient en ébullition. Elle se colore promptement. Ce *sucre* est entièrement soluble dans l'alcool.

Il est plus doux que la *glycose*.

CHAPITRE V.

DES GOMMES.

On donne le nom de *gommes* à des substances neutres caractérisées par les propriétés suivantes : 1° Elles ne cristallisent pas. 2° Elles sont solubles dans l'eau et lui communiquent une consistance mucilagineuse. 3° Elles sont insolubles dans l'alcool et dans l'éther. 4° Elles fournissent, quand on les chauffe avec l'acide azotique, un acide appelé *mucique*. 5° Elles ne donnent point de sucre de raisin avec l'acide sulfurique, mais un sucre particulier.

Plusieurs plantes renferment une si forte proportion de *gomme*, que leur infusion ne donne pour ainsi dire autre chose (Boussingault) : telles sont la Mauve et la Guimauve.

On connaît quatre *gommes* principales : 1° la *gomme arabique*, 2° la *gomme du Sénégal*, 3° la *gomme indigène*, 4° la *gomme adragante*.

(1) Ou *sucre de fruits*.

§ I. — De la Gomme arabique.

On retire cette *gomme* de différentes plantes du genre *Acacie* (*Acacia*), de la famille des Légumineuses. Ce genre, établi par Tournefort et réformé par Kunth, a pour caractères : Fleurs polygames. Calice avec 2-5 dents. Corolle gamopétale. Étamines en nombre indéterminé, à filets libres ou réunis à la base. Ovaire supère, le plus souvent porté par un pédicelle, surmonté d'un style simple. Gousse sèche, sans articulations, s'ouvrant par deux valves et contenant plusieurs graines.

1° Plante. — L'espèce qui fournit surtout la *Gomme arabique* est l'*Acacie véritable* (1), arbre élégant de la haute Égypte, qui croît sur les bords du Nil.

Description. — Hauteur 10 à 15 mètres. Branches fortes et rameaux cylindriques, glabres et rougeâtres. Feuilles alternes, bipinnées ; pinnules au nombre de dix, opposées, composées généralement de vingt paires de très petites folioles, allongées, obtuses, entières, pourvues d'une glandule à leur base ; pétiole et pétiolules légèrement poilus. Stipules représentées par deux aiguillons simples, très aigus, blanchâtres. Inflorescence en capitules axillaires, réunis plusieurs ensemble, pédonculés, globuleux. Pédoncule commun, assez long, grêle, articulé vers le milieu, où il offre deux bractéoles opposées. Fleurs petites, jaunes. Calice (*calicule*, A. Rich.) à 5 dents, glabre. Corolle (*calice*, A. Rich.) deux fois plus haute, tubulée, 5-dentée. Étamines très nombreuses, saillantes, un peu monadelphes inférieurement ; anthères petites, arrondies. Fruits (*gousses*) longs, offrant 5 à 8 étranglements qui les font paraître comme moniliformes, plans, glabres, roussâtres ou bruns. Graines arrondies, lisses.

2° Gomme. — La *gomme arabique* (2) s'écoule de ces arbres naturellement ou bien à l'aide d'incisions pratiquées à leurs branches. Elle n'est pas produite par l'écorce, comme on l'a prétendu, mais engendrée par le corps ligneux (Trécul). On la récolte principalement en Arabie et vers le Sénégal.

Cette *gomme* est solide, en morceaux peu volumineux et irrégulièrement arrondis, dure, brillante, plus ou moins transparente et

---

(1) *Acacia vera* Willd. (*Mimosa Nilotica* Linn.), vulgairement *Gommier rouge*, *Acacie d'Égypte*.

(2) Officin., *Gummi Arabicum, Saracenicum, Senegal, Senica, Babylonicum, Thebaicum* ou *Achantinum ;* vulgairement *gomme du Sénégal, gomme de Babylone ou Thébaïque, gomme achantine*.

jaunâtre. On y remarque des débris de tissu végétal. Sa surface est souvent salie par une matière amère.

La *gomme arabique* est formée presque en totalité d'*arabine*. C'est une matière solide, blanche, inodore et insipide. Elle présente un pouvoir rotatoire vers la gauche (— 33^d,74 r.). Elle se dissout bien dans l'eau, à laquelle elle communique une consistance mucilagineuse. Elle n'est pas soluble dans l'alcool, ni dans l'éther, ni dans les huiles.

Dans un travail récent, M. Fremy a cherché à démontrer que la *gomme arabique* n'est pas un principe immédiat neutre, mais une combinaison de chaux avec un acide très faible, soluble dans l'eau, qu'il nomme *acide gummique*.

3° PROPRIÉTÉS ET USAGES. — La *gomme arabique* est éminemment adoucissante. On l'emploie avec efficacité dans les affections inflammatoires des organes de la respiration, dans l'irritation du tube digestif et de l'appareil urinaire.

On l'administre en nature, en poudre, en tablettes, en pâte, en sirop, en mucilage, en potions, en loochs. C'est un des éléments de la pâte de jujube et la base de la pâte très improprement dite de *Guimauve*.

§ II. De la Gomme du Sénégal.

Cette *gomme* ressemble beaucoup à la *gomme arabique*.

1° PLANTES. — On la retire de plusieurs espèces d'*Acacies*, particulièrement de l'*Acacie verek* (1), de l'*Acacie blanchâtre* (2), de l'*Acacie arabique* (3) et de l'*Acacie d'Adanson* (4). Toutes ces espèces croissent au Sénégal, ou en Abyssinie, ou en Égypte, et même dans les Indes orientales.

Caractères. — Voici leurs caractères très abrégés :

Inflorescence	en épi. Gousse. . .	oblongue.	1. A. *verek.*
		en faux	2. A. *blanchâtre.*
	en capitule. Gousse	moniliforme. . . .	3. A. *arabique.*
		sinueuse.	4. A. *d'Adanson.*

L'*Acacie verek* présente des épis cylindracés, grêles.

L'*Acacie blanchâtre* a des épis cylindriques.

---

(1) *Acacia Verek* Guill. et Perr. (*Mimosa Senegalensis* Lam.), vulgairement *Verek,* *Gommier blanc.*

(2) *Acacia albida* Del. (*A. Senegal* Willd., *A. gyrocarpa* Hochst.).

(3) *Acacia Arabica* Willd. (*A. Nilotica* Del.), vulgairement *Neb-neb*, *Neboued*, *Gommier rouge neb-neb.*

(4) *Acacia Adansonii*, Guill. et Perr., vulgairement *Gonaké, Gonaté, Gonatié.*

L'*Acacie arabique* (fig. 99) offre des capitules subternés ;
L'*Acacie d'Adanson* a des capitules ternés ou quaternés.

A. Richard la regarde, ainsi que la précédente, comme des variétés de l'*Acacie véritable*.

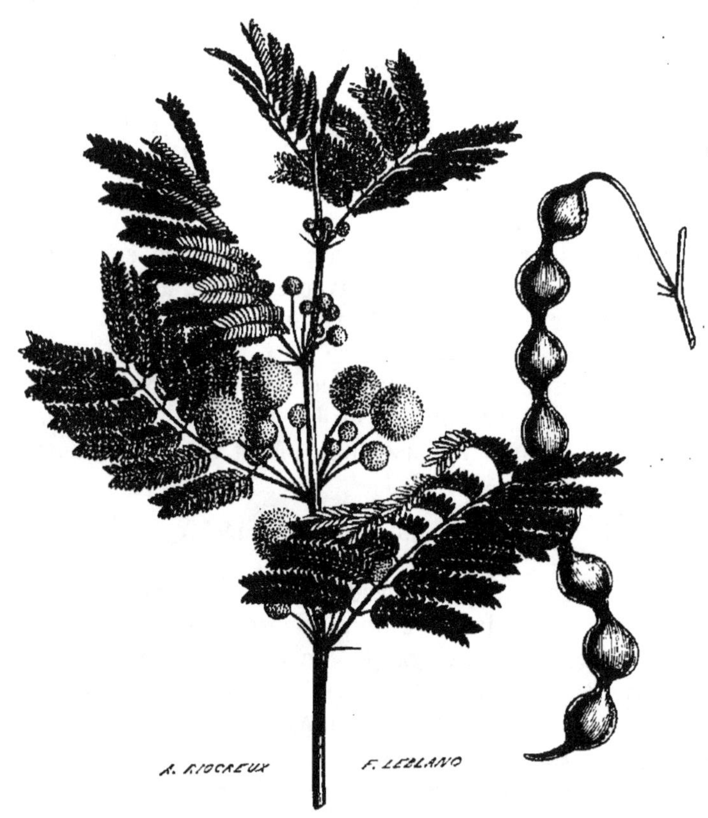

FIG. 99. — *Acacie arabique.*

2° GOMME. — Surface extérieure souvent ridée et toujours terne.
Cassure facile, parfaitement vitreuse. Ses teintes varient ; elle est
blanchâtre, verdâtre, jaune ou rougeâtre.

On a reconnu qu'elle contient un peu plus d'eau que la gomme
arabique. Sa densité paraît un peu plus grande. L'eau en dissout un
peu moins.

On distingue deux *Gommes du Sénégal* : 1° celle du *bas fleuve*,
2° celle du *haut fleuve* ou de *Galam*.

La première (1) se retire de l'*Acacie verek*. Elle est en larmes,

____
(1) *Gomme dure de Galam.*

quelquefois vermiculées et tortillées, mais communément ovoïdes ou sphéroïdes (Adanson), ridées, blanches et ternes extérieurement, mais vitreuses intérieurement.

L'*Acacie arabique* produit une *gomme* très analogue, presque toujours en boules arrondies et d'une teinte généralement un peu rougeâtre.

La *gomme du haut fleuve* (1) est fournie par l'*Acacie blanchâtre*. Elle paraît menue et brisée comme du gros sel. Ses fragments sont irréguliers.

L'*Acacie d'Adanson* donne une autre *gomme* que l'on confond souvent avec les précédentes; elle est dite *gomme de Gonaké* (2). Celle-ci est généralement plus rouge, se dessèche très facilement et devient vitreuse; mais elle offre une saveur amère très prononcée, qui doit la faire rejeter (L. Soubeiran).

3° PROPRIÉTÉS ET USAGES. — La *gomme du Sénégal* est employée aux mêmes usages que la gomme arabique.

A dose égale, cette *gomme* donne un mucilage plus épais que cette dernière; elle enveloppe et divise mieux les matières grasses (Herberger).

§ III. — De la Gomme indigène.

1° PLANTES. — La *gomme du pays* est retirée des *Cerisiers*, des *Pruniers*, de l'*Abricotier* et du *Pêcher*. Tout le monde connaît ces arbres qui appartiennent à la famille des Amygdalées. Les *Cerisiers* sont des *Cerasus*, les *Pruniers* et l'*Abricotier*, des *Prunus*, et le *Pêcher* un *Amygdalus*.

Caractères. — Voici les caractères abrégés de ces genres :

Fleurs
- en fascicules ombelliformes, en corymbes simples ou en grappes. . . . . 1. *Cerisier*.
- géminées ou solitaires. Noyau
  - lisse ou à peine rugueux . . . 2. *Prunier*.
  - à sillons irréguliers ou à fissures étroites. . 3. *Amandier*.

Dans les *Pruniers* proprement dits, le pédicelle fructifère égale ordinairement la moitié de la hauteur du fruit, et celui-ci est glabre et couvert d'une efflorescence glauque. Dans l'*Abricotier*, le pédicelle fructifère est très court, et le fruit couvert d'une pubescence veloutée.

2° GOMME. — La *gomme indigène* ressemble à la gomme arabique;

____

(1) *Gomme friable, Sadra-Scida, Salabreda.*
(2) *Gomme de Gonaté, de Gonakié, de Boudon.*

elle est en fragments arrondis, quelquefois très volumineux, très irréguliers, transparents, d'un jaune d'ambre plus ou moins foncé.

Cette *gomme* est peu soluble dans l'eau ; elle semble tenir le milieu entre la gomme arabique et la gomme adragante.

On trouve, dans la *gomme indigène*, un tiers de *cérasine*. C'est une substance isomérique avec l'arabine, qui se gonfle dans l'eau, mais ne s'y dissout pas. Si on la fait bouillir, elle se change en arabine.

La partie soluble de la *gomme du Cerisier* ne diffère pas de l'arabine proprement dite.

3° PROPRIÉTÉS ET USAGES. — La *gomme indigène* offre une saveur fade particulière, quelquefois un peu acerbe.

Elle est regardée avec raison comme un succédané de la gomme arabique. On l'emploie aux mêmes usages.

§ IV. — De la Gomme adragante.

On la retire de plusieurs *Astragales* ligneux du Levant et de la Perse.

Le genre *Astragale* (*Astragalus*), appartient à la famille des Légumineuses. Il présente : Un calice campanulé ou tubuleux, à 5 dents. Une corolle à étendard, dépassant les ailes et à carène obtuse ; des étamines diadelphes. Une gousse polysperme divisée en 2 loges longitudinales presque complètes par l'inflexion de la nervure dorsale.

1° PLANTES. — Les espèces qui fournissent la *gomme adragante* font toutes partie de la section *Tragacanthe*, caractérisée par des pétioles persistants épineux, soudés avec les stipules. Ce sont l'*Astragale vrai* (1), l'*Astragale crétique* (2), l'*Astragale épineux* (3) et l'*Astragale porte-gomme* (4).

La première espèce croît en Perse ; la seconde, en Morée et en Ionie ; la troisième, dans les Alpes et dans les Pyrénées ; la quatrième, sur le mont Liban.

Caractères.—Voici les caractères abrégés de ces quatre espèces :

Paires de folioles	6 à 9. Fleurs	jaunes? sessiles.	1. *Astragale vrai.*
		purpurines { sessiles. . .	2. *Astragale crétique*
		purpurines { pédicellées .	3. *Astragale épineux.*
	4 à 5 (jaunes, sessiles).		4. *Astragale porte-gomme.*

(1) *Atragalus verus* Oliv.
(2) *Astragalus Creticus* Lam.
(3) *Astragalus aristatus* l'Hér. (*A. sempervirens* Lam., *Phaca Tragacantha* All.).
(4) *Astragalus gummifer* Labill.

2° GOMME. — La *gomme adragante* (1) est plus blanche et moins transparente que les gommes précédentes. Sa pesanteur spécifique est de 1,316 (Briss.). Elle nous arrive du Levant et de la Perse.

Dans le commerce, on en distingue trois sortes : 1° la *vermicellée*, 2° celle *en plaques*, 3° celle *en grains*.

La première a été, pendant longtemps, la seule connue. Elle est en filets contournés. On croit qu'elle est fournie par l'*Astragale crétique*. Elle se dissout imparfaitement dans l'eau bouillante, en laissant un résidu d'amidon et de ligneux. Il faut environ 25 grammes de *gomme* pour donner à un litre d'eau la consistance d'un empois épais.

On trouve dans le commerce une variété de cette *gomme*, en feuilles jaunâtres.

La *gomme en plaques* se présente en lamelles ondulées ou contournées, blanches ou jaunâtres, marquées d'élévations arquées ou concentriques. Elle nous arrive de Smyrne. On croit qu'elle est produite par l'*Astragale vrai* de Perse. Elle se gonfle plus lentement dans l'eau froide que la précédente ; elle donne néanmoins un mucilage aussi épais. Elle contient plus de parties solubles dans l'eau bouillante et très peu d'amidon. Elle est assez commune.

La *gomme en grains* est la plus rare et la moins estimée.

La *gomme adragante* est constituée presque en entier par l'*adraganthine*. Ce principe se gonfle beaucoup dans l'eau froide et ne se dissout que très imparfaitement dans l'eau bouillante.

3° PROPRIÉTÉS ET USAGES. — Cette gomme présente les mêmes propriétés que la gomme arabique.

Elle sert aux mêmes usages. On l'emploie principalement pour donner de la consistance et du lien aux masses pilulaires. On l'administre en poudre et à l'état de mucilage.

§ V. — De quelques Gommes peu employées.

1° GOMME DE BASSORA (2). — Retirée de l'*Acacie leucophlée* (3) Légumineuse des Indes. Composée d'arabine et d'une autre substance *sui generis*, désignée sous le nom de *bassorine*. — Inodore et insipide. — On s'en sert pour falsifier la gomme adragante.

2° GOMME DE NOPAL. — Retirée du *Nopal à cochenilles* (4), Cactée du Mexique. — Saveur fade, mêlée d'un peu d'âcreté.

---

(1) Officin., *Tragacanthum gummi*, *Tragacanthium*; vulgairement *Gomme adragant*, ou *Tragacant*.

(2) Ou *gomme Kutera*, *fausse adragante*.

(3) *Acacia leucophlœa* Roxb.

(4) *Opuntia cochenillifera* Mill. (*Cactus cochenillifer* Linn.).

3° GOMME D'OLIVIER. — Retirée de l'*Olivier commun* (1), Oléinée indigène. Constituée presque en totalité par l'*olivile* (Pelletier). — Elle était en réputation chez les anciens, et faisait partie d'un grand nombre de médicaments cicatrisants et vulnéraires.

4° SARCOCOLLE (2). — Retirée du *Sarcocollier* (3), Pénæacée du cap de Bonne-Espérance. Composée d'un principe *sui generis* appelé *sarcocolline*. Cette substance, ainsi que la précédente, tient le milieu entre les gommes et les sucres. — Inodore, douceâtre, puis amère et un peu âcre. — Anciennement employée à l'intérieur comme purgative et à l'extérieur comme vulnéraire.

CHAPITRE VI.

DES GOMMES-RÉSINES.

Les Papavéracées, les Apocynée, les Sapotacées, présentent un suc laiteux plus ou moins abondant. Il en est de même de la plupart des Chicoracées, des Campanulacées, des Euphorbiacées, des Artocarpées..... Ces sucs sont fort rares dans les Monocotylédones. Parmi les Acotylédones, nous en trouvons dans certains *Agarics* dits *lactaires* et dans quelques *Bolets*.

Les sucs laiteux sont généralement de couleur blanche. Ils ont été considérés comme des espèces d'émulsions naturelles formées par des molécules résineuses, gommo-résineuses ou d'autre nature, demi-dissoutes dans l'eau.

M. L. Treviranus croit qu'ils sont composés de globules résineux suspendus dans l'eau au moyen d'un mucilage; mais M. Mayen fait remarquer que ni l'alcool ni l'eau bouillante n'altèrent ces globules, et il avoue ne pas connaître leur nature.

Certains sucs laiteux contiennent de la fibrine semblable à la fibrine animale. Tel est celui du *Papayer* (4) (Vauquelin); tel est encore celui de l'*arbre de la vache* ou *Galactodendron* (5) (Boussingault et Rivero.) On sait que ce dernier arbre fournit, par des incisions faites au tronc, une grande quantité d'un suc blanc et doux comme du lait, que les habitants de plusieurs parties de la Colombie

(1) *Olea Europœa* Linn. (voy. le chapitre des HUILES).
(2) Officin., *Sarcocolla*, vulgairement *Collechair*.
(3) *Penæa sarcocolla* Linn.
(4) *Papaya communis* Lam. (*Carica Papaya* Linn.) — A l'île de France, on emploie ce suc comme vermifuge, principalement contre les ascarides.
(5) *Galactodendrum utile* Kunth, vulgairement *Palo de vacca*.

recueillent dans des jattes et boivent à l'instar du lait de vache (1).

Les sucs laiteux fournissent des *gommes-résines*, de l'*opium* et du *caoutchouc*. Je vais traiter dans ce chapitre du premier produit; je consacrerai aux deux autres des chapitres spéciaux.

Les sucs laiteux qui donnent les *gommes-résines* sont contenus dans un tissu spécial, ordinairement placé à la partie interne de l'écorce.

Les *gommes-résines* sont des produits composés, pour la plupart, d'un mélange de gomme et de résine. Leur composition est, du reste, assez compliquée. Elle offre généralement de l'huile essentielle et d'autres matières végétales. La proportion relative de la gomme et de la résine qui s'y trouvent est très variable; souvent même on y découvre plusieurs résines différentes.

Les *gommes-résines* sont solubles, partie dans l'eau, partie dans l'alcool, ce qui a motivé leur nom.

On les obtient par l'évaporation spontanée, au contact de l'air, des sucs laiteux de certains végétaux.

Les *gommes-résines* que l'on emploie le plus habituellement peuvent être séparées en deux groupes : 1° celles qui sont fournies par les *Ombellifères*, 2° celles qui sont produites par d'autres familles.

§ I. — Des Gommes-résines des Ombellifères.

La famille des Ombellifères fournit à la thérapeutique les *gommes-résines* les plus importantes. Parmi ces produits, les principaux sont : 1° l'*assa fœtida*, 2° le *sagapénum*, 3° le *galbanum*, 4° la *gomme ammoniaque*, 5° l'*opopanax* (2).

1° PLANTES. — L'*assa fœtida* se retire de la *Férule assa fœtida* (3), le *sagapénum* de la *Férule persique* (4), le *galbanum* du *Galbanum officinal* (5), la *gomme ammoniaque* du *Dorème ammoniaque* (6), et l'*opopanax* de l'*Opopanax panais* (7).

(1) « *Lac copiosum, album, glutinosum, haud acre, potabile, odorem balsameus redolens, contactu acris coagulans* (Kunth.). »

(2) Les anciens estimaient beaucoup le *Sylphium*, espèce de *gomme-résine* produite par une Ombellifère de la Cyrénaïque, le *Thapsia Sylphium* de Viviani (*Th. Garganica*, *γ*? *Sylphium* DC.).

(3) *Ferula assa fœtida* Linn. (*Narthex assa fœtida* Falcon.)—Il paraît que le *Ferula orientalis* de Linné en fournit aussi.

(4) *Ferula Persica* Willd.

(5) *Galbanum officinale* Don (*Bubon Galbanum* Linn., *Selinum Galbanum* Spreng., *Agasillis Galbanum* Spreng.). — Origine plus que douteuse, car cette plante croît au cap de Bonne-Espérance, et le *galbanum* vient de la Syrie. Quelques auteurs pensent qu'il est produit par une *Férule*.

(6) *Dorema Ammoniacum* Don (*Heracleum gummiferum* Willd.).

(7) *Opopanax chironium* Koch (*Laserpitium chironium* Linn., *Pastinata Op-*

Caractères. — Les *Férules* ont un calice entier, des pétales oblongs, à peu près égaux, entiers, un peu courbés au sommet, et un fruit ovale, comprimé, composé de deux carpelles elliptiques, convexes en dehors, offrant sur le dos 3 nervures peu saillantes, et munis sur les côtés d'un rebord étroit. Ces plantes ont des feuilles extrêmement découpées et des fleurs d'un beau jaune.

Dans la *Férule assa fœtida* la tige est presque nue et les feuilles ont des lanières oblongues; dans la *Férule persique* la tige est feuillée, et les feuilles ont des lanières linéaires-lancéolées.

Le *Galbanum officinal* présente des pétales lancéolés entiers et un fruit ovale, strié et velu. Ses fleurs sont blanchâtres.

Le *Dorème ammoniaque* offre des pétales échancrés. Ceux du bord de l'ombelle sont grands et bifurqués. Le fruit est fortement émarginé au sommet et strié; les carpelles sont membraneux sur les bords. Les fleurs sont blanchâtres.

L'*Opopanax panais* a des pétales arrondis et entiers. Son fruit est peu échancré au sommet ; les carpelles sont convexes sur le dos et pourvus de trois nervures peu saillantes et de deux lignes ferrugineuses.

2° GOMMES-RÉSINES. — Toutes ces *gommes-résines* présentent, au premier abord, un certain air de famille.

1° *Assa fœtida* (1). — Les habitants de la Perse vont au printemps mettre à nu le sommet des racines des *Férules*, et les recouvrent de feuilles ou de paille, après avoir coupé les tiges. Au bout d'un mois, des larmes de *gomme-résine* jaunâtre surgissent à l'endroit mutilé. On les enlève ; puis on coupe la racine, ayant soin de donner à la troncature la forme d'un godet. Une nouvelle quantité de suc laiteux s'accumule dans cette dépression. On le recueille, puis on rafraîchit encore la plaie, et l'on continue ainsi jusqu'à l'épuisement de la plante.

L'*Assa fœtida* est une *gomme-résine* en forme de masses solides, mollasses, d'un brun rougeâtre, parsemées à l'intérieur de larmes grisâtres et comme opalines, au milieu d'une pâte plus foncée. On y trouve souvent des matières étrangères. Sa cassure est peu colorée, mais elle rougit rapidement au contact de l'air.

On vend en Angleterre, sous le nom de *stony assa fœtida*, une variété très impure de cette *gomme-résine*, qui contient jusqu'à 50 pour 100 de plâtre.

---

panax Linn., *Selinum Opopanax* Crantz, *Ferula Opopanax* Spreng., *Pastinaca altissima* Lam.).

(1) Officin., *Assa fœtida*, *Asa fœtida*, *Stercus diaboli*.

L'*Assa fœtida* est composée de gomme, de résine, d'huile volatile, de bassorine, et de diverses autres substances moins importantes (Brandes). Sa résine est formée de deux résines différentes, l'une d'un jaune foncé, l'autre d'un brun verdâtre.

Propriétés et usages. — L'odeur de l'*assa fœtida* est forte, alliacée et singulièrement fétide. Sa saveur est âcre, amère et très désagréable.

L'*assa fœtida* est un médicament très énergique. Il augmente la sécrétion muqueuse des organes digestifs, et agit bientôt sur tout le système nerveux. C'est, de toutes les *gommes-résines*, celle qui passe pour la plus antispasmodique (Boerhaave). On l'a préconisée aussi comme anthelminthique. Millar l'a employée encore dans certaines coqueluches. D'autres l'ont conseillée comme excellent résolutif, appliquée sur des tumeurs indolentes.

On l'administre en poudre, en pilules, en teinture, en émulsion (*lait d'assa fœtida*), en potions, en lavements, en emplâtres.

2° *Sagapénum* (1). — Cette *gomme-résine* se présente, dans le commerce, sous forme de masses molles, d'un brun verdâtre ; sa cassure ne se colore pas en rouge.

Elle est composée de résine, d'huile volatile, de gomme, de mucilage et de sels (Brandes). Sa résine est formée de deux résines différentes, l'une insoluble, l'autre soluble dans l'éther.

Propriétés et usages. — Le *sagapénum* offre une odeur alliacée moins prononcée que l'*assa fœtida*, et une saveur amère qui ressemble à celle de cette dernière.

Cette *gomme-résine* présente des propriétés analogues à la précédente, mais plus faibles. On ne l'administre pas isolément. Elle entre dans plusieurs préparations.

3° *Galbanum.* — L'origine du *galbanum* est loin d'être certaine. On assure que cette matière suinte naturellement des diverses parties de l'Ombellifère pendant les grandes chaleurs ; elle en sort en petites gouttelettes qui se durcissent à l'air. On a soin de les recueillir. Mais pour avoir des quantités plus grandes, on coupe les branches à une faible distance du sol.

Le *galbanum*, ou *galbanum mou*, est en larmes jaunâtres ou jaune verdâtre, agglutinées le plus souvent en masses plus ou moins grosses. Sa cassure est grenue et comme huileuse ; ses fragments sont un peu translucides.

Il est composé de gomme, de bassorine, de résine, d'acide malique et d'huile volatile (Meisner).

____

(1) Officin., *Sagapenum, Sacoponium, Serapinum,* vulgairement *Gomme séraphique.*

On en distingue une autre espèce sous le nom de *galbanum sec*. Celle-ci est produite par une autre Ombellifère, le *Galbanum officinal* (1).

Propriétés et usages. — Son odeur est très forte, pénétrante et tenace. Sa saveur est âcre et amère.

Le *galbanum* est stimulant et tonique ; généralement on lui préfère l'*assa fœtida* et la *gomme ammoniaque*.

Autrefois on l'employait souvent à l'intérieur ; c'était un des éléments de la *thériaque* et du *diascordium*.

On s'en sert principalement aujourd'hui dans la composition du *diachylon gommé* et de l'*emplâtre diaphorétique*.

4° *Gomme ammoniaque* (2). — Elle nous est apportée de l'Arménie et de la Perse.

Ce sont des larmes jaunâtres ou blanchâtres, dures, opaques, tantôt séparées, tantôt agglomérées en une masse plus ou moins compacte. La cassure est cireuse, presque conchoïde, d'abord blanchâtre ou laiteuse ; elle jaunit avec le temps.

La *gomme ammoniaque* est composée de gomme et de résine, d'une matière glutiniforme insoluble dans l'eau et l'alcool, et d'eau (Braconnot). Sa résine est formée de deux résines différentes, l'une soluble, l'autre insoluble dans l'éther.

Propriétés et usages. — L'odeur de la *gomme ammoniaque* est forte et pénétrante. Sa saveur est âcre et amère, même un peu nauséeuse.

Comme les autres *gommes-résines*, elle jouit de propriétés toniques et excitantes. A petite dose, elle est simplement stomachique ; à dose élevée, elle agit sur l'ensemble de l'économie. On s'en sert quelquefois à l'extérieur comme résolutif, en l'appliquant sur les tumeurs indolentes.

On l'administre en potion, en sirop, en teinture, en pilules et en emplâtres.

5° *Opopanax* (3). — Cette *gomme-résine* nous arrive du Levant.

Le commerce nous la livre en petites larmes solides, très irrégulièrement anguleuses, légères, friables, opaques, d'un brun rougeâtre, marbrées de jaunâtre à l'intérieur.

Cette matière est composée de gomme, de résine, d'huile volatile, d'amidon, de ligneux (Pelletier). Sa résine est fusible à + 50°. Elle est soluble dans l'éther, l'alcool et les alcalis.

<hr>

(1) *Galbanum officinale* Don.
(2) Officin., *Gummi ammoniacum*.
(3) Officin., *Opopanax, Opopanacum, Gummi Panacis*.

Propriétés et usages. — Son odeur est très aromatique. Sa saveur chaude, âcre et amère.

C'est encore un remède stimulant.

L'*opopanax* entre dans quelques préparations officinales. Il est peu usité.

§ II. — Des Gommes-résines des autres familles.

Les *gommes-résines* qui ne sont pas produites par les Ombellifères sont fournies par des familles très différentes.

Six sortes principales méritent une attention particulière ; ce sont : 1° la *scammonée*, 2° l'*encens*, 3° la *myrrhe*, 4° le *bdellium*, 5° la *gomme-gutte*, 6° la *gomme d'Euphorbe*.

1° SCAMMONÉE. — La *scammonée* est produite par le *Liseron scammonée* (1), qui appartient à la famille des Convolvulacées. On trouve cette plante en Syrie, dans l'Anatolie et dans les îles de Grèce et de l'Archipel.

Description. — Le *Liseron scammonée* est une plante vivace, à racine allongée, épaisse comme le bras, charnue, lactescente. Ses tiges sont longues de 1 à 2 mètres, grêles, volubiles et un peu velues. Ses feuilles sont alternes, pétiolées, hastées, aiguës, entières et glabres. Ses fleurs sont axillaires, au nombre de 3 à 6, et rougeâtres. Le calice est glabre et persistant.

Gomme-résine (2). — On découvre la partie supérieure des racines ; on y pratique des incisions, desquelles il découle un suc laiteux blanchâtre que l'on reçoit dans de petites coquilles, dans lesquelles il se dessèche ; ou bien on coupe l'axe radical en forme de jatte qui reçoit le suc épanché, ou bien encore on presse la racine.

Cette *gomme-résine*, connue sous le nom de *scammonée d'Alep* (3), est en morceaux peu volumineux, légers, poreux, friables, d'un gris foncé un peu verdâtre, à cassure nette, brillante et brunâtre.

La *scammonée* est composée de gomme, de résine, d'amidon, etc. (Bouillon-Lagrange et Vogel).

Comme la quantité de résine qu'elle contient varie de 8 à 85 pour 100, on a proposé de l'extraire et de l'employer à la place de la *scammonée*.

On falsifie cette résine avec celle du jalap, celle du Gaïac et avec la colophane.

---

(1) *Convolvulus Scammonia* Linn.
(2) Officin., *Scamonium, Scammonia.*
(3) On l'appelle aussi *Diagrède.*

Propriétés et usages. — Elle a une odeur *sui generis* forte et peu
agréable qui se développe par le frottement.

Purgatif drastique très violent. On s'en servait autrefois contre les
vers intestinaux.

On l'administre en poudre, en électuaire, en potions, en lavements. On en compose un savon ; elle fait partie d'un grand nombre
de préparations médicinales : c'est un des éléments des *pilules de
Rudius* et de l'*extrait panchymagogue.*

Gomme-résine analogue. — Il existe une autre *scammonée*, dite
de *Smyrne*, plus lourde, plus impure et moins estimée, qui paraît
provenir du *Sécamone égyptien* (1), de la famille des Asclépiadées.

2° ENCENS. — Linné, Broussonnet et plusieurs autres botanistes
pensaient que l'*encens* était fourni par une espèce de *Genévrier* (2) ;
c'est une erreur. On le retire de plusieurs arbres de la famille des
Térébinthacées (Burséracées). Mais il existe deux *encens :* celui de
l'*Inde* et celui d'*Afrique.* Le premier est récolté sur la *Boswellie à
dents de scie* (3), qui se trouve dans les montagnes de l'Inde, et le
second sur la *Plosslée papyracée* (4), qui habite l'Abyssinie et
l'Éthiopie.

Descriptions. — La *Boswellie à dents de scie* a des branches
étalées très rameuses. Les feuilles sont pinnées avec impaire,
à folioles nombreuses, brièvement pétiolées, ovales-lancéolées,
pointues, dentées en scie et pubescentes. Les fleurs sont disposées
en grappes axillaires simples. La corolle est petite, d'un jaune pâle
et mouchetée ; elle a 5 pétales ovales. Les étamines sont au nombre
de 10. Un disque charnu, annulaire, profondément crénelé, est
situé à la base de l'ovaire. Le fruit est une capsule en forme d'olive,
à 3 loges. Il contient des graines solitaires, en cœur, ailées à leur
base et profondément échancrées.

La *Plosslée papyracée* est un arbre dont l'écorce s'enlève extérieurement par feuillets minces, résistants, blancs, analogues à
ceux du Bouleau. Feuilles naissant après la fleuraison, rapprochées
à l'extrémité des rameaux, pinnées avec impaire, offrant 4 ou 5
paires de folioles ; ces dernières presque opposées, à peine pétiolulées, ovales-oblongues, aiguës, dentées, tomenteuses, principale-

(1) *Oxystelma Alpini* Duc (*Periploca Secamone* Linn., *Secamone Alpini* Schult.,
S. *Ægyptiaca* Don).

(2) *Juniperus Lycia* Linn.

(3) *Boswellia serrata* Stackh. (*B. thurifera* Colebr.). — Il est produit aussi par
une autre espèce voisine, le *Boswellia glabra* Roxb.

(4) *Plosslea papyracea* (*Amyris papyracea* Del., *Boswellia floribunda* Royle, *Plosslea
floribunda* Endl., *Boswellia papyrifera* A. Rich.), vulgairement *Makker*, *Makar*.

ment en dessous. Inflorescence en panicule terminale. Fleurs hermaphrodites. Fruit (*capsule*) en forme de massue, trigone, coriace, à 3 loges et 3 valves. Graines solitaires dans chaque loge, obtusément trigones, à bords un peu ailés.

Gommes-résines (1). — *L'encens de l'Inde* est en forme de larmes arrondies, quelquefois unies deux à deux, demi-opaques, et d'une couleur jaune roussâtre. Il est recouvert d'une poussière blanchâtre.

Celui d'*Afrique* est en grosses masses, plus colorées ou citrines.

L'encens est composé de gomme, de résine, d'huile volatile et de quelques autres principes (Braconnot).

Propriétés et usages. — *L'encens* a une odeur parfumée, surtout lorsqu'on le brûle. Sa saveur est aromatique.

Il passait autrefois pour vulnéraire et détersif.

Il entrait dans quelques préparations anciennes. On n'y a guère recours, aujourd'hui, que pour des fumigations excitantes. On en fait un usage habituel dans les églises.

3° MYRRHE (2). — La connaissance de la *myrrhe* remonte à la plus haute antiquité. Elle entrait dans la composition de l'huile sainte. Les Hébreux la nommaient *mur*, et les Grecs *symrna* ou *myrrha*. Ces derniers la supposaient produite par les pleurs de la mère d'Adonis.

On a cru, pendant longtemps, que la *myrrhe* était fournie par une *Mimose* ou par un *Balsamier*. Elle découle d'un arbuste voisin de ce dernier genre, et par conséquent de la famille des Térébinthacées (Burséracées), qui croît en Arabie et en Abyssinie, et qui a reçu le nom de *Balsamodendron porte-myrrhe* (3).

Description. — Cet arbre a des rameaux épars, très ouverts, terminés par une épine. Ses feuilles sont presque sessiles, petites, composées de 3 folioles obovées, dont la terminale est irrégulièrement dentelée à l'extrémité, et dont les latérales, presque rudimentaires, avortent très souvent. Le fruit est une drupe terminée par le style persistant et recourbé.

Gomme-résine. — La *myrrhe* est en larmes ou en morceaux peu volumineux, irréguliers, pesants, demi-transparents, rougeâtres, comme efflorescents à la surface. Sa cassure est vitreuse, brillante et comme huileuse. Assez souvent les morceaux les plus gros présentent des stries courtes, demi-circulaires, opaques et blanchâtres, qui paraissent le résultat d'une dessiccation imparfaite, et que l'on a

---

(1) Officin., *Olibanum, Thus, Thus masculum.* vulgairement *Oliban, Encens mâle.*

(2) Officin., *Myrrha.*

(3) *Balsamodendron Myrrha* Nees.

comparées à des coups d'ongle : de là le nom de *myrrhe onguiculée.*
Son poids spécifique est de 1,360 (Briss.).

La *myrrhe* est composée de gomme soluble, de gomme insoluble,
de résine molle, de résine sèche, d'huile volatile.... (Brandes).

Propriétés et usages. — Elle a une odeur particulière, fortement
aromatique et assez agréable. Sa saveur est âcre, amère et résineuse.

La *myrrhe* est un aromate et un médicament très anciennement
usité. A l'intérieur, elle est tonique et excitante. A l'extérieur, elle
servait au pansement des ulcères. On en fait aussi des fumigations.

On sait que les habitants de l'Arabie et de l'Égypte en mâchent
continuellement.

On l'administre en poudre, en pilules, en extrait, en électuaire,
en vinaigre et en solution aqueuse. On prépare avec la *myrrhe* plusieurs teintures alcooliques. Elle fait partie de la *thériaque,* du
baume de Fioravanti, de l'*élixir de Garus,* de la *confection d'Hya-
cinthe....*

4° BDELLIUM. — Dalechamp supposait à tort que le *bdellium* se
retirait d'une espèce de *Palmier.* C'est encore à la famille des Térébinthacées (Burséracées) que nous devons ce produit. Il est fourni
par le *Balsamodendron africain* (1), qui habite le Sénégal, la côte de
Guinée, l'Arabie et l'Abyssinie.

Description. — Arbre élevé, à rameaux épineux et à ramuscules
légèrement pubescents. Feuilles alternes, pétiolées, à 3 folioles
obovales, rétrécies en coin à la base, aiguës, inégalement dentées,
visqueuses ; les plus jeunes pubescentes. Feuilles fasciculées, presque
sessiles. Calice un peu tubuleux. Corolle dépassant le calice.
Fruit (*drupe*) à peu près obové, comprimé ; endocarpe rugueux,
osseux.

Gomme-résine. — Le *bdellium* (2) était déjà connu du temps de
Dioscoride. Il est en grosses larmes irrégulièrement arrondies ou
ovoïdes, demi-transparentes, d'un gris jaunâtre, tirant sur le roux
ou le verdâtre. Sa cassure est roussâtre, peu luisante, jaunâtre et
presque mate à la périphérie ; elle ressemble à celle de la colophone. Les morceaux les plus anciens présentent comme une poussière d'un jaune grisâtre à leur surface.

Le *bdellium* est composé de gomme, de résine, de bassorine,
d'huile volatile... (Pelletier).

---

(1) *Balsamodendron Africanum* Arnott (*Heudelotia Africana* A. Rich.), vulgairement, au Sénégal, *Niottout* (Adans.)
(2) Officin., *Bdellium gummi.*

Propriétés et usages. — Il a une odeur *sui generis* faible. Sa saveur est amère.

On l'emploie à l'intérieur comme pectoral, et à l'extérieur comme résolutif.

FIG. 100. — *Mangostan guttier.*

Autres espèces. — 1° Le *bdellium de l'Inde* (Guib.) (1), probablement fourni par le *Balsamodendron de Roxburgh* (2), qui est en

(1) *Myrrhe de l'Inde* des droguistes ; *Myrrhe nouvelle première espèce*, Bonastre.
(2) *Balsamodendron Roxburghii* Arnott (*Amyris gummiphora* Roxb.), vulgairement, dans l'Inde, *Googool, Googul, Googula.*

masses noirâtres ; 2° le *bdellium opaque* (Guib.), qui est en larmes ovoïdes, jaunâtres.

5° GOMME-GUTTE. — Cette *gomme-résine* est le produit d'une Guttifère, le *Mangostan guttier* (1), qui croît dans les Indes orientales.

Description (fig. 100). — Le *Mangostan guttier* est un arbre élevé, à ramifications nombreuses, recouvertes d'un épiderme noirâtre. Ses feuilles sont opposées, pétiolées, ovales, aiguës, très entières, glabres, luisantes, coriaces et pourvues de nervures latérales parallèles et nombreuses. Les fleurs paraissent terminales, portées par des ramuscules courts et épais ; elles sont sessiles, petites, blanchâtres et hermaphrodites ; elles présentent un calice gamosépale, caduc, à 4 lobes presque égaux, et une corolle à 4 pétales beaucoup plus grands que le calice, onguiculés, oblongs, très obtus et concaves. Elles portent une quinzaine d'étamines plus courtes que la corolle, libres, à filets subulés et à anthères ovalaires introrses. Le pistil égale en hauteur un peu plus de la moitié des étamines. L'ovaire est globuleux, surmonté d'un style extrêmement court et de 4 stigmates sessiles obtus et persistants. Le fruit est de la grosseur d'une orange, globuleux, surmonté par le style, marqué de 8 côtes peu élevées et jaune. Son péricarpe est persistant et son intérieur charnu et pulpeux. Il a 8 loges monospermes, séparées par des cloisons membraneuses. Ses graines sont oblongues, presque droites d'un côté et arquées de l'autre, un peu atténuées à une extrémité.

Gomme-résine. — La *gomme-gutte* (2) nous est envoyée de Camboge, de Siam et de Bornéo. Elle découle, soit des incisions pratiquées à l'écorce, soit des cicatrices produites par la section des jeunes rameaux ou par l'arrachement des feuilles. Elle est en masses cylindriques de 5 à 6 centimètres d'épaisseur, creuses et souvent repliées sur elles-mêmes, d'un jaune orangé ou d'un brun jaunâtre. Sa cassure est nette, homogène, conchoïde, un peu brillante, mais non transparente. Cette substance est très soluble dans l'eau, à laquelle elle communique une fort belle couleur jaune de soufre.

La *gomme-gutte* est composée de gomme et de résine (Christison).

(1) *Garcinia Cambogia* Desrouss. (*Cambogia Gutta* Linn., *Mangostana Cambogia* Gærtn.).

(2) Officin., *Gummi gutta, gitta, de Goa, de Gamandra, Peru, Peruanum, laxativum, Gutta gamu ad podagram, Catta gemu, Scamonium orientale, Chrysopum, Cambodium.*

Propriétés et usages. — Son odeur est nulle. Sa saveur, faible d'abord, produit bientôt dans le gosier une âcreté insupportable.

C'est un de nos purgatifs drastiques les plus forts ; aussi faut-il l'employer avec beaucoup de précaution. On s'en servait autrefois fréquemment contre les vers intestinaux.

On l'administre généralement en pilules, ou en teinture alcoolique, rarement en poudre ou en solution. On a soin de l'envelopper d'un véhicule mucilagineux assez abondant pour la diviser et prévenir l'irritation locale qu'elle pourrait produire sur les intestins (Soubeiran). Elle entrait anciennement dans la composition des *pilules hydragogues de Bontius* et de *l'électuaire antihydropique de Charras.*

Autre espèce. — La *gomme-gutte de Ceylan* est fournie par une autre plante, le *Xanthochyme cambogioïde* (1) ; mais cette espèce n'arrive pas dans le commerce (Soubeiran).

6° GOMME D'EUPHORBE. — C'est le suc solidifié de trois espèces d'*Euphorbes* qui croissent en Afrique, aux îles Canaries ou aux Indes. Ce sont : 1° l'*Euphorbe officinal* (2), 2° l'*Euphorbe des Canaries* (3), 3° l'*Euphorbe des anciens* (4).

Caractères. — Ces plantes se font remarquer par leurs tiges dressées, épaisses, charnues, semblables à des cierges, et par leurs feuilles transformées en épines. Voici leurs caractères distinctifs :

		multangulée	1. *Euphorbe officinal.*
Tige	non articulée	quadrangulaire	2. *Euphorbe des Canaries.*
	articulée (triangulaire).		3. *Euphorbe des anciens.*

Gomme-résine (5). — On croit généralement que cette *gomme-résine* est produite principalement par l'*Euphorbe officinal.* M. Guibourt pense que c'est surtout de l'*Euphorbe des Canaries* qu'on la retire. Elle s'obtient ou par suintement naturel, ou par écoulement déterminé à l'aide d'incisions peu profondes. Le suc laiteux qui sort de la plante s'épaissit et se dessèche à l'air.

La *gomme d'Euphorbe* est en petites larmes irrégulières, un peu friables, demi-transparentes ou opaques, d'un jaune roussâtre ou brunâtre, ternes, souvent percées d'un ou deux trous coniques qui

______

(1) *Xanthochymus cambogioides* (*Cambogia Gutta* Burm. ex parte, *Stalagmites cambogioides* Murr., *St. Cambogia* Pers., *St. ovalifolia* Don, *Hebradendron cambogioïdes* Grah., *Xanthochymus ovalifolius* Roxb.).

(2) *Euphorbia officinarum* Linn.

(3) *Euphorbia Canariensis* Linn.

(4) *Euphorbia antiquorum* Linn.

(5) Officin., *Euphorbium.*

se joignent par la base, et dans lesquels on trouve quelquefois les aiguillons de la plante (Guib.).

Elle est composée de résine, de cire, de caoutchouc, de plusieurs sels... (Brandes). On voit que ce produit diffère des *gommes-résines* ordinaires par l'absence de la gomme.

Buchner et Herberger en ont retiré un principe particulier (*euphorbine*).

Propriétés et usages. — La *gomme d'Euphorbe* n'a presque pas d'odeur. Sa saveur, d'abord très faible, devient bientôt âcre, corrosive et brûlante. Sa poudre fait éternuer.

A l'intérieur, la *gomme d'Euphorbe* détermine une inflammation locale souvent dangereuse. C'est un purgatif drastique des plus violents. Il faut l'administrer à dose très faible. A l'extérieur, elle est rubéfiante et épispastique.

Elle entre dans l'*emplâtre vésicatoire* et dans quelques pommades irritantes.

Les *Euphorbes* indigènes contiennent un suc qui pourrait fournir une matière analogue à celle des *Euphorbes* exotiques.

Loiseleur-Deslongchamp a constaté que la poudre des racines des *Euphorbes des bois* (1), *de Gérard* (2) et *Cyprès* (3) déterminent des vomissements et des selles.

CHAPITRE VII.

DES RÉSINES.

Les *résines* sont des principes solides, secs à la température ordinaire, facilement fusibles et rudes au toucher après leur fusion, insolubles dans l'eau, solubles dans l'alcool. Leur dissolution alcoolique, mélangée avec de l'eau, devient laiteuse.

Les gommes-résines, dont il vient d'être question, sont fournies le plus souvent par des végétaux herbacés qui croissent dans les pays chauds; les *résines* sont généralement produites par des végétaux ligneux.

Les *résines* ne conduisent pas l'électricité, et prennent par le frottement l'électricité dite *négative* ou *résineuse*.

Ces produits sont souvent mêlés à des matières étrangères. Beaucoup donnent de l'odeur et offrent une saveur prononcée.

(1) *Euphorbia sylvatica* Linn. (*Tithymalus sylvaticus* Lam.).
(2) *Euphorbia Gerardiana* Jacq. (*Tithymalus rupestris* Lam.).
(3) *Euphorbia Cyparissias* Linn.

Les *résines* sont très répandues dans les végétaux ; tantôt elles s'écoulent naturellement à travers le tissu des organes, tantôt on facilite leur sortie par des incisions plus ou moins profondes. Dans certains cas, on les extrait dans le laboratoire, d'après deux procédés généraux. Le premier opère sur les térébenthines (mélange de résine et d'essence) déjà isolées des végétaux. On chasse l'essence au moyen de la chaleur. La matière mise dans l'eau en ébullition y demeure jusqu'à ce qu'elle ait perdu la presque totalité de son huile volatile et qu'elle ait pris une assez forte consistance. On se sert d'une bassine découverte, quand l'essence, qui se dégage, n'a pas beaucoup de valeur, et on laisse se dissiper cette dernière. On se sert d'un alambic, quand cette essence est précieuse et qu'on veut la conserver. Le second procédé opère sur des gommes-résines (mélange de résine et de gomme) ou sur le tissu même des plantes. On épuise ces gommes-résines ou ces tissus par de l'alcool à 80°, et l'on distille. On jette sur le résidu de l'eau distillée bouillante. On recueille le dépôt résineux qui se forme ; on le lave dans l'eau chaude, et on le laisse à l'étuve jusqu'à ce qu'il soit devenu sec et cassant (Soubeiran).

Les principales *résines* employées en médecine sont : 1° les *résines* des *Abiétinées*, 2° les *résines* des *Térébinthacées*, 3° le *sang-dragon*, 4° la *résine animé*, 5° le *ladanum*, 6° le *rocou*.

§ I. — Des Résines des Abiétinées.

1° PLANTES. — Les *Abiétinées* ou *Conifères* (*ex parte*) qui donnent des *résines* sont : 1° les *Sapins* (*Picea*), 2° les *Mélèzes* (*Larix*), 3° les *Pins* (*Pinus*).

Ces genres nous présentent : 1° le *Mélèze ordinaire* (1), qui se trouve sur les montagnes élevées, particulièrement sur les Alpes ; 2° le *Sapin élevé* (2), qui croît aussi sur les hautes montagnes ; 3° le *Sapin en peigne*, des mêmes localités (3) ; 4° le *Pin maritime* (4), qui habite les provinces méridionales, principalement dans les Landes, entre Bordeaux et Bayonne.

Caractères. — Voici les caractères qui distinguent ces arbres :

Mélèze. — Feuilles disposées en grand nombre par fascicules. Cônes à écailles minces, non épaissies au sommet.

---

(1) *Larix Europœa* Hort. Par. (*Pinus Larix* Linn., *Abies Larix* Lam.).
(2) *Abies excelsa* Poir. (voy. p. 159).
(3) *Abies pectinata* DC. (*Pinus Picea* Linn., *P. pectinata* Lam.).
(4) *Pinus Pinaster* Soland. (*Pinus maritima* Lam.).

Sapin. — Feuilles distiques pectinées. Cônes à écailles minces, non épaissies au sommet, larges, obtuses, caduques (1).

Pin. — Feuilles fasciculées, ordinairement par deux ou trois. Cônes à écailles terminées par un épaississement rhomboïdal, mucroné ou ombiliqué au centre.

2° RÉSINES. — Les *résines* des conifères sont au nombre de six : 1° la *poix de Bourgogne*, 2° le *galipot*, 3° la *colophone*, 4° la *poix résine*, 5° la *poix noire*, 6° le *goudron*.

1° *Poix de Bourgogne* (2). — On la récolte principalement dans les Vosges, en pratiquant des incisions aux troncs des arbres.

Elle est solidifiée par l'évaporation de son essence. On la détache avec une racloire. On la fait fondre dans une chaudière avec de l'eau ; on la passe à travers une toile, et on l'enferme dans des vessies.

La *poix de Bourgogne* est solide et cassante à froid et se ramollit par la chaleur de la peau ; elle est opaque, de couleur fauve assez foncée, d'une odeur un peu forte presque balsamique, et d'une saveur douce, parfumée, non amère (Guib.).

On la purifie ou la falsifie, et on la rend jaunâtre ou blanchâtre. On en prépare des emplâtres.

2° *Galipot* (3). — Lorsqu'on cesse, vers la fin de chaque année, la récolte de la térébenthine (4) sur les Pins, les dernières plaies coulent encore, mais lentement. La matière n'arrive plus jusqu'au pied de l'arbre, soit parce qu'elle n'est pas assez abondante, soit parce que la température n'est plus suffisamment élevée. Cette matière se dessèche à l'air et ne contient que peu d'huile essentielle.

Le *galipot* est formé de croûtes sèches, solides, demi-opaques, d'un blanc jaunâtre.

Il est entièrement soluble dans l'alcool.

Il a une odeur de térébenthine de *Pin* et une saveur amère.

3° *Colophone.* — Lorsqu'on fabrique l'essence de térébenthine, la distillation laisse une résine qui a été désignée sous le nom de *colophone* (5).

Le commerce en présente de deux sortes : 1° la *colophone de galipot*, 2° la *colophone de térébenthine.*

---

(1) Le *Sapin en peigne* diffère du *Sapin élevé*, par des feuilles déjetées sur deux rangs (et non éparses en tous sens) et par ses cônes dirigés vers le ciel (et non vers la terre).

(2) Vulgairement, *Poix des Vosges, Poix jaune, Poix blanche.*

(3) Anciennement *Garipot*, vulgairement *Barras.*

(4) Voyez le chapitre suivant.

(5) On l'appelle aussi *Brai sec, Arcanson, Colophane.*

La *colophone de galipot* est obtenue en fondant et purifiant le *galipot* et en le faisant cuire dans une chaudière découverte. On lui enlève ainsi la plus grande partie de son essence.

Cette *colophone* est peu dure et fragile ; elle se ramollit avec le temps. Elle est transparente et jaune. Elle donne beaucoup d'odeur quand on la pulvérise.

La *colophone de térébenthine* est celle qui est restée dans l'alambic, après la distillation de la térébenthine.

Cette *colophone* est solide, très sèche, cassante, assez transparente et de couleur brune foncée. Son poids spécifique est de 1,07 (Briss.). Sa cassure paraît vitreuse. Elle se volatilise à 200" sous l'influence d'un courant de vapeur d'eau ; elle est très soluble dans l'alcool. Elle n'a pas d'odeur.

Elle est la base de l'*onguent basilicum*.

4° *Poix résine.* — Dans la fabrication de la *colophone*, on soutire la matière et on la fait couler lentement dans une rainure creusée dans le sable ou dans un moule. Si au lieu d'employer ces précautions, on la brasse fortement avec de l'eau, ce résidu perd sa transparence et devient d'un jaune sale. Il en résulte cette résine généralement connue sous le nom de *poix-résine* ou de *résine jaune*.

5° *Poix noire.* — Cette autre *résine* s'obtient en brûlant les filtres de paille qui ont servi à la purification de la térébenthine et du *galipot*, et les éclats de bois retirés des entailles faites aux troncs.

On place ces matières dans un grand fourneau sans courant d'air. On les allume par le haut. La chaleur fait fondre la *résine*, qui descend vers le bas, et qui est reçue, au moyen d'un tuyau, dans une cuve à demi pleine d'eau. Là elle se sépare en deux parties, l'*huile de poix* (*pisselœon*), qui est liquide, et la *poix*, qui offre déjà un peu de densité. Cette *poix* est retirée et mise dans une chaudière de fonte où on la fait bouillir, jusqu'à ce qu'elle soit suffisamment épaissie.

La *poix* ou *poix noire* est solide, lisse, d'un beau noir, cassante à froid, se ramollissant facilement à une très faible chaleur et adhérant très fortement aux doigts.

6° *Goudron.* — C'est une sorte de *poix* très impure.

On le retire des troncs d'arbres épuisés. On abat ces troncs, on les divise en éclats, et on les laisse sécher pendant un an. Puis on les place dans un four conique creusé en terre. On entasse les débris dans le four, et l'on met au-dessus une masse du même bois, formant un autre cône en sens contraire du premier. Le cône extérieur est recouvert de gazon. On allume. Au fur et à mesure que le bois se consume, la résine coule vers le bas du fourneau ; un petit canal la dirige vers un réservoir particulier.

L'huile qui surnage a reçu le nom d'*huile de Cade* (1).

Le *goudron* est granuleux, demi-liquide et d'un brun noir. Il est chargé d'huile et de fumée. Il a une odeur très forte *sui generis*.

Propriétés et usages. — On administre le *goudron* en fumigations, en sirop, en pilules. On compose aussi une *eau de goudron* et une pommade.

3° DE QUELQUES RÉSINES ANALOGUES TRÈS PEU EMPLOYÉES. — 1° *Résine d'Araucaria*, retirée de l'*Araucaria imbriqué* (2), bel arbre du Chili. — D'un blanc de lait.

2° *Résines de Dammar*, retirées du *Dammar blanc* (3), qui croît sur les montagnes d'Amboine, et du *Dammar austral* (4), qui se trouve dans la Nouvelle-Zélande. — La première (5) d'abord molle, visqueuse et incolore, puis dure comme de la pierre et d'un jaune doré ; la seconde (6) presque blanche ou incolore, quelquefois d'un jaune foncé ou d'une couleur mordorée.

§ II. — Des Résines des Térébinthacées.

La famille des Térébinthacées est une des plus riches en *résines ;* elle fournit à la matière médicale : 1° le *mastic*, 2° la *résine élémi*, et plusieurs autres *résines* moins connues.

1° DU MASTIC.

1° PLANTE. — Le *Pistachier lentisque* (7), dont on retire le *mastic*, est un arbrisseau de l'Europe australe, de l'Afrique boréale et de l'Orient.

Description. — Tronc haut de 2 à 3 mètres, à écorce brune ou rougeâtre. Rameaux nombreux et étendus. Feuilles à pétiole ailé, com-

---

(1) La plus estimée des *huiles de Cade* est celle du *Juniperus Oxycedrus* Linn., appelé vulgairement *Cade*.

(2) *Araucaria imbricata* Pav. (*Dombeya Chilensis* Lam.).

(3) *Agathis alba* (*Dammara alba* Rumph., *Dammara orientalis* Lamb., *Abies Dammara* Poir., *Dammara loranthifolia* Link, *Agathis loranthifolia* Salisb.).

(4) *Agathis australis* Steud. (*Dammara australis* Lamb.), vulgairement *Kauri, Kouri*.

(5) Vulgairement *Dammar puti, Dammar battu.*

(6) Vulgairement *Ware, Cowdie gum, Kouri resin.*

(7) *Pistacia Lentiscus* Linn., vulgairement *Lentisque, Restencle.* — Voy. p. 159, et le chapitre des HUILES.

posées sans impaire, portant 8 à 12 petites folioles ordinairement alternes, à l'exception des deux supérieures, ovales-lancéolées, obtuses, souvent mucronées, entières, glabres, coriaces, persistantes. Inflorescence en panicules axillaires. Fleurs souvent géminées, très petites, purpurines, dioïques. Fruits très petits, pisiformes, rougeâtres.

2° RÉSINE (1). — C'est surtout dans l'île de Chio qu'on exploite le *Lentisque* pour en obtenir la *résine*. Vers les mois d'août et de septembre, on pratique de légères incisions transversales à son tronc et à ses principales branches. La matière qui s'écoule de ces incisions se solidifie à l'air.

On connaît deux variétés de *mastic :* 1° le *mastic commun*, qui est en masses irrégulières ; 2° le *mastic en larmes*, qui est en petits morceaux oblongs, irrégulièrement arrondis, ou même aplatis, un peu mats, d'un jaune clair ambré, couverts d'une sorte de poussière blanchâtre.

La cassure du *mastic* est brillante et vitreuse. Son poids spécifique est de 1,074 (Briss.). La chaleur rend le *mastic* ductile. Il est composé de deux *résines*, l'une soluble dans l'alcool froid, l'autre, moins abondante, ne s'y dissolvant qu'à chaud. Il y a aussi un peu d'huile volatile.

3° PROPRIÉTÉS ET USAGES. — Le *mastic* présente une odeur suave et une saveur légèrement astringente, âcre et aromatique.

En Grèce et dans une partie de l'Orient, on mâche cette *résine* (d'où lui est venu le nom de *mastic*) pour se fortifier les gencives, pour se blanchir les dents et pour se parfumer la bouche.

Le *mastic* passe pour tonique, stomachique et stimulant. On l'a recommandé dans les catarrhes anciens, dans la diarrhée chronique, dans les rhumatismes.

On l'administre en teinture et en fumigations. C'est un des éléments du *mastic de Jannota*. Dissous dans l'essence de térébenthine, il produit un beau vernis que l'on applique sur les tableaux, sur les bois et sur les étiquettes.

2° DE LA RÉSINE ÉLÉMI.

1° PLANTE. — Linné croyait que la *résine élémi* était fournie par le *Balsamier élémifère* (2) ; mais le célèbre naturaliste suédois avait confondu sous ce nom deux plantes différentes, le *Ptelea à trois*

(1) Officin., *Mastix seu resina Lentisci,* vulgairement *Mastic, Mastiche.*
(2) *Amyris elemifera* Linn.

feuilles (1), et un arbre que De Candolle a nommé *Balsamier de Plumier* (2).

Il est reconnu aujourd'hui que la *résine* dont il s'agit provient de l'*Iciquier icicariba* (3), arbre du Brésil.

Description. — L'*Iciquier icicariba* est un arbre élevé. Ses feuilles sont pinnées, avec impaire ; elles ont de 3 à 5 folioles pétiolulées, oblongues et acuminées. Ses fleurs sont axillaires, rapprochées, presque sessiles.

2° RÉSINE. — On pratique des incisions au tronc des *Iciquiers*, et la *résine élémi* (4) en découle abondamment.

Cette *résine* nous est apportée du Brésil dans des caisses de 100 à 150 kilogrammes. Elle est en masses plus ou moins volumineuses, ordinairement molles, grasses et onctueuses, surtout lorsqu'elles sont récentes. L'ancienneté ou le froid la rendent sèche et cassante. Elle est blanchâtre, jaunâtre ou verdâtre uniformément, ou parsemée de points verts ; elle jaunit en vieillissant. Elle paraît un peu transparente.

Geoffroy distinguait une autre *résine élémi* (5) qu'il supposait mal à propos originaire d'Éthiopie, mais qui paraît venir du Mexique, de la Colombie et de la Guyane ; elle ressemble à la précédente. Elle est due probablement à une autre espèce d'*Iciquier*. Celle-ci est en masses triangulaires, aplaties ou cylindriques, du poids de 50 à 100 grammes, enveloppées de feuilles de Roseau ou de Palmier. Elle est plus homogène, plus transparente, et d'une teinte verdâtre plus uniforme (Guib.)

3° PROPRIÉTÉS ET USAGES. — La *résine élémi* offre une odeur forte, agréable, qu'on a comparée à celle du fenouil. Sa saveur est parfumée, douce d'abord, tenant un peu de l'encens et du fenouil ; elle devient ensuite amère.

Cette matière n'est guère employée qu'à l'extérieur. Elle entre dans les *onguents de styrax* et d'*Arcæus*, dans le *baume de Fioravanti*, dans la composition du *sparadrap* et dans celle du papier à cautères.

---

(1) *Ptelea trifoliata* Linn.

(2) *Amyris Plumieri* DC.

(3) *Icica Icicariba* DC., vulgairement, au Brésil, *Icicariba*, Pison et Marcgrav.

(4) Officin., *Gummi elemi, Résine élémi fausse* ou *d'Amérique*, Geoffr. ; *Résine icica, Élémi du Brésil*.

(5) *Résine élémi vraie* ou *d'Éthiopie*, Geoffr. ; *Résine élémi en pains*, Guib.

3° DE PLUSIEURS AUTRES RÉSINES DE TÉRÉBINTHACÉES TRÈS PEU EMPLOYÉES.

Je me bornerai à dire quelques mots des autres *résines* fournies par la même famille.

1° RÉSINE ALOUCHI, retirée probablement de l'*Iciquier aracou-chini* (1), de la Guyane. — Opaque, d'un gris noirâtre, avec des larmes blanchâtres entremêlées qui font paraître sa cassure comme marbrée.

2° RÉSINE DU BENGALE, de provenance inconnue ; retirée de quelque *Balsamier* ou *Canari?* — Molle et blanchâtre, devenant, par la dessiccation, friable et jaune ; elle est contenue dans des morceaux de tiges de Bambou.

3° ÉLÉMI CANARINE (2), retirée d'une variété du *Canari vul-gaire* (3), des Indes orientales. — D'abord liquide, visqueuse, blanche, puis dure comme la cire, et jaune.

4° ÉLÉMI DU MEXIQUE (4), retiré de l'*Elaphrie élémifère* (5). — D'abord mou, transparent et d'un gris verdâtre, devenant, avec le temps, dur, sec et friable. Sans amertume.

5° RÉSINE DE GOMART (6), retirée du *Gomart porte-gomme* (7), grand arbre de la Guyane, du Mexique et des Antilles. — D'abord blanche, puis brunâtre et aromatique.

Des *résines* analogues sont fournies par des espèces de genres voisins, particulièrement par la *Marignie à feuilles obtuses* (8), par la *Colophonie paniculée* (9) et par l'*Hedwigie porte-baume* (10).

6° RÉSINE TACAMAQUE ou TAMAHACA, retirée de plusieurs *Ici-quiers* d'Amérique, particulièrement des *Iciquiers décandre* (11), *à cinq feuilles* (12), *de la Guyane* (13) et *tamahaca* (14). — Solide,

---

(1) *Icica Aracouchini* Aubl. (*Amyris heterophylla* Willd., *Icica heterophylla* DC.)

(2) *Résine canarine*, Rumph.

(3) *Canarium commune* Linn. β. *Zephyrinum* DC.

(4) Vulgairement au Mexique, *Copal.*

(5) *Elaphrium elemiferum* Royle.

(6) Officin., *Résine chibou, Cachibou.*

(7) *Bursera gummifera* Linn.

(8) *Marignia obtusifolia* DC. (*Bursera obtusifolia* Lam), vulgairement *Colophane bâtard.*

(9) *Colophonia paniculata* (*Bursera paniculata* Lam., *Colophonia Mauritiana* DC.)

(10) *Hedwigia balsamifera* Sw. (*Bursera balsamifera* Pers.).

(11) *Icica decandra* Aubl., vulgairement *Chipa.*

(12) *Icica heptaphylla* Aubl., vulgairement *Encens.*

(13) *Icica Guianensis* Aubl., vulgairement *Bois d'encens.*

(14) *Icica Tamahaca* Kunth.

assez transparente, jaunâtre, quelquefois marbrée, à cassure brillante. — Odeur et saveur fortes.

Il existe une *tacamaque rougeâtre*, produite probablement par l'*Elaphrie tomenteuse* (1), et une *tacamaque verdâtre* (2), fournie par le *Calophylle tacamahaca* (Guttifère) (3).

§ III. — Du Sang-dragon.

On désigne, sous le nom de *sang-dragon* (4), une *résine* dure, fragile, friable, opaque ou très peu transparente, d'une couleur rouge assez vive. Son poids spécifique est de 1,204 (Briss.).

Le *sang-dragon* est soluble presque en entier dans l'alcool et donne à la dissolution une teinte d'un beau rouge. Il se dissout aussi dans les huiles.

Le *sang-dragon* est inodore et insipide. Quand il est échauffé, il exhale une odeur analogue à celle du styrax.

Il contient une matière grasse, de l'oxalate et du phosphate de chaux, de l'acide benzoïque et de la résine purifiée, ou *draconin* (Herberger). La quantité d'acide benzoïque qui s'y trouve est trop faible pour qu'on puisse regarder ce produit comme un baume.

Il jouit de propriétés astringentes styptiques. On l'a conseillé contre les hémorrhagies, contre la blennorrhagie et contre la dysenterie. Anciennement, on s'en servait dans les ulcères. On l'emploie encore pour fortifier les gencives.

On l'administre en poudre et en pilules. On en prépare une teinture. On sait qu'il entre dans la composition du vernis rouge avec lequel on colore les coffres et les boîtes de la Chine, et qu'il donne au marbre une belle nuance qui le fait ressembler au granit.

Le *sang-dragon* est produit par des végétaux très différents, surtout : 1° par un Palmier, le *Rotang dragon* (5), 2° par une Asparaginée, le *Dragonnier à feuilles de Yucca* (6), 3° par une Légumineuse, le *Ptérocarpe dragon* (7).

Il est à peine besoin de dire que la *résine* dont il s'agit, varie

---

(1) *Elaphrium tomentosum* Jacq. (*Fagara octandra* Linn.).

(2) Vulgairement *Baume vert, Baume Marie, Tacamaque de Bourbon.*

(3) *Calophyllum Tacamahaca* Willd.

(4) Officin., *Sanguis draconis, Draconthema.*

(5) *Calamus Draco* Willd. — On en retire encore des *Calamus petrœus* Lour., *rudentum* Lour. et *verus* Lour.

(6) *Dracœna Draco* Linn.

(7) *Pterocarpus Draco* Linn. (*Pt. officinalis* Jacq., *Pt. hemiptera* Gœrtn.), vulgairement *Palmier-jonc.*

suivant sa provenance, et qu'il existe par conséquent trois sortes de *sang-dragon*.

1° SANG-DRAGON DE ROTANG.

1° PLANTE. — Le *Rotang dragon* est une plante des Indes orientales, d'un port particulier.

Description. — Tiges cylindriques, longuement articulées, d'un jaune plus ou moins clair, armées d'aiguillons droits et appliqués. Feuilles pétiolées, ailées, à folioles alternes, linéaires, aiguës, munies de quelques poils rares, rétrécis à leur base. Pétioles garnis d'aiguillons droits, ouverts et aigus. Spadices droits, rameux, composés de petites grappes courtes. Fruits de la grosseur d'une noisette, ovoïdes, à pointe obtuse, recouverts d'un péricarpe écailleux. Graine unique, ovoïde, lisse.

2° RÉSINE. — Suivant Rumphius, il suffit de secouer les fruits de ce Palmier dans un sac de toile rude, pour en obtenir le *sang-dragon*. La *résine* passe en poussière à travers le tissu du sac. On la fond à une douce chaleur et on la met en petites masses ovoïdes ou arrondies de la grosseur d'une prune, dures, d'un rouge brun, à cassure peu brillante. On les enveloppe de feuilles sèches de *Licuala épineuse* (1). Ces petites masses sont souvent réunies en chapelet (*sang-dragon en olives* ou *en globules*). Quelquefois on les façonne en cylindres (*sang-dragon en baguettes*). C'est la première qualité.

On obtient encore cette *résine* en exposant les fruits à la vapeur de l'eau bouillante, qui les ramollit et en fait sortir une matière qui surnage, ou bien en les concassant et en les faisant cuire dans l'eau. On en forme des masses plus ou moins grandes, qu'on recouvre aussi de feuilles. On l'appelle *sang-dragon en masses*, quand les pains sont très volumineux (de 20 à 30 centimètres), et *sang-dragon en galettes*, quand les pains sont orbiculaires et plats (de 5 à 10 centimètres). C'est la seconde sorte de *sang-dragon* ; elle est moins pure que la première.

2° SANG-DRAGON DE DRAGONNIER.

1° PLANTE. — Le *Dragonnier* est un arbre des îles Canaries qui acquiert quelquefois des dimensions gigantesques. Il en existe un pied célèbre, dans la vallée de l'Orotava, qui a plus de 15 mètres de

____

(1) *Licuala spinosa* Thunb.

hauteur. Cet arbre était déjà très grand, à l'époque de la conquête des Canaries, c'est-à-dire vers 1400.

Description. — Tronc haut généralement de 3 à 4 mètres, assez gros, cylindrique, marqué des cicatrices des anciennes feuilles, à la manière des Palmiers, simple, rarement divisé. Feuilles fasciculées, formant une tête plus ou moins volumineuse, ensiformes, aiguës, un peu concaves à la base, planes ; elles ressemblent à celles des Yucca. Inflorescences en panicules pyramidales, terminales, à pédoncules communs anguleux, chargés d'un grand nombre de fleurs très petites, pourvues chacune d'un pédicelle très court. Fruits (*baies*) gros comme de petites cerises, globuleux, jaunâtres.

2° RÉSINE. — A l'époque des chaleurs, le tronc se fendille naturellement en divers endroits, et il en découle un suc qui se condense en une larme rouge d'abord molle, puis sèche et friable.

Cette *résine* est en fragments durs, secs, lisses, d'un brun rouge ou d'un rouge de sang. Leur cassure est peu brillante. Ils sont entourés des feuilles de la plante. Leur teinture alcoolique est précipitée par l'ammoniaque.

Le *sang-dragon* de *Dragonnier* est assez rare.

3° SANG-DRAGON DE PTÉROCARPE.

1° PLANTE. — Le *Ptérocarpe dragon* est un grand arbre de l'Amérique méridionale.

Description. — Tige et rameaux revêtus d'une écorce lisse et rougeâtre. Feuilles alternes, ailées, à folioles alternes, pétiolées, ovales, entières, acuminées. Inflorescence en grappes. Fleurs nombreuses, longuement pédonculées, blanchâtres. Fruit (*gousse*) grand, orbiculaire, comprimé, à grosses nervures, courbé en faux, bordé d'une large membrane, mince, entière, inéquilatérale inférieurement et présentant, d'un côté, une petite saillie spiniforme. Graines au nombre de 2 ou 3, assez petites, ovales-oblongues, rougeâtres.

2° RÉSINE. — Ce *sang-dragon* suinte naturellement et par incisions. Il se sèche en larmes rougeâtres.

Le commerce l'apporte en morceaux longs d'environ 30 centimètres et épais de 3, cylindriques ou irréguliers, comprimés. Ils ne sont jamais enveloppés de feuilles ; ils contiennent souvent des corps étrangers.

Cette espèce est la moins estimée. Sa teinture alcoolique n'est pas précipitée par l'ammoniaque.

§ IV. — De la Résine animé.

1° PLANTES. — La *résine animé* est produite par des Légumineuses du genre *Courbaril* (*Hymenæa*).

Ce genre est caractérisé par un calice turbiné, coriace ; par 5 pétales presque égaux, glanduleux; par 10 étamines libres, renflées vers le milieu, et par une gousse uniloculaire, remplie d'une pulpe farineuse, et polysperme.

Deux espèces nous intéressent particulièrement : 1° le *Courbaril diphylle* (1), de l'Amérique méridionale, 2° le *Courbaril verruqueux* (2), de Madagascar.

Descriptions. — Le *Courbaril diphylle* est un arbre très grand, à écorce épaisse, raboteuse d'un roux noirâtre et à bois dur et rougeâtre. Branches nombreuses, étalées, très rameuses. Feuilles alternes, pétiolées, composées de deux folioles binées, ovales-lancéolées, à côtés inégaux, aiguës, luisantes, d'un beau vert et coriaces, presque sans veines. Inflorescence en grappes pyramidales au sommet des rameaux. Fleurs pédonculées, légèrement purpurines. Calice à 4 ou 5 sépales. Pétales ovales, oblongs, concaves. Étamines à anthères oblongues. Ovaire comprimé, rougeâtre, portant un style tortillé et un stigmate simple. Fruit (*gousse*) grand, presque cylindrique, obtus, comme chagriné, mais non verruqueux, ne s'ouvrant pas. Graines au nombre de 4 ou 5, ovoïdes, entourées d'une pulpe jaunâtre et douce.

Le *Courbaril verruqueux* présente des folioles veinées, inégales à la base ; une inflorescence divariquée et flexueuse, des pédoncules multiflores et des fruits couverts de verrues.

2° RÉSINES. — Il découle du tronc et des branches du *Courbaril diphylle* une grande quantité de *résine* transparente, jaunâtre et difficile à fondre, qui a reçu le nom de *résine animé occidentale* (3).

Cette *résine* vient du Mexique, de Cayenne et du Brésil. Elle est en larmes irrégulières, recouvertes d'une sorte de poussière grisâtre. Elle offre une cassure brillante, et brûle facilement. Elle se présente, du reste, sous un grand nombre de formes.

Le *Courbaril verruqueux* produit une seconde sorte de *résine animé*, dite *orientale* (4). Celle-ci est tantôt *dure*, tantôt *tendre*.

(1) *Hymenæa Courbaril* Linn., vulgairement *Jétaïba* (Pison.)
(2) *Hymenæa verrucosa* Gærtn., vulgairement *Tanroujou.*
(3) Officin., *Gummi animæ occidentalis*, vulgairement *Animé tendre d'Amérique,* Copal d'Amérique.
(4) Vulgairement *Animé, Copal d'Orient, Copal dur, Copal demi-dur.*

PROPRIÉTÉS ET USAGES. — La *résine animé* a une odeur très aromatique et très agréable.

§ V. — Du Ladanum.

1° PLANTES. — On recueille cette *résine* en Orient, sur des végétaux du genre *Ciste* (*Cistus*).

Ces végétaux ont pour caractère commun : un calice à 5 divisions presque égales et une capsule avec 5-10 loges et 5 ou 10 valves qui portent une cloison sur le milieu de leur face interne. Les graines sont attachées à la base de l'angle intérieur des loges. Ce sont des arbrisseaux, souvent visqueux, à fleurs grandes, blanches ou purpurines.

L'espèce qui fournit principalement le *ladanum* est le *Ciste de Crète* (1); mais on en retire aussi du *ladanifère* (2), du *Ciste à feuille de Laurier* (3), de celui de *Chypre* (4) et du *Lédon* (5). On pourrait aussi en récolter sur le *Ciste de Montpellier* (6), arbrisseau du midi de la France, très visqueux et très odorant.

Caractères. Voici les caractères de ces six espèces :

Fleurs { pourpres (sépales 5). . . . . 1. *Ciste de Crète.*
blanches. {
Sépales 3. Feuilles { sublinéaires. 2. *Ciste ladanifère.*
ovales. . . . 3. *Ciste à feuilles de Laurier.*
oblongues. . 4. *Ciste de Chypre.*
Sépales 5. Feuilles { oblongues. . 5. *Ciste Ledon.*
sublinéaires. 6. *Ciste de Montpellier.*

2° RÉSINE. — On peut distinguer deux *ladanums* (7) : 1° celui de *Candie*, 2° celui d'*Espagne*.

C'est dans l'île de Candie ou dans l'île de Crète qu'on récolte le premier. Les Grecs se servent d'un instrument semblable à un râteau, qui offrirait des lanières de cuir à la place des dents. Dans les plus grandes chaleurs et dans les temps calmes, ils passent et repassent ces lanières sur les touffes ou buissons de *Cistes*. La matière résineuse et gluante s'attache au cuir, d'où on la retire en la raclant avec un couteau.

Ce *ladanum* est dit *ladanum en pains*. Le commerce l'apporte

(1) *Cistus Creticus* Linn.
(2) *Cistus ladaniferus* Linn.
(3) *Cistus laurifolius* Linn.
(4) *Cistus Cyprius* Lam.
(5) *Cistus Ledum* Lam.
(6) *Cistus Monspeliensis* Linn.
(7) Officin., *Labdanum, Ladanum.*

en masses plus ou moins volumineuses, poisseuses, opaques, ternes, d'un brun presque noir, légèrement verdâtre. Il ressemble au suc de réglisse, mais il n'est pas luisant. Il est enveloppé dans des lambeaux de vessie.

Le *ladanum d'Espagne* est recueilli surtout sur le *Ciste ladanifère*. On fait bouillir les sommités de cet arbrisseau dans l'eau. La *résine* se fond et monte à la surface du liquide.

Ce *ladanum* est en cylindres roulés, tordus, secs, un peu légers, durs et cassants. On lui a donné le nom de *ladanum in tortis*.

Le *ladanum* répand, en brûlant, une fumée épaisse et blanchâtre. Il se dissout presque en entier dans l'alcool.

3° PROPRIÉTÉS ET USAGES. — Le *ladanum* offre une odeur balsamique assez agréable. Sa saveur est un peu amère.

Cette *résine* était autrefois appliquée à l'extérieur comme résolutive. On la donnait à l'intérieur comme astringente, fortifiante et stomachique.

On l'administrait en emplâtre ou en teinture. On l'incorporait aussi dans des pastilles. Le *ladanum* entre dans la composition de la *thériaque céleste* et dans certains cosmétiques.

• Cette *résine*, aujourd'hui, est plus recherchée par les parfumeurs que par les médecins.

§ VI. — Du Roucou.

1° PLANTE. — Le *Roucouyer* (1) est un bel arbuste de la famille des Bixacées. On le rencontre dans les forêts de l'Amérique méridionale.

Description. — Tige haute de 4 à 5 mètres. Feuilles alternes, pétiolées, en cœur à la base, acuminées, entières, glabres. Inflorescence en panicules terminales. Fleurs d'un blanc rosé. Calice entouré à la base de 5 tubercules, à 5 folioles orbiculaires, roses, caduques. Corolle à 5 pétales oblongs. Étamines nombreuses, insérées sur le réceptacle et disposées sur plusieurs rangs. Ovaire supère, velu, surmonté d'un style filiforme et d'un stigmate bilobé. Fruit (*capsule*) ovoïde, cordiforme, comprimé, bivalve, hérissé d'aiguillons mous, d'un rouge pourpre. Graines nombreuses, entourées d'une matière gluante, d'un rouge vif.

2° RÉSINE. — Le *roucou* (ou *rocou*) est une pâte qu'on prépare de la manière suivante. On détache et rejette la première enveloppe du fruit. On écrase les graines dans des auges de bois et on les délaye dans l'eau chaude. On met le tout sur un tamis peu serré

____

(1) *Bixa Orellana* Linn.

l'eau passe avec la matière colorante et quelques débris. On la laisse fermenter quelque temps sur son marc. Quand elle a pris la consistance d'une pâte solide, on en forme des pains du poids d'un à deux kilogrammes que l'on entoure de feuilles de Balisier.

On doit choisir le *roucou* d'un beau rouge de colcotar (Guibourt). Le meilleur est celui que l'on apporte de Cayenne. Il est un peu mou. Pour entretenir sa mollesse, les droguistes le malaxent quelquefois avec de l'urine.

Cette *résine* se ramollit aussi au feu ; elle brûle avec beaucoup de fumée. Elle est à peine soluble dans l'eau, qu'elle colore en jaune pâle. Elle se dissout facilement dans l'alcool et dans l'éther.

3° Propriétés et usages. — Le *roucou* présente une saveur aromatique.

On l'a recommandé comme purgatif.

Les Indiens le dissolvaient dans l'huile et s'en peignaient le corps, surtout quand ils allaient à la guerre. Aujourd'hui, on s'en sert principalement pour colorer les étoffes et même le beurre et la cire. Cette couleur est, du reste, très fugace.

§ VII. — De quelques Résines peu employées.

1° Résine calaba (1), retirée du *Calophylle calaba* (2), Guttifère des Antilles. — Solide, d'un brun verdâtre, à poussière jaunâtre. — Odeur forte, non désagréable. Saveur assez aromatique. — Regardée comme vulnéraire.

2° Résine caragne (3), retirée de l'*Anibe de la Guyane* (4), Laurinée. — Tenace, ductile comme la poix lorsqu'elle est récente, devenant dure et fragile en vieillissant, faiblement luisante, d'un brun verdâtre. — Odeur forte et agréable ; saveur amère. — Elle entrait anciennement dans des emplâtres antispasmodiques et résolutifs. On en fait rarement usage aujourd'hui.

3° Résine de Chanvre, retirée du *Chanvre cultivé* (5), Cannabinée. — En petites boules molles, appelées, dans l'Orient, *churrus* ou *cherris*. — Elle possède à un haut degré les propriétés enivrantes de la plante (6).

(1) Vulgairement *Galba des Antilles, Baume de Marie.*
(2) *Calophyllum Calaba* Jacq.
(3) Officin., *Caragna, Caranna* ; vulgairement *Résine de caragne, R. de careigne.*
(4) *Aniba Guianensis* Aubl. (*Cedrota longifolia* Willd.).
(5) *Cannabis sativa* Linn.
(6) Voy. page 119.

4° RÉSINE FAUX DAMMAR (1), retirée de l'*Engelhardtie à épi* (2), Juglandée des Moluques. — Larmes grosses, arrondies ou allongées, mamelonnées, blanchâtres ; cassure vitreuse. — Employée principalement pour des vernis (3).

5° RÉSINE KAMALA ou *kameela*, retirée des capsules de la *Rottlère tinctoriale* (4), Euphorbiacée des Indes orientales. — Substance résineuse sous forme de poudre rouge.—Employée à l'extérieur dans quelques maladies de la peau, et à l'intérieur comme vermifuge, particulièrement contre le ténia. — Administrée en infusion et en teinture.

6° RÉSINE DE LIERRE, retirée du *Lierre grimpant* (5), arbrisseau sarmenteux indigène de la famille des Hédéracées. — En morceaux opaques d'un brun foncé, offrant quelquefois des taches roussâtres ; à cassure plus ou moins vitreuse, transparente, et d'une couleur orangée ou rouge de rubis. — Odeur désagréable ; saveur mucilagineuse et amère. — On l'employait autrefois comme résolutive et emménagogue. On s'en servait aussi dans les fumigations (6).

7° RÉSINE DE SANDARAQUE, retirée du *Callitris articulé* (7), arbrisseau africain de la famille des Cupressinées.—En petits morceaux ou larmes irrégulièrement oblongues, légères, transparentes, d'un jaune d'ambre clair très uniforme, recouvertes d'une poussière blanchâtre très fine ; cassure nette, vitreuse, très brillante. — Odeur presque nulle ; saveur légèrement balsamique. — Très peu employée en médecine. On se sert de sa poudre pour empêcher le papier gratté d'être traversé par l'encre.

8° RÉSINE DE XANTHORRHÉE, retirée de diverses espèces de *Xanthorrhées*, plantes frutescentes de la Nouvelle-Hollande, appartenant à la famille des Asphodélées. Les principales sont : la *Xanthorrhée hastée* (8) et la *Xanthorrhée arborescente* (9). — Résine en larmes arrondies, de couleur variable. On distingue : 1° la *jaune*, 2° la *brune*, 3° la *rouge*. — Odeur balsamique. — Très employées par les Australiens.

---

(1) Officin., *Resina dammara, Dammar-selan, Dammar friable, ·Copal tendre de Nubie.*

(2) *Engelhardtia Selanica (Dammara Selanica* Rumph., *Unona? Selanica* DC., *Engelhardtia spicata* Blume).

(3) Voy. page 341.

(4) *Rottlera tinctoria* Roxb.

(5) *Hedera Helix* Linn.

(6) Voy. page 196.

(7) *Callitris articulata (Thuia articulata* Desf., *Callitris quadrivalvis* Rich.).

(8) *Xanthorrhœa hastilis* Smith (*X. resinosa* Pers.).

(9) *Xanthorrhœa arborea* R. Brown.

CHAPITRE VIII.

DES TÉRÉBENTHINES.

Les *térébenthines*, ou *oléo-résines*, sont des composés naturels de résine et d'huile essentielle, qui ont une consistance molle ou liquide à la température ordinaire. Cette consistance est due à la grande quantité d'huile essentielle qu'elles contiennent. Elles diffèrent des résines par une proportion plus considérable d'huile essentielle, et des baumes, que nous étudierons dans le chapitre suivant, par l'absence de l'acide benzoïque.

Les diverses *térébenthines*, toutefois, ne sont pas identiques. Leurs propriétés physiques, et surtout leur action sur la lumière polarisée, paraissent varier avec la nature des végétaux dont elles proviennent. Les unes sont lévogyres, et les autres dextrogyres.

Les organes sécréteurs des *térébenthines* sont des espaces intercellulaires situés entre les cellules parenchymateuses de l'écorce, entourés immédiatement par une couche simple ou multiple de petites cellules étroitement unies entre elles. Ces dernières produisent la *térébenthine* et la versent dans la cavité qu'elles entourent. Il existe trois formes de réservoirs résinifères : 1° des canaux verticaux, rectilignes, quelquefois un peu sinueux, rangés en cercle, s'abouchant les uns dans les autres, toujours situés en dehors du liber dans l'écorce verte, et le plus souvent assez larges pour être visibles à l'œil nu ; 2° des cavités isolées, globuleuses ou lenticulaires, dispersées au milieu du tissu cellulaire, lesquelles se forment beaucoup plus tard que les canaux, et sont difficiles à distinguer sans le secours d'une loupe ; 3° des canaux horizontaux, rayonnant et ne communiquant pas entre eux, placés à l'intérieur du liber (Mohl).

Nous avons quatre sortes de *térébenthines* à étudier : 1° la *térébenthine* proprement dite, 2° la *térébenthine de la Mecque*, 3° la *térébenthine de Chio*, 4° le *copahu*.

§ I. — De la Térébenthine proprement dite.

La *térébenthine* proprement dite, ou *térébenthine des Conifères* (*Abiétinées*), varie suivant les arbres qui la produisent.

On peut grouper ses variétés en deux séries : 1° les *indigènes*, 2° les *étrangères*.

1° TÉRÉBENTHINES INDIGÈNES.

Il en existe trois sortes dans le commerce français : 1° la *térébenthine ordinaire*, 2° la *térébenthine* d'*Alsace*, 3° la *térébenthine de Bordeaux*.

1° PLANTES. — La *térébenthine ordinaire*, ou *des Vosges*, se retire du *Mélèze* (1) ; celle d'*Alsace* du *Sapin pectiné* (2), et celle de *Bordeaux* du *Pin maritime* (3).

Caractères. — J'ai donné, dans le chapitre précédent, les caractères des trois genres auxquels ces arbres appartiennent.

Le *Sapin pectiné* diffère du *Sapin élevé* par ses feuilles étalées sur deux rangs et non en tous sens ; par ses cônes dressés et non pendants ; par ses écailles caduques, de forme trapézoïde, tronquées à la base et non sessiles, rhomboïdales et faiblement échancrées au sommet.

On obtient aussi la *térébenthine de Bordeaux* du *Pin sylvestre* (4), lequel diffère du *Pin maritime* par ses feuilles plus courtes ou à peine aussi longues que l'épi des chatons mâles (et non pas beaucoup plus longues), et par ses cônes pédonculés et penchés (et non pas sessiles et horizontaux).

2° TÉRÉBENTHINES. — La *térébenthine ordinaire*, ou du *Mélèze* (5), est préparée en Savoie et dans les contrées que baigne l'Adriatique. L'arbre est percé avec une tarière dans la base du tronc, sur le côté qui regarde le bas de la montagne. Ce trou est horizontal et pénètre jusqu'au centre. On le ferme avec un bouchon de bois enfoncé de force. La térébenthine s'amasse pendant l'été dans le vide qui reste. A l'automne, on l'extrait au moyen d'un fer. Après quoi on replace le bouchon. Au bout d'un an, on retire une nouvelle quantité de térébenthine, et ainsi de suite (Mohl).

Chaque pied en fournit par année de 4 à 6 kilogrammes, et peut en donner pendant cent ans.

Cette *térébenthine* est liquide, assez transparente et peu colorée. Elle ne se sèche pas à l'air et ne se solidifie pas avec 1/16ᵉ de son poids de magnésie. Cinq parties d'alcool à 35° la dissolvent entièrement.

(1) *Larix Europæa* Hort. Par. (voy. p. 338).
(2) *Picea pectinata* Loud. (*Pinus Picea* Linn., *P. pectinata* Lam., *Abies pectinata* DC.) (voy. p. 338).
(3) *Pinus Pinaster* Soland. (voy. p. 338).
(4) *Pinus sylvestris* Mill.
(5) Officin., *Terebinthina Veneta* seu *laricea*, *Térébenthine de Venise* ou *des Mélèzes*, *Térébenthine de Suisse*.

La *térébenthine d'Alsace*, ou du *Sapin* (1), se récolte dans les Vosges et dans les Alpes. On perce les utricules qui se forment sur le tronc au printemps et à l'automne.

Cette *térébenthine* est limpide. Elle se sèche facilement à l'air. Elle est solidifiée par 1/16ᵉ de son poids de magnésie. L'alcool la dissout imparfaitement.

Elle contient une résine particulière, nommée *abiétine* (Caillot).

La *térébenthine de Bordeaux*, ou du *Pin* (2), est fabriquée dans les Landes. On pratique une entaille à la base de l'arbre et l'on reçoit son produit dans une fosse creusée au pied. On la liquéfie au soleil ou au feu, et on la filtre sur de la paille. Chaque pied peut en donner pendant un siècle.

Cette *térébenthine* est épaisse, visqueuse et d'un jaune clair. Elle se sèche très facilement. Elle est solidifiée par 1/32ᵉ de son poids de magnésie. L'alcool la dissout en entier. Elle est lévogyre.

3° PROPRIÉTÉS ET USAGES. — Les *térébenthines* présentent, en général, une odeur peu agréable et une saveur âcre et amère. Cependant celle d'*Alsace* offre une odeur suave de citron et une saveur peu prononcée. C'est à cause de ces caractères qu'elle devrait être préférée aux deux autres pour les usages médicinaux. Cependant on emploie, assez habituellement, la *térébenthine du Mélèze*.

Prises à faible dose, les *térébenthines* causent de la chaleur au pharynx et à l'estomac. A forte dose, elles déterminent des vomissements.

Elles ont une action spéciale sur les voies génito-urinaires ; elles modifient l'état catarrhal.

On les administre en pilules, en collyre. On en prépare une eau. Elles entrent dans la composition du *sparadrap*, du papier à cautères, des *baumes de Fioravanti* et de *Lucatel*.

2° TÉRÉBENTHINES ÉTRANGÈRES.

On en connaît cinq espèces principales :

1° La *térébenthine de Hongrie*, retirée du *Pin mugho* (3).

2° La *térébenthine des Carpathes*, retirée du *Pin cembro* (4).

---

(1) Officin., *Terebinthina Argentoratensis seu abietina, Térébenthine de Strasbourg ou des Sapins, Térébenthine au citron.*

(2) Officin., *Terebinthina communis, Resina pinea.*

(3) *Pinus Mugho* Mill., vulgairement *Mugho, Pin suffis du Briançonnais, Pin crin ou torchepin.*

(4) *Pinus Cembra* Linn., vulgairement *Pin Alviez, Ceinbrot.*

3° La *térébenthine d'Amérique*, retirée du *Pin Weymouth* (1);

4° La *térébenthine de Boston* (2), retirée du *Pin des marais* (3), et sans doute aussi du *Pin d'encens* (4). Cette *térébenthine* est dextrogyre.

5° La *térébenthine du Canada* (5), retirée du *Sapin baumier* (6).

§ II. — De la Térébenthine de la Mecque.

1° PLANTES. — Cette *térébenthine* était parfaitement connue des anciens; mais on a ignoré pendant longtemps sa véritable origine. Pierre Belon est le premier (1550) qui nous l'ait indiquée. Prosper Alpin a publié (1592) une bonne dissertation sur le véritable *baume de la Mecque*, dans laquelle il a représenté, assez bien pour le temps, un des deux arbrisseaux qui le fournit.

La *térébenthine de la Mecque* est produite par deux plantes de la famille des Térébinthacées, que l'on rencontre dans l'Arabie Heureuse, particulièrement entre la Mecque et Médine. Ces plantes sont: 1° le *Balsamodendron de la Mecque* (7), 2° le *Balsamodendron de Gilead* (8), espèces très voisines l'une de l'autre.

Description. — Le genre *Balsamodendron* est caractérisé par des fleurs diclines, par un calice campanulé à 4 dents persistantes; par une corolle à 4 pétales linéaires oblongs; par des étamines au nombre de 8; par un disque annulaire à 8 glandes; par un ovaire sessile, biloculaire, surmonté d'un style très court et d'un stigmate quadrilobé, et par une drupe globuleuse ou ovée, pourvue de 4 sutures, à noyaux osseux, avec 1 ou 2 loges monospermes.

Dans le *Balsamodendron de la Mecque*, les folioles sont aiguës; dans le *Balsamodendron de Gilead*, elles sont obtuses.

2° TÉRÉBENTHINE. — La *térébenthine de la Mecque*, très improprement appelée *baume* (9), est obtenue, soit par des incisions prati-

---

(1) *Pinus Strobus* Linn., vulgairement *Pin de lord Weymouth*.

(2) Vulgairement *Térébenthine blanche d'Amérique*, *Térébenthine de la Caroline*.

(3) *Pinus palustris* Mill. (*P. australis* Mich.), vulgairement *Pin austral*.

(4) *Pinus Tæda* Lamb.

(5) Vulgairement *Baume du Canada, faux Baume de Gilead.*

(6) *Abies balsamea* Mill. (*Pinus balsamea* Linn., *Abies balsamifera* Mich.).

(7) *Balsamodendron Opobalsamum* Kunth (*Amyris Opobalsamum* Linn.).

(8) *Balsamodendron Gileadense* Kunth (*Amyris Gileadensis* Linn.).

(9) Officin., *Balsamum Judaïcum, Baume de Judée, Opobalsamum, Balsamum Gileadense, Baume de Gilead, Balsamum e Mecca, Balsamum Syriacum, Baume de Syrie, Balsamum Constantinopolitanum album, Baume blanc, Baume d'Égypte, Baume du Caire.....*

quées au tronc et aux branches, soit par la décoction des jeunes rameaux et des feuilles.

On la renferme ordinairement dans des flacons prismatiques, de plomb, ornés, sur les deux larges surfaces, de figures en relief. Ces flacons sont enveloppés de parchemin.

Cette *térébenthine* est fluide, demi-opaque et jaunâtre, quelquefois un peu trouble. Lorsqu'elle est récente, elle a une teinte pâle, même blanchâtre. Quand elle est ancienne, elle s'épaissit et brunit. J'en ai dans un flacon qui a été donnée, vers le milieu du dernier siècle, au docteur Antoine Tandon, par M. de Saint-Priest, ambassadeur à Constantinople ; elle est devenue très épaisse et d'une belle couleur de succin.

Dans les vieilles pharmacopées, on distingue trois qualités de cette *térébenthine* : 1° la première, qui découle de l'incision faite à l'écorce de l'arbre : c'est la plus pure et la plus estimée ; 2° la seconde, que l'on obtient en faisant bouillir les branches et les feuilles ; 3° la troisième, qu'on retire en continuant cette ébullition : c'est la plus épaisse et la moins odorante.

3° Propriétés et usages. — Son odeur est forte, suave, légèrement anisée. Sa saveur est aromatique, amère et un peu âcre.

On lui a attribué, pendant longtemps, des propriétés merveilleuses. On la conseillait dans une foule de maladies. Aujourd'hui on croit que ses vertus ne diffèrent en rien de celles de la térébenthine ordinaire, et comme c'est un produit très rare et très cher, on l'a presque abandonnée, du moins en Europe.

Dans l'Orient, on l'emploie comme cosmétique.

§ III. — De la Térébenthine de Chio.

1° Plante. — Cette *térébenthine* est fournie par une autre Térébinthacée, le *Pistachier térébinthe* (1). C'est un arbre qui croît spontanément en Orient et dans les îles de l'Archipel ; on le trouve aussi en Corse et en Languedoc.

Description. — Grandeur médiocre. Écorce brune ou rougeâtre, très lisse. Feuilles alternes, pétiolées, composées de 7 à 9 folioles ovales-oblongues, obtuses, vertes et luisantes en dessus, blanchâtres en dessous, à nervures jaunâtres ; en automne, elles deviennent d'un rouge vif. Fleurs disposées en panicule axillaire, fort petites et dioïques. Les écailles des fleurs mâles et leurs sépales sont

(1) *Pistacia Terebinthus* Linn.

couverts de poils roussâtres. Étamines purpurines. Fruits (baies) sessiles, de la grosseur d'un pois, presque globuleux, secs, un peu ridés et violets.

2° TÉRÉBENTHINE. — La *térébenthine de Chio* (1) a été ainsi nommée parce que c'était principalement dans cette île qu'on la récoltait autrefois.

Pour l'obtenir, on pratique des incisions plus ou moins profondes le long du tronc. Cette opération se fait vers le milieu de l'été. On purifie le produit en le faisant couler à travers de petits paniers, à l'exposition du soleil.

Les *Térébinthes* en produisent une faible quantité. Un arbre âgé de soixante ans n'en donne au plus que 350 grammes.

La *térébenthine de Chio* paraît plus épaisse, plus ferme, que les autres *térébenthines*. Elle est transparente, un peu gluante, flexible, quelquefois friable ; elle a une couleur brunâtre, tirant un peu sur le vert bleuâtre.

3° PROPRIÉTÉS ET USAGES. — Son odeur est douce et balsamique et rappelle un peu celle du fenouil. Sa saveur est très peu âcre et amère.

Elle passait pour détersive, diurétique et vulnéraire. Ses propriétés médicinales diffèrent peu de celles des autres térébenthines.

§ IV. — Du Copahu.

1° PLANTES. — Cette *térébenthine* est fournie par plusieurs Légumineuses appartenant au genre *Copayer* (*Copaifera*), qui croissent naturellement en Amérique, depuis le Mexique jusqu'au Brésil. Ces arbres sont le *Copayer officinal* (2), qui est la principale espèce ; les *Copayers de la Guyane* (3), *de Langsdorff* (4), *de Sellow* (5), *de Martius* (6), le *coriace* (7), celui *à feuilles oblongues* (8) et celui *à feuilles en cœur* (9).

Description (fig. 104). — Le *Copayer officinal* est un arbre élevé, d'un beau port, à feuilles alternes, composées de 3 à 8 folioles

(1) Officin., *Terebinthina Chia vel Cypria*, *Térébenthine de Chio ou de Chypre*.
(2) *Copaifera officinalis* Jacq.
(3) *Copaifera Guianensis* Desf.
(4) *Copaifera Langsdorffii* Desf.
(5) *Copaifera Sellowii* Hayne.
(6) *Copaifera Martii* Hayne.
(7) *Copaifera coriacea* Mart.
(8) *Copaifera oblongifolia* Mart.
(9) *Copaifera cordifolia* Hayne.

presque sessiles, ovales, acuminées, entières, luisantes, ponctuées et un peu coriaces. Inflorescence en grappes axillaires, lâches. Fleurs petites, blanchâtres. Calice à quatre sépales un peu inégaux, étalés, oblongs, aigus. La corolle manque. Étamines au nombre de 10, libres, égales et étalées, à filaments filiformes, portant des anthères petites, arrondies, jaunâtres. Ovaire pédiculé, ovoïde,

FIG. 101. — *Copayer officinal.*

glabre. Style capillaire, arqué. Stigmate capité, punctiforme. Fruit (*gousse*) stipité, orbiculaire, oblique, comprimé, pointu, glabre, coriace, bivalve, contenant une graine oblongue entourée d'un arille charnu.

2ᵉ TÉRÉBENTHINE. — Le *copahu* (1), très improprement appelé baume, se recueille dans le milieu de l'été. On fait dans le tronc

(1) Officin., *Balsamum Copaivæ, Balsamum Brasiliense, Balsamum gamelo, Balsamum* vel *Oleum copaiba,* vel *Copahu.*

des *Copayers* une incision profonde à l'aide d'une hache, ou bien un trou avec une tarière. Il en découle un fluide résineux plus ou moins abondant.

Le *copahu* est d'abord limpide et incolore; il s'épaissit peu à peu et jaunit au contact de l'air. Du reste, sa consistance et sa couleur varient un peu, suivant l'arbre dont il provient et suivant l'huile essentielle qui s'y trouve.

Mélangée avec un seizième de magnésie, cette *térébenthine* se durcit dans l'espace de quelques jours.

Elle contient : résine visqueuse, huile volatile, un acide particulier (*copahivique*) (Gerber et Stolze).

On distingue deux sortes principales de *copahu* : 1° celui de la *Colombie*, 2° celui du *Brésil*. Le premier, qui nous arrive de Macaraïbo, paraît être celui qui domine aujourd'hui dans le commerce. Il est un peu épais et d'un jaune d'ambre. Son caractère principal est de laisser déposer au fond des tonneaux qui le contiennent une matière résineuse cristalline assez abondante (Guib.). Le second ne présente pas ce dépôt; il est plus fluide et plus clair, et l'alcool très rectifié le dissout complétement.

L'*huile volatile de copahu* est parfaitement incolore et transparente. Le *copahu solidifié* ressemble à du miel, mais il est beaucoup moins mou.

3° PROPRIÉTÉS ET USAGES. — L'odeur du *copahu* est forte et pénétrante. Sa saveur est aromatique, âcre, amère et très désagréable.

Donné à faible dose, il active les fonctions de l'estomac; à haute dose, il détermine des vomissements et des déjections alvines abondantes. Il arrête la dysenterie; mais son principal usage est dans les blennorrhagies uréthrales et dans les catarrhes chroniques de la vessie. On l'a recommandé aussi comme détersif. On a même prétendu qu'il était bon dans les phthisies naissantes.

On l'administre en pilules dans des capsules, en potion (*potion de Chopart*), en opiat, en lavements.

CHAPITRE IX.

DES BAUMES.

Pendant longtemps on a désigné sous le nom de *baumes* les résines à consistance molle ou liquide, qui exhalaient une odeur plus ou moins agréable. Ces caractères n'ont pas été trouvés suffisamment rigoureux. Aujourd'hui on n'appelle *baumes* que les sucs rési-

neux qui contiennent de l'acide benzoïque et de l'acide cinnamique
unis à une huile essentielle d'une odeur suave. Il résulte de cette
définition qu'un certain nombre de produits, considérés dans l'ancienne botanique médicale comme de véritables *baumes*, doivent
être renvoyés parmi les *térébenthines* : tels sont, par exemple, le
baume de la Mecque (1) et celui de *copahu* (2).

Les *baumes* principaux sont : 1° le *baume de Tolu*, 2° le *baume
du Pérou*, 3° le *liquidambar*, 4° le *styrax*, 5° le *storax*, 6° le
benjoin.

Les *baumes de Tolu* et *du Pérou* sont produits par des Légumineuses, le *liquidambar* et le *styrax* par des Balsamifluées, le *storax*
et le *benjoin* par des Styracées.

§ I. — Du Baume de Tolu.

1° PLANTE. — Le genre *Myrosperme* (*Myrospermum*) de Jacquin
est remarquable par les sucs résineux et aromatiques qu'il fournit.
À ce genre appartient l'arbre qui produit le *baume de Tolu*, appelé
Myrosperme baumier (3). Cet arbre habite l'Amérique méridionale,
au Pérou et dans la province de Carthagène, aux environs de la ville
de Tolu.

Description (fig. 102). —Le *Myrosperme baumier* est un arbre très
élevé, à écorce rude, brune, épaisse ; ses branches sont nombreuses,
très étalées, verdâtres. Il porte des feuilles alternes, brièvement
pétiolées, ailées avec impaire, à folioles alternes, sessiles, ovales-
oblongues, obtuses et mucronées, très entières, onduleuses, coriaces, lisses des deux côtés, d'un vert clair présentant des points
et des lignes pellucides. Ses fleurs sont réunies en petites grappes
axillaires, blanches, mais paraissant jaunes à cause du développement et de la couleur des étamines. Calice campanulé, glabre, à
5 dents à peine marquées, obtuses. Corolle jaune, à étendard très
ouvert, longuement onguiculé, arrondi, presque cordiforme ; ailes
et carène linéaires-lancéolées, libres. Étamines 10, saillantes,
égales, formant comme une étoile, à filets subulés, libres, portant
des anthères très grandes, étroites, appendiculées au sommet.
Ovaire stipité, oblong. Style filiforme, légèrement arqué. Stigmate peu
marqué, obtus. Fruit (*gousse*) brièvement pédonculé, allongé, élargi
et apiculé au sommet, comprimé, roussâtre, indéhiscent, membra-

(1) Voy. page 356.
(2) Voy. page 358.
(3) *Myrospermum Balsamum* (*Toluifera Balsamum* Linn., *Myroxylon toluifera*
Kunth, *Myrospermum toluiferum* A. Rich.).

neux. Graines oblongues, un peu arquées, à surface rugueuse, bosselée, balsamifère.

2° BAUME DE TOLU (1). — On le retire par des incisions faites au tronc de l'arbre. On l'enferme dans des calebasses ou dans des boîtes cylindriques de fer-blanc.

FIG. 102. — *Myrosperme baumier*.

Ce *baume* est solide, cassant, mou. Quand la température s'élève, il coule comme de la poix. Il est imparfaitement transparent et roussâtre.

Il est composé de résine, d'huile volatile, d'acide benzoïque (Kopp). Sa résine est formée de deux résines : l'une qui fond à + 60°, et qui est très soluble dans l'alcool ; l'autre qui ne fond qu'au-dessus de 100°, et qui est peu soluble dans l'alcool.

(1) Officin., *Balsamum Tolutanum ; Balsamum solidum ;* vulgairement *Baume d'Amérique, Baume de Carthagène, Baume sec, Baume dur.*

3° PROPRIÉTÉS ET USAGES. — Son odeur est très suave. Sa saveur est âcre et balsamique.

Ce *baume* est un médicament stimulant. On en fait usage surtout dans les catarrhes pulmonaires chroniques et les phlegmasies anciennes du larynx.

On l'administre en pilules, en tablettes, en cigarettes, en sirop, en teinture, en crème pectorale. On en forme aussi des clous fumants.

§ II. — Du Baume du Pérou.

1° PLANTES. — Deux autres espèces de *Myrospermes* fournissent cette seconde sorte de *baume* : 1° le *Myrosperme pubescent* (1), 2° le *Myrosperme péruifère* (2). La première espèce se trouve près de Carthagène, et la seconde dans le Pérou, la Nouvelle-Grenade, la Colombie et près de Mexico.

Caractères. — Ces deux *Myrospermes* diffèrent du *Baumier* : le *Myrosperme pubescent*, par des rameaux et des pétioles velus, et par des feuilles presque membraneuses, pubescentes en dessous ; le *Myrosperme péruifère*, par des rameaux et des pétioles glabres et par des feuilles coriaces, non pubescentes.

2° BAUMES (3). — On connaît deux *baumes du Pérou*, le *mou* et le *sec*.

Le premier, appelé *baume de San-Salvador* (4), est celui du *Myrosperme pubescent*. Il offre la consistance d'un sirop épais et une couleur d'un brun rouge très foncé. Il est composé d'une huile particulière, de résine, d'acide benzoïque, d'une matière extractive (Stolze).

Le *baume du Pérou sec* (5) est celui du *Myrosperme péruifère*. Il est solide, d'un blond rougeâtre ou brunâtre et d'une cassure comme cristalline. Il paraît plus rare que le précédent. Il est contenu dans de petits cocos du poids de 120 à 200 grammes, fermés souvent avec un morceau de rachis de maïs.

3° PROPRIÉTÉS ET USAGES. — Odeur aromatique assez forte dans les deux espèces, très agréable dans la seconde. Saveur âcre, amère et presque insupportable dans le *baume mou* ; peu âcre, douce et parfumée dans le *baume sec*.

(1) *Myrospermum pubescens* DC. (*Myroxylon pubescens* Kunth).
(2) *Myrospermum peruiferum* DC. (*Myroxylon peruiferum* Linn. f., *M. pedicellatum* Lam.).
(3) Officin., *Balsamum Peruvianum.*
(4) Officin., *Balsamum fuscum, Balsamum nigrum* ; vulgairement *Baume liquide du commerce.*
(5) Vulgairement *Baume du Pérou en coco.*

Les propriétés de ces *baumes* sont à peu près les mêmes que celles du baume de Tolu ; mais on s'en sert plus rarement.

§ III. — Du Liquidambar.

1º PLANTE. — Le genre *Liquidambar*, auquel appartient l'arbre qui fournit cet autre *baume*, est un ancien genre qui a des rapports avec les Platanées. Il offre pour caractères : Des fleurs monoïques, les mâles formant de petites grappes rameuses sans calice, ni corolle, avec un grand nombre d'étamines ; les femelles composant des chatons globuleux très denses. Leur calice est évasé, gamosépale, tronqué et inégal ; il renferme deux ovaires uniloculaires soudés inférieurement, portant chacun un long style et un stigmate recourbé. Le fruit se compose de deux carpelles secs, terminés par une longue pointe recourbée au sommet, uniloculaires et s'ouvrant par leur côté interne ; ils contiennent plusieurs graines ailées.

L'espèce dont il va être question est désignée sous le nom de *Liquidambar d'Amérique* (1). Elle croît dans la Louisiane, la Floride et le Mexique.

Description. — Le *Liquidambar d'Amérique* est un grand arbre qui ressemble à un Érable. Ses rameaux sont rougeâtres pendant leur jeunesse ; ses feuilles fasciculées ou alternes, pétiolées, palmées à 5 ou 7 lobes divergents, allongés, très pointus, finement dentés, verts des deux côtés et un peu visqueux. Dans l'aisselle des nervures se trouvent des poils abondants. Les grappes florales sont plus courtes que les feuilles. Fruits hérissés de pointes.

2º BAUME. — On connaît deux sortes de *liquidambars*: 1º le *liquide*, 2º le *mou*.

1º Le *liquidambar liquide* (2) s'obtient par des incisions faites à l'arbre. Le *baume* est reçu immédiatement dans des vases.

Il a la consistance d'une huile épaisse. Il est transparent et d'un jaune d'ambre ; il contient une grande quantité d'acides benzoïque et cinnamique.

2º Le *liquidambar mou* (3) est retiré de l'écorce où il s'est épaissi, ou du fond des vases contenant l'autre variété, dans lesquels il s'est déposé.

Il est opaque et blanchâtre.

3º PROPRIÉTÉS ET USAGES. — Odeur forte, moins sensible que

____

(1) *Liquidambar styraciflua* Linn.; vulgairement, au Mexique, *Copalme*.
(2) Officin., *Ambra liquida*, huile de *Liquidambar*.
(3) Officin., *Liquidambar blanc*.

celle du précédent, parfumée. Saveur aromatique, d'abord assez douce, puis âcre à la gorge.

Il est très peu usité.

§ IV. — Du Styrax.

1° PLANTE. — Ce *baume* est fourni par une autre espèce de *Liquidambar* appelé *oriental* (1) ; celle-ci de l'Éthiopie et de l'Arabie.

Caractères. — Le *Liquidambar oriental* diffère de l'espèce précédente par des feuilles moins grandes, à lobes plus courts et moins pointus ; elles n'ont pas de poils dans les aisselles des nervures. Les fruits sont plus petits et offrent moins de pointes.

2° BAUME. — Le *styrax*, ou *styrax liquide* (2), s'obtient en faisant bouillir dans de l'eau de mer l'écorce du *Liquidambar oriental*. On recueille le *baume* qui vient nager à la surface (Petiver).

Le *styrax* a la consistance du miel : il est opaque, mat, et d'un gris clair un peu brunâtre. Il se forme souvent à sa surface une matière brune un peu luisante. L'alcool froid le dissout très imparfaitement.

Il contient une matière particulière (*styracine*).

3° PROPRIÉTÉS ET USAGES. — Odeur forte, aromatique et peu agréable. Saveur prononcée, mais sans âcreté.

Lepage lui attribue les mêmes propriétés qu'au *baume de copahu* ; il est peu employé.

On l'administre en bols, en pilules et en onguent.

§ V. — Du Storax.

1° PLANTE. — Ce *baume* est un produit de l'*Aliboufier officinal* (3), arbre qui croît dans l'Orient et dans le midi de l'Europe.

Nous devons dire toutefois que la plupart des *storax* que l'on trouve dans le commerce moderne ne proviennent pas de cet arbre ; mais on ignore leur origine.

Description. — L'*Aliboufier* s'élève de 5 à 9 pieds. Ses feuilles sont alternes, pétiolées, ovales, entières, molles, pubescentes des deux côtés, mais surtout inférieurement. Les fleurs sont réunies par 3 ou 4 à l'extrémité des rameaux, formant des grappes simples plus courtes que les feuilles ; elles ressemblent à celles de l'Oran-

(1) *Liquidambar Orientalis* Linn.
(2) Officin., *Styrax liquidus, Occidentalis vel communis.*
(3) *Styrax officinalis* Linn.; vulgairement *Aliboufier, Aligoufier, Styrax officinal.*

ger. Le calice est court, presque cupuliforme. La corolle est blanche et a 5 ou 6 lobes profonds et étroits. Les étamines sont au nombre de 10 à 16, et présentent des filets soudés par la base. Le fruit est globuleux, sec et tomenteux, à une seule loge ; il contient de 2 à 4 graines fauves.

2° BAUME. — Le *storax* (1) est obtenu, soit en recueillant le *baume* qui s'écoule naturellement du tronc de l'arbre, soit des incisions qu'on y a pratiquées.

Ce *baume* est solide, mou ou cassant. On en distingue deux sortes, celui *en larmes* et celui *en pains*.

Le premier est probablement le *baume* qui s'écoule naturellement : ce sont de petits grains transparents. Le second est en masses, de la grosseur du poing, rougeâtres ou d'un rouge brun : c'est le *baume* produit artificiellement. Il a moins de pureté que le précédent.

3° PROPRIÉTÉS ET USAGES. — Odeur forte et suave. Elle participe de celle du liquidambar et de celle de la vanille. Saveur douce, aromatique, un peu amère.

Ses propriétés sont celles des autres *baumes*. Il est stimulant. On le croyait bon contre la phthisie pulmonaire (Morton).

On l'administre en pilules et en fumigations. Il entre dans la *thériaque*, le *diascordium* et le *mithridate*. On s'en sert principalement à l'extérieur comme topique.

§ VI. — Du Benjoin.

1° PLANTE. — On a ignoré pendant longtemps la véritable origine de ce *baume*. Commelin le croyait produit par un *Laurier* de la Virginie (2), et Lamarck par un *Badamier* de l'île Maurice (3). Dryander a prouvé qu'on le retire d'une espèce d'*Aliboufier* qu'il a nommée *Aliboufier benzoin* (4). Cet arbre croît dans les îles de la Sonde et dans la presqu'île de Malacca.

Caractères. — L'*Aliboufier benzoin* diffère de l'*Aliboufier officinal* par ses feuilles oblongues, et non ovales, par ses grappes composées, et non simples, plus longues que les feuilles, et non plus courtes.

---

(1) Officin., *Styrax calamite* ; vulgairement *Styrax solide*.
(2) *Laurus Benzoin* Linn. (*L. pseudobenzoin* Mich.).
(3) *Terminalia Benzoin* Linn. f. (*Croton Benzoe* Linn. Mant., *Terminalia angustifolia* Jacq.)
(4) *Styrax Benzoin* Dryand.

2° BAUME. — Le *benjoin* (1) s'écoule de l'écorce à travers les incisions qu'on y a faites.

Dans le commerce, on en distingue deux sortes : 1° le *benjoin amygdaloïde*, 2° le *benjoin en sortes*.

Le premier est en larmes ou petits morceaux blanchâtres, réunis ensemble par une pâte translucide, luisante et rougeâtre ; il a une cassure très brillante. Le second est en masses solides; il a une cassure plus pâle et plus terne. Il est moins pur que le précédent. L'un et l'autre crient sous la dent.

Le *benjoin* a un poids spécifique de 1,092 (Briss.). Il se brise avec facilité.

Jeté sur des charbons ardents, le *benjoin* brûle et répand une fumée épaisse et blanche, qui n'est autre chose que de l'acide benzoïque.

Il est composé d'acide benzoïque, d'huile volatile, de résine, d'une matière soluble dans l'eau et dans l'alcool (Bucholz). Par ses caractères chimiques, le *benjoin* se trouve sur la limite des baumes et des résines.

3° PROPRIÉTÉS ET USAGES. — Odeur suave. Saveur aromatique, un peu acidule.

Ce *baume* est stimulant. On s'en sert dans les inflammations chroniques des organes respiratoires. On a proposé l'acide benzoïque et le benzoate de soude contre les calculs urinaires et contre la goutte.

On l'administre en poudre, en pilules, en bols, en teinture, en sirop ; on fait aussi respirer sa fumée. C'est un des principaux éléments des *clous fumants* et du *baume du commandeur*. Il sert aussi à la préparation du *lait virginal*.

L'acide benzoïque est employé en pilules et en mixture, et le benzoate de soude en poudre.

CHAPITRE X.

DES ESSENCES.

1° CONSIDÉRATIONS GÉNÉRALES. — Les *essences* (2) sont des sécrétions végétales qui se volatilisent sans décomposition à une température de 150 à 160 degrés. Leur couleur est variable et semble

(1) Officin., *Benzoïnum*.
(2) *Huiles essentielles* ou *volatiles*.

dépendre des matières qu'elles tiennent en dissolution. La lumière augmente leur nuance et les altère.

A la température ordinaire, elles absorbent l'oxygène et forment souvent un peu d'acide carbonique. Elles sont très inflammables et brûlent avec une flamme fuligineuse.

On peut en extraire les principes immédiats qui constituent les corps gras proprement dits.

Plusieurs laissent déposer des cristaux qui ont beaucoup de rapport avec le camphre.

On a distingué les *essences* en deux groupes : les *liquides* et les *solides*. Les premières, qui sont les plus nombreuses, ont reçu le nom d'*élæoptènes*. Les secondes sont dites *stéaroptènes*.

On a reconnu que les *essences* sont constituées par trois sortes de mélanges : élæoptènes avec élæoptènes ; élæoptènes avec stéaroptènes, et stéaroptènes avec stéaroptènes. Il est souvent fort difficile de séparer ces différents composés les uns des autres, parce qu'ils ont une grande similitude de propriétés (Soubeiran).

La densité des *essences* est tantôt plus grande, tantôt plus faible que celle de l'eau ; elle varie de 0,759 à 1,096.

Quant à leur composition ultime, les *essences* peuvent être divisées en : 1° *hydrocarbonées*, 2° *oxygénées*, 3° *sulfurées*.

Les *essences hydrocarbonées* existent dans le tissu végétal, tantôt sans mélange avec d'autres huiles essentielles (ex. : la *térébenthine*), tantôt mélangées avec des *essences oxygénées* (exemple : *essence de girofle*).

Les *essences oxygénées* semblent quelquefois des combinaisons d'eau et d'essence.

Les *essences sulfurées* présentent une odeur souvent désagréable (ex. : *essence d'oignon*).

Le mode d'extraction des *essences* varie suivant qu'elles sont légères ou pesantes.

On se sert pour les premières du *récipient florentin*. C'est un vase en forme de carafe, dont le col va en se rétrécissant. A la base, se trouve un bec qui s'élève le long du col principal, mais qui ne monte pas aussi haut que l'ouverture. On distille à la manière ordinaire. L'huile, plus légère que l'eau, se rassemble dans le col, et l'eau sort par le bec. M. Amblard a conseillé de fermer le col du récipient avec un bouchon traversé par un tube effilé à une extrémité. Cette extrémité plonge jusqu'au fond de la carafe. L'*essence* s'accumule dans ce tube, pendant que l'eau s'écoule par le bec. L'appareil de M. Amblard est bon surtout pour les distillations en petit. M. Desmarets a proposé un autre mode de récipient. Il est formé d'une éprouvette offrant à sa partie inférieure un tube dirigé vers le haut, à peu près comme celui du récipient florentin. Au sommet de l'éprouvette, est placé un entonnoir avec un tube dont l'extrémité est brusquement courbée de bas en haut. L'*essence* reste à la partie supérieure de l'appareil et ne va pas se mélanger à l'eau. « Cet appareil, dit M. Soubeiran, ne laisse rien à désirer, si l'on y ajoute une modification introduite par M. Méro, qui consiste à placer vers la partie supérieure de l'éprouvette un petit conduit, lequel verse l'*essence* dans un flacon au fur et à mesure qu'elle se produit. »

Pour la préparation des *essences pesantes*, on fait macérer pendant deux jours le végétal ou la partie végétale coupée par morceaux, et l'on distille jusqu'à ce que le produit ne soit plus laiteux. On laisse déposer l'huile qui surnage, et l'on redistille de nouveau. L'*essence* ne surnage pas dans le récipient florentin ; elle se précipite au fond.

Quelques huiles se retirent par simple expression.

2° PROPRIÉTÉS ET USAGES. — Les *essences* répandent une odeur plus ou moins expansible, agréable ou désagréable. Leur saveur est âcre et forte.

On les emploie quelquefois en nature pour des frictions. On les applique d'autres fois sur les dents cariées. Plus généralement, on en met quelques gouttes dans de l'eau sucrée, dans des pastilles, des tablettes, ou simplement sur un morceau de sucre. On les introduit encore dans des sirops, des électuaires, des émulsions...

Les *essences* étant très nombreuses, je me bornerai à traiter des plus connues. Ce sont : 1° les *essences de térébenthine*, 2° les *essences de Roses*, 3° les *essences d'Aurantiacées*, 4° les *essences d'Ombellifères*, 5° les *essences de Labiées*, 6° l'*essence de girofle*, 7° l'*essence de Cajeput* (1).

§ I. — Essences de Térébenthine.

1° ESSENCES. — On a vu, dans l'avant-dernier chapitre, que les térébenthines sont des composés de résine et d'essence (2). A l'aide de la distillation, on sépare ces deux produits. On place la térébenthine sans eau dans de grands alambics de cuivre munis d'un serpentin. L'*essence* passe dans le serpentin, et la résine reste dans l'alambic. Cette *essence* est hydrocarburée.

(1) L'*essence d'amandes amères* n'existant pas dans la graine, mais étant un produit obtenu par la réaction de la synaptase ou émulsine des amandes sur l'amygdaline, ne doit pas nous occuper.

(2) Voy. page 353.

La térébenthine de Pin contient environ 12 pour 100 d'essence, celle de Mélèze de 18 à 20, et celle de Sapin de 32 à 33.

Cette *essence* est très fluide, incolore. Elle offre un poids spécifique de 0,869. Elle se dissout en toutes proportions dans l'alcool anhydre.

2° PROPRIÉTÉS ET USAGES. — Son odeur est forte et pénétrante. Sa saveur est chaude.

L'*essence de térébenthine* est très employée en médecine. On s'en sert à l'extérieur et à l'intérieur.

On l'administre en bains de vapeur, en liniment, en mixture, en électuaire, en potion, en looch et en miel. Elle entre dans des lavements. On en prépare un éther (*mixture de Durande*) et un gargarisme (*gargarisme de Gedding*).

3° ESSENCES ANALOGUES. — D'autres Conifères (Abiétinées et Cupressinées) fournissent aussi des *essences*.

On en a retiré du *Cèdre*, du *Genièvre commun*, et de la *Sabine*. Ce dernier arbrisseau en contient beaucoup : il en donne presque 50 pour 100 de son poids. Cette *essence* est très fluide et se colore vite à l'air. Elle a la même composition que l'*essence de térébenthine*.

§ II. — Essences de Roses.

Deux sortes d'*essences* sont dites *essences de Roses*, l'une qui est extraite des *Roses*, l'autre qu'on retire d'une plante voisine des Liserons. La première doit conserver le nom d'*essence de Roses*; la seconde pourrait s'appeler *essence des Rhodorhize*.

1° ESSENCE DE ROSES PROPREMENT DITE.

Cette *essence* est connue depuis longtemps. Cependant il n'en est pas fait mention dans les livres orientaux avant le XVII° siècle. On prétend qu'elle a été découverte, vers 1602, par la princesse Nour-Djihan, femme du Grand Mogol, dans une promenade avec l'empereur, sur le bord d'un canal rempli d'eau distillée de *Roses*. Cette princesse vit nager à la surface une sorte d'huile qu'elle fit recueillir, et qu'on reconnut pour une *essence* extrêmement suave.

1° PLANTES. — Le genre *Rosier* auquel appartiennent les plantes qui donnent cette première *essence*, présente les caractères suivants : Calice sans calicule, à tube urcéolé, étranglé supérieurement, s'accroissant beaucoup après la fécondation et devenant charnu, recouvert de poils roides intérieurement; à limbe divisé en 5 lobes dont 2 pinnatipartits, un pinnatipartit d'un seul côté et 2 entiers. Corolle à 5 pétales distincts, munis d'un onglet très court. Étamines nombreuses. Styles latéraux, libres ou soudés en colonne. Carpelles insérés sur la paroi du tube, nombreux, irréguliers, couverts de poils roides, et osseux. Les *Rosiers* sont des arbrisseaux à souche souvent traçante, à tige munie d'aiguillons et à feuilles pinnatisé-quées.

Les espèces très odorantes qui servent à la préparation de l'essence dont il s'agit, sont surtout : 1° le *Rosier musqué*, 2° le *Rosier à cent feuilles*, 3° le *Rosier de Damas*.

Caractères. — Voici leurs caractères abrégés :

<pre>
        (soudés en colonne. . . . . 1. Rosier musqué.
Styles) libres. Fruits (courts. . . . . 2. Rosier à cent feuilles.
        ((allongés. . . . . 3. Rosier de Damas.
</pre>

1° Le *Rosier musqué* (1) croît dans les régions méditerranéennes de l'Europe et de l'Afrique. Il est très cultivé dans le Levant. Il présente des lobes calicinaux presque entiers.

2° Le *Rosier à cent feuilles* (2) paraît originaire du Caucase ; il est ainsi nommé parce qu'il porte des fleurs doubles, dans les jardins. Ses lobes calicinaux sont pinnatifides. C'est la plus belle espèce du genre.

3° Le *Rosier de Damas* (3) ou des *quatre-saisons* offre aussi des lobes calicinaux pinnatifides. C'est peut-être l'espèce dont le parfum est le plus suave.

On fait la récolte des roses au mois de mai, chaque matin, avant le lever du soleil.

2° ESSENCE (4). — L'*essence de Roses* se fabrique en Turquie, dans les plaines au sud des monts Balkans ; à Tunis, en Perse et dans les parties septentrionales de l'Inde ; on en fait aussi un peu en Provence. On la prépare d'après trois procédés.

1° On place, dans des pots, par couches alternatives, des pétales de *Roses* et des graines de *Sésame* (5). On porte les pots dans un lieu frais où on les laisse dix à douze jours, pendant lesquels les graines se gonflent un peu en absorbant l'humidité et l'huile odorante des pétales. Puis on retire les semences et on les met en contact avec de nouvelles *Roses*. Cette opération est répétée huit ou dix fois, jusqu'à ce que les graines cessent de se gonfler. Alors on presse ces dernières, et l'on en obtient une huile jaune et odorante que l'on répand

(1) *Rosa moschata* Ait. (*R. opsostemma* Ehrh.).
(2) *Rosa centifolia* Linn.
(3) *Rosa Damascena* Mill. (*R. bifera* Pers.).
(4) Vulgairement, en persan, *a'ther, ather, gul, œther, œttr, othr*.
(5) *Sesamum Orientale* Linn.

dans le commerce. On conçoit que cette huile n'est pas de l'*essence de Roses* pure.

2° On remplit de grands vases avec des pétales de *Roses*. On y ajoute de l'eau, de manière à recouvrir ces derniers de quelques centimètres. Ces vases sont exposés au soleil, pendant six à huit jours. On voit alors se former à la surface du liquide une écume huileuse, qu'on recueille avec un petit bâton garni de coton à son extrémité.

3° On distille tout simplement les pétales avec de l'eau, suivant la manière ordinaire, dans des vases de cuivre de petite dimension.

L'*essence de Roses* est une huile de consistance butyreuse, transparente, d'un jaunâtre légèrement verdâtre. Son poids spécifique est de 0,832. L'alcool chaud la dissout en entier. Elle contient une masse cristalline composée de lamelles acérées, brillantes, diaphanes, incolores, sans odeur, ni goût, qui se fondent à une très légère chaleur.

On falsifie l'*essence de Roses* avec des *Pelargonium*. M. Guibourt a indiqué trois moyens pour reconnaître cette falsification : 1° le mélange avec l'acide sulfurique concentré, qui n'altère pas l'*essence de Roses*, et qui développe dans celle de *Pelargonium* une odeur désagréable ; 2° l'exposition à la vapeur d'iode, qui ne brunit pas la première *essence*, et qui donne à la seconde une couleur brune très intense ; 3° la vapeur nitreuse, qui colore en jaune foncé l'*essence de Roses* et en vert celle de *Pelargonium*.

3° PROPRIÉTÉS ET USAGES. — L'*essence de Roses* est caractérisée par une odeur très forte et très suave. Cet essence est fort estimée, surtout dans l'Orient, et se vend assez cher.

Elle sert à la préparation de l'*esprit de Rose*, de la pommade *à la Rose* et de l'*onguent rosat*.

2° ESSENCE DE RHODORHIZE.

C'est le produit de la distillation d'un bois très improprement appelé *bois de Rhodes* (1). Ce bois ne vient pas de l'île de Rhodes, ainsi que son nom pourrait le faire supposer. Il n'est pas non plus de couleur rose, et ne doit pas être confondu avec les *bois de Rose* des ébénistes.

1° PLANTE. — Le bois dont il s'agit appartient à la *Rhodorhize effilée* (2), de la famille des Convolvulacées, qui croît dans les îles

(1) Officin., *Lignum Rhodeum*.
(2) *Rhodorhiza scoparia* Webb (*Convolvulus Scoparius* Linn. f.).

Canaries, particulièrement à Ténériffe, à Palma et à Gomère ; elle se trouve aussi dans le Maroc.

Description. — Arbuste offrant le port d'un Genêt. Tiges non volubiles, cylindriques, très glabres, grisâtres. Rameaux nombreux, droits, simples. Feuilles écartées, alternes, très étroites, linéaires, aiguës, entières, soyeuses, très caduques. Inflorescence en épis, à l'extrémité des rameaux. Fleurs petites, blanches. Calice à lobes linéaires-lancéolés ou lancéolés, acuminés, soyeux, presque scarieux. Corolle en entonnoir, à peine rosée. Étamines insérées à la base du tube, à filaments filiformes, dilatés et glanduleux à leur base, à anthères oblongues. Ovaire ellipsoïde-conique, hérissé de poils. Style presque nul. Stigmates au nombre de 2, filiformes. Fruit (*capsule*) étroitement ové, aigu, glabre ou velu, d'un jaune brunâtre. Graine le plus souvent solitaire, trigone-pyriforme, un peu aiguë, pubescente, brune.

2° Bois (1). — Le *bois* du commerce se compose de racines ou de souches de 8 à 10 centimètres de diamètre, contournées, coupées en tronçons fort irréguliers, tantôt écorcées, tantôt couvertes d'une écorce un peu fongueuse, plus ou moins crevassée et d'un gris brun. Ce bois est dur, pesant, d'un jaune roussâtre, entouré d'un aubier blanchâtre.

Odeur de Rose délicieuse, qui se manifeste surtout quand on le coupe, quand on le racle, ou quand on l'approche du feu. Saveur balsamique, mêlée d'une légère amertume.

Les tiges deviennent aromatiques, quand elles sont vieilles, principalement dans le voisinage de la souche.

Les premiers colons canariens ont si bien exploité cette Convolvulacée, qu'elle est devenue extrêmement rare. Il est surtout difficile aujourd'hui d'en avoir des souches un peu grosses.

3° Essence. — On prépare l'*essence de Rhodorhize* en distillant le bois qui vient d'être décrit. On le coupe par petits morceaux, et on le traite à la manière ordinaire.

Cette *essence* est liquide, onctueuse et jaunâtre. Son poids spécifique paraît un peu moindre que celui de l'eau.

4° Propriétés et usages. — Son odeur de Rose est très forte et très suave. Sa saveur un peu amère et un peu âcre.

§ III. — Essences d'Aurantiacées.

1° Plantes. — Les Aurantiacées qui donnent des *huiles essentielles* appartiennent au genre *Citronnier* (*Citrus*). Ce genre pré-

(1) Vulgairement, aux Canaries, *Lena noel* (d'où l'on a fait *lignum Aloes*), *Bois de Rhodes*, *Bois de Rose.*

sente les caractères suivants : Calice petit, à 5 lobes. Corolle à 5 pétales. Étamines au nombre de 20, à filets disposés en cylindre, réunis en plusieurs faisceaux. Fruit (*hespéridie*) divisé par des cloisons membraneuses et diaphanes, en 9-18 loges, dont chacune renferme plusieurs graines.

On connaît cinq espèces de *Citronniers* : 1° le *Limettier*, 2° le *Cédratier*, 3° le *Citronnier* proprement dit, 4° l'*Oranger*, 5° le *Bigaradier*.

Caractères. — Voici leurs caractères abrégés :

Pétioles {	nus. Fruits { globuleux, doux	1. *Limettier.*
	{ oblongs, un peu acides.	2. *Cédratier.*
	à peine ailés. Fruits { oblongs, très acides	3. *Citronnier.*
	{ globuleux, doux	4. *Oranger.*
	ailés. Fruits globuleux, amers.	5. *Bigaradier.*

1° Le *Limettier* (1) a des feuilles ovales-arrondies, dentées en scie ; des fleurs à 30 étamines et des fruits ombiliqués à écorce ferme. Ces fruits portent le nom de *limettes*. Il y en a une variété nommée *bergamote*.

2° Le *Cédratier* (2) a des feuilles oblongues, aiguës ; des fleurs à 40 étamines souvent privées de pistil, et des fruits à écorce épaisse et rugueuse. Ces fruits portent le nom de *cédrat* ou *cédrot*.

3° Le *Citronnier* (3) a des feuilles oblongues, aiguës, dentées, des fleurs à 35 étamines souvent privées de pistil, et des fruits à écorce très mince. Ces fruits portent le nom de *citrons* ou de *limons*.

4° L'*Oranger* (4) a des feuilles ovales-oblongues, aiguës, des fleurs à 20 étamines, et des fruits à écorce mince. Ces fruits portent le nom d'*oranges*.

5° Le *Bigaradier* (5) a des feuilles elliptiques, aiguës, crénelées, des fleurs à 20 étamines, et des fruits à écorce mince et rude. Ces fruits portent le nom de *bigarades* ou d'*oranges amères*.

2° PÉRICARPES. — L'écorce du fruit des Aurantiacées contient, dans sa partie la plus extérieure, une quantité plus ou moins notable d'*huile volatile*, aromatique et excitante. Cette huile est enfermée dans des cellules superficielles, closes, plus ou moins grandes, irrégulières et inégales.

(1) *Citrus Limetta* Risso.
(2) *Citrus medica* Risso.
(3) *Citrus Limonum* Risso.
(4) *Citrus Aurantium* Risso.
(5) *Citrus vulgaris* Risso.

3° ESSENCES.—On extrait l'*essence* des *Aurantiacées* d'après deux procédés, tantôt par simple expression, tantôt par distillation. Dans le premier cas, on réduit en pulpe la partie jaune du péricarpe, au moyen d'une râpe, et on la presse dans un sac de crin. Le suc qui s'écoule se sépare en deux couches : l'une inférieure, formée par de l'eau et quelques débris ; l'autre supérieure, qui est l'huile essentielle (Soubeiran). Dans le second procédé, on suit la méthode ordinaire décrite plus haut (1).

Les *essences d'Aurantiacées* sont toujours colorées. Celles qu'on obtient par expression passent pour plus suaves que celles qu'on retire par distillation.

L'*essence de limette* offre un poids spécifique de 0,857. Celle de *bergamote* (obtenue par expression) a un poids de 0,880 ; elle bout à + 195°. C'est, de toutes, celle qui s'altère le plus vite (Soubeiran).

L'*essence de cédrat* a un poids spécifique de 0,865.

L'*essence de citron* est plus ou moins fluide et plus ou moins jaune, suivant le mode de préparation. Obtenue par expression, elle offre un poids spécifique de 0,847. Préparée par distillation, ce poids est seulement de 0,846. Elle bout à + 165°. Elle est très suave. On sait que sa composition est la même que celle de l'essence de térébenthine (!).

L'*essence d'oranges* (2) est la plus légère. Obtenue par expression, elle a un poids spécifique de 0,844, et par distillation, seulement de 0,835. Elle bout à + 180°.

L'*essence de bigarade* présente un poids spécifique de 0,855. Elle agit plus fortement sur la lumière polarisée que celle de *citron*. Son odeur est vive et pénétrante. L'*essence de petit-grain* a un poids spécifique de 0,884.

L'*eau de Cologne* est un alcoolat composé avec les essences de plusieurs Aurantiacées.

§ IV. — Essences d'Ombellifères.

Les essences qu'on retire des Ombellifères sont bien connues.

1° PLANTES. — Les principales Ombellifères cultivées pour leur *huile essentielle* appartiennent aux six genres suivants : 1° *Anis* ou *Boucage* (*Pimpinella*), 2° *Carvi* (*Carum*), 3° *Fenouil* (*Fœniculum*), 4° *Aneth* (*Anethum*), 5° *Cumin* (*Cuminum*), 6° *Coriandre* (*Coriandrum*).

(1) Voy. page 368.
(2) Vulgairement *essence de Portugal*.

Caractères. — Voici leurs caractères abrégés :

```
                  ⎧ comprimés, côtes 5. ⎧                  ⎧ nul . . . . . . . . . 1. Anis.
                  ⎪ Fleurs. . . . . . . ⎨ blanches. Involucre ⎨ trifoliolé. . . . . . . 2. Carvi.
Fruits ⎨          ⎪                     ⎩ jaunes. Fruits ⎧ ovoïdes-oblongs . . . . . 3. Fenouil.
                  ⎪                                     ⎩ prismatiques. . . . . . . 4. Aneth.
                  ⎪ comprimés, côtes 9. . . . . . . . . . . . . . . . . . . . 5. Cumin.
                  ⎩ renflés, côtes 9. . . . . . . . . . . . . . . . . . . . . 6. Coriandre.
```

Les plantes exploitées sont :

Le *Boucage anis* (1), originaire de l'Égypte et peut-être de l'Italie, cultivé en grand dans certaines contrées de la France, particulièrement aux environs de Tours et d'Albi.

Le *Carvi ordinaire* (2), commun dans les prés et dans les pâturages de toute l'Europe.

Le *Fenouil officinal* (3), qui croît en France dans les endroits incultes et arides.

L'*Aneth puant* (4), de l'Europe méridionale et de l'Afrique.

Le *Cumin officinal* (5), de l'Égypte supérieure et de l'Éthiopie.

La *Coriandre cultivée* (6), originaire de l'Orient et de la Grèce.

2° BANDELETTES. — Les fruits des Ombellifères sont généralement aromatiques. Ils doivent cette propriété à une certaine quantité d'*huile essentielle* qui existe dans leur partie extérieure (7). Cette huile est contenue dans des espèces de boyaux allongés et colorés, nommés *bandelettes, vittæ* (Hoffm.), placés au fond de sillons plus ou moins profonds, *valleculæ* (Hoffm.) et dirigés du sommet à la base des carpelles (*méricarpes*).

3° ESSENCES. — L'*essence d'Anis* se fige à +10° et ne se liquéfie qu'à +17°. Elle est incolore et donne à peu près son poids de stéaroptène. Elle est soluble en toutes proportions dans l'alcool anhydre (8).

L'*essence de Carvi* est fluide à la température ordinaire. Sa couleur paraît d'un brun jaunâtre. Son poids spécifique est de 0,938. Elle bout à + 205°. D'après Schweizer, elle est composée de deux *essences oxygénées*, dont l'une bout à + 193° et l'autre à + 228° (9).

(1) *Pimpinella Anisum* Linn. (*Anisum officinale* Mœnch, *Sison Anisum* Spreng.)

(2) *Carum Carvi* Linn. (*Apium Carvi* Crantz, *Seseli Carvi* Scop., *Bunium Carvi* Bieb., *Lagœcia cuminoïdes* Willem.).

(3) *Fœniculum vulgare* Gærtn. (*Anethum Fœniculum* Linn., *Fœniculum officinale* All., *Ligusticum Fœniculum* Roth).

(4) *Anethum graveolens* Linn. (*Anethum minus* Gouan, *Selinum Anethum* Roth, *Pastinaca Anethum* Spreng.), vulgairement *Fenouil puant*.

(5) *Cuminum Cyminum* Linn.

(6) *Coriandrum sativum* Linn.

(7) Voy. page 264.

(8) Voy. page 265.

(9) Voy. page 266.

L'essence de Fenouil se fige à + 10°. Elle offre une couleur d'un jaune doré. Elle donne un stéaroptène abondant. D'après M. Cahours, elle est composée de deux *essences* différentes, l'une peu volatile, l'autre très volatile, isomérique avec l'essence de térébenthine (1).

L'essence d'Aneth est d'un jaune pâle. Son poids spécifique n'est que de 0,884. L'iode la solidifie presque subitement. Sa saveur est douce, puis brûlante (2).

L'essence de Cumin est fluide à la température ordinaire. Elle a une couleur jaunâtre. D'après MM. Gerhardt et Cahours, elle est composée de deux *essences :* l'une, hydrocarbonée (*cymène*), à odeur de citron, qui bout à + 165° ; l'autre, oxygénée (*cuminol*). Sa saveur est fort âcre (3).

L'essence de Coriandre est très fluide à la température ordinaire. Elle n'offre pas de couleur déterminée. Son poids spécifique est de 0,759 (4).

§ V. — Essences de Labiées.

La famille des Labiées est une des plus naturelles du règne végétal. Presque toutes les plantes qui la composent se font remarquer par leur odeur pénétrante (5) ; ce qui leur a fait donner, à juste raison, le nom de *plantes aromatiques* par excellence (A. Rich.).

Cette odeur est due à l'*huile essentielle* dont il va être question. Les Ombellifères ne présentent leur *essence* que dans l'enveloppe du fruit, et même dans quelques points assez circonscrits de cette enveloppe. Les Labiées sont aromatiques dans toutes leurs parties.

La quantité d'*essence* qu'elles sécrètent varie suivant les espèces ; voilà pourquoi on n'en cultive, on n'en exploite qu'un nombre assez restreint.

1° PLANTES. — Les principales Labiées dont il sera question dans ce paragraphe appartiennent aux genres : 1° Romarin (*Rosmarinus*), 2° Sauge (*Salvia*), 3° Lavande (*Lavandula*), 4° Menthe (*Mentha*), 5° Thym (*Thymus*).

Caractères. — Voici leurs caractères abrégés :

Étamines	2 ; connectif	très court.	1. *Romarin.*
		très long.	2. *Sauge.*
	4. Corolle	en entonnoir	4. *Lavande.*
		en lèvres ; étamines { rejetées vers la lèvre inf.	4. *Menthe.*
		droites, divergentes.	5. *Thym.*

(1) Voy. page 267.
(2) Voy. page 265.
(3) Voy. page 266.
(4) Voy. page 266.
(5) Les *Bugles* (*Ajuga*) et les *Germandrées* (*Teucrium*) font exception.

Les espèces dont on recueille principalement l'*essence* sont :
Le *Romarin officinal* (1), de la France méridionale et de la Corse.
La *Sauge officinale* (fig. 103) (2), du midi de la France.

Fig. 103. — *Sauge officinale.*

(1) *Rosmarinus officinalis* Linn.
(2) *Salvia officinalis* Linn.

La *Lavande aspic* (1), du midi de la France, et la *Lavande sté-*
chade (2), de la région méditerranéenne.

La *Menthe poivrée* (fig. 104) (3), originaire d'Angleterre.

FIG. 104. — *Menthe poivrée.*

Le *Thym commun* (4), du midi de la France.

2° GLANDULES. — Les *huiles essentielles* des Labiées sont sécrétées

(1) *Lavandula spica* Linn. (*L. vera* DC.), vulgairement *Aspic*.
(2) *Lavandula Stœchas* Linn.
(3) *Mentha piperita* Huds.
(4) *Thymus vulgaris* Linn., vulgairement *Thym, Tin, Frigoule, Pote.*

par de petites glandules nombreuses qui existent dans presque tous les organes de ces plantes.

3° ESSENCES. — Pour obtenir l'*huile essentielle*, on distille les sommités fleuries des Labiées.

Ces *essences* sont oxygénées. Presque toutes laissent déposer à la longue et par le froid une certaine quantité de stéaroptène.

L'*essence de Romarin* est très fluide, très limpide, et parfaitement transparente. Elle donne jusqu'au dixième de son poids de stéaroptène. Rectifiée, son poids spécifique est de 0,885. Elle bout à + 166°. Elle est soluble en toutes proportions dans l'alcool à 83°. Son odeur est aromatique et camphrée. Elle a une saveur peu agréable.

Cette *essence* est un des principaux éléments de l'alcoolat désigné sous le nom d'*eau de la reine de Hongrie*.

L'*essence de Sauge* offre une couleur d'ambre. Elle laisse déposer un peu de stéaroptène. Son poids spécifique est de 0,920. Elle présente quelquefois une légère odeur de térébenthine.

L'*essence de Lavande* est jaune. Celle du commerce contient beaucoup de stéaroptène. Rectifiée, son poids spécifique est de 0,875. Elle bout à + 186°. Elle est soluble en toutes proportions dans l'alcool à 83°. Elle forme, avec une dissolution alcoolique de potasse, un liquide d'une couleur foncée.

L'*essence de Menthe poivrée* est bien transparente et d'un jaune verdâtre ; elle contient du stéaroptène. Rectifiée, son poids spécifique est de 0,912. Elle a pour principal caractère de s'épaissir par le chromate de potasse en une matière qui se divise en flocons quand on l'agite. Son odeur est forte, mais elle présente quelque chose d'un peu herbacé qu'elle perd en vieillissant ; aussi est-elle plus suave après un an de préparation (Mialhe). Sa saveur est âcre ; elle donne une fraîcheur particulière fort agréable, quand elle est très divisée.

Tout le monde connaît les *tablettes à la Menthe*.

L'*essence de Thym* est bien transparente et légèrement jaunâtre et même brunâtre ; mais on la rend incolore par la rectification. Son poids spécifique est de 0,905. Son odeur est très aromatique et sa saveur très âcre. C'est la moins employée.

§ VI. — Essence de Girofle.

1° PLANTE. — L'*essence de girofle* est fournie par les boutons du *Giroflier* (fig. 105). J'ai déjà décrit cette plante (1).

(1) Voy. page 200.

2° Essence. — On la prépare principalement en Hollande. On l'obtient par distillation. On met des *girofles* et de l'eau dans un

Fig. 105. — *Giroflier*.

alambic; on y ajoute du sel marin, afin d'élever la température à laquelle ce liquide entre en ébullition.

L'*essence de girofle* est d'une consistance légèrement oléagineuse, incolore quand elle est récente, puis se colorant peu à peu en jaune verdâtre au contact de l'air et de la lumière. Son poids spécifique est de 1,063 à + 20°.

L'acide azotique la rougit. Cette *essence* est un mélange de deux huiles : l'une peu abondante, neutre, semblable par sa composition à l'*essence* de térébenthine ; l'autre acide (Ettling). Son stéaroptène *eugénine*, Persoz) est soluble en toutes proportions dans l'éther et l'alcool.

3° Propriétés et usages. — L'*essence de girofle* présente une odeur pénétrante et une saveur âcre.

Elle fait partie de plusieurs préparations pharmaceutiques.

§ VII. — Essence de Cajeput.

1° PLANTE. — L'*essence* ou plus vulgairement l'*huile de Cajeput* est retirée d'un arbre de la famille des Myrtacées, le *Mélaleuque nain* (1), que Linné avait confondu avec le *Mélaleuque à bois blanc* (2). Cet arbre habite dans les îles Moluques.

Description. — Tronc à écorce blanchâtre. Feuilles alternes, elliptiques-lancéolées, légèrement courbées en faux, un peu aiguës, pourvues de 3 à 5 nervures. Inflorescence en épis lâches. Calice supérieur, persistant, velu, à 5 sépales. Corolle à 5 pétales très petits, concaves, blancs. Étamines nombreuses, longues, polyadelphes, portant des anthères petites, ovoïdes et blanchâtres. Ovaire infère, pourvu d'un style droit, de la longueur des étamines, filiforme, terminé par un stigmate simple. Fruit (*capsule*) globuleux, à 3 loges et 3 valves. Graines nombreuses, petites, oblongues, pointues du côté intérieur, tronquées extérieurement.

2° ESSENCE. — Cette *essence* est fournie par la distillation des feuilles fraîches (et non par l'incision de la tige, comme on l'avait d'abord pensé).

L'*huile de Cajeput* est liquide, très volatile, transparente, d'un jaune doré un peu verdâtre ou verte. Celle du commerce paraît devoir cette dernière teinte à l'oxyde de cuivre qu'elle tient en dissolution. Cette couleur jaunit avec le temps. Poids spécifique variant entre 0,916 à 0,919. Elle est entièrement soluble dans l'alcool.

3° PROPRIÉTÉS ET USAGES. — L'*essence de Cajeput* présente une odeur forte, pénétrante et agréable, qui tient à la fois de la térébenthine, du camphre, de la Menthe poivrée et de la Rose.

Ses propriétés sont stimulantes et diaphorétiques. On l'a recommandée dans les névroses de la digestion et dans les affections rhumatismales chroniques. On l'a conseillée aussi dans le choléra.

On l'administre par gouttes sur du sucre et en frictions excitantes.

4° SUCCÉDANÉES. — Suivant M. Stickel, on retire aussi l'*essence de Cajeput*, ou une *huile* très semblable, du *Mélaleuque à bois blanc* (3), du *Mélaleuque à feuilles de Millepertuis* (4), du *Mélaleuque à trois nervures* (5), et du *Mélaleuque brillant* (6).

(1) *Melaleuca minor* Smith (*M. Cajaputi* Roxb.); vulgairement, à Amboine, *Cajaputi*, c'est-à-dire, *arbre blanc*, *Caja-kilw*.

(2) *Melaleuca leucadendron* Linn. f.

(3) *Melaleuca leucadendron* Linn. f. (*Leptospermum leucadendron* Forst.).

(4) *Melaleuca hypericifolia* Sm.

(5) *Melaleuca trinervia* Sm.

(6) *Melaleuca splendens* Lea.

§ VIII. — Essences peu employées.

Les *essences* peu employées sont assez nombreuses. Voici les principales : 1° *essences d'Absinthe*, 2° *d'Ail*, 3° *de Camomille*, 4° de *Cannelle*, 5° *de Cubèbe*, 6° *de Houblon*, 7° *de Laurier*, 8° *de Laurier-cerise*, 9° *de Moutarde*, 10° *de Muscade*, 11° *de Poivre*, 12° *de Rue*, 13° *de Semen-contra*, 14° *de Valériane*.

1° ESSENCE D'ABSINTHE (1), d'un vert foncé, d'un poids spécifique de 0,929. Elle bout à + 204° (2).

2° ESSENCE D'AIL (3), jaune, plus dense que l'eau, formée du mélange de trois essences, l'une très abondante sulfurée, une autre encore plus sulfurée, et la troisième oxygénée (Wertheim). — Odeur très pénétrante ; saveur très âcre. — Elle produit une cuisson vive quand on l'applique sur la peau.

3° ESSENCE DE CAMOMILLE (4), d'un bleu foncé, brunissant au contact de l'air, d'une consistance un peu visqueuse ; composée d'une huile oxygénée et d'un hydrocarbure de l'ordre des camphres (5).

4° ESSENCE DE CANNELLE (6), d'un jaune clair, brunissant avec le temps, d'un poids spécifique de 1,040. Elle se solidifie à zéro et se liquéfie à + 5°. Elle est très soluble dans l'alcool. L'iode la solidifie. — Elle offre une odeur aromatique particulière (7).

Le commerce vend trois sortes d'*essences de cannelle :* 1° celle de *Ceylan*, 2° celle de *Chine*, 3° celle de *fleur de Cannelle*, qui est une *essence de Ceylan* de seconde qualité.

5° ESSENCE DE CUBÈBE (8), très fluide, blanche ou légèrement citrine, d'un poids spécifique de 0,929. Elle bout entre 250° et 260°. Abandonnée à elle-même, elle laisse déposer une matière blanche, cristallisée en prismes rhomboïdaux (Müller). On y trouve aussi un principe particulier (*cubébin*) qui paraît être un véritable stéaroptène (Monheim) (9).

6° ESSENCE DE HOUBLON (10), jaunâtre ; elle bout entre 150° et 160°. À l'air, elle se change en acide valérianique et en résine. Elle est composée de trois éléments très analogues à ceux de l'essence de valériane, savoir : une essence oxygénée, de l'acide valérianique et

(1) *Artemisia Absinthium* Linn.
(2) Voy. pages 109 et 209.
(3) *Allium sativum* Linn.
(4) *Anthemis nobilis* Linn.
(5) Voy. page 204.
(6) *Cinnamomum Zeylanicum* Breyn.
(7) Voy. page 137.
(8) *Cubeba officinalis* Miq.
(9) Voy. page 231.
(10) *Humulus lupulus* Linn.

un hydrogène carboné. — Elle offre une odeur de Houblon (1).

7° ESSENCE DE LAURIER (2), d'un vert foncé, un peu livide, d'une consistance d'huile d'olive figée. — Odeur très aromatique. — Employée en frictions stimulantes (3).

8° ESSENCE DE LAURIER-CERISE (4). Elle contient de l'acide cyanhydrique, et offre des propriétés identiques avec l'essence d'amandes amères (5).

9° ESSENCE DE MOUTARDE (6), légèrement blanchâtre ou citrine, d'un poids spécifique différant peu de celui de l'eau. Elle bout à + 143°. Les alcalis la décomposent et la transforment en essence d'Ail. Cette essence ne préexiste pas dans la graine ; elle se forme au moment où la graine vient d'être mise dans l'eau. — Elle est excessivement âcre et excite le larmoiement. — Employée comme révulsif (7).

10° ESSENCE DE MUSCADE (8), incolore et de consistance visqueuse, d'un poids spécifique de 0,948 (9).

11° ESSENCE DE POIVRE (10), très fluide, transparente, presque incolore. — Saveur balsamique, un peu âcre (11).

12° ESSENCE DE RUE (12), d'un jaune verdâtre ou brunâtre. Elle se fige au froid en cristaux réguliers. Elle est très soluble dans l'eau. — Odeur forte et désagréable. Saveur un peu âcre (13).

13° ESSENCE DE SEMEN-CONTRA (14), d'un jaune pâle. — Odeur vive et pénétrante qui ressemble un peu à celle de la Menthe; saveur âcre et amère (15).

14° ESSENCE DE VALÉRIANE (16). Contient une huile volatile (bornéène) à odeur camphrée, un peu de stéaroptène à odeur de camphre, et de poivre et une huile volatile oxygénée (valérol) d'une odeur de foin (17).

(1) Voy. page 209.
(2) *Laurus nobilis* Linn.
(3) Voy. page 234.
(4) *Cerasus Lauro-cerasus* Lois.
(5) Voy. page 188.
(6) *Sinapis nigra* Linn.
(7) Voy. page 286.
(8) *Myristica officinalis* Linn. (*M. moschata* Thunb., *M. aromatica* Lam., *M. fragrans* Blume).
(9) Voy. page 207.
(10) *Piper nigrum* Linn.
(11) Voy. page 231.
(12) *Ruta graveolens* Linn.
(13) Voy. page 198.
(14) *Artemisia contra* Linn.
(15) Voy. page 207.
(16) *Valeriana officinalis* Linn.
(17) Voy. page 58.

CHAPITRE XI.

DU CAMPHRE.

Le *camphre* est un produit immédiat concret, de la nature des huiles volatiles. Il abonde dans le *Camphrier* et dans le *Dryobalane*; mais il existe également dans un grand nombre d'autres végétaux : par exemple, dans le *Cannellier* (1), le *Shoré* (2), l'*Aurone* (3), la *Camphrée* (4)... On en rencontre aussi dans beaucoup de Labiées, telles que la *Lavande*, le *Thym*, le *Romarin*, la *Sauge*... On en retire encore du *Gingembre*, de la *Zédoaire*, des *Cardamomes*, du *Galanga*...

On distingue deux sortes de *camphres* : 1° celui du *Japon*, 2° celui de *Sumatra*.

§ I. — Camphre du Japon.

1° PLANTE. — Ce *camphre* est fourni par le *Laurier camphrier* (5), arbre de la famille des Laurinées, qui croît dans les parties les plus orientales de l'Inde, particulièrement au Japon.

Description (fig. 106). — Arbre assez élevé, ayant un peu le port du Tilleul. Tronc droit, divisé à la partie supérieure ; rameaux glabres, d'un vert jaunâtre ; ramuscules souvent rougeâtres. Feuilles alternes, à pétiole court, elliptiques, lancéolées-elliptiques ou ovales, acuminées, entières, glabres, un peu luisantes en dessus, coriaces, à trois nervures principales. Fleurs en corymbes longuement pédonculés et latéraux, petites, dioïques, polygames, offrant un calice à 6 sépales obtus, et 9 étamines au moins dans les mâles. Fruits (*baies* drupacées) de la grosseur d'un gros pois, globuleux-ovoïdes, luisants, et d'un pourpre noirâtre à leur maturité.

2° CAMPHRE (6). — On retire cette matière en mettant les racines, les tiges et les branches des *Camphriers*, coupées en petits morceaux, dans de grands vases de fer recouverts d'un chapiteau de terre garni intérieurement de paille de riz. On chauffe modérément, et le *camphre* se sublime dans les pailles. Il se présente sous

(1) *Cinnamomum Zeylanicum* Breyn.
(2) *Shorea robusta* Roxb.
(3) *Artemisia Abrotanum* Linn.
(4) *Camphorosma Monspeliensis* Linn.
(5) *Camphora officinarum* Nees (*Laurus Camphora* Linn.).
(6) Officin., *Camphora, Caphura*; vulgairement, à Sumatra, *Jono*.

forme de grains irréguliers d'un gris jaunâtre. On les rassemble dans des tonneaux et on les transporte en Europe. C'est là le *camphre brut*.

Pendant longtemps, les Hollandais ont eu le monopole du raffinage de ce produit. Aujourd'hui on le purifie partout. On met le *camphre brut* dans un matras à fond plat, placé sur un bain de sable. On chauffe graduellement jusqu'à la fusion du *camphre*, jusqu'à ce qu'il entre en ébullition. On l'entretient dans cet état

FIG. 106. — *Laurier camphrier.*

pour faire évaporer toute l'eau qu'il contient. Alors on découvre peu à peu le haut du matras, en retirant le sable, de manière à le refroidir et à permettre au *camphre* de s'y condenser. On continue ainsi jusqu'à ce que le matras soit entièrement découvert, et l'on attend que l'appareil soit complétement refroidi pour en retirer le pain de *camphre* (Guib.).

Le *camphre pur* est une matière solide, plus légère que l'eau, onctueuse, friable, incolore, demi-transparente, blanchâtre, cristallisable en prismes hexaèdres. Il se volatilise à l'air et disparaît sans résidu ; sa vapeur offre un poids spécifique de 5,468 (Dumas). Il est très peu soluble dans l'eau, à laquelle il communique une odeur et une saveur très marquées. Il se dissout facilement dans l'alcool et dans les huiles. Il est fusible à 175 degrés, il bout à 204 ; il est très inflammable. Il a pour formule $C^{20}H^{16}O^2$.

3° Propriétés et usages. — Le camphre présente une odeur forte, pénétrante, *sui generis*. Il a un goût aromatique, amer, âcre et piquant, accompagné d'un sentiment de fraîcheur.

C'est un excellent médicament. Il est calmant, antispasmodique, antiseptique, alexétère, vermifuge, diaphorétique et résolutif. On l'emploie extérieurement et intérieurement. On le rend soluble dans l'eau à l'aide d'un jaune d'œuf ou d'un mucilage.

On l'administre en poudre, en emplâtres, en cigarettes, en lavements. On en compose une eau simple, une eau éthérée, un alcool, un éther, un vinaigre, une huile. C'est un des éléments des *baumes opodeldoch*, de *genièvre* et de *Chiron*. Il faisait partie anciennement de la *thériaque céleste*, du *baume de Lectoure* et de l'*emplâtre dia botanum*. C'est la base de l'*eau sédative de Raspail*.

§ II. — Camphre de Bornéo.

1° Plante. — Cet autre *camphre* est produit par le *Dryobalane camphrier* (1), de la petite famille des Diptérocarpées, voisine des Tiliacées, lequel se trouve à Sumatra, près de Tapanoeli et Hurala, et à Bornéo.

Description (fig. 107). — Arbre d'une hauteur considérable et d'un port majestueux. Feuilles alternes, pétiolées, ovales, acuminées, entières, plus ou moins ondulées, glabres, d'un vert olivâtre en dessus, pâles inférieurement, coriaces, munies de deux stipules subulées. Inflorescence paniculée. Fleurs pédicellées, blanches, à odeur de Lilas. Étamines nombreuses, portées par des processus épais et charnus, à filet court; anthères allongées, surmontées d'une languette. Ovaire conique et triloculaire. Style droit, à stigmate plus ou moins élargi en forme de capitule. Fruit de la grandeur d'une grosse noix, entouré par le calice à 5 ailes lancéolées et un peu spatulées, offrant une odeur de térébenthine.

2° Camphre. — Le *camphre de Bornéo* ou *de Sumatra* se concrète naturellement sous l'écorce et au milieu du bois, sous la forme de larmes plates qui ressemblent au mica de Moscovie. On le nomme *cabessa*; il est très estimé. Vient après celui qui est en grains ou

(1) *Dryobalanops Camphora* Colebr. (*D. aromatica* Gærtn. f., *Shorea camphorifera* Roxb., *Pterygium teres* Correa), vulgairement *Capur baros*.

en petites écailles, qu'on appelle *bariga*, et puis celui qui est pulvérulent comme du sable, qui se nomme *pec*. Ces trois sortes sont
mêlées ensemble et renfermées dans des vessies enveloppées d'un
sac de jonc (Rumph.).

On obtient ordinairement ce produit en pratiquant d'abord des inci-

Fig. 107. — *Dryobalane camphrier.*

sions dans le tronc. On fait lentement couler par un tuyau ou un petit
canal de bambou une huile volatile qui est claire, jaune et balsamique.
Cette opération dure souvent plus de trois jours. Puis on coupe le tronc
par morceaux et l'on en retire la matière camphrée. Chaque arbre
peut en fournir une quantité qui varie entre 1 et 10 kilogrammes.

Ce *camphre* arrive rarement en Europe. Il est incolore, semipellucide, un peu nébuleux, cristallin ; il a une odeur plus forte que le *camphre du Japon*. M. Guibourt compare cette odeur à celle de ce dernier, mêlée d'une odeur de Patchouly. Il est plus volatil ; il s'évapore à $+$ 30°, laissant comme résidu une matière blanche résineuse d'une odeur de térébenthine. D'après M. Pelouze, sa composition chimique n'est pas tout à fait la même. Il a pour formule $C^{20}H^{18}O^2$. Traité par l'acide azotique, avec précaution et à la température ordinaire, il perd H^2, et se convertit en *camphre du Japon*.

CHAPITRE XII.

DES HUILES.

Les *huiles* (1) sont des substances grasses caractérisées par une si grande fusibilité, qu'elles demeurent liquides à une température inférieure à celle de 10 à 15 degrés.

Elles sont généralement inodores ou peu odorantes, et ne se volatilisent pas au-dessous de 200 à 300 degrés, terme au delà duquel elles se décomposent.

Quand on laisse tomber une goutte d'*huile fixe* sur une feuille de papier, on produit une tache qui reste permanente et s'agrandit plus ou moins. Si on laissait tomber une goutte d'*huile essentielle*, elle s'évaporerait et disparaîtrait au bout d'un certain temps.

La couleur et l'odeur des *huiles* sont dues à des principes étrangers tenus en dissolution.

Les *huiles* sont composées de deux principes immédiats, de fusibilité différente, la *stéarine* et l'*élaïne*. Les proportions de ces deux principes varient suivant les *huiles*. Quand la stéarine est abondante, l'*huile* se fige par le froid.

En faisant infuser ou macérer dans l'*huile* des bourgeons, des feuilles, des fleurs ou d'autres parties végétales, on en obtient des liniments ou *élæolés*. Telles sont les *huiles de Camomille* (2), *d'Absinthe* (3), *de Violette* (4), *de Rose* (5), *de Lis* (6), *de Rosage* (7)...

(1) *Huiles fixes ou grasses.*
(2) Voy. page 203.
(3) Voy. pages 109, 209, 383.
(4) Voy. page 215.
(5) Voy. page 370.
(6) Voy. page 93.
(7) *Rosage ferrugineux* (*Rhododendrum ferrugineum* Linn.), vulgairement *Laurier des Alpes.*

Quelques auteurs ont distingué dans les *huiles* : 1° les *grasses* proprement dites, 2° les *siccatives*.

I. — DES HUILES GRASSES PROPREMENT DITES.

Le caractère de ces *huiles* est de s'épaissir très peu et de se saponifier avec la plus grande facilité. On les emploie principalement dans les médicaments, dans la cuisine et pour la lampe. Les principales sont : 1° l'*huile d'olive*, 2° l'*huile d'amandes*, 3° l'*huile de Colza*, 4° l'*huile de faîne*.

§ I. — Huile d'Olive.

1° PLANTE. — L'*huile d'olive* est extraite du fruit de l'*Olivier d'Europe* (1), arbre de la famille des Oléacées, originaire de l'Asie, répandu en Grèce, en Afrique, en Italie, en Provence, en Languedoc. Il prospère autour de la Méditerranée.

Description. — L'*Olivier* peut arriver à une assez grande hauteur. M. Richard en a vu, aux environs de Nice, dont le tronc pouvait avoir de 9 à 12 mètres d'élévation, et de 90 à 130 centimètres de diamètre. En 1852, il y en avait un encore plus grand, en Corse, près de Bonifacio. Feuilles opposées, brièvement pétiolées, ovales ou lancéolées, quelquefois obovées, aiguës, légèrement dentées, un peu convexes, d'un vert cendré, blanchâtres en dessous, coriaces, persistantes. Inflorescence en grappes axillaires, à la partie supérieure des rameaux. Fleurs petites, blanchâtres. Calice à 4 dents. Corolle campanulée, courte, avec un limbe à 4 lobes ovales, aigus. Étamines un peu saillantes. Ovaire globuleux, à 2 loges, contenant chacune deux ovules, surmonté d'un style court avec un stigmate allongé, un peu bifide.

2° OLIVES. — Les fruits (appelés *olives*) sont des espèces de *drupes* ovoïdes, lisses, d'un violet foncé. Ils ont une pulpe molle et charnue ; ils renferment un noyau très dur, à deux loges, dont une avorte le plus ordinairement.

3° HUILE. — L'*huile* se retire principalement du péricarpe de l'*olive*; fait digne de remarque, parce que ce sont, en général, les graines qui fournissent les autres *huiles* grasses (A. Rich.).

On récolte les *olives* à la main, ou bien en les abattant à coups de gaule. On les amoncelle pendant quelque temps dans des lieux

(1) *Olea Europœa* Linn.

abrités. *L'huile* est ensuite extraite par le moyen d'un moulin qui écrase le fruit.

L'olive contient quatre sortes d'*huiles* : 1° celle de la pellicule (*épicarpe*), qui est renfermée dans de petites vésicules globuleuses; elle paraît offrir un principe résineux ; 2° celle de la chair (*sarcocarpe*), qui est la plus abondante, contenue dans des vésicules irrégulières rapprochées ; 3° celle de la partie osseuse (*endocarpe*), qui est en petite quantité et mêlée de mucilage ; 4° celle de l'amande (*graine*), qui est assez abondante, jaunâtre, légèrement âcre et d'une nature particulière (A. Rich.). Toutes ces *huiles* se mêlent ensemble dans l'extraction. Cent kilogrammes d'*olives* donnent environ 10 kilogrammes d'*huile*.

L'huile d'olive est d'un jaune verdâtre. Elle a un poids spécifique de 9,170 à 15° ; elle se congèle à une température de + 5° à + 8°. Elle est composée d'élaïne, 72, et de stéarine, 28. On appelle *huile vierge* celle qui provient de l'expression des *olives* portées au moulin aussitôt après la cueillette : c'est la meilleure.

4° PROPRIÉTÉS ET USAGES. — *L'huile* d'olive offre une odeur *sui generis* faible et agréable. Sa saveur est douce, avec un léger goût de fruit, surtout lorsqu'elle est récente.

Cette huile est la plus estimée et la plus recherchée pour les usages de la table et pour l'éclairage. On s'en sert de préférence à toutes les autres pour les liniments, les embrocations et les préparations médicamenteuses.

§ II. — Huile d'Amandes.

1° PLANTE. — J'ai déjà parlé de l'*Amandier* (1) et de son fruit (2). Ce sont les *graines* de cet arbre qui servent à la fabrication de l'*huile*.

2° HUILE. — Cette *huile* s'obtient par pression et à froid.

Pour cette préparation, « on monde les amandes afin d'en séparer les pierres et les fragments de coques. Cela fait, on les frotte dans un sac rude, et on les crible. C'est pour détacher une poussière écailleuse qui est à leur surface et qui absorberait en pure perte une partie de l'*huile*. On réduit les amandes en poudre dans un mortier ou mieux dans un moulin, et on les soumet à une pression graduée dans une toile forte de coutil ou de crin. Si, au lieu d'exprimer les amandes en poudre, on les broyait de manière à en former

(1) *Amygdalus communis* Linn.
(2) Voy. page 289.

une pâte, l'*huile* entraînerait avec elle une partie du parenchyme
et de l'albumine des amandes. Elle s'éclaircirait moins vite et serait
plus sujette à rancir. Quand on a ainsi obtenu l'*huile* par expression,
on la laisse déposer, ou mieux encore on la filtre (Soubeiran). »
Cent kilogrammes d'*amandes douces* donnent environ 47 kilogrammes d'*huile*. La même quantité d'*amandes amères* n'en fournit
qu'environ 35.

L'*huile* *d'amandes* est claire, transparente. Elle a un poids spécifique de 9,480 à 15°.

3° PROPRIÉTÉS ET USAGES. — Cette *huile* paraît à peu près sans
odeur et sans saveur. Elle est toujours douce, qu'on la retire des
amandes douces ou des *amandes amères*. Seulement, celle que fournissent ces dernières a une odeur très prononcée d'acide cyanhydrique.

Elle est très employée dans les diverses préparations pharmaceutiques. On s'en sert aussi en nature, froide ou chaude. Elle entre à
la dose de 15 grammes dans le *looch blanc*.

On sait que cette *huile*, tenue en suspension dans l'eau, forme
un liquide blanc désigné sous le nom d'*émulsion*, que l'on compose
en broyant les *amandes* privées de leur pellicule. On y ajoute un
peu de sucre ou de mucilage pour favoriser la suspension.

On administre l'*huile d'amandes* en nature à l'extérieur, et à l'intérieur en potions, en loochs ; elle entre dans la composition des
cérats, de diverses pommades, du *Cold-cream*....

§ III. — Huile de Colza.

L'*huile de Colza* ou *de Navette* est produite par les graines du
Chou colza (1) et du *Chou navette* (2), que l'on cultive en grand
dans certaines parties de la France.

1° PLANTE. — Le genre *Chou* (*Brassica*) appartient à la famille
des Crucifères. Il est caractérisé : par un calice fermé, bosselé à sa
base, par un disque à quatre glandes, par un stigmate émoussé et
par une silique subcylindrique, linéaire, à bec conique et à valves
convexes ne présentant qu'une seule nervure longitudinale. Les
graines sont unisériées et globuleuses.

Caractères. — Dans le *Chou colza*, les feuilles supérieures sont
sessiles et non amplexicaules, et les sépales s'appliquent contre les
pétales.

(1) *Brassica oleracea* Linn. α *Colsa* DC.
(2) *Brassica Napus* α Linn. (*B. asperifolia* α Lam.).

Dans le *Chou navette*, les feuilles supérieures sont largement cordées amplexicaules et les sépales étalés.

Cette dernière espèce se distingue de la Rave par ses feuilles glabres et glauques et par ses fleurs espacées dès l'épanouissement.

Ces deux plantes semblent être la souche primitive des différentes races de *Choux* et de *Navets*.

2° GRAINES. — Les *graines* de *Colza* sont assez exactement globuleuses, d'un diamètre de 2 millimètres environ, finement chagrinées (les rugosités visibles seulement à la loupe), mates, d'un brun foncé, un peu rougeâtres quand elles ne sont pas mûres. Leur tégument extérieur est crustacé et leur substance jaunâtre.

Les *graines* de *Navette* ressemblent aux précédentes, mais elles sont un peu plus petites ; elles n'ont qu'un millimètre et demi de diamètre. Leurs rugosités paraissent un peu plus marquées.

Cent kilogrammes de *Colza* donnent environ 34 kilogrammes d'huile. La même quantité de *Navette* n'en fournit que 31.

3° HUILE. — L'*huile de Colza* est retirée par expression. Son poids spécifique est de 9,167 à 15°.

4° PROPRIÉTÉS ET USAGES. — L'*huile de Colza* sert principalement à l'éclairage.

§ IV. — Huile de Faine.

Cette *huile* est retirée des fruits du *Hêtre*.

1° PLANTE. — Le *Hêtre* (1) appartient à la famille des Cupulifères ; c'est un des beaux arbres de nos forêts.

Description. — Cet arbre s'élève jusqu'à 25 mètres et plus. Son écorce est unie, grisâtre ou blanchâtre. Ses feuilles sont petites, ovales ou ovales-oblongues, aiguës ou acuminées, à peine dentées, ciliées-soyeuses sur les bords, un peu plissées, luisantes en dessus, pubescentes en dessous, d'un vert clair, coriaces, à nervures saillantes et d'abord pubescentes-soyeuses, puis glabres. Elles ont deux petites stipules écailleuses caduques. Les fleurs mâles composent des chatons globuleux, longuement pédonculés et pendants, à écailles très petites caduques. Involucre gamophylle, campanulé, à 5-6 divisions. Étamines 8 à 12, insérées au fond sur un disque glanduleux, longuement saillantes, portant des anthères bilobées. Les fleurs femelles sont réunies par deux ou trois dans un involucre urcéolé, à 4 lobes, soudé en dehors avec un grand nombre de bractées linéaires inégales. Calice à tube uni avec l'ovaire, à limbe

____

(1) *Fagus sylvatica* Linn.

allongé, lacinié. Ovaire trigone, terminé par 3 styles filiformes, latéralement stigmatifères.

2° FAINE. — Involucre fructifère hérissé d'épines (extrémités des bractées extérieures), ligneux, contenant de 1 à 3 fruits et s'ouvrant en 4 valves. Ces *fruits* (appelés *faines*) sont trigones, surmontés par les dents piliformes du calice, à trois angles tranchants, luisants, bruns, à péricarpe cartilagineux, velu à la face interne. Cent kilogrammes de *faines* donnent environ 21 kilogrammes d'*huile*.

3° HUILE. — Cette *huile*, obtenue par expression, est très consistante et d'un jaune pâle. Elle a un poids spécifique de 0,207 à 15°. Elle peut se conserver plusieurs années sans rancir. On la sophistique souvent avec l'*huile de noix*.

4° PROPRIÉTÉS ET USAGES. — L'*huile de faine* n'a pas d'odeur. Sa saveur est fade, mais agréable.

Elle est très usitée, dans l'est de la France, comme aliment et pour l'éclairage. On l'emploie beaucoup aussi dans le Nord de l'Allemagne, particulièrement dans le Hanovre (Seemann.)

Les pharmaciens s'en servent fort peu.

II. — DES HUILES SICCATIVES.

Le caractère de ces *huiles* est de se dessécher plus ou moins rapidement à l'air, surtout lorsqu'elles ont bouilli avec de la litharge. Elles ont les mêmes propriétés que les *huiles grasses*, et on les emploie à des usages semblables.

Les principales sont : 1° l'*huile de noix*, 2° l'*huile de Lin*, 3° l'*huile d'œillette*, 4° l'*huile de Ricin*, 5° l'*huile de Croton*.

§ I. — Huile de Noix.

1° PLANTE. — Le *Noyer* (1) est un grand et bel arbre de la famille des Juglandées. On l'a apporté de la Perse. Il est assez commun en France.

Description. — Tronc pouvant atteindre jusqu'à 20 mètres de hauteur ; écorce blanchâtre ; branches formant une tête arrondie. Feuilles alternes, articulées, composées de 7 à 9 folioles presque sessiles, ovales, acuminées, superficiellement sinuées, entières, d'un vert sombre, noircissant par la dessiccation, aromatiques, sur-

____

(1) *Juglans regia* Linn.

tout par le froissement, glabres, coriaces. Fleurs paraissant avant les feuilles, monoïques. Chatons mâles terminaux ou latéraux, pendants à la partie supérieure des branches de l'année précédente, cylindriques. Involucre pédicellé, pinnatilobé, membraneux, à 5-6 lobes inégaux, concaves, imbriqués dans la préfloraison, offrant en dehors, près de son sommet, une bractée écailleuse. Étamines insérées vers la partie moyenne de l'involucre, au nombre de 14 à 36, à filets très courts, portant des anthères bilobées, acuminées par un prolongement du connectif, longitudinalement déhiscentes. Fleurs femelles à l'extrémité des jeunes pousses, réunies par 2 ou 3. Involucre uniflore, à limbe court, irrégulièrement 4-fide ou 4-denté. Calice à tube soudé avec celui de l'involucre, à limbe 4-fide. Ovaire adhérent au tube calicinal, portant 2 stigmates subsessiles, allongés, recourbés.

2° Noix. — Involucre fructifère oblong-subglobuleux, marqué d'un sillon longitudinal, lisse, luisant, vert, noircissant et presque déliquescent après la maturité. Les *fruits* (appelés *noix*) sont gros, arrondis et ressemblent à un noyau ligneux très dur, et composé de deux valves concaves, irrégulièrement creusées de sillons anastomosés.

La graine est très inégalement bosselée, toruleuse, quadrilobée au sommet et à la base. Son tégument propre extérieur est mince, d'abord blanchâtre, puis d'un jaune plus ou moins foncé. Il présente une astringence remarquable. La chair de la graine est blanchâtre. Les *noix* contiennent une assez grande quantité d'*huile*. Cent kilogrammes en donnent de 40 à 70 kilogrammes.

3° Huile. — Cette *huile* se retire par expression, à l'aide de moulins particuliers.

L'*huile de noix* est d'un jaune un peu verdâtre. La plus commune présente une teinte jaune roussâtre. Cette *huile* s'épaissit à — 15° et se solidifie à — 27°.

4° Propriétés et usages. — Odeur faible. Saveur très variable suivant son degré de pureté et son mode de préparation. Quand elle a été extraite avec beaucoup de soin, surtout lorsqu'on a pris la peine d'enlever, en partie du moins, les pellicules des amandes, elle est excellente à manger. Mais ordinairement il n'en est pas ainsi, et cette *huile* conserve une odeur et un goût particuliers, qui répugnent généralement aux méridionaux, habitués à l'huile d'olive. Cette *huile* rancit très facilement.

Dans beaucoup de pays on la mange. On l'emploie partout dans la peinture.

L'huile de Noix, extraite à chaud, est purgative. On l'administre quelquefois en lavements (1).

§ II. — Huile de Lin.

1° PLANTE. — Cette *huile* est fournie par la *graine* du *Lin usuel* (2), dont j'ai déjà parlé dans le chapitre sur les GRAINES (3). Cent kilogrammes de *graines* peuvent donner de 11 à 22 kilogrammes d'*huile*.

2° HUILE. — L'*huile de graine de Lin* est la plus dense de toutes les *huiles*. Son poids spécifique est de 9,350 à 15°. Elle est d'un jaune foncé. Elle se congèle à — 27°.

En se séchant, elle perd de sa solubilité dans l'alcool et dans l'éther.

3° PROPRIÉTÉS ET USAGES. — L'*huile de Lin* présente une odeur et une saveur particulières.

Cette *huile* est relâchante et peut être employée comme purgative.

Elle entre dans la composition de certains pessaires et de diverses bougies. On s'en sert beaucoup dans les arts, particulièrement dans la peinture, lorsqu'elle est cuite et rendue siccative par la litharge.

§ III. — Huile d'œillette.

1° PLANTE. — L'*huile d'œillette* ou mieux *d'oliette* (4) est fournie par les *graines* du *Pavot somnifère* (5). J'ai déjà parlé de cette plante dans le chapitre sur les FRUITS (6). Cent kilogrammes de *graines* peuvent donner de 34 à 65 kilogrammes d'*huile*.

2° HUILE (7). — L'*huile d'œillette* se fabrique en Allemagne, en Belgique et dans le nord de la France. Elle est abondante.

Elle a une couleur d'un jaune clair. Son poids spécifique est de 9,253 à 15°. Elle se congèle à + 10°. Elle est soluble dans 25 parties d'alcool froid et dans 6 d'alcool bouillant.

3° PROPRIÉTÉS ET USAGES. — L'*huile d'œillette* n'est pas narcotique, comme l'ont cru quelques auteurs.

(1) Voy. page 197.
(2) *Linum usitatissimum* Linn.
(3) Voy. page 285.
(4) *Oleolum (petite huile)*.
(5) *Papaver somniferum* Linn.
(6) Voy. page 259.
(7) Vulgairement *huile blanche, huile de Pavot*.

On l'emploie en lavements. Elle sert d'excipient à un grand nombre de liniments.

On s'en sert principalement dans la peinture à l'huile. On la mêle souvent avec l'huile d'olive, pour falsifier cette dernière.

§ IV. — Huile de Ricin.

1° PLANTE. — C'est le *Ricin commun* (1), de la famille des Euphorbiacées, qui nous fournit l'*huile* dite *de Ricin*. Cette plante se trouve dans l'Inde, en Afrique et en Amérique. On la cultive en Europe, comme ornement.

Description. — Tige haute de 2 à 3 mètres, pouvant, dans les pays chauds, s'élever jusqu'à 10 mètres. Feuilles amples, élégamment palmées, à 7 ou 9 divisions, d'où lui est venu le nom de *Palma Christi*, dentées en scie sur les bords, lisses, d'un vert assez gai, plus pâles en dessous. Fleurs séparées, mais sur le même pied : mâles, formant des houppes d'un jaune doré ; femelles, en pinceaux, d'un rouge obscur. Involucre ou calice des unes et des autres à 5 lobes. Anthères biloculaires. Ovaire à 3 loges, surmonté de 3 stigmates profondément bifides et plumeux. Fruit composé de 3 coques épineuses, renfermant chacune une seule graine.

2° GRAINES. — Ovoïdes, convexes du côté extérieur, aplaties et formant un angle peu saillant, longitudinal, du côté intérieur. Leur surface est lisse, luisante et d'un gris marbré de brun. Leur forme et leur couleur les font ressembler aux ixodes ou tiques des chiens. Au sommet, existe l'ombilic, surmonté d'une caroncule charnue. (*arillode*).

On trouve, dans le commerce, trois sortes de *graines de Ricin :* 1° celles d'*Amérique*, qui ont 14 millimètres de grand diamètre, une couleur foncée, une marbrure très distincte et une âcreté très forte ; 2° celles du *Sénégal*, qui ont en moyenne 11 millimètres de diamètre, la même couleur et la même marbrure et une saveur médiocrement âcre ; 3° celles de *France*, qui ont le même volume que ces dernières, mais à teintes plus pâles, moins marbrées, et qui sont presque privées d'âcreté. Cent kilogrammes de graines donnent environ 62 kilogrammes d'*huile*.

3° HUILE (2). — Tout le monde connaît l'*huile de Ricin*.

Dans le principe, cette *huile* venait presque exclusivement des

---

(1) *Ricinus communis* Linn. — On peut retirer aussi de l'huile du *Ricinus viridis* Willd. et du *Ricinus inermis* Jacq.

(2) Vulgairement *huile de Castor*, *huile de Palma-Christi*.

Antilles et du Brésil. Aujourd'hui, on en fabrique presque partout. Une grande partie de celle que nous consommons est préparée dans le midi de la France ou dans l'Algérie.

L'ancien procédé d'extraction consistait à piler les *graines* et à les faire bouillir dans l'eau pendant longtemps. Il se formait une écume huileuse, qu'on recueillait dans une bassine. On faisait évaporer l'eau et l'on passait l'*huile* à travers un blanchet. Celle-ci était douce, mais colorée. Aujourd'hui, on opère par simple expression, à l'aide d'une faible chaleur. Mille grammes d'amandes mondées de *Ricin* récolté en France ont donné à froid, 374 grammes d'huile. La même quantité de *Ricin* d'Alger n'a produit que 304 grammes, c'est-à-dire un sixième de moins (Mayet).

L'*huile de Ricin* est épaisse, filante, transparente et presque incolore. Elle a moins de fluidité que les autres huiles. Elle est visqueuse, blanche ou légèrement jaunâtre. Elle se dissout en toutes proportions dans l'alcool à 95°.

4° PROPRIÉTÉS ET USAGES. — L'*huile de Ricin* présente une odeur faible. Sa saveur est à peine prononcée, mais peu agréable. Elle offre cependant une légère âcreté, laquelle varie, suivant le mode de préparation. On a cru, pendant longtemps, que cette âcreté était due à un principe particulier qui résidait, soit dans l'enveloppe de la graine, soit dans l'embryon. M. Guibourt fait remarquer que son épisperme est insipide, et que l'embryon n'a pas une saveur plus marquée que les autres parties.

L'*huile de Ricin* est un purgatif assez doux, employé dans un grand nombre de maladies.

On l'administre dans un bouillon aux herbes ou dans un bouillon de viande dégraissé ; on la réduit aussi en émulsion. On en prépare diverses potions et des lavements. Mêlée avec le collodion, cette *huile* concourt à former le *collodion élastique*.

§ V. — Huile de Croton.

1° PLANTE. — Cette *huile* nous est fournie par les *graines* d'un arbrisseau de la famille des Euphorbiacées, le *Croton cathartique* (1). Cet arbrisseau croît dans les îles Moluques, au Ceylan et au Malabar.

Description (fig. 108). — Taille médiocre. Feuilles alternes, pétiolées, ovales, longuement acuminées, légèrement denticulées, glabres, verdâtres, couvertes de poils étoilés, visibles seulement à

____
(1) *Croton Tiglium* Linn.

la loupe ; les inférieures cordiformes ; à la naissance du pétiole, se
trouvent deux glandes cupuliformes. Inflorescence à l'extrémité des
rameaux ou dans leurs bifurcations, en grappe étroite, pauciflore.
Fleurs au nombre de 8 à 10, blanchâtres ou jaunâtres, unisexuées.
Mâles (2 ou 3) à la partie supérieure de la grappe, offrant un calice

Fig. 108. — *Croton cathartique.*

à 5 sépales, une corolle à 5 pétales alternant avec 5 glandes, et
8 à 10 étamines recourbées, composées d'un filet médiocrement
long, un peu épais, et d'une anthère ovoïde. Femelles placées au-
dessous des mâles, présentant un petit calice, à lobes disposés en
étoile, ovales-lancéolés, très aigus. Point de corolle. Cinq glandes.

Ovaire oblong, ovoïde-trigone, portant 3 styles étalés, grêles, longuement bifides. Fruits capsulaires, de la grosseur d'une noisette, ovoïdes-trigones, un peu pointus, à 3 sillons longitudinaux, glabres, jaunâtres, composés de 3 coques trièdres monospermes, se détachant d'un axe central, grêle et persistant, et s'ouvrant avec élasticité suivant la nervure médiane.

2° GRAINES (1).— *Graines* ovoïdes-oblongues, un peu aplaties d'un côté, convexes de l'autre, à peine quadrangulaires, très peu luisantes, roussâtres, devenant noirâtres par usure de la pellicule extérieure, à téguments minces et cassants, contenant une amande blanche, huileuse, d'une saveur très âcre et très brûlante.

3° HUILE. — L'*huile de Croton* ou *de Tilly* se retire, soit par le broiement et par l'éther, soit par le broiement et par la pression.

On lave les *graines* dans l'eau froide ; on les fait sécher, puis on les passe au moulin, sans les monder de leur enveloppe. Après le lavage, on les sèche à l'air. On les broie. On y ajoute assez d'éther pour en faire une pâte molle que l'on verse dans un long tube effilé par un de ses bouts que l'on a soin de garnir de coton. Quand la liqueur s'est écoulée, on épuise la graine par une nouvelle quantité d'éther. On tient ensuite la liqueur éthérée au bain-marie pour volatiliser l'éther. On laisse déposer l'huile et on la filtre (Soubeiran).

Quand on opère en grand, on extrait l'*huile* en mettant les *graines* écrasées dans un sac de coutil, et l'on presse ce sac entre deux plaques de fer chauffées. On filtre l'*huile*, et on la laisse reposer pendant plusieurs jours.

Les *graines* traitées par l'éther donnent 38 pour 100 d'huile. Celles qu'on exprime n'en fournissent que 27 ou 28 pour 100.

L'*huile de Croton* est plus ou moins liquide ; elle offre, en général, la consistance de celle d'amandes. Elle est transparente, jaunâtre, jaune orangée ou brunâtre. La plus claire est celle qu'on obtient par expression ; elle laisse déposer une matière analogue à la stéarine. Elle se coagule à + 5° et devient solide à zéro. Elle est soluble en totalité dans l'éther, mais en partie seulement dans l'alcool froid.

4° PROPRIÉTÉS ET USAGES. — Cette *huile* a une odeur extrêmement désagréable, nauséabonde, souvent analogue à celle de la résine de jalap. Sa saveur est d'une excessive âcreté ; c'est un des produits végétaux les plus brûlants et les plus corrosifs. Après son passage dans l'arrière-bouche, elle laisse un sentiment d'ardeur qui dure assez longtemps.

(1) Vulgairement *petits Pignons d'Inde*, *graines des Moluques*, *graines de Tilly*.

On s'en sert, à l'extérieur, comme rubéfiante, et à l'intérieur comme purgative. C'est un remède dangereux qui demande, dans son emploi, les plus grandes précautions.

On l'administre en savon, en liniment, en pilules, en pastilles, en potion et en lavements.

§ VI. — De quelques Huiles peu employées.

1° Huile d'Acajou, retirée d'une Térébinthacée des îles Moluques, l'*Anacarde occidental* (1). — *Fruit* réniforme, lisse, grisâtre, porté par un pédoncule énorme, pyriforme, charnu. Le péricarpe offre des alvéoles remplis d'un suc oléo-résineux. — *Huile* visqueuse, noirâtre, âcre, caustique.—Employée quelquefois contre les dartres, les vieux ulcères, et pour ronger les cors.

Le *Sémécarpe anacarde* (2), de la même famille, et des Indes, fournit un suc oléo-résineux semblable, mais plus abondant, qui jouit des mêmes propriétés (3).

2° Huile d'Anda (4), retirée d'une Euphorbiacée du Brésil, l'*Anda de Gomes* (5). — *Fruits* volumineux, globuleux, à 4 angles et à 2 loges monospermes; ils ressemblent à des châtaignes. — *Huile* de la consistance de l'huile d'olive, incolore, insoluble dans l'alcool. — Purgative.

3° Huile d'Arachide, retirée d'une Légumineuse de ce nom (6), originaire du Brésil, d'où elle a été importée aux Antilles et en Afrique. — *Fruit* cylindroïde, court, réticulé, contenant deux graines de la grosseur d'une petite noisette, d'un rouge vineux. Cent kilogrammes de ces graines donnent environ 43 kilogrammes d'huile. — Cette *huile* offre un poids spécifique de 9,170 à 15°.

4° Huile de Ben, retirée d'une autre Légumineuse, le *Ben aptère* (7), des Indes orientales et de l'Amérique méridionale, où probablement elle a été importée. — *Graines* trigones, à angles ailés. — Cette *huile* ne rancit jamais.

5° Huile de Berthollétie, retirée d'une Myrtacée du Brésil et des

(1) *Anacardium Occidentale* Linn. (*Cassuvium pomiferum* Lam.).
(2) *Semecarpus Anacardium* Linn. f.
(3) Voy. page 244.
(4) Vulgairement *Anda-açu, Andassu.*
(5) *Anda Gomesii* A. Juss.
(6) *Arachis hypogæa* Linn., vulgairement *Munduby, Pistache de terre.*
(7) *Moringa pterygosperma* Gærtn. (*Guilandina Moringa* Linn., *Hyperanthera Moringa* Vahl, *Moringa oleifera* Lam., *Anona Moringa* Lour., *Moringa Zeylanica* Pers.).

forêts de l'Orénoque, la *Berthollétie élevée* (1). — *Fruit* énorme, à quatre loges ; graines trigones. — *Huile* propre à remplacer celle d'olive.

6° HUILE DE CAMELINE, retirée d'une Crucifère indigène, la *Cameline cultivée* (2). — *Fruit* pyriforme, globuleux, terminé par une petite pointe, contenant 10 à 12 graines ovoïdes, marquées par un sillon. Cent kilogrammes de ces graines donnent de 27 à 33 kilogrammes d'*huile*. — Cette *huile* est un peu grasse ; on s'en sert pour la lampe. Quelques médecins l'ont dite très propre pour adoucir et ramollir les âpretés de la peau (Lam.).

7° HUILE DE CAMARI, retirée d'une Euphorbiacée indienne, l'*Aleurite des Moluques* (3). — *Fruit* gros, plus large que long, comme bilobé, charnu, contenant deux graines osseuses, en forme de noix, un peu pointues au sommet, bosselées, couvertes d'un enduit blanc, d'apparence crétacée. — *Huile* d'assez bon goût, propre aux usages économiques et à la fabrication du savon.

8° HUILE DE CARTHAME, retirée d'une Composée des Indes et de l'Égypte cultivée en France, le *Carthame des teinturiers* (4). — *Fruits* conico-ovoïdes, légèrement comprimés, un peu irréguliers, à quatre angles saillants qui les rendent comme prismatiques, lisses, blancs, sans aigrette. — *Huile* assez fortement purgative, employée en Égypte. — Elle entre dans les tablettes de *diacarthame*.

9° HUILE DE COCO, retirée du *Cocotier commun* (5). — Tout le monde connaît le fruit du Cocotier. — *Huile* presque aussi fluide et aussi limpide que l'eau, incolore ; elle rancit très facilement. — Alimentaire, bonne pour l'éclairage et pour la fabrication du savon.

10° HUILE DE CURCAS, retirée d'une autre Euphorbiacée des contrées chaudes de l'Amérique, le *Médicinier cathartique* (6). — *Fruit* capsulaire, ovoïde, de la grosseur d'une petite noix, rougeâtre ou noirâtre, un peu charnu, triloculaire. Graines ellipsoïdes, lisses, faiblement luisantes, noirâtres, à face interne pourvue d'un angle médian peu marqué, à face externe bombée, sans caroncule. Elles ressemblent pour la forme à celles du Ricin, mais sont plus grandes.

---

(1) *Bertholletia excelsa* Kunth ; vulgairement, *Châtaigne du Brésil* ; au Brésil, *Iuvia* ; sur les bords de l'Orénoque, *Touka*.

(2) *Camelina sativa* Crantz (*Myagrum sativum* Linn., *Alyssum sativum* Scop., *Myenchia sativa* Roth).

(3) *Aleurites Moluccana* (*Croton Moluccanum* Linn., *Aleurites ambinux* Pers.) ; vulgairement *Noix de Bancoul, Noix des Moluques*.

(4) *Carthamus tinctorius* Linn., vulgairement *Safranum, Safran bâtard, graine de Perroquet*.

(5) *Coccos nucifera* Linn.

(6) *Curcas purgans* Adans. (*Jatropha Curcas* Linn.), vulgairement *Pignon d'Inde, Pignon des Barbades*.

— *Huile* très fluide, incolore, laissant précipiter à froid une grande quantité de stéarine, peu soluble dans l'alcool, âcre. — Purgatif drastique. — Administrée comme l'huile de Tilly.

11° HUILE D'ÉLÉOCOQUE, retirée d'une Euphorbiacée du Japon et des Indes, l'*Éléocoque verruqueuse* (1). — *Fruit* capsulaire, globuleux, terminé par une pointe courte, s'ouvrant en quatre valves, contenant chacune une graine ovoïde-triangulaire, obtuse, anguleuse du côté intérieur, bombée extérieurement, couverte de tubercules. — *Huile* abondante, employée surtout pour l'éclairage.

12° HUILE D'ÉPURGE, retirée d'une autre Euphorbiacée indigène assez commune, l'*Euphorbe épurge* (2). — *Fruits* capsulaires, trilobés, très lisses. Graines (3) grosses, ovoïdes, tronquées au sommet, brunâtres, marquées de très petites rides disposées en réseau régulier. Cent kilogrammes de ces graines donnent environ 30 kilogrammes d'huile. — *Huile* très fluide, d'un fauve clair. Saveur âcre. — Purgative et émétique. — Administrée en tablettes, en pilules, en potion gommeuse, en looch.

13° HUILE DE GUIZOTIE, retirée d'une Composée des Indes et de l'Abyssinie, la *Guizotie oléifère* (4). — *Fruits* subtétragones, lisses, revêtus d'une écorce (calice) épaisse, sans aigrette. — *Huile* employée pour la table et pour l'éclairage.

14° HUILE D'ILLIPÉ, retirée d'une Sapotacée indienne, l'*Illipé à longues feuilles* (5). — *Fruit* ovoïde, charnu, laiteux, renfermant quatre graines oblongues, presque trigones. — *Huile* liquide de 26° à 28°, et alors jaunâtre, solide de 22° à 23°, et devenant d'un blanc verdâtre, à peine soluble dans l'alcool bouillant. — Bonne comme assaisonnement, excellente pour la lampe et pour le savon.

L'*Illipé à larges feuilles* (6) donne une huile analogue.

15° HUILE DE LENTISQUE, retirée d'une Térébinthacée du midi de la France et du nord de l'Afrique, le *Pistachier lentisque* (7). — *Fruits* (8) : petites drupes sèches, presque globuleuses, d'un pourpre noir. — *Huile* d'un vert foncé, liquide à 33°, laissant déposer à une température plus basse une matière qui cristallise.

(1) *Elæococca cordata* (*Dryandra cordata* Thunb., *Elæococca verrucosa* A. Juss.), vulgairement *Arbre à huile du Japon*.

(2) *Euphorbia Lathyris* Linn. (*Tithymalus Lathyris* Lam.), vulgairement *Catapuce*.

(3) Officin., *Grana regia minora*.

(4) *Guizotia Abyssinica* (*Polymnia Abyssinica* Linn. f., *Guizotia oleifera* DC.) ; vulgairement, dans l'Inde, *Ram-till*, *Werinnua* ; en Abyssinie, *Nook*.

(5) *Bassia longifolia* Linn.

(6) *Bassia latifolia* Roxb.

(7) *Pistacia Lentiscus* Linn.

(8) Vulgairement, chez les Arabes, *Droh*.

Entièrement soluble dans l'éther (Leprieur). — Employée par les Arabes comme alimentaire, et pour l'éclairage (1).

16° HUILE DE MADI, retirée d'une Composée du Chili, le *Madia* ou *Madi cultivé* (2). — *Fruits* aplatis d'un côté, convexes de l'autre, avec 4 ou 5 nervures longitudinales, brunâtres, sans aigrette. Cent kilogrammes de graines donnent environ 27 kilogrammes d'huile. — *Huile* d'un jaune foncé, siccative, soluble dans 30 parties d'alcool froid et dans 6 d'alcool bouillant. Elle rancit très vite.

17° HUILE DE SÉSAME, retirée de deux Bignoniacées, le *Sésame d'Orient* (3) et le *Sésame indien* (4). — *Fruits* capsulaires, allongés, obscurément tétragones, un peu comprimés, acuminés, à quatre sillons et quatre loges. Graines nombreuses, petites, un peu ovoïdes. Cent kilogrammes de ces graines donnent environ 50 kilogrammes d'huile. — *Huile* (5) d'un poids spécifique de 9,235 à 15°. — Bonne à manger et à brûler. Employée en Égypte comme cosmétique et contre les ophthalmies.

18° HUILE DE SOLEIL, retirée d'une Composée originaire du Pérou et cultivée en Europe, l'*Hélianthe à grandes fleurs* (6). — *Fruits* oblongs, un peu comprimés, à sommet obtus, couronné de deux petites paillettes lancéolées, scarieuses et obtuses, offrant deux côtés opposés anguleux. Cent kilogrammes de ces fruits donnent environ 15 kilogrammes d'huile. — *Huile* un peu grasse, propre à l'éclairage et à la fabrication du savon.

19° HUILE DE TOULOUCOUNA, retirée d'une Cédrélacée de Sénégambie, le *Carapa touloucouna* (7). — *Fruits* capsulaires, pentagones, s'ouvrant en cinq valves. Graines arrondies, plus ou moins aplaties, tuberculeuses, rougeâtres, contenant une amande dure, très grasse, un peu rosée. — *Huile* épaisse comme celle d'olive figée, d'un jaune pâle. — Employée pour la fabrication du savon.

Le *Carapa de la Guyane* (8) donne aussi une *huile* (9) abondante et épaisse ; celle-ci est amère. Les naturels du pays s'en servent comme cosmétique et comme préservatif des chiques (10).

(1) Voy. pages 159 et 341.
(2) *Madia sativa* Molin. (*M. viscosa* Cav.) ; vulgairement, au Chili, *Madi*, *Melosa*.
(3) *Sesamum Orientale* Linn., vulgairement *Jugeoline*.
(4) *Sesamum Indicum* Linn.
(5) Vulgairement *Siritch*.
(6) *Helianthus annuus* Linn., vulgairement *grand Soleil*.
(7) *Carapa Guineensis* Sweet (*C. Touloucouna* Guill.).
(8) *Carapa Guianensis* Aubl., vulgairement *Andiroba*, *Angiroba*, *Nandiroba*.
(9) *Huile de Carapa*.
(10) Voy. page 148.

CHAPITRE XIII.

DU BEURRE VÉGÉTAL.

Il existe des *huiles fixes* concrètes, comme il existe des *huiles essentielles* solidifiées (*camphres*). Ces huiles sont désignées sous les noms de *beurre végétal* ou *suif végétal*.

Elles sont produites par des végétaux étrangers qu'on a essayé plusieurs fois de naturaliser en Europe.

Le *beurre végétal* est plus ou moins dense, doux au toucher, et de couleur blanchâtre ou jaunâtre.

On l'emploie à différents usages, suivant sa qualité. On s'en sert souvent dans la cuisine; on en fabrique des chandelles; on en graisse les roues et les mécaniques...

En Afrique et dans l'Orient, on recommande ce produit dans diverses maladies, principalement contre les douleurs rhumatismales; on le préconise comme adoucissant. On s'en sert encore dans les dyspepsies et dans les coliques; mais la thérapeutique européenne le conseille rarement. C'est pourquoi je passerai très rapidement sur son étude et sur les végétaux qui le fournissent.

On connaît deux sortes principales de *beurre végétal* : 1° le *beurre de Cacao*, 2° le *beurre de Palme*.

§ I. — Beurre de Cacao.

1° PLANTE. — J'ai déjà parlé du *Cacaoyer ordinaire* (fig. 109) (1) en traitant du *chocolat* (2).

2° BEURRE (3). — C'est une matière grasse solide que contient la graine de cet arbre.

On la retire de préférence du *Cacao* des Iles, qui en donne une plus grande quantité.

On torréfie légèrement les graines; on les réduit en pâte dans un mortier chauffé; on les tient quelque temps au bain-marie; on y ajoute une quantité d'eau bouillante égale au dixième du poids du *Cacao* brut employé. La pâte est mise ensuite dans une toile et pressée entre des plaques de fer étamées, chauffées dans l'eau bouillante (Josse).

____

(1) *Theobroma Cacao* Linn.
(2) Voy. page 281.
(3) Appelé aussi *huile de Cacao*.

On purifie le *beurre de Cacao* en le tenant fondu pendant quelque

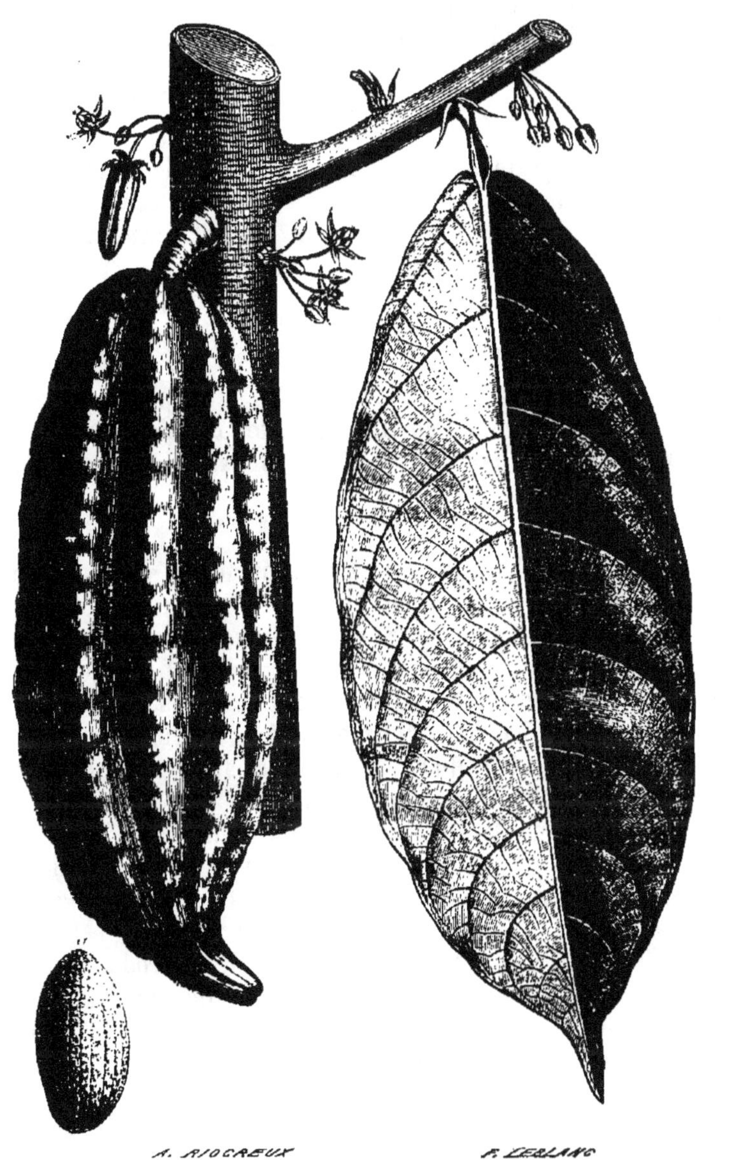

Fig. 109. — *Cacaoyer.* — *a*, une graine isolée.

temps à la chaleur du bain-marie, et en ôtant les fèces après qu'il est refroidi. On l'expose à l'air sur du papier sans colle, pour en séparer l'eau ; on le liquéfie de nouveau, et on le filtre dans des entonnoirs chauffés par la vapeur (Soubeiran).

On a conseillé de le recevoir dans des fioles à médecine, où il se congèle (Henry et Guibourt).

Généralement, on le coule en tablettes que l'on recouvre d'une feuille d'étain.

Le *beurre de Cacao* est ferme, cassant comme de la cire, onctueux, d'un blanc jaunâtre. Il rancit difficilement. La chaleur de la main le ramollit beaucoup. Il fond à + 33°. Il est formé d'une combinaison d'oléine, de stéarine et de palmitine.

3° PROPRIÉTÉS ET USAGES. — Odeur agréable, rappelant celle du cacao torréfié. Saveur douce.

Ses propriétés sont adoucissantes.

On l'administre en pastilles, en pilules et en crème pectorale. On s'en sert le plus habituellement pour composer des suppositoires. Il fait partie du *cérat cosmétique de van Mons*.

§ II. — Beurre de Palme.

1° PLANTE. — Le *beurre de Palme* est fourni par un grand Palmier, l'*Elaïs de Guinée* (1), qui habite la Guinée et la Guyane.

Description. — Tronc hérissé des bases persistantes et épineuses des pétioles. Feuilles pinnées, à folioles rapprochées, grandes, ensiformes, bordées inférieurement de dents épineuses. Fleurs mâles et femelles sur des régimes différents, munis d'une double spathe. Calice et corolle à trois parties. Étamines au nombre de 6. Ovaire à 3 loges dont 2 oblitérées, surmonté de 3 stigmates.

2° FRUIT (2). — Le *fruit* de l'*Elaïs* est une drupe de la grosseur d'une noix, d'un jaune doré, à sarcocarpe fibreux et huileux ; il présente un noyau très dur qui renferme une amande solide et grasse.

3° BEURRE. — On extrait de ce *fruit* deux produits différents : l'un fourni par le sarcocarpe, l'autre par l'amande.

Le produit du sarcocarpe est liquide en Afrique et à la Guyane, ce qui l'a fait nommer dans ces pays *huile de Palme* ; mais, en Europe, cette matière se solidifie et prend la consistance du *beurre*. Ce produit est d'un jaune orangé et d'une odeur plus ou moins forte. Il se dissout à froid dans l'alcool à 40 degrés, et se précipite en partie par le refroidissement. Il se saponifie très facilement par les alcalis.

(1) *Elais Guineensis* Jacq., vulgairement *Aouara*, *Avoira*.
(2) Vulgairement, en Afrique, *Mapa*.

On importe le *beurre de Palme*, en quantités considérables, en Angleterre et en France.

Le produit de l'amande est de même un corps gras, solide, mais il a une couleur blanche. Cet autre *beurre* est moins abondant que le premier ; il ne vient pas en Europe.

4° PROPRIÉTÉS ET USAGES.—Le *beurre de Palme* peut entrer avec avantage dans la composition des onguents et des pommades (Bouchardat).

§ III. — Beurres peu employés.

1° BEURRE DE CHIGOMIER, produit par une Combrétacée du sud-est de l'Afrique, le *Chigomier butyreux* (1). — Ce *beurre*, appelé *chiquito* par les Cafres, est un peu dur, blanc et d'une odeur aromatique particulière. Il est composé de 25 parties d'oléine et de 75 de margarine. Il forme sur la côte de Mozambique un article de commerce. — On l'emploie dans la préparation des aliments.

2° BEURRE DE CROTON, produit par une Euphorbiacée de la Chine, naturalisée aujourd'hui dans la Caroline, le *Croton porte-suif* (2). — *Fruits* à coques ovoïdes, pointues, à 3 côtes arrondies. Graines solitaires, presque hémisphériques, aplaties d'un côté avec un sillon, convexes de l'autre, couvertes d'une matière sébacée un peu ferme et très blanche. — Pour séparer le *beurre* (3), on broie ensemble les coques et les graines. On les fait bouillir dans l'eau ; on écume la matière graisseuse à mesure qu'elle s'élève. On la fait refroidir ; elle se condense alors comme du suif.

3° BEURRE DE GALAM, produit par une Sapotacée, l'*Illipé de Park* (4), qui croît dans les royaumes de Bambouc et Barbara, à l'est du Sénégal. — *Beurre* (5) offrant l'apparence du suif, mais plus onctueux, d'un blanc sale, quelquefois rougeâtre. — Odeur légère ; saveur douce, sans âcreté.

On en retire aussi de l'*Illipé butyracé* (6).

4° BEURRE DE MUSCADE, produit par une Myristicée, le *Muscadier aromatique* (7). — En agitant avec de l'eau l'huile de muscade, une matière de consistance butyreuse va au fond du liquide.

---

(1) *Combretum butyrosum* Car. (*Sheadendron butyrosum* Bertol.).
(2) *Croton sebiferum* Linn. (*Stillingia sebifera* Michx.) ; vulgairement *Arbre à suif*, en Chine *U-kieu-mu.*
(3) Vulgairement *Suif de la Chine.*
(4) *Bassia Parkii* DC.
(5) Vulgairement *beurre de Bambouc, de Shea, de Chi.*
(6) *Bassia butyracea* Roxb., vulgairement *Fulwah, Fulwarah, Ghee, Ghi.*
(7) *Myristica officinalis* Linn.

—*Beurre* gras, solide, d'un jaune un peu rougeâtre. A l'exposition de l'air, il devient d'un jaune roussâtre. En traitant le *beurre de muscade* par l'alcool, on en retire une graisse solide, la *myristicine*. Cette matière est cristallisée, soyeuse, blanche, inodore. Elle fond à + 31°. — Odeur aromatique très forte. — Employé à des frictions stimulantes. On l'associe plus souvent à d'autres médicaments. Il fait partie du *baume nerval* (1).

Les graines de deux autres espèces de *Muscadiers*, le *Porte-suif* (2) et le *Bicuhyba* (3), fournissent aussi, par l'eau bouillante, une matière grasse, solide et un peu aromatique.

5° AUTRES BEURRES. — Les *graines* du *Sumac bâtard* (4) donnent aussi une sorte d'*huile concrète* (5), de la consistance du suif, qui est employée au Japon pour la fabrication des chandelles.

Il en est de même de celles du *Litsée de Chine* (6), et du *Péki butyreux* (7) de la Guyane.

CHAPITRE XIV.

DE LA CIRE.

La *cire* des végétaux ressemble beaucoup à celle des abeilles (8).

Elle constitue cette poussière blanchâtre, appelée *glauque*, qui recouvre et argente un grand nombre de fruits (Proust), de feuilles, de sommités et même de tiges. Elle entre aussi dans la composition du pollen ou globules fécondateurs des étamines.

La *cire végétale* est plus ou moins dense, légèrement rude au toucher, d'un beau blanc, grisâtre, verdâtre, verte, jaunâtre ou tout à fait jaune. Cette matière semble tenir le milieu entre les corps gras et les résines.

La *cire* fournie par les végétaux de nos pays n'est pas assez abondante pour être exploitée. D'ailleurs les abeilles nous donnent en assez grande quantité un produit bien supérieur. La *cire végétale* est récoltée seulement à l'étranger.

(1) Voy. pages 297, 384.
(2) *Myristica sebifera* Sw. (*Virola sebifera* Aubl.), vulgairement *Ucuuba*.
(3) *Myristica officinalis* Mart. (*M. Bicuhyba* Schott), vulgairement *Vicuiba*, *Bicuiba redonda*, *Noz moscada do Brasil*.
(4) *Rhus succedaneum* Linn.
(5) Vulgairement *Cire du Japon*.
(6) *Litsea Chinensis* Lam. (*Tetranthera laurifolia* Jacq., *Sebifera glutinosa* Lour., *Tomex sebifera* Willd.), vulgairement *faux Cerisier de la Chine*.
(7) *Pekea butyrosa* Aubl. (*Caryocar butyrosum* Willd.).
(8) ZOOLOGIE MÉDICALE, p. 178.

J'en signalerai deux espèces principales : 1° la *cire de Galé*, 2° la *cire de Céroxyle*.

§ I. — Cire de Galé.

1° PLANTE. — Le *Galé cirier* (1) est un arbrisseau de la famille des Myricées, qui habite la Caroline et la Pensylvanie.

Description. — Petit arbre ayant le port d'un Myrte, haut de 2 à 3 mètres, à tige rameuse, grisâtre ; rameaux cylindriques, un peu velus vers le sommet, d'un gris roussâtre. Feuilles alternes, un peu pétiolées, lancéolées, aiguës, fort rétrécies et entières vers la base, dentées en scie vers le haut, presque entièrement glabres, ponctuées à leur face inférieure, couvertes en dessus et en dessous de très petits grains couleur d'ambre. Inflorescence en chatons axillaires, sessiles, courts.

2° FRUITS. — Ces *fruits* sont des espèces de *baies* disposées en paquets serrés, de la grosseur de pois médiocres, globuleuses, composées d'une coque ligneuse très épaisse, enveloppée d'un brou desséché, mince et jaunâtre. Ils ne contiennent qu'une graine.

Un arbre peut donner de 3 à 4 kilogrammes de fruits. Indépendamment de la *cire*, dont il va être question, ces baies renferment un principe coloré astringent qu'on a essayé contre la dysenterie (Alexandre).

3° CIRE. — A la surface de ces fruits, on remarque de petits corps arrondis, noirâtres, couverts de poils. Ces corps, qui ont une odeur et un goût de poivre très prononcés, sont les organes producteurs de la cire. Celle-ci en exsude de toutes parts et les recouvre d'une couche uniforme et grenue, d'un blanc de neige éclatant, qui leur donne l'aspect de certains bonbons.

On fait bouillir ces baies dans l'eau, en ayant soin de les frotter contre les parois de la chaudière. La *cire* monte à la surface du liquide (2).

Les fruits du *Galé cirier* en donnent à peu près le quart de leur poids.

Cette *cire* est jaunâtre ou verte. Cette dernière couleur est due à une matière étrangère qu'on peut séparer au moyen de l'éther.

La *cire du Galé* est moins brillante, plus sèche et plus friable que celle des abeilles ; elle fond à — 43°. La jaunâtre est plus aromatique que la verte. Suivant Duhamel, la première est obtenue en

____

(1) *Myrica cerifera* Linn., vulgairement *Cirier, Arbre à cire de la Louisiane. Candleberry.*

(2) On a imprimé, par erreur, dans ma ZOOLOGIE MÉDICALE (p. 178, note), que cette *cire* est produite par le *bois du Galé.*

versant de l'eau bouillante sur les baies et en la faisant couler dans des baquets, après quelques minutes de contact. Le résidu, bouilli dans l'eau, donne la cire verte.

Les bougies faites avec cette *cire* répandent une odeur agréable quand elles brûlent. Delile compare cette odeur à celle des bourgeons glutineux des peupliers d'Italie.

On se sert de la *cire du Galé* pour falsifier celle des abeilles.

D'autres arbrisseaux du même genre, et particulièrement le *Galé de la Caroline* (1), produisent aussi de la *cire*.

§ II. — Cire de Céroxyle.

1° PLANTE. — Le *Céroxyle andicole* (2) est un magnifique Palmier qui croît sur les plateaux des Andes.

Description. — Cet arbre s'élève jusqu'à 60 mètres de hauteur. Ses feuilles présentent jusqu'à 8 mètres de longueur ; elles sont pinnées, pubescentes et argentées en dessous. Spathe monophylle, renfermant des régimes de fleurs femelles simplement ou des fleurs mâles avec des fleurs hermaphrodites, sur le même pied. Les fleurs hermaphrodites ont, de même que les mâles, douze étamines, à anthères libres, mais leur ovaire avorte constamment. Celui des fleurs femelles est surmonté de trois styles, et se change en une drupe globuleuse violette à chair sucrée, uniloculaire.

2° CIRE (3). — La *cire* exsude des feuilles, et surtout du tronc de l'arbre, à l'endroit des anneaux produits par la chute de ces dernières. Elle compose souvent une couche de 5 à 6 millimètres. Les habitants des Andes l'enlèvent en raclant le tronc avec un couteau. Ils la font fondre et la purifient. On réunit cette matière sous la forme de boules qu'on fait sécher au soleil.

Cette *cire* est dure, poreuse, friable, d'un blanc jaunâtre plus ou moins sale, sans odeur ni saveur.

D'après Vauquelin, c'est un mélange de deux tiers d'une résine jaune et d'un tiers de cire pure, plus cassante que celle des abeilles. Suivant M. Boussingault, elle serait composée d'une résine jaunâtre un peu amère, soluble dans l'alcool froid, et d'une autre résine (*céroxyline*) soluble seulement dans l'alcool bouillant et facilement cristallisable.

---

(1) *Myrica Carolinensis* Mill. (*M. Pensylvanica* Duh., *M. cerifera* β Mich.).
(2) *Ceroxylon Andicola* Kunth.
(3) *Cera de Palma.*

Les Indiens fondent cette *cire*, la mêlent avec un tiers de cire ordinaire et en composent des cierges et des bougies. On y ajoute souvent une petite quantité de suif pour la rendre moins fragile.

Un autre *Palmier*, le *Carnauba* (1), qui croît dans le Brésil, fournit une *cire* dure, cassante, à cassure lisse et luisante, tout à fait analogue à celle des abeilles (Brande).

§ III. — De quelques Cires peu connues.

1° CIRE DE BÉNINCASE, produite par la *Bénincase cérifère* (2), de la famille des Cucurbitacées, qui est originaire de la Chine. — *Fruit* ovoïde, hérissé de poils dans sa jeunesse, perdant son duvet en grossissant et conservant une peau charnue qui se couvre d'une poussière glauque assez abondante. La *cire de Bénincase* peut être recueillie en raclant le fruit avec un couteau, ou bien en lavant et frottant le péricarpe avec un linge mouillé d'alcool (Delile). Elle est glauque, résineuse, inflammable. Elle se précipite dans l'alcool sans s'y dissoudre. — Elle a une odeur qui approche de celle de la résine du Sapin (Delile).

2° CIRE DE GETAH-LAHOE (3), produite par le *Figuier cérifère* (4), de la famille des Artocarpées, qui croît à Sumatra. — *Cire* d'un gris noirâtre à l'extérieur, d'un rose tendre intérieurement, très poreuse et très fragile. On peut la pulvériser. — Elle brûle facilement avec une flamme longue et blanche, donnant beaucoup de fumée. Elle est plus légère que l'eau. Elle se liquéfie à 75°. Elle se dissout dans l'alcool, dans l'éther et dans l'essence de térébenthine (Bleckrode).

CHAPITRE XV.

DU CAOUTCHOUC.

1° HISTOIRE. — En 1735, la Condamine, de retour de son voyage en Amérique, décrivit l'arbre principal qui fournit le *caoutchouc*. En 1751, Fresnau et Macquer étudièrent ce nouveau produit, et présentèrent à l'Académie royale des sciences un mémoire intéressant sur sa nature et son utilité. Ces travaux passèrent, pour ainsi

(1) *Corypha cerifera* Arrud.
(2) *Benincasa cerifera* Savi.
(3) Ou *Gutta-Lahoe*, ou *Cire végétale de Sumatra*.
(4) *Ficus cerifera* Blume.

dire, inaperçus. Ce n'est guère que depuis le commencement de ce siècle que le *caoutchouc* a commencé de fixer l'attention. On l'importa en France sous le nom de *gomme élastique*, et en Angleterre sous celui d'*Indian rubber*. Toutefois son usage a été restreint, pendant longtemps, à effacer le crayon et à fabriquer un très petit nombre d'instruments. Le *caoutchouc* n'a acquis une grande importance industrielle que lorsque l'on a réussi à le dissoudre complétement et facilement, et surtout depuis qu'on s'en est servi pour rendre imperméables les étoffes ou pour leur donner de l'élasticité. On assure qu'en 1854 on en a importé en France 870 000 kilogrammes.

2° PLANTES. — Les végétaux qui produisent le *caoutchouc* sont assez nombreux. Les uns en contiennent une assez grande quantité, les autres en offrent peu. Les espèces qu'on exploite sont celles qui en ont assez abondamment pour que le seul repos de leur suc, à l'air libre, suffise pour en donner.

Les végétaux producteurs du *caoutchouc* appartiennent aux familles des Euphorbiacées, des Artocarpées, des Apocynées et des Lobéliacées.

1° Parmi les premiers, on peut citer la *Siphonie élastique* (1), de la Guyane (2).

2° Parmi les seconds se trouvent : le *Castilloa élastique* (3), du Mexique ; le *Coulequin ombiliqué* (4), de la Jamaïque et de Surinam ; et un certain nombre de *Figuiers*, particulièrement l'*élastique* (5), le *Figuier des Indes* (6), celui *des pagodes* (7), le *Radula* (8), l'*elliptique* (9), celui *à feuilles d'Aspalanthe* (10), les trois premiers des Indes orientales, les autres de la Nouvelle-Grenade.

3° Parmi les troisièmes, nous avons le *Vahée porte-gomme* (11),

---

(1) *Siphonia Guianensis* A. Juss. (*Hevea Guianensis* Aubl., *Jatropha elastica* Linn. f., *Siphonia elastica* Pers., *S. Cahuchu* Rich.), qui donne le *caoutchouc de la Guyane*, ou *Caoutchouc du Para*, ou *Hévé*.

(2) Tous les arbres du même genre pourraient fournir du *caoutchouc*, particulièrement les *Siphonia Brasiliensis* Willd., *lutea* Spruce, *brevifolia* Spruce, *Spruceana* Benth.

(3) *Castilloa elastica* Cerv.

(4) *Cecropia peltata* Linn.

(5) *Ficus elastica* Roxb.

(6) *Ficus Indica* Lam., vulgairement *Figuier admirable*, *Figuier maudit franc*.

(7) *Ficus religiosa* Linn., vulgairement *Bogoa*, *Arbre de Dieu*.

(8) *Ficus Radula* Willd.

(9) *Ficus elliptica* Kunth.

(10) *Ficus prinoides* Willd.

(11) *Vahea gummifera* Poir., qui donne le *caoutchouc de Madagascar*.

de Madagascar ; l'*Urcéole élastique* (1), de Bornéo, et l'*Hancornie pompeuse* (2), du Brésil.

4° Parmi les quatrièmes, la *Lobélie caoutchouc* (3), de Popayan.

Celui de tous ces végétaux qui fournit le plus de *caoutchouc*, c'est le premier. Je me bornerai à décrire cette espèce.

Description. — La *Siphonie élastique* est un bel arbre qui s'élève jusqu'à 20 mètres de hauteur. Écorce épaisse, grisâtre ou rougeâtre. Feuilles composées chacune de 3 folioles longuement pétiolées, ovales-cunéiformes, arrondies au sommet, portant quelquefois une pointe fort courte, très entières, glabres, vertes en dessus, d'un cendré glauque en dessous, un peu épaisses, coriaces. Inflorescence en grappes paniculées, terminales, courtes. Fleurs petites, unisexuées, monoïques, dans la même panicule. Mâles nombreuses, à calice monosépale, urcéolé, semi-quinquéfide ; à 5 étamines saillantes. Femelles solitaires et terminales, à calice campanulé offrant 5 dents pointues, un peu réfléchies ; à ovaire supérieur, globuleux-conique, sans style, chargé de 3 stigmates sessiles, un peu épais, aplatis, bilobés. Fruit capsulaire, gros, ovoïde, ligneux, à 3 lobes, triloculaire. Chaque loge bivalve, contenant d'une à trois graines ovoïdes, roussâtres, bariolées de noir. Tégument propre mince et fragile. Amande blanche, bonne à manger.

3° CAOUTCHOUC (4). — *Récolte.* — Voici comment on recueille ce produit. Un ouvrier muni d'un pic, d'une calebasse et d'une petite provision d'argile détrempée, se transporte de grand matin dans les endroits où sont les *Siphonies* et les autres arbres à *caoutchouc.* Il colle au tronc une coupe d'argile pétrie grossièrement, à peu près comme un nid d'hirondelle. Il donne en dessus un coup de pic ; il passe à un autre arbre et répète la même opération. Il en saigne ainsi un certain nombre, puis, revenant sur ses pas, il vide les coupes dans sa calebasse et rentre au logis avec son butin. Comme on le voit, les troncs ne sont pas incisés, mais piqués.

On a remarqué qu'il en est des *Siphonies*, pour ainsi dire, comme des vaches laitières ; plus on tire de lait, plus elles en fournissent. Toutefois on cherche à ne pas épuiser l'arbre et à faire durer la récolte. Un pied ménagé peut en donner pendant toute la saison. Il est d'usage de laisser les arbres en repos depuis la floraison jusqu'à la maturité du fruit (Spruce).

(1) *Urceola elastica* Roxb., qui donne le *caoutchouc de Singapour* ou *Pulo-penang*.

(2) *Hancornia speciosa* Gomes, qui donne le *caoutchouc du Brésil.*

(3) *Lobelia Caoutchouc* Kunth (*L. Cautschuk* Willd.), qui donne le *caoutchouc des Popayanais.*

(4) Ou *Caoutchou.*

La quantité de lait récolté est variable. En général, vingt arbres en laissent égoutter en moyenne un litre. Les femmes peuvent en récolter environ deux litres : c'est là la quantité normale. M. Weddel a vu, le long de la rivière des Amazones, un ouvrier rentrer dans sa case avec une calebasse qui contenait au moins cinq litres. Cette quantité peut suffire à fabriquer vingt bouteilles ou poires, ou dix paires de souliers. Il faut environ trois litres de suc pour avoir un litre de *caoutchouc*. Les filles de cet ouvrier, moins exercées que lui, en recueillaient, assurait-il, plus de deux litres dans leur matinée.

Pour faire une bouteille, on fixe une boule d'argile au bout d'un bâton ; on y applique une couche de suc ; on sèche cette couche à la fumée épaisse d'une graine oléagineuse ; on trempe la boule de nouveau ; on l'enfume une seconde fois, et ainsi de suite, jusqu'à ce que la matière ait pris une épaisseur convenable. En général, il faut une douzaine de couches. Alors on brise la boule ou bien on la délaye dans l'eau, et l'on vide la bouteille par l'ouverture qui s'est faite en la détachant du bâton.

Pour fabriquer un soulier, on a une forme de bois fixée au bout d'une tige. Un ouvrier habile peut faire quatre ou cinq souliers dans dix minutes.

Le *caoutchouc* ne durcit pas et ne se fonce pas tout de suite. Il faut qu'il soit exposé au soleil. Un peu d'alun ajouté au lait en accélère la coagulation, tandis que l'ammoniaque produit un effet opposé (Spruce).

On récolte encore le *caoutchouc* en lames et en masses informes.

On prépare les premières en versant le suc dans des cadres munis d'une toile métallique et appliqués sur une couche de sable (Hantoine), ou bien en l'étendant sur des planches qu'on expose au feu ou au soleil (Carré).

On obtient les secondes par divers procédés. Un des meilleurs consiste à coaguler le suc au moyen du rhum (Hantoine).

Quand on abandonne le suc laiteux à lui-même, il ne tarde pas à se séparer en deux parties, l'une solide, l'autre liquide, semblable à un produit séreux.

Caoutchouc. — Le *caoutchouc* pur est blanc, mou, flexible et très élastique. Une boule de 9 pouces 1/2 de circonférence et du poids de 7 onces 1/4, tombant de 15 pieds, rebondit à 7 pieds de hauteur (Roxb.). Le poids spécifique du *caoutchouc* est de 0,989 (Briss.) (1). Cette matière est insoluble dans l'eau et dans l'alcool.

____

(1) Suivant d'autres, de 0,933.

Elle absorbe 26 pour 100 d'eau ; elle se dissout dans l'éther, dans les huiles volatiles et dans le sulfure de carbone.

4° PROPRIÉTÉS ET USAGES. — Le *caoutchouc* n'offre ni odeur, ni saveur.

Il est employé pour préparer des canules, des sondes, des bougies, des pessaires ; il rend imperméables les taffetas et les étoffes ; il entre dans la composition de certains vernis. La chirurgie en tire un excellent parti dans un grand nombre de circonstances.

Produits analogues.

1° GUTTA-PERCHA. — Il faut rapprocher du *caoutchouc* la *gutta-percha* (1), substance très analogue, originaire des Indes.

1° *Plante.* — Le végétal qui la fournit est l'*Isonandre gutta* (2), de la famille des Sapotacées, qui croît à Bornéo, dans les îles de la Malaisie et dans les environs de Singapour.

Description. — Hauteur de 13 à 14 mètres. Feuilles alternes, longuement pétiolées, obovées, brièvement acuminées, très entières, vertes en dessus, dorées en dessous. Inflorescence axillaire, fasciculée. Calice à 6 sépales. Étamines 12. Ovaire biloculaire. Fruit (*baie*) presque globuleux, dur, à deux loges fertiles, contenant chacune une graine.

2° *Gutta-percha.* — Cette substance a été apportée pour la première fois en Angleterre en 1843, et en France en 1846. Elle nous arrive en pains ronds, un peu aplatis. Elle est solide à l'extérieur, un peu molle intérieurement, comme formée de couches fibro-membraneuses, blanchâtres et un peu nacrées. Elle devient, en se séchant, très ferme et très tenace.

Le poids spécifique de la *gutta-percha* est de 0,966 (Werth.). Elle se ramollit dans l'eau chaude.

La *gutta-percha* diffère du *caoutchouc* par sa faible élasticité, par sa consistance pâteuse, par son insolubilité dans l'éther et par sa plus grande solubilité dans l'essence de térébenthine. Elle absorbe moins l'eau.

3° *Propriétés et usages.* — La *gutta-percha* peut remplacer le *caoutchouc* dans un grand nombre de circonstances. Elle entre dans la composition d'une espèce de *sparadrap*.

2° BALATA. — Le *balata* est encore un produit offrant de grands rapports avec le *caoutchouc*.

(1) En malai *pertjah* ; on l'appelle aussi *Gettaria*.
(2) *Isonandra Gutta* Hook.

1º *Plante.* — Le végétal qui le donne est le *Sapotillier de Müller* (1), de la famille des Sapotacées, qui croît abondamment dans les parties montagneuses de Surinam.

Description. — Arbre très élevé. Rameaux épais, glabres, d'un gris brun. Feuilles pétiolées, elliptiques, quelquefois oblongues-lancéolées, atténuées à la base et au sommet, un peu obtuses, glabres, luisantes et vertes en dessus, un peu mates et d'un gris verdâtre en dessous, coriaces ; les supérieures légèrement pubescentes ; stipules petites, sessiles, subulées. Inflorescence en fascicules pauciflores. Pédoncules égalant la longueur des pétioles, uniflores. Fruit (*baie*) globuleux-ovoïde, terminé par le style subulé, glabre, olivâtre, entouré à la base par le calice persistant, monosperme. Graine un peu allongée-obovée, lisse, luisante, d'un brun noir (Bleekrode).

On distingue à la Guyane trois variétés de cette espèce : le *blanc*, le *rouge* et l'*indien* (Serres).

2º *Balata.* — Le *balata* s'écoule du tronc. C'est d'abord une liqueur onctueuse inodore, une sorte de lait bon à manger. La récolte de ce lait est très facile. On entoure une partie du tronc, ou sa circonférence, d'un anneau d'argile à bords relevés et destiné à servir de récipient ; l'écorce est entaillée jusqu'au liber et le suc laiteux s'écoule immédiatement (O'Rorke).

A Surinam, ce lait se concrète en six heures ; mais on a pu en envoyer de liquide en Europe.

Le *balata* est une substance compacte, solide, assez dure, un peu élastique et couleur de chair.

Il diffère du *caoutchouc* et de la *gutta-percha* par sa faible élasticité. Il en diffère encore en ce qu'il n'absorbe presque pas d'eau.

3º *Propriétés et usages.* — Le *balata* peut être substitué au caoutchouc, dans les cas où l'élasticité n'est pas une condition. Comme il absorbe très peu d'eau, il pourrait fournir aux fils électriques une enveloppe plus isolante.

4º *Succédanés.* — Il existe plusieurs autres *balatas*, moins connus que le précédent, retirés également de la famille des Sapotacées. Tels sont :

1º Le *Balata lucuma*, produit par le *Lucuma marmelade* (2), de la Jamaïque et de Cuba.

---

(1) *Sapota Mülleri* Blume.

(2) *Lucuma mammosa* Gærtn. (*Achras mammosa* Linn.), vulgairement *Marmelade naturelle, Jaune d'œuf, Lucuma, Berowé commun.*

2° Le *Balata galimata* ou *blanc*, produit par le *Dipholis à feuilles de Saule* (1), des Antilles.

3° Le *Balata bâtard*, qui diffère à peine du précédent, produit par la *Bumélie noire* (2), de la Jamaïque.

4° Le *Balata neesberry*, produit par l'*Achras sydéroxyle* (3), du même pays.

CHAPITRE XVI.

DES CACHOUS.

§ I. — Considérations générales.

Les *cachous* sont des sucs qui doivent leurs propriétés au tannin dont ils sont chargés.

Le *tannin*, ou *acide tannique*, est un principe assez répandu dans les plantes, qui leur donne une saveur plus ou moins acerbe ou astringente. Ce principe, à l'état de pureté, est solide, blanc, non cristallisable, inaltérable à l'air ; il rougit le tournesol ; il est dissous en très grande quantité par l'eau, mais à peine par l'éther. Dans les plantes, le *cachou* présente assez généralement une couleur particulière, d'un rouge brun (Virey).

La peau enlève le *tannin* à l'eau, et celui-ci la transforme en cuir.

Le *tannin* le plus connu est celui de la *noix de galle* (4). C'est le plus astringent. Ceux des autres végétaux diffèrent plus ou moins de ce dernier.

On a distingué les *tannins* en trois séries :

1° Ceux qui colorent en bleu noir les sels ferriques : par exemple, les *tannins* de l'écorce de *Chêne*, du *Sumac*, de l'*Aune*, du *Bouleau*...

2° Ceux qui colorent en vert les mêmes sels : par exemple, les *tannins* du *Cachou*, du *Quinquina*, du *Quino*, du *Thé*, des *Sapins*, des *Pins*...

3° Ceux qui précipitent en gris verdâtre les mêmes sels : par exemple, les *tannins* de la *Ratania*, de l'*Absinthe*, de l'*Ortie*...

Les parties des végétaux qui renferment du tannin sont variables. On en trouve :

(1) *Dipholis salicifolia* A. DC. (*Achras salicifolia* Linn., *Bumelia salicifolia* Sw., *Sideroxylon salicifolium* Gœrtn.), vulgairement *White Bully-tree*, *Galimata*, *Berowé blanc*.

(2) *Bumelia nigra* Sw. (*Achras nigra* Poir., *Sideroxylon nigrum* Gœrtn.), vulgairement *Berowé bâtard* ou *Towranero*.

(3) *Achras Sideroxylon* des botanistes.

(4) Voy. ÉLÉMENTS DE ZOOLOGIE MÉDICALE. Paris, 1860, p. 128. — La *noix de galle* en contient environ 65 pour 100.

1° Dans l'écorce de la racine (*Grenadier*).

2° Dans la racine même (*Ratania, Tormentille, Consoude, Bistorte*).

3° Dans l'écorce de la tige (*Monesia, Chêne*).

4° Dans le bois (*Acacie cachou*).

5° Dans les feuilles (*Sumac, Ronce, Aigremoine, Myrte, Busserole*).

6° Dans les fleurs (*Roses rouges, Brayère*).

7° Dans les fruits (*écorce de Grenade, glands de Chêne*).

8° Dans les excroissances produites par les piqûres de certains insectes (*Chênes, Pistachiers, Distyle à grappes*).

Enfin plusieurs végétaux en présentent, dans leurs sucs, des quantités assez notables, mais qui varient beaucoup, suivant les espèces.

En prenant le *cachou de Pégu* ou l'*extrait de cachou* pour unité, M. Soubeiran a trouvé que pour équivaloir à une partie en poids de cet extrait, il fallait employer :

Kino de la Jamaïque.	1,25
— d'Amboine.	1,50
Cachou de l'Inde	1,70
Extrait de Monesia	1,90
— de Ratania	1,90
— de Tormentille	4,40
— de Bistorte	6,20
— d'écorce de Chêne	6,90

Le *tannin* n'a pas d'odeur. Sa saveur est fortement astringente.

On compte six sortes de *cachous*, ou sucs épaissis contenant une forte proportion de *tannin*. Ce sont : 1° le *cachou* proprement dit, 2° le *cachou d'Arec*, 3° le *Gambir*, 4° le *suc d'Acacie*, 5° les *Kinos*.

§ II. — Du Cachou proprement dit.

1° PLANTE. — Pendant longtemps on a ignoré l'origine du *cachou* proprement dit. On croyait que c'était une sorte de terre particulière au Japon (*terra Japonica*). Cependant l'emploi de cette substance était fort ancien chez les peuples des contrées méridionales et orientales de l'Asie.

On retire le *cachou* de l'*Acacie cachou* (1), Légumineuse des Indes orientales et particulièrement du Bengale.

Description. — L'*Acacie cachou* est un bel arbre, à rameaux cylindriques. Ses feuilles sont grandes, bipinnées, composées d'en-

(1) *Acacia Catechu* Willd. (*Mimosa Catechu* Linn. f.).

viron 10 paires de folioles, même de 40 à 50, lancéolées, aiguës, entières, pubescentes des deux côtés. Les aiguillons stipulaires sont comprimés et un peu recourbés. Inflorescence en épis cylindriques, pédonculés, au nombre de 2 ou 3, à l'aisselle des feuilles supérieures. Fleurs jaunes. Fruits (*gousses*) allongés, lancéolés, plans, contenant de 3 à 6 graines.

2° CACHOU (1). — Pour extraire ce produit, on prend la partie intérieure du bois, qui est d'un rouge foncé, et même noir par places. La partie externe, qui est blanche, est rejetée. On divise le bois en copeaux et l'on en remplit un vase de terre à ouverture étroite ; on y met de l'eau. On chauffe jusqu'à ce que cette dernière soit diminuée de moitié. On la verse dans un vase de terre plat et on l'épaissit jusqu'à ce qu'il en reste seulement la troisième partie. Alors la matière étant reposée pendant un jour, on fait épaissir à la chaleur du soleil ; on l'étend sur une natte ou sur un drap saupoudré de bouse de vache préparée. On la divise en morceaux quadrangulaires dont on complète la dessiccation au soleil (Kerr).

On ajoute quelquefois, à l'extrait, de la raclure d'un certain bois noir et de la farine d'une Graminée appelée *Rachani* (2). On la moule aussi dans des vases d'argile de forme carrée.

Ce produit est désigné, dans les Indes, sous le nom de *catechu*, mot tiré de *Cate*, qui est le nom de l'arbre, et de *chu*, qui signifie *suc*.

Le *cachou* de l'*Acacie catechu* est généralement connu, dans le commerce, sous le nom de *cachou de Pégu*.

Ce *cachou* est en pains aplatis, du poids de 90 à 125 grammes, d'un brun rougeâtre ou brun noirâtre. Sa cassure est tantôt terne, tantôt luisante et comme résineuse.

On en distingue deux variétés : 1° le *cachou du Bengale*, 2° le *cachou de Bombay*. Le premier contient 48 parties 1/2 pour 100 de tannin, et le second 54 1/2.

Le *cachou* est essentiellement composé de *tannin*, d'*acide cachutique* ou *catéchutique*, de *catéchine* et d'*extractif*.

L'*acide cachutique* est solide, formé d'aiguilles très fines, soyeuses, blanches, très peu soluble dans l'eau froide et soluble dans 3 parties d'eau bouillante.

3° PROPRIÉTÉS ET USAGES. — Le *cachou* n'a pas d'odeur. Sa saveur est d'abord âpre et ensuite douce et assez agréable.

Le *cachou* est tonique. A petite dose, il augmente l'appétit et favorise la digestion ; à forte dose, il est astringent. On s'en sert contre les catarrhes chroniques et contre la diarrhée.

(1) Officin., *terra Japonica, Catechu.*
(2) *Eleusine Coracana* Lam. (*Cynosurus Coracanus* Linn.).

On l'administre en poudre, en grains, en pastilles, en tisane, en sirop, en vin, en teinture et en extrait.

§ III. — Du Cachou d'Arec.

1° PLANTE. — Cette seconde sorte de *cachou* est produite par un grand Palmier, appelé *Arec cachou* (1), qui croît dans l'Inde, à Ceylan et dans les îles Moluques.

Description. — L'*Arec cachou* est haut de 13 à 14 mètres. Dix à douze belles feuilles de 5 mètres forment sa tête. Chacune de ces feuilles offre un gros pétiole à base engaînante et deux rangées de folioles plissées en éventail. Inflorescence en panicules, généralement au nombre de trois : l'une supérieure, composée de fleurs mâles et de fleurs femelles entourées d'une double spathe ; la seconde portant des fruits verts, et la troisième des fruits mûrs. Ces fruits sont ovoïdes et d'un jaune doré. Ils présentent un brou fibreux et une amande cornée, très dure, marbrée intérieurement de blanc et de brun.

2° CACHOU. — C'est avec les *noix* de ce Palmier qu'on prépare, dans les provinces méridionales de l'Inde, la seconde sorte de *cachou*.

Les *noix* encore vertes sont coupées en morceaux et mises à bouillir dans l'eau, avec un peu de chaux, pendant trois ou quatre heures. Au bout de ce temps, il se dépose une matière épaisse et féculente comme une bouillie. Cette matière est exposée au soleil, sur des nattes, jusqu'à ce qu'elle devienne presque dure. Alors on la divise en petites masses (Herbert). Ces masses sont à peu près globuleuses (*cachou en boules*) ou déprimées (*cachou terreux*).

On mêle souvent ce produit, dans diverses proportions, avec celui de l'*Acacie cachou*.

À Mysore, on prépare deux sortes de *cachous d'Arec*. Les *noix*, telles qu'elles viennent sur l'arbre, donnent la première, qui est appelée *kassu* ou *cassu*. Les mêmes noix séchées fournissent la seconde, qui est dite *coury*.

3° PROPRIÉTÉS ET USAGES. — Les propriétés et les usages de ce *cachou* sont les mêmes que celles du précédent.

§ IV. — Du Gambir.

Cette substance ressemble tellement aux *cachous*, qu'on lui en donne souvent le nom.

(1) *Areca Catechu* Linn.

1° PLANTE. — On retire le *gambir* d'une Rubiacée, l'*Oncar gambir* (1), qui croît à Pulo-Pinang, à Sumatra et à Malacca.

Description. — L'*Oncarie gambir* est un arbrisseau sarmenteux, à rameaux grêles. Ses feuilles sont brièvement pétiolées, ovales-lancéolées, aiguës, lisses sur les deux faces, à stipules ovées. Inflorescence en capitules lâches, dans l'aisselle des feuilles supérieures. Pédoncules accompagnés à la base d'une épine recourbée en crochet. Calice urcéolé, à 5 lobes. Fruits (*capsules*) en forme de massue.

2° GAMBIR (2). — Le *gambir* se prépare suivant deux procédés :

1° On fait bouillir dans l'eau les feuilles séparées de la tige. On évapore la liqueur jusqu'à consistance sirupeuse, et on la laisse se solidifier par le refroidissement. On coupe alors la matière en petits carrés qu'on fait sécher au soleil.

2° On met à infuser, dans l'eau, les feuilles et les jeunes rameaux, et lorsque le résultat est suffisamment épaissi, on le façonne en petits pains ronds.

Le premier *gambir* est de couleur brune ; le second est presque blanc.

Ce produit se trouve souvent dans le commerce en petits morceaux à peu près cubiques, légers, spongieux et mats.

3° PROPRIÉTÉS ET USAGES. — Dans les Indes, on mâche le *gambir* de la même manière et avec autant de plaisir que le *cachou*. On s'en sert aussi pour le tannage et pour la teinture.

On pourrait l'employer en thérapeutique comme succédané du vrai *cachou*.

§ V. — Du Suc d'Acacie.

1° PLANTE. — Le *suc d'Acacie* est retiré d'une *Acacie* africaine dont j'ai déjà parlé en traitant de la *gomme arabique*. C'est l'*Acacie véritable* (3).

2° SUC D'ACACIE (4). — En Égypte, on recueille les fruits de l'*Acacie véritable* avant leur maturité. On les jette dans un mortier de pierre et l'on en exprime le suc. On fait épaissir ce suc au soleil, jusqu'à consistance convenable. On le façonne ensuite en boules de 125 à 250 grammes, que l'on enveloppe avec des morceaux de vessie.

---

(1) *Uncaria Gambir* Roxb. (*Nauclea Gambir* Hunt.).
(2) Ou *Gambeer*, ou *Gutta gambeer*.
(3) *Acacia vera* Willd.
(4) Officin., *succus Acaciæ*, vulgairement *suc d'Acacia d'Égypte*.

Ce *cachou* est solide et d'une couleur brune tirant sur celle du foie. Il se dissout promptement, mais imparfaitement, dans l'eau.

Le *cachou d'Acacie* est très rare dans le commerce.

On présente sous ce nom un faux *cachou*, retiré de l'*Acacia nostras*, c'est-à-dire des fruits non mûrs du *Prunellier sauvage* (1) ; mais ce dernier produit est plus dur, plus pesant et plus brun.

3° PROPRIÉTÉS ET USAGES. — Sa saveur est acide, styptique, un peu douceâtre et mucilagineuse.

Il a les propriétés des autres *cachous*. Il n'est pas employé, au moins dans nos pays.

§ VI. — Des Kinos.

On donne, aujourd'hui, ce nom à un certain nombre de sucs astringents, d'origine différente. Les uns nous arrivent de la Colombie, du Mexique et de la Jamaïque ; les autres de l'Inde, des Moluques et de la Nouvelle-Hollande. L'expression *kino* paraît venir de *Kueni*, nom d'un arbre indien qui fournit un de ces sucs (Pereira).

Les végétaux producteurs des *kinos* varient comme les pays qui les envoient.

Ces sucs sont d'un aspect résineux et d'un brun noir plus ou moins luisant ; ils jouissent des mêmes propriétés que les *cachous* proprement dits. On les administre quelquefois en teinture ; mais ils sont peu usités. Aussi je me bornerai à en dire quelques mots.

Voici un résumé des principales sortes de *kinos* et de leur provenance :

1° Le KINO DU SÉNÉGAL, retiré du *Ptérocarpe hérisson* (2) (Légumineuse).

2° Le KINO D'AMBOINE, retiré du *Ptérocarpe de Coromandel* (3).

3° Le KINO DE GAMBIE, retiré de la *Butée feuillée* (4) (Légumineuse).

4° Le KINO DE LA COLOMBIE, retiré du *Palétuvier manglier* (5) (Rhizophorée).

5° Le KINO DE L'AUSTRALIE, retiré de l'*Eucalypte résineux* (6) (Myrtacée).

6° Le KINO DE LA JAMAÏQUE, retiré du *Raisinier à grappes* (7) (Polygonée).

(1) *Prunus spinosa* Linn.
(2) *Pterocarpus erinaceus* Lam.
(3) *Pterocarpus marsupium* Roxb.
(4) *Butea frondosa* Roxb.
(5) *Rhizocarpus Mangle* Linn.
(6) *Eucalyptus resinifera* Smith (*Metrosideros gummifera* Gærtn.).
(7) *Coccoloba uvifera* Linn.

CHAPITRE XVII.

DE LA RÉGLISSE.

1° PLANTE. — La *réglisse* est le suc épaissi des *rhizomes* de la *Réglisse glabre* (1), Légumineuse dont il a été déjà question (2).

2° SUC DE RÉGLISSE. — Pour obtenir cette matière (3), on fait bouillir les *rhizomes* coupés en fragments, dans de grandes chaudières de cuivre. On les exprime fortement, et l'on fait évaporer jusqu'à consistance d'extrait. On enlève ensuite la masse avec une spatule de fer ; on la divise et l'on roule les fragments en bâtons de 12 à 15 centimètres de longueur, qu'on recouvre avec des feuilles de Laurier. Ces bâtons sont presque toujours aplatis à une extrémité par l'empreinte d'un cachet.

Le *suc de Réglisse* est noir et un peu luisant. Il a une cassure nette et résineuse. Il se ramollit dans les endroits humides.

L'extrait préparé dans les laboratoires est préférable à celui du commerce ; il est plus doux. Celui du commerce contient plus de matière âcre, et présente souvent du cuivre qui a été enlevé mécaniquement à la chaudière.

3° PROPRIÉTÉS ET USAGE. — Odeur faible. Saveur sucrée accompagnée d'une légère âcreté.

Le *suc de Réglisse* est adoucissant ; on l'emploie généralement dans les rhumes et les catarrhes pulmonaires.

On l'administre en nature ou bien en y mêlant de la gomme, du sucre et quelques aromates, par exemple, de la poudre d'Iris ou de l'essence d'Anis. Il entre dans la composition de diverses pastilles ; on en met aussi dans certaines tisanes.

CHAPITRE XVIII.

DE L'OPIUM.

L'*opium* est le *suc* du *Pavot somnifère* desséché à l'air.

1° PLANTE. — Le *Pavot somnifère* (4) est une Papavéracée qui croît dans l'Asie Mineure, la Perse, l'Inde et l'Afrique. On le cultive en France avec succès.

(1) *Glycirrhiza glabra* Linn.
(2) Voy. page 94.
(3) Officin., *succus Liquiritiæ*, *succus Glycirrhizæ*, *jus de Réglisse*.
(4) *Papaver somniferum* Linn.

J'ai déjà décrit ce végétal dans le chapitre des Fruits (1).

2° Opium (2). — On obtient l'*opium* de différentes manières :

1° On fait aux capsules encore vertes, lorsque les pétales viennent de tomber, le matin, après l'évaporation de la rosée, des incisions transversales ou spirales avec un petit instrument tranchant, ou simplement un canif ou un couteau. On emploie aussi une espèce de scarificateur à trois ou quatre lames, lequel, d'un seul coup, produit plusieurs incisions parallèles. Ces incisions ne doivent pas pénétrer dans l'intérieur du fruit (Dioscoride). On peut les pratiquer dans les trois sens, vertical, horizontal ou oblique, ou seulement obliquement (Reveil).

Le *suc* qui coule est d'abord blanc ; bientôt il jaunit en s'épaississant, puis il brunit et forme des larmes presque solides. On recueille ces larmes, le lendemain, avec le doigt ou avec un petit racloir, dans une coquille ou dans un vase ; on y retourne peu de temps après pour ramasser le nouveau suc écoulé. On rassemble ces larmes et on les mêle dans un mortier en les pilant et les malaxant, et l'on en forme des trochisques ou des pains arrondis ou irréguliers, souvent aplatis, qu'on entoure de feuilles de *Pavot* ou de fruits de Rumex. Chaque tête ne donne de l'*opium* qu'une fois, et seulement quelques centigrammes. C'est là l'*opium en larmes*, le moins amer, le moins vireux, le moins âcre et le plus estimé.

2° On pile les capsules et la partie supérieure des tiges. On en sépare le suc qu'on fait évaporer lentement ; on en forme des pains arrondis, déprimés, du poids de 125 à 500 grammes, qu'on enveloppe dans des feuilles de *Pavot*, de Tabac ou de Rumex. C'est là l'*opium du commerce* (*meconium* des anciens). Cette seconde méthode d'extraction est la plus usitée.

3° On se sert de l'eau bouillante, et l'on extrait l'*opium* non-seulement des capsules et des parties supérieures des tiges, mais encore des feuilles. Cet *opium* est appelé *poust* ; c'est la plus mauvaise qualité.

On retire principalement l'*opium* de l'Anatolie et de l'Égypte. On en reçoit aussi de la Perse et de l'Inde. Dans le commerce, on en trouve trois sortes : 1° l'*opium de Smyrne*, 2° celui de *Constantinople*, 3° celui d'*Égypte*.

L'*opium de Smyrne* est le meilleur et le plus recherché ; il est ordinairement recouvert de fruits de Rumex.

Celui de *Constantinople* est moins mou, mais plus mucilagineux ;

(1) Voy. page 259.
(2) Officin., *Opium Thebaicum, Meconium.*

il est formé de petites larmes de couleur plus foncée. Il est tantôt en gros pains, tantôt en petits pains (Guib.), recouverts de feuilles de *Pavot*.

Celui d'*Égypte* n'est pas grenu ; sa couleur est rousse et son odeur moins forte, tirant sur le moisi. Il se ramollit à l'air libre, au lieu de s'y dessécher.

On a eu l'idée de cultiver en Europe et en France le *Pavot somnifère*, et d'en extraire l'*opium*. C'est Pierre Belon (du Mans), qui, le premier, a conseillé cette culture et cette préparation. Un certain nombre d'industriels ont essayé et plus ou moins réussi. Dans le nombre, on doit citer surtout MM. Petit, Lamarque et Aubergier en France, Hardy et Simon en Algérie, Cowley et Staines en Angleterre, Young en Écosse... L'*opium indigène* a été désigné sous le nom d'*affium* (Aubergier). Il est en petits pains arrondis, lisses, d'un brun noir un peu rougeâtre, non recouverts de feuilles ni de fruits.

L'*opium* est une matière solide, un peu cassante, à cassure brillante et résineuse, d'un brun clair ou d'un brun noir. Il se ramollit entre les doigts ; il s'enflamme sur les charbons ardents ; il est soluble dans l'eau et dans l'alcool.

Un grand nombre de chimistes ont étudié la composition de l'*opium*. On y a découvert six principes azotés et plus ou moins alcalins, susceptibles de cristalliser. Ce sont : la *morphine* (Sertuerner), la codéine, la pseudo-morphine, la paramorphine ou thébaïne, la narcotine et la narcéine ; un autre non azoté, également cristallisable, la méconine ; deux acides, le méconique et l'acétique ; une huile fixe, une huile volatile, une résine, du caoutchouc, de la gomme, du sulfate de chaux et du sulfate de potasse...

La richesse en morphine des divers *opiums* varie de 2 à 15 p. 100. Elle dépend de la variété de *Pavot*, du moment de la récolte, du mode de préparation et de la pureté du produit. Un *opium* de bonne qualité doit en donner 10 pour 100. L'*opium de Smyrne* est celui qui en contient le plus.

3° Propriétés et usages. — L'*opium* présente une odeur forte et vireuse ; il teint la salive en vert. Sa saveur est amère, âcre et nauséeuse.

C'est un des médicaments les plus précieux. Il agit sur le système nerveux à faible dose, apaise la douleur, calme l'excitation et provoque le sommeil. A forte dose, il jette dans une stupeur plus ou moins profonde, ou dans un état de narcotisme effrayant. Dans certains cas, il exalte toutes les fonctions et amène une sorte de délire et d'aliénation mentale. Enfin, il peut occasionner la mort (A. Rich.). Les Orientaux mangent ou fument l'*opium*, dans le but, soit d'échapper aux peines physiques et morales, soit de rechercher, au détriment de leur santé, une ivresse voluptueuse et un bonheur factice.

On l'administre en poudre, en extraits, en sirop, en teinture, en vin, en vinaigre, en collyre, en cérat, en liniment. Il entre dans un grand nombre de préparations. Il forme la base des *laudanums de Sydenham* et *de Rousseau*. Il fait partie de la *thériaque*, du *diascordium*, de l'*élixir parégorique*, des *gouttes noires* (*black drops*) et de la *liqueur du docteur Porter*. Tous les médecins connaissent les acétate, sulfate, nitrate et chlorhydrate de morphine. On administre la morphine en pilules, en sirop, en potions et en pommade. Avec la codéine on prépare un sirop.

CHAPITRE XIX.

DU LACTUCARIUM.

1° PLANTE. — Le *lactucarium* se retire de la *Laitue gigantesque* (1), Composée du Caucase, cultivée aujourd'hui en France, particulièrement aux environs de Clermont-Ferrand.

Description. — Tige haute d'un mètre et demi à 2 mètres, droite, glabre. Feuilles denticulées, les inférieures sinuées, les supérieures lancéolées-sagittées, à auricules dirigées en arrière, acuminées, glabres. Inflorescence en panicule très rameuse, corymbiforme. Capitules grands, portés par des pédicelles bractéolés, pourvus d'écailles externes, de moitié plus longues que les internes. Fleurs jaunes. Fruits munis d'un rostre court, noirs.

2° LACTUCARIUM. — On fait des incisions transversales aux tiges de la *Laitue gigantesque*, vers l'époque de la floraison. Il en découle un suc laiteux que l'on recueille dans des verres. Ce suc se coagule. Lorsqu'il a acquis une certaine fermeté, on le découpe en rondelles minces, qu'on fait sécher sur des claies. Avec ces rondelles on forme de petites masses plus ou moins dures.

Le *lactucarium* du commerce se présente en pains orbiculaires aplatis, de 3 à 6 décimètres de diamètre et du poids de 10 à 30 grammes. Ces pains sont secs et de couleur brune terne ; ils sont souvent recouverts d'une efflorescence blanchâtre.

Le *lactucarium* contient une matière amère cristalline (*lactucine*),

_____
(1) *Lactuca altissima* Bieb.

de la mannite, de l'asparagine, un acide libre, une matière colorante brune, une résine mélangée de cérine et de myricine, de l'albumine, de la gomme et quelques sels (Aubergier).

3° PROPRIÉTÉS ET USAGES. — Le *lactucarium* exhale une odeur fortement vireuse. Sa saveur est amère.

Ce produit possède les vertus calmantes de l'opium, sans en avoir les inconvénients; c'est un médicament hypnotique très utile pour les personnes trop impressionnables aux préparations opiacées (Bouchardat).

On l'administre en extrait alcoolique, en pilules ou granules, en pâte et en sirop.

4° THRIDACE. — Préparation faite avec la *Laitue commune* (1) montée, et qui a joui pendant longtemps de quelque crédit.

On enlève les feuilles de la plante et l'on sépare l'écorce des tiges; on la pile dans un mortier. On passe le suc à travers un linge, on l'étend sur des assiettes, et on le fait sécher par évaporation.

La *thridace* a été recommandée comme succédanée de l'opium. C'est une substance complétement inactive qui doit disparaître de toutes les formules (Bouchardat).

CHAPITRE XX.

DE L'ALOÈS.

On désigne, sous le nom d'*aloès* (2), un suc épaissi, extracto-résineux, qu'on retire de plusieurs plantes exotiques, de la famille des Liliacées, appartenant au genre *Aloe*. Ces plantes habitent toutes les pays chauds.

1° PLANTES. — Les *Aloès* sont caractérisés : par une corolle gamopétale, tubuleuse, plus ou moins cylindrique, souvent presque bilabiée, offrant six dents plus ou moins étalées; par 6 étamines saillantes; par un ovaire supérieur, oblong, portant un style filiforme avec un stigmate légèrement trilobé, et par un fruit capsulaire oblong, marqué de 3 sillons, et composé de 3 loges polyspermes.

Les *Aloès* se font remarquer par leurs feuilles épaisses, charnues, cassantes, souvent épineuses sur les bords, comme imbriquées à leur origine; ils ont les fleurs en épi.

Un grand nombre d'espèces peuvent fournir l'extrait dont il

____

(1) Voy. page 42.
(2) Ou *extrait d'Aloès*, ou *suc d'Aloès*.

s'agit. Celles qu'on exploite principalement sont : l'*Aloès succo-trin* (1), l'*Aloès ordinaire* (2), l'*Aloès à épi* (3), l'*Aloès lingui-forme* (4).....

La première croît en Arabie et dans l'île de Socotora ; la seconde et la troisième se rencontrent au cap de Bonne-Espérance ; la quatrième et la cinquième habitent la Barbade et la Jamaïque.

Caractères. — 1° L'*Aloès succotrin* a des feuilles en rosette, oblongues-ensiformes, à bords épineux, légèrement tachetées, et des fleurs en épi dense, pendantes, rouges, verdissant un peu au sommet.

2° L'*Aloès ordinaire* a des feuilles en rosette, lancéolées, à bords épineux, légèrement tachetées, et des fleurs en épi grêle, pendantes, rougeâtres, jaunissant.

3° L'*Aloès à épi* a des feuilles en rosette, ensiformes, dentées, non épineuses, sans taches, et des fleurs en épi, horizontales, campanulées.

4° L'*Aloès linguiforme* a des feuilles distiques, en forme de langue, obtuses, légèrement denticulées, non épineuses, verruqueuses-tachetées, et des fleurs en épi lâche, pendantes, cylindriques, rouges.

2° EXTRAIT. — Les feuilles des *Aloès* présentent à l'intérieur une pulpe mucilagineuse inerte, et vers l'extérieur un suc amer plus ou moins abondant.

On prépare l'*extrait d'aloès* de plusieurs manières :

1° On coupe les feuilles à la base et on les place verticalement dans des tonneaux, au fond desquels se ramasse le suc. On le fait ensuite évaporer, soit au soleil, soit au feu.

2° On coupe les feuilles par morceaux; on les met dans un panier que l'on plonge dans l'eau bouillante. Quand cette dernière paraît assez chargée, on la laisse refroidir, et on la fait épaissir par évaporation.

3° On hache les feuilles, on les pile, et l'on reçoit leur suc dans des vases plats. On l'épaissit ensuite à la manière ordinaire.

On distingue trois sortes d'*aloès* : 1° le *succotrin*, 2° l'*hépatique*, 3° le *caballin*.

1° L'*aloès succotrin* (5) est une matière solide, légère, friable, claire et translucide sur les bords, d'une couleur brune plus ou

(1) *Aloe succotrina* Lam.
(2) *Aloe vulgaris* Lam., vulgairement *faux succotrin*.
(3) *Aloe spicata* Thunb.
(4) *Aloe linguæformis* Thunb., vulgairement *Langue-de-chat, Langue-de-bœuf*.
(5) Officin.. *Aloes succotrina, Aloes lucida*. — On l'appelle aussi *socotrin*.

moins rougeâtre, à cassure conchoïdale, brillante ; il ressemble au verre d'antimoine. Écrasé, il donne une poudre d'un jaune doré. Cette qualité est la plus pure et la plus estimée. Son nom vient de l'île *Socotora*, d'où elle est principalement tirée.

Les *aloès du cap de Bonne-Espérance* et *des Barbades* n'en diffèrent pas beaucoup.

2° L'*aloès hépatique* (1) est compacte, sec et opaque ; il présente la couleur du foie, ce qui lui a valu son nom.

3° L'*aloès caballin* est très opaque et de couleur foncée, noirâtre. On le triture difficilement. Il est ordinairement rempli d'ordures. On l'obtient avec le résidu resté dans les chaudières, quand on a préparé les deux autres. On l'appelle *caballin*, parce qu'il est destiné surtout à l'usage des chevaux.

Le *suc* d'*aloès* contient un principe immédiat (*aloétine*) d'un jaune de soufre assez brillant.

3° PROPRIÉTÉS ET USAGES. — L'odeur de l'*aloès* est légèrement aromatique et agréable. Elle rappelle un peu celle de la myrrhe. Sa saveur est très amère. Le *succotrin* présente une odeur moins forte et une saveur moins prononcée que l'*hépatique*. Le *caballin* offre une odeur nauséabonde et un goût désagréable.

L'*aloès* est tonique, purgatif, antiseptique et vermifuge.

On administre l'*aloès succotrin* en poudre, en pilules, en suppositoires, en injection, en teinture, en vin, en élixirs, en opiat, en lavements, en extrait, en collyres. Il fait partie des *élixir de Garus* et *de longue vie*. C'est un des éléments des *pilules bénites de Fuller*, préconisées comme antihystériques, et de l'*extrait panchymagogue*. L'*aloès hépatique* est employé surtout à l'extérieur.

CHAPITRE XXI.

DES VINS.

Tout le monde sait que le *vin* est le suc exprimé et fermenté du *raisin*, et que le *raisin* est le fruit de la *Vigne* (2).

1° FABRICATION. — Les raisins cueillis sont écrasés, foulés avec les pieds ou avec une mécanique. Il en sort un suc (*moût*) que l'on abandonne sur son marc pendant trois ou quatre jours, dans des cuves de bois ou de pierre. La fermentation vineuse s'établit. Elle

____

(1) Officin., *Aloès hepatica*.
(2) Voy. page 225.

est indiquée par des bulles d'acide carbonique qui paraissent à la surface, soulevant les débris solides de la vendange, et une écume épaisse, composée principalement de ferment altéré. Ces débris et cette écume forment au-dessus du liquide ce qu'on appelle le *chapeau*. L'effervescence se calme peu à peu, et le chapeau s'affaisse. On *soutire* alors le liquide, et l'on a du *vin* que l'on met dans des tonneaux. Ce vin continue à fermenter, mais lentement. Son alcool augmente; une partie de son tartre et de sa lie est précipitée. Il se forme ainsi le *vin potable*.

Ce vin est *rouge* ou *blanc*, suivant les *raisins* employés. Toutefois on peut fabriquer du vin blanc avec des *raisins* rouges, en séparant le moût des pellicules et en le faisant fermenter dans des tonneaux sans le contact de la matière colorante.

On appelle *vins sucrés* (ou *de liqueur*) ceux qu'on obtient, dans les pays chauds, avec des *raisins* qui contiennent une quantité de sucre assez grande pour qu'une partie résiste à la fermentation et conserve sa nature. On peut augmenter, du reste, la quantité de sucre, soit en tordant les grappes lorsque les *raisins* sont mûrs, soit en exposant ces mêmes grappes au soleil sur des claies, soit enfin en faisant évaporer une partie du moût sur le feu.

2° DESCRIPTION. — Les *vins* sont plus légers que l'eau, mais leur poids spécifique varie dans les diverses qualités. Celui du vin de Bourgogne est de 0,994 ; celui du vin de Bordeaux est de 0,994.

Les *vins rouges* contiennent de l'eau, de l'alcool, des acides tartrique, acétique et œnanthique, du tartrate acide de potasse, du tartrate de chaux, du sulfate de potasse, du sel marin, une matière colorante bleue et une autre jaune, une matière extractive, une matière végéto-animale et une huile particulière.

Les *vins blancs* sont composés comme les vins rouges, mais ils ont moins de tannin et de matière colorante.

Les vins blancs mousseux doivent cette propriété à l'acide carbonique qu'ils contiennent.

Les *vins sucrés* présentent du sucre en quantité variable. Ils ont beaucoup d'alcool et peu de tartre.

Sinclair a divisé les *vins* en quatre catégories : 1° ceux qui sont *acides*, 2° ceux qui sont *doux*, 3° ceux qui sont *légers* ou d'*entremets* (*mild wines*), 4° ceux qui sont *astringents*.

3° PROPRIÉTÉS ET USAGES. — L'usage du vin remonte à la plus haute antiquité.

Le *vin*, pour être potable, doit avoir au moins un an. Les *vins nouveaux* sont désagréables au goût, d'une digestion pénible et donnent naissance à des irritations gastro-intestinales. Les *vins vieux* acquièrent des parfums exquis et des saveurs délicieuses; ils sont moins excitants que les nouveaux.

D'après M. Rostan, les *vins acides*, mêlés à l'eau, étanchent la soif. Ils sont peu capiteux, et dissolvent assez bien les aliments. Leur usage prolongé n'est pas sans inconvénient : ils produisent des embarras gastriques et intestinaux et favorisent surtout l'exhalation aqueuse de la membrane muqueuse. Les *vins doux* apaisent peu la soif ; ils sont très nutritifs et réparateurs, mais d'une digestion assez laborieuse. Ils agissent plutôt comme stimulants que comme dissolvant les aliments. Il convient de n'en prendre qu'en petite quantité. Les *vins légers* doivent être préférés pour l'usage : ils sont d'une digestion facile, stimulent l'action des viscères gastriques, mais nourrissent peu. Enfin, les *vins astringents* sont utiles dans une foule de circonstances où il peut être dangereux d'agir sur le cerveau. Ils portent leur action sur les organes gastriques, qu'ils peuvent même altérer quand ils ont trop de verdeur.

On emploie en médecine les trois sortes de *vins* dont il a été question au commencement de ce chapitre : 1° les *rouges*, 2° les *blancs*, 3° les *sucrés*. Ils servent à composer les *vins* dits *médicinaux*, c'est-à-dire des vins qui contiennent un ou plusieurs principes médicamenteux.

On distingue deux sortes de *vins médicinaux* : les *simples*, comme le *vin d'absinthe*, et les *composés*, comme le *vin antiscorbutique*.

Dans certains *vins médicinaux*, la liqueur tient en dissolution un ou plusieurs principes dissous par l'eau ou par l'alcool (*vins de quinquina* et *d'opium composé*). Dans d'autres, la substance médicamenteuse n'est dissoute qu'après avoir subi une altération chimique, ou du moins après avoir formé un sel soluble avec les acides acétique, malique et tartarique du vin (*vins chalybé* et *antimonié*).

4° LIQUEURS ANALOGUES. — Les sucs de plusieurs fruits exprimés et fermentés donnent naissance à des liqueurs particulières qui ont des rapports avec les *vins :* tels sont les sucs de l'Orge, de la Pomme, de la Poire, de la Prune, de la Groseille, de la Datte.... Les plus usitées de ces liqueurs, en Europe, sont la *bière*, le *cidre* et le *poiré*.

CHAPITRE XXII.

DE L'ALCOOL.

L'*alcool* est un des produits de la fermentation que subissent les matières végétales qui contiennent du sucre.

1° HISTOIRE.— Sa découverte paraît due à Arnaud de Villeneuve médecin de Montpellier, qui vivait vers la fin du VIIIe siècle. Il l'obtint par distillation du vin. C'est pour cela que, dans le principe, on appelait cette liqueur *esprit-de-vin*; on la nommait aussi *esprit de Montpellier*. On sait aujourd'hui que tous les sucs sucrés donnent par la fermentation des liqueurs vineuses dont on peut retirer ce produit.

2° FABRICATION. — Le plus ancien procédé pour la fabrication de l'*alcool* consiste à mettre du vin dans la cucurbite d'un alambic muni d'un serpentin, et à l'exposer à l'action immédiate du feu. On en retirait un liquide (*eau-de-vie*) incolore, marquant de 46° à 50° à l'alcoolomètre centésimal. On distillait de nouveau, et l'on avait un autre liquide (*eau-de-vie double*) plus fort, donnant environ 75°. Enfin, ce second liquide, encore distillé, fournissait l'*esprit-de-vin* (*trois-six*), qui présentait de 82° à 85°. Ce mode de fabrication est abandonné depuis longtemps.

Il a été remplacé d'abord par le procédé Adam. La vapeur alcoolique qui se dégage de la cucurbite est reçue successivement dans deux vases qui contiennent du vin qu'elle fait entrer en ébullition. La vapeur qui part du dernier de ces vases arrive dans d'autres vases vides, qu'on laisse chauffer à différents degrés, suivant la force qu'on veut donner au produit. Un serpentin, rafraîchi avec du vin, condense la vapeur. Ce dernier vin est dirigé dans la cucurbite quand sa température commence à s'élever.

La richesse en *alcool* pur des différents vins est assez variable. Ainsi la quantité en volume, contenue dans 100 parties, est, pour les vins de :

Marsala	24,09
Oporto	23,39
Madère	22,27
Xérès	19,17
Roussillon	18,13
Malaga	17,26
Grenache	16,00
Bordeaux	15,10
Bourgogne	14,57
Champagne	13,80
Graves	12,37
Volnay	11,00
Mâcon	10,00
Tokai	9,88
Château-Margaux	8,70

On a trouvé, dans la même quantité de :

Cidre le plus spiritueux	9,1
Ale de Burton.	8,2
Ale d'Édimbourg	5,7
Porter de Londres.	3,9
Bière nouvelle de Strasbourg. .	3,0
Bière de Lille.	2,9
Bière de Paris	1,9
Petite bière de Londres	1,2

L'alcool rectifié est obtenu par la distillation au bain-marie, dans un alambic ordinaire, de *l'alcool* de vin à 33° Cartier (85° centés.). Lorsqu'on a recueilli environ les 2/5es de l'alcool, on change le récipient, et l'on distille ensuite jusqu'à ce que tout *l'alcool* ait passé. L'opération est terminée lorsque l'eau de la cucurbite entre en ébullition.

3° ALCOOL. — *L'alcool* pur est un liquide diaphane, sans couleur, d'un poids spécifique de 0,792. Il réfracte fortement la lumière : sa force de réfraction est de 2,223, celle de l'eau étant prise pour unité. Il n'est pas conducteur de l'électricité.

Exposé à l'air, *l'alcool* se volatilise, mais en même temps la partie de la liqueur restée dans le vase attire l'humidité de l'air et s'affaiblit.

L'alcool s'enflamme à l'air, par le contact d'un corps en ignition. Il brûle avec une flamme blanche, sans résidu, et produit de l'eau et de l'acide carbonique.

Il s'unit à l'eau en toutes proportions. Le mélange des deux liquides est toujours accompagné d'élévation de température. Le poids spécifique du mélange est supérieur à la moyenne de densité des deux liqueurs.

L'alcool dissout un grand nombre de substances végétales : par exemple, les huiles volatiles, les térébenthines, les baumes, la plupart des résines, les alcalis, quelques acides ; il n'a aucune action sur le ligneux, sur la fécule et sur les gommes.

L'alcool est composé de carbone, d'oxygène et d'hydrogène en proportions telles, qu'il peut être représenté par des volumes égaux de vapeur d'eau et d'hydrogène bicarboné.

4° PROPRIÉTÉS ET USAGES. — *L'alcool* qui provient du vin a une odeur et une saveur franches et pures. Celui qu'on retire de la distillation des céréales, des betteraves, des pommes de terre, a une odeur et une saveur souvent désagréables, qu'il doit à des huiles essentielles.

L'*alcool* pur, appliqué sur la peau ou respiré, détermine une action irritante ; on a pu s'en servir en friction pour produire une rubéfaction. C'est un des dissolvants les plus précieux de l'art pharmaceutique. On l'emploie fréquemment comme véhicule d'un grand nombre de substances médicamenteuses. Il en opère la dissolution et en favorise l'action.

Arnaud de Villeneuve a donné la recette des premières teintures alcooliques employées en médecine.

A 36°, l'*alcool* sert à la composition des teintures, des élixirs et des alcoolats. Par l'évaporation d'une teinture alcoolique, on obtient un extrait alcoolique. Mélangé avec un tiers de son poids d'acide azotique ou sulfurique, ou chlorhydrique, il constitue les acides alcoolisés ou dulcifiés. Il sert encore à la préparation des éthers. On l'emploie aussi en injections et en fomentations.

L'*aldéhyde* (ou *alcool* moins 2 équivalents d'hydrogène) a été proposé pour amener l'insensibilité (Poggiale).

CHAPITRE XXIII.

DES VINAIGRES.

Le *vinaigre* ordinaire est produit par la fermentation dite acétique.

1° FABRICATION. — On prépare le *vinaigre* de la manière suivante :

On place dans une étuve, dont la température est entre 20° et 25°, plusieurs tonneaux ouverts, remplis de vin aux deux tiers. Tous les huit jours, on change le vin de tonneau, et, au bout de trente jours environ, l'opération est terminée.

On peut encore employer cet autre procédé. On a un tonneau de 400 litres de capacité. On y met 100 litres de *vinaigre* bouillant. On laisse ce tonneau ouvert et l'on maintient la température entre 10° et 20°. Au bout d'une semaine, on y verse 10 litres de vin, et l'on répète cette opération tous les huit jours, jusqu'à ce que le tonneau soit plein. Quinze jours après, tout le liquide est converti en *vinaigre*. On en retire la moitié, et l'on recommence à verser du vin par 10 litres. Quand la fermentation est énergique, on ajoute un peu plus de vin, chaque fois, ou bien on raccourcit les intervalles.

Le *vinaigre* est rouge ou blanc, suivant qu'on s'est servi pour le produit de vin rouge ou de vin blanc.

C'est une erreur de croire que la qualité du vin ne fait rien à la bonté du *vinaigre*. Le vin de première qualité produit le *vinaigre* le meilleur.

On prépare aussi du *vinaigre* en distillant le bois ou en décomposant l'acétate de cuivre. Le premier est appelé *vinaigre de bois*, et le second, *vinaigre radical*.

2° VINAIGRE. — Le *vinaigre* est un liquide plus ou moins acide, plus pesant que l'eau. Il diffère du vin principalement en ce qu'il contient beaucoup d'acide et peu d'alcool.

Quand on chauffe le vinaigre dans une cornue, il se dépose une assez grande quantité de cristaux blancs, formés principalement de tartrate acidule de potasse.

Un bon *vinaigre* se trouble peu par le nitrate de baryte, par l'oxalate d'ammoniaque ou par le nitrate d'argent. Il doit renfermer environ 2 grammes 1/2 de tartre par litre (Soubeiran).

Le *vinaigre de vin*, quand il n'a pas été distillé, est formé d'acide acétique, d'eau, d'un peu d'alcool, d'un principe colorant, d'une matière végéto-animale, de bitartrate de potasse, d'un peu de tartrate de chaux, de chlorhydrate de soude et de sulfate de potasse. Quand il a été distillé, il ne contient plus que de l'acide acétique et de l'eau.

Le *vinaigre de bois* est composé d'acide acétique et d'une quantité d'eau variable.

Le *vinaigre radical* est de l'acide acétique concentré.

3° PROPRIÉTÉS ET USAGES. — Le *vinaigre* présente une odeur pénétrante *sui generis*. Sa saveur, toujours acide, est dépourvue d'âcreté. Quand il est étendu d'eau, cette saveur devient plus ou moins agréable.

On classe le *vinaigre* parmi les rafraîchissants, les antiseptiques et les résolutifs.

On l'administre en frictions, en lavements et en boisson. Il sert à la préparation de certains gargarismes et de plusieurs fumigations; mais son principal usage consiste à dissoudre diverses substances médicamenteuses, soit par macération, soit par distillation. Il forme ainsi les *vinaigres* dits *médicinaux*, tels que le *vinaigre scillitique*, le *vinaigre de colchique*, le *vinaigre antiseptique* (ou des *quatre voleurs*).

Le *vinaigre de vin* est le seul qu'on emploie en France à la préparation des *vinaigres médicinaux*. On préfère généralement le *rouge* au blanc (Soubeiran).

TROISIÈME PARTIE.

DES VÉGÉTAUX OU PRODUITS VÉGÉTAUX NUISIBLES A L'HOMME.

LIVRE PREMIER.

DES VÉGÉTAUX VÉNÉNEUX, OU TOXICOPHYTES.

CONSIDÉRATIONS GÉNÉRALES.

On désigne sous le nom de *poisons*, toutes les substances qui, introduites à petite dose dans le corps, ou appliquées sur un point quelconque de l'économie, altèrent la santé ou déterminent la mort.

La science qui traite des poisons a reçu le nom de *toxicologie*.

La plupart des plantes vénéneuses doivent leur action énergique à des principes particuliers (*strychnine, morphine, nicotine*).

Les *poisons* végétaux ne diffèrent, en général, des médicaments, qu'en ce que l'action des premiers est grave ou funeste, tandis que celle des seconds se borne à un léger dérangement favorable à la santé.

Les impressions vénéneuses déterminent des réactions différentes suivant le caractère et la quantité de l'élément toxique.

La nature des végétaux vénéneux étant variable, leurs effets doivent l'être également. Il y a des *poisons* très meurtriers, même à petite dose. Il y en a de lents, même à dose très forte. Beaucoup de substances toxiques semblent agir sur un organe spécial ou sur un tissu particulier ; ce qui a fait conclure qu'il existe une sorte de spécificité dans beaucoup de plantes vénéneuses. Par exemple, l'*opium* resserre la pupille et paralyse le cerveau ; la *Belladone* sèche le larynx et dilate la pupille ; l'*aloès* congestionne le rectum ; la *Digitale* ralentit le cœur ; la *noix vomique* tétanise les muscles...

La quantité de substance toxique employée augmente ou diminue l'action morbide : cela est facile à concevoir. Plus la dose du *poison* absorbé est grande, plus les conséquences sont terribles.

Indépendamment de la nature et de la quantité de la substance vénéneuse, diverses circonstances augmentent ou diminuent, accélèrent ou ralentissent les effets du *poison*. L'action se manifeste dans quelques secondes ou bien au bout de plusieurs heures ; d'autres fois elle demande plusieurs jours ou plusieurs mois.

En général, les impressions funestes des drastiques sont presque instantanées ; celles des narcotiques sont plus ou moins tardives,

La forme sous laquelle le *poison* est absorbé peut rapprocher ou éloigner l'impression consécutive. On conçoit que son état gazeux, liquide ou solide, et son mélange avec différents corps, doivent influer considérablement sur son introduction dans l'économie et sur les conséquences de cette introduction.

Les différentes parties du corps sont très inégalement disposées à se laisser impressionner. Les *poisons* pénètrent ordinairement par les muqueuses des voies digestives et des voies aérifères, et par la peau, surtout quand cette dernière est privée de son épiderme.

On pense que les impressions vénéneuses sont favorisées par la faiblesse de l'individu atteint, par son état maladif, par la fatigue de son corps, par la vacuité de son estomac et par les émissions sanguines. L'effet est d'autant plus rapide, que l'organe où le *poison* est porté se trouve plus riche en vaisseaux.

On a divisé les végétaux vénéneux en trois groupes : 1° les *drastiques* ou *irritants*, 2° les *narcotiques*, 3° les *narcotico-âcres*.

1° Les *drastiques* sont : l'*aloès*, l'*huile de Croton*, la *Bryone*, l'*Elatérium*, la *Coloquinte*, la *gomme-gutte*, le *Garou*, l'*Euphorbe*, le *pignon d'Inde*, la *Sabine*, la *Chélidoine*, la *Joubarbe des toits*, le *Jalap*, la *Renoncule âcre*, l'*Anémone*, la *Staphisaigre*...

2° Les *narcotiques* sont : l'*opium*, la *Jusquiame*, la *Physalide somnifère*, les *Morelles*, le *Laurier-cerise*, les *amandes amères*, la *Laitue vireuse*, l'*Actée en épi*, l'*Azalée pontique*, l'*Ers ervillier*, la *Gesse chiche*, l'*Harmale à feuilles découpées*, la *Parisette à quatre feuilles*, le *Safran*...

3° Les *narcotico-âcres* sont très nombreux. On en fait sept sections.

1° La *Scille*, l'*Aconit*, l'*Ellébore noir*, la *Varaire*, le *Colchique*, la *Belladone*, le *Datura*, le *Tabac*, la *Digitale*, la *Ciguë vireuse*, la petite *Ciguë*, le *Laurier-rose*, l'*Aristoloche*, la *Rue*, le *Cerbera ahouai*, l'*Apocyn*, l'*Asclépiade*, la *Cynanche*, la *Mercuriale*, la *Berle*, le *Redoul*...

2° La *noix vomique*, la *fève de Saint-Ignace*, la *strychnine*, la *fausse Angusture*, la *Brucine*.

3° Le *camphre*, la *coque du Levant*.

4° Les *Champignons*.

5° Les *liquides spiritueux*.

6° Le *Seigle ergoté*, l'*Ivraie*.

7° Les *émanations des fleurs*.

Beaucoup de végétaux vénéneux sont employés en médecine. En diminuant la dose de la substance toxique, ou en la combinant avec d'autres corps et en l'appliquant à propos, on détermine sur les individus malades des changements salutaires. C'est ainsi que la *Belladone*, la *Jusquiame*, la *Ciguë*, l'*Aconit*, le *Laurier-cerise*, le *Col-*

chique..., peuvent être des *poisons* terribles ou des remèdes excellents. Mais il existe des *poisons* que leur énergie ou leur nature ont fait repousser jusqu'à ce jour du domaine de la thérapeutique.

Toutes les parties de certains végétaux peuvent être vénéneuses ; mais, d'autres fois, le principe toxique réside seulement dans un organe ou dans une matière sécrétée. Ainsi on doit se méfier de la *Belladone* tout entière, tandis que dans l'*Ivraie* il n'y a que les fruits de suspects.

Je traiterai seulement, dans ce chapitre, des principaux végétaux ou produits végétaux vénéneux dont la médecine ne tire encore aucun parti.

Les végétaux sont : 1° les *Champignons*, 2° l'*OEnanthe safranée*, 3° le *Sumac radicant*, 4° le *Mancenillier*.

Les produits végétaux sont : 1° l'*upas antiar*, 2° l'*upas tieuté*, 3° le *curare*.

I. — VÉGÉTAUX VÉNÉNEUX.

§ I. — Des Champignons vénéneux.

1° OBSERVATIONS PRÉLIMINAIRES. — Il n'existe pas de ligne de démarcation bien tranchée entre les mauvais et les bons *Champignons*. Plusieurs espèces sont sur la limite ; on les appelle *suspectes*.

Les caractères généraux qui distinguent les *Champignons* vénéneux des *Champignons* comestibles, autres que les diagnoses botaniques, sont malheureusement peu certains. Les indications tirées de l'habitat, de la couleur, de l'odeur, de la saveur et de la consistance, sont plus ou moins vagues. On a cru qu'elles acquéraient de l'importance par leur réunion. Cela peut être vrai dans quelques circonstances ; mais ce qui est préférable, c'est de s'en rapporter soit aux personnes du pays habituées à récolter les *Champignons* comestibles, soit aux botanistes qui ont fait une étude spéciale de la mycologie.

Dans certaines grandes villes, à Toulouse par exemple, il existe un inspecteur chargé de contrôler les *Champignons* qui se vendent au marché. Dans presque tous les pays, on trouve des personnes souvent illettrées, qui connaissent parfaitement les bonnes espèces, quoique empiriquement. On peut s'en rapporter à elles ; mais il vaut encore mieux se fier à l'expérience appuyée sur la science. Je me rappelle avoir vu mourir à Montpellier, empoisonnés par des *Champignons*, un homme et une femme qui en ramassaient et en vendaient depuis vingt-cinq ans.

2° CHAMPIGNONS. — Les *Champignons* vénéneux appartiennent aux genres : 1° *Amanite* (*Amanita*), 2° *Agaric* (*Agaricus*), 3° *Bolet* (*Boletus*).

Ces trois genres comprennent des plantes plus ou moins charnues, qui présentent un chapeau distinct soutenu par un pédicule
plus ou moins central. Les *Amanites* et les *Agarics* ont des
lamelles inférieures simples ou divisées, inégales et disposées en
rayons. Ces lamelles supportent de petites capsules (*thèques*) renfermant six à huit graines (*sporules*). Dans les premières, la plante est
enveloppée, pendant sa jeunesse, par un voile (*volva*) complet ou incomplet, qui persiste en partie à sa base et laisse quelquefois des lambeaux sur le chapeau. Dans les seconds, ce voile n'existe pas.
Plusieurs auteurs regardent ces deux genres comme deux sections
d'un même groupe. Dans les *Bolets*, le dessous du chapeau est garni
de tubes qui remplacent les lamelles.

3° AMANITES. — Les *Amanites* vénéneuses de la France sont :
1° la *bulbeuse* (1), 2° la *fausse Oronge* (2). La première croît solitaire dans les lieux humides et ombragés, au printemps et à l'automne. La seconde est commune aussi dans les bois.

1° L'AMANITE BULBEUSE (fig. 110) est un *Champignon* recouvert
en entier dans sa jeunesse par un voile qui se fend, laissant une
partie persistante à la base du pédicule et des plaques adhérentes
au chapeau. Ce dernier est large de 6 à 8 centimètres, plus ou
moins convexe, non strié sur les bords, d'un blanc jaunâtre sale,
jaune-citron, grisâtre ou vert-olive, charnu, luisant et humide. Ses
lames sont nombreuses, larges, inégales, et n'adhèrent pas au pédicule. Leur couleur est blanche. Le pédicule s'élève à une quinzaine
de centimètres ; il est cylindrique, toujours renflé à la base en un
bulbe entouré par le voile d'abord spongieux intérieurement, plus
tard fistuleux, blanc. Anneau large, très entier, très régulier, ordinairement rabattu, jaune ou blanc, humide. Chair peu épaisse,
ferme, blanche.

Son odeur est nauséabonde et devient cadavéreuse quand le
Champignon vieillit.

Cette espèce se présente sous trois états :

1° L'*Amanite bulbeuse blanche* (3), qui est d'un blanc sale.

2° L'*Amanite bulbeuse jaunâtre* (4), dont le chapeau est d'un
jaune-citron, ainsi que l'anneau.

---

(1) *Amanita bulbosa* Lam. (*Agaricus bulbosus* auct., *Amannita venenosa* Pers.;
vulgairement *Agaric bulbeux*, *A. vénéneux*, *A. printanier*, *Oronge ciguë*.
(2) *Amanita muscaria* Pers. (*Agaricus muscarius* Linn., *A. pseudo-aura-*
tiacus Bull.), vulgairement *Agaric mouche*, *A. moucheté*, *A. aux mousses*.
(3) *Agaricus bulbosus vernus* Bull. (*Oronge ciguë blanche* Paulet).
(4) *Amanita citrina* Pers. (*Oronge ciguë jaunâtre* Paulet, *Amanite sulfurée*
A. Rich.).

3° L'*Amanite bulbeuse verdâtre* (1), dont le chapeau est d'un vert plus ou moins prononcé.

L'*Agaric à verrues* de la *Flore française* diffère à peine de l'*Amanite bulbeuse*.

L'*Amanite bulbeuse* est un *Champignon* très vénéneux qui cause presque tous les accidents mortels signalés par les journaux.

L'*Amanite bulbeuse blanche* est souvent confondue avec l'Agaric comestible ; elle s'en distingue : 1° par son voile qui entoure la base du pédicule ; 2° par son chapeau souvent verruqueux, un peu visqueux, qui ne se pèle pas ; 3° par ses lames toujours blanches ;

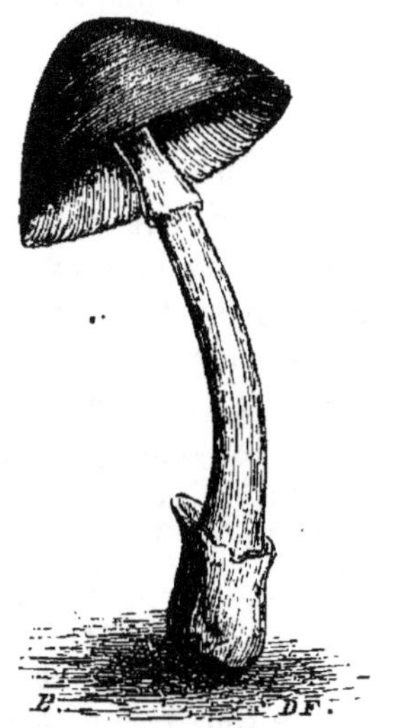

FIG. 110. — *Amanite bulbeuse.*   FIG. 111. — *Fausse Oronge.*

4° par son pédicule bulbeux à la base ; 5° par son anneau à bords entiers ; 6° par sa peau qui adhère fortement à la chair ; 7° par son odeur vireuse ; 8° par sa saveur désagréable.

2° La FAUSSE ORONGE (fig. 111), à sa naissance, n'est pas entièrement recouverte par le voile. Son chapeau offre de 12 à 18 centimètres de diamètre. Il est d'abord convexe, puis horizontal, d'une belle couleur écarlate, plus foncée au centre, souvent rayé sur les bords. Il porte des débris du voile qui forment comme des taches blanches. Les lamelles sont larges, inégales, non adhérentes, blanches (et non citrines comme dans la *vraie Oronge*), recouvertes dans la jeunesse d'une membrane. Pédicule haut de 8 à 16 centi-

(1) *Amanita viridis* Pers. (*Agaricus bulbosus* Bull., *Oronge ciguë verte* Paulet).

mètres, épais à sa base, puis cylindrique, un peu écailleux, blanc, plein. Anneau large, blanc, membraneux.

C'est un des plus beaux *Champignons* de France.

Son odeur n'est pas désagréable. Saveur un peu astringente.

Elle diffère de la *vraie Oronge :* 1° par son voile incomplet; 2° par les débris ou verrues blanches qu'il laisse sur le chapeau ; 3° par ce dernier, dont les bords ne sont pas striés et dont la surface est un peu visqueuse ; 4° par ses lames blanches ; 5° par son pédicule un peu écailleux et blanc, portant un anneau également blanc ; 6° par sa saveur un peu astringente.

La *fausse Oronge* est un *Champignon* très vénéneux. Elle tue les chiens et les chats au bout de quelques heures, dans des tourments affreux. Des familles entières ont été empoisonnées par cette espèce.

4° AGARICS. — Les principaux *Agarics* vénéneux de la France sont au nombre de sept : 1° l'*annulaire* (1), 2° l'*amer* (2), 3° le *brûlant* (3), 4° le *meurtrier* (4), 5° le *caustique* (5), 6° l'*Agaric de l'Olivier* (6), 7° le *styptique* (7).

Toutes ces espèces habitent les forêts, généralement à l'ombre. L'*Agaric brûlant* se trouve sur les feuilles mortes et pourries.

Pédicule	central. Suc	non laiteux.	Avec collier	parfait . . .	1. A. *annulaire.*
				imparfait . .	2. A. *amer.*
			Sans collier		3. A. *brûlant.*
		laiteux. Chapeau	roussâtre.		4. A. *meurtrier.*
			jaunâtre		5. A. *caustique.*
	latéral. Sporules	ferrugineuses.			6. A. *de l'Olivier.*
		blanchâtres			7. A. *styptique.*

1° L'AGARIC ANNULAIRE croît par groupes de 30 à 40 individus. —Chapeau d'environ 8 centimètres de diamètre, convexe, mamelonné à son centre, un peu écailleux, ordinairement strié, fauve ou roux. Lames larges, inégales, d'abord blanchâtres ou jaunâtres, puis un peu brunâtres. Pédicule haut de 8 à 10 centimètres, souvent un peu courbé à la base, cylindrique, quelquefois écailleux dans sa partie supérieure, blanc ou roux, charnu. Anneau large, redressé, en forme d'entonnoir.

(1) *Agaricus annularis* Bull. (A. *polynices* Pers.), vulgairement *Tête de Méduse.*
(2) *Agaricus amarus* Bull. (A. *lateritius* Schæff., A. *auratus* Fl. Dan., *Amanita amara* Lam.).
(3) *Agaricus urens* Bull.
(4) *Agaricus necator* Bull. (A. *torminosus* Schæff., *Amanita venenosa* Lam.), vulgairement *Morton, Raffoult, Mouton zoné.*
(5) *Agaricus pyrogalus* Bull.
(6) *Agaricus olearius* DC., vulgairement *Oreille de l'Olivier* Paulet.
(7) *Agaricus stypticus* Bull. (A. *semipetiolatus* Schæff.)

Il exhale, quand on le cuit, une odeur peu agréable. Saveur styptique.

L'*Agaric annulaire* passe auprès des uns pour vénéneux, auprès des autres pour une espèce qu'on peut manger sans inconvénient. On l'apprête comme l'Agaric comestible aux environs de Toulouse, et on le vend publiquement sur les marchés de Prague. Il paraît qu'on a confondu, sous le même nom, plusieurs espèces différentes. Les figures publiées par Bulliard ne conviennent pas toutes à l'*Agaric annulaire*.

2° L'AGARIC AMER (fig. 112) croît par groupes.—Chapeau d'environ 4 centimètres de diamètre, d'abord hémisphérique, puis plan, puis un peu concave, à surface sèche, jaune, un peu rougeâtre, souvent foncé vers le milieu. Lames serrées, inégales, distinctes du pédicule même dans leur jeunesse, d'un gris verdâtre, noircissant

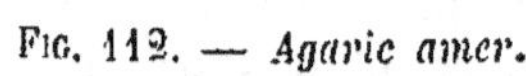
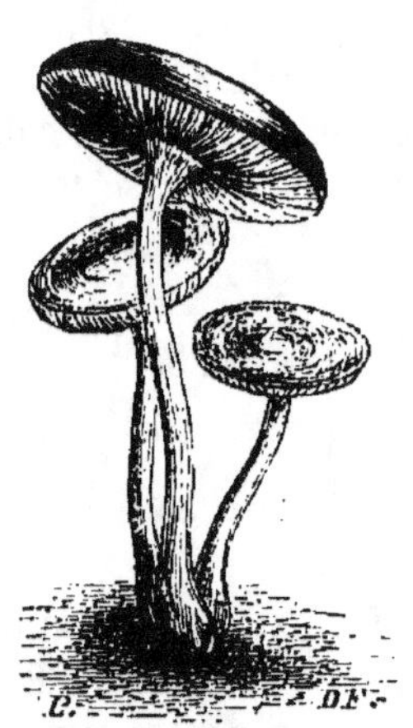

FIG. 112. — *Agaric amer*.   FIG. 113. — *Agaric brûlant*.

un peu en vieillissant. Pédicule haut de 6 à 7 centimètres, cylindrique, un peu tortueux, jaunâtre, avec de petites peluchures noires, portant vers le haut, très près des lames, les débris d'un collier.

Son odeur est agréable. Sa saveur, très amère et nauséabonde. On dit que cette espèce n'est jamais attaquée par les larves.

Pris en petite quantité, l'*Agaric amer* détermine, au bout de quelques heures, des vomissements et des selles abondantes spumeuses. Soixante grammes crus administrés à un chat vigoureux lui ont donné la mort au bout de huit heures. La cuisson le rend moins vénéneux, mais l'eau dans laquelle il a bouilli devient un vomi-purgatif énergique.

3° L'AGARIC BRULANT (fig. 113).— Chapeau de 4 à 5 centimètres

de diamètre, d'abord convexe, puis plan, se creusant rarement;
il est, du reste, assez régulier. Couleur d'un fauve ou d'un gris
roussâtre sale, tacheté de noirâtre dans le centre. Lames nombreuses, étroites, inégales, se terminant régulièrement à 2 millimètres du pédicule, d'un roux plus ou moins foncé. Pédicule haut
de 10 à 15 centimètres, cylindrique, grêle, glabre, un peu renflé
et velu à la base, nu, d'un gris roussâtre strié de fauve, plein.
Chair très mince, ferme et blanche.

Saveur poivrée et brûlante. Espèce très vénéneuse. Crue, elle
occasionne une cuisson insupportable sur la langue et dans l'arrière-
bouche. Cuite, elle produit chez les chiens des vomissements et
des selles accompagnés de mouvements nerveux désordonnés.

4° L'AGARIC MEURTRIER (fig. 114). — Chapeau de 6 à 8 centi-

FIG. 114. — *Agaric meurtrier.*

FIG. 115. — *Agaric caustique.*

mètres de diamètre, d'abord convexe, puis plan, puis concave au
centre, généralement couvert dans la jeunesse de petites pellicules
squamiformes plus foncées, qui lui donnent un aspect velu, quelquefois marqué de zones concentriques (De Candolle). Il est d'un blanc
sale, jaunâtre ou roussâtre. Lames étroites, inégales, roussâtres ou
blanchâtres, celles qui sont entières formant un bourrelet autour
du pédicule. Pédicule médian, très rarement excentrique, haut de
8 à 10 centimètres, tantôt renflé, tantôt aminci à la base, cylindrique, épais, nu, plein. Chair mince, blanchâtre, devenant légèrement jaunâtre par l'exposition à l'air. Elle laisse couler, quand on
l'entame, un suc blanc ou jaunâtre.

Suc âcre et caustique. Bulliard et Picco le disent vénéneux, même
à petite dose. Paulet et Letellier ne partagent pas cette opinion; ils
prétendent qu'on peut le manger sans inconvénient. Il paraîtrait
que la cuisson détruit son principe vénéneux.

5° L'AGARIC CAUSTIQUE (fig. 115). — Chapeau de 10 à 16 centimètres de diamètre, d'abord convexe, puis presque plan, un peu déprimé au centre, d'un gris ferrugineux ou d'un roussâtre passant au rouge vif, souvent marqué de zones concentriques noirâtres. Lames nombreuses, larges, inégales, adhérentes au pédicule, jaunâtres ou rougeâtres. Pédicule haut de 3 à 4 centimètres, cylindrique, épais, un peu aminci à la base, nu, d'un fauve livide ou roussâtre, comme terreux. Sa chair est ferme, épaisse et blanche ; elle ne change pas sensiblement de couleur quand on la casse et qu'on l'expose à l'air. Son suc est blanc ou légèrement jaunâtre.

Ce suc est âcre et caustique, surtout dans les individus adultes ; il brûle la langue. La cuisson fait disparaître cette âcreté. Cette espèce passe néanmoins pour vénéneuse.

FIG. 116. — *Agaric de l'Olivier.*

6° L'AGARIC DE L'OLIVIER (fig. 116) se trouve ordinairement en touffes sur les racines de l'Olivier et de quelques autres arbres. — Chapeau grand, flexueux et très variable dans sa forme, d'un brun rouge enfumé vers le milieu et vers les bords. Lames décurrentes sur le pédicelle et inégales, d'un jaune doré plus ou moins vif. Pédicule souvent très excentrique, même presque latéral, court, un peu courbé, plein, d'un jaune roux. Sa chair est dure et filandreuse. Cette espèce est phosphorescente.

Batarra prétend que l'*Agaric de l'Olivier* n'est pas vénéneux. Les docteurs Destrems (d'Alais) et Miergue (d'Anduse) ont vu des exemples d'empoisonnements bien caractérisés. Delile assure qu'il a éprouvé des purgations douloureuses après avoir mâché quelque temps sa chair.

7° L'AGARIC STYPTIQUE (fig. 117) se développe souvent sur les troncs des arbres coupés. — Chapeau oblong ou réniforme, quelquefois semblable à une oreille humaine, avec les bords roulés en dessous, d'un grand diamètre de 3 centimètres, couleur cannelle plus ou moins foncée ou bien jaunâtre. Il est recouvert, dans certains individus, d'une efflorescence comme farineuse, blanchâtre, qui s'attache aux doigts. Lames étroites, entières, inégales, blanchâtres ou roussâtres, se détachant facilement du chapeau. Pédicule haut

FIG. 117. — *Agaric styptique.*   FIG. 118. — *Bolet pernicieux.*

de 10 à 15 millimètres, latéral, un peu comprimé, s'épanouissant au sommet, nu, plein, de même couleur que le chapeau. Chair peu épaisse, mollasse, assez facile à déchirer, puis coriace et difficile à rompre.

Son odeur est peu marquée, et sa saveur plutôt amère, âcre, astringente, que styptique. Lorsqu'on le mâche, il produit, au bout de quelques instants, un étranglement analogue à l'effet du sulfate de cuivre. Le gosier semble éraillé pendant plusieurs minutes.

Administré à de fortes doses à des chiens, cet *Agaric* les purge violemment, mais ne les tue pas. Braconnot a reconnu que ses propriétés vénéneuses résident dans l'efflorescence farineuse qui recouvre son chapeau.

5° BOLETS. — Les *Bolets* de France vénéneux sont : 1° le pernicieux (1), 2° le *cuivré* (2), 3° l'*indigotier* (3), 4° le *chicotin* (4).

On les trouve dans les bois ombragés, sur la terre, en été et en automne.

Tubes
- rouges. 1. *B. pernicieux.*
- jaunes . . . . 2. *B. cuivré.*
- blancs. Cassure devenant
  - bleue . . . . . . 3. *B. indigotier.*
  - rose . . . . 4. *B. chicotin.*

1° Le BOLET PERNICIEUX (fig. 118) a un chapeau de 3 à 4 décimètres de diamètre, orbiculaire, bombé, à surface un peu cotonneuse, olivâtre, devenant rougeâtre et visqueux. Tubes presque libres, très longs, arrondis, jaunes, à orifice vermillon. Pédicule long, cylindrique, gros et renflé à la base, jaunâtre, marqué en haut d'une sorte de réseau rougeâtre. Chair épaisse, molle, jaunâtre, devenant bleue, verte ou d'un vert noir, quand on la casse ou qu'on la froisse.

Odeur forte et nauséeuse.

Il est vénéneux. Administré à un chien ou à un chat, il produit des vomissements répétés, accompagnés de mouvements convulsifs. Ces animaux succombent au bout de deux ou trois jours.

2° Le BOLET CUIVRÉ.—Chair plus ou moins épaisse, jaune, prenant une couleur vineuse quand on la coupe. Chapeau de 7 à 12 centimètres de diamètre, orbiculaire, voûté, cendré, bronzé ou brunâtre. Tubes assez allongés, larges, irréguliers, se séparant facilement du chapeau. Pédicule grêle, cylindrique, plus ou moins aminci, quelquefois renflé à la base, brun ou jaune, rayé ou réticulé.

Odeur et saveur assez désagréables.

3° Le BOLET INDIGOTIER. — Chair blanche, devenant d'un beau bleu quand on la coupe. Chapeau orbiculaire, convexe, d'un roux pâle, un peu cotonneux. Tubes libres, arrondis, égaux, d'abord d'un blanc de lait, puis d'un blanc sale ou jaunâtre. Pédicule gros, très épais à la base, d'un roux pâle, blanc dans le haut, plein.

Il passe pour vénéneux. Il est prudent de s'en abstenir.

4° Le BOLET CHICOTIN.—Chair peu épaisse, molle, blanche, devenant d'un rose tendre quand on la coupe. Chapeau d'abord très voûté, puis plan et même un peu concave, d'un fauve tirant sur le bistre. Tubes blancs dans la jeunesse, plus tard couleur de chair.

---

(1) *Boletus luridus* Schœff. (*B. rubeolarius* Bull., *B. perniciosus* Roq.), vulgairement *Bolet à tubes rouges.*

(2) *Boletus cupreus* Schœff. (*B. chrysenteron* Bull., *B. subtomentosus* Pers.), vulgairement *Bolet à taches jaunes, B. subtomenteux.*

(3) *Boletus cyanescens* Bull. (*B. constrictus* Pers.).

(4) *Boletus felleus* Bull.

Pédicule haut de 8 à 9 centimètres, cylindrique, un peu renflé à la base, jaunâtre, marqué de lignes fauves en réseau.

Sa saveur est amère.

Quelques personnes pensent que cette espèce et même les trois précédentes sont plutôt suspectes que réellement vénéneuses.

6° ACTION SUR L'HOMME. — Les exemples d'empoisonnements par les *Champignons* sont assez fréquents. Les effets toxiques varient suivant les espèces vénéneuses. Ils dépendent aussi de l'âge et du tempérament des personnes, du mode de préparation, du temps depuis lequel les *Champignons* ont été apprêtés et de la quantité mangée.

Certains *Champignons* pris en quantité considérable produisent seulement de la pesanteur, du malaise, du gonflement. D'autres déterminent de la faiblesse, de la stupeur et un délire passager. Un grand nombre, avalés à petite dose, occasionnent malheureusement, dans toute l'étendue du tube digestif, une irritation violente et une inflammation qui dégénèrent promptement en gangrène.

Les personnes qui ont mangé des *Champignons* vénéneux éprouvent plus ou moins promptement les accidents qui caractérisent les poisons âcres et stupéfiants ; ces accidents se déclarent peu de temps après le repas : le plus souvent, sept, huit et même après dix ou douze heures (Parmentier) ; quelquefois après seize et même vingt-quatre (Orfila).

Les symptômes sont : des nausées, des envies de vomir, des efforts sans vomissement avec défaillance, des anxiétés, un sentiment de suffocation ou d'oppression ; souvent une soif ardente, de la constriction à la gorge, toujours avec douleur à la région de l'estomac, quelquefois des vomissements fréquents et violents, des selles abondantes, noirâtres, sanguinolentes, accompagnées de coliques, de ténesme, de gonflement et tension douloureuse du ventre. D'autres fois, au contraire, il y a rétention de toutes les évacuations, rétraction et enfoncement de l'ombilic.

A ces premiers symptômes se joignent bientôt des vertiges, la pesanteur de la tête, la stupeur, le délire, l'assoupissement, la léthargie, des crampes douloureuses, des convulsions aux membres et à la face, le froid des extrémités. Le pouls s'affaisse graduellement, les forces s'éteignent, les joues s'excavent ; tout le corps s'émacie et prend parfois une teinte cyanosée. La mort arrive ordinairement au bout de deux ou trois jours (Parmentier).

On a conseillé différents moyens pour ôter aux Champignons leurs propriétés vénéneuses. Les uns veulent qu'on les saupoudre de sel et qu'on les presse légèrement (Delile) ; les autres, qu'on les

trempe quelques heures dans du vinaigre ou de l'eau vinaigrée
(Pouchet). Certains assurent que le principe malfaisant réside surtout dans les lamelles ou les tubes, c'est-à-dire dans les organes
reproducteurs, et qu'il suffit d'enlever ces parties pour rendre comestibles toutes les espèces, même les plus dangereuses (?)...

§ II. — De l'OEnanthe safranée.

1° PLANTE. — L'*OEnanthe safranée* (1) est une Ombellifère indigène ; elle croît sur les bords des fossés, dans les prés humides.

Description. — Racine composée de 5 ou 6 tubercules allongés,
fusiformes, charnus, rapprochés en faisceau. Tige haute de 60 centimètres à 1 mètre, cylindrique, cannelée, d'un vert roussâtre, fistuleuse, rameuse vers le haut. Feuilles inférieures grandes, pétiolées,
à base engaînante, bipinnées ou tripinnées, portant des segments
obovales-cunéiformes, presque en cœur, incisés profondément au
sommet, glabres, d'un vert foncé. Ombelles très amples, à rayons
très nombreux, presque tous de la même longueur, terminés par des
ombellules serrées, presque sessiles. Involucres à plusieurs folioles.
Fleurs petites et blanches ; les intérieures sessiles, les extérieures pédicellées. Calice à limbe 5-denté, s'accroissant après
la floraison. Pétales cordiformes, un peu inégaux. Fruits allongés,
striés, couronnés par 5 petites dents aiguës et par les rudiments des
deux styles, à 5 côtes obtuses, les marginales les plus développées ;
columelle non distincte.

2° ACTION SUR L'HOMME. — Il s'écoule des différentes parties de
cette Ombellifère, quand on les entame, un suc fluide et laiteux qui
jaunit à l'air et devient bientôt un peu orangé. Ce suc est très âcre.

Si l'on confond les racines de cette plante avec celles de la Terre-
noix, ses feuilles avec celles du Cerfeuil et ses fruits avec ceux du
Fenouil, et qu'on les avale, il en résulte de très funestes accidents.
Godefroy rapporte que trois matelots, dans les environs de Lorient,
mangèrent les racines de cette *OEnanthe.* Peu de temps après, leur
bouche et leur gosier s'enflammèrent, et des douleurs très vives se
manifestèrent à leur épigastre. Ils burent de l'eau à une fontaine, ce
qui augmenta les accidents au lieu de les calmer. Un de ces mal-
heureux mourut au bout de quatre heures, avec des angoisses inex-
primables. Les deux autres, qui en avaient moins pris, se réta-
blirent, mais après un temps assez long.

(1) *OEnanthe crocata* Linn.

§ III. — Du Sumac vénéneux.

1° PLANTE. — Le *Sumac vénéneux* (1) est une Térébinthacée de l'Amérique septentrionale. On le cultive dans les jardins.

On regarde comme une variété de cette espèce le *Sumac radicant* (2), originaire du même pays.

Description. — Arbrisseau à racine ligneuse et traçante. Tige grimpante dans son pays natal. Rameaux faibles, munis de petits suçoirs radiciformes. Feuilles alternes, distantes, longuement pétiolées, trifoliolées ; à folioles ovales, acuminées, entières, vertes, pubescentes, minces, la médiane pétiolée, les latérales sessiles. Inflorescence en petites grappes axillaires, dressées. Fleurs petites, d'un vert blanchâtre, dioïques. Mâles : Calice petit, profondément 5-partit, à lobes aigus. Corolle à 5 pétales plus longs que le calice, ovales-lancéolés, recourbés en dehors. Étamines insérées autour d'un disque périgyne annulaire, au nombre de 5, plus courtes que la corolle, saillantes, dressées, à filets dilatés inférieurement, portant des anthères cordiformes, obtuses, introrses. Femelles : trois ou quatre fois plus petites que les mâles. Calice et corolle peu différents. Étamines rudimentaires. Ovaire entouré d'un disque globuleux, uniloculaire ; style court, trifide ; stigmates obtus. Fruit (*drupe*) petit, sec, sillonné, d'un blanc jaunâtre, renfermant une graine globuleuse et striée.

Les feuilles sont pleines d'un suc blanchâtre et résineux d'une extrême âcreté. Ce suc noircit à l'air.

2° ACTION SUR L'HOMME. — Les propriétés vénéneuses de ce *Sumac* sont connues depuis longtemps et redoutées avec raison. « On sait qu'il suffit de toucher à ses feuilles pour que la main se couvre en peu de temps d'ampoules plus ou moins volumineuses. » (A. Rich.)

Il est peu de jardins botaniques où l'on n'ait à déplorer de temps en temps quelque accident plus ou moins grave.

Les émanations qui se dégagent du *Sumac vénéneux* font naître aussi des plaques rouges ou de petites pustules (Fontana), surtout à l'ombre et après le coucher du soleil. On a cru que cette action était produite, ou par de l'hydrogène carboné tenant en dissolution un miasme délétère (van Mons), ou par un principe âcre particulier (Lavini).

Les feuilles du *Sumac vénéneux*, ou leur extrait, agissent à l'in-

---

(1) *Rhus toxicodendron* Linn. (*Toxicodendron pubescens* Mill.), vulgairement Herbe à la gale, Herbe à la puce.
(2) *Rhus radicans* Linn. (*Toxicodendron vulgare* Mill.).

térieur à la manière des poisons âcres ; elles exercent aussi une action stupéfiante sur le système nerveux (Orfila).

Malgré le caractère vénéneux bien évident de cette Térébinthacée, on n'a pas craint de l'introduire dans la matière médicale. On a conseillé ses feuilles contre l'épilepsie et contre les dartres invétérées (Dufresnoy). On les a proposées aussi contre la paralysie (Bréra).

On a tenté de l'administrer en poudre, en tisane, en teinture, en alcoolature, en extrait, en pilules.

Comme cet emploi est fort dangereux et fort difficile à régler, très peu de médecins l'ont adopté. C'est pourquoi j'ai cru devoir reléguer ce *Sumac* parmi les végétaux purement vénéneux.

§ IV. — Du Mancenillier vénéneux.

1° PLANTE. — Le *Mancenillier vénéneux* (1) est un arbre très célèbre ; il appartient à la famille des Euphorbiacées. Il croît aux Antilles, sur les bords de la mer.

Description. — Tronc élevé. Feuilles ovales, presque en cœur à la base, pointues, légèrement dentées en scie. Fleurs monoïques. Mâles : Calice bifide ; étamine avec un seul filament portant 4 anthères. Femelles : Calice à 4 sépales ; plusieurs stigmates. Fruit (*drupe*) gros, charnu, semblable à une petite pomme, renfermant une noix multiloculaire, à loges monospermes. Ces fruits se détachent spontanément à la maturité et jonchent le sol.

Cet arbre est lactescent. Son suc est abondant et d'un blanc de lait.

2° ACTION SUR L'HOMME. — Le suc du *Mancenillier* est très caustique. Il suffit d'un goutte sur la peau pour produire une ampoule qui se remplit de sérosité. De Tussac rapporte qu'une heure après son application, il ressentit une douleur assez vive, qu'il survint des ampoules et de petits ulcères qui le firent beaucoup souffrir, et qui durèrent plusieurs mois. Les Indiens trempent le bout de leurs flèches dans ce suc, et ces flèches conservent longtemps leur qualité toxique.

Les fruits ont une odeur particulière peu sensible. Lorsqu'on les mange, ils présentent d'abord une grande fadeur, puis un goût douceâtre. Mais, bientôt, il se manifeste une irritation violente aux lèvres, à la langue et au palais.

Les *crabes* qui se nourrissent de ces fruits sont dangereux pour les personnes qui en mangent (de Tussac).

(1) *Hippomane Mancinella* Linn.

On a dit que le *Mancenillier* rendait vénéneuse la pluie qui avait touché son feuillage. On a même prétendu que son ombre seule était funeste. Jacquin a été mouillé sur le corps nu, sans incommodité, par la pluie qui avait traversé un de ces arbres. Il s'est reposé aussi sous un autre *Mancenillier*, pendant trois heures, sans éprouver le moindre accident. On a donc exagéré les effets malfaisants de ce végétal ; ce qui, toutefois, ne nous autorise pas suffisamment à regarder ses émanations comme innocentes dans tous les cas (Desrouss.).

? V. — De quelques autres Poisons étrangers.

Parmi les poisons étrangers, on peut citer :

1° L'AHOUAI DES ANTILLES (1), arbre assez beau de la famille des Apocynacées. — Son amande passe pour un poison mortel.

Il en est de même de l'*Ahouai du Brésil* (2).

2° Le CURURU (3), arbuste grimpant de la famille des Sapindacées, qui croît dans les Antilles.—Son fruit sert en Amérique pour enivrer les poissons et pour empoisonner les flèches.

Les *Paullinies ailée* et *australe* (4) passent pour plus actives et pour plus vénéneuses (5).

3° Le GOUET VÉNÉNEUX (6), aroïdée de Saint-Domingue et des Antilles. — Son suc est fort âcre, caustique et vénéneux.

4° Le POLYGALA VÉNÉNEUX (7), arbrisseau de la famille des Polygalées, qui croît à Java. — Il est en si mauvaise réputation auprès des habitants du pays, que le guide de Commerson n'osa jamais lui en cueillir les fleurs. Quoique ce savant botaniste ne touchât ces dernières qu'avec précaution, elles lui occasionnèrent un long éternument et des maux de cœur.

5° Le SABLIER ÉLASTIQUE (8), de l'Amérique méridionale et du Mexique. Euphorbiacée. — Pour donner une idée de l'énergie avec laquelle son suc laiteux agit sur l'économie animale, M. Boussingault rapporte que lorsqu'il l'examina, avec M. Rivero, ils furent l'un et l'autre atteints d'érysipèle ; le mal persista pendant plusieurs jours. Le lait lui avait été envoyé de Guaduas, par le doc-

---

(1) *Thevetia neriifolia* Juss. (*Cerbera Thevetia* Linn.).
(2) *Thevetia Ahouai* A. DC. (*Cerbera Ahouai* Linn.).
(3) *P..ullinia Cururu* Linn.
(4) *Paullinia pinnata* Linn. et *australis* Saint-Hil.
(5) Voy. page 294.
(6) *Arum seguinum* Linn.
(7) *Polygala venenosa* Juss.
(8) *Hura crepitans* Linn., vulgairement *Buis de sable*, *Pet du diable*, *Sablier*.

leur Roulin ; le courrier qui l'apporta fut gravement incommodé, et, sur la route, les habitants des maisons où le messager avait logé éprouvèrent les mêmes accidents (Boussingault).

Linné dit que si le suc de cet arbre entre dans les yeux, il occasionne une cécité qui dure huit jours.

6° Le Tanghin de Madagascar (1), arbre de la famille des Apocynacées. — Sa graine passe pour très vénéneuse.

II. — PRODUITS VÉGÉTAUX VÉNÉNEUX.

§ I.—De l'Upas antiar.

1° Histoire. — Sous le nom d'*upas* (2), les Javanais désignent deux *poisons* terribles qui, introduits même en très petite quantité dans l'économie animale, amènent promptement la mort. Foersch, médecin hollandais, qui, le premier, les a fait connaître dans une brochure spéciale, a publié sur leur origine, leur préparation et leurs effets, des fables ridicules, qui, malheureusement, ont régné pendant longtemps dans la science. Coquebert de Montbert a réduit l'histoire de ces *poisons* à ce qu'il y a de plus positif et de plus raisonnable. Leschenault de la Tour a décrit les deux arbres qui les fournissent. Magendie et Delile ont fait un grand nombre d'expériences sur leur mode d'action. Thomas Horsfield, Orfila, et de nos jours, M. Claude Bernard, ont répété et complété ces expériences.

Deux sortes de *poisons* sont appelées *upas*, l'*antiar* et le *tieuté*. Comme elles ont une origine différente, je consacrerai à chacune un paragraphe séparé. Je vais parler d'abord du premier, je traiterai ensuite du second.

2° Plante. — L'*Ipo vénéneux* (3) appartient à la famille des Artocarpées. Il croît principalement à l'extrémité orientale de Java.

Description.—Arbre très grand. Tronc dépassant 33 mètres de hauteur et offrant environ 3 à 4 mètres de circonférence, couvert à sa base de grosses exostoses, droit, à écorce lisse, blanchâtre et à bois blanc. Feuilles alternes, brièvement pétiolées, ovales ou elliptiques, obtuses, un peu acuminées, très entières, couvertes de petits poils courts et rudes, d'un vert pâle, ordinairement ondulées ou crispées, coriaces, tombant avant la floraison. Fleurs monoïques. Mâles : réunies en

(1) *Tanghinia venenifera* Poir. (*Cerbera Tanghin* Hook., *C. venenifera* Steud.).
(2) *Oupas, Bohon upas, Boa.*
(3) *Ipo toxicaria* Pers. (*Antiaris toxicaria* Lesch.), vulgairement *Antschar, Antiar.*

grand nombre dans un involucre commun, axillaire, porté par un pédoncule assez long et grêle, creux, hémisphérique, offrant en dessous quelques écailles imbriquées. Calice à 4 lobes. Étamines 4 petites, presque sessiles. Femelles : solitaires, portées par un pédoncule court et un peu épais, dans un involucre urcéolé, composé d'une douzaine de sépales soudés inférieurement, persistant. Ovaire globuleux, en partie adhérent au calice, contenant un seul ovule renversé, portant deux styles divergents, grêles et pointus, à extrémité stigmatique. Fruit recouvert par les écailles calicinales unies entre elles et devenues charnues, de la grosseur d'une prune.

3° UPAS ANTIAR OU IPO (1).—Lorsqu'on fait des entailles au tronc de cet arbre, il s'en écoule un suc très abondant, visqueux et résineux, jaunâtre dans l'axe principal, blanc dans les jeunes branches.

Les Javanais préparent l'*upas antiar* de la manière suivante. 250 grammes environ de suc, recueilli la veille au soir dans un tuyau de Bambou, sont placés dans un vase. On y ajoute, avec précaution, le suc exprimé et mêlé de la *Kæmpférie galanga* (2), de l'*Amome zérumbet* (3), d'une espèce de *Gouet*, de l'oignon et de l'ail commun, chacun à la dose d'un gramme et demi. On y incorpore de plus une quantité égale de *poivre noir* (4) pulvérisé, et l'on agite le mélange. On jette ensuite au milieu du liquide une graine de *Piment frutescent* (5). Cette graine tournoie pendant quelque temps. Lorsque le mélange est en repos, on ajoute une nouvelle quantité de poivre, et l'on met une autre graine de Piment, mais moins fort. Enfin on répète cette double opération une troisième fois. Lorsque la graine reste immobile et qu'elle ne détermine aucun mouvement dans la préparation, celle-ci est terminée (Horsfield).

On conserve l'*upas antiar* dans des tubes de Bambou, que l'on bouche exactement aux deux extrémités et que l'on garnit de substance résineuse. Ce poison s'altère facilement à l'air. Quand il est enfermé dans un flacon bien sec et bien bouché, il conserve son activité pendant longtemps.

Il est imparfaitement soluble dans l'eau, avec laquelle il forme une sorte d'émulsion.

L'*upas antiar*, vu en masse, présente l'apparence et la consistance d'une matière cireuse. Il est d'un brun légèrement rougeâtre.

(1) Vulgairement *Oupas antschar*, *Anthiar*, *Ipa*, *Upo*.
(2) *Kæmpferia Galanga* Linn.
(3) *Amomum Zerumbet* Linn.
(4) *Piper nigrum* Linn.
(5) *Capsicum frutescens* Linn.

4° ACTION SUR L'HOMME. — L'*upas antiar* offre une saveur des plus amères. Cette amertume n'est pas franche, comme celle du poison suivant ; elle se complique d'âcreté. Ces deux sensations sont suivies d'une sorte d'engourdissement de la langue et de l'intérieur de la bouche (Pelletier et Caventou).

On dit que les émanations de la liqueur laiteuse fournie par l'arbre sont nuisibles. Sa saveur est amère.

L'*upas antiar* présente des propriétés toxiques remarquables. C'est un des *poisons* les plus violents que nous fournit le règne végétal.

Les habitants de l'Inde s'en servent pour rendre plus meurtrières leurs armes de guerre ou de chasse.

L'*upas antiar* agit comme tous les *poisons* narcotico-âcres. Il porte sur le cerveau et sur la moelle épinière. Il détermine souvent tous les effets des substances émétiques et purgatives. Il cause la mort avec des convulsions tétaniques.

Leschenault ayant piqué à la cuisse une petite poule d'eau, avec une flèche enduite de ce poison nouvellement préparé, l'animal vomit, éprouva une forte convulsion, et mourut au bout de trois minutes.

§ II. — De l'Upas tieuté.

1° PLANTE. — Le *Vomiquier tieuté* (1) appartient à la famille des Loganiacées. Il croît dans les forêts montagneuses de l'île de Blambangang, où il est rare.

Description (fig. 119). — Grande liane sans épines. Racines horizontales, souvent très longues, de la grosseur du bras, ligneuses, à écorce mince, couleur de rouille, à bois d'une dureté médiocre, comme spongieux, d'un blanc jaunâtre, offrant une odeur faible un peu nauséabonde. Tige grimpante, s'enroulant et s'accrochant jusqu'au sommet des plus grands arbres, à écorce rugueuse et rougeâtre, couverte d'un enduit crétacé. Rameaux opposés, divergents, longs, grêles, lisses et verts. Feuilles opposées, brièvement pétiolées, ovales-lancéolées, atténuées à la base, acuminées en pointe obtuse, entières, glabres, d'un vert foncé, coriaces, offrant trois nervures parallèles, les deux latérales écartées de la moyenne et n'allant pas jusqu'au sommet. Pétioles réunis par une ligne saillante. Cirrhes à l'aisselle des feuilles avortées, solitaires, simples, en forme de crosse ou tordues en spirale, souvent renflées vers leur quart supérieur, un peu pointues, glabres. Inflorescence axillaire, deux

____

(1) *Strychnos Tieute* Lesch.

ou trois fois plus courte que les feuilles, en corymbe défini. Pédoncules peu velus. Fleurs blanches, noirâtres sur le sec. Calice petit, légèrement velu inférieurement, 4-5-fide, à lobes ciliés. Corolle à tube long, à limbe étalé, composé de 5 lobes oblongs, un peu

FIG. 119.— *Vomiquier tieuté.*

pointus, glabre. Étamines à la gorge de la corolle, presque sessiles, à filets très courts, portant des anthères oblongues, jaunes. Ovaire ovoïde ; style un peu plus long que la corolle, grêle ; stigmate à peine plus gros, arrondi, papilleux. Fruit (*baie*) de 5 à 6 centimètres de diamètre, globuleux, un peu mamelonné au sommet, lisse, rouge. Graines nichées dans une pulpe, arrondies-ovoïdes.

2° Upas tieuté. — L'extrait aqueux de l'écorce de ce *Vomiquier*, obtenu par sa décoction concentrée, fournit un poison d'une horrible énergie. Il est désigné sous le nom d'*upas tieuté* (1). On le prépare de la manière suivante. On sépare l'écorce de la racine et on la met dans une certaine quantité d'eau ; on fait bouillir pendant une heure environ ; on filtre ensuite le liquide à travers une toile ; on le met de nouveau sur le feu, et on l'évapore lentement jusqu'à consistance d'extrait mou.

Après cette première opération, on y ajoute le suc de la Kæmp-férie, de l'Amome, du Gouet... Le mélange est remis sur le feu pendant quelques minutes, et le *poison* est terminé.

L'*upas tieuté* est solide, d'un brun rougeâtre, vu en masse. Étendu en couche mince, il paraît un peu translucide et d'un jaune orangé. Il forme une poudre d'un gris jaunâtre.

Il se dissout dans l'eau, abandonnant une matière rouge-brique. Sa solution aqueuse est d'un jaune orangé.

Il contient une très forte proportion de strychnine sans brucine, mais accompagnée de deux matières colorantes : l'une jaune, soluble, susceptible de prendre une belle couleur par l'acide azo-tique ; l'autre d'un brun rougeâtre, insoluble par elle-même, deve-nant d'un beau vert par son contact avec l'acide azotique con-centré (Pelletier et Caventou). Cette dernière matière est désignée sous le nom de *strychnochromine*.

3° Action sur l'homme. — Sa saveur est extrêmement amère, sans âcreté ni arrière-goût, aromatique. Sa solution aqueuse est aussi d'une grande amertume.

L'*upas tieuté* est un poison encore plus terrible que l'*upas antiar* (2).

Les habitants de Java s'en servent aussi pour leurs flèches.

Ce poison doit l'énergie de son action à la strychnine qu'il ren-ferme. C'est un excitant violent de la moelle épinière ; il ne porte aucune atteinte aux fonctions cérébrales. Il détermine le tétanos, l'immobilité du thorax, l'asphyxie. Il peut être absorbé par les mu-queuses, mais son action se manifeste plus promptement par les séreuses ou par une plaie. Cependant il n'a aucune action s'il est simplement déposé sur une plaie à l'état sirupeux : il faut, pour qu'il agisse, le laisser sécher sur le corps vulnérant. Un chien

____

(1) *Upas radja*, *Upas tjetteb*, *Tshittik*, *Tschettik*, *Tjettek*.
(2) « *Succus venenum atrocissimum.* » (A. DC.).

dans la cuisse duquel on enfonce un morceau de bois ainsi préparé, est atteint du tétanos au bout de trois ou quatre minutes, et meurt au bout de cinq à huit (Delile).

Leschenault assure que le fruit d'une espèce d'*Angelin* (1) qui croît dans l'île de Java, sur les montagnes de Tingar, est employé comme contre-poison de l'*upas tieuté* et de l'*upas antiar*.

§ III. — Du Curare.

Le *curare* est un *poison* terrible préparé par les Indiens de l'Orénoque, du Cassiquiare, du rio Negro et du Yupura, en Amérique.

1° HISTOIRE. — L'origine de ce poison a donné lieu à de grandes contestations.

2° PLANTE. — On admet généralement aujourd'hui que le *curare* est principalement retiré d'une plante de la famille des Loganiacées, du genre *Vomiquier* (*Strychnos*). J'ai parlé plusieurs fois de ce genre.

L'espèce qui fournit le *curare* est le *Vomiquier vénéneux* (2). Ce végétal croît dans la Guyane, sur les bords du Pomeroon et du Sururu.

Description. — Tige souvent épaisse de plus de 8 centimètres, grimpante, enroulée autour des arbres, tortueuse, à écorce raboteuse, d'un gris noir. Rameaux minces, grimpants, couverts de poils nombreux, longs, étalés, roux. Feuilles sessiles, ovales-oblongues, acuminées, d'un vert noir, membraneuses, à trois nervures, hérissées de poils. Cirrhes couvertes de poils roux. Pédicelles poilus. Calice à lobes linéaires-lancéolés, poilus. Corolle hypocratériforme, atténuée au sommet, poilue extérieurement, glabre à l'intérieur; limbe étalé, à lobes oblongs et obtus. Anthères insérées à la gorge, saillantes, sessiles. Fruit de la taille d'une grosse pomme, rond, brièvement acuminé, lisse, d'un vert bleuâtre. Graines dans une pulpe gommeuse très amère.

3° CURARE (3). — Le *curare* est l'extrait aqueux du *Vomiquier vénéneux*. Ce *poison* est connu depuis la découverte de la Guyane par Walter Raleigh, en 1595.

La préparation de ce poison est décrite différemment suivant les auteurs. Il est probable qu'elle varie selon les peuplades.

En général, on fait infuser l'écorce coupée en petits morceaux ou

(1) *Andira Harsfœldii* Lesch., vulgairement, à Java, *Prono-djevo* (qui donne de la force à l'âme).
(2) *Strychnos toxifera* Benth.
(3) Vulgairement *Woorara, Woorari, Wourari, Wooraru, Wurali, Wourah, Urari, Ourary, Urali, Ticuna, Poison des flèches.*

broyée ; on concentre la liqueur afin que le *curare* devienne assez épais pour s'attacher aux flèches ; dans le même but, on y ajoute aussi un suc gluant et mucilagineux, fourni par une plante bulbeuse appelée *Murumu*, suivant M. Schomburgk, ou par un arbre nommé *Kiracaguero*, suivant Humboldt. Quelques auteurs ont cru qu'on y introduisait également du venin de certains serpents, une tête de grenouille, des fourmis... Ces assertions n'ont pas été confirmées.

Le *curare* se rencontre dans le commerce, soit dans des calebasses, soit dans de petits pots d'argile d'une pâte fine et très dure.

Le *curare* est un extrait solide, d'un aspect résineux, d'un brun noirâtre, quelquefois gris, ressemblant assez au jus de réglisse concret. Réduit en poudre, il devient d'un brun tirant sur le jaune. Quand il est bien sec, il paraît se conserver indéfiniment. Il se ramollit dans l'eau et finit par s'y dissoudre en grande partie. Sa solution aqueuse est d'un rouge foncé, et sa teinture alcoolique d'un beau rouge.

L'analyse chimique y a démontré un principe amer alcalin, appelé *curarine*, une matière grasse, une résine, de l'acide acétique et une matière colorante rouge...

La *curarine* est solide, d'une consistance cornée, translucide et même transparente, non cristallisable; en couche mince, elle paraît d'une couleur blonde. Elle attire fortement l'humidité; elle est très soluble dans l'alcool et dans l'eau ; elle est précipitée par la noix de galle.

Le *curare* est employé dans l'Amérique méridionale pour empoisonner les flèches. On en met une quantité plus ou moins considérable, suivant qu'on veut tuer ou seulement étourdir un animal. Une flèche empoisonnée au moins depuis quinze ans, et mouillée légèrement à son extrémité, a tué très rapidement un oiseau piqué à la cuisse (Claude Bernard).

4° ACTION SUR L'HOMME. — Le *curare* présente une saveur excessivement amère, qui n'est ni âcre ni piquante. La *curarine* offre aussi une très grande amertume.

Le *curare* n'est vénéneux que lorsqu'on l'introduit dans une plaie (1). Il peut être ingéré sans inconvénient dans l'estomac. Humboldt assure que les Indiens le regardent comme un excellent stomachique.

Le *curare* agit sur le système nerveux moteur, et sur lui seul. Il est sans effet sur les nerfs de la sensibilité et sur les muscles non

____

(1) Une goutte de dissolution de *curare* introduite dans la cuisse d'un oiseau, l'animal tombe au bout de quelques secondes, et meurt sans pousser un cri et sans convulsions. (Cl. Bernard.)

soumis à la volonté : par exemple, ceux des tuniques intestinales et le cœur continuent à se mouvoir.

Pour tuer un homme, il faut une quantité de *curare* absorbée égale à la valeur de deux ou trois têtes d'épingle (Carrey).

Dans ces derniers temps, on a eu l'idée de s'en servir sur des malades atteints de tétanos traumatique. On y était encouragé par l'essai, suivi de réussite, sur deux chevaux atteints de la même maladie (Munter). Les résultats obtenus ont paru trop douteux pour que ce terrible agent ait été adopté par la thérapeutique. On a cherché aussi à employer le *curare* contre les effets de la strychnine (Vella) et dans le traitement de l'épilepsie (Thiercelin).

5° POISONS ANALOGUES. — D'après ce que nous avons fait pressentir, en parlant de la préparation du *curare*, il existe, chez les Indiens de l'Amérique du Sud, plusieurs poisons énergiques désignés sous le même nom.

Outre le *Vomiquier vénéneux*, les indigènes emploient aussi :

1° Le *Cocculus toxifère* (1) ;

2° Le *Vomiquier de Castelnau* (2) ;

3° Le *Vomiquier violent* (3) ;

4° Le *Rouhamon de la Guyane* (4) ;

5° Le *Rouhamon curare* (5).

Toutes ces plantes, à l'exception de la première, sont des Loganiacées.

Le *Cocculus toxifère* est une Ménispermacée. De Candolle a distingué les *Cocculus* des vrais Ménispermes par la présence de six étamines.

Les *Rouhamons* ne diffèrent des *Vomiquiers* que par leurs fleurs à quatre parties.

On a groupé les différentes sortes de *curare* en trois séries :

1° Le *curare* produit par le *Vomiquier vénéneux*.

2° Le *curare* produit par le *Cocculus toxifère* et par le *Vomiquier de Castelnau*.

3° Le *curare* produit par le *Vomiquier violent* et par les deux *Rouhamons de la Guyane* et *curare*.

Le premier est préparé par les Macusis, les Arécunas et les Wapisianas ; le second par les Ticunas, les Pebas, les Yaguas et les Orégones, et le troisième par les Guinans et les Maiongkongs.

(1) *Cocculus toxicoferus* Wedd., vulgairement *Pani*.
(2) *Strychnos Castelnæana* Wedd., vulgairement *Ramon*.
(3) *Strychnos? cogens* Benth., vulgairement *Arimaru*.
(4) *Rouhamon Guianensis* Aubl. (*Lasiostoma cirrhosa* Willd., *L. Rouhamon* Gmel.), vulgairement, chez les Galibis, *Rouhamon, Urari-iwa*.
(5) *Rouhamon? Curare* DC. (*Lasiostoma? Curare* Kunth).

LIVRE II.

DES PARASITES EXTÉRIEURS, OU ÉPIPHYTES.

GÉNÉRALITÉS.

Les végétaux parasites qui se développent à la surface du corps de l'homme ont reçu, en botanique médicale, le nom d'*Épiphytes* (1). Ces végétaux sont fixés anormalement sur nos organes et s'y nourrissent à nos dépens.

La connaissance de ces végétaux est peu ancienne. Parmi les auteurs qui les ont étudiés avec le plus de succès, on doit citer principalement MM. Gruby, Malmsten, Lebert et Charles Robin. L'ouvrage *ex professo* (2) publié par ce dernier savant a obtenu un prix à l'Académie impériale des sciences.

Les *Épiphytes* sont des cuticoles par excellence. Les uns attaquent l'épiderme ou le derme, les autres les follicules ou les poils.

Ces parasites nuisent encore à l'homme : 1° en se mêlant aux viandes conservées par salaison ou boucanage et à ses aliments de chaque jour, et en déterminant des endémies ou épidémies plus ou moins graves, telles que la pellagre, l'acrodynie, la raphanie (Bouchardat); 2° en attaquant ou détruisant nos productions les plus utiles, telles que la Pomme de terre, la vigne, le Ver à soie...

Comme les épizoaires, ils sont très petits, même plus petits que la plupart de ces derniers. Leur étude demande nécessairement l'emploi du microscope.

La nature a largement compensé l'exiguïté de leur volume par le nombre de leurs individus. Les *Épiphytes* sont des plantes essentiellement sociales, qui vivent par troupes, formant des agglomérations, des touffes, des duvets, des croûtes, qui occupent quelquefois une étendue considérable.

Les *Épiphytes* possèdent une organisation très simple.

(1) Ce mot a une signification un peu différente en botanique proprement dite.

(2) *Histoire naturelle des végétaux parasites qui croissent sur l'homme et sur les animaux vivants.* Paris, 1853, in-8°, avec un atlas de 15 planches.

Ce sont des végétaux très curieux par leur structure, par leur développement et par leur reproduction. Ils ont les plus grands rapports
avec les Conferves.

Ils se présentent sous la forme de tubes plus ou moins allongés,
droits ou couchés, simples ou rameux, continus ou divisés en loges
par des cloisons transversales. Ces filaments s'établissent à la surface
des organes qu'ils tendent à envahir. Leur mode d'adhésion ou
d'implantation est encore fort mal connu. Comme plusieurs espèces
ne croissent que sur des points déterminés de l'économie et quelquefois dans des conditions spéciales, il est évident que certains
organes et certaines circonstances sont indispensables à leur nutrition. Mais ces petits végétaux puisent-ils leur alimentation, à l'aide
de radicelles, dans le sein même de l'organe envahi, ou bien se
nourrissent-ils, soit par le contact, soit au moyen d'un liquide sécrété ou de l'atmosphère environnante? Comme, dans la plupart des
cas, on n'a découvert aucun prolongement radicellaire dans le tissu
attaqué, le premier mode de nutrition n'a pas été admis.

Les filaments des *Épiphytes* adhèrent toujours aux organes sans
modification, apparente et communiquent avec les cellules remplies
de suc nourricier. Ils sont disposés comme ils le seraient sur un
terrain imprégné de sucs (de Seyne).

Leur extrémité s'insinue quelquefois à travers les cellules de
l'épiderme, soulève même les plaques les plus superficielles de ce
dernier. Dans ces cas, le parasiticisme est manifeste; mais il n'est
peut-être pas logique de regarder comme de véritables parasites
les Cryptogames qui végètent à la surface des organes n'offrant avec
eux aucune espèce d'adhérence.

Quoi qu'il en soit, les végétaux dont il s'agit se reproduisent au
moyen de séminules extrêmement petites, appelées *spores* ou *sporules*.
Bulliard a montré, par diverses expériences, que plusieurs de ces
plantules, entre autres la *Moisissure vulgaire*, ne prennent naissance sur les diverses matières en putréfaction que parce que leurs
graines y ont été déposées par l'air environnant.

Les spores des *Épiphytes* se forment, ou bien dans la cavité d'une
ou plusieurs cellules différentes par leur volume ou par leur forme,
ou bien simplement dans l'intérieur des tubes, ou bien encore à la
surface de ces derniers. Plus tard, on les trouve éparses sans aucune
connexion, ni avec les cellules, ni avec les tubes producteurs auxquels elles sont entremêlées.

Dans un genre, il n'existe pas de tubes ou filaments; tout le végétal est composé de sporules réunies bout à bout.

Les *Épiphytes* sont compris dans sept genres : 1° *Puccinie*, 2° *Mucor*, 3° *Aspergille*, 4° *Oïdium*, 5° *Achorion*, 6° *Microspore*, 7° *Trichophyte*.

Voici les caractères abrégés de ces sept genres :

GENRES D'ÉPIPHYTES VIVANT SUR L'HOMME.

I. — *Tuberculiformes.*

1° Puccinie. — Spores dans un réceptacle coriace.

II. — *Filamenteux.*

A. — Spores terminales.

2° Mucor. — Spores dans l'intérieur d'une vésicule.
3° Aspergille. — Spores à la surface d'une vésicule.

B. — Spores éparses.

4° Oidium. — Filaments libres. Spores naissant des articulations qui se séparent.
5° Achorion. — Filaments entourés d'un godet solide. Spores naissant dans les filaments.
6° Microspore. — Filaments formant une gaîne. Spores naissant à l'extérieur de cette dernière.

III. — *Moniliformes.*

7° Trichophyte. — Filaments nuls. Spores réunies bout à bout.

CHAPITRE PREMIER.

DE LA PUCCINIE.

Le genre *Puccinie* (*Puccinia*) (1) a été fondé par Micheli et réformé par Link.

Ce genre comprend des parasites qui se présentent sous la forme de tubercules composés d'une base compacte et gélatineuse, de

(1) Dédié à Thomas Puccini, professeur à Florence.

laquelle s'élèvent des pédicelles roides, portant des péricarpes terminaux, ordinairement divisés en deux ou plusieurs loges par des cloisons transversales ; ces péricarpes laissent échapper les graines par le sommet ou par le côté.

Une espèce seulement a été trouvée chez l'homme.

1° La Puccinie du favus (1). — Elle a été découverte, à Christiania, par MM. Boeck et Ardsten.

Description (fig. 120). — Plantule en forme de massue, quelquefois obovée ou oblongue, souvent rétrécie inférieurement et offrant comme un pédicule ou tige, arrondie ou même un peu angulaire à l'autre extrémité, constamment d'un brun rouge plus ou moins foncé.

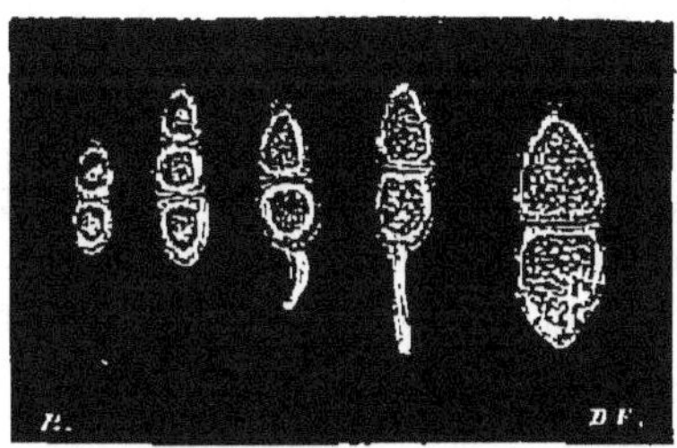

Fig. 120. — *Puccinie du favus.*

On y distingue ordinairement deux parties, la *tige* et le *corps* (Ch. Rob.), qui paraissent, dans certains cas, unis par un étranglement et une articulation.

La tige est presque toujours grêle, souvent très courte ; rarement elle manque ; elle paraît droite ou bien à peine courbée, ou bien encore plus ou moins tordue, comprimée, presque rubanée et assez molle. Son diamètre transversal est le même de la base au sommet ; cependant, sur quelques individus, elle se dilate légèrement dans le voisinage du corps.

Le corps est généralement plus long que la tige, toujours 3 ou 4 fois plus large, oblong ou obové, et divisé vers le milieu par un léger étranglement qui correspond à la cloison. Celle-ci est exactement transversale et divise la cavité du corps en deux loges, une supérieure et une inférieure (2), la dernière généralement plus étroite ou plus allongée. Ces deux loges présentent leur plus grande largeur à l'endroit où elles se touchent ; elles se rétrécissent légère-

(1) *Puccinia favi* Ardst.

(2) Il serait plus exact de regarder le corps comme produit par l'accolement et la soudure de deux bourses, que comme une seule bourse divisée en deux loges par une cloison.

ment, l'inférieure vers la tige, la supérieure vers le haut. Leur ensemble forme deux cavités conoïdes adossées base à base. La forme de ces loges est, du reste, assez variable.

L'intérieur des loges (*noyau*, Ardsten) est tout à fait homogène. Quelquefois il semble granuleux ou spongieux, et même comme percé de pores ou de trous.

2° ACTION SUR L'HOMME. — Ainsi que son nom l'indique, la *Puccinie* qui vient d'être décrite est un parasite du *favus*; mais ce n'est pas le parasite principal de cette affection cutanée (1).

Elle se développe souvent en quantité considérable. On l'a observée, soit sur les grandes croûtes jaunâtres formées par l'autre Cryptogame, soit sur les squames épidermiques blanchâtres, avec un commencement de croûte dans le fond; il est plus sûr de la voir dans ces dernières squames.

Cette plantule n'est en quelque sorte qu'une végétation accessoire du *favus*; elle constitue un épiphénomène qui manque souvent.

On a rencontré encore la *Puccinie du favus* dans d'autres maladies de la peau. M. Ardsten en a trouvé deux individus sur quelques fines squames de pityriasis.

CHAPITRE II.

DU MUCOR.

Le genre *Mucor* (*Mucor*) (2) a été fondé par Linné et réformé d'abord par Micheli et par Persoon, et plus tard par Link et par Fries. Il présente des touffes de filaments, les uns stériles, les autres fertiles, dressés, simples ou rameux, terminés par un réceptacle membraneux, globuleux ou en toupie, pédonculé, d'abord transparent et aqueux, ensuite opaque et plein de sporules simples et arrondies, formant comme une poussière.

Nous n'avons qu'une espèce à étudier.

1° La MOISISSURE VULGAIRE (3). — Ce petit végétal est très commun. Il forme de larges touffes sur toutes les substances susceptibles de fermenter (de Cand.).

Description. — Filaments simples, allongés, grêles, portant à leur

----

(1) Voyez le chapitre de l'ACHORION.
(2) *Mucor* (Columelle), *moisissure*.
(3) *Mucor Mucedo* Linn. (*M. vulgaris* Micheli, *M. sphærocephalus* Bull., *M. tenuis* Link).

extrémité un péricarpe globuleux régulier, d'abord blanc et transparent, ensuite opaque et brunâtre. Il se crève avec élasticité lorsqu'on le met dans l'eau. Les spores sont nombreuses, rondes et verdâtres.

2° ACTION SUR L'HOMME. — La première observation connue de *Moisissure vulgaire*, développée sur un homme vivant, est due à Degner (Heusinger). Ce petit végétal se montra plusieurs jours de suite sur une partie atteinte de gangrène sénile.

Ph. S. Horn a donné l'observation détaillée d'un individu de quatre-vingts ans, affecté aussi de gangrène sénile, dont la jambe, devenue noire, se couvrit, deux jours avant la mort, d'une certaine quantité de *Moisissure vulgaire*, d'un brun verdâtre. Il ajoute que plusieurs fois on a constaté le développement de cette plantule sur des parties du corps enflammées et exposées à l'air libre, sur la peau en suppuration à la suite d'un vésicatoire, et sur des ulcères.

MM. Baum, Litzmann et Eichstedt ont découvert, dans une caverne pulmonaire d'une femme morte d'une gangrène du poumon, une masse noire de filaments parsemés de globules arrondis adhérents aux parois de la cavité. Chaque filament faisait saillie et se terminait par un renflement couronné par une série de cellules ovoïdes (Sluyter). Cette production a été regardée avec doute comme une masse de *Moisissure vulgaire*. M. Ch. Robin fait remarquer que, d'après la figure, d'ailleurs assez incomplète, qui en a été publiée, il serait tenté de considérer ce végétal comme une espèce d'*Aspergille*.

CHAPITRE III.

DE L'ASPERGILLE.

Le genre *Aspergille* (*Aspergillus*) (1) a été établi par Micheli.

Voici ses caractères : Filaments simples ou rameux, articulés, réunis en touffes ; les uns stériles, couchés ; les autres fertiles, droits, renflés au sommet et présentant à leur extrémité un groupe de spores globuleuses.

Les *Aspergilles* sont de très petits végétaux qui croissent ordinairement sur les corps en putréfaction.

1° L'ASPERGILLE ? AURICULAIRE (2). — Ce végétal a été décrit en 1844 par M. Mayer (de Bonn).

(1) « A forma aspersorii quo in sacris utimur. » (Micheli.)
(2) *Aspergillus? auricularis* (*Aspergilli? species* May.), vulgairement *Champignon du conduit auditif externe*.

Description (fig. 121). — Filaments longs, isolés ou en faisceaux, transparents, quelques-uns offrant un très léger renflement terminal et un commencement de capitule. Ces filaments constituent une sorte de mycélium. Au milieu d'eux se voient d'autres filaments ou tiges présentant dans leur intérieur de petites sphéridies, lesquelles sont pourvues au sommet d'un petit capitule, sorte de tête arrondie, verdâtre, dont le bord libre est couvert d'une couche de spores simples ou doubles (Mayer).

2° ACTION SUR L'HOMME. — Ce végétal a été observé dans le conduit auditif d'une jeune fille de huit ans, atteinte d'écoulement scrofuleux de l'oreille externe. On remarqua, dans ce conduit, plusieurs excroissances arrondies ou ovoïdes, creuses, de la grosseur d'un noyau de cerise, perforées à une extrémité. Les parois de ces excroissances avaient un aspect fibreux et feutré. Leur surface externe était blanche ; l'interne offrait des granules verdâtres. A l'aide d'un grossissement de 300 diamètres, on reconnut le végétal dont il vient d'être question.

On a trouvé plusieurs espèces d'*Aspergilles* dans les sacs aériens d'un certain nombre d'oiseaux (Bouvreuil, Pluvier doré, Faisan, Eider...). Le milieu dans lequel on les a découvertes en faisait des *Entophytes*. Mais comme les sacs aériens des oiseaux sont en rapport fréquent avec l'air atmosphérique, ces parasites intérieurs sont, en définitive, dans un milieu peu différent de celui des *Aspergilles* ordinaires.

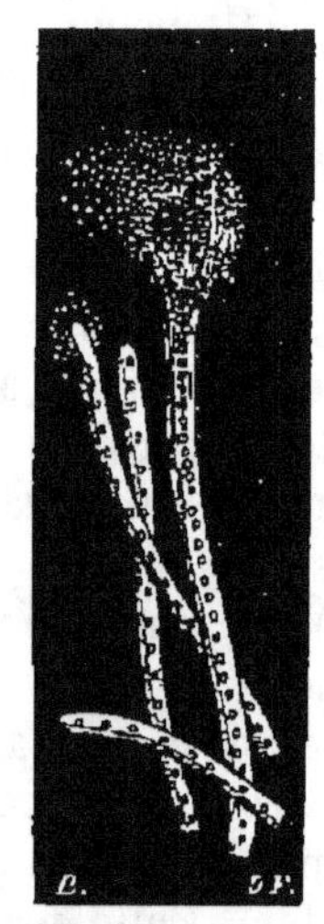

FIG. 121. — *Aspergille auriculaire.*

CHAPITRE IV.

DES OÏDIUM.

Le genre *Oïdium* (*Oidium*) (1) a été fondé par Link. Il se compose de petits végétaux à filaments simples ou rameux, articulés, transparents, agglomérés en flocons et faiblement entrelacés. Leurs spores naissent des articulations qui se séparent. Elles sont simples et pellucides.

(1) De οἰδέω, se gonfler.

On en a observé deux espèces parasites de l'homme : 1° l'*Oïdium blanchâtre*, 2° l'*Oïdium pulmonaire*.

1° OÏDIUM BLANCHATRE (1). — Berg remarqua le premier que certains petits points blancs, d'apparence caséeuse, qui se développent sur la muqueuse buccale des enfants, examinés au microscope, présentaient des filaments ou des spores. M. Gruby regarda ce végétal comme analogue aux *Sporotrichum*. Un grand nombre de médecins et de naturalistes ont étudié ce curieux parasite. On doit citer surtout MM. Eschricht, Hannover, Œsterlen, Raynal, Vogel, Weigel, Hœuerkopf, Sluyter, Gubler, Ch. Robin.....

Description (fig. 122). — Filaments réunis en couches ou plaques pseudo-membraneuses, lâchement entrecroisés, constituant un corps velu, d'abord humide et blanchâtre, plus tard fauve ou brunâtre. Ces filaments sont longs de 0^{mm},05 à 0^{mm},60 et épais de 0^{mm},001, cylindriques, droits ou incurvés, simples ou rameux et légèrement granuleux, ou articulés; ils portent les spores au sommet.

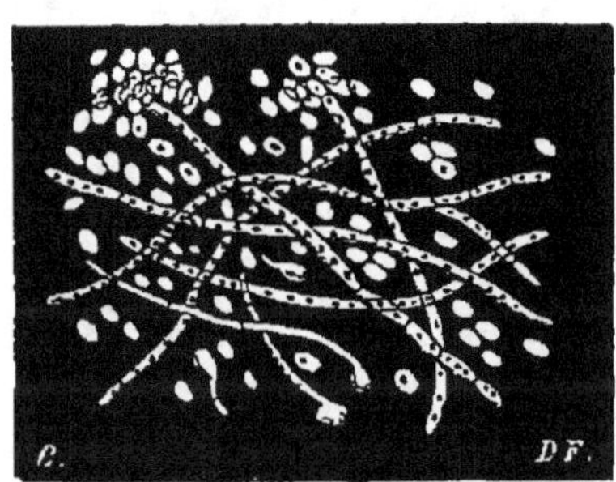

FIG. 122. — *Oïdium blanchâtre.*

Les spores sont arrondies, ou à peine ovoïdes, et d'une teinte ambrée.

Action sur l'homme. — L'*Oïdium blanchâtre* se rencontre sur la membrane muqueuse de la bouche des enfants à la mamelle, pendant les premiers mois, ou plutôt la troisième ou quatrième semaine de leur existence. Il attaque surtout la face dorsale de la langue, le palais, le voile du palais, le pharynx, la portion de la face interne des joues comprise entre les arcades dentaires, lorsque les mâchoires sont ouvertes, et les parties des lèvres qui débordent les gencives et les dents (Gubler). On l'a observé aussi dans l'œsophage

(1) *Oïdium albicans* Ch. Rob. (*Species Sporotrichi affinis* Gruby), vulgairement *Cryptogame du muguet, Champignon du muguet.*

jusqu'au cardia, et quelquefois dans l'estomac et dans l'intestin grêle, ainsi qu'au pourtour de l'anus (Ch. Robin).

On l'a vu encore chez les adultes, pendant les derniers jours de la vie, principalement dans les phthisies, les fièvres typhoïdes, les phlébites. L'acidité des liquides organiques paraît être une des circonstances les plus favorables au développement de ce curieux parasite.

L'*Oïdium blanchâtre* produit l'affection connue sous le nom de *muguet*. Cette affection débute habituellement par une certaine phlogose des voies digestives, laquelle paraît déterminer la suppression de la sécrétion salivaire et peut-être l'exagération de l'acidité propre au mucus buccal (Gubler).

2° L'OÏDIUM PULMONAIRE (1):—Cette seconde espèce a été signalée en 1842 par M. Bennett, dans les *Transactions de la Société royale d'Édimbourg*.

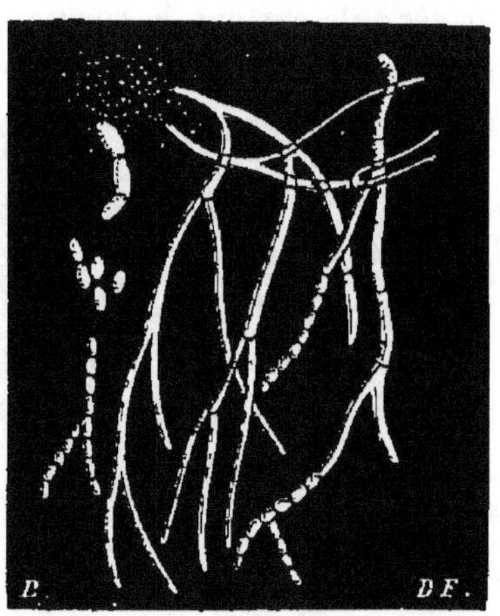

Fig. 123. — *Oïdium pulmonaire.*

Description (fig. 123). — Tiges formées de longs tubes cloisonnés et articulés à des intervalles égaux. Ces tiges offrent plusieurs branches composées par une cellule qui s'articule à leur extrémité et se bifurque de la même manière, ou par une cellule qui, simple à son point d'articulation, se divise en deux ou trois prolongements. Ces branches ont de 0^{mm},005 à 0^{mm},040 de diamètre.

Les spores sont nombreuses, superposées les unes aux autres aux extrémités des branches, et quelquefois isolées, globuleuses ou

(1) *Oïdium pulmoneum (Champignon des poumons* Benn.).

ovoïdes, avec un diamètre de 0^{mm},010 à 0^{mm},014. On les a vues s'allonger pour former des tubes (Bennett).

Action sur l'homme. — Ce parasite a été observé dans les crachats, les cavernes et sur la matière tuberculeuse d'un individu atteint de pneumothorax (Bennett).

CHAPITRE V.

DE L'ACHORION.

Le genre *Achorion* (*Achorion*) (1) a pour caractères : Petites masses orbiculaires, patelliformes ou discoïdes, coriaces, jaunes. Il diffère très peu du genre précédent ; il ne renferme que l'espèce suivante :

1° L'ACHORION DE SCHŒNLEIN (2). — M. Remak avait déjà vu, en 1837, que les godets de la teigne faveuse étaient formés par l'agrégation de fibres de moisissure ; cependant il ne détermina pas leur nature végétale. Cette découverte a été faite en 1839 par M. Schœnlein, qui a figuré les granules de la couche extérieure et les filaments du végétal (*mycélium*).

M. Gruby a donné le premier une bonne description des spores (1844). MM. Hannover, Bennett, Müller, Retzius, et surtout Lebert, Bazin et Ch. Robin, ont fait connaître avec détail les différentes parties qui constituent ce bizarre parasite, son siége, la manière dont il se développe, sa reproduction, et les désordres qu'il détermine.

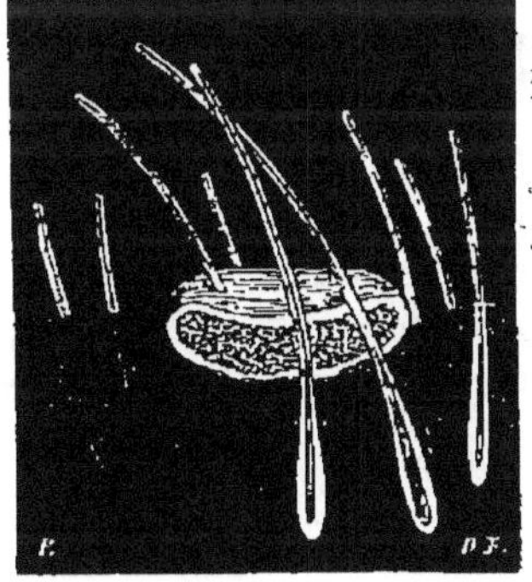

FIG. 124. — *Achorion de Schœnlein.* — *Favus.*

Description (fig. 124). — Qu'on se représente de petites croûtes sèches, orbiculaires, déprimées, en forme d'hémisphères irréguliers ; convexes du côté adhérent, concaves ou planes du côté libre ; de 1 à 15 millimètres de diamètre transversal et de 1 à 5 millimètres d'épaisseur ; d'une couleur jaune de soufre pâle, quelquefois salie ou brunie par des corps étrangers ; exhalant une odeur spéciale analogue à celle de la souris. Alibert comparait cette odeur à celle des maré-

(1) De α privatif, χόριον, membrane.

(2) *Achorion Schœnleinii* Remak (*Oïdii species* Müller, *Oïdium Schœnleinii* Leb., *Oïdium porriginis* Mont.), vulgairement *Champignon de la teigne, Mycoderme de la teigne, Cryptogame de la teigne faveuse, Parasite de la teigne scrofuleuse.*

cages. Ces petites masses sont ordinairement traversées par un ou plusieurs poils, ou, pour mieux dire, elles se sont produites à la base des cheveux qu'elles ont enveloppée. On les désigne sous le nom de *favus*.

La face adhérente de ces corps est comme implantée dans la peau, qu'elle déprime; elle est lisse ou bosselée; elle se prolonge un peu sous forme de mamelon ou de pédicule (Lebert).

La face libre se trouve au niveau de la peau ou la dépasse légèrement. Dans les premiers temps de son évolution, le *favus* paraît en forme de godet; son enfoncement s'efface à mesure qu'il grossit. Les plus âgés offrent des lignes irrégulièrement concentriques, alternativement saillantes et déprimées, en nombre variable. Ces corps sont secs, durs et cassants. Leur intérieur est d'un blanc jaunâtre assez pâle. Leur tissu, vu à la loupe, paraît comme spongieux; quelquefois même il y a un petit creux au centre (Lebert).

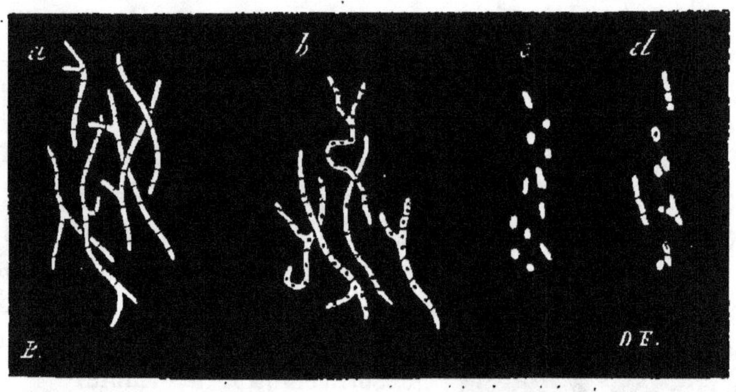

FIG. 125. — *Achorion de Schœnlein.* — *a, b,* filaments du réceptacle; *c, d,* spores.

Quand on analyse les *favus* (fig. 125), on y reconnaît d'abord une couche extérieure (*stroma*). C'est une sorte de gangue amorphe, offrant environ 0^{mm},16 d'épaisseur, composée d'une matière homogène finement granuleuse.

A l'intérieur, on découvre : 1° le *mycélium*, 2° le *réceptacle*, 3° les *spores*.

1° Le *mycélium*, ou appareil végétatif, est un amas de tubes cylindriques, épais de 0^{mm},003, flexueux, simples, ou ramifiés deux ou trois fois en fourche, non cloisonnés, ni articulés, vides ou contenant quelques rares granules moléculaires. Ce tissu est surtout abondant contre l'enveloppe générale.

2° Le *réceptacle*, ou support des organes reproducteurs (*sporophores*), est aussi un assemblage de tubes. Ceux-ci sont droits ou courbés, peu flexueux, rarement ramifiés, tantôt vides dans une partie de leur étendue, et contenant dans l'autre des granules ou de petites cellules qui ont de $0^{mm},001$ à $0^{mm},002$ de diamètre, tantôt renfermant des granulations plus rapprochées vers les extrémités. Enfin, d'autres tubes présentent de véritables petites spores qui se touchent et qui font paraître le canal comme composé de cellules bout à bout. Ces derniers tubes semblent cloisonnés. Les spores intérieures atteignent jusqu'à $0^{mm},011$ de grand diamètre.

3° Les *spores*, ou organes reproducteurs, sont réunies en chapelet ou libres, et de formes assez diverses. Il y en a d'ovoïdes, de globuleuses et même d'un peu quadrilatères. Les plus petites présentent $0^{mm},003$, et les plus grandes $0^{mm},011$. On aperçoit dans leur intérieur une certaine quantité de granules moléculaires, doués d'un mouvement brownien très vif (Lebert). Dans les plus grosses, on voit une ou deux granulations de $0^{mm},001$ à $0^{mm},002$.

2° ACTION SUR L'HOMME. — L'*Achorion de Schœnlein* constitue le végétal parasite de la *teigne faveuse* (1). Ce végétal se développe principalement sur la peau de la tête, et accidentellement sur celle des autres parties du corps : par exemple, sur la face, sur les épaules et dans le conduit auditif. On en a vu à la partie antérieure de la jambe (Ch. Rob.), et même sur le pénis et le gland (Lebert).

Les organes habituellement attaqués sont le follicule pileux et les dépressions de la surface de la peau.

Le parasite adhère fortement au poil, dans la profondeur du follicule, ordinairement en dehors de la couche unique des cellules de l'épiderme, qui lui donne l'aspect réticulé en travers (Bazin, Ch. Robin). Il produit des plaques plus ou moins étendues, qui forment au poil comme une gaîne complète. Ces plaques ressemblent à de petites croûtes, mais elles ne prennent jamais la forme et le caractère du *favus*.

Dans les dépressions de la peau, l'*Achorion* se réunit en amas qui finissent par constituer le vrai *favus*. Ce dernier est d'abord sous-épidermique ; il grossit peu à peu ; l'épiderme qui le recouvre se dessèche, tombe par écailles, et le godet paraît à l'air libre. Les *favus* peuvent atteindre jusqu'au diamètre de 25 millimètres (Cazenave).

Dans son développement et sa marche, le *favus* présente trois formes qui ont été décrites sous les noms de *favus urcéolaire*, de *favus scutiforme* et de *favus squarreux* (Bazin).

Dans la première évolution, les cheveux sont seuls altérés, mais faiblement ; la peau qui les porte n'a subi encore aucune modifica-

____

(1) *Tinea scutulata, Porrigo scutulata* des auteurs, *Porrigophyte* Gruby.

tion. La démangeaison n'existe pas, ou bien elle est très peu sensible.

Dans la seconde période, l'altération des poils est plus avancée : le végétal apparaît extérieurement comme une croûte jaunâtre précédée ou non de congestion tégumentaire ; il subit plus ou moins régulièrement les diverses phases de son développement.

Dans la troisième période, l'altération des poils est parvenue à son plus haut degré ; ils tombent, et des cicatrices succèdent à leur chute. Les croûtes du végétal ressemblent à certains lichens, à des fragments pulvérulents de plâtre ou de terre glaise desséchée (Bazin).

Une région pilifère n'est pas absolument nécessaire au développement de l'*Achorion de Schœnlein*. J'ai cité plus haut des exemples où il s'était montré sur les parties non velues du corps. On assure que les *favus* de la figure sont plus fortement enchâssés dans le derme que ceux de la tête (Rayer).

CHAPITRE VI.

DES MICROSPORES.

Le genre *Microspore* (*Microsporum*) (1) a été créé par M. Gruby. Il a pour caractères : Filaments ondulés, transparents, sans granules intérieurs, quelquefois bifurqués, formant avec leurs branches une couche, à l'extérieur de laquelle se trouvent les spores. Celles-ci sont serrées les unes contre les autres, rondes ou ovoïdes, transparentes, sans granules intérieurs.

Ce genre diffère très peu du genre *Trichophyte*.

On connaît trois espèces de *Microspores* : 1° le *Microspore d'Audouin*, 2° le *Microspore de la mentagre*, 3° le *Microspore pellicule*.

1° Le MICROSPORE D'AUDOUIN (2) habite à la surface des cheveux, en dehors du follicule, jusqu'à une hauteur de 1 à 3 millimètres. Il forme, autour de chaque poil, une couche comme feutrée, épaisse de 0^{mm},015.

Description. — Le *Microspore d'Audouin* présente, dans sa structure, des filaments, des branches et des spores.

Les filaments (*trichomata*) sont disposés parallèlement aux stries

____

(1) De μιχρὸς, petit, et σπόρος, graine.
(2) *Microsporum Audouini* Gruby, 1843 (*Microsporon Audouini* Gruby, 1844 ; *Microsporium Audouini* Ch. Rob , *Trichophyton decalvans* Malmst., *Trichomyces decalvans* Malmst.).

des cheveux et ondulés. Ils sont épais de $0^{mm},002$ à $0^{mm},003$; ils forment comme une cellule allongée très grêle.

Les ramifications paraissent nombreuses et courtes; elles se bifurquent sous un angle de 30 à 50 degrés; elles ont la même épaisseur que les tiges.

Les spores sont ordinairement globuleuses, d'un diamètre d'environ $0^{mm},003$; il y en a quelquefois d'ovoïdes, qui ont jusqu'à $0^{mm},008$ de grand diamètre et $0^{mm},005$ de petit; elles sont transparentes et se gonflent dans l'eau (Gruby).

Ce petit Champignon se reproduit par segmentation des extrémités des tubes ou filaments (Ch. Robin).

Le *Microspore d'Audouin* diffère du *Trichophyte tonsurant*, dont il sera question dans le chapitre suivant : 1° par son habitat; il est extérieur, il recouvre la base des cheveux, tandis que ce dernier paraît intérieur et vit dans leurs racines; 2° il offre des axes et des branches feutrés ensemble, tandis que le *Trichophyte* a seulement des spores disposées en chapelet; 3° ses spores sont plus petites et sans granules intérieurs.

Action sur l'homme. — Le *Microspore d'Audouin* est la source de la maladie appelée *teigne décalvante* (1).

Ce parasite se développe et se multiplie avec une très grande rapidité. Il suffit qu'un point de la peau soit atteint pour qu'en peu de jours une plaque de 3 à 4 centimètres soit couverte de ce Champignon (Ch. Robin).

Dans les cheveux attaqués, la surface devient moins transparente, rugueuse et granuleuse. Ils prennent une teinte plus ou moins grisâtre; ils s'altèrent et se rompent bientôt (huit jours après l'apparition) au niveau du point où adhère la gaîne parasite. Les cheveux les plus épais résistent plus longtemps. Il n'y a ni inflammation du derme, ni hypertrophie de l'épiderme, ni vésicules, ni pustules (Gruby).

Cette maladie débute, en général, par le cuir chevelu; elle peut ensuite gagner les sourcils, les cils, les favoris, les moustaches, et successivement les poils des diverses parties du corps (Bazin).

2° Le MICROSPORE DE LA MENTAGRE (2). — Cette espèce est rare; elle se trouve sur les follicules pileux de la barbe, particulièrement sur le menton, sur ceux de la lèvre supérieure et des joues. Elle peut aussi attaquer le cuir chevelu (Bazin).

Description. — Ses filaments sont granulés à l'intérieur. Ses

____

(1) *Teigne achromateuse, Vitiligo du cuir chevelu, Porrigo decalvans, Phyto-alopécie.*

(2) *Microsporum Mentagrophytes (Microsporon Mentagrophytes* Ch. Rob.).

branches se bifurquent sous des angles de 40 à 80 degrés; elles sont striées.

Ses spores, en quantité innombrable, paraissent à la surface interne de la gaîne parasite, et aussi au poil enveloppé par cette dernière. Elles sont très adhérentes. Ces spores sont très petites et arrondies.

Cette espèce diffère de la précédente par des filaments et des ramifications qui sont plus grands et plus granulés intérieurement ; par des spores plus volumineuses placées en dedans de la gaîne et non à l'extérieur.

Ce *Microspore* est situé dans la profondeur du follicule pileux, jusqu'à la racine du poil, entre ce dernier et la paroi du follicule, et non pas dans l'épaisseur même de la substance de la portion du poil placée dans ce même follicule, comme dans le *Trichophyte tonsurant*, ni autour de la partie aérienne du cheveu, près du derme, comme dans le *Microspore d'Audouin* (Ch. Robin).

Action sur l'homme. — La présence de ce parasite donne naissance à la maladie désignée sous le nom de *mentagre* (1).

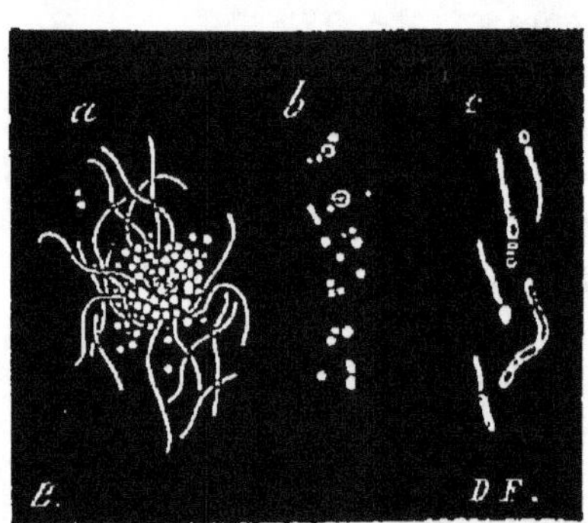

FIG. 126. — *Microspore pellicule.* — *a*, portion du Champignon ; *b*, spores ; *c*, spores se développant.

3° Le MICROSPORE PELLICULE (2). — Cet autre *Microspore* attaque la peau de la poitrine, celle du ventre et quelquefois celle des extrémités. On ne le rencontre jamais sur les parties non couvertes par les vêtements.

Description (fig. 126). — Ce sont des filaments allongés et ramifiés, tordus et entrecroisés.

Les spores sont réunies en groupes ; elles réfractent fortement la lumière.

Action sur l'homme. — Ce Champignon détermine des taches pul-

(1) *Mentagrophyte* Gruby.
(2) *Microsporum furfur* (*Microsporon furfur* Ch. Rob.).

vérulentes, plus ou moins jaunâtres ou jaune brunâtre, de grandeurs très diverses. Elles sont constituées par le végétal et par les cellules de l'épithélium, dont il amène la disjonction. L'affection qui en résulte est dite *pityriasis discolor* (1) (Sluyter).

Dans le principe, ces taches sont petites comme des pois. Peu à peu elles augmentent et plusieurs deviennent confluentes ; elles peuvent atteindre alors la largeur des deux mains.

Un prurit plus ou moins vif accompagne ces taches ; il est suivi ordinairement de la desquamation de l'épiderme.

CHAPITRE VII.

DES TRICHOPHYTES.

Le genre *Trichophyte* (*Trichophyton*) (2) a été fondé par M. Malmsten ; il se compose de petits végétaux uniquement formés de spores globuleuses ou ovoïdes, transparentes, incolores, à surface lisse, lesquelles s'unissent bout à bout en chapelet et donnent naissance à des filaments articulés.

Trois espèces de *Trichophytes* ont été observées sur l'homme : 1° le *Trichophyte tonsurant*, 2° le *Trichophyte sporuloïde*, 3° le *Trichophyte des ulcères*.

1° Le TRICHOPHYTE TONSURANT (3). — Cette première espèce a été découverte en 1844 par M. Gruby, et nommée en 1846 par M. Malmsten. Elle se développe partout où il y a des poils, au cuir chevelu, à la face, au cou, au tronc et aux membres ; elle se montre à l'intérieur de la racine des cheveux. Ses filaments rampent dans la substance du poil, dans le sens de sa longueur.

Description (fig. 127). — Le *Trichophyte tonsurant* se présente sous forme d'un amas arrondi.

Ses spores sont globuleuses, ovoïdes ou allongées, quelquefois comme étranglées vers le milieu, plus rarement trièdres ou anguleuses. Elles ont $0^{mm},004$ de grand diamètre et $0^{mm},003$ ou $0^{mm},001$ de petit ; quelques-unes atteignent jusqu'à $0^{mm},010$ de longueur. Leur surface est lisse. Elles sont transparentes et incolores. Leur intérieur paraît homogène et réfracte la lumière. On y aperçoit, vers le centre, comme une très fine poussière de granules moléculaires, doués du mouvement brownien très vif.

Les filaments (*mycélium*) qu'elles constituent, sont des tubes

(1) *Pityriasis versicolor* de quelques médecins.
(2) De θρίξ, cheveu ; φυτὸν, plante.
(3) *Trichophyton tonsurans* Malmst. (*Trichomyces tonsurans* Malmst.).

cylindriques, courbés, onduleux, ramifiés en fourche deux ou plusieurs fois.

Les réceptacles (*sporophores*) sont des tubes analogues aux précédents, mais vides dans une partie de leur étendue, et contenant, dans le reste, des granulations tantôt petites (de $0^{mm},001$ à $0^{mm},002$), tantôt assez volumineuses (de $0^{mm},003$ à $0^{mm},005$) et plus rapprochées. Quelques-uns de ces réceptacles sont plus larges et remplis de sporules qui se touchent, de manière que l'ensemble représente un cylindre cloisonné d'espace en espace ou articulé, sans apparence de membrane enveloppante générale.

Action sur l'homme. — La présence de ce Champignon détermine un ensemble d'accidents qui caractérise la maladie connue sous le nom de *teigne tondante* (1). Il naît, comme on l'a vu plus haut, dans la racine des cheveux et s'étend dans leur tissu. La racine paraît d'abord opaque. A mesure que le cheveu pousse, le *Trichophyte* se développe, jusqu'à ce que la partie envahie soit hors du follicule.

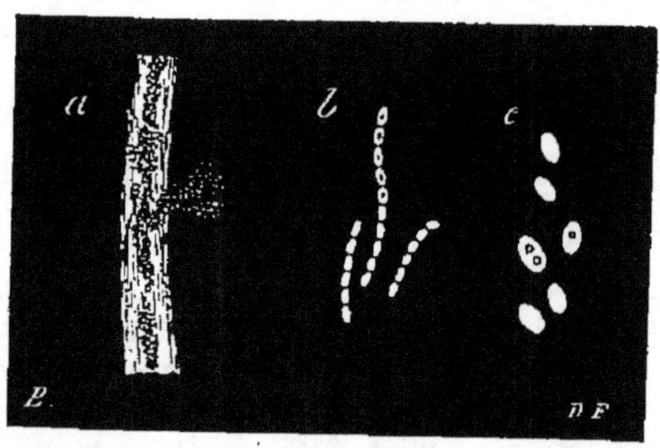

Fig. 127. — *Trichophyte tonsurant.* — *a*, cheveu malade avec une rupture dans un point ; *b*, filament sporophore articulé ; *c*, spores.

La production des spores de ce petit Champignon est très rapide ; elles remplissent bientôt le cylindre pileux, de sorte que la substance propre du poil n'est plus reconnaissable (Ch. Robin). Les cheveux attaqués paraissent d'abord plus gros que d'ordinaire ; ils se décolorent et deviennent grisâtres ; ils perdent leur élasticité et leur cohésion. Quand la maladie est arrivée à 2 ou 3 millimètres au-dessus du niveau de l'épiderme, le cheveu se brise (Ch. Robin).

Les poils envahis deviennent en effet assez fragiles ; ils se rompent au plus léger effort de traction (Bazin). Leur cassure est inégale, filamenteuse, et se fait à 2 ou 3 millimètres de la

(1) *Champignon des cheveux, Herpes tonsurans, Rhizo-phyto-alopécie.*

surface de la peau. Quelquefois le cheveu se casse avant de sortir de cette dernière ; alors la portion restante se gonfle, se durcit, soulève l'épiderme, et produit des élévations qui donnent au cuir chevelu une couleur bleuâtre et un aspect chagriné plus ou moins prononcé de *chair de poule* (Ch. Robin). On remarque aussi des écailles blanches, minces, pulvérulentes, qui forment comme de petites gaînes à la base des poils.

On a remarqué que les topiques trop irritants accroissent le mal (Cazenave), et que, sous leur influence, le cryptogame se multiplie d'une manière souvent effrayante (Bazin).

La maladie dont il s'agit n'est pas exclusive à l'espèce humaine. Un cheval venu de Normandie a répandu la contagion dans son écurie, et communiqué le mal à huit autres chevaux. Ceux-ci l'ont transmise à cinq ou six gendarmes. Les spores des chevaux étaient plus petites que celles de l'homme (Deffis et Bazin).

2° Le TRICHOPHYTE ? SPORULOÏDE (1). — Cet autre *Trichophyte* a été observé par M. Walther, dans la matière visqueuse de la plique polonaise probablement en voie d'altération.

Description. — Les spores de cette espèce sont en quantité innombrable et réfractent fortement la lumière transmise. Elles ont une forme ovoïde ou arrondie, aplatie. Elles sont composées de deux vésicules emboîtées, de grosseur relative constante. Elles exécutent dans l'eau des mouvements moléculaires.

Ces spores ne s'alignent pas en séries ; ce qui fait que c'est avec doute que M. Ch. Robin a considéré la plante comme un *Tricho-phyte.*

3° Le TRICHOPHYTE ? DES ULCÈRES (2). — C'est à M. Lebert que l'on doit la connaissance de cette espèce. Il l'a découverte dans les croûtes d'un ulcère atonique de la jambe.

Ces croûtes offraient çà et là des taches jaunes, sèches, de un à 2 millimètres d'étendue, avec l'apparence d'une Moisissure (Lebert).

Description. — Chaque tache était composée de spores arrondies ou légèrement ellipsoïdes, offrant un grand diamètre de $0^{mm},005$ à $0^{mm},010$, renfermant un ou deux noyaux de $0^{mm},002$. Dans quelques-uns, on reconnaissait une double membrane d'enveloppe. Il y avait encore d'autres globules, de $0^{mm},010$ à $0^{mm},015$, remplis de petits granules. Les premiers se réunissaient en fils moniliformes dont quelques-uns étaient ramifiés. On pouvait suivre toutes les transitions entre les simples globules et les fils moniliformes ramifiés.

(1) *Trichophyton ? sporuloïdes* Ch. Rob.
(2) *Trichophyton ? ulcerum* Ch. Rob.

CHAPITRE VIII.

CONSIDÉRATIONS BOTANIQUES.

Tous les genres d'*Épiphytes* que nous venons d'étudier appartiennent à la famille des CHAMPIGNONS. Tous, à l'exception de la *Puccinie*, se rangent dans ce groupe dont Link a proposé de faire une famille distincte sous le nom de MUCÉDINÉES.

La *Puccinie* est une URÉDINÉE, autre famille d'une sphère organique un peu plus élevée.

La *Puccinie du favus* paraît être un parasite, non pas de l'homme, mais de la petite plante qui donne naissance à la teigne.

Friès a placé tous les genres dont nous avons parlé dans sa cohorte des HAPLOMYCÈTES, caractérisée par des flocons sporifères sans mycélium distinct.

Le genre *Puccinie* appartient à la tribu des *Coniomycètes*, dont les flocons se changent en corps reproducteurs (*sporidies*), et les six autres genres à celle des *Hyphomycètes*, dont les flocons sporifères sont distincts du mycélium.

Cette dernière série comprend trois ordres : les MUCORINÉES, à spores enfermées dans une vésicule ; les MUCÉDINÉES, à flocons sporifères tubuleux portant au sommet des spores libres, et les SÉPÉDONIACÉES, à flocons sporifères également tubuleux et à spores éparses. Le genre *Mucor* est une *Mucorinée*, le genre *Aspergille* une *Mucédinée*, et les genres *Oïdium*, *Achorion*, *Microspore* et *Trichophyte* sont des *Sépédoniacées*.

Dans la classification du docteur Léveillé, les CHAMPIGNONS nous offrent trois grandes divisions :

I. Les CLINOSPORÉS. — Réceptacle de forme variable, recouvert par le subicule (*clinode*) ou le renfermant dans son intérieur.

II. Les CYSTOSPORÉS. — Réceptacles floconneux, cloisonnés, simples ou rameux. Spores continues, renfermées dans une capsule (*sporange*) terminale, membraneuse.

III. Les ARTHROSPORÉS. — Réceptacles filamenteux, simples ou rameux, cloisonnés ou presque nuls. Spores en chapelet, terminales, persistantes ou caduques.

Dans la première division, nous avons la tribu des *Coniopsidés* (réceptacle charnu, coriace, trémelloïde, pulviné, convexe ou linguiforme, d'abord caché, puis saillant ; spores caduques, pulvérulentes, simples ou cloisonnées, sessiles ou pédiculées). Dans cette tribu se trouve le genre *Puccinie*.

Dans la seconde division est la tribu des *Columellés* (capsule (*sporange*) vésiculeuse, renfermant une columelle et se déchirant irrégulièrement ou circulairement en dessous ; spores enfermées dans une vésicule). Cette tribu comprend le genre *Mucor*.

Dans la troisième division se trouvent trois tribus : 1° Les *Aspergillés* (réceptacle floconneux, simple ou rameux ; spores fixées sur une vésicule arrondie ou ovoïde, terminale). A cette tribu appartient le genre *Aspergille*. — 2° Les *Oïdiés* (réceptacle floconneux, simple ou rameux ; spores terminales faisant suite aux rameaux ou verticillées). Sous cette tribu se rangent les genres *Oïdium* et *Achorion*. — 3° Les *Torulacés* (réceptacles floconneux, simples ou rameux ; spores cloisonnées.) Dans cette dernière tribu viennent se placer les genres *Microspore* et *Trichophyte*.

Voici le tableau des espèces d'*Épiphytes* qui vivent sur l'homme.

CHAMPIGNONS.

Division I. — CLINOSPORÉS.

Tribu I.   CONIOPSIDÉS . . . .   1. *Puccinie du farus.*

Division II. — CYSTOSPORÉS.

Tribu II.   COLUMELLÉS . . . .   2. *Mucor vulgaire.*

Division III. — ARTHROSPORÉS.

Tribu III.   ASPERGILLÉS. . . . .   3. *Aspergille? auriculaire.*

Tribu IV.   OÏDIÉS. . . . . {   4. *Oïdium blanchâtre.*
5. *Oïdium pulmonaire.*
6. *Achorion de Schœnlein.*

Tribu V.   TORULACÉS . . . . {   7. *Microspore d'Audouin.*
8. *Microspore de la mentagre.*
9. *Microspore pellicule.*
10. *Trichophyte tonsurant.*
11. *Trichophyte? sporuloïde.*
12. *Trichophyte? des ulcères.*

LIVRE III.

DES PARASITES INTÉRIEURS, OU ENTOPHYTES.

GÉNÉRALITÉS.

Les végétaux parasites qui se rencontrent dans l'intérieur du corps de l'homme ont reçu le nom d'*Entophytes* (1).

Comme les *Épiphytes*, ou parasites cuticoles, ces végétaux ont été l'objet de travaux particuliers, dans ces derniers temps.

Les *Épiphytes* attaquent la peau extérieure saine ou malade, ou bien les petits organes qui se trouvent dans la peau. Les *Entophytes* se développent dans les cavités naturelles ou accidentelles du corps ; ils s'établissent surtout sur les muqueuses. Les *Épiphytes* vivent dans l'air ; les *Entophytes* vivent dans les liquides de l'économie.

J'ai parlé, dans le livre précédent, d'une espèce d'*Oïdium* et d'une autre production rapportée avec doute aux genres *Mucor* ou *Aspergille*, découvertes dans des cavernes pulmonaires ; mais quoique intérieurs, ces parasites étaient en contact direct avec l'air atmosphérique. J'en dirai autant de l'*Épiphyte* du muguet, de l'*Oïdium blanchâtre*, qui habite dans la bouche et qui se trouve en rapport immédiat et constant avec l'air atmosphérique. Ces derniers parasites font, du reste, le passage des *Épiphytes* aux *Entophytes*.

A proprement parler, les *Entophytes* ne sont pas de vrais parasites du corps humain, puisque, au lieu d'être fixés sur les organes et de se nourrir aux dépens de leur tissu, ils habitent au milieu des matières exsudées ou sécrétées qui recouvrent ces derniers, et souvent même quand ces matières ont subi une profonde altération.

Tout ce que j'ai dit, d'une manière générale, en traitant des *Épiphytes*, sur l'exiguïté de leur taille et sur le grand nombre des individus, s'applique parfaitement aux *Entophytes*.

Je ferai remarquer que les parasites intérieurs présentent une organisation encore plus simple, plus dégradée, plus élémentaire que les parasites extérieurs. Aussi règne-t-il beaucoup de doute sur le caractère végétal de plusieurs espèces, et la détermination de la plupart est-elle généralement très difficile.

Les *Entophytes* sont des filaments tantôt réunis ensemble et composant des couches (*trichomas*) plus ou moins lâches, tantôt plus ou

___

(1) Ce mot a une signification un peu différente en botanique.

moins isolés. Ces filaments sont articulés ou continus, ramifiés ou simples, souvent grêles, transparents, tubuleux, remplis ou non remplis de granules extrêmement petits. Dans un genre, la plante est constituée par de petites masses cubiques, régulières ou irrégulières, associées par quatre. Dans un autre, ce sont des globules donnant naissance à une agglomération sans forme déterminée.

Ces plantes se reproduisent par des séminules ou spores contenues dans des tubercules internes ou externes, ou simplement par une division naturelle des parties.

Les *Entophytes* appartiennent à cinq genres : 1° *Leptomite*, 2° *Oscillaire*, 3° *Leptothrix*, 4° *Mérismopédie*, 5° *Cryptocoque.*

Voici les caractères abrégés de ces cinq genres :

GENRES D'ENTOPHYTES VIVANT DANS L'HOMME.

I. — *Filamenteux.*

1° LEPTOMITE. — Filaments articulés, rameux, immobiles.

2° OSCILLAIRE. — Filaments articulés, simples, doués d'un mouvement particulier.

3° LEPTOTHRIX.— Filaments continus, simples, immobiles.

II. — *Non filamenteux.*

4° MÉRISMOPÉDIE.—Cubes réunis par quatre, formant une couche carrée.

5° CRYPTOCOQUE. — Globules réunis sans ordre, formant une couche amorphe.

CHAPITRE PREMIER.

DES LEPTOMITES.

Agardh a créé le genre *Leptomite* (*Leptomitus*) (1). Ce genre comprend des plantes caractérisées par un amas de filaments articulés, rameux, atténués au sommet. Les articulations sont creuses, et comme marginées. Les spores sont latérales, rarement dans les interstices, et entourées d'une enveloppe transparente.

Les auteurs en ont signalé six espèces, malheureusement mal connues pour la plupart. Ce sont : 1° le *Leptomite urophile*, 2° celui de *Hannover*, 3° l'*épidermique*, 4° l'*utéricole*, 5° l'*utérin*, 6° l'*oculaire*.

____

(1) De λεπτὸς, mince, et μίτος, fil.

1° Le LEPTOMITE UROPHILE (1). — Découvert par M. Rayer.

Description. — Parasite formant de petites touffes, hautes de 2 millimètres, épaisses de 3, hémisphériques, gélatineuses, à filaments hyalins. Ces filaments semblent naître et s'irradier d'un point central. Ils sont très rameux dès leur base, épars, à peine épais de $0^{mm},0075$. Les rameaux sont plus ou moins divisés et à branches ouvertes. Les articles sont à peu près aussi longs que larges ou une fois et demie plus longs.

Action sur l'homme. — Ce *Leptomite* a été trouvé dans une urine malade rendue avec des poils (Rayer).

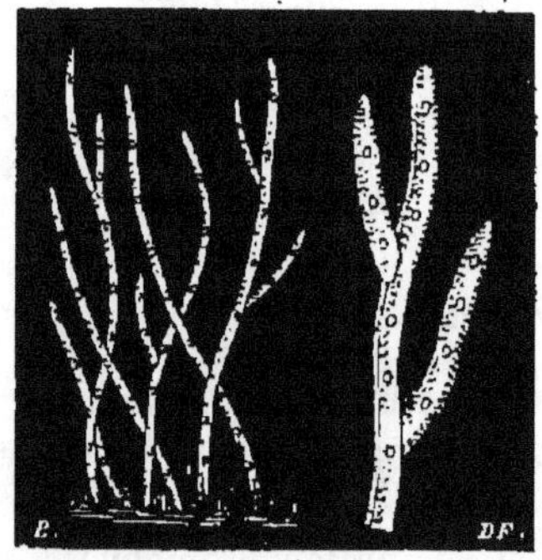

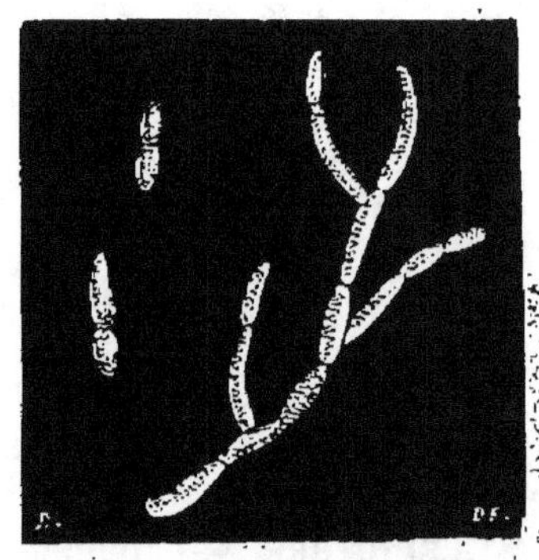

Fig. 128. — *Leptomite? de Hannover.*   Fig. 129. — *Leptomite? épidermique.*

2° Le LEPTOMITE? DE HANNOVER (2). — Découvert par M. Ad. Hannover.

Description (fig. 128). — Filaments déliés, droits et très ramifiés, les uns transparents, les autres louches et comme grenus. Les ramifications sont tantôt d'un seul côté, tantôt de deux. Elles ne paraissent pas plus minces que le tronc. Leurs extrémités sont quelquefois un peu renflées.

Action sur l'homme. — Cette espèce a été trouvée dans une sorte de bouillie qui tapissait le commencement de l'œsophage, lequel offrait des excoriations. On l'a rencontrée aussi dans des cas de typhus (Hannover).

3° Le LEPTOMITE? ÉPIDERMIQUE (3). — C'est à M. Gubler que la science est redevable de cette espèce. Il en a fait une description détaillée, qu'il a communiquée à M. Ch. Robin. Ce savant micrographe l'a publiée avec une figure dessinée par M. Montagne.

Description (fig. 129). — Qu'on se représente des filaments bys-

(1) *Leptomitus urophilus* Mont.
(2) *Leptomitus Hannoverii* Ch. Rob.
(3) *Leptomitus? épidermidis* Küch. (*Leptomitus? de l'épiderme* Ch. Rob.).

soïdes analogues à ceux du muguet. Ces filaments sont longs, plusieurs fois divisés, peu distinctement articulés et peu diaphanes. Leurs cloisons sont beaucoup plus rapprochées dans les branches secondaires et vers les extrémités terminales des filaments primitifs. Les rameaux naissent souvent d'un seul côté et se détachent à angles plus ou moins aigus en s'incurvant du côté de l'axe principal.

Les sporidies nagent librement dans l'eau. Elles sont ellipsoïdes, droites ou légèrement courbes et coupées transversalement par une cloison qui les partage ainsi en deux cellules ou cavités (Gubler).

Action sur l'homme. — Cette Algue a été observée sur la main d'un jeune homme qui avait été percée par une balle, après que le membre eut été soumis quelque temps à l'irrigation continue. Vers le cinquième jour, il se manifesta, sur la face dorsale de la main et des doigts, quelques petits boutons blancs, qui augmentèrent en nombre et en volume ; ils s'accompagnèrent d'une douleur prurigineuse peu vive, mais néanmoins insupportable. Ces boutons étaient formés par des amas de *Leptomites* épidermiques (Gubler).

4° Le LEPTOMITE? UTÉRICOLE (1) (fig. 130). — Cette Algue a été découverte par M. Lebert en 1850, lequel en communiqua une figure à M. Ch. Robin.

Description (fig. 130). — C'est un amas de tubes plus ou moins longs, non cloisonnés, sans granulations intérieures, pâles et ramifiés, et d'autres tubes un peu plus larges, articulés, cloisonnés, à cellules de longueur variable, terminés par des spores granuleuses, à différents degrés de développement. Ces spores sont représentées par une cellule allongée, ovoïde ou globuleuse, granuleuse, contenant une ou deux gouttes claires, quelquefois terminée par un prolongement étroit plus ou moins pointu. Ce prolongement communique avec la cellule ou en est séparé par une cloison. Dans certains cas, il est formé de plusieurs petites cellules bout à bout, constituant un tube très mince cloisonné (Ch. Robin).

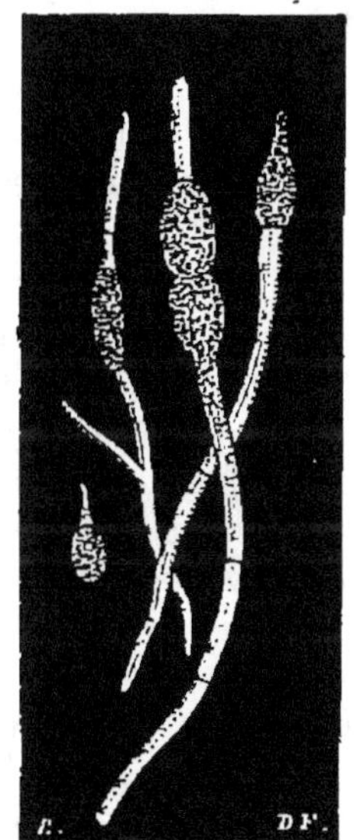

Fig. 130. — *Leptomite?*
utéricole.

La dernière cellule des tubes, portant la spore, est ordinaire-

___
(1) *Leptomitus? utericola* (*Leptomitus?* de *l'utérus* Ch. Rob., *Lept.?* *uteri* Küch.).

ment un peu plus renflée que les autres et légèrement granuleuse. Elle est probablement destinée à former une spore nouvelle après la chute de la première (Ch. Robin).

Les spores sont ovoïdes et terminées par le petit prolongement dont il vient d'être question, mais séparées de lui par une cloison (Ch. Robin).

Action sur l'homme. — Ce *Leptomite* a été trouvé accolé à la muqueuse de quelques granulations enlevées par M. Gueneau de Mussy au col de l'utérus, sur une malade de l'hôpital de Lourcine.

5° Le LEPTOMITE? UTÉRIN (1). — Cette espèce a été découverte et décrite, en 1849, par M. Wilkinson.

Description. — Ce *Leptomite* se compose de filaments plus ou moins allongés et de corpuscules.

Les filaments sont primaires ou secondaires. Les primaires ont un diamètre de 1/8000° à 1/24000° de millimètre. Les plus larges sont très courts, tronqués à l'une de leurs extrémités et terminés à l'autre par un faisceau de 6 ou 7 filaments secondaires. Les plus étroits offrent plus de longueur et seulement de 2 à 4 filaments dans leur faisceau terminal. À l'extrémité tronquée, on remarque des renflements destinés probablement à renfermer les spores.

Les filaments secondaires sont de 2 à 6 fois plus étroits que les primaires, un peu recourbés, jamais enroulés ni onduleux. Leurs bords sont pâles; ils sont composés de cellules allongées, placées à la suite les unes des autres, plus apparentes par l'action de l'acide acétique. Ces filaments semblent provenir, pour la plupart, par rupture, des filaments primaires. Cependant, dans quelques-uns d'entre eux, on observe, vers leur extrémité, de nouvelles cellules en voie de développement.

Les corpuscules sont généralement ovoïdes, rarement sphériques. Ces derniers plus petits. L'acide acétique y fait souvent découvrir un noyau.

Action sur l'homme. — Ce *Leptomite* a été observé dans un écoulement morbide, d'aspect purulent, mais tout à fait dépourvu de globules de pus, provenant de l'utérus d'une femme âgée de soixante et dix-sept ans.

6° Le LEPTOMITE? OCULAIRE (2). — C'est à M. Helmbrecht que nous devons la connaissance de cette dernière espèce. Il l'a décrite, en 1842, dans un mémoire spécial.

(1) *Leptomitus? uteri* (*Lorum uteri* Wilkins, 1849; *Leptomitus? du mucus utérin* Ch. Rob., *Lept. muci uterini* Küch.).

(2) *Leptomitus? oculi* Küch. (*Leptomitus? de l'œil* Ch. Rob.).

Description. — Algue filiforme, ramifiée, consistant en cylindres confervoïdes et en séries de spores disposées en chapelet.

Action sur l'homme. — Un prédicateur de quarante-deux ans, qui avait eu une inflammation rhumatismale des deux yeux, observa subitement dans le gauche un trouble en forme de fleur, avec des stries rayonnées. Plus tard il aperçut, dans le même œil, sans cause apparente, des figures de forme constante, et des mouches volantes irrégulières dans le droit. Helmbrecht pensa, avec Klencke, auquel il demanda conseil, que le corps vu par le malade se trouvait dans la chambre postérieure. Le patient ayant fait, plus tard, une chute de voiture, l'image se mouvait plus librement et nageait comme détachée et déchirée en deux parties. L'opération de la paracentèse fut pratiquée au bord inférieur de la cornée. L'humeur aqueuse entraîna avec elle le *Leptomite* dont il vient d'être question, et le malade fut guéri.

CHAPITRE II.

DE L'OSCILLAIRE.

Le genre *Oscillaire* (*Oscillaria*) (1) a été créé par Bory Saint-Vincent et Bosc. Vaucher l'a proposé, peu de temps après, sous le nom d'*Oscillatoire.*

Il comprend des êtres ambigus, que certains auteurs considèrent comme intermédiaires entre les végétaux et les animaux.

Les *Oscillaires* vivent en famille dans l'eau ou hors de l'eau. Ce sont des amas filamenteux, adhérents, analogues à certaines Conferves, mais luisants et glutineux, doués d'un mouvement lent d'oscillation. Les *Oscillaires* sont enveloppées d'une sorte de mucus, quelquefois fort abondant, qui forme de gros flocons analogues à la fibrine. On a rapproché avec doute, de ce genre, la production suivante rejetée par un malade.

4° L'OSCILLAIRE? INTESTINALE (2). — On doit la connaissance de cette production, encore très mal connue, à M. Farre, qui l'a signalée en 1845, dans les *Transactions de la Société de microscopie de Londres.*

Description. — Filaments entrecroisés en divers sens, cloisonnés et comme composés de cellules allongées ajoutées bout à bout. Dans ces cellules se trouve déposée une matière verte.

(1) De *oscillatus* (qui oscille), à cause du mouvement particulier à ses filaments.
(2) *Oscillaria? intestini* Küch. (*Oscillaria? de l'intestin* Farre).

M. Farre regarde ce végétal comme une Conferve voisine du genre *Oscillaire*, dont elle constitue une nouvelle espèce, sinon comme un genre nouveau (?).

ACTION SUR L'HOMME. — Il l'a découvert sur des lambeaux membraneux, rubanés, rejetés par une femme atteinte de dyspepsie', après de fortes coliques. Ces lambeaux étaient très élastiques, d'apparence fibreuse, lisse ou veloutée, et de couleur jaune claire. C'est sur la partie floconneuse que l'Algue fut rencontrée.

M. Farre suppose que cette plante a pu être introduite avec les boissons.

CHAPITRE III.

DU LEPTOTHRIX.

Le genre *Leptothrix* (1) est dû à M. Kützing; il est caractérisé par des filaments très minces, rameux et non cohérents.

Nous n'avons qu'une seule espèce à étudier.

1° Le LEPTOTHRIX BUCCAL (2) — Ce végétal a été découvert par Leeuwenhoek. Ce célèbre micrographe en a vu et décrit des fragments avec son exactitude habituelle. Il les avait trouvés dans la matière blanchâtre qui s'accumule entre les dents. Buchlmann, Gerber et Valentin ont étudié son organisation. Henle a soupçonné le premier sa nature végétale.

Description (fig. 131). — Filaments longs de 0^{mm},020 à 0^{mm},100, épais de 0^{mm},0005, droits ou courbés, quelquefois coudés brusquement à angles généralement obtus, linéaires, non moniliformes, à bords nets, à extrémités obtuses assez roides, élastiques, incolores. Ils sont réunis généralement par la base à une gangue amorphe

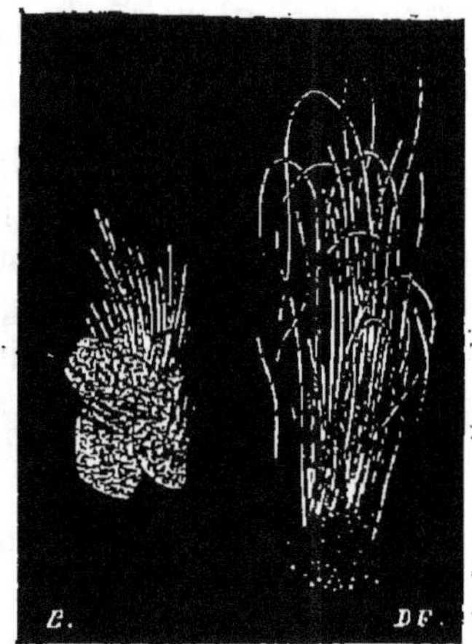

FIG. 131. — *Leptothrix buccal.*

granuleuse, et forment des faisceaux plus ou moins serrés.

2° ACTION SUR L'HOMME. — Ce parasite recouvre la surface de la langue; on a vu plus haut qu'on le trouvait aussi dans les matières

(1) De λεπτός, mince et θρίξ, cheveu.
(2) *Leptothrix buccalis* Ch. Rob., vulgairement, *Algue filiforme de la bouche.*

accumulées entre les dents (Leeuwenhoek, Gubler) ; il se développe également dans les cavités des dents gâtées (Remak). Sur 49 individus pris dans toutes les classes de la société, dont aucun n'avait la bouche malade, 47 en ont présenté (Bouditch).

De la bouche, le *Leptothrix* peut passer dans l'estomac (L. Corvisart).

On l'a rencontré encore dans les déjections diarrhéiques (Lebert).

Il semble toutefois que les liquides de l'estomac et de l'intestin ne soient pas un milieu favorable à son développement ; car on ne l'y rencontre qu'en tubes très courts, généralement isolés, très rarement implantés dans leur gangue (Ch. Robin).

CHAPITRE IV.

DE LA MÉRISMOPÉDIE.

M. Meyen a fondé le genre *Mérismopédie* (*Merismopedia*) (1) en 1829. Ce sont des plantes singulières, représentant des masses très petites, libres, solides, cubiques, plus ou moins déprimées, composées de cellules quaternées.

On n'en connaît qu'une espèce.

1° La MÉRISMOPÉDIE STOMACALE (2). — Ce bizarre végétal a été découvert en 1842 par John Goodsir. Il l'a décrit et figuré avec soin. MM. Busk et Link l'ont pris pour un animalcule du genre *Gou* ou *Gonelle* (*Gonium*).

Description (fig. 132). — Masses cubiques ou prismatiques, allongées, quelquefois irrégulières, coriaces, élastiques, transparentes, composées ordinairement de 8, 16 ou 64 cellules cubiques, couleur de rouille claire, quelquefois incolores. Chaque face présente quatre saillies (*frustules* Goods.), séparées par de légers sillons.

Plaques longues de $0^{mm},030$ à $0^{mm},050$ et larges de $0^{mm},16$ à $0^{mm},020$, de couleur brune très claire. Dans l'intérieur, se trouve un noyau couleur de rouille. Les cellules ont $0^{mm},008$ de diamètre, et le noyau $0^{mm},002$ à $0^{mm},004$.

D'après Goodsir, cette Algue se multiplie par division.

2° ACTION SUR L'HOMME. — Cette plante se développe dans l'estomac de l'homme. Heller l'a rencontrée dans les sédiments de l'urine

(1) De μεριτμὸς, action de partager, et πεδίον, petit lieu.
(2) *Merismopedia ventriculi* (*Sarcina ventriculi* Goods., *Merismopædia ventriculi* Ch. Rob.), vulgairement *Sarcine de l'estomac*.

d'une jeune fille et dans les déjections diarrhéiques d'un individu atteint d'un carcinome du poumon. Bennett et Hasse l'ont vue

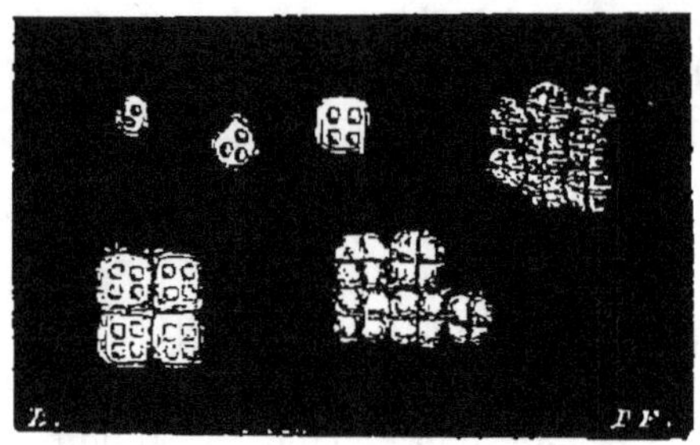

FIG. 132. — *Mérismopédie stomacale.*

aussi dans les matières fécales. Virchow parle d'un abcès gangréneux du poumon qui en présentait.

CHAPITRE V.

DU CRYPTOCOQUE.

Le genre *Cryptocoque* (*Cryptococcus*) (1) a été fondé, en 1833, par M. Kützing. Ce groupe comprend des plantes très simples en organisation. Il est caractérisé par des globules plus ou moins nombreux, qui composent une couche amorphe et diffuse.

Ce genre ne présente chez l'homme qu'une seule espèce.

1° Le CRYPTOCOQUE DU FERMENT (2). — Ce Champignon, observé d'abord dans la bière, a été découvert sur l'homme par MM. Hannover, Henle, Vogel, Remak, Bœhm...

On regarde ce petit végétal comme constituant la levûre de la bière, et comme donnant naissance, par son développement rapide, à des phénomènes d'un haut intérêt (3).

M. Pouchet considère les *Cryptocoques du ferment* comme les spores d'un petit Champignon qu'il appelle *Aspergille polymorphe* (4).

Description (fig. 133). — Petites masses agglomérées, homogènes, anguleuses, blanches, à surface lisse, composées de cellules globuleuses ou ovoïdes, incolores, offrant $0^{mm},009$ à $0^{mm},004$ de diamètre, et contenant quelquefois un ou deux petits corpuscules brillants.

(1) De κρύπτω, cacher, et κόκκος, graine.
(2) *Cryptococcus cerevisiæ* Kütz. (*Torula cerevisiæ* Turp., *Cryptococcus fermentum* Kütz.), vulgairement *Champignon du ferment.*
(3) Cagniard de Latour, Schwann, Mitscherlich, Pasteur.
(4) *Aspergillus polymorphus* Pouch. (voy. page 466).

Ces cellules se reproduisent par des gemmes qui poussent sur un ou plusieurs côtés et qui atteignent bientôt le volume de la cellule primitive. Il en résulte des chapelets formés de 3 à 5 cellules plus ou moins allongées.

On ne connaît, dit M. Ch. Robin, que ce mode de propagation de ce végétal; mais sa fructification à l'air n'a pas été vue et ne

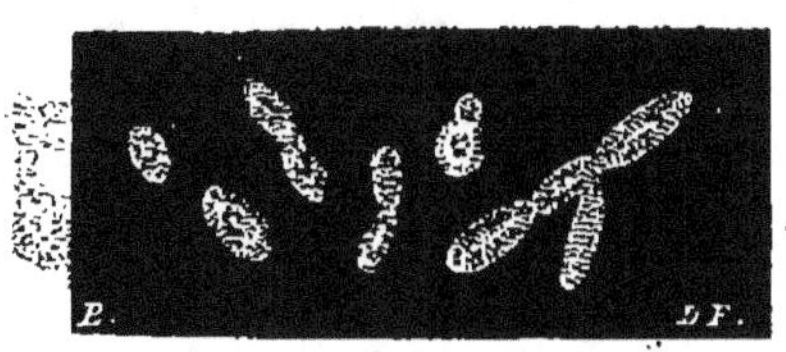

FIG. 133. — *Cryptocoque du ferment.*

pourra se voir, car il pourrit dès qu'il est en contact avec l'atmosphère.

2° ACTION SUR L'HOMME. — Le *Cryptocoque du ferment* se développe dans les liquides de l'œsophage, de l'estomac et de l'intestin. Il est souvent introduit dans ces cavités par la bière, mais d'autres fois il a une origine différente.

M. Hannover l'a trouvé dans l'enduit noirâtre de la langue des typhoïques. M. Lebert l'a observé chez une femme atteinte d'une affection pultacée de la bouche. Vogel l'a vu dans l'urine des diabétiques, dans les déjections alvines et dans les vomissements. Bennett l'a également rencontré dans les matières rejetées par les cholériques.

Cette Algue n'a aucune action sur les organes. A proprement parler, ce n'est point un parasite véritable. Sa présence peut être considérée comme un épiphénomène, une suite de l'altération des humeurs qui en permettent le développement, et non la cause de cette altération, ni même probablement celle des vomissements par lesquels il est expulsé, lorsque c'est dans l'estomac qu'on le rencontre (Vogel, Ch. Rob.).

CHAPITRE VI.

CONSIDÉRATIONS BOTANIQUES.

Les *Entophytes* appartiennent tous à la famille des ALGUES. Ils font partie de la grande division des *Gymnospermées*, caractérisée par des séminules (*spermaties*) formées de cellules, ou superficielles, ou corticales et médullaires, non enfermées dans une capsule commune (*spermange*).

Le genre *Leptomite* est placé dans la tribu des *Leptomitées*, Algues cespiteuses, lisses, adnées ou libres, composées d'une gangue chevelue (*trichomas*), articulée, mince et achromatique.

Le genre *Oscillaire* est placé dans les *Oscillariées*, Algues à gangue chevelue douée d'un mouvement propre, spiral, se propageant par cellules végétatives et n'offrant pas de cellules spermatiques.

Le genre *Leptothrix* est placé dans les *Leptothricées*, Algues à gangue chevelue immobile, très mince, continue ou obscurément articulée, n'offrant pas de cellules pour une propagation spéciale.

Le genre *Mérispopédie* avait été rangé d'abord dans les *Ulvacées*. Un examen plus attentif de ses caractères a fait penser à MM. Nægeli et Robin qu'il s'approchait davantage de la tribu des *Palmellées* (Decaisne), Algues à cellules globuleuses ou polyédriques, libres ou réunies en couche ordinairement définie.

Le genre *Cryptocoque* est placé dans la tribu des *Cryptococcées*, Algues à globules verts (*gonimiques*), très petits, solides, muqueux, réunis en couche indéfinie.

Voici le tableau des espèces d'*Entophytes* qui vivent dans l'homme :

ALGUES.

Division des GYMNOSPERMÉES.

	1. *Leptomite urophile.*
	2. *Leptomite? de Hannover.*
Tribu I. LEPTOMITÉES.	3. *Leptomite? épidermique.*
	4. *Leptomite? utéricole.*
	5. *Leptomite? utérin.*
	6. *Leptomite? oculaire.*
Tribu II. OSCILLARIÉES.	7. *Oscillaire? intestinale.*
Tribu III. LEPTOTHRICÉES	8. *Leptothrix buccal.*
Tribu IV. PALMELLÉES.	9. *Mérismopédie stomacale.*
Tribu V. CRYPTOCOCCÉES.	10. *Cryptocoque du ferment.*

TABLE ALPHABÉTIQUE.

Cacaoyer pompeux, 285.
— sylvestre, 285.
Cachibou, 344.
Cachou d'Arec, 419, 421.
— de Bombay, 420.
— de l'Inde, 419.
— de Pégu, 419, 420.
— du Bengale, 420.
— en boules, 421.
— terreux, 421.
Cachous, 418, 419.
Cactée, 324.
Cactus cochenillifer, 324.
Cade, 341.
Café, 7, 276, 279.
Caféier, 277, 278.
— d'Arabie, 276.
Caféine, 279, 294.
Caferana, 55.
Cafés, 279, 280.
Cafier, 278.
Cagaiteira, 234.
Caïl, 147.
Caïl-cédra, 147.
Caïl-cédrin, 147.
Caille-lait, 123.
Cainca, 76.
Caja-kilœ, 382.
Caja-puti, 382.
Calac bois amer, 154.
Caladium esculentum, 84.
Calageri, 248, 249.
Calaguala, 100.
Calambac, 157.
Calamus Draco, 345.
— *petræus*, 345.
— *rudentum*, 345.
— *verus*, 345.
Calapito, 148.
Calcitrapa hypophæstum, 77.
— *stellata*, 77.
Calebasse, 289.
Calendula arvensis, 125.
— *officinalis*, 125.
Calice, 4, 5.
Caliciflores, 5, 16, 17, 25.
Calisaya amarilla, 131.
— anaranjada, 131.
— blanc, 132.
— blanca, 132.
— dorada, 131.
— macha, 132.
— negra, 132.
— Zamba, 132.

Callicocca Ipecacuanha, 47.
Callitris articulé, 352.
Callitris articulata, 352.
— *quadrivalvis*, 352.
Calophylle calaba, 351.
— tacamahaca, 345.
Calophyllum Calaba, 351.
— *Tacamahaca*, 345.
Calotrope géant, 81.
Calotropis gigantea, 81.
Calystegia Soldanella, 63.
Camara faux Thé, 168.
Cambodium, 335.
Cambogia Gutta, 335, 336.
Camelina sativa, 402.
Camelli sasanque, 166.
Camellia Sasanqua, 166.
Camelliacées, 26, 163.
Camelliées. Voy. Camelliacées.
Camomille, 123.
— des teinturiers, 205.
— ordinaire, 123.
— puante, 205.
— romaine, 2, 203, 204.
Campanulacées, 325.
Camphora, 385.
— *officinarum*, 385.
Camphorosma Monspeliensis, 123, 385
Camphre, 385, 438.
— de Bornéo, 385, 387.
— de Sumatra, 385, 387.
— du Japon, 385.
Camphrée de Montpellier, 7, 123, 385.
— officinale, 123.
Camphrier, 5, 385.
— de l'Inde, 21.
Camptocarpe mauritien, 51.
Camptocarpus Mauritianus, 51.
Canari, 344.
— vulgaire, 344.
Canarium commune Zephyrinum, 344.
Candleberry, 410.
Canéficier, 250.
Canna coccinea, 311.
Cannabine, 122.
Cannabinées, 24, 79, 119, 269, 351.
Cannabis indica, 119.
— *sativa*, 119, 351.
Cannamelle, 314.
— officinale, 314.
Canne, 314.
— à sucre, 3, 314.
— de Provence, 82.

FIN DE LA TABLE ALPHABÉTIQUE.

Paris. — Imprimerie de L. MARTINET, rue Mignon, 2.